清华大学公共基础平台课教材

线性代数与几何

（第2版）（上）

俞正光 鲁自群 林润亮 编著

清华大学出版社

北 京

内容简介

本书的核心内容包括矩阵理论以及线性空间理论，分上、下两册出版，对应于两个学期的教学内容.上册系统地介绍线性代数与空间解析几何的基本理论和方法，具体包括行列式、矩阵、几何空间中的向量、向量空间 F^n、线性空间、线性变换、二次型与二次曲面共7章内容.本书将空间解析几何与线性代数密切地联系在一起，层次清晰，论证严谨，例题典型丰富，习题精练适中.

本书可作为高等院校理、工、经管等专业的教材及教学参考书，也可供自学读者及有关科技人员参考.

图书在版编目(CIP)数据

线性代数与几何. 上/俞正光，鲁自群，林润亮编著.--2版.--北京：清华大学出版社，2014（2024.9重印）
清华大学公共基础平台课教材
ISBN 978-7-302-36844-1

Ⅰ. ①线… Ⅱ. ①俞… ②鲁… ③林… Ⅲ. ①线性代数—高等学校—教材 ②解析几何—高等学校—教材
Ⅳ. ①O151.2 ②O182

中国版本图书馆CIP数据核字(2014)第127812号

责任编辑：刘 颖
封面设计：常雪影
责任校对：赵丽敏
责任印制：丛怀宇

出版发行：清华大学出版社
网 址：https://www tup com cn https://www wqxuetang com
地 址：北京清华大学学研大厦A座 邮 编：100084
社 总 机：010-83470000 邮 购：010-62786544
投稿与读者服务：010-62776969，c-service@tup.tsinghua.edu.cn
质量反馈：010-62772015，zhiliang@tup.tsinghua.edu.cn
印 装 者：三河市龙大印装有限公司
经 销：全国新华书店
开 本：185mm×230mm 印 张：19.25 字 数：418千字
版 次：2008年8月第1版 2014年8月第2版 印 次：2024年9月第14次印刷
定 价：54.00元

产品编号：060600-04

第2版前言

清华大学数学科学系“线性代数”教学团队在近几年教学实践的基础上，根据教师的教学经验及在教学中遇到的问题、提出的意见和建议，对第1版中的部分内容作了调整，重新改写了部分章节.

调整的内容主要体现在以下方面.在第1版中，数域概念安排在第5章引进抽象的线性空间时才提出，之前的讨论涉及数的概念时，总是默认为大家熟悉的实数域或复数域.其实，这些概念在一般数域上也是成立的.这次，我们将数域概念作为预备知识放到最前面，使得讨论的问题不仅仅局限于实数域或复数域.在第1版中，一般矩阵的相似对角化内容安排在下册，考虑到部分专业的学生只选修一个学期的课程，为了保持教学内容的完整性，现将这部分内容从下册调整到上册.另外，作为代数中的一些非常基本的概念，如集合、映射、关系等(有的在中学已经学过)，在第1版中它们是分散在各章中陆续地引入的.这次，我们将这些内容作为附录较系统地集中介绍，供师生参考使用.改写的内容主要是矩阵的秩以及子空间的直和分解这两部分.希望这次改编的教材能更加适合教学.

感谢清华大学数学科学系“线性代数”教学团队老师们的支持和帮助，欢迎广大读者批评指正.

作　者

2014年4月

前 言

线性代数是学习自然科学、工程和社会科学的一门重要的基础理论课程，作为高等学校基础课，除了作为各门学科的重要工具以外，还在提高人才的全面素质中起着重要的作用.它在培育理性思维和审美功能方面的作用也应得到充分的重视.研究型学习重在思想方法的培养，理性思维能力是当前学生较为薄弱的方面，代数学中较为抽象的数学结构和形式推理为培养学生的抽象思维能力、符号运算能力、空间想象能力和逻辑推理能力等有着其他课程难以替代的重要作用.同时也为学生了解现代数学的思维方式提供了一个窗口.通过本书的学习，希望在以下三个方面能发挥其应有的作用：能够全面系统地掌握线性代数与几何的基本知识；能够深刻领会处理代数问题的思想方法；能够培养和提高抽象思维能力、逻辑推理能力、计算能力.为了实现这些目的，不仅要突出重点，抓住关键，解决好难点，而且要善于透过知识的表面，深入揭示代数的本质思想方法.本书涵盖了线性代数和解析几何、射影几何等基础内容.在内容安排上，注重突出科学性，简单扼要，循序渐进，不过分强调技巧的训练.代数学与分析、几何学共同构建了近代数学的核心，更是当今数学中最富有活力的学科之一.线性代数是代数学的基础，它在理科、工科，甚至在经济和社会科学各个领域都有广泛的应用.特别是由于信息科学与技术的快速发展，离散数学的基础训练在各专业学生的数学能力和科学素质的培养中的地位日益突出.解析几何是几何中极其基础的部分，一方面可用代数对其进行理论归纳，同时又是代数理论发展的重要背景.代数与几何相互渗透，代数为研究几何问题提供了有效的方法，几何为抽象的代数结构和方法提供了形象的几何模型和背景，这样就使学习者更好地领略到抽象的作用及其美.本教材加强了几何内容，如在上册中增加了仿射坐标系的内容，在下册中增加了射影几何这个初等模型，目的是加深读者对“形”的认识，有利于培养读者的形象思维及理性思维的习惯.

本书的核心内容包括矩阵理论以及线性空间理论.这些概念和理论不仅为各个专业领域提出相关问题时提供了准确的数学表达语言，而且也为解决问题提供了有力的工具.本书分上、下两册出版，对应于两个学期的教学内容.上册共有 7 章.第 1 章在中学的二、三阶行列式的基础上引入 n 阶行列式的概念，并通过例子介绍利用行列式的性质计算行列式的基本方法.矩阵在线性代数中的地位很特殊，一方面矩阵本身有许多理论问题可以研究；另一方面它又是研究其他对象的一种重要的工具.更为重要的是，矩阵论在许多工科领域应用很广泛.而且，许多线性代数问题都可以化成矩阵问题来研究解决.这充分说明了矩阵学习的重要性.在第 2 章介绍矩阵的代数运算、矩阵的初等变换和相抵标准形,以及矩阵分块的技巧,为以后进一步学习线性代数打好基础.第 3 章介绍几何空间中的向量代数,引入仿射坐标系和直角坐标系,运用代数工具讨论有关平面和直线等几何问题.第 4 章引入 n 维向量的概念,重点讨论了向量组的线性相关和线性无关的概念和性质,这不仅是学习线性空间理论的基础,而且是训练学生抽象思维能力和逻辑推理能力的关键部分.这一章还引入了矩阵的秩这个重要的参数.线性方程组是线性代数的一个极其重要的内容.通过线性方程组的研究,不仅可以得到很有用的结论,而且能体现代数研究问题、解决问题的思想方法.有关线性方程组理论的研究及应用始终贯穿课程的始末,在这里,通过解空间结构的研究以及它和矩阵的秩之间的关系,给出了有关线性方程组解的结构的完整理论.线性空间与线性变换是线性代数的核心内容.由于线性空间内容比较抽象,本书采用从特殊到一般、从具体到抽象,循序渐进的方法.从第 3 章的三维几何空间,到第 4 章的 n 维向量空间,最后在第 5 章引入抽象的线性空间概念,着重研究了线性子空间的性质.并在实数域的线性空间上引入度量概念,建立了欧几里得空间.为了进一步深刻揭示线性空间的向量之间的内在联系,在第 6 章重点研究线性变换的性质及其与矩阵之间的联系.线性代数中,各种类型的变换随处可见,线性变换是其中最重要的一种变换.在线性变换的研究和讨论中,几何的思想和矩阵理论的运用都得到了充分的体现,最能体现线性代数研究问题和解决问题的思想方法.这一章还讨论了科学技术中非常有用的特征值问题并由此引入矩阵相似的概念.几何与代数的联系,除了在三维空间平面和直线的研究之外,更深入的就是二次型一般理论的研究对于二次曲面分类的应用.第 7 章介绍二次齐次函数即二次型的化简和实二次型的正定性,由于三元二次齐次函数的几何背景是二次曲面,通过主轴化方法将一般二次曲面方程化为直角坐标系下的标准方程,从而对二次曲面实现分类.下册共有 5 章,分别讨论一元多项式的理论,矩阵的相似标准形,酉空间,矩阵分析和射影几何等.

本书是在清华大学出版的《线性代数与解析几何》、《理工科代数基础》两书的基础上,总结了清华大学近十年教学实践,经过对课程进行整合,改编而成.由林润亮编写第 1,2 章,鲁自群编写第 3,4 章,俞正光编写第 5,6,7 章.本书编写得到清华大学数学科学系李津教授,张贺春教授,朱彬教授,邢文训教授和李铁成教授等的支持和帮助,清华大学出版社的刘颖博士为本书出版做了大量细致的工作,在此一并表示感谢.

由于水平有限,不妥之处实属难免,敬请读者批评指正.

本书可供理、工、经济管理各专业学生作为学习线性代数的教科书或教学参考书.也可供科技人员和自学者参考.

作　者

2008 年 6 月

目　录

预备知识

数域

线性代数所研究的问题，都与一个事先规定的数集有关，同一个问题对不同的数集，其结果常常是不同的. 这一点，大家在中学数学中已经有所了解. 例如，二次方程 $x^2+1=0$，在复数集上有解，但在实数集上就没有解. 再如在整数集上，4 除以 3 是没有意义的，但是在有理数集上，任何两个整数，只要除数不为零，除法总是可以做的，等等. 因此，在开始学习线性代数之前，先来讨论一下数域这个最基本的概念.

我们熟悉的数集，如全体有理数的集合$\mathbb{Q}$，全体实数的集合$\mathbb{R}$及全体复数的集合$\mathbb{C}$，它们都含有无穷多个非零元，而且对加、减、乘、除运算都具有一个共同的特征，即对集合中任意两个数，作加、减、乘或除运算(除数不能为零)时，其结果仍属于这个集合，这个性质也称为对加、减、乘、除运算封闭. 具有这样性质的数集对问题的研究是重要的，而且具有这样性质的数集远不止这三个，为此，引入一般的数域概念.

定义 设 F 为复数集$\mathbb{C}$的一个子集. 若 F 满足：

(1) F 中至少含有一个不等于零的数；

(2) 对 $\forall a,b\in F$，$a+b,a-b,ab\in F$，并且，当 $b\neq 0$ 时，$\dfrac{a}{b}\in F$.

则称 F 为一个**数域**(number field).

显然，有理数集$\mathbb{Q}$，实数集$\mathbb{R}$，复数集$\mathbb{C}$都是数域，它们分别称为**有理数域**、**实数域**和**复数域**. 数域不只有这三个，而且有无穷多个. 我们举一个例子.

例 令 $F=\{a+b\sqrt{2}\mid a,b\in\mathbb{Q}\}$，证明 F 是一个数域，通常将此数域记作$\mathbb{Q}(\sqrt{2})$.

证 显然 $0,1\in\mathbb{Q}(\sqrt{2})$，故满足定义的条件(1). $\forall a+b\sqrt{2},c+d\sqrt{2}\in\mathbb{Q}(\sqrt{2})$，则

$$(a+b\sqrt{2})\pm(c+d\sqrt{2})=(a\pm c)+(b\pm d)\sqrt{2}\in\mathbb{Q}(\sqrt{2}).$$

这是因为 $a,b,c,d\in\mathbb{Q}$，而$\mathbb{Q}$为数域，故 $a\pm c,b\pm d\in\mathbb{Q}$. 又$(a+b\sqrt{2})(c+d\sqrt{2})=(ac+2bd)+(bc+ad)\sqrt{2}$，因为 $ac+2bd,bc+ad\in\mathbb{Q}$，故$(a+b\sqrt{2})(c+d\sqrt{2})\in\mathbb{Q}(\sqrt{2})$.

再设 $c+d\sqrt{2}\neq 0$，则有 $c-d\sqrt{2}\neq 0$. 这是因为若 $c-d\sqrt{2}=0$，则在 $d=0$ 时推出 $c=0$，即 $c+d\sqrt{2}=0$，矛盾. 当 $d\neq 0$ 时，推出 $\frac{c}{d}=\sqrt{2}$，由 $\frac{c}{d}\in\mathbb{Q}$，推出 $\sqrt{2}\in\mathbb{Q}$. 矛盾. 因而

$$\frac{a+b\sqrt{2}}{c+d\sqrt{2}}=\frac{(a+b\sqrt{2})(c-d\sqrt{2})}{(c+d\sqrt{2})(c-d\sqrt{2})}=\frac{ac-2bd}{c^2-2d^2}+\frac{bc-ad}{c^2-2d^2}\sqrt{2}\in\mathbb{Q}(\sqrt{2}).$$

综上所述，即知 $\mathbb{Q}(\sqrt{2})$ 为一个数域. ■

最后，给出数域的一个重要性质.

定理 所有的数域都包含有理数域 $\mathbb{Q}$.

证 设 F 为一数域. 由定义中的条件(1)，即 $\exists a\in F$ 且 $a\neq 0$，再由定义中的条件(2)，有 $\frac{a}{a}=1\in F$，接下来，有 $a-a=0\in F$. 用 1 与它自己重复相加，可得 $\mathbb{N}\subseteq F$. 再由 F 对减法的封闭性可知，对 $\forall b\in\mathbb{N}$ 均有 $0-b=-b\in F$. 故 F 又含有全体整数，即 $\mathbb{Z}\subseteq F$. 由于任一有理数都可以表示成两个整数的商(分母不为 0)，故再由 F 对除法的封闭性，可知 F 必含有有理数域 $\mathbb{Q}$. ■

由此定理可知，有理数域是最小的数域. 因此，整数集 $\mathbb{Z}$，自然数集 $\mathbb{N}$ 均不是数域.

在本书中，如果没有特别说明，我们总是取一个固定的数域 F，所涉及的数都是这个数域的数.

第1章 行 列 式

行列式是一个重要的数学工具,不但在数学中有广泛的应用,而且在其他学科中也经常会碰到它.在初等代数中,为求解二元和三元线性方程组,引入了二阶和三阶行列式.本章的目的是在二阶和三阶行列式的基础上,进一步建立 n 阶行列式的理论,并且讨论 n 阶行列式对求解 n 元线性方程组的应用.

1.1 n 阶行列式的定义

在本节中,我们将先对二阶和三阶行列式的定义以及如何利用它们求解二元和三元线性方程组,作一简单的回顾,然后介绍排列的概念及其基本性质,最后给出 n 阶行列式的定义.

1.1.1 二阶行列式与三阶行列式

对二元线性方程组

$$\begin{cases} a_1x+b_1y=d_1, \\ a_2x+b_2y=d_2 \end{cases} \tag{1.1}$$

进行消元,可得

$$(a_1b_2-b_1a_2)x=d_1b_2-b_1d_2,\quad (a_1b_2-b_1a_2)y=a_1d_2-d_1a_2.$$

若 $a_1b_2-b_1a_2\neq 0$,则线性方程组(1.1)有唯一解

$$\begin{cases} x=\dfrac{d_1b_2-b_1d_2}{a_1b_2-b_1a_2}, \\ y=\dfrac{a_1d_2-d_1a_2}{a_1b_2-b_1a_2}. \end{cases} \tag{1.2}$$

为了便于记忆这些解的公式,我们引入**二阶行列式**

$$\begin{vmatrix} a_{11} & a_{12} \\ a_{21} & a_{22} \end{vmatrix}=a_{11}a_{22}-a_{12}a_{21}, \tag{1.3}$$

其中 a_{ij} 叫做行列式的**元素**，用两个下标表示该元素的位置，第一个下标 i 叫行指标，表示该元素位于第 i 行，第二个下标 j 叫列指标，表示位于第 j 列. 利用二阶行列式，(1.2)式可表示为

$$x=\frac{\begin{vmatrix} d_1 & b_1 \\ d_2 & b_2 \end{vmatrix}}{\begin{vmatrix} a_1 & b_1 \\ a_2 & b_2 \end{vmatrix}},\quad y=\frac{\begin{vmatrix} a_1 & d_1 \\ a_2 & d_2 \end{vmatrix}}{\begin{vmatrix} a_1 & b_1 \\ a_2 & b_2 \end{vmatrix}},$$

其中分母是由线性方程组(1.1)的系数按原来位置排列成的行列式，称为线性方程组(1.1)的**系数行列式**. 于是可以把线性方程组(1.1)的解法总结为：若线性方程组(1.1)的系数行列式

$$D=\begin{vmatrix} a_1 & b_1 \\ a_2 & b_2 \end{vmatrix}\neq 0, \tag{1.4}$$

则线性方程组(1.1)有唯一解 $x=\frac{D_1}{D}, y=\frac{D_2}{D}$，其中

$$D_1=\begin{vmatrix} d_1 & b_1 \\ d_2 & b_2 \end{vmatrix},\quad D_2=\begin{vmatrix} a_1 & d_1 \\ a_2 & d_2 \end{vmatrix},$$

它们是将系数行列式(1.4)中的第1列和第2列分别换成线性方程组(1.1)中的常数项 d_1，d_2 所得到的行列式.

例 1.1 解线性方程组

$$\begin{cases} 3x+2y=5, \\ 5x-7y=29. \end{cases}$$

解 由于系数行列式

$$D=\begin{vmatrix} 3 & 2 \\ 5 & -7 \end{vmatrix}=-31\neq 0,$$

所以此线性方程组有唯一解. 又

$$D_1=\begin{vmatrix} 5 & 2 \\ 29 & -7 \end{vmatrix}=-93,\quad D_2=\begin{vmatrix} 3 & 5 \\ 5 & 29 \end{vmatrix}=62,$$

故线性方程组的解为

$$\begin{cases} x=\frac{D_1}{D}=\frac{-93}{-31}=3, \\ y=\frac{D_2}{D}=\frac{62}{-31}=-2. \end{cases}$$

■

为了得出关于三元线性方程组

$$\begin{cases} a_1x+b_1y+c_1z=d_1, \\ a_2x+b_2y+c_2z=d_2, \\ a_3x+b_3y+c_3z=d_3 \end{cases} \tag{1.5}$$

的类似解法,我们引入**三阶行列式**

$$\begin{vmatrix} a_{11} & a_{12} & a_{13} \\ a_{21} & a_{22} & a_{23} \\ a_{31} & a_{32} & a_{33} \end{vmatrix} = a_{11}a_{22}a_{33}+a_{12}a_{23}a_{31}+a_{13}a_{21}a_{32} - a_{13}a_{22}a_{31}-a_{12}a_{21}a_{33}-a_{11}a_{23}a_{32}. \tag{1.6}$$

这是一个包括六项的代数和,每一项都是位于不同行不同列的三个元素的乘积,其中前三项前面带正号,后三项前面带负号.

通过类似于对线性方程组(1.1)所做的讨论,可以得到线性方程组(1.5)的下述解法.若线性方程组(1.5)的系数行列式

$$D=\begin{vmatrix} a_1 & b_1 & c_1 \\ a_2 & b_2 & c_2 \\ a_3 & b_3 & c_3 \end{vmatrix} \neq 0, \tag{1.7}$$

则线性方程组(1.5)有唯一解

$$x=\frac{D_1}{D},\quad y=\frac{D_2}{D},\quad z=\frac{D_3}{D},$$

其中

$$D_1=\begin{vmatrix} d_1 & b_1 & c_1 \\ d_2 & b_2 & c_2 \\ d_3 & b_3 & c_3 \end{vmatrix},\quad D_2=\begin{vmatrix} a_1 & d_1 & c_1 \\ a_2 & d_2 & c_2 \\ a_3 & d_3 & c_3 \end{vmatrix},\quad D_3=\begin{vmatrix} a_1 & b_1 & d_1 \\ a_2 & b_2 & d_2 \\ a_3 & b_3 & d_3 \end{vmatrix}.$$

它们是将系数行列式(1.7)中第1,2,3列分别换成线性方程组(1.5)中的常数项所得到的行列式.

例1.2 解线性方程组

$$\begin{cases} x_1-2x_2+x_3=-2, \\ 2x_1+x_2-3x_3=1, \\ -x_1+x_2-x_3=0. \end{cases}$$

解 由于线性方程组的系数行列式

$$D=\begin{vmatrix} 1 & -2 & 1 \\ 2 & 1 & -3 \\ -1 & 1 & -1 \end{vmatrix} = 1\times1\times(-1)+(-2)\times(-3)\times(-1) +1\times2\times1-1\times1\times(-1)-(-2)\times2\times(-1)-1\times(-3)\times1 =-5\neq0,$$

所以此线性方程组有唯一解.经计算可得

$$D_1=\begin{vmatrix}-2 & -2 & 1\\ 1 & 1 & -3\\ 0 & 1 & -1\end{vmatrix}=-5,\quad D_2=\begin{vmatrix}1 & -2 & 1\\ 2 & 1 & -3\\ -1 & 0 & -1\end{vmatrix}=-10,$$

$$D_3=\begin{vmatrix}1 & -2 & -2\\ 2 & 1 & 1\\ -1 & 1 & 0\end{vmatrix}=-5.$$

故方程组的解为

$$x_1=\frac{D_1}{D}=1,\quad x_2=\frac{D_2}{D}=2,\quad x_3=\frac{D_3}{D}=1.$$ ■

从上面的例子可以看出,对于未知量个数与方程个数相等的线性方程组(1.1)和线性方程组(1.5),如果它们的系数行列式不等于0,用行列式求解是方便的.

在实际应用中,遇到的线性方程组所包含的未知量常常多于三个,而且在某些理论研究中往往需要考虑 n 个未知量的线性方程组的求解问题,我们自然希望能把上面二元和三元线性方程组的解法推广到包含 n 个未知量 n 个方程的线性方程组.为此首先要把二阶和三阶行列式加以推广,引入 n 阶行列式的概念.

1.1.2 排列

n 阶行列式的定义和研究,需要用到排列的某些事实.作为预备知识,本小节介绍排列的概念及其基本性质.

把 n 个不同的元素按一定顺序排成一行,叫做这 n 个元素的一个**排列**.为了方便起见,用 n 个自然数 $1,2,\cdots,n$ 代表 n 个不同的元素来讨论有关排列的性质.

定义 1.1 由 $1,2,\cdots,n$ 组成的有序数组称为一个 **n 阶排列**(permutation).通常用 $j_1j_2\cdots j_n$ 表示 n 阶排列.

如 2341 是一个四阶排列,25134 是一个五阶排列.n 阶排列共有 $n!$ 个.$12\cdots n$ 是一个 n 阶排列,它具有自然顺序,称为**自然排列**,在这个排列中的任何两个数,小的数总排在大的数的前面.

定义 1.2 一个排列中,如果一个大的数排在小的数之前,就称这两个数构成一个**逆序**.一个排列的逆序总数称为这个排列的**逆序数**.以后用 $\tau(j_1j_2\cdots j_n)$ 表示排列 $j_1j_2\cdots j_n$ 的逆序数.

如果一个排列的逆序数是偶数,则称这个排列为**偶排列**,否则称为**奇排列**.

例 1.3 在四阶排列 2341 中,共有逆序 21,31,41,即 $\tau(2341)=3$,所以 2341 是奇排列.

在五阶排列 25134 中,共有逆序 21,51,53,54,即 $\tau(25134)=4$,所以 25134 是偶排列. ■

例 1.4 自然排列 $12\cdots n$ 的逆序数 $\tau(12\cdots n)=0$,所以 $12\cdots n$ 是偶排列,而 n 阶排列 $n(n-1)\cdots 21$ 的逆序数

$$\tau(n(n-1)\cdots 21)=(n-1)+(n-2)+\cdots+1=\frac{1}{2}n(n-1),$$

所以当 $n=4k$ 或 $4k+1$ 时,$n(n-1)\cdots 21$ 是偶排列,而当 $n=4k+2$ 或 $4k+3$ 时,$n(n-1)\cdots 21$ 是奇排列. ■

在一个排列中,对换其中某两个数,而保持其余的数不动,就得到另一个排列.这种操作称为一个**对换**.

例 1.5 五阶偶排列 25134 经过 2,5 对换变成排列 52134,容易计算 $\tau(52134)=5$,所以 52134 是奇排列. ■

关于对换对排列奇偶性的影响,有下述一般性结论.

定理 1.1 对换改变排列的奇偶性,即经过一次对换,奇排列变成偶排列,偶排列变成奇排列.

证 先考虑一种特殊情形,即对换的两个数在排列中是相邻的,设排列

$$\cdots jk\cdots \tag{1.8}$$

经对换 j,k 变成排列

$$\cdots kj\cdots, \tag{1.9}$$

这里"…"表示那些在对换下保持不动的数.显然,这些数之间以及这些数与 j,k 之间是否构成逆序的情况在排列(1.8)和排列(1.9)中是相同的.故只需考虑数对 j,k.若 j,k 在排列(1.8)中构成逆序,则它们在排列(1.9)中不构成逆序;反之,若 j,k 在排列(1.8)中不构成逆序,则它们在排列(1.9)中构成逆序.由此可知,无论是哪种情形,排列(1.8)和排列(1.9)的逆序数总相差 1.因而排列(1.8)和排列(1.9)有相反的奇偶性.

再考虑一般情形.设排列

$$\cdots ji_1i_2\cdots i_sk\cdots \tag{1.10}$$

经对换 j,k 变成排列

$$\cdots ki_1i_2\cdots i_sj\cdots, \tag{1.11}$$

不难看出,这样的对换可以通过 $2s+1$ 次相邻两数的对换来实现.例如

$$\cdots ji_1i_2\cdots i_sk\cdots \xrightarrow{s+1\text{次相邻两数的对换}} \cdots kji_1i_2\cdots i_s\cdots$$
$$\xrightarrow{s\text{次相邻两数的对换}} \cdots ki_1i_2\cdots i_sj\cdots.$$

由于 $2s+1$ 是奇数,且相邻两数的对换改变排列的奇偶性,因此排列(1.10)和排列(1.11)也有相反的奇偶性. ■

定理 1.2 在全部 n 阶排列中($n\geqslant 2$),奇偶排列各占一半.

证 设在全部 n 阶排列中有 s 个奇排列和 t 个偶排列,须证 $s=t$.

将 s 个奇排列的前两个数对换,则这 s 个奇排列全变成偶排列,并且它们彼此不同,所以 $s\leqslant t$.若将 t 个偶排列的前两个数对换,则这 t 个偶排列全变成奇排列,并且它们彼此不同,于是又有 $t\leqslant s$.故必有 $s=t$. ■

定理 1.3 任意一个 n 阶排列可经过一系列对换变成自然排列,并且所作对换次数的奇偶性与这个排列的奇偶性相同.

证 对排列的阶数 n 作数学归纳法,当 $n=1$ 时,结论显然成立.设对 $n-1$ 阶排列结论成立,现在考虑 n 阶排列的情形.

设 $j_1j_2\cdots j_n$ 是任意一个 n 阶排列.分两种情形讨论.

(1) 若 $j_n=n$,则 $j_1j_2\cdots j_{n-1}$ 是一个 $n-1$ 阶排列.根据归纳假设,排列 $j_1j_2\cdots j_{n-1}$ 可经过一系列对换变为自然排列.因而排列 $j_1j_2\cdots j_n$ 可经过一系列对换变为自然排列.

(2) 若 $j_n\neq n$,则在排列 $j_1j_2\cdots j_n$ 中先对换 j_n 和 n,使排列 $j_1j_2\cdots j_n$ 变成 $j_1'j_2'\cdots j_{n-1}'n$,这就归结为前面的情形.根据前面的结论可知排列 $j_1j_2\cdots j_n$ 也可经过一系列对换变成自然排列.

根据归纳法原理,对任意自然数 n,结论成立.

由于 $12\cdots n$ 是偶排列,且对换改变排列的奇偶性,所以将一个偶(奇)排列 $j_1j_2\cdots j_n$ 变为自然排列需要作偶(奇)数次对换.即将排列 $j_1j_2\cdots j_n$ 变成自然排列所作对换次数的奇偶性与排列 $j_1j_2\cdots j_n$ 的奇偶性相同. ■

1.1.3 n 阶行列式的定义

在给出 n 阶行列式的定义之前,先考察一下二阶和三阶行列式的定义是有益处的.回顾(1.3)式和(1.6)式:

$$\begin{vmatrix} a_{11} & a_{12} \\ a_{21} & a_{22} \end{vmatrix} = a_{11}a_{22}-a_{12}a_{21},$$

$$\begin{vmatrix} a_{11} & a_{12} & a_{13} \\ a_{21} & a_{22} & a_{23} \\ a_{31} & a_{32} & a_{33} \end{vmatrix} = a_{11}a_{22}a_{33}+a_{12}a_{23}a_{31}+a_{13}a_{21}a_{32}-a_{13}a_{22}a_{31}-a_{12}a_{21}a_{33}-a_{11}a_{23}a_{32}.$$

我们看到二阶和三阶行列式都是一些项的代数和.现在来看一下这些代数和中各项的构成以及各项前所带的正负号的确定有什么规律性.以三阶行列式为例,通过对展开式(1.6)的仔细观察,不难发现:

(1) 三阶行列式的展开式(1.6)中共有 $3!=6$ 项,其中的每一项都是行列式中位于不同行不同列的三个元素的乘积,并且每个这样的乘积都出现在展开式(1.6)中.

(2) 在展开式(1.6)中,前面带正号的项和带负号的项各占一半.不难直接验证,展开式(1.6)中各项前所带的符号是由下述方式确定的.将展开式(1.6)的一般项写成

$$a_{1j_1}a_{2j_2}a_{3j_3}, \tag{1.12}$$

其中 $j_1j_2j_3$ 是 1,2,3 的一个排列.于是,在行指标构成自然排列的情况下,当列指标所成的排列 $j_1j_2j_3$ 是偶排列时,项(1.12)的前面带正号;而当 $j_1j_2j_3$ 是奇排列时,项(1.12)的前面

带负号.

根据这些观察,三阶行列式的展开式(1.6)可写成

$$\begin{vmatrix} a_{11} & a_{12} & a_{13} \\ a_{21} & a_{22} & a_{23} \\ a_{31} & a_{32} & a_{33} \end{vmatrix} = \sum_{j_1j_2j_3} (-1)^{\tau(j_1j_2j_3)} a_{1j_1}a_{2j_2}a_{3j_3},$$

这里 $\sum\limits_{j_1j_2j_3}$ 表示对所有三阶排列求和①. 类似地观察可知,二阶行列式的展开式(1.3)可写成

$$\begin{vmatrix} a_{11} & a_{12} \\ a_{21} & a_{22} \end{vmatrix} = \sum_{j_1j_2} (-1)^{\tau(j_1j_2)} a_{1j_1}a_{2j_2},$$

其中 $\sum\limits_{j_1j_2}$ 表示对所有二阶排列求和.

以上对二阶和三阶行列式定义的分析,启发我们引入如下的 n 阶行列式(determinant)的定义.

---

① $\sum$ 是总和符号, $\sum\limits_{i=1}^{n} a_i$ 表示 $a_1+a_2+\cdots+a_n$,其中 i 称为总和的指标,它是个虚拟变量,可由其他字母替代,因此 $\sum\limits_{i=1}^{n} a_i = \sum\limits_{j=1}^{n} a_j = \sum\limits_{k=1}^{n} a_k$. 例如, $a_1=1, a_2=2, a_3=3$,则 $\sum\limits_{i=1}^{3} a_i = a_1+a_2+a_3=1+2+3=6$. 又有

$$\sum_{i=1}^{n} a_ix_i = a_1x_1+a_2x_2+\cdots+a_nx_n.$$

容易证明,总和符号满足下列性质:

$$\sum_{i=1}^{n}(a_i+b_i)x_i = \sum_{i=1}^{n}a_ix_i + \sum_{i=1}^{n}b_ix_i;$$

$$\sum_{i=1}^{n}k(a_ix_i) = k\left(\sum_{i=1}^{n}a_ix_i\right).$$

此外,还有双重总和的形式 $\sum\limits_{j=1}^{m}\sum\limits_{i=1}^{n}a_{ij}$,表示先对 i 求和,再对 j 求总和,例如

$$\sum_{j=1}^{3}\sum_{i=1}^{2}a_{ij} = \sum_{j=1}^{3}\left(\sum_{i=1}^{2}a_{ij}\right) = \sum_{j=1}^{3}(a_{1j}+a_{2j}) = (a_{11}+a_{21})+(a_{12}+a_{22})+(a_{13}+a_{23}),$$

$$\sum_{i=1}^{2}\sum_{j=1}^{3}a_{ij} = \sum_{i=1}^{2}\left(\sum_{j=1}^{3}a_{ij}\right) = \sum_{i=1}^{2}(a_{i1}+a_{i2}+a_{i3}) = (a_{11}+a_{12}+a_{13})+(a_{21}+a_{22}+a_{23}).$$

不难证明下列一般式子成立,

$$\sum_{j=1}^{m}\sum_{i=1}^{n}a_{ij} = \sum_{i=1}^{n}\sum_{j=1}^{m}a_{ij}.$$

这个式子可以这样解释,先把 mn 个数 a_{ij} 排成 n 行 m 列的矩形表, $\sum\limits_{j=1}^{m}\sum\limits_{i=1}^{n}a_{ij}$ 表示把表中的元素先按列相加,再把每列的和加起来得到表中所有元素的总和. $\sum\limits_{i=1}^{n}\sum\limits_{j=1}^{m}a_{ij}$ 则表示先按行相加,再把行和加起来,得到的也是表中所有元素的总和,显然它们应该相等.

定义 1.3 n 阶行列式

$$\begin{vmatrix} a_{11} & a_{12} & \cdots & a_{1n} \\ a_{21} & a_{22} & \cdots & a_{2n} \\ \vdots & \vdots & & \vdots \\ a_{n1} & a_{n2} & \cdots & a_{nn} \end{vmatrix} \tag{1.13}$$

等于所有取自不同行不同列的 n 个元素的乘积

$$a_{1j_1}a_{2j_2}\cdots a_{nj_n} \tag{1.14}$$

的代数和，这里 $j_1j_2\cdots j_n$ 是 $1,2,\cdots,n$ 的一个排列. 每个项(1.14)的前面带有正负号. 当 $j_1j_2\cdots j_n$ 是偶排列时，项(1.14)的前面带正号；当 $j_1j_2\cdots j_n$ 是奇排列时，项(1.14)的前面带负号. 上述定义可表示为

$$\begin{vmatrix} a_{11} & a_{12} & \cdots & a_{1n} \\ a_{21} & a_{22} & \cdots & a_{2n} \\ \vdots & \vdots & & \vdots \\ a_{n1} & a_{n2} & \cdots & a_{nn} \end{vmatrix} = \sum_{j_1j_2\cdots j_n}(-1)^{\tau(j_1j_2\cdots j_n)}a_{1j_1}a_{2j_2}\cdots a_{nj_n}, \tag{1.15}$$

这里 $\sum\limits_{j_1j_2\cdots j_n}$ 表示对所有 n 阶排列求和. 式(1.15)称为 n 阶行列式(1.13)的完全展开式.

由定义可以看出，直接利用定义计算 n 阶行列式，首先必须找出所有可能的由位于行列式中不同行不同列的 n 个元素构成的乘积，它们总共有 $n!$ 项；其次，要把每个乘积中的 n 个元素按行指标的自然顺序排好，然后由列指标所成的排列的奇偶性来决定这一项前面所带的符号.

例 1.6 计算上三角行列式

$$\begin{vmatrix} a_{11} & a_{12} & \cdots & a_{1n} \\ 0 & a_{22} & \cdots & a_{2n} \\ \vdots & \vdots & \ddots & \vdots \\ 0 & 0 & \cdots & a_{nn} \end{vmatrix}.$$

解 上三角行列式是指主对角线(从左上角到右下角的对角线)以下的元素全为 0 的行列式. n 阶行列式的项的一般形式是

$$a_{1j_1}a_{2j_2}\cdots a_{nj_n}.$$

对于上三角行列式，第 n 行中当 $j_n\neq n$ 时，$a_{nj_n}=0$，故只需考虑 $j_n=n$ 的项即可. 又因为在第 $n-1$ 行中，当 $j_{n-1}\neq n-1,n$ 时 $a_{n-1,j_{n-1}}=0$，故只需考虑 $j_{n-1}=n-1$ 和 n 两种情形. 但是 $j_n=n$，并且 $j_{n-1}\neq j_n$，故必有 $j_{n-1}=n-1$. 以此类推，可知在展开式中只有唯一的项

$$a_{11}a_{22}\cdots a_{nn}$$

可能不为 0. 这一项行指标已按自然顺序排好，列指标所成的排列是 $1,2,\cdots,n$，所以

$$\begin{vmatrix} a_{11} & a_{12} & \cdots & a_{1n} \\ 0 & a_{22} & \cdots & a_{2n} \\ \vdots & \vdots & \ddots & \vdots \\ 0 & 0 & \cdots & a_{nn} \end{vmatrix} = (-1)^{\tau(12\cdots n)} a_{11}a_{22}\cdots a_{nn} = a_{11}a_{22}\cdots a_{nn}. \quad \blacksquare$$

这个例子说明上三角行列式等于主对角线上元素的乘积.

作为上三角行列式的特例,对角行列式(主对角线以外的元素均为零)

$$\begin{vmatrix} d_1 & 0 & \cdots & 0 \\ 0 & d_2 & \cdots & 0 \\ \vdots & \vdots & \ddots & \vdots \\ 0 & 0 & \cdots & d_n \end{vmatrix} = d_1d_2\cdots d_n.$$

用类似于例 1.6 中的讨论,可得

$$\begin{vmatrix} 0 & \cdots & 0 & a_{1n} \\ 0 & \cdots & a_{2,n-1} & a_{2n} \\ \vdots & \iddots & \vdots & \vdots \\ a_{n1} & \cdots & a_{n,n-1} & a_{nn} \end{vmatrix} = (-1)^{\frac{n(n-1)}{2}} a_{1n}a_{2,n-1}\cdots a_{n1}.$$

例 1.7 试证

$$D = \begin{vmatrix} a_{11} & a_{12} & a_{13} & a_{14} & a_{15} \\ a_{21} & a_{22} & a_{23} & a_{24} & a_{25} \\ a_{31} & a_{32} & 0 & 0 & 0 \\ a_{41} & a_{42} & 0 & 0 & 0 \\ a_{51} & a_{52} & 0 & 0 & 0 \end{vmatrix} = 0.$$

证 注意到当 $k \geqslant 3$ 时,有 $a_{3k}=a_{4k}=a_{5k}=0$. 行列式 D 的展开式中的项的一般形式是

$$a_{1j_1}a_{2j_2}a_{3j_3}a_{4j_4}a_{5j_5}.$$

由于 j_3, j_4, j_5 互不相同,故其中至少有一个大于或等于 3,于是上面的乘积中的元素 a_{3j_3}, a_{4j_4}, a_{5j_5} 至少有一个为 0,所以 D 的展开式中的每一项都是 0. 故行列式 $D=0$. ■

作为本节的结束,我们对 n 阶行列式的展开式(1.15)中各项前所带符号的确定方法作一点补充说明.

取 n 阶行列式的展开式(1.15)中的一项 $a_{1j_1}a_{2j_2}\cdots a_{nj_n}$,若任意调换其中因子的次序,得到

$$a_{i_1k_1}a_{i_2k_2}\cdots a_{i_nk_n}, \tag{1.16}$$

这时,上述乘积中的行指标和列指标分别构成排列 $i_1i_2\cdots i_n$ 和 $k_1k_2\cdots k_n$,它们的逆序数之间有如下关系:

$$(-1)^{\tau(j_1j_2\cdots j_n)} = (-1)^{\tau(i_1i_2\cdots i_n)+\tau(k_1k_2\cdots k_n)}.$$

证 只需证 $\tau(j_1j_2\cdots j_n)$ 和 $\tau(i_1i_2\cdots i_n)+\tau(k_1k_2\cdots k_n)$ 有相同的奇偶性. 由于对调乘积

$a_{i_1k_1}a_{i_2k_2}\cdots a_{i_nk_n}$中任意两个因子时，排列$i_1i_2\cdots i_n$和$k_1k_2\cdots k_n$同时作了一次对换，于是$\tau(i_1i_2\cdots i_n)$和$\tau(k_1k_2\cdots k_n)$同时改变奇偶性. 因而$\tau(i_1i_2\cdots i_n)+\tau(k_1k_2\cdots k_n)$的奇偶性不变. 又因为$a_{1j_1}a_{2j_2}\cdots a_{nj_n}$可由$a_{i_1k_1}a_{i_2k_2}\cdots a_{i_nk_n}$经有限次对调得到，所以$\tau(i_1i_2\cdots i_n)+\tau(k_1k_2\cdots k_n)$与$\tau(12\cdots n)+\tau(j_1j_2\cdots j_n)$有相同的奇偶性. ■

由上述补充说明可知，若$a_{1j_1}a_{2j_2}\cdots a_{nj_n}$经调换因子的次序，得到$a_{i_11}a_{i_22}\cdots a_{i_nn}$，则有

$$(-1)^{\tau(j_1j_2\cdots j_n)}a_{1j_1}a_{2j_2}\cdots a_{nj_n}=(-1)^{\tau(i_1i_2\cdots i_n)}a_{i_11}a_{i_22}\cdots a_{i_nn}.$$

于是我们得到行列式(1.13)按列的自然顺序的展开式为

$$\begin{vmatrix} a_{11} & a_{12} & \cdots & a_{1n} \\ a_{21} & a_{22} & \cdots & a_{2n} \\ \vdots & \vdots & & \vdots \\ a_{n1} & a_{n2} & \cdots & a_{nn} \end{vmatrix}=\sum_{i_1i_2\cdots i_n}(-1)^{\tau(i_1i_2\cdots i_n)}a_{i_11}a_{i_22}\cdots a_{i_nn}. \tag{1.17}$$

1.2 行列式的性质及应用

1.2.1 行列式的性质

当行列式的阶数n较大时，直接用定义计算行列式不是一件容易的事，为了简化行列式的计算，需要讨论行列式的性质. 下面介绍的行列式的基本性质不仅可以用于行列式的计算，而且对行列式的理论研究也是很重要的.

性质1 行列互换，行列式的值不变，即

$$\begin{vmatrix} a_{11} & a_{12} & \cdots & a_{1n} \\ a_{21} & a_{22} & \cdots & a_{2n} \\ \vdots & \vdots & & \vdots \\ a_{n1} & a_{n2} & \cdots & a_{nn} \end{vmatrix}=\begin{vmatrix} a_{11} & a_{21} & \cdots & a_{n1} \\ a_{12} & a_{22} & \cdots & a_{n2} \\ \vdots & \vdots & & \vdots \\ a_{1n} & a_{2n} & \cdots & a_{nn} \end{vmatrix}.$$

证 在上式右端，元素a_{ij}位于第j行第i列，将右端按列的自然顺序展开，即得

$$右端=\sum_{j_1j_2\cdots j_n}(-1)^{\tau(j_1j_2\cdots j_n)}a_{1j_1}a_{2j_2}\cdots a_{nj_n}=左端.$$ ■

性质1说明，在行列式中，行和列的地位是对称的. 根据性质1可知，行列式的关于行的性质，对列同样成立，所以下面只讨论行列式的关于行的性质.

性质2

$$\begin{vmatrix} a_{11} & a_{12} & \cdots & a_{1n} \\ \vdots & \vdots & & \vdots \\ ka_{p1} & ka_{p2} & \cdots & ka_{pn} \\ \vdots & \vdots & & \vdots \\ a_{n1} & a_{n2} & \cdots & a_{nn} \end{vmatrix}=k\begin{vmatrix} a_{11} & a_{12} & \cdots & a_{1n} \\ \vdots & \vdots & & \vdots \\ a_{p1} & a_{p2} & \cdots & a_{pn} \\ \vdots & \vdots & & \vdots \\ a_{n1} & a_{n2} & \cdots & a_{nn} \end{vmatrix}.$$

即用一个数乘行列式的某一行等于用这个数乘此行列式，或者说行列式的某一行有公因子可以提出来.

证

$$\begin{aligned}\text{左端}&=\sum_{j_1j_2\cdots j_n}(-1)^{\tau(j_1j_2\cdots j_n)}a_{1j_1}\cdots(ka_{pj_p})\cdots a_{nj_n}\\&=k\sum_{j_1j_2\cdots j_n}(-1)^{\tau(j_1j_2\cdots j_n)}a_{1j_1}\cdots a_{pj_p}\cdots a_{nj_n}\\&=\text{右端}.\end{aligned}$$ ■

推论　若行列式的某一行元素全为 0，则行列式等于 0.

性质 3

$$\begin{vmatrix}a_{11} & a_{12} & \cdots & a_{1n}\\ \vdots & \vdots & & \vdots\\ a_{p1}+a'_{p1} & a_{p2}+a'_{p2} & \cdots & a_{pn}+a'_{pn}\\ \vdots & \vdots & & \vdots\\ a_{n1} & a_{n2} & \cdots & a_{nn}\end{vmatrix}$$

$$=\begin{vmatrix}a_{11} & a_{12} & \cdots & a_{1n}\\ \vdots & \vdots & & \vdots\\ a_{p1} & a_{p2} & \cdots & a_{pn}\\ \vdots & \vdots & & \vdots\\ a_{n1} & a_{n2} & \cdots & a_{nn}\end{vmatrix}+\begin{vmatrix}a_{11} & a_{12} & \cdots & a_{1n}\\ \vdots & \vdots & & \vdots\\ a'_{p1} & a'_{p2} & \cdots & a'_{pn}\\ \vdots & \vdots & & \vdots\\ a_{n1} & a_{n2} & \cdots & a_{nn}\end{vmatrix}.$$

即如果行列式中某一行是两组数的和，则这个行列式等于两个行列式之和，这两个行列式分别以这两组数作为该行，而其余各行与原行列式对应各行相同.

证

$$\begin{aligned}\text{左端}&=\sum_{j_1j_2\cdots j_n}(-1)^{\tau(j_1j_2\cdots j_n)}a_{1j_1}\cdots(a_{pj_p}+a'_{pj_p})\cdots a_{nj_n}\\&=\sum_{j_1j_2\cdots j_n}(-1)^{\tau(j_1j_2\cdots j_n)}a_{1j_1}\cdots a_{pj_p}\cdots a_{nj_n}+\sum_{j_1j_2\cdots j_n}(-1)^{\tau(j_1j_2\cdots j_n)}a_{1j_1}\cdots a'_{pj_p}\cdots a_{nj_n}\\&=\text{右端}.\end{aligned}$$ ■

性质 4　对换行列式中两行的位置，行列式反号. 即

$$\begin{vmatrix}a_{11} & a_{12} & \cdots & a_{1n}\\ \vdots & \vdots & & \vdots\\ a_{p1} & a_{p2} & \cdots & a_{pn}\\ \vdots & \vdots & & \vdots\\ a_{q1} & a_{q2} & \cdots & a_{qn}\\ \vdots & \vdots & & \vdots\\ a_{n1} & a_{n2} & \cdots & a_{nn}\end{vmatrix}=-\begin{vmatrix}a_{11} & a_{12} & \cdots & a_{1n}\\ \vdots & \vdots & & \vdots\\ a_{q1} & a_{q2} & \cdots & a_{qn}\\ \vdots & \vdots & & \vdots\\ a_{p1} & a_{p2} & \cdots & a_{pn}\\ \vdots & \vdots & & \vdots\\ a_{n1} & a_{n2} & \cdots & a_{nn}\end{vmatrix}\begin{matrix}\\ \\ (\text{第 } p \text{ 行})\\ \\ (\text{第 } q \text{ 行}).\\ \\ \\ \end{matrix}$$

证　左端 $=\sum\limits_{j_1j_2\cdots j_n}(-1)^{\tau(j_1\cdots j_p\cdots j_q\cdots j_n)}a_{1j_1}\cdots a_{pj_p}\cdots a_{qj_q}\cdots a_{nj_n}$. 显然，上面展开式中的每一

项 $a_{1j_1}\cdots a_{pj_p}\cdots a_{qj_q}\cdots a_{nj_n}$ 也是右端行列式完全展开式中的项，因而左、右两端的行列式的展开式具有相同的项.

现在来看 $a_{1j_1}\cdots a_{pj_p}\cdots a_{qj_q}\cdots a_{nj_n}$ 作为右端展开式的项，前面应带的符号. 注意到 a_{pj_p} 在右端行列式中位于第 q 行，a_{qj_q} 在右端行列式中位于第 p 行，所以 $a_{1j_1}\cdots a_{pj_p}\cdots a_{qj_q}\cdots a_{nj_n}$ 的行指标和列指标所成的排列分别是

$$1\cdots q\cdots p\cdots n \text{ 和 } j_1\cdots j_p\cdots j_q\cdots j_n,$$

注意到 $1\cdots p\cdots q\cdots n$ 为自然排列，于是 $a_{1j_1}\cdots a_{pj_p}\cdots a_{qj_q}\cdots a_{nj_n}$ 作为右端行列式展开式的项，它的前面应带的符号是

$$(-1)^{\tau(1\cdots q\cdots p\cdots n)+\tau(j_1\cdots j_p\cdots j_q\cdots j_n)}=-(-1)^{\tau(j_1\cdots j_p\cdots j_q\cdots j_n)}.$$

所以

$$\text{左端}=\text{右端}.$$ ■

性质 5 如果行列式中有两行成比例，则行列式等于 0. 即

$$\begin{vmatrix} a_{11} & a_{12} & \cdots & a_{1n} \\ \vdots & \vdots & & \vdots \\ a_{p1} & a_{p2} & \cdots & a_{pn} \\ \vdots & \vdots & & \vdots \\ ka_{p1} & ka_{p2} & \cdots & ka_{pn} \\ \vdots & \vdots & & \vdots \\ a_{n1} & a_{n2} & \cdots & a_{nn} \end{vmatrix} \begin{matrix} \\ \\ (\text{第 } p \text{ 行}) \\ \\ (\text{第 } q \text{ 行}) \\ \\ \\ \end{matrix} = 0.$$

证 先证 $k=1$ 的特别情形，根据性质 4，有

$$\begin{vmatrix} a_{11} & a_{12} & \cdots & a_{1n} \\ \vdots & \vdots & & \vdots \\ a_{p1} & a_{p2} & \cdots & a_{pn} \\ \vdots & \vdots & & \vdots \\ a_{p1} & a_{p2} & \cdots & a_{pn} \\ \vdots & \vdots & & \vdots \\ a_{n1} & a_{n2} & \cdots & a_{nn} \end{vmatrix} = -\begin{vmatrix} a_{11} & a_{12} & \cdots & a_{1n} \\ \vdots & \vdots & & \vdots \\ a_{p1} & a_{p2} & \cdots & a_{pn} \\ \vdots & \vdots & & \vdots \\ a_{p1} & a_{p2} & \cdots & a_{pn} \\ \vdots & \vdots & & \vdots \\ a_{n1} & a_{n2} & \cdots & a_{nn} \end{vmatrix}.$$

于是

$$2\begin{vmatrix} a_{11} & a_{12} & \cdots & a_{1n} \\ \vdots & \vdots & & \vdots \\ a_{p1} & a_{p2} & \cdots & a_{pn} \\ \vdots & \vdots & & \vdots \\ a_{p1} & a_{p2} & \cdots & a_{pn} \\ \vdots & \vdots & & \vdots \\ a_{n1} & a_{n2} & \cdots & a_{nn} \end{vmatrix} = 0,$$

所以

$$\begin{vmatrix} a_{11} & a_{12} & \cdots & a_{1n} \\ \vdots & \vdots & & \vdots \\ a_{p1} & a_{p2} & \cdots & a_{pn} \\ \vdots & \vdots & & \vdots \\ a_{p1} & a_{p2} & \cdots & a_{pn} \\ \vdots & \vdots & & \vdots \\ a_{n1} & a_{n2} & \cdots & a_{nn} \end{vmatrix} = 0.$$

再考虑一般情形,根据性质 2 有

$$\begin{vmatrix} a_{11} & a_{12} & \cdots & a_{1n} \\ \vdots & \vdots & & \vdots \\ a_{p1} & a_{p2} & \cdots & a_{pn} \\ \vdots & \vdots & & \vdots \\ ka_{p1} & ka_{p2} & \cdots & ka_{pn} \\ \vdots & \vdots & & \vdots \\ a_{n1} & a_{n2} & \cdots & a_{nn} \end{vmatrix} = k \begin{vmatrix} a_{11} & a_{12} & \cdots & a_{1n} \\ \vdots & \vdots & & \vdots \\ a_{p1} & a_{p2} & \cdots & a_{pn} \\ \vdots & \vdots & & \vdots \\ a_{p1} & a_{p2} & \cdots & a_{pn} \\ \vdots & \vdots & & \vdots \\ a_{n1} & a_{n2} & \cdots & a_{nn} \end{vmatrix} = k \cdot 0 = 0.$$ ■

性质 6 把一行的某个倍数加到另一行,行列式的值不变. 即

$$\begin{vmatrix} a_{11} & a_{12} & \cdots & a_{1n} \\ \vdots & \vdots & & \vdots \\ a_{p1}+ka_{q1} & a_{p2}+ka_{q2} & \cdots & a_{pn}+ka_{qn} \\ \vdots & \vdots & & \vdots \\ a_{q1} & a_{q2} & \cdots & a_{qn} \\ \vdots & \vdots & & \vdots \\ a_{n1} & a_{n2} & \cdots & a_{nn} \end{vmatrix} = \begin{vmatrix} a_{11} & a_{12} & \cdots & a_{1n} \\ \vdots & \vdots & & \vdots \\ a_{p1} & a_{p2} & \cdots & a_{pn} \\ \vdots & \vdots & & \vdots \\ a_{q1} & a_{q2} & \cdots & a_{qn} \\ \vdots & \vdots & & \vdots \\ a_{n1} & a_{n2} & \cdots & a_{nn} \end{vmatrix}.$$

证

$$\text{左端} \xlongequal{\text{性质 } 3} \begin{vmatrix} a_{11} & a_{12} & \cdots & a_{1n} \\ \vdots & \vdots & & \vdots \\ a_{p1} & a_{p2} & \cdots & a_{pn} \\ \vdots & \vdots & & \vdots \\ a_{q1} & a_{q2} & \cdots & a_{qn} \\ \vdots & \vdots & & \vdots \\ a_{n1} & a_{n2} & \cdots & a_{nn} \end{vmatrix} + \begin{vmatrix} a_{11} & a_{12} & \cdots & a_{1n} \\ \vdots & \vdots & & \vdots \\ ka_{q1} & ka_{q2} & \cdots & ka_{qn} \\ \vdots & \vdots & & \vdots \\ a_{q1} & a_{q2} & \cdots & a_{qn} \\ \vdots & \vdots & & \vdots \\ a_{n1} & a_{n2} & \cdots & a_{nn} \end{vmatrix}$$

$$\xlongequal{\text{性质 5}} \begin{vmatrix} a_{11} & a_{12} & \cdots & a_{1n} \\ \vdots & \vdots & & \vdots \\ a_{p1} & a_{p2} & \cdots & a_{pn} \\ \vdots & \vdots & & \vdots \\ a_{q1} & a_{q2} & \cdots & a_{qn} \\ \vdots & \vdots & & \vdots \\ a_{n1} & a_{n2} & \cdots & a_{nn} \end{vmatrix} + 0$$

= 右端. ■

1.2.2 用性质计算行列式的例题

下面通过例子说明如何应用行列式的性质计算行列式.

例 1.8 计算四阶行列式

$$D = \begin{vmatrix} 1 & 1 & -1 & 2 \\ -1 & -1 & -4 & 1 \\ 2 & 4 & -6 & 1 \\ 1 & 2 & 4 & 2 \end{vmatrix}.$$

解

$$D \xlongequal[\substack{r_3 + (-2)r_1 \to r_3 \\ r_4 + (-1)r_1 \to r_4}]{r_2 + r_1 \to r_2} \begin{vmatrix} 1 & 1 & -1 & 2 \\ 0 & 0 & -5 & 3 \\ 0 & 2 & -4 & -3 \\ 0 & 1 & 5 & 0 \end{vmatrix}$$

$$\xlongequal{r_2 \leftrightarrow r_4} - \begin{vmatrix} 1 & 1 & -1 & 2 \\ 0 & 1 & 5 & 0 \\ 0 & 2 & -4 & -3 \\ 0 & 0 & -5 & 3 \end{vmatrix}$$

$$\xlongequal{r_3 + (-2)r_2 \to r_3} - \begin{vmatrix} 1 & 1 & -1 & 2 \\ 0 & 1 & 5 & 0 \\ 0 & 0 & -14 & -3 \\ 0 & 0 & -5 & 3 \end{vmatrix}$$

$$\xlongequal{r_4 + \left(-\frac{5}{14}\right)r_3 \to r_4} - \begin{vmatrix} 1 & 1 & -1 & 2 \\ 0 & 1 & 5 & 0 \\ 0 & 0 & -14 & -3 \\ 0 & 0 & 0 & \frac{57}{14} \end{vmatrix}$$

$$=-1\times1\times(-14)\times\frac{57}{14}$$
$$=57.$$ ■

为了注明每一步所作的变换，用 r_i 表示第 i 行(row)，用记号 $r_2+r_1\to r_2$ 表示第 2 行加第 1 行后取代原来第 2 行；$r_2\leftrightarrow r_4$ 表示第 2 行与第 4 行互换.若作列变换则用 c_i 表示第i 列(column).

注意，在例 1.8 中，利用性质 4 和性质 6 将行列式化为上三角行列式来计算的方法，是计算数字行列式的基本方法.由于这个方法的计算过程完全是规格化的，故可很容易地由计算机来实现，数学软件中对于数字行列式的计算就是按上述过程来完成的.

例 1.9 试证

$$\begin{vmatrix} a_1+b_1 & b_1+c_1 & c_1+a_1 \\ a_2+b_2 & b_2+c_2 & c_2+a_2 \\ a_3+b_3 & b_3+c_3 & c_3+a_3 \end{vmatrix}=2\begin{vmatrix} a_1 & b_1 & c_1 \\ a_2 & b_2 & c_2 \\ a_3 & b_3 & c_3 \end{vmatrix}.$$

证

$$左端\xlongequal{性质 3}\begin{vmatrix} a_1 & b_1+c_1 & c_1+a_1 \\ a_2 & b_2+c_2 & c_2+a_2 \\ a_3 & b_3+c_3 & c_3+a_3 \end{vmatrix}+\begin{vmatrix} b_1 & b_1+c_1 & c_1+a_1 \\ b_2 & b_2+c_2 & c_2+a_2 \\ b_3 & b_3+c_3 & c_3+a_3 \end{vmatrix}$$

$$\xlongequal{性质 3,性质 5}\begin{vmatrix} a_1 & b_1 & c_1+a_1 \\ a_2 & b_2 & c_2+a_2 \\ a_3 & b_3 & c_3+a_3 \end{vmatrix}+\begin{vmatrix} a_1 & c_1 & c_1+a_1 \\ a_2 & c_2 & c_2+a_2 \\ a_3 & c_3 & c_3+a_3 \end{vmatrix}+0+\begin{vmatrix} b_1 & c_1 & c_1+a_1 \\ b_2 & c_2 & c_2+a_2 \\ b_3 & c_3 & c_3+a_3 \end{vmatrix}$$

$$\xlongequal{性质 3,性质 5}\begin{vmatrix} a_1 & b_1 & c_1 \\ a_2 & b_2 & c_2 \\ a_3 & b_3 & c_3 \end{vmatrix}+0+0+0+0+0+\begin{vmatrix} b_1 & c_1 & a_1 \\ b_2 & c_2 & a_2 \\ b_3 & c_3 & a_3 \end{vmatrix}$$

$$\xlongequal{性质 4}2\begin{vmatrix} a_1 & b_1 & c_1 \\ a_2 & b_2 & c_2 \\ a_3 & b_3 & c_3 \end{vmatrix}.$$ ■

例 1.10 计算 n 阶行列式

$$D=\begin{vmatrix} b & a & \cdots & a \\ a & b & \cdots & a \\ \vdots & \vdots & \ddots & \vdots \\ a & a & \cdots & b \end{vmatrix}.$$

解

$$D \xlongequal{c_1+c_2+\cdots+c_n \to c_1} \begin{vmatrix} b+(n-1)a & a & \cdots & a \\ b+(n-1)a & b & \cdots & a \\ \vdots & \vdots & \ddots & \vdots \\ b+(n-1)a & a & \cdots & b \end{vmatrix}$$

$$\xlongequal{\text{性质 2}} (b+(n-1)a) \begin{vmatrix} 1 & a & \cdots & a \\ 1 & b & \cdots & a \\ \vdots & \vdots & \ddots & \vdots \\ 1 & a & \cdots & b \end{vmatrix}$$

$$\xlongequal[i=2,3,\cdots,n]{r_i+(-1)r_1 \to r_i} (b+(n-1)a) \begin{vmatrix} 1 & a & \cdots & a \\ 0 & b-a & \cdots & 0 \\ \vdots & \vdots & \ddots & \vdots \\ 0 & 0 & \cdots & b-a \end{vmatrix}$$

$$= (b+(n-1)a)(b-a)^{n-1}.$$ ■

例 1.11 具有如下形状的行列式

$$\begin{vmatrix} 0 & a_{12} & \cdots & a_{1n} \\ -a_{12} & 0 & \cdots & a_{2n} \\ \vdots & \vdots & \ddots & \vdots \\ -a_{1n} & -a_{2n} & \cdots & 0 \end{vmatrix}$$

称为反对称行列式.试证：奇数阶反对称行列式等于 0.

证 设

$$D = \begin{vmatrix} 0 & a_{12} & \cdots & a_{1n} \\ -a_{12} & 0 & \cdots & a_{2n} \\ \vdots & \vdots & \ddots & \vdots \\ -a_{1n} & -a_{2n} & \cdots & 0 \end{vmatrix}$$

是奇数阶反对称行列式，于是

$$D \xlongequal{\text{性质 1}} \begin{vmatrix} 0 & -a_{12} & \cdots & -a_{1n} \\ a_{12} & 0 & \cdots & -a_{2n} \\ \vdots & \vdots & \ddots & \vdots \\ a_{1n} & a_{2n} & \cdots & 0 \end{vmatrix}$$

$$\xlongequal{\text{性质 2}} (-1)^n \begin{vmatrix} 0 & a_{12} & \cdots & a_{1n} \\ -a_{12} & 0 & \cdots & a_{2n} \\ \vdots & \vdots & \ddots & \vdots \\ -a_{1n} & -a_{2n} & \cdots & 0 \end{vmatrix}$$

$$= (-1)^n D.$$

由于 n 是奇数,所以有 $D=-D$,故 $D=0$. ■

1.3 行列式的展开定理

1.3.1 行列式的展开公式

简化行列式计算的另一条途径是降阶,即把高阶行列式的计算化为低阶行列式的计算.这方面的一个基本工具就是行列式按一行(列)的展开公式.首先引入下面定义.

定义 1.4 在行列式

$$\begin{vmatrix} a_{11} & a_{12} & \cdots & a_{1n} \\ a_{21} & a_{22} & \cdots & a_{2n} \\ \vdots & \vdots & & \vdots \\ a_{n1} & a_{n2} & \cdots & a_{nn} \end{vmatrix}$$

中划去元素 a_{ij} 所在的第 i 行第 j 列,由剩下的元素按原来的排法,构成一个 $n-1$ 阶的行列式

$$\begin{vmatrix} a_{11} & \cdots & a_{1\,j-1} & a_{1\,j+1} & \cdots & a_{1n} \\ \vdots & & \vdots & \vdots & & \vdots \\ a_{i-1\,1} & \cdots & a_{i-1\,j-1} & a_{i-1\,j+1} & \cdots & a_{i-1\,n} \\ a_{i+1\,1} & \cdots & a_{i+1\,j-1} & a_{i+1\,j+1} & \cdots & a_{i+1\,n} \\ \vdots & & \vdots & \vdots & & \vdots \\ a_{n1} & \cdots & a_{n\,j-1} & a_{n\,j+1} & \cdots & a_{nn} \end{vmatrix},$$

称为元素 a_{ij} 的**余子式**,记为 M_{ij}.令

$$A_{ij}=(-1)^{i+j}M_{ij},$$

A_{ij} 称为元素 a_{ij} 的**代数余子式**.

例 1.12 求行列式

$$D=\begin{vmatrix} 1 & 2 & 0 & 1 \\ 1 & 3 & 1 & -1 \\ -1 & 0 & 2 & 1 \\ 3 & -1 & 0 & 1 \end{vmatrix}$$

的代数余子式 A_{11}, A_{12}, A_{13}.

解

$$M_{11}=\begin{vmatrix} 3 & 1 & -1 \\ 0 & 2 & 1 \\ -1 & 0 & 1 \end{vmatrix}=3,\quad A_{11}=(-1)^{1+1}M_{11}=3;$$

$$M_{12}=\begin{vmatrix}1&1&-1\\-1&2&1\\3&0&1\end{vmatrix}=12,\quad A_{12}=(-1)^{1+2}M_{12}=-12;$$

$$M_{13}=\begin{vmatrix}1&3&-1\\-1&0&1\\3&-1&1\end{vmatrix}=12,\quad A_{13}=(-1)^{1+3}M_{13}=12.$$ ■

定理 1.4 n 阶行列式

$$D=\begin{vmatrix}a_{11}&a_{12}&\cdots&a_{1n}\\a_{21}&a_{22}&\cdots&a_{2n}\\\vdots&\vdots&&\vdots\\a_{n1}&a_{n2}&\cdots&a_{nn}\end{vmatrix}$$

等于它的任意一行的所有元素与它们的代数余子式的乘积之和,即

$$D=a_{k1}A_{k1}+a_{k2}A_{k2}+\cdots+a_{kn}A_{kn}\quad(k=1,2,\cdots,n).$$

证 将上式右端完全展开得到一个包含 $n(n-1)!=n!$ 项的代数和.由于这个代数和中的每个项都是 D 的完全展开式中的项,并且它们两两不同,所以两端的展开式中包含的项相同.下面证明在两端的展开式中,这些项前面所带的符号也相同.

$a_{kj}A_{kj}$ 的展开式中的一般项可写成

$$a_{kj}a_{1j_1}\cdots a_{k-1\,j_{k-1}}a_{k+1\,j_{k+1}}\cdots a_{nj_n},$$

这里 $j_1\cdots j_{k-1}j_{k+1}\cdots j_n$ 是 $1,\cdots,j-1,j+1,\cdots,n$ 的一个排列.在右端的展开式中,这项前面所带的符号是

$$\begin{aligned}(-1)^{k+j}(-1)^{\tau(j_1\cdots j_{k-1}j_{k+1}\cdots j_n)}&=(-1)^{(k-1)+(j-1)}(-1)^{\tau(j_1\cdots j_{k-1}j_{k+1}\cdots j_n)}\\&=(-1)^{\tau(k1\cdots k-1\,k+1\cdots n)+\tau(jj_1\cdots j_{k-1}j_{k+1}\cdots j_n)}.\end{aligned}$$

这正好是在 D 的完全展开式中 $a_{kj}a_{1j_1}\cdots a_{k-1\,j_{k-1}}a_{k+1\,j_{k+1}}\cdots a_{nj_n}$ 前面所带的符号. ■

定理 1.5 n 阶行列式

$$D=\begin{vmatrix}a_{11}&a_{12}&\cdots&a_{1n}\\\vdots&\vdots&&\vdots\\a_{i1}&a_{i2}&\cdots&a_{in}\\\vdots&\vdots&&\vdots\\a_{k1}&a_{k2}&\cdots&a_{kn}\\\vdots&\vdots&&\vdots\\a_{n1}&a_{n2}&\cdots&a_{nn}\end{vmatrix}$$

中某一行的所有元素与另一行相应元素的代数余子式乘积之和等于0,即

$$a_{i1}A_{k1}+a_{i2}A_{k2}+\cdots+a_{in}A_{kn}=0,\quad k\neq i.$$

证 考虑行列式

$$D_1 = \begin{vmatrix} a_{11} & a_{12} & \cdots & a_{1n} \\ \vdots & \vdots & & \vdots \\ a_{i1} & a_{i2} & \cdots & a_{in} \\ \vdots & \vdots & & \vdots \\ a_{i1} & a_{i2} & \cdots & a_{in} \\ \vdots & \vdots & & \vdots \\ a_{n1} & a_{n2} & \cdots & a_{nn} \end{vmatrix} \begin{matrix} \\ \\ (\text{第 } i \text{ 行}) \\ \\ (\text{第 } k \text{ 行}) \\ \\ \\ \end{matrix}$$

并将 D_1 按第 k 行展开即得

$$D_1 = a_{i1}A_{k1} + a_{i2}A_{k2} + \cdots + a_{in}A_{kn}.$$

由于 D_1 中有两行相同，所以 $D_1=0$. 故

$$a_{i1}A_{k1} + a_{i2}A_{k2} + \cdots + a_{in}A_{kn} = 0, \quad k \neq i.$$ ■

综上所述，得到下述关系式

$$\sum_{s=1}^{n} a_{is}A_{ks} = \begin{cases} D, & i = k, \\ 0, & i \neq k. \end{cases} \tag{1.18}$$

引入符号 δ_{ik}（读作 kronecker delta）：

$$\delta_{ik} = \begin{cases} 1, & i = k, \\ 0, & i \neq k, \end{cases}$$

(1.18)式又可写作

$$\sum_{s=1}^{n} a_{is}A_{ks} = \delta_{ik}D.$$

利用行列式的行和列地位的对称性，可得出关于列的相应结果.

定理 1.6 设 n 阶行列式

$$D = \begin{vmatrix} a_{11} & a_{12} & \cdots & a_{1n} \\ a_{21} & a_{22} & \cdots & a_{2n} \\ \vdots & \vdots & & \vdots \\ a_{n1} & a_{n2} & \cdots & a_{nn} \end{vmatrix},$$

则 D 的任一列的所有元素与它们对应的代数余子式乘积之和等于 D，而 D 中某列的所有元素与另一列相应元素的代数余子式乘积之和等于 0. 即有

$$\sum_{s=1}^{n} a_{si}A_{sk} = \begin{cases} D, & i = k, \\ 0, & i \neq k. \end{cases} \tag{1.19}$$

或

$$\sum_{s=1}^{n} a_{si}A_{sk} = \delta_{ik}D.$$ ■

关系式(1.18)和(1.19)是行列式理论中非常基本的关系式,它不仅可以用于简化行列式的计算,而且也是理论研究的重要工具.

1.3.2 利用展开公式计算行列式的例题

不难看出,直接用行列式按一行(列)的展开公式计算行列式,只是把 n 阶行列式的计算化为 n 个 $n-1$ 阶行列式的计算,一般说来,并没有减少多少计算量.但是,如果行列式中某一行或列有足够多的元素是0,对这样的行或列应用展开公式则可以使计算量有显著减少.因此,在计算行列式时,总是把这些展开公式与行列式性质配合使用,先利用行列式性质将某行或列化出足够多的0,然后再对这样的行或列应用展开公式.

例 1.13 计算四阶行列式

$$\begin{vmatrix} 1 & 0 & -1 & 2 \\ -2 & 1 & 3 & 1 \\ 0 & 2 & 0 & -2 \\ 1 & 3 & 4 & -2 \end{vmatrix}.$$

解

$$\begin{vmatrix} 1 & 0 & -1 & 2 \\ -2 & 1 & 3 & 1 \\ 0 & 2 & 0 & -2 \\ 1 & 3 & 4 & -2 \end{vmatrix} \xlongequal{c_4+c_2\to c_4} \begin{vmatrix} 1 & 0 & -1 & 2 \\ -2 & 1 & 3 & 2 \\ 0 & 2 & 0 & 0 \\ 1 & 3 & 4 & 1 \end{vmatrix}$$

$$= 2(-1)^{3+2}\begin{vmatrix} 1 & -1 & 2 \\ -2 & 3 & 2 \\ 1 & 4 & 1 \end{vmatrix} = -2\begin{vmatrix} 1 & -1 & 2 \\ 0 & 1 & 6 \\ 0 & 5 & -1 \end{vmatrix}$$

$$= -2(-1)^{1+1}\begin{vmatrix} 1 & 6 \\ 5 & -1 \end{vmatrix} = -2\times(-31) = 62.$$ ■

例 1.14 计算 n 阶行列式

$$\begin{vmatrix} 1 & 2 & 3 & \cdots & n \\ 2 & 3 & 4 & \cdots & 1 \\ 3 & 4 & 5 & \cdots & 2 \\ \vdots & \vdots & \vdots & & \vdots \\ n & 1 & 2 & \cdots & n-1 \end{vmatrix}.$$

解

$$\begin{vmatrix} 1 & 2 & 3 & \cdots & n \\ 2 & 3 & 4 & \cdots & 1 \\ 3 & 4 & 5 & \cdots & 2 \\ \vdots & \vdots & \vdots & & \vdots \\ n & 1 & 2 & \cdots & n-1 \end{vmatrix} = \frac{n(n+1)}{2}\begin{vmatrix} 1 & 2 & 3 & \cdots & n \\ 1 & 3 & 4 & \cdots & 1 \\ 1 & 4 & 5 & \cdots & 2 \\ \vdots & \vdots & \vdots & & \vdots \\ 1 & 1 & 2 & \cdots & n-1 \end{vmatrix}$$

（将第 2 列到第 n 列都加到第 1 列，并提出公因子）

$$= \frac{n(n+1)}{2}\begin{vmatrix} 1 & 2 & 3 & \cdots & n \\ 0 & 1 & 1 & \cdots & 1-n \\ 0 & 1 & 1 & \cdots & 1 \\ \vdots & \vdots & \vdots & & \vdots \\ 0 & 1-n & 1 & \cdots & 1 \end{vmatrix}$$

（从最后一行起，每行减去它前面一行）

$$= \frac{n(n+1)}{2}\begin{vmatrix} 1 & 1 & \cdots & 1-n \\ 1 & 1 & \cdots & 1 \\ \vdots & \vdots & & \vdots \\ 1-n & 1 & \cdots & 1 \end{vmatrix}_{n-1\text{ 阶}}$$

（对第 1 列应用展开公式）

$$= \frac{n(n+1)}{2}\begin{vmatrix} -1 & 1 & \cdots & 1-n \\ -1 & 1 & \cdots & 1 \\ \vdots & \vdots & & \vdots \\ -1 & 1 & \cdots & 1 \end{vmatrix}$$

（将第 2 列到第 $n-1$ 列都加到第 1 列）

$$= \frac{n(n+1)}{2}\begin{vmatrix} 0 & 0 & \cdots & 0 & -n \\ 0 & 0 & \cdots & -n & 0 \\ \vdots & \vdots & \ddots & \vdots & \vdots \\ 0 & -n & \cdots & 0 & 0 \\ -1 & 1 & \cdots & 1 & 1 \end{vmatrix}$$

（从第一行起，每行减去最后一行）

$$= \frac{n(n+1)}{2}(-1)^{\frac{(n-1)(n-2)}{2}}(-1)^{n-1}n^{n-2}$$

$$= (-1)^{\frac{n(n-1)}{2}} \cdot \frac{n^{n-1}(n+1)}{2}.$$

■

例 1.15 试证范德蒙德(Vandermonde)行列式

$$\begin{vmatrix} 1 & 1 & 1 & \cdots & 1 \\ a_1 & a_2 & a_3 & \cdots & a_n \\ a_1^2 & a_2^2 & a_3^2 & \cdots & a_n^2 \\ \vdots & \vdots & \vdots & & \vdots \\ a_1^{n-1} & a_2^{n-1} & a_3^{n-1} & \cdots & a_n^{n-1} \end{vmatrix} = \prod_{1\leqslant j<i\leqslant n}(a_i - a_j). \tag{1.20}$$

证 对行列式阶数作数学归纳法. 当 $n=2$ 时,有

$$\begin{vmatrix} 1 & 1 \\ a_1 & a_2 \end{vmatrix} = a_2 - a_1,$$

结论成立. 假设对 $n-1$ 阶范德蒙德行列式结论成立,考虑 n 阶的情形. 简记 n 阶范德蒙德行列式为 D,则

$$D = \begin{vmatrix} 1 & 1 & 1 & \cdots & 1 \\ 0 & a_2 - a_1 & a_3 - a_1 & \cdots & a_n - a_1 \\ 0 & a_2^2 - a_1 a_2 & a_3^2 - a_1 a_3 & \cdots & a_n^2 - a_1 a_n \\ \vdots & \vdots & \vdots & & \vdots \\ 0 & a_2^{n-1} - a_1 a_2^{n-2} & a_3^{n-1} - a_1 a_3^{n-2} & \cdots & a_n^{n-1} - a_1 a_n^{n-2} \end{vmatrix}$$

(从第 n 行起,每行减去前一行的 a_1 倍)

$$= \begin{vmatrix} a_2 - a_1 & a_3 - a_1 & \cdots & a_n - a_1 \\ a_2(a_2 - a_1) & a_3(a_3 - a_1) & \cdots & a_n(a_n - a_1) \\ \vdots & \vdots & & \vdots \\ a_2^{n-2}(a_2 - a_1) & a_3^{n-2}(a_3 - a_1) & \cdots & a_n^{n-2}(a_n - a_1) \end{vmatrix}$$

(对第 1 列应用展开公式)

$$= (a_2 - a_1)(a_3 - a_1)\cdots(a_n - a_1) \begin{vmatrix} 1 & 1 & \cdots & 1 \\ a_2 & a_3 & \cdots & a_n \\ a_2^2 & a_3^2 & \cdots & a_n^2 \\ \vdots & \vdots & & \vdots \\ a_2^{n-2} & a_3^{n-2} & \cdots & a_n^{n-2} \end{vmatrix} \quad \text{(提出各列公因子)}$$

$$= (a_2 - a_1)(a_3 - a_1)\cdots(a_n - a_1) \prod_{2 \leqslant j < i \leqslant n} (a_i - a_j)^{①} \quad \text{(归纳法假设)}$$

$$= \prod_{1 \leqslant j < i \leqslant n} (a_i - a_j).$$

■

归纳法是计算 n 阶文字行列式的常用方法. 用归纳法计算 n 阶行列式时,关键一步是求递推公式,行列式按一行(列)的展开公式是这方面的一个基本工具.

例 1.16 计算 n 阶三对角行列式(主对角线及两条辅对角线外的元素均为零)

$$D_n = \begin{vmatrix} \alpha+\beta & \alpha\beta & & & \\ 1 & \alpha+\beta & \alpha\beta & & \\ & 1 & \ddots & \ddots & \\ & & \ddots & \ddots & \alpha\beta \\ & & & 1 & \alpha+\beta \end{vmatrix}.$$

---

① $\prod$ 是连乘符号,$\prod\limits_{i=1}^{n} a_i$ 表示 $a_1 a_2 \cdots a_n$.

解 将 D_n 按第一行展开，得

$$D_n=(\alpha+\beta)D_{n-1}-\alpha\beta\begin{vmatrix}1&\alpha\beta&&&\\0&\alpha+\beta&\alpha\beta&&\\&1&\ddots&\ddots&\\&&\ddots&\ddots&\alpha\beta\\&&&1&\alpha+\beta\end{vmatrix}=(\alpha+\beta)D_{n-1}-\alpha\beta D_{n-2}.$$

把上面的递推公式改写成

$$D_n-\alpha D_{n-1}=\beta(D_{n-1}-\alpha D_{n-2}).$$

利用上式继续递推，可得

$$D_n-\alpha D_{n-1}=\beta^2(D_{n-2}-\alpha D_{n-3})=\cdots=\beta^{n-2}(D_2-\alpha D_1).$$

由于

$$D_2=(\alpha+\beta)^2-\alpha\beta=\alpha^2+\alpha\beta+\beta^2,$$
$$D_1=\alpha+\beta,$$

所以

$$D_2-\alpha D_1=\beta^2.$$

于是

$$D_n-\alpha D_{n-1}=\beta^n.$$

将 n 分别用 $n,n-1,\cdots,2$ 代入，得到

$$\begin{aligned}D_n-\alpha D_{n-1}&=\beta^n,\\D_{n-1}-\alpha D_{n-2}&=\beta^{n-1},\\&\vdots\\D_2-\alpha D_1&=\beta^2.\end{aligned}$$

依次用 $1,\alpha,\cdots,\alpha^{n-2}$ 分别乘上面这些式子，并将它们相加，即得

$$D_n-\alpha^{n-1}D_1=\beta^n+\alpha\beta^{n-1}+\cdots+\alpha^{n-2}\beta^2.$$

再把 $D_1=\alpha+\beta$ 代入上式，并移项，得到

$$D_n=\beta^n+\alpha\beta^{n-1}+\cdots+\alpha^{n-1}\beta+\alpha^n=\begin{cases}(n+1)\alpha^n, & \alpha=\beta,\\ \dfrac{\beta^{n+1}-\alpha^{n+1}}{\beta-\alpha}, & \alpha\neq\beta.\end{cases}$$ ■

例 1.17 试证

$$\begin{vmatrix}a_{11}&a_{12}&\cdots&a_{1k}&0&0&\cdots&0\\a_{21}&a_{22}&\cdots&a_{2k}&0&0&\cdots&0\\\vdots&\vdots&&\vdots&\vdots&\vdots&&\vdots\\a_{k1}&a_{k2}&\cdots&a_{kk}&0&0&\cdots&0\\c_{11}&c_{12}&\cdots&c_{1k}&b_{11}&b_{12}&\cdots&b_{1t}\\c_{21}&c_{22}&\cdots&c_{2k}&b_{21}&b_{22}&\cdots&b_{2t}\\\vdots&\vdots&&\vdots&\vdots&\vdots&&\vdots\\c_{t1}&c_{t2}&\cdots&c_{tk}&b_{t1}&b_{t2}&\cdots&b_{tt}\end{vmatrix}$$

$$=\begin{vmatrix} a_{11} & a_{12} & \cdots & a_{1k} \\ a_{21} & a_{22} & \cdots & a_{2k} \\ \vdots & \vdots & & \vdots \\ a_{k1} & a_{k2} & \cdots & a_{kk} \end{vmatrix}\begin{vmatrix} b_{11} & b_{12} & \cdots & b_{1t} \\ b_{21} & b_{22} & \cdots & b_{2t} \\ \vdots & \vdots & & \vdots \\ b_{t1} & b_{t2} & \cdots & b_{tt} \end{vmatrix}. \tag{1.21}$$

证 对 k 作数学归纳法. 当 $k=1$ 时,(1.21)式左端为

$$\begin{vmatrix} a_{11} & 0 & \cdots & 0 \\ c_{11} & b_{11} & \cdots & b_{1t} \\ c_{21} & b_{21} & \cdots & b_{2t} \\ \vdots & \vdots & & \vdots \\ c_{t1} & b_{t1} & \cdots & b_{tt} \end{vmatrix} = a_{11}\begin{vmatrix} b_{11} & b_{12} & \cdots & b_{1t} \\ b_{21} & b_{22} & \cdots & b_{2t} \\ \vdots & \vdots & & \vdots \\ b_{t1} & b_{t2} & \cdots & b_{tt} \end{vmatrix},$$

故结论成立. 假设 $k=s-1$ 时,结论成立,考虑 $k=s$ 的情形. 将行列式按第 1 行展开,有

$$\begin{vmatrix} a_{11} & \cdots & a_{1s} & 0 & \cdots & 0 \\ a_{21} & \cdots & a_{2s} & 0 & \cdots & 0 \\ \vdots & & \vdots & \vdots & & \vdots \\ a_{s1} & \cdots & a_{ss} & 0 & \cdots & 0 \\ c_{11} & \cdots & c_{1s} & b_{11} & \cdots & b_{1t} \\ \vdots & & \vdots & \vdots & & \vdots \\ c_{t1} & \cdots & c_{ts} & b_{t1} & \cdots & b_{tt} \end{vmatrix} = a_{11}\begin{vmatrix} a_{22} & \cdots & a_{2s} & 0 & \cdots & 0 \\ \vdots & & \vdots & \vdots & & \vdots \\ a_{s2} & \cdots & a_{ss} & 0 & \cdots & 0 \\ c_{12} & \cdots & c_{1s} & b_{11} & \cdots & b_{1t} \\ \vdots & & \vdots & \vdots & & \vdots \\ c_{t2} & \cdots & c_{ts} & b_{t1} & \cdots & b_{tt} \end{vmatrix}$$

$$+\cdots+(-1)^{1+i}a_{1i}\begin{vmatrix} a_{21} & \cdots & a_{2i-1} & a_{2i+1} & \cdots & a_{2s} & 0 & \cdots & 0 \\ \vdots & & \vdots & \vdots & & \vdots & \vdots & & \vdots \\ a_{s1} & \cdots & a_{si-1} & a_{si+1} & \cdots & a_{ss} & 0 & \cdots & 0 \\ c_{11} & \cdots & c_{1i-1} & c_{1i+1} & \cdots & c_{1s} & b_{11} & \cdots & b_{1t} \\ \vdots & & \vdots & \vdots & & \vdots & \vdots & & \vdots \\ c_{t1} & \cdots & c_{ti-1} & c_{ti+1} & \cdots & c_{ts} & b_{t1} & \cdots & b_{tt} \end{vmatrix}$$

$$+\cdots+(-1)^{1+s}a_{1s}\begin{vmatrix} a_{21} & \cdots & a_{2s-1} & 0 & \cdots & 0 \\ \vdots & & \vdots & \vdots & & \vdots \\ a_{s1} & \cdots & a_{ss-1} & 0 & \cdots & 0 \\ c_{11} & \cdots & c_{1s-1} & b_{11} & \cdots & b_{1t} \\ \vdots & & \vdots & \vdots & & \vdots \\ c_{t1} & \cdots & c_{ts-1} & b_{t1} & \cdots & b_{tt} \end{vmatrix}$$

$$=a_{11}\begin{vmatrix} a_{22} & \cdots & a_{2s} \\ \vdots & & \vdots \\ a_{s2} & \cdots & a_{ss} \end{vmatrix}\begin{vmatrix} b_{11} & \cdots & b_{1t} \\ \vdots & & \vdots \\ b_{t1} & \cdots & b_{tt} \end{vmatrix}+\cdots$$

$$+(-1)^{1+i}a_{1i}\begin{vmatrix} a_{21} & \cdots & a_{2i-1} & a_{2i+1} & \cdots & a_{2s} \\ \vdots & & \vdots & \vdots & & \vdots \\ a_{s1} & \cdots & a_{si-1} & a_{si+1} & \cdots & a_{ss} \end{vmatrix}\begin{vmatrix} b_{11} & \cdots & b_{1t} \\ \vdots & & \vdots \\ b_{t1} & \cdots & b_{tt} \end{vmatrix}$$

$$+\cdots+(-1)^{1+s}a_{1s}\begin{vmatrix} a_{21} & \cdots & a_{2s-1} \\ \vdots & & \vdots \\ a_{s1} & \cdots & a_{ss-1} \end{vmatrix}\begin{vmatrix} b_{11} & \cdots & b_{1t} \\ \vdots & & \vdots \\ b_{t1} & \cdots & b_{tt} \end{vmatrix}$$

$$=\left[a_{11}\begin{vmatrix} a_{22} & \cdots & a_{2s} \\ \vdots & & \vdots \\ a_{s2} & \cdots & a_{ss} \end{vmatrix}+\cdots+a_{1i}(-1)^{1+i}\begin{vmatrix} a_{21} & \cdots & a_{2i-1} & a_{2i+1} & \cdots & a_{2s} \\ \vdots & & \vdots & \vdots & & \vdots \\ a_{s1} & \cdots & a_{si-1} & a_{si+1} & \cdots & a_{ss} \end{vmatrix}\right.$$

$$\left.+\cdots+a_{1s}(-1)^{1+s}\begin{vmatrix} a_{21} & \cdots & a_{2s-1} \\ \vdots & & \vdots \\ a_{s1} & \cdots & a_{ss-1} \end{vmatrix}\right]\begin{vmatrix} b_{11} & \cdots & b_{1t} \\ \vdots & & \vdots \\ b_{t1} & \cdots & b_{tt} \end{vmatrix}$$

$$=\begin{vmatrix} a_{11} & \cdots & a_{1s} \\ \vdots & & \vdots \\ a_{s1} & \cdots & a_{ss} \end{vmatrix}\begin{vmatrix} b_{11} & \cdots & b_{1t} \\ \vdots & & \vdots \\ b_{t1} & \cdots & b_{tt} \end{vmatrix}.$$

即结论对 $k=s$ 时成立. ■

利用本例的结果,还可证明:

(1)
$$\begin{vmatrix} a_{11} & a_{12} & \cdots & a_{1s} & c_{11} & c_{12} & \cdots & c_{1t} \\ a_{21} & a_{22} & \cdots & a_{2s} & c_{21} & c_{22} & \cdots & c_{2t} \\ \vdots & \vdots & & \vdots & \vdots & \vdots & & \vdots \\ a_{s1} & a_{s2} & \cdots & a_{ss} & c_{s1} & c_{s2} & \cdots & c_{st} \\ 0 & 0 & \cdots & 0 & b_{11} & b_{12} & \cdots & b_{1t} \\ 0 & 0 & \cdots & 0 & b_{21} & b_{22} & \cdots & b_{2t} \\ \vdots & \vdots & & \vdots & \vdots & \vdots & & \vdots \\ 0 & 0 & \cdots & 0 & b_{t1} & b_{t2} & \cdots & b_{tt} \end{vmatrix}$$

$$=\begin{vmatrix} a_{11} & a_{12} & \cdots & a_{1s} \\ a_{21} & a_{22} & \cdots & a_{2s} \\ \vdots & \vdots & & \vdots \\ a_{s1} & a_{s2} & \cdots & a_{ss} \end{vmatrix}\begin{vmatrix} b_{11} & b_{12} & \cdots & b_{1t} \\ b_{21} & b_{22} & \cdots & b_{2t} \\ \vdots & \vdots & & \vdots \\ b_{t1} & b_{t2} & \cdots & b_{tt} \end{vmatrix};$$

$$
(2)\begin{vmatrix}
0 & 0 & \cdots & 0 & a_{11} & a_{12} & \cdots & a_{1s} \\
0 & 0 & \cdots & 0 & a_{21} & a_{22} & \cdots & a_{2s} \\
\vdots & \vdots & & \vdots & \vdots & \vdots & & \vdots \\
0 & 0 & \cdots & 0 & a_{s1} & a_{s2} & \cdots & a_{ss} \\
b_{11} & b_{12} & \cdots & b_{1t} & c_{11} & c_{12} & \cdots & c_{1s} \\
b_{21} & b_{22} & \cdots & b_{2t} & c_{21} & c_{22} & \cdots & c_{2s} \\
\vdots & \vdots & & \vdots & \vdots & \vdots & & \vdots \\
b_{t1} & b_{t2} & \cdots & b_{tt} & c_{t1} & c_{t2} & \cdots & c_{ts}
\end{vmatrix}
$$

$$
=(-1)^{st}\begin{vmatrix}
a_{11} & a_{12} & \cdots & a_{1s} \\
a_{21} & a_{22} & \cdots & a_{2s} \\
\vdots & \vdots & & \vdots \\
a_{s1} & a_{s2} & \cdots & a_{ss}
\end{vmatrix}\begin{vmatrix}
b_{11} & b_{12} & \cdots & b_{1t} \\
b_{21} & b_{22} & \cdots & b_{2t} \\
\vdots & \vdots & & \vdots \\
b_{t1} & b_{t2} & \cdots & b_{tt}
\end{vmatrix}.
$$

1.4 克莱姆法则及其应用

1.4.1 克莱姆法则

在定义了 n 阶行列式以后，现在可以把 1.1 节中利用行列式解二元和三元线性方程组的方法，推广到包含 n 个未知量 n 个方程的线性方程组的情形. 本节的主要结果是下面的定理——克莱姆(Cramer)法则.

定理 1.7(克莱姆法则) 如果线性方程组

$$
\begin{cases}
a_{11}x_1 + a_{12}x_2 + \cdots + a_{1n}x_n = b_1, \\
a_{21}x_1 + a_{22}x_2 + \cdots + a_{2n}x_n = b_2, \\
\qquad\vdots \\
a_{n1}x_1 + a_{n2}x_2 + \cdots + a_{nn}x_n = b_n
\end{cases} \tag{1.22}
$$

的系数行列式

$$
D = \begin{vmatrix}
a_{11} & a_{12} & \cdots & a_{1n} \\
a_{21} & a_{22} & \cdots & a_{2n} \\
\vdots & \vdots & & \vdots \\
a_{n1} & a_{n2} & \cdots & a_{nn}
\end{vmatrix} \neq 0,
$$

则线性方程组(1.22)有唯一解

$$
x_j = \frac{D_j}{D}, \quad j = 1,2,\cdots,n. \tag{1.23}
$$

这里 D_j 是线性方程组(1.22)的常数项 $b_1, b_2, \cdots, b_n$ 替换 D 中第 j 列元素得到的行列式，即

$$D_j=\begin{vmatrix} a_{11} & \cdots & a_{1\,j-1} & b_1 & a_{1\,j+1} & \cdots & a_{1n} \\ a_{21} & \cdots & a_{2\,j-1} & b_2 & a_{2\,j+1} & \cdots & a_{2n} \\ \vdots & & \vdots & \vdots & \vdots & & \vdots \\ a_{n1} & \cdots & a_{n\,j-1} & b_n & a_{n\,j+1} & \cdots & a_{nn} \end{vmatrix},\quad j=1,2,\cdots,n.$$

证 为书写简单,把线性方程组(1.22)简写成

$$\sum_{j=1}^{n} a_{ij}x_j=b_i,\quad i=1,2,\cdots,n. \tag{1.24}$$

先证(1.23)式是线性方程组(1.22)的解,将 D_j 按第 j 列展开得

$$D_j=b_1A_{1j}+b_2A_{2j}+\cdots+b_nA_{nj}=\sum_{k=1}^{n} b_kA_{kj},\quad j=1,2,\cdots,n.$$

这里 $A_{1j},A_{2j},\cdots,A_{nj}$ 分别是 D 的第 j 列元素 $a_{1j},a_{2j},\cdots,a_{nj}$ 的代数余子式.把(1.23)式代入线性方程组(1.24)中第 i 个方程的左端得

$$\begin{aligned}\sum_{j=1}^{n} a_{ij}\frac{D_j}{D}&=\frac{1}{D}\sum_{j=1}^{n} a_{ij}D_j=\frac{1}{D}\sum_{j=1}^{n} a_{ij}\left(\sum_{k=1}^{n} b_kA_{kj}\right)\\&=\frac{1}{D}\sum_{j=1}^{n}\sum_{k=1}^{n} a_{ij}b_kA_{kj}=\frac{1}{D}\sum_{k=1}^{n}\left(\sum_{j=1}^{n} a_{ij}A_{kj}\right)b_k\\&=\frac{1}{D}\cdot D\cdot b_i=b_i,\quad i=1,2,\cdots,n.\end{aligned}$$

即(1.23)式满足线性方程组(1.22)中每个方程,所以(1.23)式是线性方程组(1.22)的解.

再证(1.23)式是线性方程组(1.22)的唯一解.为此设

$$x_1=c_1,\quad x_2=c_2,\quad \cdots,\quad x_n=c_n \tag{1.25}$$

是线性方程组(1.22)的任意一个解,需证

$$c_k=\frac{D_k}{D},\quad k=1,2,\cdots,n.$$

由于(1.25)式是线性方程组(1.22)的解,所以

$$\sum_{j=1}^{n} a_{ij}c_j=b_i,\quad i=1,2,\cdots,n. \tag{1.26}$$

依次用 $A_{1k},A_{2k},\cdots,A_{nk}$ 乘线性方程组(1.26)中各式并相加,得

$$\sum_{i=1}^{n} A_{ik}\left(\sum_{j=1}^{n} a_{ij}c_j\right)=\sum_{i=1}^{n} b_iA_{ik}=D_k,$$

上式左端

$$\sum_{i=1}^{n} A_{ik}\left(\sum_{j=1}^{n} a_{ij}c_j\right)=\sum_{i=1}^{n}\sum_{j=1}^{n} a_{ij}A_{ik}c_j=\sum_{j=1}^{n}\left(\sum_{i=1}^{n} a_{ij}A_{ik}\right)c_j=Dc_k.$$

于是 $Dc_k=D_k$,所以

$$c_k=\frac{D_k}{D},\quad k=1,2,\cdots,n.$$ ■

推论 如果齐次线性方程组

$$\begin{cases}a_{11}x_1+a_{12}x_2+\cdots+a_{1n}x_n=0,\\a_{21}x_1+a_{22}x_2+\cdots+a_{2n}x_n=0,\\\quad\vdots\\a_{n1}x_1+a_{n2}x_2+\cdots+a_{nn}x_n=0\end{cases}\tag{1.27}$$

的系数行列式

$$D=\begin{vmatrix}a_{11}&a_{12}&\cdots&a_{1n}\\a_{21}&a_{22}&\cdots&a_{2n}\\\vdots&\vdots&&\vdots\\a_{n1}&a_{n2}&\cdots&a_{nn}\end{vmatrix}\neq 0,$$

则齐次线性方程组(1.27)只有零解(即 $x_j=0,j=1,2,\cdots,n$). 换句话说,若齐次线性方程组(1.27)有非零解,则必有 $D=0$.

证 由于齐次线性方程组(1.27)的系数行列式 $D\neq 0$,故可应用克莱姆法则,又因为行列式 D_j 的第 j 列元素全为零,所以 $D_j=0,j=1,2,\cdots,n$. 于是齐次线性方程组(1.27)有唯一解

$$x_j=\frac{D_j}{D}=0,\quad j=1,2,\cdots,n.$$ ■

1.4.2 克莱姆法则的应用

例 1.18 解线性方程组

$$\begin{cases}x_1+2x_2-x_3+3x_4=2,\\2x_1-x_2+3x_3-2x_4=7,\\\qquad 3x_2-x_3+x_4=6,\\x_1-x_2+x_3+4x_4=-4.\end{cases}$$

解 线性方程组的系数行列式

$$D=\begin{vmatrix}1&2&-1&3\\2&-1&3&-2\\0&3&-1&1\\1&-1&1&4\end{vmatrix}=-39\neq 0,$$

所以此线性方程组可用克莱姆法则求解. 又

$$D_1=\begin{vmatrix}2&2&-1&3\\7&-1&3&-2\\6&3&-1&1\\-4&-1&1&4\end{vmatrix}=-39,\quad D_2=\begin{vmatrix}1&2&-1&3\\2&7&3&-2\\0&6&-1&1\\1&-4&1&4\end{vmatrix}=-117,$$

$$D_3=\begin{vmatrix}1&2&2&3\\2&-1&7&-2\\0&3&6&1\\1&-1&-4&4\end{vmatrix}=-78,\quad D_4=\begin{vmatrix}1&2&-1&2\\2&-1&3&7\\0&3&-1&6\\1&-1&1&-4\end{vmatrix}=39.$$

于是此线性方程组有唯一解

$$x_1=\frac{D_1}{D}=\frac{-39}{-39}=1,\quad x_2=\frac{D_2}{D}=\frac{-117}{-39}=3,$$

$$x_3=\frac{D_3}{D}=\frac{-78}{-39}=2,\quad x_4=\frac{D_4}{D}=\frac{39}{-39}=-1.$$ ■

注意,克莱姆法则只适用于包含 n 个未知量 n 个方程,并且系数行列式不为零的线性方程组.

例 1.19 平面上给定不共线的三个点 $P_i(x_i,y_i)$,$i=1,2,3$,且 x_1,x_2,x_3 为互不相同的三个数,求过这三个点且对称轴与 y 轴平行的抛物线方程.

解 由假设抛物线的对称轴与 y 轴平行,故可设抛物线方程为 $y=ax^2+bx+c$,即

$$ax^2+bx+c-y=0. \tag{1.28}$$

由于 $P_i(x_i,y_i)$ 在抛物线上,所以它们的坐标满足抛物线方程,即有

$$\begin{cases}ax_1^2+bx_1+c-y_1=0,\\ax_2^2+bx_2+c-y_2=0,\\ax_3^2+bx_3+c-y_3=0.\end{cases} \tag{1.29}$$

考虑未知量为 u,v,w,t 的齐次线性方程组

$$\begin{cases}x^2u+xv+w+yt=0,\\x_1^2u+x_1v+w+y_1t=0,\\x_2^2u+x_2v+w+y_2t=0,\\x_3^2u+x_3v+w+y_3t=0.\end{cases} \tag{1.30}$$

方程(1.28)与方程组(1.29)表明齐次线性方程组(1.30)有非零解

$$u=a,\quad v=b,\quad w=c,\quad t=-1.$$

于是由推论知道齐次线性方程组(1.30)的系数行列式必为 0,即有

$$\begin{vmatrix}x^2&x&1&y\\x_1^2&x_1&1&y_1\\x_2^2&x_2&1&y_2\\x_3^2&x_3&1&y_3\end{vmatrix}=0. \tag{1.31}$$

现在说明(1.31)式就是所求的抛物线方程,(1.31)式的左端可拆成两个行列式之和,即有

$$\begin{vmatrix} x^2 & x & 1 & y \\ x_1^2 & x_1 & 1 & 0 \\ x_2^2 & x_2 & 1 & 0 \\ x_3^2 & x_3 & 1 & 0 \end{vmatrix} + \begin{vmatrix} x^2 & x & 1 & 0 \\ x_1^2 & x_1 & 1 & y_1 \\ x_2^2 & x_2 & 1 & y_2 \\ x_3^2 & x_3 & 1 & y_3 \end{vmatrix} = 0,$$

于是有

$$y = \frac{1}{\begin{vmatrix} x_1^2 & x_1 & 1 \\ x_2^2 & x_2 & 1 \\ x_3^2 & x_3 & 1 \end{vmatrix}} \begin{vmatrix} x^2 & x & 1 & 0 \\ x_1^2 & x_1 & 1 & y_1 \\ x_2^2 & x_2 & 1 & y_2 \\ x_3^2 & x_3 & 1 & y_3 \end{vmatrix}. \tag{1.32}$$

注意,(1.32)式中的分母是范德蒙德行列式,由于 x_1,x_2,x_3 互不相同,故它不为0.将(1.32)式的分子展开,x^2 的系数是

$$-\begin{vmatrix} x_1 & y_1 & 1 \\ x_2 & y_2 & 1 \\ x_3 & y_3 & 1 \end{vmatrix} \neq 0,$$

(因为 P_1,P_2,P_3 不共线),所以(1.32)式右端关于 x 是二次的,故它的图形是一条抛物线,且此抛物线的对称轴与 y 轴平行.显然,这抛物线也过 $P_i(x_i,y_i)$,$i=1,2,3$. ■

克莱姆法则是线性方程组理论中的一个很重要的结果.它不仅肯定了满足定理1.7中条件的线性方程组有唯一解,并且给出了它的解对线性方程组的系数和常数项的依赖关系;后面的讨论中,我们还会看到,虽然克莱姆法则只适用于一类特殊线性方程组的求解问题,但是它在更一般线性方程组的研究中也起着重要的作用.

我们也注意到,用克莱姆法则求解线性方程组,在一般情况下,要计算 $n+1$ 个 n 阶行列式,计算量是很大的.因此在具体求解未知量较多的线性方程组时,克莱姆法则不是很实用的.在下一章将介绍适用于更一般线性方程组的有效解法——高斯(Gauss)消元法.

习题 1

1. 求 j 和 k 使 $1274j56k9$ 是奇排列.

2. 在五阶行列式的展开式中,下列各项的前面应带什么符号.

(1) $a_{13}a_{24}a_{32}a_{41}a_{55}$; (2) $a_{21}a_{13}a_{34}a_{55}a_{42}$.

3. 写出五阶行列式中所有含因子 a_{23},并且前面带负号的项.

4. 用行列式的定义计算下列行列式：

(1) $\begin{vmatrix} 0 & 1 & 0 & 0 \\ 1 & 0 & 1 & 0 \\ 0 & 1 & 0 & 1 \\ 0 & 0 & 1 & 0 \end{vmatrix}$；　(2) $\begin{vmatrix} 0 & \cdots & 0 & 1 & 0 \\ 0 & \cdots & 2 & 0 & 0 \\ \vdots & \ddots & \vdots & \vdots & \vdots \\ n-1 & \cdots & 0 & 0 & 0 \\ 0 & \cdots & 0 & 0 & n \end{vmatrix}$ $(n>1)$.

5. 试证下列等式(n 为正整数且 $n>1$)：

(1) $\begin{vmatrix} 0 & \cdots & 0 & a_{1n} \\ 0 & \cdots & a_{2n-1} & a_{2n} \\ \vdots & \ddots & \vdots & \vdots \\ a_{n1} & \cdots & a_{nn-1} & a_{nn} \end{vmatrix} = (-1)^{\frac{n(n-1)}{2}} a_{1n} a_{2n-1} \cdots a_{n1}$；

(2) $\begin{vmatrix} 1 & 2 & 3 & \cdots & n \\ 2 & 2 & 0 & \cdots & 0 \\ 3 & 0 & 3 & \cdots & 0 \\ \vdots & \vdots & \vdots & \ddots & \vdots \\ n & 0 & 0 & \cdots & n \end{vmatrix} = \left(2-\frac{n(n+1)}{2}\right) n!$.

6. 计算行列式：

(1) $\begin{vmatrix} 1 & -1 & 2 \\ 3 & 2 & 1 \\ 0 & -1 & 4 \end{vmatrix}$；　(2) $\begin{vmatrix} x & y & x+y \\ y & x+y & x \\ x+y & x & y \end{vmatrix}$；

(3) $\begin{vmatrix} 1 & \omega & \omega^2 \\ \omega^2 & 1 & \omega \\ \omega & \omega^2 & 1 \end{vmatrix}$，其中 $\omega = \frac{-1+\sqrt{3}\mathrm{i}}{2}$.

7. 试证下列等式：

(1) $\begin{vmatrix} a^2 & ab & b^2 \\ 2a & a+b & 2b \\ 1 & 1 & 1 \end{vmatrix} = (a-b)^3$；

(2) $\begin{vmatrix} a_1+b_1x & a_1x+b_1 & c_1 \\ a_2+b_2x & a_2x+b_2 & c_2 \\ a_3+b_3x & a_3x+b_3 & c_3 \end{vmatrix} = (1-x^2) \begin{vmatrix} a_1 & b_1 & c_1 \\ a_2 & b_2 & c_2 \\ a_3 & b_3 & c_3 \end{vmatrix}$；

(3) $\begin{vmatrix} 1 & a^2 & a^3 \\ 1 & b^2 & b^3 \\ 1 & c^2 & c^3 \end{vmatrix} = (ab+bc+ca) \begin{vmatrix} 1 & a & a^2 \\ 1 & b & b^2 \\ 1 & c & c^2 \end{vmatrix}$.

8. 计算行列式：

(1) $\begin{vmatrix} 1 & 0 & 2 & -5 \\ -1 & 2 & 1 & 3 \\ 2 & -1 & 0 & 1 \\ 1 & 3 & 4 & 2 \end{vmatrix}$；　(2) $\begin{vmatrix} 1 & 1 & 1 & 1 \\ 1 & -1 & 1 & 1 \\ 1 & 1 & -1 & 1 \\ 1 & 1 & 1 & -1 \end{vmatrix}$；

(3) $\begin{vmatrix} 1 & 2 & 0 & 0 \\ -1 & 3 & 0 & 0 \\ 0 & 0 & 2 & -1 \\ 0 & 0 & 5 & 4 \end{vmatrix}$；　(4) $\begin{vmatrix} 0 & 0 & 1 & -1 & 2 \\ 0 & 0 & 2 & 0 & -3 \\ 0 & 0 & -1 & 4 & 0 \\ -1 & 2 & 4 & 0 & -1 \\ 3 & -2 & 1 & 5 & 1 \end{vmatrix}$；

(5) $\begin{vmatrix} a^2 & (a+1)^2 & (a+2)^2 & (a+3)^2 \\ b^2 & (b+1)^2 & (b+2)^2 & (b+3)^2 \\ c^2 & (c+1)^2 & (c+2)^2 & (c+3)^2 \\ d^2 & (d+1)^2 & (d+2)^2 & (d+3)^2 \end{vmatrix}$；

(6) $\begin{vmatrix} 1+x & 1 & 1 & 1 \\ 1 & 1-x & 1 & 1 \\ 1 & 1 & 1+y & 1 \\ 1 & 1 & 1 & 1-y \end{vmatrix}$；　(7) $\begin{vmatrix} x & -1 & 0 & 0 \\ 0 & x & -1 & 0 \\ 0 & 0 & x & -1 \\ a_4 & a_3 & a_2 & x+a_1 \end{vmatrix}$.

9. 计算行列式(n 为正整数且 $n>1$)：

(1) $\begin{vmatrix} 1 & 2 & 2 & \cdots & 2 \\ 2 & 2 & 2 & \cdots & 2 \\ 2 & 2 & 3 & \cdots & 2 \\ \vdots & \vdots & \vdots & \ddots & \vdots \\ 2 & 2 & 2 & \cdots & n \end{vmatrix}$；　(2) $\begin{vmatrix} a_0 & 1 & 1 & \cdots & 1 \\ 1 & a_1 & 0 & \cdots & 0 \\ 1 & 0 & a_2 & \cdots & 0 \\ \vdots & \vdots & \vdots & \ddots & \vdots \\ 1 & 0 & 0 & \cdots & a_n \end{vmatrix}$；

(3) $\begin{vmatrix} a_1 & a_2 & a_3 & \cdots & a_{n-1} & a_n \\ -y_1 & x_1 & 0 & \cdots & 0 & 0 \\ 0 & -y_2 & x_2 & \cdots & 0 & 0 \\ \vdots & \vdots & \vdots & \ddots & \vdots & \vdots \\ 0 & 0 & 0 & \cdots & x_{n-2} & 0 \\ 0 & 0 & 0 & \cdots & -y_{n-1} & x_{n-1} \end{vmatrix}$；

(4) $\begin{vmatrix} x & y & \cdots & 0 & 0 \\ 0 & x & \cdots & 0 & 0 \\ \vdots & \vdots & \ddots & \vdots & \vdots \\ 0 & 0 & \cdots & x & y \\ y & 0 & \cdots & 0 & x \end{vmatrix}_{(n阶)}$；　(5) $\begin{vmatrix} a & & & & & b \\ & \ddots & & & \iddots & \\ & & a & b & & \\ & & b & a & & \\ & \iddots & & & \ddots & \\ b & & & & & a \end{vmatrix}_{(2n阶)}$；

(6) $\begin{vmatrix} a_1-b_1 & a_1-b_2 & \cdots & a_1-b_n \\ a_2-b_1 & a_2-b_2 & \cdots & a_2-b_n \\ \vdots & \vdots & & \vdots \\ a_n-b_1 & a_n-b_2 & \cdots & a_n-b_n \end{vmatrix}$.

10. 试证下列等式(n 为正整数且 $n>1$)：

(1) $$\begin{vmatrix} 1+a_1 & 1 & \cdots & 1 \\ 1 & 1+a_2 & \cdots & 1 \\ \vdots & \vdots & \ddots & \vdots \\ 1 & 1 & \cdots & 1+a_n \end{vmatrix} = \left(1+\sum_{i=1}^{n}\frac{1}{a_i}\right)\prod_{i=1}^{n}a_i,\quad a_i\neq 0,i=1,2,\cdots,n;$$

(2) $$\begin{vmatrix} a_1 & -1 & 0 & \cdots & 0 & 0 \\ a_2 & x & -1 & \cdots & 0 & 0 \\ \vdots & \vdots & \vdots & & \vdots & \vdots \\ a_{n-1} & 0 & 0 & \cdots & x & -1 \\ a_n & 0 & 0 & \cdots & 0 & x \end{vmatrix} = \sum_{k=1}^{n}a_kx^{n-k};$$

(3) $$\begin{vmatrix} 2 & -1 & 0 & \cdots & 0 & 0 \\ -1 & 2 & -1 & \cdots & 0 & 0 \\ 0 & -1 & 2 & \cdots & 0 & 0 \\ \vdots & \vdots & \vdots & \ddots & \vdots & \vdots \\ 0 & 0 & 0 & \cdots & 2 & -1 \\ 0 & 0 & 0 & \cdots & -1 & 2 \end{vmatrix}_{(n阶)} = n+1;$$

(4) $$\begin{vmatrix} \cos\theta & 1 & 0 & \cdots & 0 & 0 \\ 1 & 2\cos\theta & 1 & \cdots & 0 & 0 \\ 0 & 1 & 2\cos\theta & \cdots & 0 & 0 \\ \vdots & \vdots & \vdots & \ddots & \vdots & \vdots \\ 0 & 0 & 0 & \cdots & 2\cos\theta & 1 \\ 0 & 0 & 0 & \cdots & 1 & 2\cos\theta \end{vmatrix}_{(n阶)} = \cos n\theta;$$

(5) $\begin{vmatrix} x_1 & a_2 & \cdots & a_n \\ a_1 & x_2 & \cdots & a_n \\ \vdots & \vdots & & \vdots \\ a_1 & a_2 & \cdots & x_n \end{vmatrix} = \prod_{j=1}^{n}(x_j - a_j)\left(1+\sum_{i=1}^{n}\frac{a_i}{x_i - a_i}\right)$，

其中 $x_i \neq a_i, i=1,2,\cdots,n$；

(6) $\begin{vmatrix} a_1^n & a_1^{n-1}b_1 & \cdots & a_1 b_1^{n-1} & b_1^n \\ a_2^n & a_2^{n-1}b_2 & \cdots & a_2 b_2^{n-1} & b_2^n \\ \vdots & \vdots & & \vdots & \vdots \\ a_{n+1}^n & a_{n+1}^{n-1}b_{n+1} & \cdots & a_{n+1} b_{n+1}^{n-1} & b_{n+1}^n \end{vmatrix} = \prod_{1\leqslant i<k\leqslant n+1}(a_i b_k - a_k b_i)$，

其中 $a_i \neq 0, i=1,2,\cdots,n+1$.

11. 试计算下列行列式(n 为正整数且 $n>1$)：

(1) $\begin{vmatrix} 1+a_1+b_1 & a_1+b_2 & \cdots & a_1+b_n \\ a_2+b_1 & 1+a_2+b_2 & \cdots & a_2+b_n \\ \vdots & \vdots & & \vdots \\ a_n+b_1 & a_n+b_2 & \cdots & 1+a_n+b_n \end{vmatrix}$；

(2) $\begin{vmatrix} a & b & b & \cdots & b \\ c & a & b & \cdots & b \\ c & c & a & \cdots & b \\ \vdots & \vdots & \vdots & & \vdots \\ c & c & c & \cdots & a \end{vmatrix}_{(n阶)}$ $(b\neq c)$.

12. 试证

$$\begin{vmatrix} 1 & 1 & \cdots & 1 \\ x_1 & x_2 & \cdots & x_n \\ \vdots & \vdots & & \vdots \\ x_1^{n-2} & x_2^{n-2} & \cdots & x_n^{n-2} \\ x_1^n & x_2^n & \cdots & x_n^n \end{vmatrix} = \left(\sum_{i=1}^{n} x_i\right)\prod_{1\leqslant j<i\leqslant n}(x_i - x_j).$$

13. 设

$$P(x) = \begin{vmatrix} 1 & x & x^2 & \cdots & x^{n-1} \\ 1 & a_1 & a_1^2 & \cdots & a_1^{n-1} \\ \vdots & \vdots & \vdots & & \vdots \\ 1 & a_{n-1} & a_{n-1}^2 & \cdots & a_{n-1}^{n-1} \end{vmatrix},$$

其中 $a_1,\cdots,a_{n-1}$ 互不相同.

(1) 试证 $P(x)$ 是 $n-1$ 次多项式;

(2) 求出 $P(x)$ 的全部根.

14. 设 n 为正整数

$$F_n=\begin{vmatrix} 1 & 1 & & \\ -1 & 1 & \ddots & \\ & \ddots & \ddots & 1 \\ & & -1 & 1 \end{vmatrix}_{(n\text{阶})},$$

试写出关于 F_n 的递推公式,并写出数列 $\{F_n\}$ 的前 6 项.这个数列叫斐波那契(Fibonacci)数列.

15. 用克莱姆法则解下列线性方程组:

(1) $\begin{cases} 5x_1+4x_3+2x_4=3, \\ x_1-x_2+2x_3+x_4=1, \\ 4x_1+x_2+2x_3=1, \\ x_1+x_2+x_3+x_4=0; \end{cases}$ (2) $\begin{cases} 2x_1+x_2-5x_3+x_4=8, \\ x_1-3x_2-6x_4=9, \\ 2x_2-x_3+2x_4=-5, \\ x_1+4x_2-7x_3+6x_4=0; \end{cases}$

(3) $\begin{cases} 3x_1+2x_2=1, \\ x_1+3x_2+2x_3=0, \\ x_2+3x_3+2x_4=0, \\ x_3+3x_4+2x_5=0, \\ x_4+3x_5=0. \end{cases}$

16. 试证齐次线性方程组

$$\begin{cases} a_{11}x_1+a_{12}x_2=0, \\ a_{21}x_1+a_{22}x_2=0 \end{cases}$$

有非零解的充分必要条件是它的系数行列式

$$\begin{vmatrix} a_{11} & a_{12} \\ a_{21} & a_{22} \end{vmatrix}=0.$$

17. 设 $A(x_1,y_1),B(x_2,y_2)$ 是平面上两个不同的点.试证过 A,B 的直线方程是

$$\begin{vmatrix} 1 & x & y \\ 1 & x_1 & y_1 \\ 1 & x_2 & y_2 \end{vmatrix}=0.$$

18. 设 $P_1(x_1,y_1),P_2(x_2,y_2),P_3(x_3,y_3)$ 是平面上不共线的三点,试求过点 P_1,P_2,P_3 的圆的方程.

19. 求三次多项式 $f(x)$，使其满足 $f(-1)=0, f(1)=4, f(2)=3, f(3)=16$.

20. 设

$$L_1: \alpha x+\beta y+\gamma=0,$$
$$L_2: \gamma x+\alpha y+\beta=0,$$
$$L_3: \beta x+\gamma y+\alpha=0$$

是三条不同的直线，若 L_1, L_2, L_3 交于一点，试证 $\alpha+\beta+\gamma=0$.

第2章 矩　　阵

矩阵是线性代数的一个最基本的概念，矩阵的运算是线性代数的基本内容. 从历史上来看，用矩阵方法解线性方程组是中国首先创造的. 我国东汉初年的《九章算术》中讨论了"方程术"，其实质就是解线性方程组的高斯消元法，书中所谓的"方程"，实际就是矩阵. 后来，朱世杰在1303年的一部著作中，极其精彩地叙述了中国的代数方法，他采用了现在人们熟悉的矩阵方法解线性方程组，他的消元法可与西尔维斯特(Sylvester，1814—1897)的方法媲美. 作为一个概念，矩阵(matrix)这个词是在1850年由英国数学家，剑桥大学教授西尔维斯特首先提出来的. 由于矩阵把一组相互独立的数，用一张数表的形式联系在一起，视为一个整体，用一个量来表示，并参与运算，就使原来很庞大而且杂乱无章的数据，变得简单而有序. 例如 $\boldsymbol{Ax}=\boldsymbol{b}$，可以表示一个一元方程，也可以表示 m 个 n 元方程的线性方程组，这里 m，n 都是任意自然数. 从数学史上来说，正是由于矩阵及其运算的引入，推动了线性代数以及其他数学分支理论的发展. 对今天来说，它又为我们应用计算机来处理科学计算和日常事务带来很大方便与可能.

本章中，首先讨论高斯消元法，引入矩阵的概念. 继而介绍矩阵的加法、数乘、乘法及转置等基本运算及其性质. 由于乘法一般不可逆，单独用一节来讨论可逆矩阵的性质及其计算方法. 有时候一个矩阵按其特征分成一些小块再进行运算会带来很大方便，本章还要介绍分块矩阵及其运算. 最后介绍矩阵的初等变换和相抵标准形，并且给出一个通过矩阵的初等变换求逆矩阵的实用方法. 总之，本章介绍的内容都是本课程最基本的概念和方法，要求读者熟练掌握.

2.1 解线性方程组的高斯消元法

2.1.1 线性方程组

在自然科学和社会科学的各个领域中，以及在工程与科学上，有许多问题都归结为解线性方程组. 关于未知量 $x_1,x_2,\cdots,x_n$ 的一般 n 元线性方程组可以写成如下标准形式：

$$\begin{cases} a_{11}x_1 + a_{12}x_2 + \cdots + a_{1n}x_n = b_1, \\ a_{21}x_1 + a_{22}x_2 + \cdots + a_{2n}x_n = b_2, \\ \quad\vdots \\ a_{m1}x_1 + a_{m2}x_2 + \cdots + a_{mn}x_n = b_m, \end{cases} \tag{2.1}$$

其中 m 是方程个数，$a_{ij}(i=1,2,\cdots,m,j=1,2,\cdots,n)$表示第 i 个方程中含 x_j 项的**系数**，$b_i(i=1,2,\cdots,m)$叫**常数项**.

若将一组数 $c_1,c_2,\cdots,c_n$ 分别代替线性方程组(2.1)中的未知量 $x_1,x_2,\cdots,x_n$，使线性方程组(2.1)中 m 个等式都成立，则称有序数组$(c_1,c_2,\cdots,c_n)$是线性方程组(2.1)的**一组解**，线性方程组(2.1)的全体解称为线性方程组的**解集合**. 解线性方程组就是找出这个解集合. 如果两个线性方程组有相同的解集合，就称它们是**同解线性方程组**.

在初等代数中，曾经讨论过二元联立线性方程组和三元联立线性方程组，主要讨论的是在方程个数和未知数个数相等情况下的线性方程组的解法. 这里要讨论的是一般情况，对于如(2.1)式的 m 个方程 n 个未知数的线性方程组，需要解决以下三个问题：

(1) 如何判断线性方程组是否有解？

(2) 如果线性方程组有解，那么它有多少解？

(3) 怎样求出所有的解？

先回顾一下在初等代数中是如何用消元法解三元一次方程组的.

例 2.1 解线性方程组

$$\begin{cases} 2x_1 - x_2 + 3x_3 = 1, \\ 4x_1 + 2x_2 + 5x_3 = 4, \\ 2x_1 \qquad\quad + 2x_3 = 6. \end{cases} \tag{2.2}$$

解 首先消去第二、三两个方程中含 x_1 的项. 为此，将第一个方程的 -2 倍加到第二个方程，第一个方程的 -1 倍加到第三个方程，得到同解线性方程组

$$\begin{cases} 2x_1 - x_2 + 3x_3 = 1, \\ \qquad 4x_2 - x_3 = 2, \\ \qquad\ \ x_2 - x_3 = 5. \end{cases}$$

交换后两个方程，然后将第二个方程的 -4 倍加到第三个方程，再将第三个方程等号两边同乘以$\frac{1}{3}$，得到

$$\begin{cases} 2x_1 - x_2 + 3x_3 = 1, \\ \qquad\ \ x_2 - x_3 = 5, \\ \qquad\qquad\ \ x_3 = -6. \end{cases}$$

容易求得线性方程组(2.2)的解为 $x_3=-6, x_2=-1, x_1=9$. ■

分析一下消元法过程，实际上是反复对线性方程组进行下面三种变换：

(1) 用一个非零的数乘以某个方程；

(2) 将一个方程的 k 倍加到另一个方程上；

(3) 交换两个方程的位置.

定义 2.1 上述三种变换称为**线性方程组的初等变换**.

容易知道，线性方程组的初等变换把线性方程组变为同解线性方程组，因此用消元法解线性方程组就是通过初等变换把多元的一次方程逐步消元，化成同解的一元一次方程，从而把解求出来. 再看一个例子.

例 2.2 解线性方程组

$$\begin{cases} x_1+3x_2-5x_3=-1, \\ 2x_1+6x_2-3x_3=5, \\ 3x_1+9x_2-10x_3=2. \end{cases} \tag{2.3}$$

解 将第一个方程的 -2 倍和 -3 倍分别加到第二、第三个方程，得到同解线性方程组

$$\begin{cases} x_1+3x_2-5x_3=-1, \\ 7x_3=7, \\ 5x_3=5. \end{cases}$$

将第二、第三个方程分别乘以 $\frac{1}{7}$ 和 $\frac{1}{5}$，再将第二个方程的 -1 倍加到第三个方程，得到

$$\begin{cases} x_1+3x_2-5x_3=-1, \\ x_3=1, \\ 0=0. \end{cases}$$

去掉第三个方程，将第一个方程中含 x_2 的项移到等号右边，得到

$$\begin{cases} x_1-5x_3=-1-3x_2, \\ x_3=1. \end{cases}$$

这个线性方程组有无穷多组解. 任意给定一个 x_2 的值，就能求出唯一的 x_1 和 x_3，构成线性方程组(2.3)的一组解. 线性方程组(2.3)的一般解可写成

$$\begin{cases} x_1=4-3k, \\ x_2=k, \\ x_3=1, \end{cases} \quad 其中 k 是任意常数.$$ ■

从这两个例子看到，用消元法解线性方程组实质上是对线性方程组的系数进行运算，因此可以简化运算的表达形式，只把线性方程组的系数按顺序写成一个矩形的表，如线性方程组(2.1)的系数可写作

$$\begin{bmatrix} a_{11} & a_{12} & \cdots & a_{1n} \\ a_{21} & a_{22} & \cdots & a_{2n} \\ \vdots & \vdots & & \vdots \\ a_{m1} & a_{m2} & \cdots & a_{mn} \end{bmatrix} \text{和} \begin{bmatrix} a_{11} & a_{12} & \cdots & a_{1n} & b_1 \\ a_{21} & a_{22} & \cdots & a_{2n} & b_2 \\ \vdots & \vdots & & \vdots & \vdots \\ a_{m1} & a_{m2} & \cdots & a_{mn} & b_m \end{bmatrix},$$

分别称为线性方程组(2.1)的系数矩阵和增广矩阵. 显然线性方程组的增广矩阵和线性方程

组是一一对应的.对线性方程组作初等变换就相当于对增广矩阵作如下的变换:

(1) 用一个非零的数乘矩阵的某一行;

(2) 将一行的 k 倍加到另一行上;

(3) 交换矩阵中两行的位置.

定义 2.2 以上三种变换称为**矩阵的行初等变换**.

例 2.1 和例 2.2 的消元过程用增广矩阵的行初等变换分别表示如下:

$$\begin{bmatrix}2 & -1 & 3 & 1\\4 & 2 & 5 & 4\\2 & 0 & 2 & 6\end{bmatrix}\xrightarrow[r_3-r_1\to r_2]{r_2-2r_1\to r_2}\begin{bmatrix}2 & -1 & 3 & 1\\0 & 4 & -1 & 2\\0 & 1 & -1 & 5\end{bmatrix}$$

$$\xrightarrow[r_2\leftrightarrow r_3]{\substack{r_2-4r_3\to r_2\\ \frac{1}{3}r_2\to r_2}}\begin{bmatrix}2 & -1 & 3 & 1\\0 & 1 & -1 & 5\\0 & 0 & 1 & -6\end{bmatrix},$$

求得解为 $x_3=-6, x_2=-1, x_1=9$.

注意,矩阵间作初等变换用箭头"→"表示.箭头旁的注释同行列式计算中所用的记号.

$$\begin{bmatrix}1 & 3 & -5 & -1\\2 & 6 & -3 & 5\\3 & 9 & -10 & 2\end{bmatrix}\xrightarrow[r_3-3r_1\to r_3]{r_2-2r_1\to r_2}\begin{bmatrix}1 & 3 & -5 & -1\\0 & 0 & 7 & 7\\0 & 0 & 5 & 5\end{bmatrix}$$

$$\xrightarrow[\frac{1}{5}r_3\to r_3]{\frac{1}{7}r_2\to r_2}\begin{bmatrix}1 & 3 & -5 & -1\\0 & 0 & 1 & 1\\0 & 0 & 1 & 1\end{bmatrix}$$

$$\xrightarrow{r_3-r_2\to r_3}\begin{bmatrix}1 & 3 & -5 & -1\\0 & 0 & 1 & 1\\0 & 0 & 0 & 0\end{bmatrix},$$

求得一般解为 $x_3=1, x_2=k, x_1=4-3k, k\in\mathbb{R}$.

2.1.2 高斯消元法

对一般线性方程组(2.1),假设 x_1 的 m 个系数不全为 0(否则线性方程组可视为 x_2, $x_3,\cdots,x_n$ 的 $n-1$ 元线性方程组来解).通过换行,总能使第 1 个方程中 x_1 的系数不为 0,因此不妨设 $a_{11}\neq 0$.利用第 2 种行初等变换,可将后 $m-1$ 个方程中 x_1 的系数全消为 0,即

$$\begin{bmatrix} a_{11} & a_{12} & \cdots & a_{1n} & b_1 \\ a_{21} & a_{22} & \cdots & a_{2n} & b_2 \\ \vdots & \vdots & & \vdots & \vdots \\ a_{m1} & a_{m2} & \cdots & a_{mn} & b_m \end{bmatrix} \to \begin{bmatrix} a_{11} & a_{12} & \cdots & a_{1n} & b_1 \\ 0 & a'_{22} & \cdots & a'_{2n} & b'_2 \\ \vdots & \vdots & & \vdots & \vdots \\ 0 & a'_{m2} & \cdots & a'_{mn} & b'_m \end{bmatrix}.$$

用类似方法考察第 2 行到第 m 行，若 $a'_{22},a'_{32},\cdots,a'_{m2}$ 不全为 0(否则考察 $a'_{23},a'_{33},\cdots,a'_{m3}$)，不妨设 $a'_{22}\neq 0$，再利用第 2 种行初等变换，将后 $m-2$ 个方程中 x_2 的系数全消为 0，重复这个步骤，最后得到如下结果：

$$\begin{bmatrix} a_{11} & a_{12} & \cdots & a_{1n} & b_1 \\ a_{21} & a_{22} & \cdots & a_{2n} & b_2 \\ \vdots & \vdots & & \vdots & \vdots \\ a_{m1} & a_{m2} & \cdots & a_{mn} & b_m \end{bmatrix} \to \cdots \to \begin{bmatrix} c_{11} & \cdots & c_{1i_2} & \cdots & c_{1i_r} & \cdots & c_{1n} & d_1 \\ 0 & \cdots & c_{2i_2} & \cdots & c_{2i_r} & \cdots & c_{2n} & d_2 \\ \vdots & & \vdots & & \vdots & & \vdots & \vdots \\ 0 & \cdots & 0 & \cdots & c_{ri_r} & \cdots & c_{rn} & d_r \\ 0 & \cdots & 0 & \cdots & 0 & \cdots & 0 & d_{r+1} \\ \vdots & & \vdots & & \vdots & & \vdots & \vdots \\ 0 & \cdots & 0 & \cdots & 0 & \cdots & 0 & 0 \end{bmatrix}, \tag{2.4}$$

其中 $c_{11}\neq 0,c_{2i_2}\neq 0,\cdots,c_{ri_r}\neq 0$. 由于可以重新排列未知量的次序为 $x_1,x_{i_2},\cdots,x_{i_r},\cdots,x_n$，使得原增广矩阵的第 1 列不动，第 i_2 列换到第 2 列，第 i_3 列换到第 3 列，……，第 i_r 列换到第 r 列. 所以为讨论方便起见，不妨假定增广矩阵经过行初等变换最后得到如下的阶梯形矩阵：

$$\begin{bmatrix} c_{11} & c_{12} & \cdots & c_{1r} & \cdots & c_{1n} & d_1 \\ & c_{22} & \cdots & c_{2r} & \cdots & c_{2n} & d_2 \\ & & \ddots & \vdots & & \vdots & \vdots \\ & & & c_{rr} & \cdots & c_{rn} & d_r \\ & & & & & & d_{r+1} \\ & & & & & & 0 \\ & & & & & & \vdots \\ & & & & & & 0 \end{bmatrix}, \tag{2.4$'$}$$

其中 $c_{ii}\neq 0(i=1,2,\cdots,r)$，左下角未标出部分全为 0. 矩阵(2.4′)中最后几行 0 可能出现也可能不出现，它们对线性方程组求解没有影响. 利用矩阵(2.4′)考察线性方程组解的情况.

(1) 若 $d_{r+1}\neq 0$，线性方程组(2.1)无解.

(2) 若 $d_{r+1}=0$，又分两种情形：

① $r=n$. 这时，线性方程组(2.1)的同解线性方程组是

$$\begin{cases} c_{11}x_1 + c_{12}x_2 + \cdots + c_{1n}x_n = d_1, \\ \qquad c_{22}x_2 + \\ \qquad\qquad \vdots \\ \qquad\qquad c_{nn}x_n = d_n, \end{cases} \tag{2.5}$$

其中 $c_{ii} \neq 0 (i=1,2,\cdots,n)$. 由最后一个方程开始,逐个算出 $x_n, x_{n-1}, \cdots, x_1$ 的值,从而得到线性方程组(2.1)的唯一解.

② $r<n$. 这时,相应的线性方程组是

$$\begin{cases} c_{11}x_1 + c_{12}x_2 + \cdots + c_{1r}x_r + \cdots + c_{1n}x_n = d_1, \\ \qquad c_{22}x_2 + \cdots + c_{2r}x_r + \cdots + c_{2n}x_n = d_2, \\ \qquad\qquad \vdots \\ \qquad\qquad c_{rr}x_r + \cdots + c_{rn}x_n = d_r, \end{cases}$$

其中 $c_{ii} \neq 0 (i=1,2,\cdots,r)$,改写成

$$\begin{cases} c_{11}x_1 + c_{12}x_2 + \cdots + c_{1r}x_r = d_1 - c_{1r+1}x_{r+1} - \cdots - c_{1n}x_n, \\ \qquad c_{22}x_2 + \cdots + c_{2r}x_r = d_2 - c_{2r+1}x_{r+1} - \cdots - c_{2n}x_n, \\ \qquad\qquad \vdots \\ \qquad\qquad c_{rr}x_r = d_r - c_{rr+1}x_{r+1} - \cdots - c_{rn}x_n, \end{cases} \tag{2.6}$$

任给 $x_{r+1}, x_{r+2}, \cdots, x_n$ 的一组值,代入线性方程组(2.6)就可唯一地确定 $x_1, x_2, \cdots, x_r$ 的值,从而得到线性方程组(2.1)的一组解,由此可见,$r<n$ 时线性方程组(2.1)有无穷多解. 称 $x_{r+1}, x_{r+2}, \cdots, x_n$ 为自由变量.

将上述结果总结为以下定理.

定理 2.1 设 n 元线性方程组为(2.1),对它的增广矩阵施行高斯消元法,得到阶梯形矩阵(2.4),如果 $d_{r+1} \neq 0$,线性方程组(2.1)无解;如果 $d_{r+1}=0$,线性方程组有解,而且当 $r=n$ 时有唯一解,当 $r<n$ 时有无穷多解. ■

例 2.3 解线性方程组

$$\begin{cases} 2x_1 - x_2 + 3x_3 = 1, \\ 4x_1 - 2x_2 + 5x_3 = 4, \\ 2x_1 - x_2 + 4x_3 = 0. \end{cases}$$

解 对增广矩阵施行矩阵的行初等变换:

$$\begin{bmatrix} 2 & -1 & 3 & 1 \\ 4 & -2 & 5 & 4 \\ 2 & -1 & 4 & 0 \end{bmatrix} \to \begin{bmatrix} 2 & -1 & 3 & 1 \\ 0 & 0 & -1 & 2 \\ 0 & 0 & 1 & -1 \end{bmatrix} \to \begin{bmatrix} 2 & -1 & 3 & 1 \\ 0 & 0 & -1 & 2 \\ 0 & 0 & 0 & 1 \end{bmatrix}.$$ ■

$d_3 = 1 \neq 0$,所以此线性方程组无解.

2.1.3 齐次线性方程组

线性方程组(2.1)中,若常数项全为 0,即 $b_i=0(i=1,2,\cdots,m)$,则称为**齐次线性方程组**;若常数项不全为 0,称为**非齐次线性方程组**.齐次线性方程组有解是显然的,$x_1=x_2=\cdots=x_n=0$ 适合任何一个齐次线性方程组,称为齐次线性方程组的零解.我们关心的是什么情况下,齐次线性方程组有非零解.

定理 2.2 齐次线性方程组

$$\begin{cases} a_{11}x_1+a_{12}x_2+\cdots+a_{1n}x_n=0, \\ a_{21}x_1+a_{22}x_2+\cdots+a_{2n}x_n=0, \\ \qquad\vdots \\ a_{m1}x_1+a_{m2}x_2+\cdots+a_{mn}x_n=0 \end{cases} \tag{2.7}$$

一定有解,如果 $m<n$,则一定有非零解.

证 对齐次线性方程组(2.7)的增广矩阵做行初等变换化成阶梯形矩阵(2.4),由于常数项全为 0,所以有 $d_{r+1}=0$,于是齐次线性方程组有解.又由于 $r\leqslant m<n$,齐次线性方程组(2.7)的解不唯一,因此必有非零解. ■

推论 当 $m=n$ 时,齐次线性方程组(2.7)有非零解的充分必要条件是系数行列式 $D=0$.

证 必要性由克莱姆法则给出.现证充分性.

设 $D=0$,将齐次线性方程组(2.7)的系数矩阵经过行初等变换化成阶梯形矩阵.如果 $r=n$,由于 $c_{ii}\neq0(i=1,2,\cdots,n)$,阶梯形矩阵的行列式 D' 为

$$D'=\begin{vmatrix} c_{11} & c_{12} & \cdots & c_{1n} \\ & c_{22} & \cdots & c_{2n} \\ & & \ddots & \vdots \\ & & & c_{nn} \end{vmatrix}=c_{11}c_{22}\cdots c_{nn}\neq0,$$

注意到 D' 是由 D 经过一系列行初等变换得到的,D' 和 D 只差一个非零因子.而现在 $D'\neq0$,$D=0$,矛盾.所以 $r<n$,因此齐次线性方程组(2.7)有非零解. ■

利用高斯消元法解决了本节开始提出的三个问题.这里还需指出,对于给定的线性方程组,它的增广矩阵经过行初等变换化成阶梯形矩阵的形式虽然不是唯一的,但阶梯形矩阵中非零行的个数 r 却是由线性方程组唯一确定的,从而线性方程组的自由变量个数也是唯一确定的.这些性质将在学习了矩阵理论以后给出严格的论证.

2.2 矩阵及其运算

在 2.1 节，介绍了用矩阵表示线性方程组的系数及常数项，并通过矩阵的行初等变换，求解线性方程组，从而提供了一种快捷有效的方法来解决计算问题. 矩阵的作用远不止于此，它在许多领域都有非常重要的应用，不仅可以用矩阵这个新概念来处理已经解决的老问题，还可以利用矩阵理论去解决新问题. 为此来研究矩阵理论，首先建立矩阵概念，引进矩阵的代数运算，并讨论运算的性质.

2.2.1 矩阵的概念

在引入矩阵概念之前，先看两个例子.

例 2.4 某航空公司在 A,B,C,D 四城市之间开辟了若干航线. 如图 2.1 所示，用点表示城市，如果从 A 到 B 有航班，则用线连接 A,B，并在线上从 A 到 B 的方向画一个箭头. 图 2.1 表示了四城市间的航班情况.

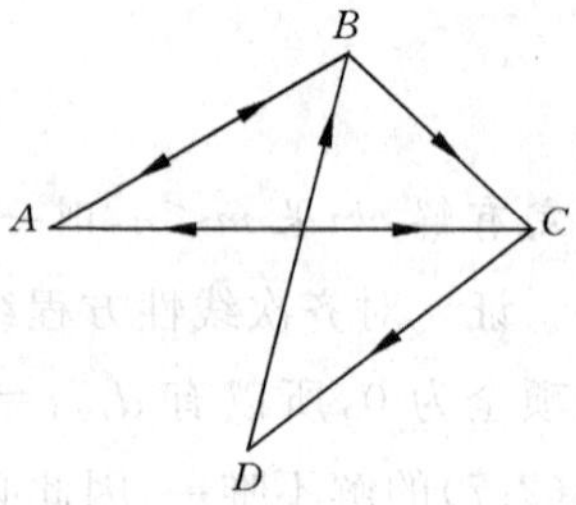

图 2.1

通常还用一个表格来表示四城市间的航班情况：

		到站 A	到站 B	到站 C	到站 D
发站	A		✓	✓	
	B	✓		✓	
	C	✓			✓
	D		✓		

其中✓表示有航班.

为了便于计算，把表中的✓改成数 1，空白的地方填上数 0，就得到一个数表：

0	1	1	0
1	0	1	0
1	0	0	1
0	1	0	0

这个数表反映了四城市间交通联结的情况. 后面将会看到用数表表示的好处. ■

例 2.5 某地有一个煤矿、一个发电厂和一条铁路. 经成本核算，每生产价值一元钱的煤，需要消耗 0.25 元的电，为了把这一元钱的煤运出去，需要花费 0.15 元的运输费用. 每生产价值一元钱的电，需要 0.65 元的煤作为燃料，为了运行电厂的辅助设备，要消耗 0.05 元的电，还要花费 0.05 元的运输费. 作为铁路局，每提供一元钱的运输，要消耗 0.55 元的煤，辅助设备要消耗 0.10 元的电. 煤矿、电厂和铁路局相互之间的消耗关系可以用数表来表示：

	煤矿	电厂	铁路局
煤	0	0.65	0.55
电	0.25	0.05	0.10
运输	0.15	0.05	0

■

这些例子表明不只是数学本身，而且在各种自然科学和社会科学中都经常通过数表来表达相互间的联系. 从数表就抽象出了矩阵的概念.

定义 2.3 由 mn 个数排成的 m 行 n 列矩形数表

$$\begin{bmatrix} a_{11} & a_{12} & \cdots & a_{1n} \\ a_{21} & a_{22} & \cdots & a_{2n} \\ \vdots & \vdots & & \vdots \\ a_{m1} & a_{m2} & \cdots & a_{mn} \end{bmatrix}$$

称为一个 $m\times n$ **矩阵**(matrix)，其中 a_{ij} 称为矩阵的第 i 行第 j 列**元素**(entry).

通常用黑体大写字母表示矩阵，定义 2.3 中的矩阵可写作

$$\boldsymbol{A}=(a_{ij})_{m\times n}.$$

例 2.4 的数表可用 4×4 矩阵表示为

$$\boldsymbol{P}=\begin{bmatrix} 0 & 1 & 1 & 0 \\ 1 & 0 & 1 & 0 \\ 1 & 0 & 0 & 1 \\ 0 & 1 & 0 & 0 \end{bmatrix},$$

例 2.5 的消耗关系可用 3×3 矩阵表示为

$$\boldsymbol{Q}=\begin{bmatrix} 0 & 0.65 & 0.55 \\ 0.25 & 0.05 & 0.10 \\ 0.15 & 0.05 & 0 \end{bmatrix}.$$

为简单起见，本书中矩阵的元素 a_{ij} 一般都是实数. 全体 $m\times n$ 矩阵的集合记作 $M_{m,n}$，有时为了强调矩阵中元素 a_{ij} 是实数还是复数，用记号 $M_{m,n}(\mathbb{R})$ 和 $M_{m,n}(\mathbb{C})$ 分别表示实矩阵和复矩阵的集合，例如 $\boldsymbol{A}\in M_{m,n}(\mathbb{C})$ 表示 $\boldsymbol{A}$ 是一个复数的 $m\times n$ 矩阵. 当 $m=n$ 时，$\boldsymbol{A}$ 称为n 阶方阵或 n 阶矩阵，全体 n 阶方阵的集合记作 M_n.

例 2.6 设

$$\boldsymbol{A}=\begin{bmatrix} 1 & 2 & 3 \\ -3 & 0 & 1 \end{bmatrix},\quad \boldsymbol{B}=\begin{bmatrix} 1 & -3 \\ 2 & 0 \\ 3 & 1 \end{bmatrix},\quad \boldsymbol{C}=\begin{bmatrix} 1 & 2 \\ 0 & 3 \end{bmatrix},$$

$$\boldsymbol{D}=[1\quad 2\quad 3],\quad \boldsymbol{E}=\begin{bmatrix}2\\-1\\0\end{bmatrix},\quad \boldsymbol{F}=[4],\quad \boldsymbol{G}=\begin{bmatrix}\mathrm{i} & 1 & 0\\0 & -\mathrm{i} & 1+\mathrm{i}\end{bmatrix}.$$

则 $\boldsymbol{A}$ 是一个 2×3 矩阵，$\boldsymbol{B}$ 是一个 3×2 矩阵，$\boldsymbol{C}$ 是一个 2 阶方阵，$\boldsymbol{D}$ 是一个 1×3 矩阵，也称为行向量，$\boldsymbol{E}$ 是一个 3×1 矩阵，也称为列向量，$\boldsymbol{F}$ 是 1×1 矩阵，它是一个数，$\boldsymbol{G}$ 是一个 2×3 复矩阵. ■

例 2.7 $0_{m\times n}=\begin{bmatrix}0 & 0 & \cdots & 0\\0 & 0 & \cdots & 0\\\vdots & \vdots & & \vdots\\0 & 0 & \cdots & 0\end{bmatrix}_{m\times n}$ 称为 $m\times n$ **零矩阵**(zero matrix)，简记作 $\boldsymbol{0}$. ■

例 2.8 方阵

$$\boldsymbol{A}=\begin{bmatrix}a_{11} & & & \\ & a_{22} & & \\ & & \ddots & \\ & & & a_{nn}\end{bmatrix}$$

称为**对角矩阵**(diagonal matrix)，其中 $a_{11},a_{22},\cdots,a_{nn}$ 位于方阵的主对角线上，称为主对角线元素，其他未标出部分全为 0. 对角矩阵是非主对角线元素全为 0 的方阵，常记作 $\boldsymbol{A}=\mathrm{diag}(a_{11},a_{22},\cdots,a_{nn})$. 例如

$$\mathrm{diag}(-1,0,5)=\begin{bmatrix}-1 & 0 & 0\\0 & 0 & 0\\0 & 0 & 5\end{bmatrix}.$$ ■

例 2.9 $\boldsymbol{I}_n=\begin{bmatrix}1 & & & \\ & 1 & & \\ & & \ddots & \\ & & & 1\end{bmatrix}_{n\times n}$ 称为 **n 阶单位矩阵**(identity matrix of order n)，简记作 $\boldsymbol{I}$，这是一个主对角元素都是 1，其他元素全为 0 的 n 阶方阵. ■

例 2.10 对角矩阵 $\boldsymbol{A}=\mathrm{diag}(c,c,\cdots,c)$ 称为**纯量矩阵**(scalar matrix)，其中 c 是常数，记作 $c\boldsymbol{I}$. ■

例 2.11 方阵

$$\begin{bmatrix}a_{11} & a_{12} & \cdots & a_{1n}\\ & a_{22} & \cdots & a_{2n}\\ & & \ddots & \vdots\\ & & & a_{nn}\end{bmatrix},$$

即当 $i>j$ 时 $a_{ij}=0$，称为**上三角矩阵**. 例 2.6 中 $\boldsymbol{C}$ 就是一个二阶上三角矩阵. 类似地，当

$i<j$ 时,$a_{ij}=0$ 的方阵,即

$$\begin{bmatrix} a_{11} & & & \\ a_{21} & a_{22} & & \\ \vdots & \vdots & \ddots & \\ a_{n1} & a_{n2} & \cdots & a_{nn} \end{bmatrix}$$

称为**下三角矩阵**. ■

两个矩阵 $\boldsymbol{A}=(a_{ij})_{m\times n}$,$\boldsymbol{B}=(b_{ij})_{s\times t}$,如果 $m=s,n=t$,则称 $\boldsymbol{A}$ 与 $\boldsymbol{B}$ 是**同型矩阵**. 例如

$$\begin{bmatrix} 1 & 2 & 3 \\ 3 & 1 & 2 \end{bmatrix} \quad 与 \quad \begin{bmatrix} 2 & 0 & 1 \\ 0 & 1 & 0 \end{bmatrix}$$

是同型矩阵.

两个同型矩阵 $\boldsymbol{A}=(a_{ij})_{m\times n}$,$\boldsymbol{B}=(b_{ij})_{m\times n}$,如果对应的元素都相等,即 $a_{ij}=b_{ij}$,$i=1,2,\cdots,m$,$j=1,2,\cdots,n$,则称矩阵 $\boldsymbol{A}$ 与 $\boldsymbol{B}$ 相等,记作 $\boldsymbol{A}=\boldsymbol{B}$.

例 2.12 设

$$\boldsymbol{A}=\begin{bmatrix} 1 & 2 & 3 \\ 3 & 1 & 2 \end{bmatrix},\quad \boldsymbol{B}=\begin{bmatrix} 1 & x & 3 \\ y & 1 & z \end{bmatrix},$$

已知 $\boldsymbol{A}=\boldsymbol{B}$,则有 $x=2,y=3,z=2$. ■

对于方阵 $\boldsymbol{A}=(a_{ij})_{n\times n}$,行列式

$$\begin{vmatrix} a_{11} & a_{12} & \cdots & a_{1n} \\ a_{21} & a_{22} & \cdots & a_{2n} \\ \vdots & \vdots & & \vdots \\ a_{n1} & a_{n2} & \cdots & a_{nn} \end{vmatrix}$$

称为**矩阵 $\boldsymbol{A}$ 的行列式**,记作 $\det\boldsymbol{A}$ 或 $|\boldsymbol{A}|$. 注意,只有方阵才有行列式,一般的 $m\times n$ 矩阵($m\neq n$)没有行列式. 显然,对于单位矩阵 $\boldsymbol{I}$,$\det\boldsymbol{I}=1$;对角矩阵 $\boldsymbol{D}=\mathrm{diag}(d_1,d_2,\cdots,d_n)$,$\det\boldsymbol{D}=d_1d_2\cdots d_n$;数量矩阵 $c\boldsymbol{I}_n$,$\det(c\boldsymbol{I}_n)=c^n$;若上三角矩阵

$$\boldsymbol{T}=\begin{bmatrix} a_{11} & a_{12} & \cdots & a_{1n} \\ & a_{22} & \cdots & a_{2n} \\ & & \ddots & \vdots \\ & & & a_{nn} \end{bmatrix},$$

则有 $\det\boldsymbol{T}=a_{11}a_{22}\cdots a_{nn}$.

2.2.2 矩阵的代数运算

1. 矩阵的加法

例 2.13 设有两种物资(单位:t)要从两个产地运往三个销地,调运方案分别用矩阵表示如下:

$$A=\begin{bmatrix} 8 & 0 & 5 \\ 3 & 7 & 0 \end{bmatrix}\begin{matrix}产地1\\产地2\end{matrix},\quad B=\begin{bmatrix} 1 & 7 & 2 \\ 2 & 0 & 8 \end{bmatrix}\begin{matrix}产地1\\产地2\end{matrix},$$

（列依次为：销地1 销地2 销地3）

要问从产地 2 运往销地 3 两种物资的总量是多少？显然将两个矩阵中对应的分量 a_{23} 和 b_{23} 相加即得. ■

定义 2.4 设 $\boldsymbol{A}=(a_{ij})_{m\times n}$，$\boldsymbol{B}=(b_{ij})_{m\times n}$，则矩阵 $\boldsymbol{C}=(c_{ij})_{m\times n}=(a_{ij}+b_{ij})_{m\times n}$ 称为矩阵 $\boldsymbol{A}$ 与 $\boldsymbol{B}$ 的和，记为 $\boldsymbol{C}=\boldsymbol{A}+\boldsymbol{B}$.

那么例 2.13 中从各产地运往各销地的两种物资的总调运方案可通过矩阵的加法得到

$$\boldsymbol{A}+\boldsymbol{B}=\begin{bmatrix} 8+1 & 0+7 & 5+2 \\ 3+2 & 7+0 & 0+8 \end{bmatrix}=\begin{bmatrix} 9 & 7 & 7 \\ 5 & 7 & 8 \end{bmatrix}.$$

$\boldsymbol{A}+\boldsymbol{B}$ 中第 i 行第 j 列元素表示从产地 i 运往销地 j 的两种物资的总吨数.

例 2.14 设

$$\boldsymbol{A}=\begin{bmatrix} 1 & -2 & -1 \\ 2 & 3 & 4 \end{bmatrix},\quad \boldsymbol{B}=\begin{bmatrix} 0 & 2 & 3 \\ 3 & 4 & 0 \end{bmatrix},$$

则

$$\boldsymbol{A}+\boldsymbol{B}=\begin{bmatrix} 1+0 & -2+2 & -1+3 \\ 2+3 & 3+4 & 4+0 \end{bmatrix}=\begin{bmatrix} 1 & 0 & 2 \\ 5 & 7 & 4 \end{bmatrix}.$$ ■

按照定义，只有同型的矩阵才能相加，加法的法则是两个矩阵对应元素相加.因此，矩阵加法有与实数加法类似的一些基本性质.

定理 2.3 设 $\boldsymbol{A},\boldsymbol{B},\boldsymbol{C}$ 是三个同型矩阵，则

(1) $\boldsymbol{A}+(\boldsymbol{B}+\boldsymbol{C})=(\boldsymbol{A}+\boldsymbol{B})+\boldsymbol{C}$；（结合律）

(2) $\boldsymbol{A}+\boldsymbol{B}=\boldsymbol{B}+\boldsymbol{A}$；　　（交换律）

(3) $\boldsymbol{A}+\boldsymbol{0}=\boldsymbol{0}+\boldsymbol{A}=\boldsymbol{A}$，其中 $\boldsymbol{0}$ 是与 $\boldsymbol{A}$ 同型的零矩阵. ■

矩阵

$$\begin{bmatrix} -a_{11} & -a_{12} & \cdots & -a_{1n} \\ -a_{21} & -a_{22} & \cdots & -a_{2n} \\ \vdots & \vdots & & \vdots \\ -a_{m1} & -a_{m2} & \cdots & -a_{mn} \end{bmatrix}$$

称为矩阵 $\boldsymbol{A}=(a_{ij})_{m\times n}$ 的**负矩阵**，记为 $-\boldsymbol{A}$.

显然，有

$$\boldsymbol{A}+(-\boldsymbol{A})=\boldsymbol{0}.$$

矩阵的减法定义为

$$\boldsymbol{A}-\boldsymbol{B}=\boldsymbol{A}+(-\boldsymbol{B}).$$

例 2.15 设$\boldsymbol{A}=[1\quad 2\quad 3]$,$\boldsymbol{B}=[-1\quad 0\quad 3]$,则

$$\boldsymbol{A}-\boldsymbol{B}=\boldsymbol{A}+(-\boldsymbol{B})=[1\quad 2\quad 3]+[1\quad 0\quad -3]=[2\quad 2\quad 0].$$ ■

2. 矩阵的数量乘法

下面引入矩阵的第二种运算：数与矩阵相乘.

定义 2.5 设$\boldsymbol{A}=(a_{ij})_{m\times n}$,$k$是一个常数,则矩阵$(ka_{ij})_{m\times n}$称为数$k$与矩阵$\boldsymbol{A}$的**数乘**,记为$k\boldsymbol{A}$.

例 2.16 设$\boldsymbol{A}=\begin{bmatrix}0 & 2 & 3\\ 1 & 1 & -4\end{bmatrix}$,则$2\boldsymbol{A}=\begin{bmatrix}0 & 4 & 6\\ 2 & 2 & -8\end{bmatrix}$. ■

从定义知道,k乘矩阵$\boldsymbol{A}$,就是将$\boldsymbol{A}$的每个元素都乘以k,因此$\boldsymbol{A}$的负矩阵也可以看作是-1乘$\boldsymbol{A}$,即

$$-\boldsymbol{A}=(-1)\boldsymbol{A}.$$

不难验证,数乘运算满足以下性质.

定理 2.4 设$\boldsymbol{A}$和$\boldsymbol{B}$是同型矩阵,k,l是两个常数,则

(1) $1\boldsymbol{A}=\boldsymbol{A}$,$0\,\boldsymbol{A}=\boldsymbol{0}$;

(2) $k(l\boldsymbol{A})=(kl)\boldsymbol{A}$;

(3) $k(\boldsymbol{A}+\boldsymbol{B})=k\boldsymbol{A}+k\boldsymbol{B}$;

(4) $(k+l)\boldsymbol{A}=k\boldsymbol{A}+l\boldsymbol{A}$. ■

当矩阵每个元素都有公因子k时,可以将公因子k提到矩阵外面,例如

$$\begin{bmatrix}6 & 0 & 3\\ -9 & 12 & 0\end{bmatrix}=3\begin{bmatrix}2 & 0 & 1\\ -3 & 4 & 0\end{bmatrix}.$$

特别要注意的是在方阵情况下,这个性质与行列式之间的区别,例如

$$\begin{bmatrix}2 & 4\\ 6 & 8\end{bmatrix}=\begin{bmatrix}2\times 1 & 2\times 2\\ 2\times 3 & 2\times 4\end{bmatrix}=2\begin{bmatrix}1 & 2\\ 3 & 4\end{bmatrix},$$

而

$$\begin{vmatrix}2 & 4\\ 6 & 8\end{vmatrix}=\begin{vmatrix}2\times 1 & 2\times 2\\ 2\times 3 & 2\times 4\end{vmatrix}=2^2\begin{vmatrix}1 & 2\\ 3 & 4\end{vmatrix}=4\begin{vmatrix}1 & 2\\ 3 & 4\end{vmatrix}.$$

于是,当$\boldsymbol{A}\in M_n$,$\boldsymbol{A}=(a_{ij})$,若$\boldsymbol{B}=(ka_{ij})_{n\times n}$,则$\boldsymbol{B}=k\boldsymbol{A}$,而$\det\boldsymbol{B}=k^n\det\boldsymbol{A}$.

3. 矩阵乘法

例 2.17 设甲、乙两家公司生产Ⅰ、Ⅱ、Ⅲ三种型号的计算机,月产量(单位：台)为

$$\begin{matrix} & \text{Ⅰ} & \text{Ⅱ} & \text{Ⅲ} & \\ \boldsymbol{A}= & \begin{bmatrix}25 & 20 & 18\\ 24 & 16 & 27\end{bmatrix} & & & \begin{matrix}\text{甲}\\ \text{乙}\end{matrix}\end{matrix}.$$

如果生产这三种型号的计算机每台的利润(单位：万元/台)为

$$\boldsymbol{B}=\begin{bmatrix}0.5\\ 0.2\\ 0.7\end{bmatrix}\begin{matrix}\text{Ⅰ}\\ \text{Ⅱ}\\ \text{Ⅲ}\end{matrix},$$

那么，这两家公司的月利润（单位：万元）应为矩阵 $\boldsymbol{C}$：

$$\boldsymbol{C}=\begin{bmatrix}a_{11}b_{11}+a_{12}b_{21}+a_{13}b_{31}\\a_{21}b_{11}+a_{22}b_{21}+a_{23}b_{31}\end{bmatrix}=\begin{bmatrix}25\times0.5+20\times0.2+18\times0.7\\24\times0.5+16\times0.2+27\times0.7\end{bmatrix}=\begin{bmatrix}29.1\\34.1\end{bmatrix}.$$

甲公司每月的利润为 29.1 万元，乙公司的利润为 34.1 万元. ■

定义 2.6 设 $\boldsymbol{A}=(a_{ij})_{m\times r}$，$\boldsymbol{B}=(b_{ij})_{r\times n}$，$\boldsymbol{C}=(c_{ij})_{m\times n}$，其中

$$c_{ij}=a_{i1}b_{1j}+a_{i2}b_{2j}+\cdots+a_{ir}b_{rj}=\sum_{k=1}^{r}a_{ik}b_{kj},$$

则称 $\boldsymbol{C}$ 为 $\boldsymbol{A}$ 与 $\boldsymbol{B}$ 的**乘积**，记为 $\boldsymbol{C}=\boldsymbol{AB}$.

从定义知道，$\boldsymbol{A}$ 乘以 $\boldsymbol{B}$ 要求 $\boldsymbol{A}$ 的列数与 $\boldsymbol{B}$ 的行数相同，否则不能相乘. 乘积 $\boldsymbol{C}$ 的行数与列数分别和 $\boldsymbol{A}$ 的行数、$\boldsymbol{B}$ 的列数相同. $\boldsymbol{C}$ 中第 i 行第 j 列元素是由 $\boldsymbol{A}$ 的第 i 行的每个元素和 $\boldsymbol{B}$ 的第 j 列的相应元素相乘后再相加得到的.

$$\begin{bmatrix}a_{11}&a_{12}&\cdots&a_{1r}\\\vdots&\vdots&&\vdots\\\boxed{a_{i1}\;\;a_{i2}\;\;\cdots\;\;a_{ir}}\\\vdots&\vdots&&\vdots\\a_{m1}&a_{m2}&\cdots&a_{mr}\end{bmatrix}\begin{bmatrix}b_{11}&\cdots&b_{1j}&\cdots&b_{1n}\\b_{21}&\cdots&b_{2j}&\cdots&b_{2n}\\\vdots&&\vdots&&\vdots\\b_{r1}&\cdots&b_{rj}&\cdots&b_{rn}\end{bmatrix}=\begin{bmatrix}c_{11}&c_{12}&\cdots&c_{1n}\\c_{21}&c_{22}&\cdots&c_{2n}\\\vdots&\vdots&\boxed{c_{ij}}&\vdots\\c_{m1}&c_{m2}&\cdots&c_{mn}\end{bmatrix}.$$

利用矩阵乘法，在例 2.17 中 $\boldsymbol{C}=\boldsymbol{AB}$.

例 2.18 设

$$\boldsymbol{A}=\begin{bmatrix}1&-2&3\\2&-2&-1\end{bmatrix},\quad\boldsymbol{B}=\begin{bmatrix}1&2\\1&1\\2&0\end{bmatrix},$$

则

$$\boldsymbol{AB}=\begin{bmatrix}1&-2&3\\2&-2&-1\end{bmatrix}\begin{bmatrix}1&2\\1&1\\2&0\end{bmatrix}=\begin{bmatrix}5&0\\-2&2\end{bmatrix},$$

$$\boldsymbol{BA}=\begin{bmatrix}1&2\\1&1\\2&0\end{bmatrix}\begin{bmatrix}1&-2&3\\2&-2&-1\end{bmatrix}=\begin{bmatrix}5&-6&1\\3&-4&2\\2&-4&6\end{bmatrix}.$$ ■

例 2.19 $\begin{bmatrix}a_1&a_2&a_3\end{bmatrix}\begin{bmatrix}b_1\\b_2\\b_3\end{bmatrix}=a_1b_1+a_2b_2+a_3b_3.$

$$\begin{bmatrix}b_1\\b_2\\b_3\end{bmatrix}\begin{bmatrix}a_1&a_2&a_3\end{bmatrix}=\begin{bmatrix}b_1a_1&b_1a_2&b_1a_3\\b_2a_1&b_2a_2&b_2a_3\\b_3a_1&b_3a_2&b_3a_3\end{bmatrix}.$$ ■

例 2.20 $\begin{bmatrix}1&0\\0&0\end{bmatrix}\begin{bmatrix}0&1\\0&0\end{bmatrix}=\begin{bmatrix}0&1\\0&0\end{bmatrix}$, $\begin{bmatrix}1&0\\0&0\end{bmatrix}\begin{bmatrix}0&0\\1&0\end{bmatrix}=\begin{bmatrix}0&0\\0&0\end{bmatrix}$. ■

例 2.21 利用矩阵乘法，一般线性方程组可以写成矩阵形式. 设关于未知量 $x_1,x_2,\cdots,x_n$ 的一般线性方程组

$$\begin{cases}a_{11}x_1+a_{12}x_2+\cdots+a_{1n}x_n=b_1,\\ a_{21}x_1+a_{22}x_2+\cdots+a_{2n}x_n=b_2,\\ \qquad\vdots\\ a_{m1}x_1+a_{m2}x_2+\cdots+a_{mn}x_n=b_m,\end{cases}$$

令

$$\boldsymbol{A}=\begin{bmatrix}a_{11}&a_{12}&\cdots&a_{1n}\\a_{21}&a_{22}&\cdots&a_{2n}\\\vdots&\vdots&&\vdots\\a_{m1}&a_{m2}&\cdots&a_{mn}\end{bmatrix},\quad \boldsymbol{x}=\begin{bmatrix}x_1\\x_2\\\vdots\\x_n\end{bmatrix},\quad \boldsymbol{b}=\begin{bmatrix}b_1\\b_2\\\vdots\\b_m\end{bmatrix},$$

容易验证，上述线性方程组可写成

$$\boldsymbol{Ax}=\boldsymbol{b}.$$ ■

关于矩阵乘法，有如下性质.

定理 2.5 设 $\boldsymbol{0},\boldsymbol{I},\boldsymbol{A},\boldsymbol{B},\boldsymbol{C}$ 等矩阵在下面式子中相应的乘法和加法运算都能进行，则

(1) $\boldsymbol{0A}=\boldsymbol{0},\boldsymbol{A0}=\boldsymbol{0}$;

(2) $\boldsymbol{IA}=\boldsymbol{A},\boldsymbol{AI}=\boldsymbol{A}$;

(3) $\boldsymbol{A}(\boldsymbol{BC})=(\boldsymbol{AB})\boldsymbol{C}$;　　(结合律)

(4) $\boldsymbol{A}(\boldsymbol{B}+\boldsymbol{C})=\boldsymbol{AB}+\boldsymbol{AC}$;　　(左分配律)

$(\boldsymbol{B}+\boldsymbol{C})\boldsymbol{A}=\boldsymbol{BA}+\boldsymbol{CA}$.　　(右分配律)

证 (1),(2),(4)都易证，请读者自行证明. 这里只证(3)$\boldsymbol{A}(\boldsymbol{BC})=(\boldsymbol{AB})\boldsymbol{C}$.

设 $\boldsymbol{A}=(a_{ij})_{m\times s},\boldsymbol{B}=(b_{ij})_{s\times t},\boldsymbol{C}=(c_{ij})_{t\times n}$. 因此 $\boldsymbol{A}(\boldsymbol{BC})$ 和 $(\boldsymbol{AB})\boldsymbol{C}$ 的每个乘积都有意义，且 $\boldsymbol{A}(\boldsymbol{BC})$ 和 $(\boldsymbol{AB})\boldsymbol{C}$ 都是同型的 $m\times n$ 矩阵. 根据矩阵相等的定义，只需证等式两端两个矩阵相应元素相等即可. $\boldsymbol{A}(\boldsymbol{BC})$ 中第 i 行第 j 列元素是 $\boldsymbol{A}$ 的第 i 行与 $\boldsymbol{BC}$ 的第 j 列对应元素相乘再相加，即

$$\sum_{k=1}^{s}a_{ik}\left(\sum_{l=1}^{t}b_{kl}c_{lj}\right)=\sum_{k=1}^{s}\sum_{l=1}^{t}a_{ik}b_{kl}c_{lj},$$

$(\boldsymbol{AB})\boldsymbol{C}$ 中第 i 行第 j 列元素是$(\boldsymbol{AB})$的第 i 行与 $\boldsymbol{C}$ 的第 j 列对应元素相乘再相加，即

$$\sum_{l=1}^{t}\left(\sum_{k=1}^{s}a_{ik}b_{kl}\right)c_{lj}=\sum_{l=1}^{t}\sum_{k=1}^{s}a_{ik}b_{kl}c_{lj}=\sum_{k=1}^{s}\sum_{l=1}^{t}a_{ik}b_{kl}c_{lj}.$$

两者相等. 结合律得证. ■

这里需要强调指出的是矩阵乘法不满足交换律，即 $\boldsymbol{AB}\neq\boldsymbol{BA}$(例 2.18，例 2.19)，也不满足消去律(例 2.20). 两个非零矩阵的乘积可能为零(例 2.20). 因此由 $\boldsymbol{AB}=\boldsymbol{0}$，并不能推出

$\boldsymbol{A}=0$ 或 $\boldsymbol{B}=\boldsymbol{0}$，这些都是与普通数的运算规律很不一样的. 初学者需要特别注意.

2.2.3 矩阵的转置

定义 2.7 矩阵

$$\begin{bmatrix} a_{11} & a_{21} & \cdots & a_{m1} \\ a_{12} & a_{22} & \cdots & a_{m2} \\ \vdots & \vdots & & \vdots \\ a_{1n} & a_{2n} & \cdots & a_{mn} \end{bmatrix}$$

称为矩阵 $\boldsymbol{A}=(a_{ij})_{m\times n}$ 的转置(transpose)，记作 $\boldsymbol{A}^{\mathrm{T}}$.

按照定义，将矩阵 $\boldsymbol{A}=(a_{ij})_{m\times n}$ 的行与列互换，得到的矩阵 $\boldsymbol{A}^{\mathrm{T}}=(a'_{ij})_{n\times m}$ 就是 $\boldsymbol{A}$ 的**转置**，其中 $a'_{ij}=a_{ji}, i=1,2,\cdots,n, j=1,2,\cdots,m$.

例 2.22 $\begin{bmatrix} 1 & 0 & -1 \\ 2 & 1 & 3 \end{bmatrix}^{\mathrm{T}}=\begin{bmatrix} 1 & 2 \\ 0 & 1 \\ -1 & 3 \end{bmatrix}$，$[x_1 \quad x_2 \quad \cdots \quad x_n]^{\mathrm{T}}=\begin{bmatrix} x_1 \\ x_2 \\ \vdots \\ x_n \end{bmatrix}$. ■

例 2.23 设 $\boldsymbol{A}=(a_{ij})_{n\times n}$，若 $\boldsymbol{A}^{\mathrm{T}}=\boldsymbol{A}$，即 $a_{ij}=a_{ji}, i,j=1,2,\cdots,n$，则称 $\boldsymbol{A}$ 为**对称矩阵**(symmetric matrix). 例如

$$\boldsymbol{A}=\begin{bmatrix} 1 & 2 & 0 \\ 2 & -2 & -1 \\ 0 & -1 & 0 \end{bmatrix}$$

是一个三阶对称矩阵. ■

例 2.24 设 $\boldsymbol{A}=(a_{ij})_{n\times n}$，若 $\boldsymbol{A}^{\mathrm{T}}=-\boldsymbol{A}$，即 $a_{ij}=-a_{ji}, i,j=1,2,\cdots,n$，则称 $\boldsymbol{A}$ 为**反对称矩阵**(skew symmetric matrix). 由于 $a_{ij}=-a_{ji}$，所以有 $a_{ii}=0, i=1,2,\cdots,n$. 例如

$$\boldsymbol{A}=\begin{bmatrix} 0 & 2 & 3 \\ -2 & 0 & -1 \\ -3 & 1 & 0 \end{bmatrix}$$

是一个三阶反对称矩阵. ■

矩阵的转置有如下性质.

定理 2.6 设 $\boldsymbol{A},\boldsymbol{B}$ 是矩阵，k 是常数，则

(1) $(\boldsymbol{A}^{\mathrm{T}})^{\mathrm{T}}=\boldsymbol{A}$；

(2) $(\boldsymbol{A}+\boldsymbol{B})^{\mathrm{T}}=\boldsymbol{A}^{\mathrm{T}}+\boldsymbol{B}^{\mathrm{T}}$；

(3) $(k\boldsymbol{A})^{\mathrm{T}}=k\boldsymbol{A}^{\mathrm{T}}$；

(4) $(\boldsymbol{AB})^{\mathrm{T}}=\boldsymbol{B}^{\mathrm{T}}\boldsymbol{A}^{\mathrm{T}}$.

证 前三条请读者自行验证. 这里证(4).

设 $\boldsymbol{A}=(a_{ij})_{m\times r}$，$\boldsymbol{B}=(b_{ij})_{r\times n}$，$\boldsymbol{AB}=(c_{ij})_{m\times n}$，则 $(\boldsymbol{AB})^{\mathrm{T}}=(c_{ji})_{n\times m}$.

$(\boldsymbol{AB})^{\mathrm{T}}$ 的第 j 行第 i 列元素 c_{ji} 是 $\boldsymbol{AB}$ 的第 i 行第 j 列元素，是由 $\boldsymbol{A}$ 的第 i 行与 $\boldsymbol{B}$ 的第 j 列对应元素相乘后再相加得到的，即

$$\sum_{k=1}^{r} a_{ik} b_{kj},$$

而 $\boldsymbol{B}^{\mathrm{T}}\boldsymbol{A}^{\mathrm{T}}$ 的第 j 行第 i 列元素是 $\boldsymbol{B}^{\mathrm{T}}$ 的第 j 行与 $\boldsymbol{A}^{\mathrm{T}}$ 的第 i 列相应元素相乘再相加，也是 $\boldsymbol{B}$ 的第 j 列与 $\boldsymbol{A}$ 的第 i 行相应元素相乘再相加，即

$$\sum_{k=1}^{r} b_{kj} a_{ik},$$

两者相等. 所以 $(\boldsymbol{AB})^{\mathrm{T}}=\boldsymbol{B}^{\mathrm{T}}\boldsymbol{A}^{\mathrm{T}}$. ■

以上讨论了矩阵的四种基本运算. 此外，类似于数的方幂和多项式，也有矩阵的方幂与多项式. 设 $\boldsymbol{A}$ 是 n 阶方阵，定义

$$\begin{cases} \boldsymbol{A}^1 = \boldsymbol{A}, \\ \boldsymbol{A}^{k+1} = \boldsymbol{A}^k\boldsymbol{A}, \quad k = 1,2,3,\cdots. \end{cases}$$

由矩阵乘法的结合律，易知对于任意正整数 k,l 下列式子成立.

$$\boldsymbol{A}^k\boldsymbol{A}^l = \boldsymbol{A}^{k+l}, \quad (\boldsymbol{A}^k)^l = \boldsymbol{A}^{kl}.$$

因为矩阵乘法不满足交换律，$(\boldsymbol{AB})^k$ 和 $\boldsymbol{A}^k\boldsymbol{B}^k$ 一般不相等.

又设 $f(x)=a_nx^n+a_{n-1}x^{n-1}+\cdots+a_1x+a_0$ 是 x 的多项式，$\boldsymbol{A}$ 是方阵，定义

$$f(\boldsymbol{A}) = a_n\boldsymbol{A}^n + a_{n-1}\boldsymbol{A}^{n-1} + \cdots + a_1\boldsymbol{A} + a_0\boldsymbol{I},$$

其中 $\boldsymbol{I}$ 是与 $\boldsymbol{A}$ 同阶的单位矩阵，称 $f(\boldsymbol{A})$ 是 $\boldsymbol{A}$ 的多项式. $\boldsymbol{A}$ 的多项式是和 $\boldsymbol{A}$ 同阶的方阵. 若 $g(x)$ 也是一个多项式，容易验证

$$f(\boldsymbol{A})g(\boldsymbol{A}) = g(\boldsymbol{A})f(\boldsymbol{A}).$$

例如

$$(\boldsymbol{A}+\boldsymbol{I})(\boldsymbol{A}-\boldsymbol{I}) = (\boldsymbol{A}-\boldsymbol{I})(\boldsymbol{A}+\boldsymbol{I}) = \boldsymbol{A}^2-\boldsymbol{I}.$$

因为矩阵乘法不满足交换律，所以，多项式的因式分解和二项式定理不能随意地应用于矩阵情形. 但是，如果有 $\boldsymbol{AB}=\boldsymbol{BA}$（此时称 $\boldsymbol{A}$ 与 $\boldsymbol{B}$ 可交换），那么

$$(\boldsymbol{A}+\boldsymbol{B})^n = \boldsymbol{A}^n + \mathrm{C}_n^1\boldsymbol{A}^{n-1}\boldsymbol{B} + \cdots + \mathrm{C}_n^{n-1}\boldsymbol{AB}^{n-1} + \boldsymbol{B}^n$$

成立.

例 2.25 回顾本节例 2.4，矩阵

$$\boldsymbol{P} = \begin{bmatrix} 0 & 1 & 1 & 0 \\ 1 & 0 & 1 & 0 \\ 1 & 0 & 0 & 1 \\ 0 & 1 & 0 & 0 \end{bmatrix}$$

表示四城市间交通联结情况. 那么

$$P^2=\begin{bmatrix}0&1&1&0\\1&0&1&0\\1&0&0&1\\0&1&0&0\end{bmatrix}\begin{bmatrix}0&1&1&0\\1&0&1&0\\1&0&0&1\\0&1&0&0\end{bmatrix}=\begin{bmatrix}2&0&1&1\\1&1&1&1\\0&2&1&0\\1&0&1&0\end{bmatrix}$$

又有什么实际意义呢？记 $\boldsymbol{P}$ 的元素为 $p_{ij}^{(1)}$，$\boldsymbol{P}^2$ 的元素为 $p_{ij}^{(2)}$，即 $\boldsymbol{P}=(p_{ij}^{(1)})$，$\boldsymbol{P}^2=(p_{ij}^{(2)})$，那么

$$p_{ij}^{(2)}=p_{i1}^{(1)}p_{1j}^{(1)}+p_{i2}^{(1)}p_{2j}^{(1)}+p_{i3}^{(1)}p_{3j}^{(1)}+p_{i4}^{(1)}p_{4j}^{(1)}.$$

因为 $\boldsymbol{P}$ 的元素由 0,1 组成(通常称作 0-1 矩阵)，$p_{ij}^{(1)}=1$ 表示从 i 有航班到 j，$p_{ij}^{(1)}=0$ 表示从 i 到 j 没有航班，因此当且仅当 $p_{ik}^{(1)}=p_{kj}^{(1)}=1$ 时，$p_{ik}^{(1)}p_{kj}^{(1)}=1$，否则 $p_{ik}^{(1)}p_{kj}^{(1)}=0$. $p_{ik}^{(1)}=p_{kj}^{(1)}=1$ 在例 2.4 中意味着有一个航班从 i 到 k，又有一个航班从 k 到 j，于是从 i 可以经过 k 到达 j，称为从 i 经过两步可到达 j. $p_{ij}^{(2)}$ 就表示了从 i 经过两步到达 j 的路线数. 例如 $p_{32}^{(2)}=2$ 意味着从城市 C 经过两步到达 B 的路线有两条，它们是 $C\to A\to B$ 及 $C\to D\to B$. 从图 2.1 很容易得到验证，C 到 B 没有直达航班($p_{32}^{(1)}=0$)，而 C 可经过 A 或 D 中转去 B，这恰是两条两步到达的路线. 类似分析可知 $\boldsymbol{P}^3$ 的元素 $p_{ij}^{(3)}$ 就表示从 i 经过三步到达 j 的路线数. 如

$$P^3=\begin{bmatrix}1&3&2&1\\2&2&2&1\\3&0&2&1\\1&1&1&1\end{bmatrix},$$

$p_{32}^{(3)}=0$ 表示从 C 到 B 不存在三步到达的路线. ■

2.3 逆矩阵

从上一节矩阵的运算看到矩阵和数一样有加、减、乘等运算，数还有除法运算作为乘法的逆运算，那么矩阵乘法有没有逆运算呢？下面讨论这个问题. 本节讨论的矩阵都是 n 阶方阵.

2.3.1 方阵乘积的行列式

作为准备，先看两个方阵乘积的行列式有什么性质.

定理 2.7 设 $\boldsymbol{A},\boldsymbol{B}$ 是 n 阶方阵，则

$$\det(\boldsymbol{AB})=\det\boldsymbol{A}\det\boldsymbol{B}. \tag{2.8}$$

证 设 $\boldsymbol{A}=(a_{ij})$，$\boldsymbol{B}=(b_{ij})$，$\boldsymbol{C}=\boldsymbol{AB}=(c_{ij})$. 构造一个 $2n$ 阶行列式.

$$\begin{vmatrix} A & 0 \\ -I & B \end{vmatrix} = \begin{vmatrix} a_{11} & \cdots & a_{1n} & 0 & \cdots & 0 \\ \vdots & & \vdots & \vdots & & \vdots \\ a_{n1} & \cdots & a_{nn} & 0 & \cdots & 0 \\ -1 & & & b_{11} & \cdots & b_{1n} \\ & \ddots & & \vdots & & \vdots \\ & & -1 & b_{n1} & \cdots & b_{nn} \end{vmatrix}.$$

利用左下角的 n 个 -1，通过行列式的列变换，将右下角的 b_{ij} 全消成 0，这时右上角恰为 $\boldsymbol{C}$ 的元素，由于所作的列变换不改变行列式的值，从而有

$$\begin{vmatrix} \boldsymbol{A} & \boldsymbol{0} \\ -\boldsymbol{I} & \boldsymbol{B} \end{vmatrix} = \begin{vmatrix} \boldsymbol{A} & \boldsymbol{C} \\ -\boldsymbol{I} & \boldsymbol{0} \end{vmatrix}.$$

由例 1.17，有

$$\begin{vmatrix} \boldsymbol{A} & \boldsymbol{0} \\ -\boldsymbol{I} & \boldsymbol{B} \end{vmatrix} = \det\boldsymbol{A}\det\boldsymbol{B},$$

而

$$\begin{vmatrix} \boldsymbol{A} & \boldsymbol{C} \\ -\boldsymbol{I} & \boldsymbol{0} \end{vmatrix} = (-1)^{n^2} \mid \boldsymbol{C} \mid \mid -\boldsymbol{I} \mid = (-1)^{n^2} \mid \boldsymbol{C} \mid (-1)^{n}$$

$$= (-1)^{n(n+1)} \mid \boldsymbol{C} \mid = \mid \boldsymbol{C} \mid = \det(\boldsymbol{AB}),$$

所以 $\det(\boldsymbol{AB}) = \det\boldsymbol{A}\det\boldsymbol{B}$. ■

利用数学归纳法，定理 2.7 可以推广到有限个方阵的乘积，有

$$\det(\boldsymbol{A}_1\boldsymbol{A}_2\cdots\boldsymbol{A}_s) = \det\boldsymbol{A}_1\det\boldsymbol{A}_2\cdots\det\boldsymbol{A}_s.$$

2.3.2 逆矩阵的概念与性质

在矩阵乘法中，单位矩阵 $\boldsymbol{I}$ 具有与数 1 在数的乘法中类似的性质，对于任意方阵 $\boldsymbol{A}$，有

$$\boldsymbol{AI} = \boldsymbol{IA} = \boldsymbol{A}.$$

对于数，非零实数 a 除了有 $1 \cdot a = a \cdot 1 = a$ 的性质外，还有倒数 a^{-1} 的概念，$a \cdot a^{-1} = a^{-1} \cdot a = 1$. 类似地，可引入可逆矩阵的逆矩阵概念.

定义 2.8 设 $\boldsymbol{A}$ 是 n 阶方阵，如果存在 n 阶方阵 $\boldsymbol{B}$，使得

$$\boldsymbol{AB} = \boldsymbol{BA} = \boldsymbol{I}, \tag{2.9}$$

则称 $\boldsymbol{A}$ 是**可逆的**(invertible)或**非奇异的**(nonsingular)，$\boldsymbol{B}$ 是 $\boldsymbol{A}$ 的一个**逆矩阵**(inverse). 若不存在满足(2.9)式的矩阵 $\boldsymbol{B}$，则称 $\boldsymbol{A}$ 是**不可逆的**(noninvertible)或**奇异的**(singular).

例 2.26 设 $\boldsymbol{A} = \begin{bmatrix} 1 & -1 \\ 1 & 1 \end{bmatrix}$，$\boldsymbol{B} = \begin{bmatrix} \frac{1}{2} & \frac{1}{2} \\ -\frac{1}{2} & \frac{1}{2} \end{bmatrix}$，因为 $\boldsymbol{AB} = \boldsymbol{BA} = \boldsymbol{I}$，所以 $\boldsymbol{A}$ 可逆，$\boldsymbol{B}$ 是 $\boldsymbol{A}$ 的一个逆矩阵.

可以证明,矩阵 A 如果可逆的话,A 的逆矩阵只有一个.

定理 2.8 若 A 可逆,则 A 的逆矩阵唯一.

证 设 $\boldsymbol{B}$ 和 $\boldsymbol{C}$ 都是 $\boldsymbol{A}$ 的逆矩阵,即

$$\boldsymbol{BA}=\boldsymbol{AC}=\boldsymbol{I},$$

则

$$\boldsymbol{B}=\boldsymbol{BI}=\boldsymbol{B}(\boldsymbol{AC})=(\boldsymbol{BA})\boldsymbol{C}=\boldsymbol{IC}=\boldsymbol{C}.$$ ■

由可逆矩阵 $\boldsymbol{A}$ 的逆矩阵是唯一的,记 $\boldsymbol{A}$ 的逆矩阵为 $\boldsymbol{A}^{-1}$,于是有

$$\boldsymbol{AA}^{-1}=\boldsymbol{A}^{-1}\boldsymbol{A}=\boldsymbol{I}.$$

给定方阵 $\boldsymbol{A}$,如何求出 $\boldsymbol{A}$ 的逆矩阵呢?从定义知道,就是要找满足(2.9)式的矩阵 $\boldsymbol{B}$,很自然就会想到用待定系数法.

例 2.27 设 $\boldsymbol{A}=\begin{bmatrix}2 & 1\\-1 & 0\end{bmatrix}$,求 $\boldsymbol{A}$ 的逆矩阵.

解 设 $\boldsymbol{B}=\begin{bmatrix}a & b\\c & d\end{bmatrix}$是 $\boldsymbol{A}$ 的逆矩阵,则

$$\boldsymbol{AB}=\begin{bmatrix}2 & 1\\-1 & 0\end{bmatrix}\begin{bmatrix}a & b\\c & d\end{bmatrix}=\boldsymbol{I}=\begin{bmatrix}1 & 0\\0 & 1\end{bmatrix},$$

于是有

$$\begin{cases}2a+c=1,\\2b+d=0,\\-a=0,\\-b=1,\end{cases}$$

解得 $a=0,b=-1,c=1,d=2$.容易验证

$$\begin{bmatrix}2 & 1\\-1 & 0\end{bmatrix}\begin{bmatrix}0 & -1\\1 & 2\end{bmatrix}=\begin{bmatrix}0 & -1\\1 & 2\end{bmatrix}\begin{bmatrix}2 & 1\\-1 & 0\end{bmatrix}=\begin{bmatrix}1 & 0\\0 & 1\end{bmatrix},$$

于是

$$\boldsymbol{A}^{-1}=\begin{bmatrix}0 & -1\\1 & 2\end{bmatrix}.$$ ■

用待定系数法求一个 n 阶矩阵的逆矩阵就要解一个 n^2 个方程 n^2 个未知数的线性方程组,在 n 较大时,工作量很大,因此很不实用,除非是很特殊的矩阵,一般不采用这种方法.在介绍其他方法之前,先看几个有关逆矩阵的性质.

定理 2.9 设 $\boldsymbol{A}$ 是 n 阶方阵.

(1) 若 $\boldsymbol{A}$ 是可逆的,则 $\boldsymbol{A}^{-1}$ 也可逆,且$(\boldsymbol{A}^{-1})^{-1}=\boldsymbol{A}$;

(2) 若 $\boldsymbol{A}$ 和 $\boldsymbol{B}$ 都可逆,则 $\boldsymbol{AB}$ 也可逆,且

$$(\boldsymbol{AB})^{-1}=\boldsymbol{B}^{-1}\boldsymbol{A}^{-1};$$

(3) 若 $\boldsymbol{A}$ 可逆,则 $\boldsymbol{A}^{\mathrm{T}}$ 也可逆,且

$$(\boldsymbol{A}^{\mathrm{T}})^{-1}=(\boldsymbol{A}^{-1})^{\mathrm{T}}.$$

证 (1) 因为 $\boldsymbol{A}$ 可逆，则有

$$\boldsymbol{A}\boldsymbol{A}^{-1}=\boldsymbol{A}^{-1}\boldsymbol{A}=\boldsymbol{I},$$

所以 $\boldsymbol{A}^{-1}$ 可逆，且 $\boldsymbol{A}$ 是 $\boldsymbol{A}^{-1}$ 的逆矩阵，即

$$(\boldsymbol{A}^{-1})^{-1}=\boldsymbol{A}.$$

(2) 由于

$$(\boldsymbol{AB})(\boldsymbol{B}^{-1}\boldsymbol{A}^{-1})=\boldsymbol{A}(\boldsymbol{B}\boldsymbol{B}^{-1})\boldsymbol{A}^{-1}=\boldsymbol{AIA}^{-1}=\boldsymbol{AA}^{-1}=\boldsymbol{I},$$

同理可证

$$(\boldsymbol{B}^{-1}\boldsymbol{A}^{-1})(\boldsymbol{AB})=\boldsymbol{I},$$

所以 $\boldsymbol{AB}$ 可逆，且

$$(\boldsymbol{AB})^{-1}=\boldsymbol{B}^{-1}\boldsymbol{A}^{-1}.$$

(3) 由于

$$\boldsymbol{A}^{\mathrm{T}}(\boldsymbol{A}^{-1})^{\mathrm{T}}=(\boldsymbol{A}^{-1}\boldsymbol{A})^{\mathrm{T}}=\boldsymbol{I}^{\mathrm{T}}=\boldsymbol{I},$$

及

$$(\boldsymbol{A}^{-1})^{\mathrm{T}}\boldsymbol{A}^{\mathrm{T}}=(\boldsymbol{AA}^{-1})^{\mathrm{T}}=\boldsymbol{I}^{\mathrm{T}}=\boldsymbol{I}.$$

所以 $\boldsymbol{A}^{\mathrm{T}}$ 可逆，且

$$(\boldsymbol{A}^{\mathrm{T}})^{-1}=(\boldsymbol{A}^{-1})^{\mathrm{T}}.$$ ■

用数学归纳法可以把定理 2.9 中第 2 条性质推广到 s 个矩阵的乘积.

推论 设 $\boldsymbol{A}_1,\boldsymbol{A}_2,\cdots,\boldsymbol{A}_s$ 是 s 个 n 阶可逆矩阵，则 $\boldsymbol{A}_1\boldsymbol{A}_2\cdots\boldsymbol{A}_s$ 也可逆，且

$$(\boldsymbol{A}_1\boldsymbol{A}_2\cdots\boldsymbol{A}_s)^{-1}=\boldsymbol{A}_s^{-1}\boldsymbol{A}_{s-1}^{-1}\cdots\boldsymbol{A}_1^{-1}.$$

逆矩阵在线性方程组中有重要的应用.

例 2.28 设 $\boldsymbol{A}\in M_n,\boldsymbol{b}\in M_{n,1}$，若 $\boldsymbol{A}$ 可逆，则非齐次线性方程组 $\boldsymbol{Ax}=\boldsymbol{b}$ 有唯一解 $\boldsymbol{A}^{-1}\boldsymbol{b}$.

证 先证 $\boldsymbol{A}^{-1}\boldsymbol{b}$ 是 $\boldsymbol{Ax}=\boldsymbol{b}$ 的解. 将 $\boldsymbol{A}^{-1}\boldsymbol{b}$ 代入，有

$$\boldsymbol{A}(\boldsymbol{A}^{-1}\boldsymbol{b})=(\boldsymbol{AA}^{-1})\boldsymbol{b}=\boldsymbol{Ib}=\boldsymbol{b},$$

所以 $\boldsymbol{A}^{-1}\boldsymbol{b}$ 是 $\boldsymbol{Ax}=\boldsymbol{b}$ 的解.

再证唯一性，设 $\boldsymbol{x}_0$ 是 $\boldsymbol{Ax}=\boldsymbol{b}$ 的解，即有 $\boldsymbol{Ax}_0=\boldsymbol{b}$，用 $\boldsymbol{A}^{-1}$ 左乘方程两边，得

$$\boldsymbol{A}^{-1}(\boldsymbol{Ax}_0)=\boldsymbol{A}^{-1}\boldsymbol{b},$$

即

$$(\boldsymbol{A}^{-1}\boldsymbol{A})\boldsymbol{x}_0=\boldsymbol{A}^{-1}\boldsymbol{b}.$$

于是 $\boldsymbol{x}_0=\boldsymbol{A}^{-1}\boldsymbol{b}$. ■

由例 2.28 看到，当系数矩阵 $\boldsymbol{A}$ 可逆时，线性方程组 $\boldsymbol{Ax}=\boldsymbol{b}$ 的解可表示为 $\boldsymbol{A}^{-1}\boldsymbol{b}$. 这与一元一次方程 $ax=b$，当 $a\neq 0$ 时，$x=a^{-1}b$ 是多么相似. 实际上，一元一次方程是矩阵方程 $\boldsymbol{Ax}=\boldsymbol{b}$ 中当 $\boldsymbol{A}\in M_1$ 的情况，条件 $a\neq 0$ 即 a 可逆. 那么对于一般方阵 $\boldsymbol{A}$，如何判断 $\boldsymbol{A}$ 是否可逆呢?

2.3.3 矩阵可逆的条件

设$\boldsymbol{A}=(a_{ij})_{n\times n}$，令$A_{ij}$是$\boldsymbol{A}$的行列式$\det\boldsymbol{A}$中元素$a_{ij}$的代数余子式，将这$n^2$个数$A_{ij}$，$(i,j=1,2,\cdots,n)$排成一个如下的$n$阶方阵：

$$\boldsymbol{A}^*=\begin{bmatrix}A_{11}&A_{21}&\cdots&A_{n1}\\A_{12}&A_{22}&\cdots&A_{n2}\\\vdots&\vdots&&\vdots\\A_{1n}&A_{2n}&\cdots&A_{nn}\end{bmatrix},$$

称$\boldsymbol{A}^*$为$\boldsymbol{A}$的伴随矩阵(adjoint matrix).下面计算

$$\boldsymbol{AA}^*=\begin{bmatrix}a_{11}&a_{12}&\cdots&a_{1n}\\\vdots&\vdots&&\vdots\\a_{i1}&a_{i2}&\cdots&a_{in}\\\vdots&\vdots&&\vdots\\a_{n1}&a_{n2}&\cdots&a_{nn}\end{bmatrix}\begin{bmatrix}A_{11}&\cdots&A_{j1}&\cdots&A_{n1}\\A_{12}&\cdots&A_{j2}&\cdots&A_{n2}\\\vdots&&\vdots&&\vdots\\A_{1n}&\cdots&A_{jn}&\cdots&A_{nn}\end{bmatrix}.$$

由行列式的展开定理知，$\boldsymbol{AA}^*$的第i行第j列元素为

$$a_{i1}A_{j1}+a_{i2}A_{j2}+\cdots+a_{in}A_{jn}=\sum_{k=1}^{n}a_{ik}A_{jk}=\begin{cases}|\boldsymbol{A}|,&i=j,\\0,&i\neq j.\end{cases}$$

于是

$$\boldsymbol{AA}^*=\begin{bmatrix}|\boldsymbol{A}|&&&\\&|\boldsymbol{A}|&&\\&&\ddots&\\&&&|\boldsymbol{A}|\end{bmatrix}=|\boldsymbol{A}|\boldsymbol{I}.$$

同理，也有

$$\boldsymbol{A}^*\boldsymbol{A}=\begin{bmatrix}|\boldsymbol{A}|&&&\\&|\boldsymbol{A}|&&\\&&\ddots&\\&&&|\boldsymbol{A}|\end{bmatrix}=|\boldsymbol{A}|\boldsymbol{I}.$$

即

$$\boldsymbol{AA}^*=\boldsymbol{A}^*\boldsymbol{A}=|\boldsymbol{A}|\boldsymbol{I}.\tag{2.10}$$

当$|\boldsymbol{A}|\neq0$时，有

$$\boldsymbol{A}\frac{\boldsymbol{A}^*}{|\boldsymbol{A}|}=\frac{\boldsymbol{A}^*}{|\boldsymbol{A}|}\boldsymbol{A}=\boldsymbol{I}.\tag{2.11}$$

定理 2.10 $\boldsymbol{A}$可逆的充分必要条件是$\det\boldsymbol{A}\neq0$，当$\boldsymbol{A}$可逆时，

$$A^{-1}=\frac{1}{|A|}A^*.$$

证 必要性.若 A 可逆,则有 B,使 $AB=I$,两边取行列式,由定理2.7,有

$$|AB|=|A||B|=|I|=1.$$

所以 $|A|\neq 0$.

充分性.若 $|A|\neq 0$,由(2.11)式知,A 可逆,且

$$A^{-1}=\frac{1}{|A|}A^*.$$

■

利用这个条件,齐次线性方程组有非零解的判别条件(定理2.2的推论)用矩阵的语言可叙述如下.

推论1 设 $A\in M_n$,$Ax=0$ 有非零解的充分必要条件是 A 奇异. ■

对于非齐次线性方程组 $Ax=b$,其中 $A\in M_n$,$b\in M_{n,1}$,若 $\det A\neq 0$,则此线性方程组有解,由定理2.10,将 $A^{-1}=\frac{1}{|A|}A^*$ 代入,得到

$$x=A^{-1}b=\frac{1}{|A|}\begin{bmatrix}A_{11}&A_{21}&\cdots&A_{n1}\\A_{12}&A_{22}&\cdots&A_{n2}\\\vdots&\vdots&&\vdots\\A_{1n}&A_{2n}&\cdots&A_{nn}\end{bmatrix}\begin{bmatrix}b_1\\b_2\\\vdots\\b_n\end{bmatrix}=\frac{1}{|A|}\begin{bmatrix}D_1\\D_2\\\vdots\\D_n\end{bmatrix}=\frac{1}{D}\begin{bmatrix}D_1\\D_2\\\vdots\\D_n\end{bmatrix}.$$

于是此线性方程组的解为

$$x_i=\frac{D_i}{D},\quad i=1,2,\cdots,n.$$

这里的 $D,D_i(i=1,2,\cdots,n)$ 同定理1.7.我们用矩阵工具又一次得到克莱姆法则.

从定理2.10的证明过程看到,对于方阵 A,若有方阵 B 使得 $AB=I$,则有 $|A|\neq 0$,由定理2.10,A 就可逆.因此判断 A 是否可逆,不必像定义2.8那样,既检验 $AB=I$,又检验 $BA=I$.现在只要检验是否存在 B 使 $AB=I$(称 B 是 A 的右逆)或 $BA=I$(称 B 是 A 的左逆)中的一个成立,就能保证 A 是可逆的,也可以这样说,方阵 A 若有左逆就有右逆,且左逆等于右逆,也是 A 的逆.

推论2 设 A 是 n 阶方阵,若有 n 阶方阵 B,使得 $AB=I$(或 $BA=I$),则 A 可逆,且 $A^{-1}=B$. ■

例2.29 设方阵 A 满足 $A^2+A-2I=0$,证明 A 和 $A-2I$ 都可逆,并求出它们的逆矩阵.

证 由 $A^2+A-2I=0$,有 $A(A+I)=2I$,即 $A\frac{1}{2}(A+I)=I$.

根据定理2.10的推论2,A 可逆,且

$$A^{-1}=\frac{1}{2}(A+I).$$

又从 $A^2+A-2I=0$,有 $(A-2I)(A+3I)+4I=0$,即

$$(A-2I)\left[-\frac{1}{4}(A+3I)\right]=I,$$

所以 $A-2I$ 可逆,且

$$(A-2I)^{-1}=-\frac{1}{4}(A+3I).$$ ■

利用定理 2.10 不但可以判断矩阵是否可逆,还可用公式求出 A 的逆矩阵.当 A 是低阶时用公式求逆阵是方便的,尤其当 A 是二阶方阵时更简单.但当阶数较高时,求一个 n 阶方阵的逆矩阵,先要计算 n^2 个 $n-1$ 阶行列式和一个 n 阶行列式,还要作 n^2 个除法,工作量是很大的.

例 2.30 设 $A=\begin{bmatrix}a_{11} & a_{12}\\ a_{21} & a_{22}\end{bmatrix}$,求 A 可逆的条件,在 A 可逆的条件下,求 A^{-1}.

解 A 可逆 $\Leftrightarrow |A|=a_{11}a_{22}-a_{12}a_{21}\neq 0$,或 $\frac{a_{11}}{a_{12}}\neq\frac{a_{21}}{a_{22}}$,或 $\frac{a_{11}}{a_{21}}\neq\frac{a_{12}}{a_{22}}$.当 $|A|\neq 0$ 时,

$$A^{-1}=\frac{1}{|A|}A^*=\frac{1}{a_{11}a_{22}-a_{12}a_{21}}\begin{bmatrix}a_{22} & -a_{12}\\ -a_{21} & a_{11}\end{bmatrix}.$$

例如(例 2.26),$A=\begin{bmatrix}1 & -1\\ 1 & 1\end{bmatrix}$,$|A|=2\neq 0$,所以 A 可逆,$A^{-1}=\frac{1}{2}\begin{bmatrix}1 & 1\\ -1 & 1\end{bmatrix}$. ■

注 我们用记号"⇔"表示"充分必要条件","当且仅当"等.

例 2.31 例 2.5 给出了煤、电和运输之间的消耗矩阵 Q:

$$Q=\begin{bmatrix}0 & 0.65 & 0.55\\ 0.25 & 0.05 & 0.10\\ 0.15 & 0.05 & 0\end{bmatrix}.$$

Q 中元素例如 q_{12} 表示每生产价值一元的电要消耗 0.65 元的煤.如果煤矿接到外地 5 万元煤的订货,电厂有 10 万元电的外地需求,煤矿、电厂和铁路局各生产多少才能满足外地的需求?

假设煤矿实际生产 x_1 元的煤,电厂实际生产 x_2 元的电,铁路局实际提供 x_3 元的运输能力,令 $x=(x_1,x_2,x_3)^{\mathrm{T}}$,则 Qx 就是为完成 x 元的产值自身的消耗.因此为了满足外地需求的实际生产量 x 要满足以下关系式:

$$x-Qx=\begin{bmatrix}5\\ 10\\ 0\end{bmatrix},$$

或

$$(I-Q)x=\begin{bmatrix}5\\ 10\\ 0\end{bmatrix},$$

其中

$$I-Q=\begin{bmatrix}1 & -0.65 & -0.55\\ -0.25 & 0.95 & -0.10\\ -0.15 & -0.05 & 1\end{bmatrix}$$

由于 $\det(I-Q)=0.6875\neq 0$,所以矩阵 $I-Q$ 可逆,于是

$$x=(I-Q)^{-1}\begin{bmatrix}5\\10\\0\end{bmatrix}=\frac{1}{\det(I-Q)}(I-Q)^*\begin{bmatrix}5\\10\\0\end{bmatrix}$$

$$=\frac{1}{0.6875}\begin{bmatrix}0.945 & 0.6775 & 0.5875\\ 0.265 & 0.9175 & 0.2375\\ 0.155 & 0.1475 & 0.7875\end{bmatrix}\begin{bmatrix}5\\10\\0\end{bmatrix}=\begin{bmatrix}16.725\\15.275\\3.275\end{bmatrix}.$$

煤厂要生产 16.725 万元的煤,电厂要生产 15.275 万元的电,铁路局要提供 3.275 万元的运输能力才能满足外地 5 万元煤和 10 万元电的需求. ■

2.4 分块矩阵

在处理大矩阵时,常把它视为是由一些小矩阵构成的.有时将大矩阵的运算转换成小矩阵的运算会带来极大的方便.将矩阵 A 用纵线和横线分成若干小块,每一小块称为 A 的**子块**,分为子块的矩阵叫做**分块矩阵**.由于不同的需要,同一个矩阵可以用不同的分块方法,构成不同的分块矩阵.

例 2.32 设

$$A=\begin{bmatrix}a_{11} & a_{12} & a_{13} & a_{14}\\ a_{21} & a_{22} & a_{23} & a_{24}\\ a_{31} & a_{32} & a_{33} & a_{34}\end{bmatrix},$$

以下几种分块方法构成不同的分块矩阵.

(1) $A=\left[\begin{array}{cc:cc}a_{11} & a_{12} & a_{13} & a_{14}\\ a_{21} & a_{22} & a_{23} & a_{24}\\ \hdashline a_{31} & a_{32} & a_{33} & a_{34}\end{array}\right]=\begin{bmatrix}A_{11} & A_{12}\\ A_{21} & A_{22}\end{bmatrix}$,其中 $A_{11}=\begin{bmatrix}a_{11} & a_{12}\\ a_{21} & a_{22}\end{bmatrix}$,$A_{12}=\begin{bmatrix}a_{13} & a_{14}\\ a_{23} & a_{24}\end{bmatrix}$,

$A_{21}=[a_{31}\quad a_{32}]$,$A_{22}=[a_{33}\quad a_{34}]$.

(2) $A=\left[\begin{array}{c:c:c:c}a_{11} & a_{12} & a_{13} & a_{14}\\ a_{21} & a_{22} & a_{23} & a_{24}\\ a_{31} & a_{32} & a_{33} & a_{34}\end{array}\right]=[\alpha_1\quad \alpha_2\quad \alpha_3\quad \alpha_4]$,其中 $\alpha_j=\begin{bmatrix}a_{1j}\\ a_{2j}\\ a_{3j}\end{bmatrix}$,$j=1,2,3,4$.

(3) $\boldsymbol{A}=\begin{bmatrix} a_{11} & a_{12} & a_{13} & a_{14} \\ \hdashline a_{21} & a_{22} & a_{23} & a_{24} \\ \hdashline a_{31} & a_{32} & a_{33} & a_{34} \end{bmatrix}=\begin{bmatrix} \boldsymbol{\beta}_1 \\ \boldsymbol{\beta}_2 \\ \boldsymbol{\beta}_3 \end{bmatrix}$,其中$\boldsymbol{\beta}_i=[a_{i1} \quad a_{i2} \quad a_{i3} \quad a_{i4}]$,$i=1,2,3$. ■

注意,在分块矩阵中,一般都用$\boldsymbol{A}_{ij}$表示第i行第j列的子块,虽然它和第i行第j列元素a_{ij}的代数余子式符号相似,但从上下文是可以区别它的确切含义的.

下面讨论分块矩阵的运算.

(1) 加法

设$\boldsymbol{A}$和$\boldsymbol{B}$是同型矩阵,采用相同的划分方法分块,成为

$$\boldsymbol{A}=\begin{bmatrix} \boldsymbol{A}_{11} & \boldsymbol{A}_{12} & \cdots & \boldsymbol{A}_{1s} \\ \boldsymbol{A}_{21} & \boldsymbol{A}_{22} & \cdots & \boldsymbol{A}_{2s} \\ \vdots & \vdots & & \vdots \\ \boldsymbol{A}_{r1} & \boldsymbol{A}_{r2} & \cdots & \boldsymbol{A}_{rs} \end{bmatrix}, \quad \boldsymbol{B}=\begin{bmatrix} \boldsymbol{B}_{11} & \boldsymbol{B}_{12} & \cdots & \boldsymbol{B}_{1s} \\ \boldsymbol{B}_{21} & \boldsymbol{B}_{22} & \cdots & \boldsymbol{B}_{2s} \\ \vdots & \vdots & & \vdots \\ \boldsymbol{B}_{r1} & \boldsymbol{B}_{r2} & \cdots & \boldsymbol{B}_{rs} \end{bmatrix},$$

其中子块$\boldsymbol{A}_{ij}$和$\boldsymbol{B}_{ij}$($i=1,2,\cdots,r,j=1,2,\cdots,s$)都是同型矩阵,则$\boldsymbol{A}$与$\boldsymbol{B}$相加只需它们对应的子块相加.

$$\boldsymbol{A}+\boldsymbol{B}=\begin{bmatrix} \boldsymbol{A}_{11}+\boldsymbol{B}_{11} & \boldsymbol{A}_{12}+\boldsymbol{B}_{12} & \cdots & \boldsymbol{A}_{1s}+\boldsymbol{B}_{1s} \\ \boldsymbol{A}_{21}+\boldsymbol{B}_{21} & \boldsymbol{A}_{22}+\boldsymbol{B}_{22} & \cdots & \boldsymbol{A}_{2s}+\boldsymbol{B}_{2s} \\ \vdots & \vdots & & \vdots \\ \boldsymbol{A}_{r1}+\boldsymbol{B}_{r1} & \boldsymbol{A}_{r2}+\boldsymbol{B}_{r2} & \cdots & \boldsymbol{A}_{rs}+\boldsymbol{B}_{rs} \end{bmatrix}.$$

(2) 数乘

数k乘矩阵$\boldsymbol{A}$,只需k乘$\boldsymbol{A}$的每个子块.设

$$\boldsymbol{A}=\begin{bmatrix} \boldsymbol{A}_{11} & \boldsymbol{A}_{12} & \cdots & \boldsymbol{A}_{1s} \\ \boldsymbol{A}_{21} & \boldsymbol{A}_{22} & \cdots & \boldsymbol{A}_{2s} \\ \vdots & \vdots & & \vdots \\ \boldsymbol{A}_{r1} & \boldsymbol{A}_{r2} & \cdots & \boldsymbol{A}_{rs} \end{bmatrix},$$

k是常数,则

$$k\boldsymbol{A}=\begin{bmatrix} k\boldsymbol{A}_{11} & k\boldsymbol{A}_{12} & \cdots & k\boldsymbol{A}_{1s} \\ k\boldsymbol{A}_{21} & k\boldsymbol{A}_{22} & \cdots & k\boldsymbol{A}_{2s} \\ \vdots & \vdots & & \vdots \\ k\boldsymbol{A}_{r1} & k\boldsymbol{A}_{r2} & \cdots & k\boldsymbol{A}_{rs} \end{bmatrix}.$$

(3) 转置

设

$$\boldsymbol{A}=\begin{bmatrix} \boldsymbol{A}_{11} & \boldsymbol{A}_{12} & \cdots & \boldsymbol{A}_{1s} \\ \boldsymbol{A}_{21} & \boldsymbol{A}_{22} & \cdots & \boldsymbol{A}_{2s} \\ \vdots & \vdots & & \vdots \\ \boldsymbol{A}_{r1} & \boldsymbol{A}_{r2} & \cdots & \boldsymbol{A}_{rs} \end{bmatrix},$$

则

$$A^{\mathrm{T}}=\begin{bmatrix}A_{11}^{\mathrm{T}} & A_{21}^{\mathrm{T}} & \cdots & A_{r1}^{\mathrm{T}}\\ A_{12}^{\mathrm{T}} & A_{22}^{\mathrm{T}} & \cdots & A_{r2}^{\mathrm{T}}\\ \vdots & \vdots & & \vdots\\ A_{1s}^{\mathrm{T}} & A_{2s}^{\mathrm{T}} & \cdots & A_{rs}^{\mathrm{T}}\end{bmatrix}.$$

以上三种分块矩阵的运算规则不难从定义直接验证. 为了说明分块矩阵的乘法的运算规则,先看一个例子.

例 2.33 设

$$\boldsymbol{A}=\left[\begin{array}{cc:c}1 & 0 & 0\\ 0 & 1 & 0\\ \hdashline -1 & 2 & 1\\ 1 & 1 & 0\end{array}\right]=\begin{bmatrix}\boldsymbol{I} & \boldsymbol{0}\\ \boldsymbol{A}_{21} & \boldsymbol{A}_{22}\end{bmatrix},\quad \boldsymbol{B}=\left[\begin{array}{cc:cc}1 & 0 & 3 & 2\\ -1 & 2 & 0 & 1\\ \hdashline 1 & 0 & 4 & 1\end{array}\right]=\begin{bmatrix}\boldsymbol{B}_{11} & \boldsymbol{B}_{12}\\ \boldsymbol{B}_{21} & \boldsymbol{B}_{22}\end{bmatrix}.$$

计算 $\boldsymbol{AB}$.

现在将 $\boldsymbol{A}$ 和 $\boldsymbol{B}$ 的每个子块当成矩阵的元素,按矩阵乘法的运算法则计算:

$$\boldsymbol{AB}=\begin{bmatrix}\boldsymbol{I} & \boldsymbol{0}\\ \boldsymbol{A}_{21} & \boldsymbol{A}_{22}\end{bmatrix}\begin{bmatrix}\boldsymbol{B}_{11} & \boldsymbol{B}_{12}\\ \boldsymbol{B}_{21} & \boldsymbol{B}_{22}\end{bmatrix}=\begin{bmatrix}\boldsymbol{B}_{11} & \boldsymbol{B}_{12}\\ \boldsymbol{A}_{21}\boldsymbol{B}_{11}+\boldsymbol{A}_{22}\boldsymbol{B}_{21} & \boldsymbol{A}_{21}\boldsymbol{B}_{12}+\boldsymbol{A}_{22}\boldsymbol{B}_{22}\end{bmatrix}.$$

而

$$\boldsymbol{A}_{21}\boldsymbol{B}_{11}+\boldsymbol{A}_{22}\boldsymbol{B}_{21}=\begin{bmatrix}-1 & 2\\ 1 & 1\end{bmatrix}\begin{bmatrix}1 & 0\\ -1 & 2\end{bmatrix}+\begin{bmatrix}1\\ 0\end{bmatrix}\begin{bmatrix}1 & 0\end{bmatrix}=\begin{bmatrix}-2 & 4\\ 0 & 2\end{bmatrix},$$

$$\boldsymbol{A}_{21}\boldsymbol{B}_{12}+\boldsymbol{A}_{22}\boldsymbol{B}_{22}=\begin{bmatrix}-1 & 2\\ 1 & 1\end{bmatrix}\begin{bmatrix}3 & 2\\ 0 & 1\end{bmatrix}+\begin{bmatrix}1\\ 0\end{bmatrix}\begin{bmatrix}4 & 1\end{bmatrix}=\begin{bmatrix}1 & 1\\ 3 & 3\end{bmatrix},$$

于是

$$\boldsymbol{AB}=\left[\begin{array}{cc:cc}1 & 0 & 3 & 2\\ -1 & 2 & 0 & 1\\ \hdashline -2 & 4 & 1 & 1\\ 0 & 2 & 3 & 3\end{array}\right].$$ ■

读者不妨按矩阵乘法法则直接计算 $\boldsymbol{AB}$,所得结果是一样的.

一般地,若 $\boldsymbol{A}$ 和 $\boldsymbol{B}$ 可乘,将 $\boldsymbol{A},\boldsymbol{B}$ 分别表示成分块矩阵作乘法时,为了使乘法可行,要求 $\boldsymbol{A}$ 的列的划分与 $\boldsymbol{B}$ 的行的划分相一致,以保证除了分块矩阵可乘,而且各子块间的乘法也可行. 至于 $\boldsymbol{A}$ 的行的分法及 $\boldsymbol{B}$ 的列的分法无需加以限制.

(4) 乘法

设

$$\boldsymbol{A}=\begin{bmatrix}\boldsymbol{A}_{11} & \boldsymbol{A}_{12} & \cdots & \boldsymbol{A}_{1s}\\ \boldsymbol{A}_{21} & \boldsymbol{A}_{22} & \cdots & \boldsymbol{A}_{2s}\\ \vdots & \vdots & & \vdots\\ \boldsymbol{A}_{r1} & \boldsymbol{A}_{r2} & \cdots & \boldsymbol{A}_{rs}\end{bmatrix},\quad \boldsymbol{B}=\begin{bmatrix}\boldsymbol{B}_{11} & \boldsymbol{B}_{12} & \cdots & \boldsymbol{B}_{1t}\\ \boldsymbol{B}_{21} & \boldsymbol{B}_{22} & \cdots & \boldsymbol{B}_{2t}\\ \vdots & \vdots & & \vdots\\ \boldsymbol{B}_{s1} & \boldsymbol{B}_{s2} & \cdots & \boldsymbol{B}_{st}\end{bmatrix},$$

其中 $\boldsymbol{A}_{ij}$ 是 $m_i\times l_j$ 矩阵($i=1,2,\cdots,r,\ j=1,2,\cdots,s$),$\boldsymbol{B}_{jk}$ 是 $l_j\times n_k$ 矩阵($j=1,2,\cdots,s,\ k=1,2,\cdots,t$),于是

$$\boldsymbol{C}=\boldsymbol{AB}=\begin{bmatrix}\boldsymbol{C}_{11} & \boldsymbol{C}_{12} & \cdots & \boldsymbol{C}_{1t}\\ \boldsymbol{C}_{21} & \boldsymbol{C}_{22} & \cdots & \boldsymbol{C}_{2t}\\ \vdots & \vdots & & \vdots\\ \boldsymbol{C}_{r1} & \boldsymbol{C}_{r2} & \cdots & \boldsymbol{C}_{rt}\end{bmatrix},$$

其中

$$\boldsymbol{C}_{ik}=\boldsymbol{A}_{i1}\boldsymbol{B}_{1k}+\boldsymbol{A}_{i2}\boldsymbol{B}_{2k}+\cdots+\boldsymbol{A}_{is}\boldsymbol{B}_{sk}=\sum_{j=1}^{s}\boldsymbol{A}_{ij}\boldsymbol{B}_{jk},\quad i=1,2,\cdots,r,\ k=1,2,\cdots,t.$$

这个结果可由矩阵乘法直接验证.

在矩阵运算中,恰当进行分块,会给计算带来许多方便.在矩阵理论的研究中,矩阵的分块是一种最基本、最重要的计算技巧与方法.

例 2.34 除了主对角线上的子方块,其他子块都是零的矩阵,称为准对角矩阵,记作 $\mathrm{diag}(\boldsymbol{A}_1,\boldsymbol{A}_2,\cdots,\boldsymbol{A}_s)$,即

$$\boldsymbol{A}=\mathrm{diag}(\boldsymbol{A}_1,\boldsymbol{A}_2,\cdots,\boldsymbol{A}_s)=\begin{bmatrix}\boldsymbol{A}_1 & & & \\ & \boldsymbol{A}_2 & & \\ & & \ddots & \\ & & & \boldsymbol{A}_s\end{bmatrix},$$

其中 $\boldsymbol{A}_i$ 是方阵,$i=1,2,\cdots,s$.

设 $\boldsymbol{B}=\mathrm{diag}(\boldsymbol{B}_1,\boldsymbol{B}_2,\cdots,\boldsymbol{B}_s)$,若 $\boldsymbol{A}_i$ 与 $\boldsymbol{B}_i$ 是同阶方阵,$i=1,2,\cdots,s$,则

$$\boldsymbol{A}+\boldsymbol{B}=\mathrm{diag}(\boldsymbol{A}_1+\boldsymbol{B}_1,\boldsymbol{A}_2+\boldsymbol{B}_2,\cdots,\boldsymbol{A}_s+\boldsymbol{B}_s),$$

$$\boldsymbol{AB}=\mathrm{diag}(\boldsymbol{A}_1\boldsymbol{B}_1,\boldsymbol{A}_2\boldsymbol{B}_2,\cdots,\boldsymbol{A}_s\boldsymbol{B}_s).$$

若 $\boldsymbol{AB}=\boldsymbol{I}$,即 $\mathrm{diag}(\boldsymbol{A}_1\boldsymbol{B}_1,\boldsymbol{A}_2\boldsymbol{B}_2,\cdots,\boldsymbol{A}_s\boldsymbol{B}_s)=\mathrm{diag}(\boldsymbol{I},\boldsymbol{I},\cdots,\boldsymbol{I})$,有 $\boldsymbol{A}_i\boldsymbol{B}_i=\boldsymbol{I}$,$i=1,2,\cdots,s$.由此可知,$\boldsymbol{A}$ 可逆$\Leftrightarrow\boldsymbol{A}_i$ 可逆($i=1,2,\cdots,s$)且

$$\boldsymbol{A}^{-1}=\mathrm{diag}(\boldsymbol{A}_1^{-1},\boldsymbol{A}_2^{-1},\cdots,\boldsymbol{A}_s^{-1}).$$ ■

例 2.35 若 $\boldsymbol{AB}$ 有意义,将 $\boldsymbol{B}$ 按列分块,令 $\boldsymbol{B}=[\boldsymbol{b}_1\ \ \boldsymbol{b}_2\ \ \cdots\ \ \boldsymbol{b}_s]$,则

$$\boldsymbol{AB}=[\boldsymbol{Ab}_1\ \ \boldsymbol{Ab}_2\ \ \cdots\ \ \boldsymbol{Ab}_s],$$

从而有

$$\boldsymbol{AB}=\boldsymbol{0}\Leftrightarrow\boldsymbol{Ab}_j=\boldsymbol{0},\quad(j=1,2,\cdots,s)$$

$\Leftrightarrow\boldsymbol{B}$ 的每一列 $\boldsymbol{b}_j$ 是齐次线性方程组 $\boldsymbol{Ax}=\boldsymbol{0}$ 的解. ■

例 2.36 证明两个上三角矩阵的乘积仍是上三角矩阵.

证 设 $\boldsymbol{A},\boldsymbol{B}$ 是两个 n 阶上三角矩阵.对 n 作数学归纳法.当 $n=1$ 时结论显然成立.假设对 $n-1$ 阶上三角矩阵,结论成立.现在考虑 n 阶上三角矩阵.将 $\boldsymbol{A}=(a_{ij})$ 和 $\boldsymbol{B}=(b_{ij})$ 进行分块.

设

$$\boldsymbol{A}=\begin{bmatrix} a_{11} & \boldsymbol{\alpha} \\ \boldsymbol{0} & \boldsymbol{A}_1 \end{bmatrix},\quad \boldsymbol{B}=\begin{bmatrix} b_{11} & \boldsymbol{\beta} \\ \boldsymbol{0} & \boldsymbol{B}_1 \end{bmatrix},$$

其中$\boldsymbol{\alpha}=[a_{12}\ a_{13}\cdots\ a_{1n}]$，$\boldsymbol{\beta}=[b_{12}\ b_{13}\cdots\ b_{1n}]$，$\boldsymbol{A}_1$ 和 $\boldsymbol{B}_1$ 是两个 $n-1$ 阶上三角矩阵. 由归纳假设，$\boldsymbol{A}_1\boldsymbol{B}_1$ 是上三角矩阵. 于是

$$\boldsymbol{AB}=\begin{bmatrix} a_{11} & \boldsymbol{\alpha} \\ \boldsymbol{0} & \boldsymbol{A}_1 \end{bmatrix}\begin{bmatrix} b_{11} & \boldsymbol{\beta} \\ \boldsymbol{0} & \boldsymbol{B}_1 \end{bmatrix}=\begin{bmatrix} a_{11}b_{11} & a_{11}\boldsymbol{\beta}+\boldsymbol{\alpha}\boldsymbol{B}_1 \\ \boldsymbol{0} & \boldsymbol{A}_1\boldsymbol{B}_1 \end{bmatrix},$$

即 $\boldsymbol{AB}$ 也是上三角矩阵. 根据归纳法原理，命题对一切自然数 n 成立. ■

例 2.37 设 $\boldsymbol{A}=\begin{bmatrix} \boldsymbol{B} & \boldsymbol{D} \\ \boldsymbol{0} & \boldsymbol{C} \end{bmatrix}$，其中 $\boldsymbol{B}$ 和 $\boldsymbol{C}$ 都是可逆方阵，证明 $\boldsymbol{A}$ 可逆，并求 $\boldsymbol{A}^{-1}$.

证 由 $\mathbf{B}$，$\mathbf{C}$ 可逆，有 $|\mathbf{A}|=|\mathbf{B}||\mathbf{C}|\neq 0$，所以 $\mathbf{A}$ 也可逆. 下面用待定系数法求 $\boldsymbol{A}^{-1}$. 设

$$\boldsymbol{A}^{-1}=\begin{bmatrix} \boldsymbol{X} & \boldsymbol{Z} \\ \boldsymbol{W} & \boldsymbol{Y} \end{bmatrix},$$

则

$$\begin{bmatrix} \boldsymbol{B} & \boldsymbol{D} \\ \boldsymbol{0} & \boldsymbol{C} \end{bmatrix}\begin{bmatrix} \boldsymbol{X} & \boldsymbol{Z} \\ \boldsymbol{W} & \boldsymbol{Y} \end{bmatrix}=\begin{bmatrix} \boldsymbol{I} & \boldsymbol{0} \\ \boldsymbol{0} & \boldsymbol{I} \end{bmatrix}.$$

得到

$$\begin{cases} \boldsymbol{BX}+\boldsymbol{DW}=\boldsymbol{I}, \\ \boldsymbol{BZ}+\boldsymbol{DY}=\boldsymbol{0}, \\ \boldsymbol{CW}=\boldsymbol{0}, \\ \boldsymbol{CY}=\boldsymbol{I}. \end{cases}$$

由 $\boldsymbol{C}$ 可逆，得到 $\boldsymbol{Y}=\boldsymbol{C}^{-1}$，$\boldsymbol{W}=\boldsymbol{0}$. 代入前面两式，得到

$$\boldsymbol{X}=\boldsymbol{B}^{-1},\quad \boldsymbol{Z}=-\boldsymbol{B}^{-1}\boldsymbol{D}\boldsymbol{C}^{-1}.$$

因此

$$\boldsymbol{A}^{-1}=\begin{bmatrix} \boldsymbol{B}^{-1} & -\boldsymbol{B}^{-1}\boldsymbol{D}\boldsymbol{C}^{-1} \\ \boldsymbol{0} & \boldsymbol{C}^{-1} \end{bmatrix}.$$ ■

2.5 矩阵的初等变换

这一节要讨论矩阵的初等变换及矩阵的相抵标准形，建立初等变换和初等矩阵的联系，最后给出一个实用的通过初等变换求逆矩阵的方法.

2.5.1 矩阵的初等变换和初等矩阵

在 2.1 节中介绍过矩阵的初等行变换，类似地，可以定义矩阵的**初等列变换**，它们是：

(1) 用一个非零的数乘矩阵的某一列；

(2) 将矩阵的某一列的 k 倍加到另一列上；

(3) 互换矩阵中两列的位置.

把矩阵的三种初等行变换和三种初等列变换合在一起，统称为**矩阵的初等变换**.

单位矩阵 $\boldsymbol{I}$ 经过一次初等变换得到的矩阵称为初等矩阵，具体来说有以下三类初等矩阵.

定义 2.9 单位矩阵 $\boldsymbol{I}$ 经过一次初等变换得到的矩阵称为**初等矩阵**. 它们是

$$(1)\ \boldsymbol{E}_i(\lambda)=\begin{bmatrix}1 & & & & & \\ & \ddots & & & & \\ & & 1 & & & \\ & & & \lambda & & \\ & & & & 1 & \\ & & & & & \ddots & \\ & & & & & & 1\end{bmatrix}\begin{matrix}\\ \\ \\ (\text{第 } i \text{ 行})(\lambda\neq 0), \\ \\ \\ \\ \end{matrix}$$

$$(2)\ \boldsymbol{E}_{i,j}(\mu)=\begin{bmatrix}1 & & & & & \\ & \ddots & & & & \\ & & 1 & & & \\ & & \vdots & \ddots & & \\ & & \mu & \cdots & 1 & \\ & & & & & \ddots & \\ & & & & & & 1\end{bmatrix}\begin{matrix}\\ \\ (\text{第 } i \text{ 行}), \\ \\ (\text{第 } j \text{ 行}) \\ \\ \\ \end{matrix}$$

$$(3)\ \boldsymbol{E}_{i,j}=\begin{bmatrix}1 & & & & & & & & \\ & \ddots & & & & & & & \\ & & 1 & & & & & & \\ & & & 0 & 0 & \cdots & 0 & 1 & & & \\ & & & 0 & 1 & \cdots & 0 & 0 & & & \\ & & & \vdots & \vdots & \ddots & \vdots & \vdots & & & \\ & & & 0 & 0 & \cdots & 1 & 0 & & & \\ & & & 1 & 0 & \cdots & 0 & 0 & & & \\ & & & & & & & & 1 & & \\ & & & & & & & & & \ddots & \\ & & & & & & & & & & 1\end{bmatrix}\begin{matrix}\\ \\ \\ (\text{第 } i \text{ 行}) \\ \\ \\ \\ (\text{第 } j \text{ 行}) \\ \\ \\ \\ \end{matrix}.$$

实际上,$E_i(\lambda)$既是λ乘以I的第i行,也是乘以I的第i列得到的.$E_{i,j}(\mu)$是I的第i行的μ倍加到第j行,或是I的第j列的μ倍加到第i列得到的.$E_{i,j}$是I的第i行和第j行交换或是第i列和第j列交换得到的.

用初等矩阵左乘给定的矩阵,其结果就是对给定矩阵做相应的初等行变换. 例如$E_{i,j}(\mu)A$等于将A的第i行的μ倍加到A的第j行.事实上,设$A\in M_{m,n}$,将A按行分块,

$$A=\begin{bmatrix}\boldsymbol{\alpha}_1\\ \boldsymbol{\alpha}_2\\ \vdots\\ \boldsymbol{\alpha}_m\end{bmatrix},$$

于是

$$E_{i,j}(\mu)A=\begin{bmatrix}1&&&&&\\&\ddots&&&&\\&&1&&&\\&&\vdots&\ddots&&\\&&\mu&\cdots&1&\\&&&&&\ddots\\&&&&&&1\end{bmatrix}\begin{bmatrix}\boldsymbol{\alpha}_1\\ \boldsymbol{\alpha}_2\\ \vdots\\ \boldsymbol{\alpha}_m\end{bmatrix}=\begin{bmatrix}\boldsymbol{\alpha}_1\\ \boldsymbol{\alpha}_2\\ \vdots\\ \mu\boldsymbol{\alpha}_i+\boldsymbol{\alpha}_j\\ \vdots\\ \boldsymbol{\alpha}_m\end{bmatrix}(\text{第 } j \text{ 行}).$$

类似地,**用初等矩阵右乘给定矩阵,其结果就是对给定矩阵做相应的初等列变换.** 请读者自行验证.

从初等矩阵的定义不难看出,初等矩阵都是可逆的,而且

$$E_i(\lambda)^{-1}=E_i\left(\frac{1}{\lambda}\right);\quad E_{i,j}(\mu)^{-1}=E_{i,j}(-\mu);\quad E_{i,j}{}^{-1}=E_{i,j}.$$

由此看到,初等矩阵的逆矩阵仍是初等矩阵.

2.5.2 矩阵的相抵和相抵标准形

定义 2.10 若矩阵B可以由矩阵A经过一系列初等变换得到,则称A与B是**相抵**的(也称是等价的)(equivalent),记作$A\simeq B$.

显然,任意矩阵和自己相抵.由初等变换的可逆性易知,若A与B相抵,则B与A也相抵.又若B是由A经过一系列初等变换得到的,C是由B经过一系列初等变换得到的,那么把这两组初等变换连续施行,就能从A得到C,于是相抵作为矩阵之间的一种关系,具有以下性质:

(1) 自反性:$A\simeq A,\forall A$;

(2) 对称性:若$A\simeq B$,则$B\simeq A$;

(3) 传递性:若$A\simeq B,B\simeq C$,则$A\simeq C$.

R 是集合 S 上的一种关系，如果 R 具有自反性、对称性和传递性就称 R 是集合 S 上的一种等价关系. 因此相抵是同型矩阵之间的一种等价关系. 全体 $m\times n$ 矩阵 $M_{m,n}$ 关于相抵这种等价关系可以划分成若干类，称为矩阵的**相抵等价类**，在每一类中的矩阵互相都是相抵的. 每一类中找出一个最简单的矩阵作为这一类的代表，称为矩阵的**相抵标准形**.

定理 2.11 任意矩阵 $\boldsymbol{A}$ 都与一个形如 $\begin{bmatrix}\boldsymbol{I}_r & \boldsymbol{0}\\ \boldsymbol{0} & \boldsymbol{0}\end{bmatrix}$ 的矩阵相抵，称 $\begin{bmatrix}\boldsymbol{I}_r & \boldsymbol{0}\\ \boldsymbol{0} & \boldsymbol{0}\end{bmatrix}$ 为矩阵的相抵标准形.

证 设 $\boldsymbol{A}\in M_{m,n}$，若 $\boldsymbol{A}=\boldsymbol{0}$，则结论成立.

假设 $\boldsymbol{A}\neq\boldsymbol{0}$. 设 $a_{ij}\neq 0$，将第 i 行与第 1 行互换，再将第 j 列与第 1 列互换，使不为 0 的元素换到左上角的位置. 因此不妨设 $a_{11}\neq 0$，利用 a_{11} 通过初等变换把第 1 行和第 1 列其他元素都消为 0，而 a_{11} 化成 1，即

$$\boldsymbol{A}\rightarrow\begin{bmatrix}1 & \boldsymbol{0}\\ \boldsymbol{0} & \boldsymbol{A}_1\end{bmatrix},$$

其中 $\boldsymbol{A}_1\in M_{m-1,n-1}$，对 $\boldsymbol{A}_1$ 重复上述过程，最终有

$$\boldsymbol{A}\rightarrow\begin{bmatrix}\boldsymbol{I}_r & \boldsymbol{0}\\ \boldsymbol{0} & \boldsymbol{0}\end{bmatrix}.$$

■

注 设 $\boldsymbol{A}\in M_{m,n}$，矩阵 $\boldsymbol{A}$ 的相抵标准形包含了零矩阵 $\boldsymbol{0}$，以及 $\begin{bmatrix}\boldsymbol{I}_n\\ \boldsymbol{0}\end{bmatrix}$(当 $m>n$ 时)，$[\boldsymbol{I}_m\quad \boldsymbol{0}]$(当 $m<n$ 时)以及 $\boldsymbol{I}_n$(当 $m=n$ 时)等形式.

例 2.38 检验矩阵 $\boldsymbol{A}$ 和 $\boldsymbol{B}$ 是否相抵?

$$\boldsymbol{A}=\begin{bmatrix}-1 & 0 & 1 & 1\\ 1 & -2 & -1 & -3\\ 2 & -1 & -2 & -3\end{bmatrix},\quad \boldsymbol{B}=\begin{bmatrix}2 & -1 & 7 & 0\\ 0 & -1 & 1 & 2\\ 1 & -1 & 4 & 1\end{bmatrix}.$$

解 先求 $\boldsymbol{A}$ 和 $\boldsymbol{B}$ 的相抵标准形.

$$\boldsymbol{A}=\begin{bmatrix}-1 & 0 & 1 & 1\\ 1 & -2 & -1 & -3\\ 2 & -1 & -2 & -3\end{bmatrix}\rightarrow\begin{bmatrix}-1 & 0 & 1 & 1\\ 0 & -2 & 0 & -2\\ 0 & -1 & 0 & -1\end{bmatrix}$$

$$\rightarrow\begin{bmatrix}-1 & 0 & 0 & 0\\ 0 & -2 & 0 & -2\\ 0 & -1 & 0 & -1\end{bmatrix}\rightarrow\begin{bmatrix}1 & 0 & 0 & 0\\ 0 & 1 & 0 & 1\\ 0 & 0 & 0 & 0\end{bmatrix}\rightarrow\begin{bmatrix}1 & 0 & 0 & 0\\ 0 & 1 & 0 & 0\\ 0 & 0 & 0 & 0\end{bmatrix}.$$

$$\boldsymbol{B}=\begin{bmatrix}2 & -1 & 7 & 0\\ 0 & -1 & 1 & 2\\ 1 & -1 & 4 & 1\end{bmatrix}\rightarrow\begin{bmatrix}1 & -1 & 4 & 1\\ 0 & -1 & 1 & 2\\ 0 & 1 & -1 & -2\end{bmatrix}\rightarrow\begin{bmatrix}1 & 0 & 0 & 0\\ 0 & -1 & 1 & 2\\ 0 & 0 & 0 & 0\end{bmatrix}\rightarrow\begin{bmatrix}1 & 0 & 0 & 0\\ 0 & 1 & 0 & 0\\ 0 & 0 & 0 & 0\end{bmatrix}.$$

即

$$\boldsymbol{A} \simeq \begin{bmatrix} \boldsymbol{I}_2 & \boldsymbol{0} \\ \boldsymbol{0} & \boldsymbol{0} \end{bmatrix}, \quad \boldsymbol{B} \simeq \begin{bmatrix} \boldsymbol{I}_2 & \boldsymbol{0} \\ \boldsymbol{0} & \boldsymbol{0} \end{bmatrix},$$

所以

$$\boldsymbol{A} \simeq \boldsymbol{B}.$$

■

定理 2.11 用矩阵的语言描述，有如下推论.

推论 1 对任意矩阵 $\boldsymbol{A} \in M_{m,n}$，存在一系列 m 阶初等矩阵 $\boldsymbol{P}_1, \boldsymbol{P}_2, \cdots, \boldsymbol{P}_s$ 和 n 阶初等矩阵 $\boldsymbol{Q}_1, \boldsymbol{Q}_2, \cdots, \boldsymbol{Q}_t$，使得

$$\boldsymbol{P}_s \cdots \boldsymbol{P}_2 \boldsymbol{P}_1 \boldsymbol{A} \boldsymbol{Q}_1 \boldsymbol{Q}_2 \cdots \boldsymbol{Q}_t = \begin{bmatrix} \boldsymbol{I}_r & \boldsymbol{0} \\ \boldsymbol{0} & \boldsymbol{0} \end{bmatrix}.$$

■

令 $\boldsymbol{P}_s \cdots \boldsymbol{P}_2 \boldsymbol{P}_1 = \boldsymbol{P}$，$\boldsymbol{Q}_1 \boldsymbol{Q}_2 \cdots \boldsymbol{Q}_t = \boldsymbol{Q}$，由于初等矩阵是可逆的，可逆矩阵的乘积仍可逆，所以 $\boldsymbol{P}, \boldsymbol{Q}$ 是可逆矩阵，于是有下面的结论.

推论 2 对任意矩阵 $\boldsymbol{A} \in M_{m,n}$，存在可逆矩阵 $\boldsymbol{P} \in M_m$ 和可逆矩阵 $\boldsymbol{Q} \in M_n$，使得

$$\boldsymbol{PAQ} = \begin{bmatrix} \boldsymbol{I}_r & \boldsymbol{0} \\ \boldsymbol{0} & \boldsymbol{0} \end{bmatrix}. \tag{2.12}$$

■

设 $\boldsymbol{A} \in M_n$ 是可逆矩阵，由定理 2.10 知，$\boldsymbol{A}$ 可逆 $\Leftrightarrow \det \boldsymbol{A} \neq 0$，又由定理 2.11 的推论 2，有 $|\boldsymbol{PAQ}| = |\boldsymbol{P}||\boldsymbol{A}||\boldsymbol{Q}| \neq 0$，而 $\begin{vmatrix} \boldsymbol{I}_r & \boldsymbol{0} \\ \boldsymbol{0} & \boldsymbol{0} \end{vmatrix} \neq 0 \Leftrightarrow r = n$，于是有 $\boldsymbol{A}$ 可逆的充要条件是 $\boldsymbol{A}$ 与 $\boldsymbol{I}$ 相抵.

推论 3 设 $\boldsymbol{A} \in M_n$，则 $\boldsymbol{A}$ 可逆 $\Leftrightarrow \boldsymbol{A} \simeq \boldsymbol{I}$. ■

再由推论 1，$\boldsymbol{A}$ 可逆 $\Leftrightarrow$ 存在初等矩阵 $\boldsymbol{P}_1, \boldsymbol{P}_2, \cdots, \boldsymbol{P}_s$ 和 $\boldsymbol{Q}_1, \boldsymbol{Q}_2, \cdots, \boldsymbol{Q}_t$，使得

$$\boldsymbol{P}_s \cdots \boldsymbol{P}_2 \boldsymbol{P}_1 \boldsymbol{A} \boldsymbol{Q}_1 \boldsymbol{Q}_2 \cdots \boldsymbol{Q}_t = \boldsymbol{I},$$

即

$$\boldsymbol{A} = \boldsymbol{P}_1^{-1} \boldsymbol{P}_2^{-1} \cdots \boldsymbol{P}_s^{-1} \boldsymbol{Q}_t^{-1} \cdots \boldsymbol{Q}_2^{-1} \boldsymbol{Q}_1^{-1}.$$

推论 4 设 $\boldsymbol{A} \in M_n$，$\boldsymbol{A}$ 可逆的充要条件是 $\boldsymbol{A}$ 可表示成有限个初等矩阵的乘积. ■

2.5.3 用初等变换求逆矩阵

定理 2.11 的推论 4 提供了一种求逆矩阵的方法. 构造一个 $n \times 2n$ 的分块矩阵 $[\boldsymbol{A} \quad \boldsymbol{I}]$，由于

$$\boldsymbol{A}^{-1}[\boldsymbol{A} \quad \boldsymbol{I}] = [\boldsymbol{I} \quad \boldsymbol{A}^{-1}]. \tag{2.13}$$

由推论 4，$\boldsymbol{A}^{-1}$ 表示有限个初等矩阵的乘积，而一个初等矩阵左乘给定矩阵相当于对矩阵作一次初等行变换，因此(2.13)式表示对矩阵 $[\boldsymbol{A} \quad \boldsymbol{I}]$ 作初等行变换，如果子块 $\boldsymbol{A}$ 能化作单位矩阵 $\boldsymbol{I}$，则 $\boldsymbol{A}$ 可逆，且同时子块 $\boldsymbol{I}$ 就化作了 $\boldsymbol{A}^{-1}$；否则 $\boldsymbol{A}$ 不可逆.

例 2.39 设 $A=\begin{bmatrix}0&1&2\\1&1&-1\\2&4&0\end{bmatrix}$，试判断 A 是否可逆，若可逆求 A^{-1}.

解

$$[A\quad I]=\left[\begin{array}{ccc|ccc}0&1&2&1&0&0\\1&1&-1&0&1&0\\2&4&0&0&0&1\end{array}\right]\to\left[\begin{array}{ccc|ccc}1&1&-1&0&1&0\\0&1&2&1&0&0\\2&4&0&0&0&1\end{array}\right]$$

$$\to\left[\begin{array}{ccc|ccc}1&1&-1&0&1&0\\0&1&2&1&0&0\\0&2&2&0&-2&1\end{array}\right]\to\left[\begin{array}{ccc|ccc}1&0&-3&-1&1&0\\0&1&2&1&0&0\\0&0&-2&-2&-2&1\end{array}\right]$$

$$\to\left[\begin{array}{ccc|ccc}1&0&-3&-1&1&0\\0&1&2&1&0&0\\0&0&1&1&1&-\frac{1}{2}\end{array}\right]\to\left[\begin{array}{ccc|ccc}1&0&0&2&4&-\frac{3}{2}\\0&1&0&-1&-2&1\\0&0&1&1&1&-\frac{1}{2}\end{array}\right],$$

所以 A 可逆，且

$$A^{-1}=\begin{bmatrix}2&4&-\frac{3}{2}\\-1&-2&1\\1&1&-\frac{1}{2}\end{bmatrix}.$$

■

例 2.40 设 $A=\begin{bmatrix}0&1&2\\1&1&-1\\2&4&2\end{bmatrix}$，试判断 A 是否可逆，若可逆，求出其逆矩阵.

解

$$[A\quad I]=\left[\begin{array}{ccc|ccc}0&1&2&1&0&0\\1&1&-1&0&1&0\\2&4&2&0&0&1\end{array}\right]\to\left[\begin{array}{ccc|ccc}1&1&-1&0&1&0\\0&1&2&1&0&0\\2&4&2&0&0&1\end{array}\right]$$

$$\to\left[\begin{array}{ccc|ccc}1&1&-1&0&1&0\\0&1&2&1&0&0\\0&2&4&0&-2&1\end{array}\right]\to\left[\begin{array}{ccc|ccc}1&1&-1&0&1&0\\0&1&2&1&0&0\\0&0&0&-2&-2&1\end{array}\right].$$

显然 A 不与 I 相抵 $\left(\text{实际上 } A\simeq\begin{bmatrix}I_2&0\\0&0\end{bmatrix}\right)$，因此 A 不可逆. ■

由例子知道，事先不必用条件去判断 A 是否可逆，直接对 $[A\quad I]$ 作初等行变换，若变换过程中，与 A 相抵的子矩阵有一行为 0 时，就能判断 A 与 I 不相抵，从而 A 不可逆.

2.5.4 分块矩阵的初等变换

初等变换也可扩展到分块矩阵上来，成为矩阵运算中一种重要手段. 为叙述简明，下面仅对 $\boldsymbol{A}$ 分为四块的情况进行讨论.

设

$$\boldsymbol{M}=\begin{bmatrix}\boldsymbol{A} & \boldsymbol{B}\\ \boldsymbol{C} & \boldsymbol{D}\end{bmatrix}.$$

定义 2.11 下面三种对 $\boldsymbol{M}$ 所作的变形，统称为分块矩阵的初等变换.

(1) 用可逆矩阵 $\boldsymbol{P}$ 左乘 $\boldsymbol{M}$ 的某一行(右乘 $\boldsymbol{M}$ 的某一列)；

(2) 用矩阵 $\boldsymbol{Q}$ 左乘 $\boldsymbol{M}$ 的某一行加到另一行上(右乘 $\boldsymbol{M}$ 的某一列加到另一列上)；

(3) 互换 $\boldsymbol{M}$ 的两行(列).

注 这里的分块及运算都假设是可行的，以下同.

将单位矩阵 $\boldsymbol{I}$ 进行分块 $\boldsymbol{I}=\mathrm{diag}(\boldsymbol{I}_s,\boldsymbol{I}_t)$，进行初等变换，得到

(1) $\begin{bmatrix}\boldsymbol{P} & \boldsymbol{0}\\ \boldsymbol{0} & \boldsymbol{I}_t\end{bmatrix}$或$\begin{bmatrix}\boldsymbol{I}_s & \boldsymbol{0}\\ \boldsymbol{0} & \boldsymbol{P}\end{bmatrix}$；

(2) $\begin{bmatrix}\boldsymbol{I}_s & \boldsymbol{0}\\ \boldsymbol{Q} & \boldsymbol{I}_t\end{bmatrix}$或$\begin{bmatrix}\boldsymbol{I}_s & \boldsymbol{Q}\\ \boldsymbol{0} & \boldsymbol{I}_t\end{bmatrix}$；

(3) $\begin{bmatrix}\boldsymbol{0} & \boldsymbol{I}_t\\ \boldsymbol{I}_s & \boldsymbol{0}\end{bmatrix}$或$\begin{bmatrix}\boldsymbol{0} & \boldsymbol{I}_s\\ \boldsymbol{I}_t & \boldsymbol{0}\end{bmatrix}$.

称为**分块矩阵的初等矩阵**.

和 2.5.1 节中初等矩阵左(右)乘给定矩阵的效果一样，用分块矩阵的初等矩阵左(右)乘分块矩阵 $\boldsymbol{M}$，只要乘法可行，其结果就是对 $\boldsymbol{M}$ 作相应的分块矩阵的初等变换. 这一点通过验证下面三个等式就能清楚地看到.

$$\begin{bmatrix}\boldsymbol{P} & \boldsymbol{0}\\ \boldsymbol{0} & \boldsymbol{I}\end{bmatrix}\begin{bmatrix}\boldsymbol{A} & \boldsymbol{B}\\ \boldsymbol{C} & \boldsymbol{D}\end{bmatrix}=\begin{bmatrix}\boldsymbol{PA} & \boldsymbol{PB}\\ \boldsymbol{C} & \boldsymbol{D}\end{bmatrix},$$

$$\begin{bmatrix}\boldsymbol{I} & \boldsymbol{0}\\ \boldsymbol{Q} & \boldsymbol{I}\end{bmatrix}\begin{bmatrix}\boldsymbol{A} & \boldsymbol{B}\\ \boldsymbol{C} & \boldsymbol{D}\end{bmatrix}=\begin{bmatrix}\boldsymbol{A} & \boldsymbol{B}\\ \boldsymbol{QA}+\boldsymbol{C} & \boldsymbol{QB}+\boldsymbol{D}\end{bmatrix},$$

$$\begin{bmatrix}\boldsymbol{0} & \boldsymbol{I}\\ \boldsymbol{I} & \boldsymbol{0}\end{bmatrix}\begin{bmatrix}\boldsymbol{A} & \boldsymbol{B}\\ \boldsymbol{C} & \boldsymbol{D}\end{bmatrix}=\begin{bmatrix}\boldsymbol{C} & \boldsymbol{D}\\ \boldsymbol{A} & \boldsymbol{B}\end{bmatrix}.$$

关于右乘也有类似结果，请读者一一验证. 易知下列事实成立：

(1) 对分块矩阵进行一次行(列)变换，相当于对矩阵进行一系列行(列)变换；

(2) 第 2 类初等变换不改变方阵的行列式的值.

这些性质有许多应用,下面举几个例子.

例 2.41 设 $A=\begin{bmatrix}B & D\\ 0 & C\end{bmatrix}$,其中 B,C 可逆,求 A^{-1}.

解 类似于 2.5.3 节对分块矩阵 $[A\quad I]$ 作初等行变换.

$$[A\quad I]=\begin{bmatrix}B & D & I & 0\\ 0 & C & 0 & I\end{bmatrix}\to\begin{bmatrix}B & 0 & I & -DC^{-1}\\ 0 & C & 0 & I\end{bmatrix}\to\begin{bmatrix}I & 0 & B^{-1} & -B^{-1}DC^{-1}\\ 0 & I & 0 & C^{-1}\end{bmatrix},$$

所以

$$A^{-1}=\begin{bmatrix}B^{-1} & -B^{-1}DC^{-1}\\ 0 & C^{-1}\end{bmatrix}.$$ ■

这个结果与例 2.37 相同,但计算简捷多了.

例 2.42 设 $M=\begin{bmatrix}A & B\\ C & D\end{bmatrix}$,其中 $M\in M_n$,$A\in M_r$.若 A 可逆,证明

$$\det M=\begin{vmatrix}A & B\\ C & D\end{vmatrix}=|A||D-CA^{-1}B|.$$

证 如果能把 M 化成准上三角或准下三角矩阵 $\left(\text{即形如}\begin{bmatrix}* & *\\ 0 & *\end{bmatrix}\text{或}\begin{bmatrix}* & 0\\ * & *\end{bmatrix}\text{的矩阵}\right)$,行列式就能用对角元素表示出来.按这个思路,对 M 作初等变换将 C 化作 0,于是

$$\begin{bmatrix}I & 0\\ -CA^{-1} & I\end{bmatrix}\begin{bmatrix}A & B\\ C & D\end{bmatrix}=\begin{bmatrix}A & B\\ 0 & D-CA^{-1}B\end{bmatrix}. \tag{2.14}$$

两边取行列式,即有

$$\begin{vmatrix}A & B\\ C & D\end{vmatrix}=|A||D-CA^{-1}B|.$$ ■

如果欲将 M 化成准下三角矩阵,有

$$\begin{bmatrix}A & B\\ C & D\end{bmatrix}\begin{bmatrix}I & -A^{-1}B\\ 0 & I\end{bmatrix}=\begin{bmatrix}A & 0\\ C & D-CA^{-1}B\end{bmatrix}. \tag{2.15}$$

也可化作准对角矩阵,

$$\begin{bmatrix}I & 0\\ -CA^{-1} & I\end{bmatrix}\begin{bmatrix}A & B\\ C & D\end{bmatrix}\begin{bmatrix}I & -A^{-1}B\\ 0 & I\end{bmatrix}=\begin{bmatrix}A & 0\\ 0 & D-CA^{-1}B\end{bmatrix}. \tag{2.16}$$

例 2.43 设 $A\in M_{m,n}$,$B\in M_{n,m}$,证明

$$\det(I_m-AB)=\det(I_n-BA). \tag{2.17}$$

证 (思路)构造一个分块矩阵 $\begin{bmatrix}I_m & A\\ B & I_n\end{bmatrix}$,分别通过初等行变换和初等列变换化成准

上三角矩阵来证明.

$$\begin{bmatrix} I_m & 0 \\ -B & I_n \end{bmatrix}\begin{bmatrix} I_m & A \\ B & I_n \end{bmatrix}=\begin{bmatrix} I_m & A \\ 0 & I_n-BA \end{bmatrix},$$

$$\begin{bmatrix} I_m & A \\ B & I_n \end{bmatrix}\begin{bmatrix} I_m & 0 \\ -B & I_n \end{bmatrix}=\begin{bmatrix} I_m-AB & A \\ 0 & I_n \end{bmatrix}.$$

对两个等式两边取行列式,则有

$$\det\begin{bmatrix} I_m & A \\ 0 & I_n-BA \end{bmatrix}=\det\begin{bmatrix} I_m-AB & A \\ 0 & I_n \end{bmatrix},$$

即

$$\det(I_n-BA)=\det(I_m-AB).$$ ■

(2.17)式说明当 $n>m$ 时,可以把 n 阶行列式的计算转化成 m 阶行列式的计算,尤其当 $A=[a_1 \quad a_2 \quad \cdots \quad a_n]$,$B=[b_1 \quad b_2 \quad \cdots \quad b_n]^{\mathrm{T}}$ 时,则

$$\det(I_n-BA)=\det(I_1-AB)=1-(a_1b_1+a_2b_2+\cdots+a_nb_n).$$

又如当 $n\geqslant m$,$\lambda\neq0$ 时,

$$\det(\lambda I_n-BA)=\lambda^{n-m}\det(\lambda I_m-AB). \tag{2.18}$$

这是因为

$$|\lambda I_n-BA|=\lambda^n\left|I_n-\frac{1}{\lambda}BA\right|=\lambda^n\left|I_m-\frac{1}{\lambda}AB\right|$$

$$=\frac{\lambda^n}{\lambda^m}|\lambda I_m-AB|=\lambda^{n-m}|\lambda I_m-AB|.$$

例 2.44 设 $A,B\in M_n$,用初等变换重新证明(2.8)式,即 $\det(AB)=\det A\det B$.

证 构造一个 $2n$ 阶矩阵 $\begin{bmatrix} A & 0 \\ -I & B \end{bmatrix}$,作初等变换,有

$$\begin{bmatrix} I & A \\ 0 & I \end{bmatrix}\begin{bmatrix} A & 0 \\ -I & B \end{bmatrix}=\begin{bmatrix} 0 & AB \\ -I & B \end{bmatrix}.$$

左端相当于对第 2 个矩阵进行了一系列不改变行列式值的初等变换,于是

$$\begin{vmatrix} A & 0 \\ -I & B \end{vmatrix}=\begin{vmatrix} 0 & AB \\ -I & B \end{vmatrix}.$$

即

$$|A||B|=(-1)^{n^2}|-I||AB|=(-1)^{n(n+1)}|AB|=|AB|.$$

即

$$\det(AB)=\det A\det B.$$ ■

习题 2

1. 用消元法解线性方程组：

(1) $\begin{cases} -x_1+2x_2 = 3, \\ 2x_1+x_2+x_3 = 2, \\ 4x_1+5x_2+7x_3 = 0, \\ x_1+x_2+5x_3 = -7; \end{cases}$
(2) $\begin{cases} x_1+x_2+3x_3-x_4 = -2, \\ x_2-x_3+x_4 = 1, \\ x_1+x_2+2x_3+2x_4 = 4, \\ x_1-x_2+x_3-x_4 = 0; \end{cases}$

(3) $\begin{cases} x_1-2x_2+3x_3-4x_4 = 4, \\ x_2-x_3+x_4 = -3, \\ -x_1-x_3+2x_4 = -4, \\ x_1-3x_2+4x_3-5x_4 = 1; \end{cases}$
(4) $\begin{cases} x_1-4x_2+2x_3 = -4, \\ 2x_2-x_3 = 1, \\ -x_1+2x_2-x_3 = 3, \\ -2x_1+6x_2-3x_3 = 7. \end{cases}$

2. a,b 取何值时，下面的线性方程组有解，并求出它的解.

$$\begin{cases} 2x_1+3x_2+4x_3+3x_4-2x_5 = a, \\ 5x_1+4x_2+3x_3+4x_4+9x_5 = b, \\ x_1+x_2+x_3+x_4+x_5 = 1, \\ x_2+2x_3+x_4-4x_5 = 3. \end{cases}$$

3. 设

$$\boldsymbol{A} = \begin{bmatrix} 3 & 1 & 1 \\ 2 & 1 & 2 \\ 1 & 2 & 3 \end{bmatrix}, \quad \boldsymbol{B} = \begin{bmatrix} 1 & 1 & -1 \\ 2 & -1 & 0 \\ 1 & 0 & 1 \end{bmatrix},$$

计算 $\boldsymbol{AB}$，$\boldsymbol{AB}-\boldsymbol{BA}$ 及 $\boldsymbol{A}^{\mathrm{T}}\boldsymbol{B}$.

4. 设

$$\boldsymbol{P}_1 = \begin{bmatrix} 1 & 0 & 0 \\ 0 & 0 & 1 \\ 0 & 1 & 0 \end{bmatrix}, \quad \boldsymbol{P}_2 = \begin{bmatrix} 1 & 0 & 0 \\ 0 & 2 & 0 \\ 0 & 0 & 1 \end{bmatrix}, \quad \boldsymbol{P}_3 = \begin{bmatrix} 1 & 0 & 0 \\ 0 & 1 & c \\ 0 & 0 & 1 \end{bmatrix},$$

计算 $\boldsymbol{P}_i\boldsymbol{A}$ 和 $\boldsymbol{AP}_i\,(i=1,2,3)$，其中

$$\boldsymbol{A} = \begin{bmatrix} a_{11} & a_{12} & a_{13} \\ a_{21} & a_{22} & a_{23} \\ a_{31} & a_{32} & a_{33} \end{bmatrix}.$$

5. 设

$$A=\begin{bmatrix}1&2&-1\\0&1&2\end{bmatrix},\quad B=\begin{bmatrix}1&1\\2&2\\-1&4\end{bmatrix},\quad C=\begin{bmatrix}-1&3&3\\1&4&0\\1&2&3\end{bmatrix},$$

$$D=\begin{bmatrix}2&4\\3&-2\end{bmatrix},\quad E=\begin{bmatrix}2&0&-4\\0&4&1\\3&1&2\end{bmatrix},\quad F=\begin{bmatrix}1&-2\\2&3\end{bmatrix}.$$

若可能的话,计算下列式子:

(1) $\boldsymbol{E}+\boldsymbol{C}$; (2) $\boldsymbol{AB}$ 和 $\boldsymbol{BA}$; (3) $\boldsymbol{D}-\boldsymbol{CB}$; (4) $\boldsymbol{AB}+\boldsymbol{DF}$;

(5) $\boldsymbol{EF}+2\boldsymbol{A}$; (6) $\boldsymbol{EB}-\boldsymbol{FA}$; (7) $(\boldsymbol{D}+\boldsymbol{F})\boldsymbol{A}$; (8) $\boldsymbol{A}(\boldsymbol{B}+\boldsymbol{D})$;

(9) $\boldsymbol{B}^{\mathrm{T}}\boldsymbol{C}+\boldsymbol{A}$; (10) $(3\boldsymbol{C}-2\boldsymbol{E})^{\mathrm{T}}\boldsymbol{B}$; (11) $\boldsymbol{A}^{\mathrm{T}}(\boldsymbol{D}+\boldsymbol{F})$; (12) $\boldsymbol{F}(\boldsymbol{A}^{\mathrm{T}}-\boldsymbol{B})^{\mathrm{T}}\boldsymbol{C}$.

6. 计算:

(1) $\begin{bmatrix}3&2\\-4&-2\end{bmatrix}^5$; (2) $\begin{bmatrix}1&1\\0&1\end{bmatrix}^n$;

(3) $\begin{bmatrix}\cos\theta&\sin\theta\\-\sin\theta&\cos\theta\end{bmatrix}^n$; (4) $[x_1\ \ x_2\ \ x_3]\begin{bmatrix}2&1&-2\\1&-1&3\\-2&3&0\end{bmatrix}\begin{bmatrix}x_1\\x_2\\x_3\end{bmatrix}$;

(5) $[3\ \ 2\ \ -1]\begin{bmatrix}-1\\1\\-1\end{bmatrix}$; $\begin{bmatrix}-1\\1\\-1\end{bmatrix}(3\ \ 2\ \ -1)$;

(6) $\begin{bmatrix}\lambda&1&\\&\lambda&1\\&&\lambda\end{bmatrix}^n$.

7. 设

$$A=\begin{bmatrix}a_{11}&a_{12}&a_{13}&a_{14}\\a_{21}&a_{22}&a_{23}&a_{24}\\a_{31}&a_{32}&a_{33}&a_{34}\\a_{41}&a_{42}&a_{43}&a_{44}\end{bmatrix},\quad N=\begin{bmatrix}0&1&&\\&0&1&\\&&0&1\\&&&0\end{bmatrix},$$

计算 $\boldsymbol{NA},\boldsymbol{AN},\boldsymbol{NN}^{\mathrm{T}}$ 及 $\boldsymbol{A}-\boldsymbol{NN}^{\mathrm{T}}\boldsymbol{A}$.

8. 若 $\boldsymbol{AB}=\boldsymbol{BA}$,则称 $\boldsymbol{A}$ 与 $\boldsymbol{B}$ 可交换(commutable),设

(1) $A=\begin{bmatrix}1&0\\1&1\end{bmatrix}$; (2) $A=\begin{bmatrix}1&2\\1&-1\end{bmatrix}$;

(3) $A=\begin{bmatrix}1&0&0\\0&1&2\\3&1&2\end{bmatrix}$; (4) $A=\begin{bmatrix}0&1&\\&0&1\\&&0\end{bmatrix}$.

求所有与 $\boldsymbol{A}$ 可交换的矩阵.

9. 设 $\boldsymbol{A}$ 是对角元素互不相等的 n 阶对角矩阵,即 $\boldsymbol{A}=\mathrm{diag}(a_1,a_2,\cdots,a_n)$,其中 $a_i\neq a_j$,$i\neq j(i,j=1,2,\cdots,n)$. 证明:与 $\boldsymbol{A}$ 可交换的矩阵只能是对角矩阵.

10. 设准对角矩阵 $\boldsymbol{A}=\mathrm{diag}(a_1\boldsymbol{I}_{n_1},a_2\boldsymbol{I}_{n_2},\cdots,a_s\boldsymbol{I}_{n_s})$,其中 $a_i\neq a_j,i\neq j(i,j=1,2,\cdots,s)$,$\sum\limits_{i=1}^{s}n_i=n$. 证明:与 $\boldsymbol{A}$ 可交换的矩阵只能是准对角矩阵 $\mathrm{diag}(\boldsymbol{A}_1,\boldsymbol{A}_2,\cdots,\boldsymbol{A}_s)$,其中 $\boldsymbol{A}_i\in M_{n_i}$,$i=1,2,\cdots,s$.

11. 设 $\boldsymbol{A}$ 是 n 阶方阵,如果 $\boldsymbol{A}$ 与所有 n 阶方阵可交换,试证明 $\boldsymbol{A}$ 是纯量矩阵(即 $\boldsymbol{A}=k\boldsymbol{I}$).

12. 设 $\boldsymbol{A}=\begin{bmatrix}2&2\\3&-1\end{bmatrix}$,$f(x)=x^2-x-8,g(x)=x^3-3x^2-2x+4$,求 $f(\boldsymbol{A}),g(\boldsymbol{A})$.

13. 已知 $A=\begin{bmatrix}a&b\\c&d\end{bmatrix}$,$f(\lambda)=\lambda^2-(a+d)\lambda+(ad-bc)$,验证 $f(\boldsymbol{A})=\boldsymbol{0}$(注:实际上,$f(\lambda)=|\lambda\boldsymbol{I}-\boldsymbol{A}|$).

14. 设 $\boldsymbol{A}=\begin{bmatrix}1&2\\0&1\end{bmatrix}$,$\boldsymbol{S}_k=\begin{bmatrix}1&k\\0&1\end{bmatrix}$. 证明:$\boldsymbol{AS}_k=\boldsymbol{S}_k\boldsymbol{A}=\boldsymbol{S}_{k+2}$,并求 $\boldsymbol{A}^n$.

15. 设 $\boldsymbol{A}\in M_{m,n}$,如果对任意列向量 $\boldsymbol{\alpha}=[a_1\ \ a_2\ \ \cdots\ \ a_n]^{\mathrm{T}}$ 都有 $\boldsymbol{A\alpha}=\boldsymbol{0}$,则 $\boldsymbol{A}=\boldsymbol{0}$.

16. 设 $\boldsymbol{A}\in M_n$,如果对任意 n 元列向量 $\boldsymbol{\alpha}$ 都有 $\boldsymbol{\alpha}^{\mathrm{T}}\boldsymbol{A\alpha}=0$,则 $\boldsymbol{A}^{\mathrm{T}}=-\boldsymbol{A}$,即 $\boldsymbol{A}$ 是反对称矩阵.

17. 设 $\boldsymbol{A}$ 是 n 阶非零对称矩阵,证明存在 n 元列向量 $\boldsymbol{\alpha}$,使得 $\boldsymbol{\alpha}^{\mathrm{T}}\boldsymbol{A\alpha}\neq 0$.

18. 设 $\boldsymbol{A}\in M_{m,n}(\mathbb{R})$,证明:$\boldsymbol{A}=\boldsymbol{0}\Leftrightarrow\boldsymbol{A}^{\mathrm{T}}\boldsymbol{A}=\boldsymbol{0}$.

19. 设 $\boldsymbol{A},\boldsymbol{B}$ 都是 n 阶对称矩阵,证明:$\boldsymbol{AB}$ 对称 $\Leftrightarrow\boldsymbol{AB}=\boldsymbol{BA}$.

20. 证明任一 n 阶矩阵都可表示成一个对称矩阵与一个反对称矩阵的和.

21. 如果 $\boldsymbol{AB}=\boldsymbol{BA},\boldsymbol{AC}=\boldsymbol{CA}$,证明:

$$\boldsymbol{A}(\boldsymbol{B}+\boldsymbol{C})=(\boldsymbol{B}+\boldsymbol{C})\boldsymbol{A},\quad \boldsymbol{A}(\boldsymbol{BC})=(\boldsymbol{BC})\boldsymbol{A}.$$

22. 下列命题成立吗?为什么?

(1) $(\boldsymbol{A}+\boldsymbol{B})^2=\boldsymbol{A}^2+2\boldsymbol{AB}+\boldsymbol{B}^2$; (2) $\boldsymbol{A}^2-\boldsymbol{B}^2=(\boldsymbol{A}+\boldsymbol{B})(\boldsymbol{A}-\boldsymbol{B})$;

(3) $\boldsymbol{AB}=\boldsymbol{AC}$,且 $\boldsymbol{A}\neq\boldsymbol{0}$,则 $\boldsymbol{B}=\boldsymbol{C}$; (4) 若 $\boldsymbol{A}\neq\boldsymbol{0}$,则 $|\boldsymbol{A}|\neq 0$;

(5) $|\boldsymbol{A}+\boldsymbol{B}|=|\boldsymbol{A}|+|\boldsymbol{B}|$; (6) $|\lambda\boldsymbol{A}|=\lambda|\boldsymbol{A}|$.

23. 设 $\boldsymbol{A}$ 是一个 n 阶对称矩阵,$\boldsymbol{B}$ 是一个 n 阶反对称矩阵,证明 $\boldsymbol{AB}+\boldsymbol{BA}$ 是一个反对称矩阵.

24. 当 $\mathbf{A}$ 为对称矩阵时,证明 $\mathbf{P}^{\mathrm{T}}\boldsymbol{AP}$ 也是对称矩阵,并证明结论对反对称矩阵也成立.

25. 判断下列矩阵 $\mathbf{A}$ 是否可逆,若可逆,求 $\mathbf{A}^{-1}$:

(1) $\mathbf{A}=\begin{bmatrix}1&2\\3&4\end{bmatrix}$; (2) $\mathbf{A}=\begin{bmatrix}1&2\\3&6\end{bmatrix}$;

(3) $\mathbf{A}=\begin{bmatrix}\cos\theta&-\sin\theta\\\sin\theta&\cos\theta\end{bmatrix}$; (4) $\begin{bmatrix}a&b\\c&d\end{bmatrix}$,$ad-bc\neq 0$;

(5) $\boldsymbol{A}=\begin{bmatrix}1&1&-1\\2&1&0\\1&-1&0\end{bmatrix}$； (6) $\boldsymbol{A}=\begin{bmatrix}2&1&3\\0&1&2\\1&0&3\end{bmatrix}$.

26. 设 $\boldsymbol{A}$ 为 n 阶方阵，$\boldsymbol{A}^k=\boldsymbol{0}$，求 $(\boldsymbol{I}-\boldsymbol{A})^{-1}$.

27. 证明：若 $\boldsymbol{A}^2=\boldsymbol{I}$，$\boldsymbol{A}\neq\boldsymbol{I}$，则 $\boldsymbol{A}+\boldsymbol{I}$ 不可逆.

28. 设方阵 $\boldsymbol{A}$ 满足 $\boldsymbol{A}^2-2\boldsymbol{A}+4\boldsymbol{I}=\boldsymbol{0}$，证明 $\boldsymbol{A}+\boldsymbol{I}$ 和 $\boldsymbol{A}-3\boldsymbol{I}$ 都可逆，并求它们的逆矩阵.

29. 设 $\boldsymbol{A}\in M_n$，证明：

(1) $\boldsymbol{A}$ 可逆时，$(\boldsymbol{A}^{-1})^*=(\boldsymbol{A}^*)^{-1}$； (2) $(\boldsymbol{A}^*)^{\mathrm{T}}=(\boldsymbol{A}^{\mathrm{T}})^*$.

30. 证明：

(1) 如果 $\boldsymbol{A}$ 是可逆对称矩阵(反对称矩阵)，则 $\boldsymbol{A}^{-1}$ 也是对称矩阵(反对称矩阵)；

(2) 不存在奇数阶的可逆反对称矩阵.

31. 设 $\boldsymbol{A}\in M_n$，$n\geqslant 2$，证明：$|\boldsymbol{A}^*|=|\boldsymbol{A}|^{n-1}$.

32. 证明：可逆上(下)三角矩阵的逆矩阵也是上(下)三角矩阵.

33. 实方阵 $\boldsymbol{A}$ 称为正交矩阵，如果 $\boldsymbol{A}$ 可逆且 $\boldsymbol{A}^{-1}=\boldsymbol{A}^{\mathrm{T}}$，即 $\boldsymbol{A}\boldsymbol{A}^{\mathrm{T}}=\boldsymbol{A}^{\mathrm{T}}\boldsymbol{A}=\boldsymbol{I}$，证明：

(1) $|\boldsymbol{A}|=\pm 1$；

(2) 两个正交矩阵的乘积仍是正交矩阵.

34. 设 $\boldsymbol{A}=(a_{ij})\in M_n$，$\boldsymbol{A}$ 的对角元素之和称为方阵 $\boldsymbol{A}$ 的**迹**(trace)，记作 $\mathrm{tr}\boldsymbol{A}$，即

$$\mathrm{tr}\boldsymbol{A}=\sum_{i=1}^{n}a_{ii}.$$

证明矩阵的迹有如下性质.

(1) $\mathrm{tr}(\boldsymbol{A}+\boldsymbol{B})=\mathrm{tr}\boldsymbol{A}+\mathrm{tr}\boldsymbol{B}$；

(2) $\mathrm{tr}(k\boldsymbol{A})=k\,\mathrm{tr}\boldsymbol{A}$，$k$ 是常数；

(3) $\mathrm{tr}(\boldsymbol{A}\boldsymbol{B})=\mathrm{tr}(\boldsymbol{B}\boldsymbol{A})$；

(4) $\mathrm{tr}\boldsymbol{A}^{\mathrm{T}}=\mathrm{tr}\boldsymbol{A}$；

(5) $\mathrm{tr}(\boldsymbol{A}^{\mathrm{T}}\boldsymbol{A})\geqslant 0$，等号成立 $\Leftrightarrow\boldsymbol{A}=\boldsymbol{0}$.

35. 用分块矩阵的乘法，计算下列矩阵的乘积 $\boldsymbol{AB}$：

(1) $\boldsymbol{A}=\begin{bmatrix}1&2&&&\\2&8&&\boldsymbol{0}&\\&&1&0&1\\&\boldsymbol{0}&2&3&2\\&&3&1&1\end{bmatrix}$，$\boldsymbol{B}=\begin{bmatrix}1&3&0&0&0\\2&8&0&0&0\\1&0&1&0&1\\0&1&2&3&2\\2&3&3&1&1\end{bmatrix}$；

(2) $\boldsymbol{A}=\begin{bmatrix}1&0&1&&\\0&2&1&&\boldsymbol{0}\\3&1&0&&\\&&&-2&0\\&\boldsymbol{0}&&0&-2\end{bmatrix}$，$\boldsymbol{B}=\begin{bmatrix}1&0&0&&\\0&2&0&&\boldsymbol{0}\\0&0&3&&\\&&&-1&3\\&\boldsymbol{0}&&4&2\end{bmatrix}$.

36. 用伴随矩阵和分块矩阵分别求 $\boldsymbol{A}$ 的逆 $\boldsymbol{A}^{-1}$.

$$\boldsymbol{A}=\left[\begin{array}{cc:cc} 1 & 1 & 1 & 1 \\ 1 & -1 & 1 & -1 \\ \hdashline & & -1 & -1 \\ \multicolumn{2}{c:}{\boldsymbol{0}} & -1 & 1 \end{array}\right].$$

37. 设 $\boldsymbol{A}=\begin{bmatrix}\boldsymbol{0} & \boldsymbol{B}\\ \boldsymbol{C} & \boldsymbol{0}\end{bmatrix}$，$\boldsymbol{B}$ 和 $\boldsymbol{C}$ 都可逆，证明 $\boldsymbol{A}$ 可逆，并求 $\boldsymbol{A}^{-1}$.

38. 用分块矩阵的方法，证明下列矩阵可逆并求其逆：

(1) $\begin{bmatrix} 0 & a_1 & 0 & \cdots & 0 \\ 0 & 0 & a_2 & \cdots & 0 \\ \vdots & \vdots & \vdots & \ddots & \vdots \\ 0 & 0 & 0 & \cdots & a_{n-1} \\ a_n & 0 & 0 & \cdots & 0 \end{bmatrix}$，$\quad \prod_{i=1}^{n} a_i \neq 0$；

(2) $\left[\begin{array}{cc:ccc} 2 & 0 & 1 & 0 & 2 \\ 0 & 2 & 0 & 1 & 3 \\ \hdashline & & 1 & & \\ \boldsymbol{0} & & & 1 & \\ & & & & 1 \end{array}\right]$.

39. 设 $\boldsymbol{A},\boldsymbol{B}\in M_n$，证明

$$\begin{vmatrix}\boldsymbol{A} & \boldsymbol{B}\\ \boldsymbol{B} & \boldsymbol{A}\end{vmatrix}=|\boldsymbol{A}+\boldsymbol{B}|\,|\boldsymbol{A}-\boldsymbol{B}|.$$

40. 设 $\boldsymbol{A}_i$ 是 n_i 阶可逆矩阵，$i=1,2,\cdots,s$，而

$$\boldsymbol{A}=\begin{bmatrix} & & & \boldsymbol{A}_1 \\ & & \boldsymbol{A}_2 & \\ & \iddots & & \\ \boldsymbol{A}_s & & & \end{bmatrix},$$

求 $\boldsymbol{A}^{-1}$.

41. 设 $\boldsymbol{A}\in M_n$，$\boldsymbol{A}$ 可逆，$\boldsymbol{\alpha}=[a_1 \quad a_2 \quad \cdots \quad a_n]^{\mathrm{T}}$，证明：

$$\det(\boldsymbol{A}-\boldsymbol{\alpha}\boldsymbol{\alpha}^{\mathrm{T}})=(1-\boldsymbol{\alpha}^{\mathrm{T}}\boldsymbol{A}^{-1}\boldsymbol{\alpha})\det\boldsymbol{A}.$$

42. 计算行列式

$$\begin{vmatrix} 1+x_1y_1 & x_1y_2 & \cdots & x_1y_n \\ x_2y_1 & 1+x_2y_2 & \cdots & x_2y_n \\ \vdots & \vdots & \ddots & \vdots \\ x_ny_1 & x_ny_2 & \cdots & 1+x_ny_n \end{vmatrix}.$$

43. 证明：两个 n 阶下三角矩阵的乘积仍是下三角矩阵.

44. 证明：主对角元全为 1 的上三角矩阵的乘积仍是主对角元为 1 的上三角矩阵.

45. 求矩阵 $\boldsymbol{A}$ 的逆矩阵：

(1) $\boldsymbol{A}=\begin{bmatrix}1 & 2 & 2\\ 2 & 1 & -2\\ 2 & -2 & 1\end{bmatrix}$； (2) $\boldsymbol{A}=\begin{bmatrix}1 & 0 & 2\\ 2 & -1 & 3\\ 4 & 1 & 8\end{bmatrix}$；

(3) $\boldsymbol{A}=\begin{bmatrix}1 & -2 & 2\\ 2 & -3 & 6\\ 1 & 1 & 7\end{bmatrix}$； (4) $\boldsymbol{A}=\begin{bmatrix}1 & 2 & -4\\ -1 & -1 & 5\\ 2 & 7 & -3\end{bmatrix}$；

(5) $\boldsymbol{A}=\begin{bmatrix}1 & & & \\ 1 & 1 & & \\ 1 & 1 & 1 & \\ 1 & 1 & 1 & 1\end{bmatrix}$； (6) $\boldsymbol{A}=\begin{bmatrix}1 & a & a^2 & a^3\\ & 1 & a & a^2\\ & & 1 & a\\ & & & 1\end{bmatrix}$.

46. 求矩阵 $\boldsymbol{X}$，设

(1) $\begin{bmatrix}1 & 3\\ 2 & 5\end{bmatrix}\boldsymbol{X}=\begin{bmatrix}4 & 1\\ 6 & 2\end{bmatrix}$； (2) $\begin{bmatrix}1 & 1 & -1\\ 0 & 2 & 2\\ 1 & -1 & 0\end{bmatrix}\boldsymbol{X}=\begin{bmatrix}2 & 1\\ -1 & 0\\ 3 & 1\end{bmatrix}$；

(3) $\boldsymbol{X}\begin{bmatrix}1 & 1 & 1\\ 0 & 1 & 1\\ 0 & 0 & 1\end{bmatrix}=\begin{bmatrix}1 & -2 & 1\\ 0 & 1 & -1\end{bmatrix}$.

第3章 几何空间中的向量

自然界有一些量只要确定了测量单位就可以用一个实数来表示，例如长度、面积、体积、温度、时间……，这种量通常称为数量(scalar). 而另一类量，如速度、加速度、力、位移等，它们既有大小又有方向，只用一个数就不足以反映它们的本质，这类量称为向量(或矢量). 向量不只是物理量的抽象，它也是几何空间的基本几何量，通过它可以反映几何空间中点与点之间的位置关系. 在对向量引进运算以后，就成为研究空间的有力工具. 在今后的学习中将会看到，无论是几何中直线、平面问题的讨论，还是代数中方程组解的理论的研究，以及许多重要课题的分析研讨，如能借助于向量这一工具，都将使我们对问题有较深刻的认识和理解，工作也能简便得多.

所谓解析几何就是用代数方法研究几何问题. 在 17 世纪初，法国数学家笛卡儿(R. Descartes)对解析几何作出了决定性的贡献. 他的坐标法在几何与代数之间架起了一座桥梁，通过坐标法把几何空间的性质数量化，把几何问题转换成代数问题，使得用代数方法研究和解决几何问题有了可能.

本章将介绍向量代数及解析几何的基本方法，并运用这些工具解决几何空间中有关平面、直线等几何问题.

3.1 向量及其运算

3.1.1 向量的基本概念

定义 3.1 既有大小又有方向的量称为**向量**(vector).

在几何上，向量可以用一个有向线段来表示. 假设直线段的端点之一为起点，另一端点为终点，这就确定了向量的方向，而直线段的长度反映了向量的大小. 以 A 为起点，B 为终点的向量用符号$\overrightarrow{AB}$来表示. 向量$\overrightarrow{AB}$的大小称为向量$\overrightarrow{AB}$的**长度**，记作$|\overrightarrow{AB}|$，读作向量$\overrightarrow{AB}$的**模**. 今后为了方便，也用黑体希腊字母$\boldsymbol{\alpha}$，$\boldsymbol{\beta}$，$\boldsymbol{\gamma}$，…或 $\vec{a}$，$\vec{b}$，$\vec{c}$，…表示向量(图 3.1).

定义 3.2 如果两个向量$\boldsymbol{\alpha}$和$\boldsymbol{\beta}$大小相等，方向相同，则称其为**相等**的向量，记作$\boldsymbol{\alpha}=\boldsymbol{\beta}$.

由定义可知，两个相等的向量经过平行移动可以重合在一起，即现在讲的向量是物理中的自由向量，它只依赖于向量的大小和方向，而与向量起点的位置无关.

例如，在平行四边形 $ABCD$ 中(图 3.2)，

$$\overrightarrow{AB}=\overrightarrow{DC},\quad \overrightarrow{AD}=\overrightarrow{BC},\quad \overrightarrow{BA}=\overrightarrow{CD}.$$

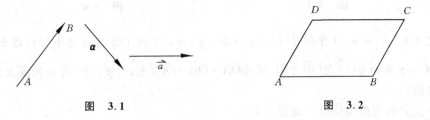

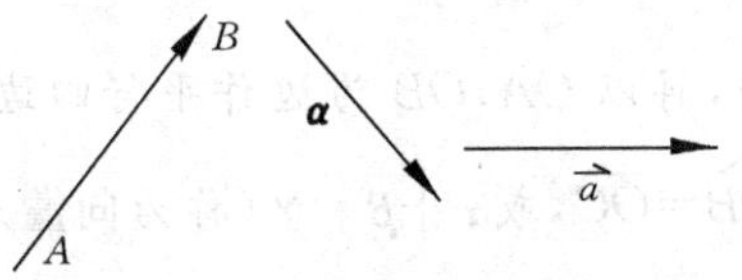

图 3.1

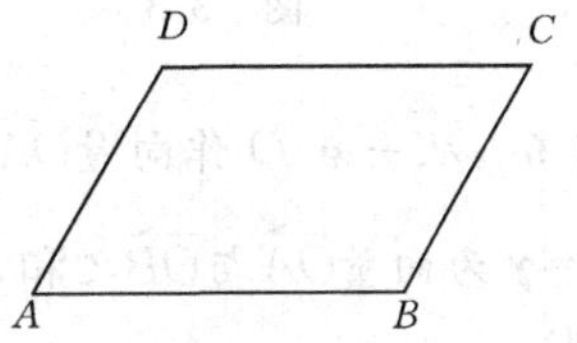

图 3.2

定义 3.3 如果两个向量$\boldsymbol{\alpha}$和$\boldsymbol{\beta}$的大小相等方向相反，则称$\boldsymbol{\beta}$是$\boldsymbol{\alpha}$的**反向量**，记作$\boldsymbol{\beta}=-\boldsymbol{\alpha}$.

显然，如$\boldsymbol{\beta}$是$\boldsymbol{\alpha}$的反向量，那么$\boldsymbol{\alpha}$也是$\boldsymbol{\beta}$的反向量，在图 3.2 中，$\overrightarrow{AB}=-\overrightarrow{CD}$，$\overrightarrow{AD}=-\overrightarrow{CB}$，$\overrightarrow{CB}=-\overrightarrow{AD}$，按定义，显然$\overrightarrow{AB}=-\overrightarrow{BA}$.

定义 3.4 长度为 0 的向量称为**零向量**，记作$\vec{0}$. 在不致混淆的情况下也写作$\mathbf{0}$.

零向量实质上是起点与终点重合的向量，它的方向是不确定的，也可以说它的方向是任意的，可根据需要来选取它的方向.

定义 3.5 长度为 1 的向量叫做**单位向量**(vector of unit length).

由于每个方向都有一个单位向量，若空间中所有单位向量都以点 O 为起点，则这些向量的终点就构成一个以 O 点为球心，半径为 1 的球面.

3.1.2 向量的线性运算

在物理中，作用于一点 O 的两个力的合力可以用"平行四边形法则"表示出来，设向量$\overrightarrow{OA}$，$\overrightarrow{OB}$分别表示这两个力，以 OA，OB 为边作平行四边形 $OACB$，那么此平行四边形的对角线 OC 所构成的向量$\overrightarrow{OC}$就是这两个力的合力(图 3.3).

两次位移的合成一般用"三角形法则"，由 O 位移至 A，再由 A 位移至 B，就相当于由 O 位移至 B(图 3.4). 以 O 为起点作向量$\overrightarrow{OA}$表示由 O 到 A 的位移，再以 A 为起点作向量$\overrightarrow{AB}$表示由 A 到 B 的位移，那么向量$\overrightarrow{OB}$就表示这两次位移的合成.

不难看出，力的合成亦可以用三角形法则，而位移的合成也可用平行四边形法则. 向量的加法运算正是这些物理概念在数学上的抽象和概括.

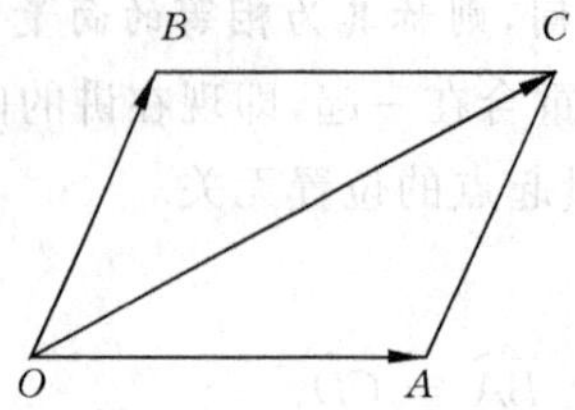

图 3.3

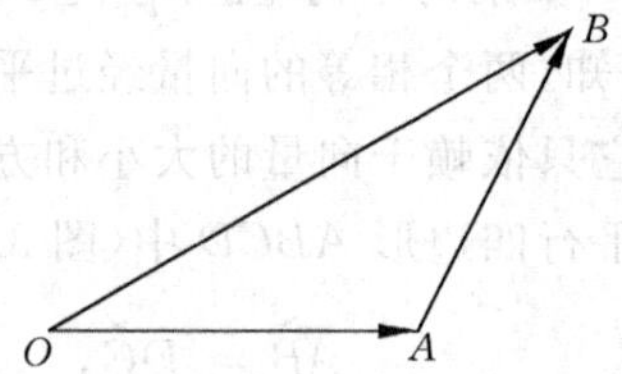

图 3.4

定义 3.6 从一点 O 作向量$\overrightarrow{OA}=\boldsymbol{\alpha}$，$\overrightarrow{OB}=\boldsymbol{\beta}$，再以 OA，OB 为边作平行四边形 $OACB$，称向量$\overrightarrow{OC}=\boldsymbol{\gamma}$为向量$\overrightarrow{OA}$与$\overrightarrow{OB}$之和，记作$\overrightarrow{OA}+\overrightarrow{OB}=\overrightarrow{OC}$，或$\boldsymbol{\alpha}+\boldsymbol{\beta}=\boldsymbol{\gamma}$（称为**向量加法的平行四边形法则**）.

这个定义的等价说法是三角形法则.

定义 3.7 从一点 O 作向量$\overrightarrow{OA}=\boldsymbol{\alpha}$，再由 A 点作向量$\overrightarrow{AB}=\boldsymbol{\beta}$，称向量$\overrightarrow{OB}=\boldsymbol{\gamma}$是向量$\overrightarrow{OA}$与$\overrightarrow{AB}$的和，记作$\overrightarrow{OA}+\overrightarrow{AB}=\overrightarrow{OB}$，或$\boldsymbol{\alpha}+\boldsymbol{\beta}=\boldsymbol{\gamma}$.

由定义不难验证向量加法有下述性质：

(1) $\boldsymbol{\alpha}+\boldsymbol{\beta}=\boldsymbol{\beta}+\boldsymbol{\alpha}$；（交换律）

(2) $(\boldsymbol{\alpha}+\boldsymbol{\beta})+\boldsymbol{\gamma}=\boldsymbol{\alpha}+(\boldsymbol{\beta}+\boldsymbol{\gamma})$；（结合律，参看图 3.5）

(3) $\boldsymbol{\alpha}+\boldsymbol{0}=\boldsymbol{0}+\boldsymbol{\alpha}=\boldsymbol{\alpha}$；

(4) $\boldsymbol{\alpha}+(-\boldsymbol{\alpha})=(-\boldsymbol{\alpha})+\boldsymbol{\alpha}=\boldsymbol{0}$.

由于向量的加法满足结合律，三个向量$\boldsymbol{\alpha}$，$\boldsymbol{\beta}$，$\boldsymbol{\gamma}$之和就可简记为$\boldsymbol{\alpha}+\boldsymbol{\beta}+\boldsymbol{\gamma}$，而不必用括号来表示运算的顺序，$n$ 个向量$\boldsymbol{\alpha}_1,\boldsymbol{\alpha}_2,\cdots,\boldsymbol{\alpha}_n$的和可以用三角形法则以折线一次画出，即作$\overrightarrow{OA_1}=\boldsymbol{\alpha}_1$，再由 A_1 点作向量$\overrightarrow{A_1A_2}=\boldsymbol{\alpha}_2$，…最后从$\boldsymbol{\alpha}_{n-1}$ 的终点 A_{n-1} 作向量$\overrightarrow{A_{n-1}A_n}=\boldsymbol{\alpha}_n$，那么$\overrightarrow{OA_n}=\boldsymbol{\alpha}_1+\boldsymbol{\alpha}_2+\cdots+\boldsymbol{\alpha}_n$. 例如，在图 3.6 中，$\overrightarrow{OA_6}=\boldsymbol{\alpha}_1+\boldsymbol{\alpha}_2+\cdots+\boldsymbol{\alpha}_6$.

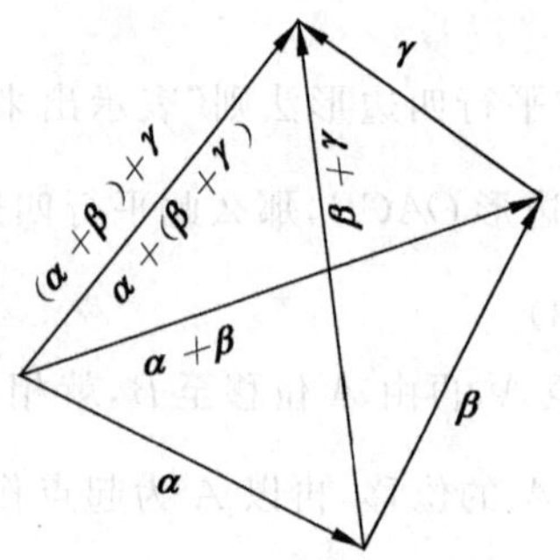

图 3.5

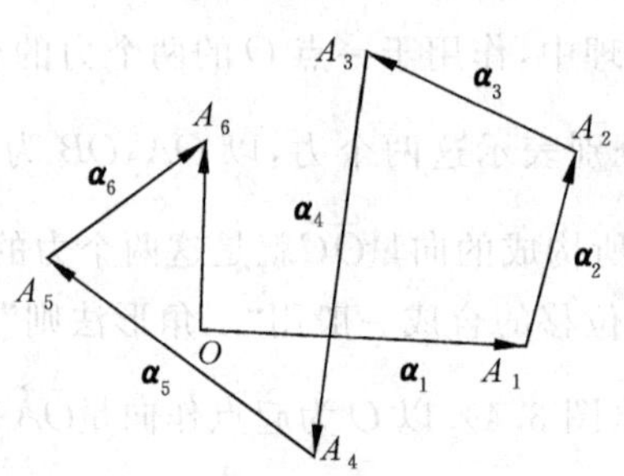

图 3.6

定义 3.8 我们规定两个向量$\boldsymbol{\alpha}$与$\boldsymbol{\beta}$的差$\boldsymbol{\alpha}-\boldsymbol{\beta}$是$\boldsymbol{\alpha}$与$-\boldsymbol{\beta}$的和，即$\boldsymbol{\alpha}-\boldsymbol{\beta}=\boldsymbol{\alpha}+(-\boldsymbol{\beta})$. 按三角形法则，$\boldsymbol{\alpha}-\boldsymbol{\beta}$是由$\boldsymbol{\beta}$的终点到$\boldsymbol{\alpha}$的终点的向量(图 3.7).

向量的减法可看作向量加法的逆运算，即如$\boldsymbol{\alpha}+\boldsymbol{\beta}=\boldsymbol{\gamma}$，则$\boldsymbol{\alpha}=\boldsymbol{\gamma}-\boldsymbol{\beta}$.

定义 3.9 实数k和向量$\boldsymbol{\alpha}$相乘是一个向量，记为$k\boldsymbol{\alpha}$. 它的模$|k\boldsymbol{\alpha}|$等于数k的绝对值与向量$\boldsymbol{\alpha}$的模的乘积，即$|k\boldsymbol{\alpha}|=|k||\boldsymbol{\alpha}|$. $k\boldsymbol{\alpha}$的方向规定为：当$k>0$时，$k\boldsymbol{\alpha}$与$\boldsymbol{\alpha}$同向；当$k<0$时，$k\boldsymbol{\alpha}$与$\boldsymbol{\alpha}$反向；当$k=0$时，对任意$\boldsymbol{\alpha}$，有$k\boldsymbol{\alpha}=\boldsymbol{0}$(图 3.8).

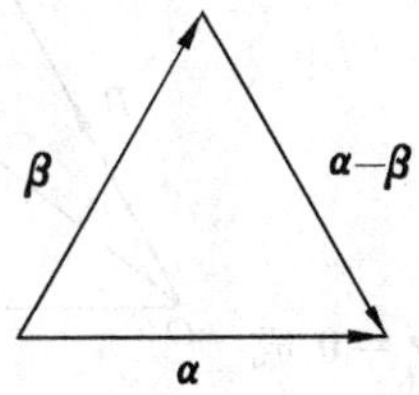

图 3.7

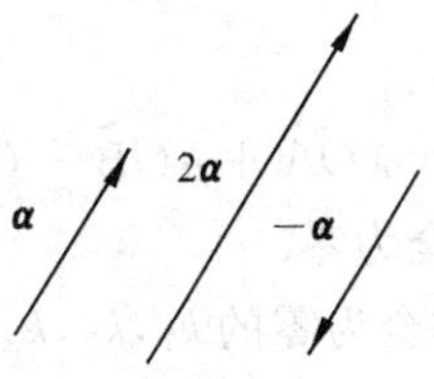

图 3.8

特别地，如$k=-1$有$(-1)\boldsymbol{\alpha}=-\boldsymbol{\alpha}$；如$\boldsymbol{\alpha}=\boldsymbol{0}$，对任意实数$k$都有$k\boldsymbol{\alpha}=\boldsymbol{0}$.

数乘向量的性质是：

(5) $1\boldsymbol{\alpha}=\boldsymbol{\alpha}$；

(6) $k(l\boldsymbol{\alpha})=(kl)\boldsymbol{\alpha}$，$k,l$是实数.

加法与数乘向量之间有分配律：

(7) $(k+l)\boldsymbol{\alpha}=k\boldsymbol{\alpha}+l\boldsymbol{\alpha}$；

(8) $k(\boldsymbol{\alpha}+\boldsymbol{\beta})=k\boldsymbol{\alpha}+k\boldsymbol{\beta}$.

3.1.3 共线向量、共面向量

定义 3.10 方向相同或相反的向量称为**共线向量**(collinear vector)，而平行于同一平面的向量称为**共面向量**(complanar vector).

如$\boldsymbol{\alpha}$与$\boldsymbol{\beta}$是共线的，可以记为$\boldsymbol{\alpha}/\!/\boldsymbol{\beta}$.

定理 3.1 两个向量$\boldsymbol{\alpha},\boldsymbol{\beta}$共线的充分必要条件是存在不全为零的数$\lambda$和$\mu$，使

$$\lambda\boldsymbol{\alpha}+\mu\boldsymbol{\beta}=\boldsymbol{0}.$$

证 必要性. 设$\boldsymbol{\alpha}$与$\boldsymbol{\beta}$共线，如果$\boldsymbol{\alpha}\neq\boldsymbol{0}$，有$\boldsymbol{\alpha}$的模$|\boldsymbol{\alpha}|\neq 0$，因而有非负实数$m$使得：$|\boldsymbol{\beta}|=m|\boldsymbol{\alpha}|$. 当$\boldsymbol{\alpha}$与$\boldsymbol{\beta}$同向时，可取$\lambda=m,\mu=-1$；而当$\boldsymbol{\alpha}$与$\boldsymbol{\beta}$反向时，令$\lambda=m,\mu=1$就都有$\lambda\boldsymbol{\alpha}+\mu\boldsymbol{\beta}=\boldsymbol{0}$. 其中$\lambda,\mu$是不全为零的. 当$\boldsymbol{\alpha}=\boldsymbol{0}$时，显然有$1\cdot\boldsymbol{\alpha}+0\cdot\boldsymbol{\beta}=\boldsymbol{0}$.

充分性. 如$\lambda\boldsymbol{\alpha}+\mu\boldsymbol{\beta}=\boldsymbol{0}$，其中$\lambda,\mu$不全为零，不妨设$\lambda\neq 0$，则有$\boldsymbol{\alpha}=-\frac{\mu}{\lambda}\boldsymbol{\beta}$. 据数乘向量定义 3.9，知$\boldsymbol{\alpha}$与$\boldsymbol{\beta}$共线. ■

定理 3.2 三个向量$\boldsymbol{\alpha},\boldsymbol{\beta},\boldsymbol{\gamma}$共面的充分必要条件是存在不全为零的数$k_1,k_2,k_3$使

$$k_1\boldsymbol{\alpha}+k_2\boldsymbol{\beta}+k_3\boldsymbol{\gamma}=\mathbf{0}.$$

证 如$\boldsymbol{\alpha},\boldsymbol{\beta},\boldsymbol{\gamma}$中有两个向量例如$\boldsymbol{\alpha}$与$\boldsymbol{\beta}$共线，由定理3.1知，则有不全为零的$\lambda$和$\mu$使$\lambda\boldsymbol{\alpha}+\mu\boldsymbol{\beta}=\mathbf{0}$成立．那么$\lambda,\mu,0$仍不全为零，有$\lambda\boldsymbol{\alpha}+\mu\boldsymbol{\beta}+0\boldsymbol{\gamma}=\mathbf{0}$.

设$\boldsymbol{\alpha},\boldsymbol{\beta},\boldsymbol{\gamma}$均不共线，作$\overrightarrow{OB}=\boldsymbol{\alpha}$，$\overrightarrow{OA}=\boldsymbol{\beta}$，$\overrightarrow{OC}=\boldsymbol{\gamma}$．过$C$点作直线与$OB$平行交$\overrightarrow{OA}$所在直线于$D$点(图3.9)，于是由三角形法则及数乘向量定义有

$$\overrightarrow{OC}=\overrightarrow{OD}+\overrightarrow{DC}=\lambda\overrightarrow{OA}+\mu\overrightarrow{OB},$$

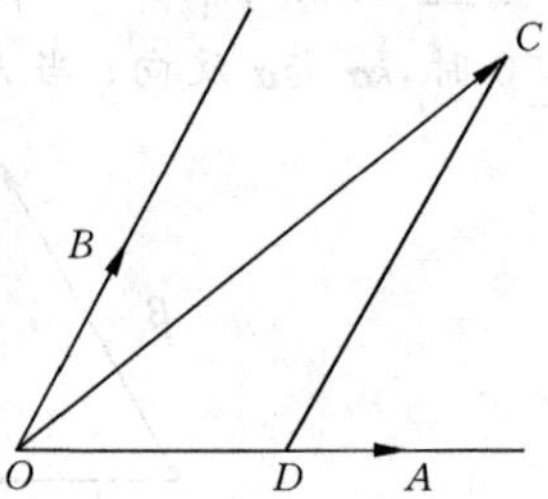

图 3.9

从而有

$$\lambda\overrightarrow{OA}+\mu\overrightarrow{OB}-\overrightarrow{OC}=\mathbf{0},$$

其中$\lambda,\mu,-1$不全为零.

反之，如有不全为零的k_1,k_2,k_3使$k_1\boldsymbol{\alpha}+k_2\boldsymbol{\beta}+k_3\boldsymbol{\gamma}=\mathbf{0}$成立，不妨设$k_3\neq0$，于是

$$\boldsymbol{\gamma}=-\frac{k_1}{k_3}\boldsymbol{\alpha}-\frac{k_2}{k_3}\boldsymbol{\beta}.$$

这说明$\boldsymbol{\gamma}$是以$-\frac{k_1}{k_3}\boldsymbol{\alpha}$，$-\frac{k_2}{k_3}\boldsymbol{\beta}$为边的平行四边形的对角线，因此$\boldsymbol{\alpha},\boldsymbol{\beta},\boldsymbol{\gamma}$共面. ■

用向量作为工具，可以证明平面几何中的命题．下面通过例子说明平面几何的命题和向量的命题是如何相互转化的.

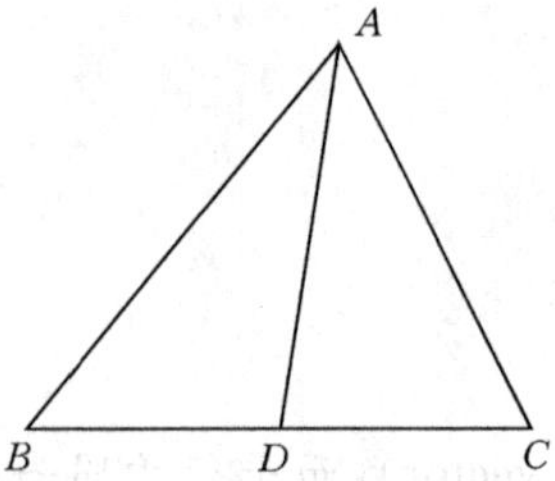

图 3.10

例3.1 $\triangle ABC$中，D是BC边中点(图3.10)，证明：$\overrightarrow{AD}=\frac{1}{2}(\overrightarrow{AB}+\overrightarrow{AC})$.

证 由三角形法则

$$\overrightarrow{AD}=\overrightarrow{AB}+\overrightarrow{BD},\quad \overrightarrow{AD}=\overrightarrow{AC}+\overrightarrow{CD}.$$

又因D是BC中点，$\overrightarrow{BD}=-\overrightarrow{CD}$，两式相加，得

$$2\overrightarrow{AD}=\overrightarrow{AB}+\overrightarrow{AC},$$

即
$$\overrightarrow{AD}=\frac{1}{2}(\overrightarrow{AB}+\overrightarrow{AC}).$$ ■

例3.2 用向量证明三角形中位线定理.

证 设D,E分别是AB,AC边中点(图3.11)，则

$$\overrightarrow{DE}=\overrightarrow{DA}+\overrightarrow{AE}=\frac{1}{2}\overrightarrow{BA}+\frac{1}{2}\overrightarrow{AC}=\frac{1}{2}(\overrightarrow{BA}+\overrightarrow{AC})=\frac{1}{2}\overrightarrow{BC}.$$

由数乘向量定义知，$DE/\!/BC$且$DE=\frac{1}{2}BC$，即三角形两边中点连线平行于底边且等于底边的一半. ■

例 3.3 用向量证明：如点 M 是$\triangle ABC$ 的重心，AD 是 BC 边上中线(图 3.12)，则 $AM=\frac{2}{3}AD$.

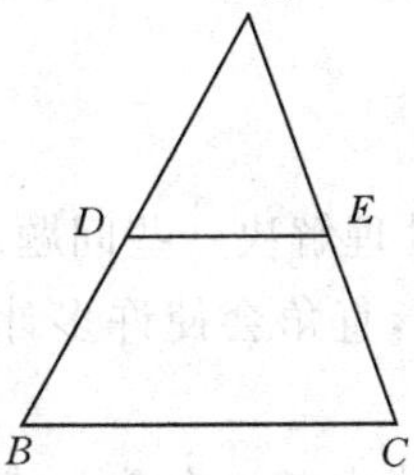

图 3.11

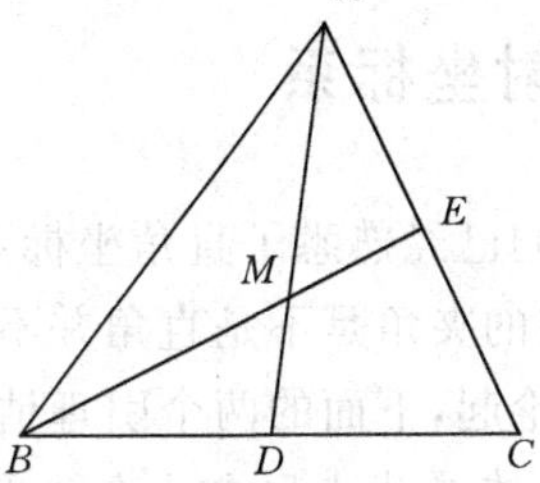

图 3.12

证 因$\overrightarrow{AM}$，$\overrightarrow{AD}$共线，故可设$\overrightarrow{AM}=x\overrightarrow{AD}$，又因 D 是 BC 边中点，由例 3.1 有

$$\overrightarrow{AD}=\frac{1}{2}(\overrightarrow{AB}+\overrightarrow{AC}).$$

因此

$$\overrightarrow{AM}=\frac{x}{2}(\overrightarrow{AB}+\overrightarrow{AC}).$$

又因 BE 是 AC 边上中线，并设$\overrightarrow{ME}=y\overrightarrow{BE}$，有

$$\overrightarrow{BE}=\overrightarrow{BA}+\overrightarrow{AE}=-\overrightarrow{AB}+\frac{1}{2}\overrightarrow{AC}.$$

因此

$$\overrightarrow{ME}=y(-\overrightarrow{AB}+\frac{1}{2}\overrightarrow{AC}).$$

在$\triangle AME$ 中，$\overrightarrow{AM}+\overrightarrow{ME}+\overrightarrow{EA}=\mathbf{0}$，即

$$\frac{x}{2}(\overrightarrow{AB}+\overrightarrow{AC})+y(-\overrightarrow{AB}+\frac{1}{2}\overrightarrow{AC})-\frac{1}{2}\overrightarrow{AC}=\mathbf{0},$$

即

$$\left(\frac{x}{2}-y\right)\overrightarrow{AB}+\left(\frac{x}{2}+\frac{y}{2}-\frac{1}{2}\right)\overrightarrow{AC}=\mathbf{0}.$$

由$\overrightarrow{AB}$，$\overrightarrow{AC}$不共线，据定理 3.1 有

$$\begin{cases}\frac{x}{2}-y=0,\\ \frac{x}{2}+\frac{y}{2}-\frac{1}{2}=0.\end{cases}$$

解此方程组得 $x=\frac{2}{3}$，即 $AM=\frac{2}{3}AD$. ■

3.2 仿射坐标系与直角坐标系

3.2.1 仿射坐标系

在中学我们已经熟悉了直角坐标系，并会用坐标法来处理解决一些问题.其实在坐标法当中，坐标轴间的夹角是不是直角并不起关键性作用(当然，直角会使许多计算简化).现在从一般情况讨论起，下面的两个引理请读者自行证明.

引理 3.1 在直线上取定一个非零向量 $\boldsymbol{e}$，那么在此直线上任一向量 $\boldsymbol{\alpha}$，都存在唯一实数 x，使得 $\boldsymbol{\alpha}=x\boldsymbol{e}$.

引理 3.2 在平面上取定两个不共线的向量 $\boldsymbol{e}_1$ 和 $\boldsymbol{e}_2$，则对该平面上任一向量 $\boldsymbol{\alpha}$，都存在唯一的二元有序实数组 (x_1,x_2)，使 $\boldsymbol{\alpha}=x_1\boldsymbol{e}_1+x_2\boldsymbol{e}_2$.

定理 3.3 在空间中取定三个不共面的向量 $\boldsymbol{e}_1,\boldsymbol{e}_2,\boldsymbol{e}_3$，那么对空间中任一向量 $\boldsymbol{\alpha}$ 都存在唯一的三元有序实数组 (x_1,x_2,x_3)，使 $\boldsymbol{\alpha}=x_1\boldsymbol{e}_1+x_2\boldsymbol{e}_2+x_3\boldsymbol{e}_3$.

证 任取一点 O 作出向量 $\boldsymbol{e}_1,\boldsymbol{e}_2,\boldsymbol{e}_3$，记 $\boldsymbol{e}_1,\boldsymbol{e}_2,\boldsymbol{e}_3$ 所在的直线分别是 OA,OB,OC.作向量 $\overrightarrow{OP}=\boldsymbol{\alpha}$(图 3.13).

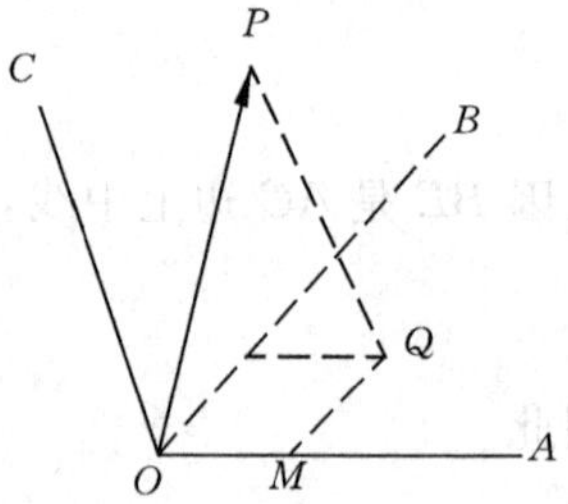

图 3.13

不妨设 $\boldsymbol{\alpha}$ 与 $\boldsymbol{e}_1,\boldsymbol{e}_2$ 不共面(否则，由引理 3.2，$\boldsymbol{\alpha}=\overrightarrow{OP}=x_1\boldsymbol{e}_1+x_2\boldsymbol{e}_2=x_1\boldsymbol{e}_1+x_2\boldsymbol{e}_2+0\boldsymbol{e}_3$)，那么过 P 点作直线与 OC 平行，它与 AOB 平面交于 Q 点，再过 Q 点作直线和 OB 平行交 OA 于 M 点，据向量加法

$$\boldsymbol{\alpha}=\overrightarrow{OP}=\overrightarrow{OM}+\overrightarrow{MQ}+\overrightarrow{QP},$$

由引理 3.1 知，存在实数 x_1,x_2,x_3 使

$$\overrightarrow{OM}=x_1\boldsymbol{e}_1,\quad \overrightarrow{MQ}=x_2\boldsymbol{e}_2,\quad \overrightarrow{QP}=x_3\boldsymbol{e}_3.$$

即有

$$\boldsymbol{\alpha}=x_1\boldsymbol{e}_1+x_2\boldsymbol{e}_2+x_3\boldsymbol{e}_3.$$

下面证明唯一性 如果 $\boldsymbol{\alpha}$ 有两种不同的表示方法：

$$\boldsymbol{\alpha}=x\boldsymbol{e}_1+y\boldsymbol{e}_2+z\boldsymbol{e}_3=x'\boldsymbol{e}_1+y'\boldsymbol{e}_2+z'\boldsymbol{e}_3,$$

则 $x-x',y-y',z-z'$ 不全为零.而

$$(x-x')\boldsymbol{e}_1+(y-y')\boldsymbol{e}_2+(z-z')\boldsymbol{e}_3=\boldsymbol{0}.$$

由定理 3.2 知 $\boldsymbol{e}_1,\boldsymbol{e}_2,\boldsymbol{e}_3$ 是共面向量，这与已知条件 $\boldsymbol{e}_1,\boldsymbol{e}_2,\boldsymbol{e}_3$ 不共面相矛盾.即 $\boldsymbol{\alpha}$ 的表示法唯一. ■

在空间中虽然有无穷多个向量，但只要选择三个不共面的向量就可以把每个向量表示

清楚，对任意向量的运算也就可转化为对这三个特定向量的运算，这正是建立空间仿射坐标系的理论基础.

定义 3.11 在空间中取定一点 O 及三个有次序的不共面的向量 $\boldsymbol{e}_1,\boldsymbol{e}_2,\boldsymbol{e}_3$，构成空间中的一个**仿射坐标系**(affine coordinate system)，记为 $\{O;\boldsymbol{e}_1,\boldsymbol{e}_2,\boldsymbol{e}_3\}$，点 O 称为**坐标原点**(origin of coordinates)，$\boldsymbol{e}_1,\boldsymbol{e}_2,\boldsymbol{e}_3$ 叫做**坐标向量**(vector of coordinates)，或**基本向量**，简称**基**(basis). 它们所在的直线分别叫做 x **轴**、y **轴**和 z **轴**，统称为**坐标轴**(axis of coordinates)(如图 3.14 所示).

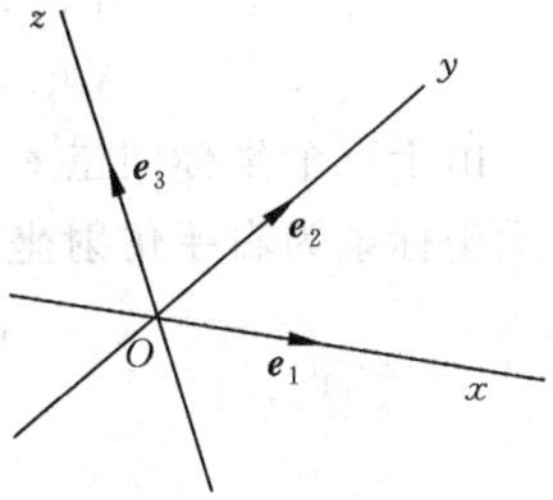

图 3.14

由 Ox,Oy,Oz 三个坐标轴中的每两个都决定一个平面，分别记作 Oxy,Oyz,Ozx，统称为**坐标平面**.

根据定理 3.3 引入坐标的概念.

定义 3.12 对空间中向量 $\boldsymbol{\alpha}$，它在仿射坐标系 $\{O;\boldsymbol{e}_1,\boldsymbol{e}_2,\boldsymbol{e}_3\}$ 下有分解式 $\boldsymbol{\alpha}=x_1\boldsymbol{e}_1+x_2\boldsymbol{e}_2+x_3\boldsymbol{e}_3$，称 (x_1,x_2,x_3) 是向量 $\boldsymbol{\alpha}$ 在坐标系 $\{O;\boldsymbol{e}_1,\boldsymbol{e}_2,\boldsymbol{e}_3\}$ 下的**坐标**(coordinate).

在几何空间中，取定一组基 $\boldsymbol{e}_1,\boldsymbol{e}_2,\boldsymbol{e}_3$ 和坐标原点 O，就建立了一个仿射坐标系 $\{O;\boldsymbol{e}_1,\boldsymbol{e}_2,\boldsymbol{e}_3\}$. 空间中任何一个向量都有唯一确定的坐标；反之，如果给定三元有序数组 (x_1,x_2,x_3)，以它们为坐标的向量也是唯一确定的. 因此在确定的仿射坐标系下，几何空间中的向量和三元有序数组之间有一一对应的关系，可以用三元有序数组来表示向量. 设向量 $\boldsymbol{\alpha}$ 在坐标系 $\{O;\boldsymbol{e}_1,\boldsymbol{e}_2,\boldsymbol{e}_3\}$ 下的坐标是 (x_1,x_2,x_3)，借用矩阵运算的记号，有

$$\boldsymbol{\alpha}=x_1\boldsymbol{e}_1+x_2\boldsymbol{e}_2+x_3\boldsymbol{e}_3=(\boldsymbol{e}_1,\boldsymbol{e}_2,\boldsymbol{e}_3)\begin{pmatrix}x_1\\x_2\\x_3\end{pmatrix},$$

令 $\boldsymbol{x}=(x_1,x_2,x_3)^{\mathrm{T}}$，则

$$\boldsymbol{\alpha}=(\boldsymbol{e}_1,\boldsymbol{e}_2,\boldsymbol{e}_3)\boldsymbol{x},$$

其中 $\boldsymbol{x}$ 是 $\boldsymbol{\alpha}$ 在坐标系 $\{O;\boldsymbol{e}_1,\boldsymbol{e}_2,\boldsymbol{e}_3\}$ 下的坐标向量. 有时 $\boldsymbol{\alpha}$ 也简记作

$$\boldsymbol{\alpha}=(x_1,x_2,x_3),$$

称为向量的坐标表示式.

定义 3.13 在仿射坐标系 $\{O;\boldsymbol{e}_1,\boldsymbol{e}_2,\boldsymbol{e}_3\}$ 下，对于点 M，称向量 $\overrightarrow{OM}$ 是点 M 的**向径**(radiusvector). 向径在坐标系的坐标称为点 M 在该坐标系下的**仿射坐标**(affine coordinate). 若 $\overrightarrow{OM}=(x,y,z)$，则 M 的坐标记作 $M(x,y,z)$.

注 (1) 点的坐标依赖于坐标原点 O 位置的选取，而向量的坐标与 O 点位置无关.

(2) 在仿射坐标系的讨论中，既不要求坐标向量 $\boldsymbol{e}_1,\boldsymbol{e}_2,\boldsymbol{e}_3$ 互相垂直，也不要求它们是单位向量，这一切比起中学阶段学习的直角坐标系更具有广泛性和一般性.

关于坐标系还有几个概念.

三个坐标平面把空间分成八个部分，又叫八个**卦限**. 在每个卦限内点的坐标的正负号规定为：

$$\mathrm{I}(+,+,+),\mathrm{II}(-,+,+),\mathrm{III}(-,-,+),\mathrm{IV}(+,-,+),$$
$$\mathrm{V}(+,+,-),\mathrm{VI}(-,+,-),\mathrm{VII}(-,-,-),\mathrm{VIII}(+,-,-).$$

由于三个坐标向量 $\boldsymbol{e}_1,\boldsymbol{e}_2,\boldsymbol{e}_3$ 可以有两种不同的相互位置关系，如图 3.15，称图 3.15(a) 所示坐标系为**右手仿射坐标系**，图 3.15(b)所示为**左手仿射坐标系**.

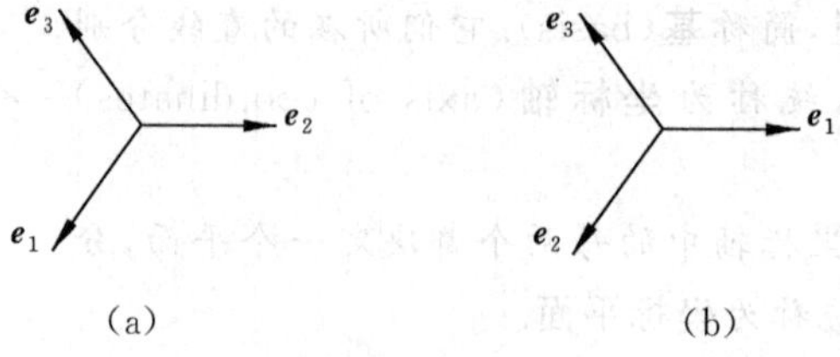

图 3.15

例 3.4 如图 3.16，梯形 $ABCD$ 中，$AD/\!/BC$，$AD=3BC$，E 是 AD 中点，求点 C 及向量 $\overrightarrow{CE}$ 在坐标系 $\{A;\overrightarrow{AE},\overrightarrow{AB}\}$ 下的坐标.

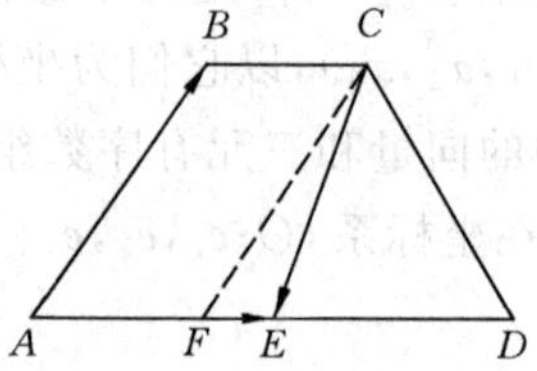

图 3.16

解 作 $CF/\!/AB$ 交 AD 于 F 点，由平行四边形法则

$$\overrightarrow{AC}=\overrightarrow{AB}+\overrightarrow{AF}.$$

由 E 是 AD 中点，$BC=AF$ 有

$$\overrightarrow{AF}=\overrightarrow{BC}=\frac{1}{3}\overrightarrow{AD}=\frac{2}{3}\overrightarrow{AE}.$$

因而

$$\overrightarrow{AC}=\overrightarrow{AB}+\frac{2}{3}\overrightarrow{AE},$$

所以 C 点在 $\{A;\ \overrightarrow{AE},\overrightarrow{AB}\}$ 的坐标是 $\left(\frac{2}{3},1\right)$. 又因

$$\overrightarrow{CE}=\overrightarrow{CF}+\overrightarrow{FE}=-\overrightarrow{AB}+\frac{1}{3}\overrightarrow{AE},$$

所以向量 $\overrightarrow{CE}$ 在 $\{A;\overrightarrow{AE},\overrightarrow{AB}\}$ 的坐标是 $\left(\frac{1}{3},-1\right)$. ■

3.2.2 用坐标进行向量运算

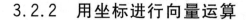

如果我们建立了一个仿射坐标系 $\{O;\ \boldsymbol{e}_1,\boldsymbol{e}_2,\boldsymbol{e}_3\}$，那么对空间中任一点 M，它对应唯一的向量 $\overrightarrow{OM}$，而且当点不同时，所对应的向量是不同的，于是点和向量之间就存在一一对应的关系. 又因为每个向量在坐标系里都有唯一的坐标，而给出坐标又能确定唯一的向量. 这

样，点及向量的问题都可以转化为数(坐标)的运算.

设$\boldsymbol{\alpha}_1=x_1\boldsymbol{e}_1+x_2\boldsymbol{e}_2+x_3\boldsymbol{e}_3$，$\boldsymbol{\alpha}_2=y_1\boldsymbol{e}_1+y_2\boldsymbol{e}_2+y_3\boldsymbol{e}_3$，那么向量加(减)法运算就是

$$\begin{aligned}\boldsymbol{\alpha}_1+\boldsymbol{\alpha}_2&=(x_1\boldsymbol{e}_1+x_2\boldsymbol{e}_2+x_3\boldsymbol{e}_3)+(y_1\boldsymbol{e}_1+y_2\boldsymbol{e}_2+y_3\boldsymbol{e}_3)\\&=(x_1\boldsymbol{e}_1+y_1\boldsymbol{e}_1)+(x_2\boldsymbol{e}_2+y_2\boldsymbol{e}_2)+(x_3\boldsymbol{e}_3+y_3\boldsymbol{e}_3)\\&=(x_1+y_1)\boldsymbol{e}_1+(x_2+y_2)\boldsymbol{e}_2+(x_3+y_3)\boldsymbol{e}_3.\end{aligned}$$

类似地，有

$$\boldsymbol{\alpha}_1-\boldsymbol{\alpha}_2=(x_1-y_1)\boldsymbol{e}_1+(x_2-y_2)\boldsymbol{e}_2+(x_3-y_3)\boldsymbol{e}_3.$$

这说明，向量和(差)的坐标等于对应坐标的和(差). 向量加(减)法的运算，用坐标来表示就可简记为

$$(x_1,x_2,x_3)\pm(y_1,y_2,y_3)=(x_1\pm y_1,x_2\pm y_2,x_3\pm y_3).\tag{3.1}$$

同样地，对于数乘向量的运算有

$$k\boldsymbol{\alpha}=k(x_1\boldsymbol{e}_1+x_2\boldsymbol{e}_2+x_3\boldsymbol{e}_3)=kx_1\boldsymbol{e}_1+kx_2\boldsymbol{e}_2+kx_3\boldsymbol{e}_3.$$

因此，数乘向量的坐标等于用数乘每个坐标. 用坐标表示即为

$$k(x_1,x_2,x_3)=(kx_1,kx_2,kx_3).\tag{3.2}$$

例 3.5 设$\boldsymbol{\alpha}=2\boldsymbol{e}_1-\boldsymbol{e}_2+4\boldsymbol{e}_3$，$\boldsymbol{\beta}=3\boldsymbol{e}_1+2\boldsymbol{e}_2-3\boldsymbol{e}_3$，求$\boldsymbol{\alpha}+\boldsymbol{\beta}$，$\boldsymbol{\alpha}-2\boldsymbol{\beta}$.

解 $\boldsymbol{\alpha}+\boldsymbol{\beta}=(2+3)\boldsymbol{e}_1+(-1+2)\boldsymbol{e}_2+(4-3)\boldsymbol{e}_3=5\boldsymbol{e}_1+\boldsymbol{e}_2+\boldsymbol{e}_3$，

或用坐标表示

$$(2,-1,4)+(3,2,-3)=(2+3,-1+2,4-3)=(5,1,1).$$

对$\boldsymbol{\alpha}-2\boldsymbol{\beta}$有

$$(2,-1,4)-2(3,2,-3)=(2-6,-1-4,4+6)=(-4,-5,10).$$

即

$$\boldsymbol{\alpha}-2\boldsymbol{\beta}=-4\boldsymbol{e}_1-5\boldsymbol{e}_2+10\boldsymbol{e}_3.$$ ■

例 3.6 已知点 $A(1,2,3)$，点 $B(2,-1,2)$，求向径$\overrightarrow{OA}$及向量$\overrightarrow{AB}$的坐标.

解 由点的坐标的定义 3.13 知向径$\overrightarrow{OA}$的坐标就是 A 点的坐标，故

$$\overrightarrow{OA}=\boldsymbol{e}_1+2\boldsymbol{e}_2+3\boldsymbol{e}_3,$$

$\overrightarrow{OA}$的坐标是(1,2,3). 而

$$\overrightarrow{AB}=\overrightarrow{OB}-\overrightarrow{OA}=(2-1)\boldsymbol{e}_1+(-1-2)\boldsymbol{e}_2+(2-3)\boldsymbol{e}_3=\boldsymbol{e}_1-3\boldsymbol{e}_2-\boldsymbol{e}_3,$$

$\overrightarrow{AB}$的坐标是(1,−3,−1). ■

从例 3.6 可看出，对点 $A(x_1,y_1,z_1)$和点 $B(x_2,y_2,z_2)$，向量$\overrightarrow{AB}$的坐标为

$$(x_2-x_1,y_2-y_1,z_2-z_1).\tag{3.3}$$

即向量$\overrightarrow{AB}$的坐标等于其终点 B 的坐标减去起点 A 的坐标.

如 $A(x_1,y_1,z_1)$,$B(x_2,y_2,z_2)$是空间中任意两点,求把线段 AB 分割成定比$\lambda:\mu$(其中$\lambda+\mu\neq0$)的点 C 的坐标.

设 $C(x,y,z)$,由题意 $AC:CB=\lambda:\mu$,即

$$\mu\overrightarrow{AC}=\lambda\overrightarrow{CB}.$$

按公式(3.3)有

$$\mu(x-x_1,y-y_1,z-z_1)=\lambda(x_2-x,y_2-y,z_2-z).$$

因此,相应的坐标相等

$$\mu(x-x_1)=\lambda(x_2-x),\quad \mu(y-y_1)=\lambda(y_2-y),\quad \mu(z-z_1)=\lambda(z_2-z),$$

经整理,得

$$x=\frac{\mu x_1+\lambda x_2}{\lambda+\mu},\quad y=\frac{\mu y_1+\lambda y_2}{\lambda+\mu},\quad z=\frac{\mu z_1+\lambda z_2}{\lambda+\mu},$$

则定比分点 C 的坐标公式为

$$\left(\frac{\mu x_1+\lambda x_2}{\lambda+\mu},\frac{\mu y_1+\lambda y_2}{\lambda+\mu},\frac{\mu z_1+\lambda z_2}{\lambda+\mu}\right).\tag{3.4}$$

特别地,AB 中点的坐标公式为

$$\left(\frac{x_1+x_2}{2},\frac{y_1+y_2}{2},\frac{z_1+z_2}{2}\right).\tag{3.5}$$

例 3.7 设 $A(x_1,y_1,z_1)$,$B(x_2,y_2,z_2)$,$C(x_3,y_3,z_3)$,求$\triangle ABC$ 的重心 $M(x,y,z)$的坐标.

解 设 BC 边中点是 D,由中点坐标公式(3.5),D 的坐标为

$$\left(\frac{x_2+x_3}{2},\frac{y_2+y_3}{2},\frac{z_2+z_3}{2}\right).$$

又 $\overrightarrow{AM}=2\overrightarrow{MD}$,按定比分点公式(3.4)有

$$x=\frac{x_1+2\,\frac{x_2+x_3}{2}}{1+2}=\frac{x_1+x_2+x_3}{3},$$

同理得

$$y=\frac{y_1+y_2+y_3}{3},\quad z=\frac{z_1+z_2+z_3}{3},$$

因此,重心 M 的坐标是

$$\left(\frac{x_1+x_2+x_3}{3},\frac{y_1+y_2+y_3}{3},\frac{z_1+z_2+z_3}{3}\right).$$ ■

3.2.3 向量共线、共面的条件

在仿射坐标系下，如向量$\boldsymbol{\alpha}_1=(x_1,x_2,x_3)$，$\boldsymbol{\alpha}_2=(y_1,y_2,y_3)$共线，由定理 3.1 知存在不全为零的数$\lambda,\mu$使

$$\lambda(x_1,x_2,x_3)+\mu(y_1,y_2,y_3)=\mathbf{0},$$

因此，两向量共线的充分必要条件是对应坐标成比例，即

$$x_1:y_1=x_2:y_2=x_3:y_3. \tag{3.6}$$

如三个向量$\boldsymbol{\alpha}_1=(x_1,x_2,x_3)$，$\boldsymbol{\alpha}_2=(y_1,y_2,y_3)$，$\boldsymbol{\alpha}_3=(z_1,z_2,z_3)$共面，按定理 3.2 有不全为零的数$k_1,k_2,k_3$使

$$k_1\boldsymbol{\alpha}_1+k_2\boldsymbol{\alpha}_2+k_3\boldsymbol{\alpha}_3=\mathbf{0},$$

用坐标表示上述关系，即

$$\begin{cases}k_1x_1+k_2y_1+k_3z_1=0,\\ k_1x_2+k_2y_2+k_3z_2=0,\\ k_1x_3+k_2y_3+k_3z_3=0.\end{cases}$$

这是一个齐次线性方程组（未知数是k_1,k_2,k_3），它有非零解，按定理 1.7 推论得到以下定理.

定理 3.4 三个向量$\boldsymbol{\alpha}_1=(x_1,x_2,x_3)$，$\boldsymbol{\alpha}_2=(y_1,y_2,y_3)$，$\boldsymbol{\alpha}_3=(z_1,z_2,z_3)$共面的充分必要条件是

$$\begin{vmatrix}x_1 & y_1 & z_1\\ x_2 & y_2 & z_2\\ x_3 & y_3 & z_3\end{vmatrix}=0. \tag{3.7}$$

■

例 3.8 已知向量$(4,6,2)$，$(6,-9,3)$，$(6,-3,a)$共面，求a的值.

解 由公式(3.7)有

$$\begin{vmatrix}4 & 6 & 6\\ 6 & -9 & -3\\ 2 & 3 & a\end{vmatrix}=6\begin{vmatrix}2 & 3 & 3\\ 2 & -3 & -1\\ 2 & 3 & a\end{vmatrix}=6\begin{vmatrix}2 & 3 & 3\\ 0 & -6 & -4\\ 0 & 0 & a-3\end{vmatrix}=-72(a-3)=0,$$

所以$a=3$. ■

3.2.4 空间直角坐标系

空间直角坐标系是一种特殊的仿射坐标系，它要求坐标向量是两两垂直的，并且每个坐标向量都是单位向量. 习惯上，x轴、y轴和z轴上的坐标向量分别用$\boldsymbol{i},\boldsymbol{j},\boldsymbol{k}$表示.

空间直角坐标系的三个坐标平面是两两互相垂直的，用勾股定理就能很容易地求出两点间的距离.

设 $P(x_1,y_1,z_1)$，$Q(x_2,y_2,z_2)$ 是空间中任意两点，由 Q 点向坐标平面 Oxy 作垂线 QR（图 3.17），过 P 点作平面与 Oxy 平面平行，设它与垂线 QR 交于 S 点，易见 S 点坐标是 (x_2,y_2,z_1). 由于 $\triangle PQS$ 是直角三角形，且 $|\overrightarrow{PS}|=\sqrt{(x_2-x_1)^2+(y_2-y_1)^2}$，$|\overrightarrow{QS}|=|z_2-z_1|$，由勾股定理有 P,Q 两点距离为

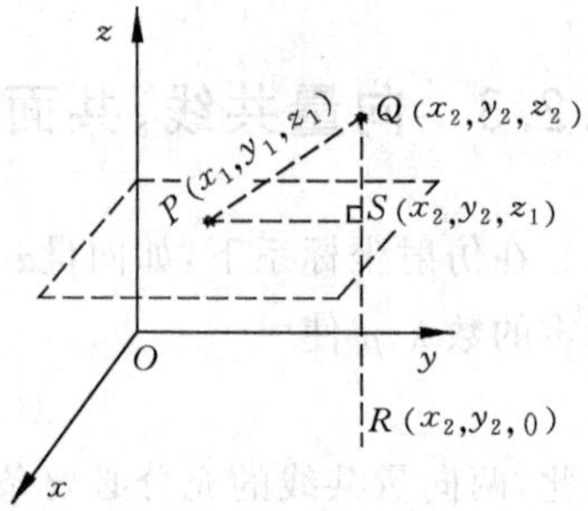

图 3.17

$$d=\sqrt{(x_2-x_1)^2+(y_2-y_1)^2+(z_2-z_1)^2}. \tag{3.8}$$

定义 3.14 在空间直角坐标系中，向量 $\boldsymbol{\alpha}$ 与三个坐标向量 $\boldsymbol{i},\boldsymbol{j},\boldsymbol{k}$ 的夹角 α,β,γ 称为向量 $\boldsymbol{\alpha}$ 的**方向角**（direction angle），方向角的余弦 $\cos\alpha,\cos\beta,\cos\gamma$ 称为向量 $\boldsymbol{\alpha}$ 的**方向余弦**（direction cosines）.

考察以坐标轴为边，$\overrightarrow{OM}=\boldsymbol{\alpha}$ 为对角线的长方体（图 3.18）. 设点 M 的坐标为 (x_0,y_0,z_0).

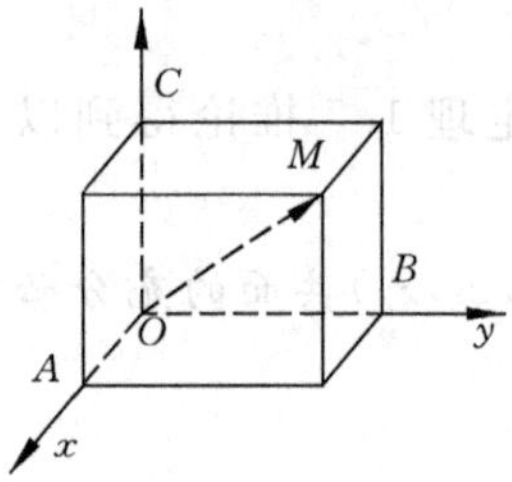

图 3.18

$$\cos\alpha=\frac{x_0}{|OM|},\quad \cos\beta=\frac{y_0}{|OM|},\quad \cos\gamma=\frac{z_0}{|OM|}.$$

由于 $x_0^2+y_0^2+z_0^2=OM^2$，故有

$$\cos^2\alpha+\cos^2\beta+\cos^2\gamma=1. \tag{3.9}$$

向量的三个方向角不是独立的，它们必须满足方向余弦的平方和为 1 这个条件.

例 3.9 在 z 轴上求一点，使它到 $A(3,5,2)$，$B(4,-1,3)$ 两点距离相等.

解 设所求点为 $M(0,0,z)$，由 $|MA|=|MB|$ 及两点距离公式(3.8)，得

$$\sqrt{3^2+5^2+(z-2)^2}=\sqrt{4^2+1^2+(z-3)^2},$$

即

$$34+z^2-4z+4=17+z^2-6z+9.$$

所以 $2z=-12$，$z=-6$，所求点是 $M(0,0,-6)$. ■

例 3.10 已知两点 $A(1,-1,2)$ 和 $B(3,1,1)$，求向量 $\overrightarrow{AB}$ 的方向余弦.

解 因为

$$|\overrightarrow{AB}|=\sqrt{(3-1)^2+(1-(-1))^2+(1-2)^2}=3,$$

又有 $\overrightarrow{AB}=(2,2,-1)$. 设 $\overrightarrow{AB}$ 的方向角是 α,β,γ，则

$$\cos\alpha=\frac{2}{3},\quad \cos\beta=\frac{2}{3},\quad \cos\gamma=-\frac{1}{3}.$$ ■

3.3 向量的数量积、向量积与混合积

3.3.1 数量积及其应用

向量是一个具有很强的物理背景的概念,尤其在流体力学、电磁场理论等中有很多的应用,要利用向量及其运算来反映诸多物理现象中量的关系,仅仅只有向量的线性运算就远远不够了,还要不断充实向量的运算.这一节先引入向量的一种乘法,先看例子.

例 3.11 物体放在光滑水平面上,设力 $\boldsymbol{F}$ 以与水平线成 θ 角的方向作用于物体上(图 3.19),物体产生位移 $\boldsymbol{S}$,求力 $\boldsymbol{F}$ 所做的功.

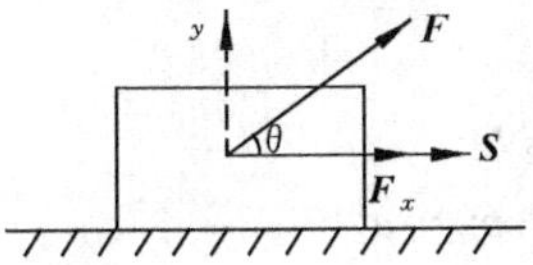

图 3.19

解 根据物理知识,$\boldsymbol{F}$ 可以分解成水平方向分力 $\boldsymbol{F}_x$ 和垂直方向分力 $\boldsymbol{F}_y$.其中只有与位移平行的分力 $\boldsymbol{F}_x$ 做功,而 $\boldsymbol{F}_y$ 不做功.于是功 W 为

$$W = |\boldsymbol{F}|\cos\theta|\boldsymbol{S}| = |\boldsymbol{F}||\boldsymbol{S}|\cos\theta.$$ ■

为反映这一类物理现象,引入向量的数量积.

定义 3.15 两个向量$\boldsymbol{\alpha}$与$\boldsymbol{\beta}$的**数量积**(scalar product)是一个**数**,它等于这两个向量的长度与它们夹角 $\theta=\langle\boldsymbol{\alpha},\boldsymbol{\beta}\rangle$余弦的乘积,记为$\boldsymbol{\alpha}\cdot\boldsymbol{\beta}$,或$\boldsymbol{\alpha}\boldsymbol{\beta}$,即有

$$\boldsymbol{\alpha}\cdot\boldsymbol{\beta} = |\boldsymbol{\alpha}||\boldsymbol{\beta}|\cos\theta. \tag{3.10}$$

根据数量积的定义,例 3.11 中的功可写作:

$$W = \boldsymbol{F}\cdot\boldsymbol{S}.$$

两个向量的数量积又称为**点积**或**内积**,它有以下性质:

(1) $\boldsymbol{\alpha}\cdot\boldsymbol{\beta}=\boldsymbol{\beta}\cdot\boldsymbol{\alpha}$;

(2) $(\boldsymbol{\alpha}+\boldsymbol{\beta})\cdot\boldsymbol{\gamma}=\boldsymbol{\alpha}\cdot\boldsymbol{\gamma}+\boldsymbol{\beta}\cdot\boldsymbol{\gamma}$;

(3) $(k\boldsymbol{\alpha})\cdot\boldsymbol{\beta}=\boldsymbol{\alpha}\cdot(k\boldsymbol{\beta})=k(\boldsymbol{\alpha}\cdot\boldsymbol{\beta})$;

(4) $\boldsymbol{\alpha}^2=\boldsymbol{\alpha}\cdot\boldsymbol{\alpha}\geqslant 0$,当且仅当$\boldsymbol{\alpha}=\boldsymbol{0}$时,等号成立.

利用数量积的定义可以验证(1),(3),(4)正确.下面给出(2)的证明.

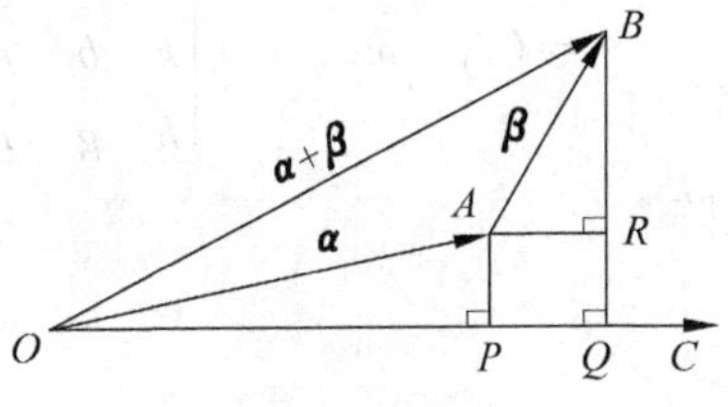

图 3.20

若$\boldsymbol{\gamma}=\boldsymbol{0}$,结论显然成立.假设$\boldsymbol{\gamma}\neq\boldsymbol{0}$(如图 3.20).设$\overrightarrow{OA}=\boldsymbol{\alpha}$,$\overrightarrow{AB}=\boldsymbol{\beta}$,$\overrightarrow{OC}=\boldsymbol{\gamma}$,则$\overrightarrow{OB}=\boldsymbol{\alpha}+\boldsymbol{\beta}$.由定义

$$(\boldsymbol{\alpha}+\boldsymbol{\beta})\cdot\boldsymbol{\gamma}=|\overrightarrow{OB}||\overrightarrow{OC}|\cos(\overrightarrow{OB},\overrightarrow{OC}) = \overrightarrow{OQ}\cdot\overrightarrow{OC}$$

$$\boldsymbol{\alpha}\cdot\boldsymbol{\gamma}=|\overrightarrow{OA}||\overrightarrow{OC}|\cos(\overrightarrow{OA},\overrightarrow{OC}) = \overrightarrow{OP}\cdot\overrightarrow{OC}$$

$$\boldsymbol{\beta}\cdot\boldsymbol{\gamma}=|\overrightarrow{AB}||\overrightarrow{OC}|\cos(\overrightarrow{AB},\overrightarrow{OC}) = \overrightarrow{PQ}\cdot\overrightarrow{OC}$$

由于$\overrightarrow{OP}$,$\overrightarrow{PQ}$平行于$\overrightarrow{OC}=\boldsymbol{\gamma}$,故$\overrightarrow{OP}=\lambda\boldsymbol{\gamma}$,$\overrightarrow{PQ}=\mu\boldsymbol{\gamma}$,从而

$$\boldsymbol{\alpha}\cdot\boldsymbol{\gamma}=\overrightarrow{OP}\cdot\overrightarrow{OC}=(\lambda\boldsymbol{\gamma})\cdot\boldsymbol{\gamma}=\lambda(\boldsymbol{\gamma}\cdot\boldsymbol{\gamma}),$$

$$\boldsymbol{\beta}\cdot\boldsymbol{\gamma}=\overrightarrow{PQ}\cdot\overrightarrow{OC}=(\mu\boldsymbol{\gamma})\cdot\boldsymbol{\gamma}=\mu(\boldsymbol{\gamma}\cdot\boldsymbol{\gamma}),$$

$$\begin{aligned}(\boldsymbol{\alpha}+\boldsymbol{\beta})\cdot\boldsymbol{\gamma}&=\overrightarrow{OQ}\cdot\overrightarrow{OC}=(\overrightarrow{OP}+\overrightarrow{PQ})\cdot\overrightarrow{OC}=(\lambda\boldsymbol{\gamma}+\mu\boldsymbol{\gamma})\cdot\boldsymbol{\gamma}\\&=(\lambda+\mu)(\boldsymbol{\gamma}\cdot\boldsymbol{\gamma}).\end{aligned}$$

所以

$$(\boldsymbol{\alpha}+\boldsymbol{\beta})\cdot\boldsymbol{\gamma}=\boldsymbol{\alpha}\cdot\boldsymbol{\gamma}+\boldsymbol{\beta}\cdot\boldsymbol{\gamma}.$$ ■

现在来研究如何用向量的坐标进行数量积的计算.

设在仿射坐标系$\{O;\boldsymbol{e}_1,\boldsymbol{e}_2,\boldsymbol{e}_3\}$下,向量$\boldsymbol{\alpha}=x_1\boldsymbol{e}_1+x_2\boldsymbol{e}_2+x_3\boldsymbol{e}_3$,$\boldsymbol{\beta}=y_1\boldsymbol{e}_1+y_2\boldsymbol{e}_2+y_3\boldsymbol{e}_3$.那么

$$\begin{aligned}\boldsymbol{\alpha}\cdot\boldsymbol{\beta}&=(x_1\boldsymbol{e}_1+x_2\boldsymbol{e}_2+x_3\boldsymbol{e}_3)\cdot(y_1\boldsymbol{e}_1+y_2\boldsymbol{e}_2+y_3\boldsymbol{e}_3)\\&=x_1y_1\boldsymbol{e}_1^2+x_1y_2\boldsymbol{e}_1\boldsymbol{e}_2+x_1y_3\boldsymbol{e}_1\boldsymbol{e}_3+x_2y_1\boldsymbol{e}_2\boldsymbol{e}_1+x_2y_2\boldsymbol{e}_2^2\\&\quad+x_2y_3\boldsymbol{e}_2\boldsymbol{e}_3+x_3y_1\boldsymbol{e}_3\boldsymbol{e}_1+x_3y_2\boldsymbol{e}_3\boldsymbol{e}_2+x_3y_3\boldsymbol{e}_3^2.\end{aligned}$$

不难发现,两个向量的数量积归结为坐标向量的数量积.故可对已知的仿射坐标系先行作出其坐标向量的数量积表:

·	$\boldsymbol{e}_1$	$\boldsymbol{e}_2$	$\boldsymbol{e}_3$
$\boldsymbol{e}_1$	a	k	h
$\boldsymbol{e}_2$	k	b	g
$\boldsymbol{e}_3$	h	g	c

这时用矩阵乘法可把数量积表示为

$$\begin{aligned}\boldsymbol{\alpha\beta}&=ax_1y_1+kx_1y_2+hx_1y_3+kx_2y_1+bx_2y_2+gx_2y_3+hx_3y_1+gx_3y_2+cx_3y_3\\&=(x_1\quad x_2\quad x_3)\begin{bmatrix}a&k&h\\k&b&g\\h&g&c\end{bmatrix}\begin{bmatrix}y_1\\y_2\\y_3\end{bmatrix}.\end{aligned}$$

矩阵

$$\boldsymbol{A}=\begin{bmatrix}a&k&h\\k&b&g\\h&g&c\end{bmatrix}$$

称为仿射坐标系$\{O;\boldsymbol{e}_1,\boldsymbol{e}_2,\boldsymbol{e}_3\}$的**度量矩阵**.

记$\boldsymbol{x}=\begin{bmatrix}x_1\\x_2\\x_3\end{bmatrix}$,$\boldsymbol{y}=\begin{bmatrix}y_1\\y_2\\y_3\end{bmatrix}$是$\boldsymbol{\alpha}$与$\boldsymbol{\beta}$的坐标,则

$$\boldsymbol{\alpha}\cdot\boldsymbol{\beta}=\boldsymbol{x}^{\mathrm{T}}\boldsymbol{A}\boldsymbol{y}.\tag{3.11}$$

在直角坐标系$\{O;\ \boldsymbol{i},\boldsymbol{j},\boldsymbol{k}\}$中，由于$|\boldsymbol{i}|=|\boldsymbol{j}|=|\boldsymbol{k}|=1$，$\boldsymbol{i},\boldsymbol{j},\boldsymbol{k}$互相垂直，此时的度量矩阵有最简单的形式

$$\boldsymbol{A}=\begin{bmatrix}1&0&0\\0&1&0\\0&0&1\end{bmatrix}.$$

如$\boldsymbol{\alpha}=x_1\boldsymbol{i}+x_2\boldsymbol{j}+x_3\boldsymbol{k}$，$\boldsymbol{\beta}=y_1\boldsymbol{i}+y_2\boldsymbol{j}+y_3\boldsymbol{k}$，则

$$\boldsymbol{\alpha}\cdot\boldsymbol{\beta}=\boldsymbol{x}^{\mathrm{T}}\boldsymbol{y}=x_1y_1+x_2y_2+x_3y_3.$$

也就是，在直角坐标系下，两个向量的数量积是它们相应坐标乘积之和. 那么，在直角坐标系下，向量$\boldsymbol{\alpha}=(x_1,x_2,x_3)$的长度为

$$|\boldsymbol{\alpha}|=\sqrt{x_1^2+x_2^2+x_3^2}.$$

例 3.12 在仿射坐标系$\{O;\boldsymbol{e}_1,\boldsymbol{e}_2,\boldsymbol{e}_3\}$中，$|\boldsymbol{e}_1|=|\boldsymbol{e}_2|=1$，$|\boldsymbol{e}_3|=2$，$\langle\boldsymbol{e}_1,\boldsymbol{e}_2\rangle=60°$，$\langle\boldsymbol{e}_1,\boldsymbol{e}_3\rangle=\langle\boldsymbol{e}_2,\boldsymbol{e}_3\rangle=45°$，求向量$\boldsymbol{\alpha}=(2,0,-\sqrt{2})$与$\boldsymbol{\beta}=(3,\sqrt{2},1)$的数量积.

解 由$\boldsymbol{e}_1^2=|\boldsymbol{e}_1||\boldsymbol{e}_1|=1$，$\boldsymbol{e}_2^2=1$，$\boldsymbol{e}_3^2=4$及

$$\boldsymbol{e}_1\boldsymbol{e}_2=|\boldsymbol{e}_1||\boldsymbol{e}_2|\cos\langle\boldsymbol{e}_1,\boldsymbol{e}_2\rangle=1\cdot1\cdot\cos60°=\frac{1}{2},$$

$$\boldsymbol{e}_1\boldsymbol{e}_3=1\cdot2\cdot\cos45°=\sqrt{2},\boldsymbol{e}_2\boldsymbol{e}_3=1\cdot2\cdot\cos45°=\sqrt{2},$$

得度量矩阵

$$\boldsymbol{A}=\begin{bmatrix}1&\frac{1}{2}&\sqrt{2}\\\frac{1}{2}&1&\sqrt{2}\\\sqrt{2}&\sqrt{2}&4\end{bmatrix}.$$

故由公式(3.11)有

$$\boldsymbol{\alpha}\boldsymbol{\beta}=(2,0,-\sqrt{2})\begin{bmatrix}1&\frac{1}{2}&\sqrt{2}\\\frac{1}{2}&1&\sqrt{2}\\\sqrt{2}&\sqrt{2}&4\end{bmatrix}\begin{bmatrix}3\\\sqrt{2}\\1\end{bmatrix}=-3\sqrt{2}.$$ ■

根据数量积的定义，易见可用数量积来计算向量的长度，求两向量的夹角，证明两向量垂直等，现分别叙述如下.

由于$\boldsymbol{\alpha}^2=\boldsymbol{\alpha}\cdot\boldsymbol{\alpha}=|\boldsymbol{\alpha}||\boldsymbol{\alpha}|\cos0°=|\boldsymbol{\alpha}|^2$，可知向量的长度$|\boldsymbol{\alpha}|$能用数量积来计算，

$$|\boldsymbol{\alpha}|=\sqrt{\boldsymbol{\alpha}^2}. \tag{3.12}$$

由于

$$\cos\theta=\frac{\boldsymbol{\alpha}\cdot\boldsymbol{\beta}}{|\boldsymbol{\alpha}||\boldsymbol{\beta}|}=\frac{\boldsymbol{\alpha}\cdot\boldsymbol{\beta}}{\sqrt{\boldsymbol{\alpha}^2}\sqrt{\boldsymbol{\beta}^2}}, \tag{3.13}$$

那么，通过计算数量积就可以求出向量$\boldsymbol{\alpha}$与$\boldsymbol{\beta}$的夹角θ.

例 3.13 对于例 3.12 中的仿射坐标系，求 $\boldsymbol{e}_1+\boldsymbol{e}_2$ 与 $\boldsymbol{e}_3$ 的夹角.

解 由 $\boldsymbol{e}_1+\boldsymbol{e}_2=(1,1,0)$，$\boldsymbol{e}_3=(0,0,1)$，$|\boldsymbol{e}_3|=2$ 及度量矩阵

$$\boldsymbol{A}=\begin{bmatrix}1 & \frac{1}{2} & \sqrt{2}\\ \frac{1}{2} & 1 & \sqrt{2}\\ \sqrt{2} & \sqrt{2} & 4\end{bmatrix}$$

有

$$|\boldsymbol{e}_1+\boldsymbol{e}_2|^2=(1,1,0)\boldsymbol{A}\begin{bmatrix}1\\1\\0\end{bmatrix}=3,$$

$$(\boldsymbol{e}_1+\boldsymbol{e}_2)\cdot\boldsymbol{e}_3=(1,1,0)\boldsymbol{A}\begin{bmatrix}0\\0\\1\end{bmatrix}=2\sqrt{2},$$

所以

$$\cos\theta=\frac{2\sqrt{2}}{\sqrt{3}\times 2}=\sqrt{\frac{2}{3}},$$

得到 $\boldsymbol{e}_1+\boldsymbol{e}_2$ 与 $\boldsymbol{e}_3$ 的夹角 $\theta=\arccos\sqrt{\frac{2}{3}}$. ■

特别地，如$\boldsymbol{\alpha}\perp\boldsymbol{\beta}$，则$\boldsymbol{\alpha\beta}=|\boldsymbol{\alpha}||\boldsymbol{\beta}|\cos 90°=0$. 反之，如$|\boldsymbol{\alpha}||\boldsymbol{\beta}|\cos\theta=0$，则$|\boldsymbol{\alpha}|$，$|\boldsymbol{\beta}|$，$\cos\theta$中至少有一个为零，若$\cos\theta=0$，自然有$\boldsymbol{\alpha}\perp\boldsymbol{\beta}$，而若$|\boldsymbol{\alpha}|$（或$|\boldsymbol{\beta}|$）$=0$，即$\boldsymbol{\alpha}=\boldsymbol{0}$（或$\boldsymbol{\beta}=\boldsymbol{0}$），零向量的方向是不定的，可认为它与$\boldsymbol{\beta}$垂直，因此不论哪种情况都有

$$\boldsymbol{\alpha}\perp\boldsymbol{\beta}\Leftrightarrow\boldsymbol{\alpha\beta}=0. \tag{3.14}$$

例 3.14 如$\boldsymbol{\alpha}$与任何向量都垂直，证明$\boldsymbol{\alpha}$是零向量.

证 因为$\boldsymbol{\alpha}\cdot\boldsymbol{\beta}=0$对任意的$\boldsymbol{\beta}$都成立，那么$\boldsymbol{\alpha}\cdot\boldsymbol{\alpha}=0$，即$|\boldsymbol{\alpha}|=0$. 所以$\boldsymbol{\alpha}$是零向量. ■

例 3.15 四面体 $OABC$ 中，$OA\perp BC$，$OB\perp AC$（图 3.21），求证：$OC\perp AB$.

证 记$\overrightarrow{OA}=\boldsymbol{\alpha}$，$\overrightarrow{OB}=\boldsymbol{\beta}$，$\overrightarrow{OC}=\boldsymbol{\gamma}$，则

$$\overrightarrow{BC}=\boldsymbol{\gamma}-\boldsymbol{\beta},\quad \overrightarrow{AC}=\boldsymbol{\gamma}-\boldsymbol{\alpha},\quad \overrightarrow{AB}=\boldsymbol{\beta}-\boldsymbol{\alpha}.$$

由 $OA\perp BC$，有$\boldsymbol{\alpha}(\boldsymbol{\gamma}-\boldsymbol{\beta})=0$，即$\boldsymbol{\alpha\gamma}=\boldsymbol{\alpha\beta}$. 由 $OB\perp AC$，有$\boldsymbol{\beta}(\boldsymbol{\gamma}-\boldsymbol{\alpha})=0$，即$\boldsymbol{\beta\gamma}=\boldsymbol{\alpha\beta}$. 因此

$$\boldsymbol{\alpha\gamma}-\boldsymbol{\beta\gamma}=0.$$

即$(\boldsymbol{\alpha}-\boldsymbol{\beta})\boldsymbol{\gamma}=0$,也就是$OC\perp AB$. ■

例 3.16 用向量证明余弦定理.

证 在$\triangle ABC$中,建立向量如图 3.22,有$\boldsymbol{c}=\boldsymbol{a}-\boldsymbol{b}$.那么

$$\boldsymbol{c}^2=(\boldsymbol{a}-\boldsymbol{b})^2=\boldsymbol{a}^2+\boldsymbol{b}^2-2\boldsymbol{ab}.$$

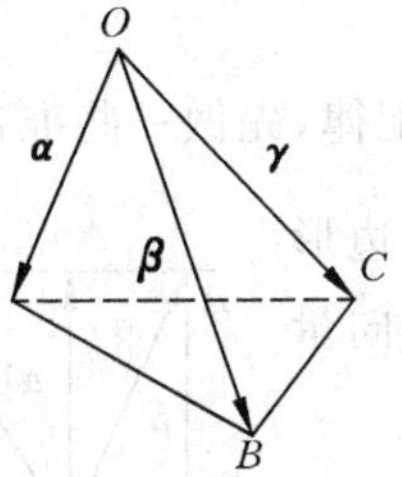

图 3.21

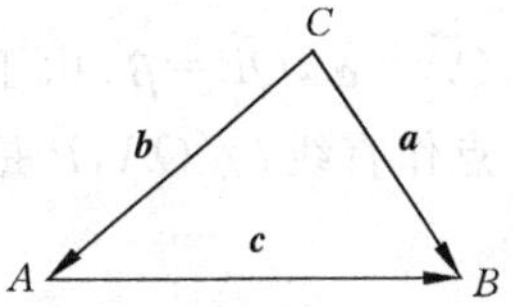

图 3.22

由数量积定义,得

$$|\boldsymbol{c}|^2=|\boldsymbol{a}|^2+|\boldsymbol{b}|^2-2|\boldsymbol{a}||\boldsymbol{b}|\cos C.$$ ■

3.3.2 向量积及其应用

在 3.3.1 节中讨论了向量的一种乘法——两个向量的数量积,其运算结果是一个数.为了反映另一类物理现象,本节引入两个向量的另一种乘法,叫做向量积,它的运算结果是一个向量.

定义 3.16 两个向量$\boldsymbol{\alpha}$与$\boldsymbol{\beta}$的**向量积**(cross product)$\boldsymbol{\alpha}\times\boldsymbol{\beta}$是一个**向量**,它的方向与$\boldsymbol{\alpha}$,$\boldsymbol{\beta}$均垂直,且使$\boldsymbol{\alpha}$,$\boldsymbol{\beta}$,$\boldsymbol{\alpha}\times\boldsymbol{\beta}$符合右手系,$\boldsymbol{\alpha}\times\boldsymbol{\beta}$的模是以$\boldsymbol{\alpha}$,$\boldsymbol{\beta}$为边的平行四边形的面积,即$|\boldsymbol{\alpha}\times\boldsymbol{\beta}|=|\boldsymbol{\alpha}||\boldsymbol{\beta}|\sin\langle\boldsymbol{\alpha},\boldsymbol{\beta}\rangle$.

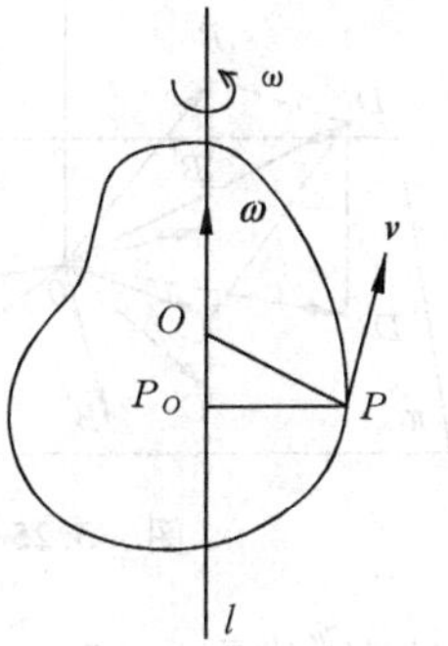

图 3.23

例 3.17 有一刚体绕一固定轴l以等角速度$\boldsymbol{\omega}$旋转,求该刚体上任意一点P处的速度向量$\boldsymbol{v}$.

解 由物理学知道,点P处的速度向量$\boldsymbol{v}$的方向与以轴l及点P所构成的平面垂直,速度的大小等于$|P_OP|\omega$,这里P_O是P在轴l上的投影点.在旋转轴l上取一个向量$\boldsymbol{\omega}$,使$|\boldsymbol{\omega}|=\omega$,并且根据刚体的转动,按右手法则规定$\boldsymbol{\omega}$的正向(如图 3.23).在轴$l$上任意取定一点$O$,那么

$$|\boldsymbol{v}|=|\boldsymbol{\omega}||P_OP|=|\boldsymbol{\omega}||\overrightarrow{OP}|\sin\langle\boldsymbol{\omega},\overrightarrow{OP}\rangle,$$

且

$$\boldsymbol{v}=\boldsymbol{\omega}\times\overrightarrow{OP}.$$

■

向量积又叫**叉积**或**外积**，具有以下性质：

(1) $\boldsymbol{\alpha}\times\boldsymbol{\beta}=-\boldsymbol{\beta}\times\boldsymbol{\alpha}$；

(2) $(k\boldsymbol{\alpha})\times\boldsymbol{\beta}=\boldsymbol{\alpha}\times(k\boldsymbol{\beta})=k(\boldsymbol{\alpha}\times\boldsymbol{\beta})$；

(3) $\boldsymbol{\alpha}\times(\boldsymbol{\beta}+\boldsymbol{\gamma})=\boldsymbol{\alpha}\times\boldsymbol{\beta}+\boldsymbol{\alpha}\times\boldsymbol{\gamma}$.

性质(1)、(2)可以用向量积的定义来证明，为证明分配律，先做一些准备.

如图 3.24，$\overrightarrow{OA}=\boldsymbol{\alpha}$，$\overrightarrow{OB}=\boldsymbol{\beta}$. 由于同底等高的平行四边形面积相等，过 B 点作直线 $l/\!/OA$，P 是直线 l 上任一点，由向量积的定义，有

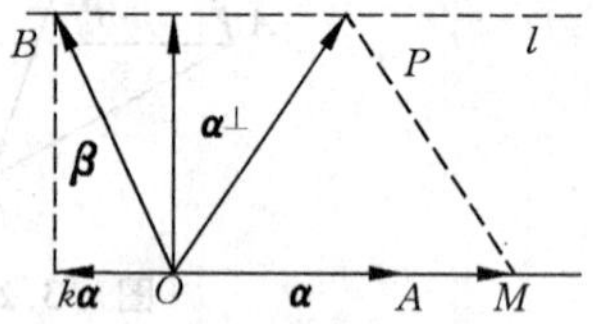

图 3.24

$$\boldsymbol{\alpha}\times\boldsymbol{\beta}=\boldsymbol{\alpha}\times\overrightarrow{OP}=\boldsymbol{\alpha}\times(\boldsymbol{\beta}+\mu\boldsymbol{\alpha}).$$

其中 $\mu\boldsymbol{\alpha}=\overrightarrow{OM}$；特别地，若把 $\boldsymbol{\beta}$ 分解成 $\boldsymbol{\beta}=k\boldsymbol{\alpha}+\boldsymbol{\alpha}^{\perp}$，其中 $\boldsymbol{\alpha}^{\perp}$ 与 $\boldsymbol{\alpha}$ 垂直，那么

$$\boldsymbol{\alpha}\times\boldsymbol{\beta}=\boldsymbol{\alpha}\times(k\boldsymbol{\alpha}+\boldsymbol{\alpha}^{\perp})=\boldsymbol{\alpha}\times\boldsymbol{\alpha}^{\perp}.$$

进一步，若 $\boldsymbol{\alpha}_0$ 是单位向量，则

$$|\boldsymbol{\alpha}_0\times\boldsymbol{\alpha}^{\perp}|=|\boldsymbol{\alpha}_0||\boldsymbol{\alpha}^{\perp}|\sin 90^\circ=|\boldsymbol{\alpha}^{\perp}|,$$

知 $\boldsymbol{\alpha}_0\times\boldsymbol{\alpha}^{\perp}$ 与 $\boldsymbol{\alpha}^{\perp}$ 长度相等. 又因 $\boldsymbol{\alpha}_0\times\boldsymbol{\alpha}^{\perp}$ 与 $\boldsymbol{\alpha}_0$ 与 $\boldsymbol{\alpha}^{\perp}$ 都垂直且 $\boldsymbol{\alpha}_0,\boldsymbol{\alpha}^{\perp},\boldsymbol{\alpha}_0\times\boldsymbol{\alpha}^{\perp}$ 符合右手系. 因此，把 $\boldsymbol{\alpha}^{\perp}$ 绕 $\boldsymbol{\alpha}_0$ 按右手旋转 90°所得到的向量就是 $\boldsymbol{\alpha}_0\times\boldsymbol{\alpha}^{\perp}$.

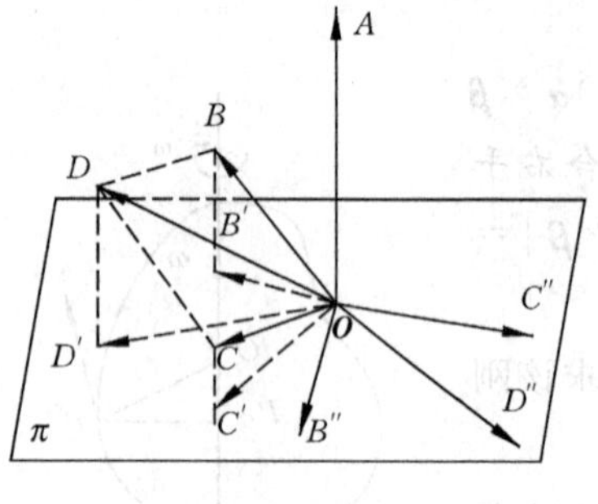

图 3.25

下面证明：如 $\boldsymbol{\alpha}_0$ 是单位向量，则

$$\boldsymbol{\alpha}_0\times(\boldsymbol{\beta}+\boldsymbol{\gamma})=\boldsymbol{\alpha}_0\times\boldsymbol{\beta}+\boldsymbol{\alpha}_0\times\boldsymbol{\gamma}.$$

过 O 点作向量 $\overrightarrow{OA}=\boldsymbol{\alpha}_0$，$\overrightarrow{OB}=\boldsymbol{\beta}$，$\overrightarrow{OC}=\boldsymbol{\gamma}$，并经过 O 点作平面 π 与 $\boldsymbol{\alpha}_0$ 垂直(图 3.25). 记 $\overrightarrow{OD}=\boldsymbol{\beta}+\boldsymbol{\gamma}$，由 B，C，D 各点向平面 π 作垂线，垂足是 B'，C'，D'. 那么

$$\boldsymbol{\alpha}_0\times\boldsymbol{\beta}=\boldsymbol{\alpha}_0\times\overrightarrow{OB'} \quad 且 \quad \overrightarrow{OB'}\perp\boldsymbol{\alpha}_0.$$

因此，把 $\overrightarrow{OB'}$ 在平面 π 上绕 $\overrightarrow{OA}$ 反时针旋转 90°所得到的向量 $\overrightarrow{OB''}$ 就是 $\boldsymbol{\alpha}_0\times\boldsymbol{\beta}$.

同理，旋转可得 $\overrightarrow{OC''}=\boldsymbol{\alpha}_0\times\boldsymbol{\gamma}$，$\overrightarrow{OD''}=\boldsymbol{\alpha}_0\times(\boldsymbol{\beta}+\boldsymbol{\gamma})$. 由于 $OB'D'C'$ 是平行四边形 $OBDC$ 在平面 π 上投影，故知 $OB'D'C'$ 是平行四边形，而 $OB''D''C''$ 是由 $OB'D'C'$ 旋转而来，所以有

$$\overrightarrow{OD''}=\overrightarrow{OB''}+\overrightarrow{OC''},$$

即

$$\boldsymbol{\alpha}_0 \times (\boldsymbol{\beta}+\boldsymbol{\gamma}) = \boldsymbol{\alpha}_0 \times \boldsymbol{\beta}+\boldsymbol{\alpha}_0 \times \boldsymbol{\gamma}.$$

请读者补充完整当$\boldsymbol{\alpha}$是任一向量时，分配律仍正确的证明. ■

现在来研究在右手直角坐标系$\{O;\boldsymbol{i},\boldsymbol{j},\boldsymbol{k}\}$里两个向量的向量积的计算规律.

根据前面关于$\boldsymbol{\alpha}_0\times\boldsymbol{\alpha}^{\perp}$的讨论，$\boldsymbol{i}$是单位向量且$\boldsymbol{i}\perp\boldsymbol{j}$，把$\boldsymbol{j}$绕$\boldsymbol{i}$逆时针旋转90°所得到$\boldsymbol{k}$，就是$\boldsymbol{i}\times\boldsymbol{j}$，即$\boldsymbol{i}\times\boldsymbol{j}=\boldsymbol{k}$(图3.26).

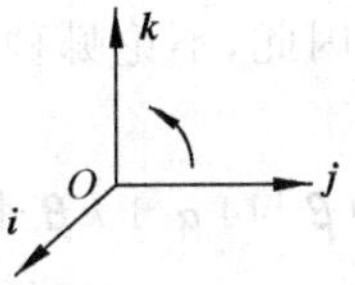

图 3.26

图 3.27

把$\boldsymbol{k}$绕$\boldsymbol{i}$逆时针旋转90°所得到$-\boldsymbol{j}$就是$\boldsymbol{i}\times\boldsymbol{k}$，即$\boldsymbol{i}\times\boldsymbol{k}=-\boldsymbol{j}$. 由于

$$|\boldsymbol{i}\times\boldsymbol{i}|=|\boldsymbol{i}|\cdot|\boldsymbol{i}|\sin 0^\circ=0,$$

知$\boldsymbol{i}\times\boldsymbol{i}=\boldsymbol{0}$. 这样坐标向量之间的向量积有如下表

×	$\boldsymbol{i}$	$\boldsymbol{j}$	$\boldsymbol{k}$
$\boldsymbol{i}$	$\boldsymbol{0}$	$\boldsymbol{k}$	$-\boldsymbol{j}$
$\boldsymbol{j}$	$-\boldsymbol{k}$	$\boldsymbol{0}$	$\boldsymbol{i}$
$\boldsymbol{k}$	$\boldsymbol{j}$	$-\boldsymbol{i}$	$\boldsymbol{0}$

可借助图3.27来记忆右手直角坐标系中两个坐标向量的向量积：当两个向量的向量积的次序与图中箭头所示次序一致(相反)时，向量积就是箭头所指的第三个坐标向量(反向量).

例如，对$\boldsymbol{k}\times\boldsymbol{j}$，因为$\boldsymbol{k}$至$\boldsymbol{j}$的顺序与图中箭头所示次序相反，故$\boldsymbol{k}\times\boldsymbol{j}=-\boldsymbol{i}$. 而$\boldsymbol{k}\times\boldsymbol{i}$，由于$\boldsymbol{k}$至$\boldsymbol{i}$的顺序与图中箭头所指次序一致，故$\boldsymbol{k}\times\boldsymbol{i}=\boldsymbol{j}$.

现设$\boldsymbol{\alpha}=(x_1,x_2,x_3)$，$\boldsymbol{\beta}=(y_1,y_2,y_3)$，那么

$$\begin{aligned}\boldsymbol{\alpha}\times\boldsymbol{\beta}&=(x_1\boldsymbol{i}+x_2\boldsymbol{j}+x_3\boldsymbol{k})\times(y_1\boldsymbol{i}+y_2\boldsymbol{j}+y_3\boldsymbol{k})\\&=(x_2y_3-x_3y_2)\boldsymbol{i}+(x_3y_1-x_1y_3)\boldsymbol{j}+(x_1y_2-x_2y_1)\boldsymbol{k}.\end{aligned}$$

为便于记忆，可借用行列式，有

$$\boldsymbol{\alpha}\times\boldsymbol{\beta}=\begin{vmatrix}\boldsymbol{i}&\boldsymbol{j}&\boldsymbol{k}\\x_1&x_2&x_3\\y_1&y_2&y_3\end{vmatrix}. \tag{3.15}$$

例 3.18 求$(\boldsymbol{i}+2\boldsymbol{j})\times2\boldsymbol{k}$.

解 $(\boldsymbol{i}+2\boldsymbol{j})\times2\boldsymbol{k}=\boldsymbol{i}\times2\boldsymbol{k}+2\boldsymbol{j}\times2\boldsymbol{k}=-2\boldsymbol{j}+4\boldsymbol{i}$.

若用公式(3.15)有

$$(\boldsymbol{i}+2\boldsymbol{j})\times 2\boldsymbol{k}=\begin{vmatrix}\boldsymbol{i} & \boldsymbol{j} & \boldsymbol{k}\\ 1 & 2 & 0\\ 0 & 0 & 2\end{vmatrix}=4\boldsymbol{i}-2\boldsymbol{j}.$$ ■

根据向量积的定义，可以用向量积来求平行四边形及三角形面积，进而可求点到直线的距离，可以求与两个向量都垂直的向量，进而可建立平面方程，能用来证明两个向量平行等.

从定义3.16看到，当$\boldsymbol{\alpha}\parallel\boldsymbol{\beta}$时，$\sin\langle\boldsymbol{\alpha},\boldsymbol{\beta}\rangle=0$得$|\boldsymbol{\alpha}\times\boldsymbol{\beta}|=0$，即$\boldsymbol{\alpha}\times\boldsymbol{\beta}$是零向量. 反之，若$\boldsymbol{\alpha}\times\boldsymbol{\beta}=\boldsymbol{0}$，则$|\boldsymbol{\alpha}|$，$|\boldsymbol{\beta}|$，$\sin\langle\boldsymbol{\alpha},\boldsymbol{\beta}\rangle$中至少有一个为0，如$\sin\langle\boldsymbol{\alpha},\boldsymbol{\beta}\rangle=0$，自然有$\boldsymbol{\alpha}\parallel\boldsymbol{\beta}$，而且，如$|\boldsymbol{\alpha}|=0$，即$\boldsymbol{\alpha}=\boldsymbol{0}$，作为零向量可以认为它与任何向量平行. 因此，不论哪种情况都有

$$\boldsymbol{\alpha}\parallel\boldsymbol{\beta}\Leftrightarrow\boldsymbol{\alpha}\times\boldsymbol{\beta}=\boldsymbol{0}. \tag{3.16}$$

例 3.19 已知$\boldsymbol{\alpha},\boldsymbol{\beta}$不平行，当$k$取何值时，向量$k\boldsymbol{\alpha}+9\boldsymbol{\beta}$与$4\boldsymbol{\alpha}+k\boldsymbol{\beta}$平行.

解 据(3.16)式，$(k\boldsymbol{\alpha}+9\boldsymbol{\beta})\times(4\boldsymbol{\alpha}+k\boldsymbol{\beta})=\boldsymbol{0}$，即

$$k\boldsymbol{\alpha}\times 4\boldsymbol{\alpha}+k\boldsymbol{\alpha}\times k\boldsymbol{\beta}+9\boldsymbol{\beta}\times 4\boldsymbol{\alpha}+9\boldsymbol{\beta}\times k\boldsymbol{\beta}=\boldsymbol{0},$$

由$\boldsymbol{\alpha}\times\boldsymbol{\alpha}=\boldsymbol{\beta}\times\boldsymbol{\beta}=\boldsymbol{0}$，$\boldsymbol{\alpha}\times\boldsymbol{\beta}=-\boldsymbol{\beta}\times\boldsymbol{\alpha}$，得$(k^2-36)\boldsymbol{\alpha}\times\boldsymbol{\beta}=\boldsymbol{0}$. 因$\boldsymbol{\alpha},\boldsymbol{\beta}$不平行，$\boldsymbol{\alpha}\times\boldsymbol{\beta}\neq\boldsymbol{0}$. 故

$$k^2-36=0,\quad 即\quad k=\pm 6.$$ ■

例 3.20 用向量证明正弦定理.

证 在$\triangle ABC$中，记$\overrightarrow{BC}=\boldsymbol{\alpha}$，$\overrightarrow{AC}=\boldsymbol{\beta}$，$\overrightarrow{BA}=\boldsymbol{\gamma}$(图3.28). 设$|\boldsymbol{\alpha}|=a$，$|\boldsymbol{\beta}|=b$，$|\boldsymbol{\gamma}|=c$有$\boldsymbol{\alpha}=\boldsymbol{\beta}+\boldsymbol{\gamma}$，及

$$\boldsymbol{\alpha}\times\boldsymbol{\gamma}=(\boldsymbol{\beta}+\boldsymbol{\gamma})\times\boldsymbol{\gamma}=\boldsymbol{\beta}\times\boldsymbol{\gamma},$$

等式两边分别取模，得到

$$ac\sin B=bc\sin(180°-A)=bc\sin A.$$

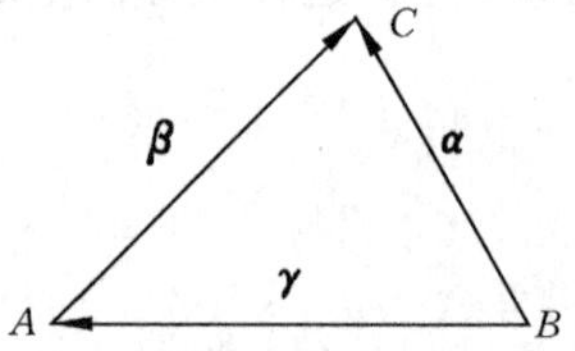

图 3.28

类似地

$$\boldsymbol{\beta}\times\boldsymbol{\alpha}=\boldsymbol{\beta}\times(\boldsymbol{\beta}+\boldsymbol{\gamma})=\boldsymbol{\beta}\times\boldsymbol{\gamma},$$

得

$$ab\sin C=bc\sin A.$$

所以

$$\frac{a}{\sin A}=\frac{b}{\sin B}=\frac{c}{\sin C}.$$ ■

3.3.3 混合积及其应用

定义 3.17 三个向量$\boldsymbol{\alpha},\boldsymbol{\beta},\boldsymbol{\gamma}$的**混合积**(mixed product)是一个数，它等于向量$\boldsymbol{\alpha},\boldsymbol{\beta}$先作向量积，然后再与$\boldsymbol{\gamma}$作数量积，记作$(\boldsymbol{\alpha},\boldsymbol{\beta},\boldsymbol{\gamma})$，即$(\boldsymbol{\alpha},\boldsymbol{\beta},\boldsymbol{\gamma})=(\boldsymbol{\alpha}\times\boldsymbol{\beta})\cdot\boldsymbol{\gamma}$.

混合积的性质是：

(1) $(\boldsymbol{\alpha},\boldsymbol{\beta},\boldsymbol{\gamma})=(\boldsymbol{\beta},\boldsymbol{\gamma},\boldsymbol{\alpha})=(\boldsymbol{\gamma},\boldsymbol{\alpha},\boldsymbol{\beta})$；

(2) $(\boldsymbol{\alpha},\boldsymbol{\beta},\boldsymbol{\gamma})=-(\boldsymbol{\beta},\boldsymbol{\alpha},\boldsymbol{\gamma})$；

(3) $(k\boldsymbol{\alpha},\boldsymbol{\beta},\boldsymbol{\gamma})=(\boldsymbol{\alpha},k\boldsymbol{\beta},\boldsymbol{\gamma})=(\boldsymbol{\alpha},\boldsymbol{\beta},k\boldsymbol{\gamma})=k(\boldsymbol{\alpha},\boldsymbol{\beta},\boldsymbol{\gamma})$;

(4) $(\boldsymbol{\alpha}_1+\boldsymbol{\alpha}_2,\boldsymbol{\beta},\boldsymbol{\gamma})=(\boldsymbol{\alpha}_1,\boldsymbol{\beta},\boldsymbol{\gamma})+(\boldsymbol{\alpha}_2,\boldsymbol{\beta},\boldsymbol{\gamma})$.

现在来看混合积的几何意义(图 3.29):

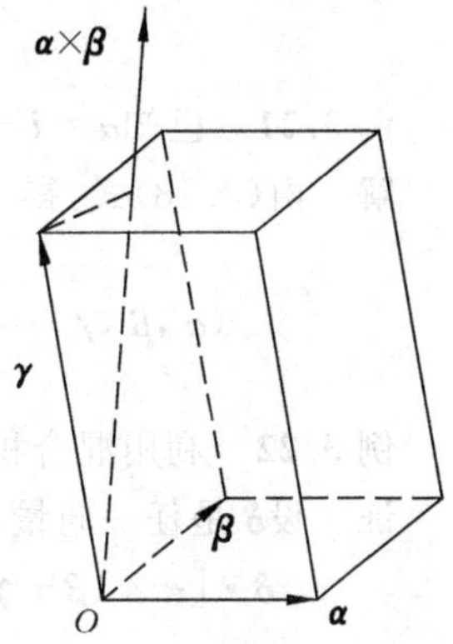

图 3.29

一个以$\boldsymbol{\alpha},\boldsymbol{\beta},\boldsymbol{\gamma}$为棱的平行六面体的体积$V$是底面积$S$与高$h$的乘积,现在底面是平行四边形,可用$|\boldsymbol{\alpha}\times\boldsymbol{\beta}|$表示其面积$S$,高应和底面垂直,因而高与$\boldsymbol{\alpha}\times\boldsymbol{\beta}$共线,其长度正好是$\boldsymbol{\gamma}$在$\boldsymbol{\alpha}\times\boldsymbol{\beta}$上投影向量的长度,即

$$h=|\boldsymbol{\gamma}\cos\langle\boldsymbol{\alpha}\times\boldsymbol{\beta},\boldsymbol{\gamma}\rangle|.$$

因此

$$\begin{aligned}V&=|\boldsymbol{\alpha}\times\boldsymbol{\beta}|\cdot|\boldsymbol{\gamma}\cos\langle\boldsymbol{\alpha}\times\boldsymbol{\beta},\boldsymbol{\gamma}\rangle|\\&=|\boldsymbol{\alpha}\times\boldsymbol{\beta}|\cdot|\boldsymbol{\gamma}|\cdot|\cos\langle\boldsymbol{\alpha}\times\boldsymbol{\beta},\boldsymbol{\gamma}\rangle|\\&=|(\boldsymbol{\alpha}\times\boldsymbol{\beta})\cdot\boldsymbol{\gamma}|=|(\boldsymbol{\alpha},\boldsymbol{\beta},\boldsymbol{\gamma})|.\end{aligned}$$

当$\langle\boldsymbol{\alpha}\times\boldsymbol{\beta},\boldsymbol{\gamma}\rangle<\frac{\pi}{2}$时,$\cos\langle\boldsymbol{\alpha}\times\boldsymbol{\beta},\boldsymbol{\gamma}\rangle>0$,即$\boldsymbol{\alpha},\boldsymbol{\beta},\boldsymbol{\gamma}$符合右手坐标系时,$V=(\boldsymbol{\alpha},\boldsymbol{\beta},\boldsymbol{\gamma})$.

当$\langle\boldsymbol{\alpha}\times\boldsymbol{\beta},\boldsymbol{\gamma}\rangle>\frac{\pi}{2}$时,$\cos\langle\boldsymbol{\alpha}\times\boldsymbol{\beta},\boldsymbol{\gamma}\rangle<0$,即$\boldsymbol{\alpha},\boldsymbol{\beta},\boldsymbol{\gamma}$符合左手坐标系时,$V=-(\boldsymbol{\alpha},\boldsymbol{\beta},\boldsymbol{\gamma})$.我们称混合积$(\boldsymbol{\alpha},\boldsymbol{\beta},\boldsymbol{\gamma})$表示的是以$\boldsymbol{\alpha},\boldsymbol{\beta},\boldsymbol{\gamma}$为棱的平行六面体的有向体积.

显然,如$\boldsymbol{\alpha},\boldsymbol{\beta},\boldsymbol{\gamma}$为右(左)手系,则$\boldsymbol{\beta},\boldsymbol{\gamma},\boldsymbol{\alpha}$及$\boldsymbol{\gamma},\boldsymbol{\alpha},\boldsymbol{\beta}$也都是右(左)手系,所以

$$(\boldsymbol{\alpha},\boldsymbol{\beta},\boldsymbol{\gamma})=(\boldsymbol{\beta},\boldsymbol{\gamma},\boldsymbol{\alpha})=(\boldsymbol{\gamma},\boldsymbol{\alpha},\boldsymbol{\beta}),$$

即

$$(\boldsymbol{\alpha}\times\boldsymbol{\beta})\cdot\boldsymbol{\gamma}=(\boldsymbol{\beta}\times\boldsymbol{\gamma})\cdot\boldsymbol{\alpha}=(\boldsymbol{\gamma}\times\boldsymbol{\alpha})\cdot\boldsymbol{\beta}.$$

又因

$$(\boldsymbol{\beta}\times\boldsymbol{\gamma})\cdot\boldsymbol{\alpha}=\boldsymbol{\alpha}\cdot(\boldsymbol{\beta}\times\boldsymbol{\gamma}),$$

得

$$(\boldsymbol{\alpha}\times\boldsymbol{\beta})\cdot\boldsymbol{\gamma}=\boldsymbol{\alpha}\cdot(\boldsymbol{\beta}\times\boldsymbol{\gamma}).\tag{3.17}$$

因此,混合积$(\boldsymbol{\alpha},\boldsymbol{\beta},\boldsymbol{\gamma})$可理解为相邻两个向量先作向量积,然后再与第三个向量作数量积.

下面来研究在右手直角坐标系下,混合积的计算公式.

设$\boldsymbol{\alpha}=(x_1,x_2,x_3)$,$\boldsymbol{\beta}=(y_1,y_2,y_3)$,$\boldsymbol{\gamma}=(z_1,z_2,z_3)$,由

$$\boldsymbol{\alpha}\times\boldsymbol{\beta}=\begin{vmatrix}\boldsymbol{i}&\boldsymbol{j}&\boldsymbol{k}\\x_1&x_2&x_3\\y_1&y_2&y_3\end{vmatrix}=\begin{vmatrix}x_2&x_3\\y_2&y_3\end{vmatrix}\boldsymbol{i}-\begin{vmatrix}x_1&x_3\\y_1&y_3\end{vmatrix}\boldsymbol{j}+\begin{vmatrix}x_1&x_2\\y_1&y_2\end{vmatrix}\boldsymbol{k},$$

有

$$(\boldsymbol{\alpha}\times\boldsymbol{\beta})\cdot\boldsymbol{\gamma}=\begin{vmatrix}x_2&x_3\\y_2&y_3\end{vmatrix}z_1-\begin{vmatrix}x_1&x_3\\y_1&y_3\end{vmatrix}z_2+\begin{vmatrix}x_1&x_2\\y_1&y_2\end{vmatrix}z_3,$$

即

$$(\boldsymbol{\alpha},\boldsymbol{\beta},\boldsymbol{\gamma})=\begin{vmatrix} x_1 & x_2 & x_3 \\ y_1 & y_2 & y_3 \\ z_1 & z_2 & z_3 \end{vmatrix}. \tag{3.18}$$

例 3.21 已知$\boldsymbol{\alpha}=\boldsymbol{i}-3\boldsymbol{j}+\boldsymbol{k}$，$\boldsymbol{\beta}=2\boldsymbol{i}-\boldsymbol{j}+3\boldsymbol{k}$，$\boldsymbol{\gamma}=\boldsymbol{i}+2\boldsymbol{j}+3\boldsymbol{k}$，求$(\boldsymbol{\alpha},\boldsymbol{\beta},\boldsymbol{\gamma})$.

解 由(3.18)式，得

$$(\boldsymbol{\alpha},\boldsymbol{\beta},\boldsymbol{\gamma})=\begin{vmatrix} 1 & -3 & 1 \\ 2 & -1 & 3 \\ 1 & 2 & 3 \end{vmatrix}=\begin{vmatrix} 1 & -3 & 1 \\ 0 & 5 & 1 \\ 0 & 5 & 2 \end{vmatrix}=\begin{vmatrix} 1 & -3 & 1 \\ 0 & 5 & 1 \\ 0 & 0 & 1 \end{vmatrix}=5.$$ ■

例 3.22 利用混合积证明：$\boldsymbol{\alpha}\times(\boldsymbol{\beta}+\boldsymbol{\gamma})=\boldsymbol{\alpha}\times\boldsymbol{\beta}+\boldsymbol{\alpha}\times\boldsymbol{\gamma}$.

证 设$\boldsymbol{\delta}$是任一向量，据(3.17)式得

$$\begin{aligned}\boldsymbol{\delta}\cdot[\boldsymbol{\alpha}\times(\boldsymbol{\beta}+\boldsymbol{\gamma})]&=(\boldsymbol{\delta}\times\boldsymbol{\alpha})\cdot(\boldsymbol{\beta}+\boldsymbol{\gamma})=(\boldsymbol{\delta}\times\boldsymbol{\alpha})\cdot\boldsymbol{\beta}+(\boldsymbol{\delta}\times\boldsymbol{\alpha})\cdot\boldsymbol{\gamma}\\&=\boldsymbol{\delta}\cdot(\boldsymbol{\alpha}\times\boldsymbol{\beta})+\boldsymbol{\delta}\cdot(\boldsymbol{\alpha}\times\boldsymbol{\gamma}).\end{aligned}$$

移项后，整理得

$$\boldsymbol{\delta}\cdot[\boldsymbol{\alpha}\times(\boldsymbol{\beta}+\boldsymbol{\gamma})-\boldsymbol{\alpha}\times\boldsymbol{\beta}-\boldsymbol{\alpha}\times\boldsymbol{\gamma}]=0.$$

由于$\boldsymbol{\alpha}\times(\boldsymbol{\beta}+\boldsymbol{\gamma})-\boldsymbol{\alpha}\times\boldsymbol{\beta}-\boldsymbol{\alpha}\times\boldsymbol{\gamma}$与任一向量$\boldsymbol{\delta}$都垂直，因而$\boldsymbol{\alpha}\times(\boldsymbol{\beta}+\boldsymbol{\gamma})-\boldsymbol{\alpha}\times\boldsymbol{\beta}-\boldsymbol{\alpha}\times\boldsymbol{\gamma}$必是零向量(参看例 3.14). 所以，向量积的分配律成立. ■

例 3.23 三个向量$\boldsymbol{\alpha},\boldsymbol{\beta},\boldsymbol{\gamma}$共面的充要条件是$(\boldsymbol{\alpha},\boldsymbol{\beta},\boldsymbol{\gamma})=0$.

证 如若$\boldsymbol{\alpha},\boldsymbol{\beta},\boldsymbol{\gamma}$共面：

当$\boldsymbol{\alpha}\parallel\boldsymbol{\beta}$时，$\boldsymbol{\alpha}\times\boldsymbol{\beta}=\boldsymbol{0}$，自然有$(\boldsymbol{\alpha}\times\boldsymbol{\beta})\cdot\boldsymbol{\gamma}=0$；

当$\boldsymbol{\alpha}\nparallel\boldsymbol{\beta}$时，$\boldsymbol{\alpha}\times\boldsymbol{\beta}$垂直于$\boldsymbol{\alpha},\boldsymbol{\beta}$所在的平面，因而$\boldsymbol{\alpha}\times\boldsymbol{\beta}\perp\boldsymbol{\gamma}$，仍有$(\boldsymbol{\alpha}\times\boldsymbol{\beta})\cdot\boldsymbol{\gamma}=0$.

反之，如若$(\boldsymbol{\alpha},\boldsymbol{\beta},\boldsymbol{\gamma})=0$：

当$\boldsymbol{\alpha}\times\boldsymbol{\beta}=\boldsymbol{0}$时，有$\boldsymbol{\alpha}\parallel\boldsymbol{\beta}$，故$\boldsymbol{\alpha},\boldsymbol{\beta},\boldsymbol{\gamma}$共面；

当$\boldsymbol{\alpha}\times\boldsymbol{\beta}\neq\boldsymbol{0}$时，有$\boldsymbol{\alpha}\times\boldsymbol{\beta}\perp\boldsymbol{\gamma}$，又因$\boldsymbol{\alpha}\times\boldsymbol{\beta}$亦垂直于$\boldsymbol{\alpha}$及$\boldsymbol{\beta}$，从而$\boldsymbol{\alpha},\boldsymbol{\beta},\boldsymbol{\gamma}$共面. ■

从混合积的几何意义容易理解：

$$\boldsymbol{\alpha},\boldsymbol{\beta},\boldsymbol{\gamma}\text{共面}\Leftrightarrow V_{\boldsymbol{\alpha},\boldsymbol{\beta},\boldsymbol{\gamma}}=0\Leftrightarrow(\boldsymbol{\alpha},\boldsymbol{\beta},\boldsymbol{\gamma})=0.$$

设$\boldsymbol{\alpha}=(x_1,x_2,x_3)$，$\boldsymbol{\beta}=(y_1,y_2,y_3)$，$\boldsymbol{\gamma}=(z_1,z_2,z_3)$，由定理 3.4 所给公式(3.7)知

$$(\boldsymbol{\alpha},\boldsymbol{\beta},\boldsymbol{\gamma})=0\Leftrightarrow\begin{vmatrix} x_1 & x_2 & x_3 \\ y_1 & y_2 & y_3 \\ z_1 & z_2 & z_3 \end{vmatrix}=0.$$

3.4 平面与直线

3.4.1 平面方程

给定一个点 P 及不共线的两个向量$\boldsymbol{\alpha}_1,\boldsymbol{\alpha}_2$就可唯一确定一个平面 π，使 π 通过点 P 且与$\boldsymbol{\alpha}_1,\boldsymbol{\alpha}_2$平行. 设 M 是空间中任一点，那么

$$点\ M \in \pi \Leftrightarrow \overrightarrow{PM}, \boldsymbol{\alpha}_1, \boldsymbol{\alpha}_2\ 共面 \Leftrightarrow \overrightarrow{PM} = t_1 \boldsymbol{\alpha}_1 + t_2 \boldsymbol{\alpha}_2.$$

设有空间仿射坐标系$\{O;\boldsymbol{e}_1,\boldsymbol{e}_2,\boldsymbol{e}_3\}$，且 $P(x_0,y_0,z_0)$，$M(x,y,z)$，$\boldsymbol{\alpha}_1=(x_1,y_1,z_1)$，$\boldsymbol{\alpha}_2=(x_2,y_2,z_2)$，则 M 点的坐标满足关系式

$$\begin{cases} x = x_0 + t_1 x_1 + t_2 x_2, \\ y = y_0 + t_1 y_1 + t_2 y_2, \\ z = z_0 + t_1 z_1 + t_2 z_2, \end{cases} \tag{3.19}$$

称其为平面的**参数方程**，t_1，t_2 是参数.

利用定理 3.4，有

$$\begin{vmatrix} x-x_0 & y-y_0 & z-z_0 \\ x_1 & y_1 & z_1 \\ x_2 & y_2 & z_2 \end{vmatrix} = 0.$$

展开上式，得到

$$Ax + By + Cz + D = 0, \tag{3.20}$$

其中

$$A = \begin{vmatrix} y_1 & z_1 \\ y_2 & z_2 \end{vmatrix},\quad B = -\begin{vmatrix} x_1 & z_1 \\ x_2 & z_2 \end{vmatrix},\quad C = \begin{vmatrix} x_1 & y_1 \\ x_2 & y_2 \end{vmatrix},\quad D = -\begin{vmatrix} x_0 & y_0 & z_0 \\ x_1 & y_1 & z_1 \\ x_2 & y_2 & z_2 \end{vmatrix}.$$

由于$\boldsymbol{\alpha}_1$，$\boldsymbol{\alpha}_2$ 不平行，所以 A,B,C 中至少有一个不为零，因此(3.20)式是一个三元一次方程，称为平面 π 的**一般方程**.

反之，亦可证明任一个三元一次方程都代表一个平面.

定理 3.5 *每个平面可以用一个三元一次方程来表示；反之，每个三元一次方程代表一个平面.* ■

例 3.24 求经过点 $A(1,2,3)$，$B(-1,4,2)$，$C(0,1,-1)$的平面方程.

解法 1 取$\boldsymbol{\alpha}_1=\overrightarrow{AB}=(-2,2,-1)$，$\boldsymbol{\alpha}_2=\overrightarrow{AC}=(-1,-1,-4)$，显然$\boldsymbol{\alpha}_1$，$\boldsymbol{\alpha}_2$ 不平行，点 A 与向量$\boldsymbol{\alpha}_1$，$\boldsymbol{\alpha}_2$ 决定平面

$$\begin{vmatrix} x-1 & y-2 & z-3 \\ -2 & 2 & -1 \\ -1 & -1 & -4 \end{vmatrix} = 0,$$

展开整理得

$$9x + 7y - 4z - 11 = 0.$$

解法 2 设 $Ax+By+Cz+D=0$ 为所求平面方程，则

$$\begin{cases} A + 2B + 3C + D = 0, \\ -A + 4B + 2C + D = 0, \\ B - C + D = 0. \end{cases}$$

由高斯消元法

$$\begin{bmatrix} 1 & 2 & 3 & 1 \\ -1 & 4 & 2 & 1 \\ 0 & 1 & -1 & 1 \end{bmatrix} \to \cdots \to \begin{bmatrix} 1 & 2 & 3 & 1 \\ & 1 & -1 & 1 \\ & & 11 & -4 \end{bmatrix}.$$

令 $D=11$，解得 $C=4, B=-7, A=-9$. ■

3.4.2 两个平面的位置关系

在仿射坐标系下，两个平面方程是

π_1： $A_1x+B_1y+C_1z+D_1=0$，

π_2： $A_2x+B_2y+C_2z+D_2=0$.

从几何上看，它们可能是相交、平行、重合. 从代数上看，即方程组

$$\begin{cases} A_1x+B_1y+C_1z+D_1=0, \\ A_2x+B_2y+C_2z+D_2=0 \end{cases}$$

有没有解？有多少解？

可以证明： π_1, π_2 相交 $\Leftrightarrow A_1:B_1:C_1 \neq A_2:B_2:C_2$，

$$\pi_1, \pi_2 \text{ 平行} \Leftrightarrow \frac{A_1}{A_2}=\frac{B_1}{B_2}=\frac{C_1}{C_2}\neq\frac{D_1}{D_2},$$

$$\pi_1, \pi_2 \text{ 重合} \Leftrightarrow \frac{A_1}{A_2}=\frac{B_1}{B_2}=\frac{C_1}{C_2}=\frac{D_1}{D_2}.$$

例 3.25 求经过点 $M(2,-3,1)$ 且与平面 $2x+3y+z-1=0$ 平行的平面方程.

解 设所求平面为 $2x+3y+z+D=0$，点 $M(2,-3,1)$ 在平面上，有

$$2\times2+3\times(-3)+1\times1+D=0,$$

解得 $D=4$，即 $2x+3y+z+4=0$ 为所求平面. ■

对三元一次方程组

$$\begin{cases} a_1x+b_1y+c_1z+d_1=0, \\ a_2x+b_2y+c_2z+d_2=0, \\ a_3x+b_3y+c_3z+d_3=0 \end{cases}$$

求解的问题，实质上是求三个平面的交点问题，三个平面的位置关系有如图 3.30 所示 8 种情形.

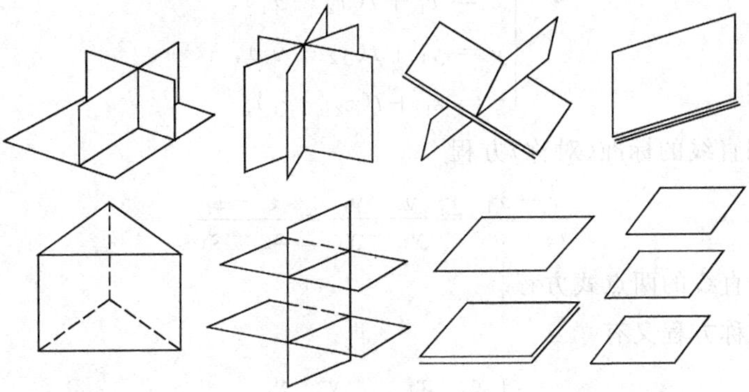

图 3.30

3.4.3 直线方程

给定一点 P 及一个非零向量 $\boldsymbol{v}$ 就可决定一条直线 l，l 经过 P 点且与 $\boldsymbol{v}$ 平行，$\boldsymbol{v}$ 称为直线 l 的**方向向量**. 设 Q 是空间中任一点，那么

$$\text{点 } Q \in l \Leftrightarrow \overrightarrow{PQ} \,/\!/\, \boldsymbol{v} \Leftrightarrow \overrightarrow{PQ} = t\boldsymbol{v}.$$

设在仿射坐标系下，点 P 的坐标是 (x_0, y_0, z_0)，$\boldsymbol{v}=(X,Y,Z)$，设 Q 点坐标是 (x,y,z)，于是

$$\begin{cases} x = x_0 + tX, \\ y = y_0 + tY, \\ z = z_0 + tZ \end{cases} \tag{3.21}$$

称为直线 l 的**参数方程**. 消去参数 t，得

$$\frac{x-x_0}{X} = \frac{y-y_0}{Y} = \frac{z-z_0}{Z}, \tag{3.22}$$

称为直线 l 的**对称方程**(或**标准方程**).

直线也可看成是两个平面的交线，因而

$$\begin{cases} A_1x + B_1y + C_1z + D_1 = 0, \\ A_2x + B_2y + C_2z + D_2 = 0 \end{cases} \tag{3.23}$$

表示一条直线，称为直线的**一般方程**.

例 3.26 求经过 $A(x_1, y_1, z_1)$，$B(x_2, y_2, z_2)$ 两点的直线方程.

解 取方向向量 $\boldsymbol{v} = \overrightarrow{AB} = (x_2-x_1, y_2-y_1, z_2-z_1)$，按(3.21)式经过 A，B 两点的直线的参数方程为

$$\begin{cases}x=x_1+t(x_2-x_1),\\y=y_1+t(y_2-y_1),\\z=z_1+t(z_2-z_1).\end{cases}$$

消去参数 t，得到直线的标准(对称)方程

$$\frac{x-x_1}{x_2-x_1}=\frac{y-y_1}{y_2-y_1}=\frac{z-z_1}{z_2-z_1}. \tag{3.24}$$

(3.24)式也称为直线的两点式方程.

由直线的对称方程又有

$$\begin{cases}\dfrac{x-x_1}{x_2-x_1}=\dfrac{y-y_1}{y_2-y_1},\\[2mm]\dfrac{x-x_1}{x_2-x_1}=\dfrac{z-z_1}{z_2-z_1},\end{cases}$$

这是直线的一般方程. ■

例 3.27 把直线方程

$$\begin{cases}x-2y+z-1=0,\\2x+y-2z+2=0\end{cases}$$

化为对称方程.

解 可在直线上任取两点，再用两点式写出，为此先用高斯消元法

$$\begin{pmatrix}1&-2&1&1\\2&1&-2&-2\end{pmatrix}\to\begin{pmatrix}1&-2&1&1\\0&5&-4&-4\end{pmatrix}.$$

令 $z=1$，求出 $y=0,x=0$；令 $z=6$，求出 $y=4,x=3$. 因此，$(0,0,1)$，$(3,4,6)$是直线上的两点，由(3.22)式得直线的标准方程

$$\frac{x}{3}=\frac{y}{4}=\frac{z-1}{5}.$$ ■

3.4.4 两条直线的位置关系

空间中的两条直线可以是相交、平行、异面及重合，下面来研究判别方法. 设两条直线的方程分别是

$$l_1:\frac{x-x_1}{X_1}=\frac{y-y_1}{Y_1}=\frac{z-z_1}{Z_1},\quad l_2:\frac{x-x_2}{X_2}=\frac{y-y_2}{Y_2}=\frac{z-z_2}{Z_2}.$$

其中 l_1 经过点 $P_1(x_1,y_1,z_1)$，方向是 $\boldsymbol{v}_1=(X_1,Y_1,Z_1)$；$l_2$ 经过点 $P_2(x_2,y_2,z_2)$，方向是 $\boldsymbol{v}_2=(X_2,Y_2,Z_2)$(图 3.31). 由于 l_1,l_2 共面 $\Leftrightarrow\boldsymbol{v}_1,\boldsymbol{v}_2,\overrightarrow{P_1P_2}$ 共面，因此，根据定理 3.4，得

$$l_1,l_2\text{ 异面}\Leftrightarrow\begin{vmatrix}x_2-x_1 & y_2-y_1 & z_2-z_1\\ X_1 & Y_1 & Z_1\\ X_2 & Y_2 & Z_2\end{vmatrix}\neq 0.$$

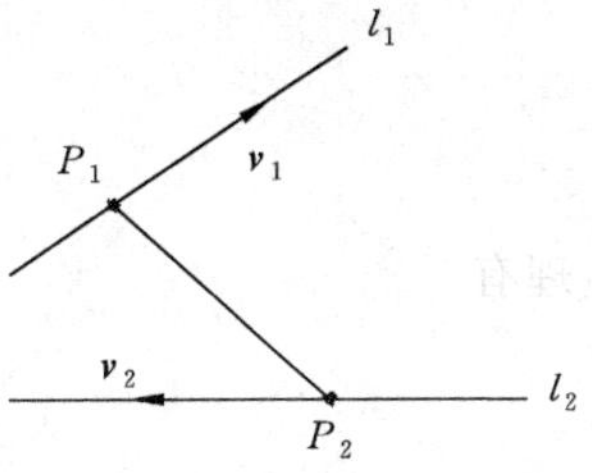

图 3.31

l_1,l_2 相交$\Leftrightarrow(\boldsymbol{v}_1,\boldsymbol{v}_2,\overrightarrow{P_1P_2})=0$ 且$\boldsymbol{v}_1\not\parallel\boldsymbol{v}_2$

$$\Leftrightarrow\begin{vmatrix}x_2-x_1 & y_2-y_1 & z_2-z_1\\ X_1 & Y_1 & Z_1\\ X_2 & Y_2 & Z_2\end{vmatrix}=0,$$

且 $X_1:Y_1:Z_1\neq X_2:Y_2:Z_2$.

l_1,l_2 平行$\Leftrightarrow\boldsymbol{v}_1\parallel\boldsymbol{v}_2\not\parallel\overrightarrow{P_1P_2}$

$$\Leftrightarrow X_1:Y_1:Z_1=X_2:Y_2:Z_2\neq x_2-x_1:y_2-y_1:z_2-z_1.$$

l_1,l_2 重合$\Leftrightarrow\boldsymbol{v}_1\parallel\boldsymbol{v}_2\parallel\overrightarrow{P_1P_2}$

$$\Leftrightarrow X_1:Y_1:Z_1=X_2:Y_2:Z_2=x_2-x_1:y_2-y_1:z_2-z_1.$$

例 3.28 判断 m 为何值时直线 l_1,l_2 相交,已知

$$l_1:\frac{x+2}{2}=\frac{y}{-3}=\frac{z-1}{4},\quad l_2:\frac{x-3}{m}=\frac{y-1}{4}=\frac{z-7}{2}.$$

解 点 $P_1(-2,0,1)$、点 $P_2(3,1,7)$分别在直线 l_1,l_2 上,有$\overrightarrow{P_1P_2}=(5,1,6)$,又方向向量$\boldsymbol{v}_1=(2,-3,4)$,$\boldsymbol{v}_2=(m,4,2)$,令

$$(\overrightarrow{P_1P_2},\boldsymbol{v}_1,\boldsymbol{v}_2)=\begin{vmatrix}5 & 1 & 6\\ 2 & -3 & 4\\ m & 4 & 2\end{vmatrix}=0,$$

解出 $m=3$. 显然$\boldsymbol{v}_1\not\parallel\boldsymbol{v}_2$,故 $m=3$ 时,l_1 与 l_2 相交. ■

例 3.29 证明直线 $l_1:\dfrac{x-3}{3}=\dfrac{y-2}{2}=\dfrac{z+1}{-2}$与直线 $l_2:\dfrac{x+2}{2}=\dfrac{y-3}{-3}=\dfrac{z+3}{4}$共面,并求它们所在的平面方程.

解 在 l_1 上取点 $P_1(3,2,-1)$,在 l_2 上取点 $P_2(-2,3,-3)$,得$\overrightarrow{P_1P_2}=(-5,1,-2)$,又有方向向量$\boldsymbol{v}_1=(3,2,-2)$,$\boldsymbol{v}_2=(2,-3,4)$. 由于

$$\begin{vmatrix}-5 & 1 & -2\\ 3 & 2 & -2\\ 2 & -3 & 4\end{vmatrix}=0,$$

知$\overrightarrow{P_1P_2},\boldsymbol{v}_1,\boldsymbol{v}_2$ 共面,即 l_1,l_2 共面. 因为$\boldsymbol{v}_1,\boldsymbol{v}_2$ 不平行,点 $P_1,\boldsymbol{v}_1,\boldsymbol{v}_2$ 可确定一个平面,设 $M(x,y,z)$是平面上任一点,据$\overrightarrow{P_1M},\boldsymbol{v}_1,\boldsymbol{v}_2$ 共面,即

$$\begin{vmatrix} x-3 & y-2 & z+1 \\ 3 & 2 & -2 \\ 2 & -3 & 4 \end{vmatrix} = 0.$$

整理有

$$2x-16y-13z+13=0.$$ ■

3.4.5 直线与平面的位置关系

现在来讨论直线 $l:\dfrac{x-x_0}{X}=\dfrac{y-y_0}{Y}=\dfrac{z-z_0}{Z}$ 与平面 $\pi:Ax+By+Cz+D=0$ 的交点问题.

把直线方程改写为参数形式

$$\begin{cases} x=x_0+Xt, \\ y=y_0+Yt, \\ z=z_0+Zt \end{cases}$$

代入到平面方程 π,并整理为

$$(AX+BY+CZ)t+Ax_0+By_0+Cz_0+D=0.$$

当 $AX+BY+CZ\neq 0$ 时,可求出唯一的 t,因而 l 与 π 交于一点;当 $AX+BY+CZ=0$ 时,若 $Ax_0+By_0+Cz_0+D\neq 0$,则方程无解.因而 $l\parallel\pi$;若 $Ax_0+By_0+Cz_0+D=0$,则方程对任意的 t 均有解,即直线 l 在平面 π 上.

例 3.30 判断直线 l 与平面 π 的位置关系

$$l:\frac{x-5}{1}=\frac{y+4}{-2}=\frac{z-1}{3},\quad \pi:x+ky-5z-10=0.$$

解 直线 l 的参数方程是

$$\begin{cases} x=t+5, \\ y=-2t-4, \\ z=3t+1. \end{cases}$$

代入到平面 π 中,整理为

$$(-k-7)t=2k+5,$$

当 $k\neq -7$ 时,l 与 π 有唯一的交点,交点是

$$\left(\frac{3k+30}{k+7},-\frac{18}{k+7},-\frac{5k+8}{k+7}\right),$$

当 $k=-7$ 时,方程无解,即线面平行. ■

3.5 距离

本节所涉及的内容全部在右手直角坐标系下进行讨论.

3.5.1 点到平面的距离

定义 3.18 与已知平面 π 垂直的非零向量 $\boldsymbol{n}$ 称为平面 π 的**法向量**(normal vector).

设平面 π 的法向量是 $\boldsymbol{n}=(A,B,C)$,点 $P(x_0,y_0,z_0)$ 是 π 上一个点.那么

$$\begin{aligned}\text{点 } M(x,y,z)\in\pi &\Leftrightarrow \boldsymbol{n}\perp\overrightarrow{PM}\\ &\Leftrightarrow \boldsymbol{n}\cdot\overrightarrow{PM}=0\\ &\Leftrightarrow A(x-x_0)+B(y-y_0)+C(z-z_0)=0.\end{aligned}$$

因此,平面 π 的方程是

$$Ax+By+Cz+D=0,$$

其中 $D=-(Ax_0+By_0+Cz_0)$.这与 3.4.1 节中所得平面方程(3.20)从形式上看是完全一样的,但现在直角坐标系中,方程的系数 A,B,C 有鲜明的几何意义.它所构成的向量 $\boldsymbol{n}=(A,B,C)$与该平面垂直.

定义 3.19 如果法向量 $\boldsymbol{n}=(A,B,C)$是单位向量,则称方程 $Ax+By+Cz+D=0$ 为平面的**法方程**(normal equation of plane).

如图 3.32 所示,设 $M(x_1,y_1,z_1)$是空间中任一点,由 M 向平面 π 作垂线,垂足是 Q,因为 $\overrightarrow{PM}\cdot\boldsymbol{n}=|\overrightarrow{PM}||\boldsymbol{n}|\cos\langle\overrightarrow{PM},\boldsymbol{n}\rangle=|\overrightarrow{PM}|\cos\langle\overrightarrow{PM},\boldsymbol{n}\rangle$,可见 $|MQ|=|\overrightarrow{PM}\cdot\boldsymbol{n}|$.而

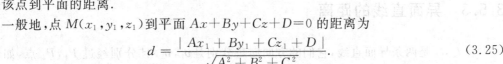

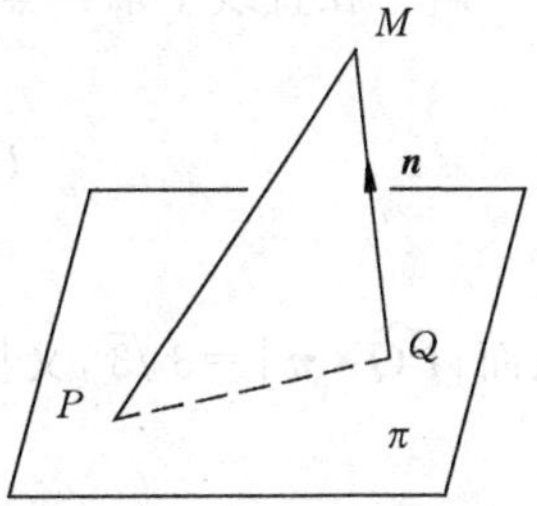

图 3.32

$$\begin{aligned}\overrightarrow{PM}\cdot\boldsymbol{n}&=A(x_1-x_0)+B(y_1-y_0)+C(z_1-z_0)\\&=Ax_1+By_1+Cz_1+D.\end{aligned}$$

这说明把一个点的坐标代入到平面的法方程中所得到的绝对值就是该点到平面的距离.

一般地,点 $M(x_1,y_1,z_1)$到平面 $Ax+By+Cz+D=0$ 的距离为

$$d=\frac{|Ax_1+By_1+Cz_1+D|}{\sqrt{A^2+B^2+C^2}}.\tag{3.25}$$

例 3.31 求点 $A(3,2,4)$到平面 $2x-6y+3z+1=0$ 的距离.

解 由公式(3.25),点 A 到平面的距离

$$d=\frac{|2\times3+(-6)\times2+3\times4+1|}{\sqrt{2^2+(-6)^2+3^2}}=1.$$ ■

例 3.32 求两个平行平面

$$\pi_1: 11x-2y-10z+15=0, \quad \pi_2: 11x-2y-10z+45=0$$

之间的距离.

解 在平面 π_1 上任取一点 $P(-1,2,0)$，那么点 P 到平面 π_2 的距离就是平行平面 π_1，π_2 之间的距离

$$d=\frac{|11\times(-1)-2\times 2-10\times 0+45|}{\sqrt{11^2+(-2)^2+(-10)^2}}=2. \quad ■$$

3.5.2 点到直线的距离

因为平行四边形的面积等于底乘高，或高等于面积除以底，这就提供了用向量积求点到直线距离的方法.

例如，求 A 点到直线 l 的距离 d，可在 l 上任取一点 B 构造向量$\overrightarrow{AB}$，再取 l 的方向向量$\boldsymbol{v}=\overrightarrow{BC}$(图 3.33)，那么，$|\overrightarrow{AB}\times\overrightarrow{BC}|$表示以 AB,BC 为边的平行四边形面积，于是

$$d=\frac{|\overrightarrow{AB}\times\boldsymbol{v}|}{|\boldsymbol{v}|}. \tag{3.26}$$

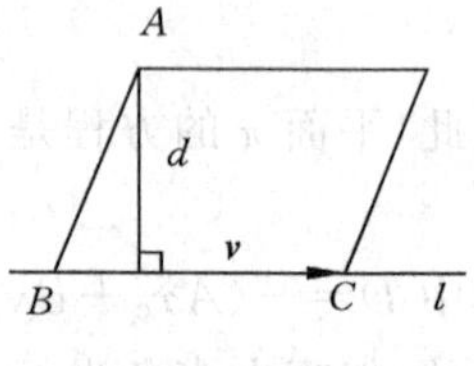

图 3.33

例 3.33 求点 $P(3,0,2)$到直线$\frac{x-2}{2}=\frac{y-1}{1}=\frac{z}{1}$的距离.

解 在直线上取一点 $Q(2,1,0)$，直线方向向量是$\boldsymbol{v}=(2,1,1)$，那么

$$\overrightarrow{PQ}\times\boldsymbol{v}=\begin{vmatrix} \boldsymbol{i} & \boldsymbol{j} & \boldsymbol{k} \\ -1 & 1 & -2 \\ 2 & 1 & 1 \end{vmatrix}=3\boldsymbol{i}-3\boldsymbol{j}-3\boldsymbol{k},$$

从而$|\overrightarrow{PQ}\times\boldsymbol{v}|=3\sqrt{3}$，又$|\boldsymbol{v}|=\sqrt{6}$，所以

$$d=\frac{|\overrightarrow{PQ}\times\boldsymbol{v}|}{|\boldsymbol{v}|}=\frac{3}{\sqrt{2}}. \quad ■$$

3.5.3 异面直线的距离

若 l_1,l_2 是两条异面直线，它们的方向向量分别是$\boldsymbol{v}_1$,$\boldsymbol{v}_2$，且分别经过 P_1,P_2 点，如何来求 l_1,l_2 的距离呢？

经过 l_2 可作唯一的平面 π_2 与 l_1 平行，显然，π_2 的法向量 $\boldsymbol{n}_2$ 与 l_1,l_2 都垂直，故可取 $\boldsymbol{n}_2=\boldsymbol{v}_1\times\boldsymbol{v}_2$.

经过 l_1 可作唯一的平面 π_1 与平面 π_2 垂直，设 π_1 与 l_2 交于 M 点，过 M 点作 π_2 的垂线

(必在 π_1 内)交 l_1 于 Q 点(图 3.34).那么,MQ 就是 l_1,l_2 公垂线的长,于是

$$d=\left|\overrightarrow{P_1P_2}\cdot\frac{\boldsymbol{v}_1\times\boldsymbol{v}_2}{|\boldsymbol{v}_1\times\boldsymbol{v}_2|}\right|. \tag{3.27}$$

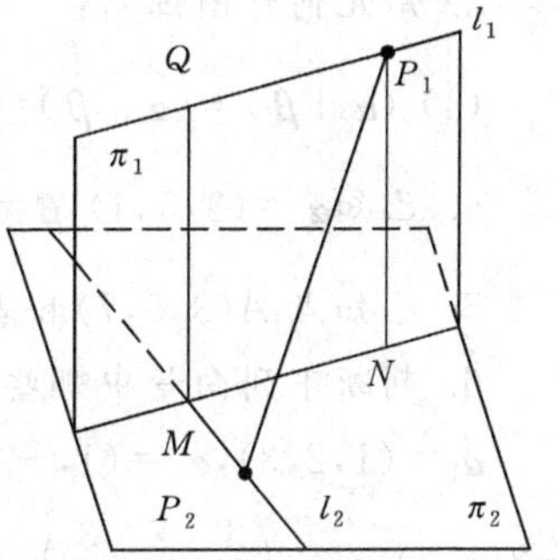

图 3.34

亦可把(3.27)式改写为

$$d=\frac{|(\boldsymbol{v}_1,\boldsymbol{v}_2,\overrightarrow{P_1P_2})|}{|\boldsymbol{v}_1\times\boldsymbol{v}_2|}.$$

这样,公垂线的长又可理解为它是以 $\boldsymbol{v}_1,\boldsymbol{v}_2,\overrightarrow{P_1P_2}$ 为棱的平行六面体在底面 $\boldsymbol{v}_1\times\boldsymbol{v}_2$ 上的高.

例 3.34 求证

$$l_1: x=\frac{y}{2}=\frac{z}{3},\quad l_2: x-1=y+1=z-2$$

是异面直线,并求其公垂线的长.

解 l_1 的方向向量 $\boldsymbol{v}_1=(1,2,3)$,经过 $P_1(0,0,0)$ 点,l_2 的方向向量 $\boldsymbol{v}_2=(1,1,1)$,经过 $P_2(1,-1,2)$ 点.

$$(\overrightarrow{P_1P_2},\boldsymbol{v}_1,\boldsymbol{v}_2)=\begin{vmatrix}1&-1&2\\1&2&3\\1&1&1\end{vmatrix}=-5\neq 0,$$

所以 l_1,l_2 是异面直线.而由

$$\boldsymbol{v}_1\times\boldsymbol{v}_2=\begin{vmatrix}\boldsymbol{i}&\boldsymbol{j}&\boldsymbol{k}\\1&2&3\\1&1&1\end{vmatrix}=-\boldsymbol{i}+2\boldsymbol{j}-\boldsymbol{k},$$

故公垂线长

$$d=\frac{|(\overrightarrow{P_1P_2},\boldsymbol{v}_1,\boldsymbol{v}_2)|}{|\boldsymbol{v}_1\times\boldsymbol{v}_2|}=\frac{|-5|}{\sqrt{(-1)^2+2^2+(-1)^2}}=\frac{5}{\sqrt{6}}.$$ ■

习题 3

1. 已知□$ABCD$ 的对角线为 $\overrightarrow{AC}=\boldsymbol{\alpha}$,$\overrightarrow{BD}=\boldsymbol{\beta}$,求 $\overrightarrow{AB}$,$\overrightarrow{BC}$.

2. 判断下列等式何时成立:

(1) $|\boldsymbol{\alpha}+\boldsymbol{\beta}|=|\boldsymbol{\alpha}-\boldsymbol{\beta}|$; (2) $|\boldsymbol{\alpha}+\boldsymbol{\beta}|=|\boldsymbol{\alpha}|+|\boldsymbol{\beta}|$;

(3) $|\boldsymbol{\alpha}+\boldsymbol{\beta}|=|\boldsymbol{\alpha}|-|\boldsymbol{\beta}|$; (4) $\dfrac{\boldsymbol{\alpha}}{|\boldsymbol{\alpha}|}=\dfrac{\boldsymbol{\beta}}{|\boldsymbol{\beta}|}$.

3. 用几何作图证明：

(1) $(\boldsymbol{\alpha}+\boldsymbol{\beta})+(\boldsymbol{\alpha}-\boldsymbol{\beta})=2\boldsymbol{\alpha}$，　　(2) $\left(\boldsymbol{\alpha}+\frac{1}{2}\boldsymbol{\beta}\right)-\left(\boldsymbol{\beta}+\frac{1}{2}\boldsymbol{\alpha}\right)=\frac{1}{2}(\boldsymbol{\alpha}-\boldsymbol{\beta})$.

4. 已知$\boldsymbol{\alpha}=(3,5,4)$，$\boldsymbol{\beta}=(-6,1,2)$，$\boldsymbol{\gamma}=(0,-3,-4)$. 求$2\boldsymbol{\alpha}+3\boldsymbol{\beta}+4\boldsymbol{\gamma}$.

5. 已知点$A(3,5,7)$和点$B(0,1,-1)$，求向量$\overrightarrow{AB}$并求A关于B的对称点C的坐标.

6. 判断下列向量中哪些是共线的：

$\boldsymbol{\alpha}_1=(1,2,3)$，$\boldsymbol{\alpha}_2=(1,-2,3)$，$\boldsymbol{\alpha}_3=(1,0,2)$，$\boldsymbol{\alpha}_4=(-3,6,-9)$，$\boldsymbol{\alpha}_5=(2,0,4)$，$\boldsymbol{\alpha}_6=(-1,-2,-3)$，$\boldsymbol{\alpha}_7=\left(\frac{1}{4},\frac{2}{4},\frac{3}{4}\right)$，$\boldsymbol{\alpha}_8=\left(\frac{1}{2},-1,-\frac{3}{2}\right)$.

7. 判断$\boldsymbol{\alpha}$，$\boldsymbol{\beta}$，$\boldsymbol{\gamma}$是否共面：

(1) $\boldsymbol{\alpha}=(4,0,2)$，$\boldsymbol{\beta}=(6,-9,8)$，$\boldsymbol{\gamma}=(6,-3,3)$；

(2) $\boldsymbol{\alpha}=(1,-2,3)$，$\boldsymbol{\beta}=(3,3,1)$，$\boldsymbol{\gamma}=(1,7,-5)$；

(3) $\boldsymbol{\alpha}=(1,-1,2)$，$\boldsymbol{\beta}=(2,4,5)$，$\boldsymbol{\gamma}=(3,9,8)$.

8. $\triangle ABC$中，$\angle A=90°$，$\angle B=30°$，AD是BC边上的高，求点D对坐标系$\{A;\overrightarrow{AB},\overrightarrow{AC}\}$的坐标.

9. 在四面体$OABC$中，M是$\triangle ABC$重心，E，F分别是AB，AC中点，求向量$\overrightarrow{EF}$，$\overrightarrow{ME}$，$\overrightarrow{MF}$在坐标系$\{O;\overrightarrow{OA},\overrightarrow{OB},\overrightarrow{OC}\}$下的坐标.

10. 求向量$\boldsymbol{\alpha}=(1,3,-2)$的方向余弦.

11. 在仿射坐标系$\{O;\boldsymbol{e}_1,\boldsymbol{e}_2\}$中，$|\boldsymbol{e}_1|=1$，$|\boldsymbol{e}_2|=2$，$\langle\boldsymbol{e}_1,\boldsymbol{e}_2\rangle=60°$，求度量矩阵$\mathbf{A}$. 若$\boldsymbol{\alpha}=(2,-3)$，$\boldsymbol{\beta}=(-1,2)$，求$\boldsymbol{\alpha}\cdot\boldsymbol{\beta}$.

12. 在仿射坐标系$\{O;\boldsymbol{e}_1,\boldsymbol{e}_2,\boldsymbol{e}_3\}$中，$|\boldsymbol{e}_1|=|\boldsymbol{e}_2|=|\boldsymbol{e}_3|=1$，$\langle\boldsymbol{e}_1,\boldsymbol{e}_2\rangle=60°$，$\langle\boldsymbol{e}_1,\boldsymbol{e}_3\rangle=\langle\boldsymbol{e}_2,\boldsymbol{e}_3\rangle=45°$，求$\boldsymbol{\alpha}=(2,0,-3)$与$\boldsymbol{\beta}=(-2,2,-1)$的数量积.

13. 在右手直角坐标系下，计算下列各题：

(1) $\boldsymbol{\alpha}=(3,0,-6)$，$\boldsymbol{\beta}=(2,-4,0)$，求$\boldsymbol{\alpha}\cdot\boldsymbol{\beta}$及$\langle\boldsymbol{\alpha},\boldsymbol{\beta}\rangle$；

(2) $\boldsymbol{\alpha}=(1,0,-1)$，$\boldsymbol{\beta}=(1,-2,0)$，$\boldsymbol{\gamma}=(-1,2,1)$，求$\boldsymbol{\alpha}\times\boldsymbol{\beta}$，$\boldsymbol{\alpha}\times\boldsymbol{\gamma}$，$\boldsymbol{\alpha}\times(\boldsymbol{\beta}+\boldsymbol{\gamma})$；

(3) $\boldsymbol{\alpha}=(2,-1,3)$，$\boldsymbol{\beta}=(1,-3,2)$，$\boldsymbol{\gamma}=(3,2,-4)$，求满足：$\boldsymbol{x}\cdot\boldsymbol{\alpha}=-5$，$\boldsymbol{x}\cdot\boldsymbol{\beta}=-11$，$\boldsymbol{x}\cdot\boldsymbol{\gamma}=20$的向量$\boldsymbol{x}$；

(4) 求以$A(1,-1,2)$，$B(5,-6,2)$，$C(1,3,-1)$为顶点的$\triangle ABC$的面积及AC边上的高.

14. 如$\boldsymbol{\alpha}+\boldsymbol{\beta}+\boldsymbol{\gamma}=\mathbf{0}$，证明：$\boldsymbol{\alpha}\times\boldsymbol{\beta}=\boldsymbol{\beta}\times\boldsymbol{\gamma}=\boldsymbol{\gamma}\times\boldsymbol{\alpha}$.

15. 如$\boldsymbol{\alpha}\times\boldsymbol{\beta}+\boldsymbol{\beta}\times\boldsymbol{\gamma}+\boldsymbol{\gamma}\times\boldsymbol{\alpha}=\mathbf{0}$，证明：$\boldsymbol{\alpha}$，$\boldsymbol{\beta}$，$\boldsymbol{\gamma}$共面.

16. 如$\boldsymbol{\alpha}\times\boldsymbol{\beta}=\boldsymbol{\gamma}\times\boldsymbol{\delta}$，$\boldsymbol{\alpha}\times\boldsymbol{\gamma}=\boldsymbol{\beta}\times\boldsymbol{\delta}$，证明：$\boldsymbol{\alpha}-\boldsymbol{\delta}$与$\boldsymbol{\beta}-\boldsymbol{\gamma}$共线.

17. 求下列各平面的参数方程及一般方程：

(1) 经过点$A(1,2,3)$且平行于向量$\boldsymbol{v}_1=(1,-2,1)$，$\boldsymbol{v}=(0,1,2)$；

(2) 经过点 $A(1,1,2)$, $B(3,-2,0)$, $C(0,5,-5)$ 三点；

(3) 经过点 $A(1,2,-1)$ 和 z 轴；

(4) 经过点 $A(4,0,-2)$，点 $B(5,1,7)$ 且平行于 z 轴.

18. 已知两个平面

$$x-2y+3z+D=0,\quad -2x+4y+Cz+5=0,$$

问 C,D 为何值时，两平面平行？何时重合？

19. 求下列直线的参数方程及对称方程：

(1) 平行于 $\boldsymbol{v}=(3,1,2)$，经过点 $P(1,0,-2)$；

(2) 平行于 x 轴且经过点 $P(-2,-3,1)$；

(3) 经过 $A(1,0,-1)$, $B(1,1,3)$ 两点；

(4) 经过点 $A(2,3,-5)$ 且与直线 $\dfrac{x-2}{-1}=\dfrac{y}{3}=\dfrac{z+1}{4}$ 平行.

20. 把直线方程化为对称方程：

(1) $\begin{cases}x+y+z+3=0,\\2x+3y-z+1=0;\end{cases}$ (2) $\begin{cases}3x-y+2=0,\\4y+3z+1=0.\end{cases}$

21. 判断直线与平面的位置关系，若有交点就求出交点坐标.

(1) $\dfrac{x-5}{2}=\dfrac{y+3}{-2}=\dfrac{z-1}{3}$ 和 $x+2y-5z-11=0$；

(2) $\dfrac{x-3}{2}=\dfrac{y+1}{-5}=\dfrac{z}{3}$ 和 $2x-y-2z+1=0$；

(3) $\dfrac{x-13}{8}=\dfrac{y-1}{2}=\dfrac{z-4}{3}$ 和 $x+2y-4z+1=0$.

22. 如直线

$$\begin{cases}3x-y+2z-6=0,\\x+4y-z+D=0\end{cases}$$

与 z 轴相交，求 D 的值.

23. 证明下列两条直线

$$l_1:\ \frac{x-7}{3}=\frac{y-2}{2}=\frac{z-1}{-2};\qquad l_2:\ x=1+2t,\ y=-2-3t,\ z=5+4t$$

共面，并求它们所在平面的方程.

24. 求平面的法向量和法方程：

(1) $3x-2y+5z-1=0$； (2) $x-y=0$； (3) $4x-3z+2=0$.

25. 求点 M 到平面 π 的距离：

(1) $M(-2,-4,3)$, $\pi: 2x-y+2z+3=0$；

(2) $M(2,-1,-1)$, $\pi: 16x-12y+15z-4=0$.

26. 求平行平面的距离：

(1) $\pi_1: x-2y-2z-12=0$，$\pi_2: x-2y-2z-6=0$；

(2) $\pi_1: 6x-18y-9z-28=0$，$\pi_2: 4x-12y-6z-7=0$.

27. 求异面直线间距离：

(1) $l_1: \dfrac{x+7}{3}=\dfrac{y+4}{4}=\dfrac{z+3}{-2}$，$l_2: \dfrac{x-21}{6}=\dfrac{y+5}{-4}=\dfrac{z-2}{-1}$；

(2) $l_1: \dfrac{x+5}{3}=\dfrac{y+5}{2}=\dfrac{z-1}{-2}$，$l_2: \begin{cases} x=6t+9, \\ y=-2t, \\ z=-t+2; \end{cases}$

(3) $l_1: \begin{cases} 3x-2y+z=0, \\ x-3y+5=0, \end{cases}$ $l_2: \begin{cases} x-3z+2=0, \\ x+y+z+1=0. \end{cases}$

28. 求点 $M(4,-3,1)$ 在平面 $x+2y-z-3=0$ 上的投影点.

29. 求经过点 $M(2,-3,-1)$ 向直线 $\dfrac{x-1}{-2}=\dfrac{y+1}{-1}=\dfrac{z}{1}$ 所作垂线的方程.

30. 求异面直线 $\dfrac{x}{1}=\dfrac{y}{2}=\dfrac{z}{3}$ 与 $x-1=y+1=z-2$ 的公垂线的方程.

第4章 向量空间 F^n

在第3章中，用平面向量和几何空间向量处理了直线、平面、角度、距离等一系列几何问题，也用它们来描述一系列物理现象，如力所做的功，刚体旋转运动中的线速度等. 要更广泛地应用向量这个工具，只考虑平面向量和几何空间向量就不够了. 例如研究人造卫星在太空运行时的状态，人们感兴趣的不只是它的几何轨迹，还希望知道在某个时刻它处在什么位置，其表面温度、压力等物理参数的情况. 这时只用二元、三元数组就不足以表达这么多信息，而要采用 n 元数组，如六元数组 (t,x,y,z,τ,p)，才能表示卫星的状态，其中 t 表示时间，x,y,z 是坐标系中三个坐标，τ 表示在 t 时刻的温度，p 表示压力. 因此有必要拓展向量的概念，引入由 n 元数组构成的 n 维向量，并抽象出向量空间的概念. 本章不仅要讨论向量组的有关理论，还要建立矩阵的秩的概念，最后以此为背景完整地处理线性方程组的解的相关理论.

4.1 数域 F 上的 n 维向量空间

4.1.1 n 维向量及其运算

定义 4.1 设 F 为一数域，F 上的 n 个数 $a_1,a_2,\cdots,a_n$ 组成的有序数组 $\boldsymbol{\alpha}$ 称为数域 F 上的 n 维**向量**(vector)，记作

$$\boldsymbol{\alpha}=(a_1,a_2,\cdots,a_n)$$

或

$$\boldsymbol{\alpha}=\begin{bmatrix}a_1\\a_2\\\vdots\\a_n\end{bmatrix}.$$

其中 a_i 称为向量 $\boldsymbol{\alpha}$ 的第 $i(i=1,2,\cdots,n)$ 个**分量**(component). 前一个表示式称为**行向量**，后者称为**列向量**. 用矩阵转置的记号，列向量也记作 $\boldsymbol{\alpha}=(a_1,a_2,\cdots,a_n)^{\mathrm{T}}$，本书以后一般都采用列向量表示. 特别地，如果向量的所有分量都是0，就称其为**零向量**(zero vector)，记作 $\mathbf{0}=$

$(0,0,\cdots,0)^{\mathrm{T}}$.

下面来规定向量的相等以及向量的线性运算(加法、数乘向量).

定义 4.2 两个n维向量$\boldsymbol{\alpha}=(a_1,a_2,\cdots,a_n)^{\mathrm{T}}$和$\boldsymbol{\beta}=(b_1,b_2,\cdots,b_n)^{\mathrm{T}}$称为**相等**的向量,当且仅当对应的分量全相等,即$a_i=b_i,i=1,2,\cdots,n$.

例如,某线性方程组的解是:$x_1=1,x_2=2,x_3=3,x_4=4$,我们就可以用向量表示为:$\boldsymbol{x}=\boldsymbol{\alpha}$,其中$\boldsymbol{x}=(x_1,x_2,x_3,x_4)^{\mathrm{T}}$与$\boldsymbol{\alpha}=(1,2,3,4)^{\mathrm{T}}$都是4维向量.

定义 4.3 对$\boldsymbol{\alpha}=(a_1,a_2,\cdots,a_n)^{\mathrm{T}},\boldsymbol{\beta}=(b_1,b_2,\cdots,b_n)^{\mathrm{T}}$规定这两个$n$维向量的**和**(sum)是$n$维向量$\boldsymbol{\alpha}+\boldsymbol{\beta}$,定义成

$$\boldsymbol{\alpha}+\boldsymbol{\beta}=(a_1+b_1,a_2+b_2,\cdots,a_n+b_n)^{\mathrm{T}}.$$

例如,若$\boldsymbol{\alpha}=(1,1,0,2)^{\mathrm{T}},\boldsymbol{\beta}=(2,3,-1,4)^{\mathrm{T}}$,则

$$\boldsymbol{\alpha}+\boldsymbol{\beta}=(1+2,1+3,0-1,2+4)^{\mathrm{T}}=(3,4,-1,6)^{\mathrm{T}}.$$

定义 4.4 设$\boldsymbol{\alpha}=(a_1,a_2,\cdots,a_n)^{\mathrm{T}}$是$n$维向量,$k\in F$,定义数$k$与向量$\boldsymbol{\alpha}$的**数量乘积**(scalar multiple)$k\boldsymbol{\alpha}$为

$$k\boldsymbol{\alpha}=(ka_1,ka_2,\cdots,ka_n)^{\mathrm{T}}.$$

特别地,若取$k=-1$,记$-\boldsymbol{\alpha}=(-1)\boldsymbol{\alpha}=(-a_1,-a_2,\cdots,-a_n)^{\mathrm{T}}$,称为$\boldsymbol{\alpha}$的**负向量**(negative vector).此外亦将$\boldsymbol{\alpha}+(-\boldsymbol{\beta})$写作$\boldsymbol{\alpha}-\boldsymbol{\beta}$,称为$\boldsymbol{\alpha}$与$\boldsymbol{\beta}$的**差**(difference).

根据上述定义,对任意的n维向量$\boldsymbol{\alpha},\boldsymbol{\beta},\boldsymbol{\gamma}$及$F$中的任意数$k,l$,向量的加法及数乘向量这两个运算满足下列的八条性质:

(1) $\boldsymbol{\alpha}+\boldsymbol{\beta}=\boldsymbol{\beta}+\boldsymbol{\alpha}$;

(2) $(\boldsymbol{\alpha}+\boldsymbol{\beta})+\boldsymbol{\gamma}=\boldsymbol{\alpha}+(\boldsymbol{\beta}+\boldsymbol{\gamma})$;

(3) $\boldsymbol{\alpha}+\boldsymbol{0}=\boldsymbol{\alpha}$;

(4) $\boldsymbol{\alpha}+(-\boldsymbol{\alpha})=\boldsymbol{0}$;

(5) $1\boldsymbol{\alpha}=\boldsymbol{\alpha}$;

(6) $k(l\boldsymbol{\alpha})=(kl)\boldsymbol{\alpha}$;

(7) $k(\boldsymbol{\alpha}+\boldsymbol{\beta})=k\boldsymbol{\alpha}+k\boldsymbol{\beta}$;

(8) $(k+l)\boldsymbol{\alpha}=k\boldsymbol{\alpha}+l\boldsymbol{\alpha}$.

注 现在所讲的n维列向量,实际上就是$n\times1$矩阵,读者容易发现向量运算的这八条性质与2.2节中矩阵的运算规律是一致的.习惯上,也把$1\times n$矩阵称为n维行向量.

4.1.2 向量空间 F^n 的定义和性质

定义 4.5 数域F上的全体n维向量,当定义了上述向量的加法及数乘向量运算之后,就称其为数域F上的n维向量空间(vector space),记作F^n.

定义 4.6 设$\boldsymbol{\alpha}_1,\boldsymbol{\alpha}_2,\cdots,\boldsymbol{\alpha}_s$是$n$维向量,$k_1,k_2,\cdots,k_s$是数域$F$中的一组数,称

$$k_1\boldsymbol{\alpha}_1+k_2\boldsymbol{\alpha}_2+\cdots+k_s\boldsymbol{\alpha}_s$$

是$\boldsymbol{\alpha}_1,\boldsymbol{\alpha}_2,\cdots,\boldsymbol{\alpha}_s$ **的线性组合**(linear combination).

如果对向量$\boldsymbol{\beta}$,存在数域F中的一组数$k_1,k_2,\cdots,k_s$使得

$$k_1\boldsymbol{\alpha}_1+k_2\boldsymbol{\alpha}_2+\cdots+k_s\boldsymbol{\alpha}_s=\boldsymbol{\beta},$$

则称$\boldsymbol{\beta}$是$\boldsymbol{\alpha}_1,\boldsymbol{\alpha}_2,\cdots,\boldsymbol{\alpha}_s$的一个线性组合,也称$\boldsymbol{\beta}$可由$\boldsymbol{\alpha}_1,\boldsymbol{\alpha}_2,\cdots,\boldsymbol{\alpha}_s$ **线性表出**.

例如,对$\boldsymbol{\alpha}_1=(1,0)^{\mathrm{T}},\boldsymbol{\alpha}_2=(1,1)^{\mathrm{T}},\boldsymbol{\beta}=(-3,2)^{\mathrm{T}}$,有$\boldsymbol{\beta}=-5\boldsymbol{\alpha}_1+2\boldsymbol{\alpha}_2$,即$\boldsymbol{\beta}$是$\boldsymbol{\alpha}_1,\boldsymbol{\alpha}_2$的一个线性组合.

又如,对$\boldsymbol{\alpha}_1=(0,1)^{\mathrm{T}},\boldsymbol{\alpha}_2=(1,2)^{\mathrm{T}},\boldsymbol{\alpha}_3=(-2,4)^{\mathrm{T}},\boldsymbol{\beta}=(3,5)^{\mathrm{T}}$,有$\boldsymbol{\beta}=-\boldsymbol{\alpha}_1+3\boldsymbol{\alpha}_2+0\boldsymbol{\alpha}_3$,以及$\boldsymbol{\beta}=7\boldsymbol{\alpha}_1+\boldsymbol{\alpha}_2-\boldsymbol{\alpha}_3$,还有$\boldsymbol{\beta}=11\boldsymbol{\alpha}_1+0\boldsymbol{\alpha}_2-\dfrac{3}{2}\boldsymbol{\alpha}_3,\cdots$可知$\boldsymbol{\beta}$是$\boldsymbol{\alpha}_1,\boldsymbol{\alpha}_2,\boldsymbol{\alpha}_3$的线性组合,而且线性表出的方式是不唯一的.

再如,对$\boldsymbol{\alpha}_1=(2,0)^{\mathrm{T}},\boldsymbol{\alpha}_2=(3,0)^{\mathrm{T}},\boldsymbol{\beta}=(0,1)^{\mathrm{T}}$,无论$k_1,k_2$取什么数,$k_1\boldsymbol{\alpha}_1+k_2\boldsymbol{\alpha}_2\neq\boldsymbol{\beta}$,即$\boldsymbol{\beta}$不能由$\boldsymbol{\alpha}_1,\boldsymbol{\alpha}_2$线性表出.

上面这些例子数据都比较简单,我们能不太费力的判断能否线性表出,那么一般情况应如何处理呢?先看一个4维向量的例子.

例 4.1 已知$\boldsymbol{\alpha}_1=(-1,0,1,2)^{\mathrm{T}},\boldsymbol{\alpha}_2=(3,4,-2,5)^{\mathrm{T}},\boldsymbol{\alpha}_3=(1,4,0,9)^{\mathrm{T}},\boldsymbol{\beta}=(5,4,-4,1)^{\mathrm{T}}$,试问$\boldsymbol{\beta}$能否由$\boldsymbol{\alpha}_1,\boldsymbol{\alpha}_2,\boldsymbol{\alpha}_3$线性表出?如能线性表出就写出其表达式.

解法 1 设$\boldsymbol{\beta}=x_1\boldsymbol{\alpha}_1+x_2\boldsymbol{\alpha}_2+x_3\boldsymbol{\alpha}_3$,按分量写出来即有

$$\begin{cases}-x_1+3x_2+x_3=5,\\ 4x_2+4x_3=4,\\ x_1-2x_2=-4,\\ 2x_1+5x_2+9x_3=1.\end{cases}$$

由此知$\boldsymbol{\beta}$能否由$\boldsymbol{\alpha}_1,\boldsymbol{\alpha}_2,\boldsymbol{\alpha}_3$线性表出,等价于问上述线性方程组是否有解?用高斯消元法得

$$\left[\begin{array}{ccc:c}-1&3&1&5\\0&4&4&4\\1&-2&0&-4\\2&5&9&1\end{array}\right]\to\left[\begin{array}{ccc:c}-1&3&1&5\\0&1&1&1\\0&1&1&1\\0&11&11&11\end{array}\right]\to\left[\begin{array}{ccc:c}-1&3&1&5\\0&1&1&1\\0&0&0&0\\0&0&0&0\end{array}\right].$$

此线性方程组有解:$x_1=-2-2t,x_2=1-t,x_3=t$.也就是$\boldsymbol{\beta}$可由$\boldsymbol{\alpha}_1,\boldsymbol{\alpha}_2,\boldsymbol{\alpha}_3$线性表出,且表示方法有无穷多种,表达式为

$$\boldsymbol{\beta}=(-2-2t)\boldsymbol{\alpha}_1+(1-t)\boldsymbol{\alpha}_2+t\boldsymbol{\alpha}_3.$$

解法 2 用所给向量作为行向量构造矩阵,此矩阵经初等行变换化为阶梯形矩阵来处理,并把变换后的向量写在相应的位置上,即

$$\begin{bmatrix}-1&0&1&2\\3&4&-2&5\\1&4&0&9\\5&4&-4&1\end{bmatrix}\begin{matrix}\boldsymbol{\alpha}_1^{\mathrm{T}}\\\boldsymbol{\alpha}_2^{\mathrm{T}}\\\boldsymbol{\alpha}_3^{\mathrm{T}}\\\boldsymbol{\beta}^{\mathrm{T}}\end{matrix}\to\begin{bmatrix}-1&0&1&2\\0&4&1&11\\0&4&1&11\\0&4&1&11\end{bmatrix}\begin{matrix}\boldsymbol{\alpha}_1^{\mathrm{T}}\\3\boldsymbol{\alpha}_1^{\mathrm{T}}+\boldsymbol{\alpha}_2^{\mathrm{T}}\\\boldsymbol{\alpha}_1^{\mathrm{T}}+\boldsymbol{\alpha}_3^{\mathrm{T}}\\\boldsymbol{\beta}^{\mathrm{T}}+5\boldsymbol{\alpha}_1^{\mathrm{T}}\end{matrix}\to\begin{bmatrix}-1&0&1&2\\0&4&1&11\\0&0&0&0\\0&0&0&0\end{bmatrix}\begin{matrix}\boldsymbol{\alpha}_1^{\mathrm{T}}\\3\boldsymbol{\alpha}_1^{\mathrm{T}}+\boldsymbol{\alpha}_2^{\mathrm{T}}\\-2\boldsymbol{\alpha}_1^{\mathrm{T}}-\boldsymbol{\alpha}_2^{\mathrm{T}}+\boldsymbol{\alpha}_3^{\mathrm{T}}\\\boldsymbol{\beta}^{\mathrm{T}}+2\boldsymbol{\alpha}_1^{\mathrm{T}}-\boldsymbol{\alpha}_2^{\mathrm{T}}\end{matrix}$$

从矩阵的第 4 行看到：$\boldsymbol{\beta}^{\mathrm{T}}+2\boldsymbol{\alpha}_1^{\mathrm{T}}-\boldsymbol{\alpha}_2^{\mathrm{T}}=\mathbf{0}$，即$\boldsymbol{\beta}=-2\boldsymbol{\alpha}_1+\boldsymbol{\alpha}_2+0\boldsymbol{\alpha}_3$. 这说明$\boldsymbol{\beta}$可由$\boldsymbol{\alpha}_1,\boldsymbol{\alpha}_2,\boldsymbol{\alpha}_3$线性表出. 从矩阵的第 3 行可见：$-2t\boldsymbol{\alpha}_1-t\boldsymbol{\alpha}_2+t\boldsymbol{\alpha}_3=\mathbf{0}$，把它和$\boldsymbol{\beta}$的表达式相加，得

$$\boldsymbol{\beta}=(-2-2t)\boldsymbol{\alpha}_1+(1-t)\boldsymbol{\alpha}_2+t\boldsymbol{\alpha}_3,$$

与解法 1 结果相同. ■

在本节的最后，给出向量空间 F^n 的几个简单性质：

(1) $0\boldsymbol{\alpha}=\mathbf{0},\ \forall\boldsymbol{\alpha}\in F^n$；

(2) $k\mathbf{0}=\mathbf{0},\ \forall k\in F$；

(3) 如 $k\boldsymbol{\alpha}=\mathbf{0}$，则 $k=0$ 或$\boldsymbol{\alpha}=\mathbf{0}$，$k\in F,\boldsymbol{\alpha}\in F^n$.

这里只证明性质(3). 假设 $k\neq 0$，于是

$$\frac{1}{k}(k\boldsymbol{\alpha})=\frac{1}{k}\mathbf{0}=\mathbf{0}.$$

又

$$\frac{1}{k}(k\boldsymbol{\alpha})=\left(\frac{1}{k}\cdot k\right)\boldsymbol{\alpha}=1\boldsymbol{\alpha}=\boldsymbol{\alpha},$$

由此得到$\boldsymbol{\alpha}=\mathbf{0}$. ■

4.2 向量组的线性相关性

在几何空间$\mathbb{R}^3$ 中，讨论了向量之间的共线、共面的关系(定义 3.10). 从几何上讲，两个向量如果方向相同或相反，它们就是共线的；三个向量如果平行于同一平面，它们是共面的. 在几何空间中只要选择三个不共面的向量作为基构造仿射坐标系，几何空间中任意一个向量都可以通过这组基表示清楚. 向量之间的这种关系在 n 维向量空间中又是如何体现的呢? 本节将引入线性相关等概念来描述这种性质. 定理 3.1 和定理 3.2 揭示了共线的向量之间和共面的向量之间的数量关系. 下面以这两个条件为基础，引导出 n 维向量空间中向量的线性相关性的概念.

4.2.1 线性相关的概念

定义 4.7 给定向量空间 F^n 中 s 个向量$\boldsymbol{\alpha}_1,\boldsymbol{\alpha}_2,\cdots,\boldsymbol{\alpha}_s$，如果存在 F 上 s 个不全为零的数 $k_1,k_2,\cdots,k_s$ 使得

$$k_1\boldsymbol{\alpha}_1+k_2\boldsymbol{\alpha}_2+\cdots+k_s\boldsymbol{\alpha}_s=\mathbf{0},$$

则称向量$\boldsymbol{\alpha}_1,\boldsymbol{\alpha}_2,\cdots,\boldsymbol{\alpha}_s$ **线性相关**(linear dependence). 否则称$\boldsymbol{\alpha}_1,\boldsymbol{\alpha}_2,\cdots,\boldsymbol{\alpha}_s$ **线性无关**(linear independence).

按定义 4.7，在$\mathbb{R}^3$ 中共线的向量及共面的向量都是线性相关的，只有线性无关的向量

才能选作仿射坐标系的基.

例 4.2 $\boldsymbol{\alpha}_1=\begin{bmatrix}1\\2\\1\end{bmatrix},\boldsymbol{\alpha}_2=\begin{bmatrix}2\\4\\2\end{bmatrix},\boldsymbol{\alpha}_3=\begin{bmatrix}1\\3\\5\end{bmatrix}$是$\mathbb{R}^3$中三个向量,由于$\boldsymbol{\alpha}_2=2\boldsymbol{\alpha}_1$,因而有

$$2\boldsymbol{\alpha}_1+(-1)\boldsymbol{\alpha}_2+0\boldsymbol{\alpha}_3=\mathbf{0},$$

系数 2,−1,0 不全为零,按定义$\boldsymbol{\alpha}_1,\boldsymbol{\alpha}_2,\boldsymbol{\alpha}_3$线性相关. ■

例 4.3 设$\boldsymbol{A}$为数域F上的n阶矩阵,$\boldsymbol{\alpha}$是n维向量,如$\boldsymbol{A}^{m-1}\boldsymbol{\alpha}\neq\mathbf{0}$,$\boldsymbol{A}^m\boldsymbol{\alpha}=\mathbf{0}$.证明$\boldsymbol{\alpha}$,$\boldsymbol{A}\boldsymbol{\alpha},\cdots,\boldsymbol{A}^{m-1}\boldsymbol{\alpha}$线性无关.

证 设$k_1\boldsymbol{\alpha}+k_2\boldsymbol{A}\boldsymbol{\alpha}+\cdots+k_m\boldsymbol{A}^{m-1}\boldsymbol{\alpha}=\mathbf{0}$,用$\boldsymbol{A}^{m-1}$左乘此式的两边,有

$$k_1\boldsymbol{A}^{m-1}\boldsymbol{\alpha}+k_2\boldsymbol{A}^m\boldsymbol{\alpha}+\cdots+k_m\boldsymbol{A}^{2m-2}\boldsymbol{\alpha}=\mathbf{0},\tag{4.1}$$

由于$\boldsymbol{A}^m\boldsymbol{\alpha}=\mathbf{0}$,知$\boldsymbol{A}^{m+1}\boldsymbol{\alpha}=\boldsymbol{A}^{m+2}\boldsymbol{\alpha}=\cdots=\boldsymbol{A}^{2m-2}\boldsymbol{\alpha}=\mathbf{0}$,(4.1)式变成$k_1\boldsymbol{A}^{m-1}\boldsymbol{\alpha}=\mathbf{0}$,又因$\boldsymbol{A}^{m-1}\boldsymbol{\alpha}\neq\mathbf{0}$,故$k_1=0$.类似地,用$\boldsymbol{A}^{m-2}$左乘$k_2\boldsymbol{A}\boldsymbol{\alpha}+\cdots+k_m\boldsymbol{A}^{m-1}\boldsymbol{\alpha}=\mathbf{0}$,可得$k_2=0$.以此类推知$k_1=k_2=\cdots=k_m=0$.从而$\boldsymbol{\alpha},\boldsymbol{A}\boldsymbol{\alpha},\cdots,\boldsymbol{A}^{m-1}\boldsymbol{\alpha}$线性无关. ■

下面再看几个简单的例子.

(1) 包含零向量的向量组一定线性相关.因为

$$1\cdot\mathbf{0}+0\cdot\boldsymbol{\alpha}_2+\cdots+0\cdot\boldsymbol{\alpha}_s=\mathbf{0}.$$

(2) 单个向量$\boldsymbol{\alpha}$线性无关$\Leftrightarrow\boldsymbol{\alpha}\neq\mathbf{0}$.

(3) 若向量组$\boldsymbol{\alpha}_1,\boldsymbol{\alpha}_2,\cdots,\boldsymbol{\alpha}_s$的部分组$\boldsymbol{\alpha}_{i_1},\boldsymbol{\alpha}_{i_2},\cdots,\boldsymbol{\alpha}_{i_r}$线性相关,则$\boldsymbol{\alpha}_1,\boldsymbol{\alpha}_2,\cdots,\boldsymbol{\alpha}_s$线性相关.

(4)"阶梯形"向量组

$$\boldsymbol{\alpha}_1=\begin{bmatrix}a_{11}\\0\\0\\\vdots\\0\end{bmatrix},\quad\boldsymbol{\alpha}_2=\begin{bmatrix}a_{12}\\a_{22}\\0\\\vdots\\0\end{bmatrix},\quad\cdots,\quad\boldsymbol{\alpha}_s=\begin{bmatrix}a_{1s}\\\vdots\\a_{ss}\\\vdots\\0\end{bmatrix}$$

($a_{ii}\neq0,i=1,2,\cdots,s$)线性无关.

证 这里只证明(4).

对向量组$\boldsymbol{\alpha}_1,\boldsymbol{\alpha}_2,\cdots,\boldsymbol{\alpha}_s$,如果$x_1\boldsymbol{\alpha}_1+x_2\boldsymbol{\alpha}_2+\cdots+x_s\boldsymbol{\alpha}_s=\mathbf{0}$,把前$s$个分量写出来,即

$$\begin{cases}a_{11}x_1+a_{12}x_2+\cdots+a_{1s}x_s=0,\\\qquad\quad a_{22}x_2+\cdots+a_{2s}x_s=0,\\\qquad\qquad\qquad\vdots\\\qquad\qquad\qquad a_{ss}x_s=0.\end{cases}$$

线性方程组的系数行列式

$$\begin{vmatrix}a_{11}&a_{12}&\cdots&a_{1s}\\&a_{22}&\cdots&a_{2s}\\&&\ddots&\vdots\\&&&a_{ss}\end{vmatrix}=a_{11}a_{22}\cdots a_{ss}\neq0,$$

必有 $x_1=x_2=\cdots=x_s=0$，所以$\boldsymbol{\alpha}_1,\boldsymbol{\alpha}_2,\cdots,\boldsymbol{\alpha}_s$ 线性无关. ■

线性相关、线性无关是较难理解、掌握的概念，对于三维实向量有下面的几何解释，以下设$\boldsymbol{\alpha}_1,\boldsymbol{\alpha}_2,\boldsymbol{\alpha}_3$ 都是三维的实向量.

如果$\boldsymbol{\alpha}_1$ 线性相关，则$\boldsymbol{\alpha}_1=\mathbf{0}$.

如果$\boldsymbol{\alpha}_1,\boldsymbol{\alpha}_2$ 线性相关，按定义存在不全为零的实数 k_1,k_2，使得 $k_1\boldsymbol{\alpha}_1+k_2\boldsymbol{\alpha}_2=\mathbf{0}$，不妨设 $k_1\neq 0$，则

$$\boldsymbol{\alpha}_1=-\frac{k_2}{k_1}\boldsymbol{\alpha}_2,$$

这表明$\boldsymbol{\alpha}_1$ 与$\boldsymbol{\alpha}_2$ 是共线的，反之亦然.

如果$\boldsymbol{\alpha}_1,\boldsymbol{\alpha}_2,\boldsymbol{\alpha}_3$ 线性相关，则存在不全为零的实数 k_1,k_2,k_3，使得 $k_1\boldsymbol{\alpha}_1+k_2\boldsymbol{\alpha}_2+k_3\boldsymbol{\alpha}_3=\mathbf{0}$. 不妨设 $k_3\neq 0$，那么

$$\boldsymbol{\alpha}_3=-\frac{k_1}{k_3}\boldsymbol{\alpha}_1-\frac{k_2}{k_3}\boldsymbol{\alpha}_2,$$

按向量加法的平行四边形法则，得到$\boldsymbol{\alpha}_1,\boldsymbol{\alpha}_2,\boldsymbol{\alpha}_3$ 是共面向量. 这是充分必要的.

4.2.2 线性相关、线性无关的进一步讨论

线性相关性除了定义给出的线性组合刻画之外，还可以通过线性表出来刻画.

定理 4.1 n 维向量$\boldsymbol{\alpha}_1,\boldsymbol{\alpha}_2,\cdots,\boldsymbol{\alpha}_s(s\geqslant 2)$线性相关的充要条件是其中有向量可由其余的向量线性表出.

证 如$\boldsymbol{\alpha}_1,\boldsymbol{\alpha}_2,\cdots,\boldsymbol{\alpha}_s$ 线性相关，由定义知存在不全为零的常数 $k_1,k_2,\cdots,k_s$ 使得

$$k_1\boldsymbol{\alpha}_1+k_2\boldsymbol{\alpha}_2+\cdots+k_s\boldsymbol{\alpha}_s=\mathbf{0},$$

不妨设 $k_i\neq 0$，于是

$$\boldsymbol{\alpha}_i=-\frac{k_1}{k_i}\boldsymbol{\alpha}_1-\cdots-\frac{k_{i-1}}{k_i}\boldsymbol{\alpha}_{i-1}-\frac{k_{i+1}}{k_i}\boldsymbol{\alpha}_{i+1}-\cdots-\frac{k_s}{k_i}\boldsymbol{\alpha}_s,$$

即有$\boldsymbol{\alpha}_i$ 可由其余的向量$\boldsymbol{\alpha}_1,\cdots,\boldsymbol{\alpha}_{i-1},\boldsymbol{\alpha}_{i+1},\cdots,\boldsymbol{\alpha}_s$ 线性表出.

反之，如有一个向量$\boldsymbol{\alpha}_j$ 可由其他向量线性表出，即$\boldsymbol{\alpha}_j=l_1\boldsymbol{\alpha}_1+\cdots+l_{j-1}\boldsymbol{\alpha}_{j-1}+l_{j+1}\boldsymbol{\alpha}_{j+1}+\cdots+l_s\boldsymbol{\alpha}_s$，那么

$$l_1\boldsymbol{\alpha}_1+\cdots+l_{j-1}\boldsymbol{\alpha}_{j-1}-\boldsymbol{\alpha}_j+l_{j+1}\boldsymbol{\alpha}_{j+1}+\cdots+l_s\boldsymbol{\alpha}_s=\mathbf{0},$$

系数 $l_1,\cdots,l_{j-1},-1,l_{j+1},\cdots,l_s$ 不全为零，所以向量组$\boldsymbol{\alpha}_1,\boldsymbol{\alpha}_2,\cdots,\boldsymbol{\alpha}_s$ 线性相关. ■

定理 4.2 设 n 维向量$\boldsymbol{\alpha}_1,\boldsymbol{\alpha}_2,\cdots,\boldsymbol{\alpha}_s$ 线性无关，而$\boldsymbol{\alpha}_1,\boldsymbol{\alpha}_2,\cdots,\boldsymbol{\alpha}_s,\boldsymbol{\beta}$ 线性相关，则$\boldsymbol{\beta}$ 可由$\boldsymbol{\alpha}_1,\boldsymbol{\alpha}_2,\cdots,\boldsymbol{\alpha}_s$ 线性表出，且表示法唯一.

证 由$\boldsymbol{\alpha}_1,\boldsymbol{\alpha}_2,\cdots,\boldsymbol{\alpha}_s,\boldsymbol{\beta}$线性相关知，存在不全为零的数 $k_1,k_2,\cdots,k_s,l$ 使得

$$k_1\boldsymbol{\alpha}_1+k_2\boldsymbol{\alpha}_2+\cdots+k_s\boldsymbol{\alpha}_s+l\boldsymbol{\beta}=\mathbf{0},$$

若 $l=0$，则 $k_1,k_2,\cdots,k_s$ 不全为零，从而有

$$k_1\boldsymbol{\alpha}_1+k_2\boldsymbol{\alpha}_2+\cdots+k_s\boldsymbol{\alpha}_s=\mathbf{0},$$

这与$\boldsymbol{\alpha}_1,\boldsymbol{\alpha}_2,\cdots,\boldsymbol{\alpha}_s$线性无关相矛盾，从而$l\neq 0$. 于是

$$\boldsymbol{\beta}=-\frac{k_1}{l}\boldsymbol{\alpha}_1-\frac{k_2}{l}\boldsymbol{\alpha}_2-\cdots-\frac{k_s}{l}\boldsymbol{\alpha}_s,$$

即$\boldsymbol{\beta}$可由$\boldsymbol{\alpha}_1,\boldsymbol{\alpha}_2,\cdots,\boldsymbol{\alpha}_s$线性表出.

假若$\boldsymbol{\beta}$可有两种不同的表示方法，分别设

$$\boldsymbol{\beta}=x_1\boldsymbol{\alpha}_1+x_2\boldsymbol{\alpha}_2+\cdots+x_s\boldsymbol{\alpha}_s,\quad \boldsymbol{\beta}=y_1\boldsymbol{\alpha}_1+y_2\boldsymbol{\alpha}_2+\cdots+y_s\boldsymbol{\alpha}_s,$$

两式相减，得

$$(x_1-y_1)\boldsymbol{\alpha}_1+(x_2-y_2)\boldsymbol{\alpha}_2+\cdots+(x_s-y_s)\boldsymbol{\alpha}_s=\mathbf{0}.$$

如系数$x_1-y_1,x_2-y_2,\cdots,x_s-y_s$不全为零，则与$\boldsymbol{\alpha}_1,\boldsymbol{\alpha}_2,\cdots,\boldsymbol{\alpha}_s$线性无关相矛盾，从而$\boldsymbol{\beta}$由$\boldsymbol{\alpha}_1,\boldsymbol{\alpha}_2,\cdots,\boldsymbol{\alpha}_s$线性表出的方法是唯一的. ■

线性相关性也可以通过齐次线性方程组的解来刻画.

按线性相关定义，讨论向量组$\boldsymbol{\alpha}_1,\boldsymbol{\alpha}_2,\cdots,\boldsymbol{\alpha}_s$的线性相关性就等价于讨论向量方程

$$x_1\boldsymbol{\alpha}_1+x_2\boldsymbol{\alpha}_2+\cdots+x_s\boldsymbol{\alpha}_s=\mathbf{0}$$

是否有非零解. 利用分块矩阵，并令$\boldsymbol{A}=[\boldsymbol{\alpha}_1\quad\boldsymbol{\alpha}_2\quad\cdots\quad\boldsymbol{\alpha}_s]$，$\boldsymbol{x}=(x_1,x_2,\cdots,x_s)^{\mathrm{T}}$，则上式可表示成

$$[\boldsymbol{\alpha}_1\quad\boldsymbol{\alpha}_2\quad\cdots\quad\boldsymbol{\alpha}_s]\begin{bmatrix}x_1\\x_2\\\vdots\\x_s\end{bmatrix}=\mathbf{0},$$

即要讨论齐次线性方程组$\boldsymbol{Ax}=\mathbf{0}$是否有非零解.

定理 4.3 n维向量

$$\boldsymbol{\alpha}_1=\begin{bmatrix}a_{11}\\a_{21}\\\vdots\\a_{n1}\end{bmatrix},\quad\boldsymbol{\alpha}_2=\begin{bmatrix}a_{12}\\a_{22}\\\vdots\\a_{n2}\end{bmatrix},\quad\cdots,\quad\boldsymbol{\alpha}_s=\begin{bmatrix}a_{1s}\\a_{2s}\\\vdots\\a_{ns}\end{bmatrix}$$

线性相关的充要条件是齐次线性方程组$\boldsymbol{Ax}=\mathbf{0}$有非零解，其中

$$\boldsymbol{A}=\begin{bmatrix}a_{11}&a_{12}&\cdots&a_{1s}\\a_{21}&a_{22}&\cdots&a_{2s}\\\vdots&\vdots&&\vdots\\a_{n1}&a_{n2}&\cdots&a_{ns}\end{bmatrix},\quad\boldsymbol{x}=\begin{bmatrix}x_1\\x_2\\\vdots\\x_s\end{bmatrix}.$$ ■

由定理 2.2 的推论，有下面的结论.

推论 1 n个n维向量$\boldsymbol{\alpha}_1,\boldsymbol{\alpha}_2,\cdots,\boldsymbol{\alpha}_n$线性相关的充要条件是$|\boldsymbol{A}|=0$，这里$\boldsymbol{A}=(\boldsymbol{\alpha}_1,\boldsymbol{\alpha}_2,\cdots,\boldsymbol{\alpha}_n)$. ■

当$s>n$时，齐次线性方程组$\boldsymbol{Ax}=\mathbf{0}$必有非零解，于是有下面的结论.

推论 2 F^n中任意$n+1$个向量必定线性相关. ■

推论 3 设$\boldsymbol{\alpha}_1,\boldsymbol{\alpha}_2,\cdots,\boldsymbol{\alpha}_s\in F^m$，$\boldsymbol{\beta}_1,\boldsymbol{\beta}_2,\cdots,\boldsymbol{\beta}_s\in F^n$，构造 s 个 $m+n$ 维向量$\boldsymbol{\gamma}_1=\begin{bmatrix}\boldsymbol{\alpha}_1\\\boldsymbol{\beta}_1\end{bmatrix}$，$\boldsymbol{\gamma}_2=\begin{bmatrix}\boldsymbol{\alpha}_2\\\boldsymbol{\beta}_2\end{bmatrix}$，$\cdots$，$\boldsymbol{\gamma}_s=\begin{bmatrix}\boldsymbol{\alpha}_s\\\boldsymbol{\beta}_s\end{bmatrix}$. 如$\boldsymbol{\alpha}_1,\boldsymbol{\alpha}_2,\cdots,\boldsymbol{\alpha}_s$ 线性无关，则$\boldsymbol{\gamma}_1,\boldsymbol{\gamma}_2,\cdots,\boldsymbol{\gamma}_s$ 线性无关；反之，如$\boldsymbol{\gamma}_1,\boldsymbol{\gamma}_2,\cdots,\boldsymbol{\gamma}_s$ 线性相关，则$\boldsymbol{\alpha}_1,\boldsymbol{\alpha}_2,\cdots,\boldsymbol{\alpha}_s$ 线性相关.

证 构造两个齐次线性方程组

$$① \qquad [\boldsymbol{\alpha}_1\quad \boldsymbol{\alpha}_2\quad \cdots\quad \boldsymbol{\alpha}_s]\begin{bmatrix}x_1\\x_2\\\vdots\\x_s\end{bmatrix}=\mathbf{0},$$

$$② \qquad [\boldsymbol{\gamma}_1\quad \boldsymbol{\gamma}_2\quad \cdots\quad \boldsymbol{\gamma}_s]\begin{bmatrix}x_1\\x_2\\\vdots\\x_s\end{bmatrix}=\mathbf{0}.$$

由于线性方程组②的前 m 个方程就是线性方程组①的所有方程，那么，线性方程组②的解必是线性方程组①的解，即{线性方程组②的解}$\subset${线性方程组①的解}.

当$\boldsymbol{\alpha}_1,\boldsymbol{\alpha}_2,\cdots,\boldsymbol{\alpha}_s$ 线性无关时，齐次线性方程组①只有零解，因此齐次线性方程组②也仅有零解，得知$\boldsymbol{\gamma}_1,\boldsymbol{\gamma}_2,\cdots,\boldsymbol{\gamma}_s$ 线性无关.

反之，若$\boldsymbol{\gamma}_1,\boldsymbol{\gamma}_2,\cdots,\boldsymbol{\gamma}_s$ 线性相关，则齐次线性方程组②有非零解，所以齐次线性方程组①也有非零解，即$\boldsymbol{\alpha}_1,\boldsymbol{\alpha}_2,\cdots,\boldsymbol{\alpha}_s$ 线性相关. ■

例 4.4 判断$\boldsymbol{\alpha}_1=(1,-1,2,3)^{\mathrm{T}}$，$\boldsymbol{\alpha}_2=(2,2,0,-1)^{\mathrm{T}}$，$\boldsymbol{\alpha}_3=(0,2,5,8)^{\mathrm{T}}$，$\boldsymbol{\alpha}_4=(-1,7,-1,-2)^{\mathrm{T}}$ 的线性相关性.

解 考查齐次线性方程组 $x_1\boldsymbol{\alpha}_1+x_2\boldsymbol{\alpha}_2+x_3\boldsymbol{\alpha}_3+x_4\boldsymbol{\alpha}_4=\mathbf{0}$，按分量写出来即是

$$\begin{cases}x_1+2x_2\qquad\quad -x_4=0,\\-x_1+2x_2+2x_3+7x_4=0,\\2x_1\qquad +5x_3-x_4=0,\\3x_1-x_2+8x_3-2x_4=0,\end{cases}$$

系数行列式

$$\begin{vmatrix}1&2&0&-1\\-1&2&2&7\\2&0&5&-1\\3&-1&8&-2\end{vmatrix}=\begin{vmatrix}1&0&0&0\\-1&4&2&6\\2&-4&5&1\\3&-7&8&1\end{vmatrix}$$

$$=\begin{vmatrix}4&2&6\\-4&5&1\\-7&8&1\end{vmatrix}=\begin{vmatrix}4&6&6\\-4&1&1\\-7&1&1\end{vmatrix}=0,$$

所以$\boldsymbol{\alpha}_1,\boldsymbol{\alpha}_2,\boldsymbol{\alpha}_3,\boldsymbol{\alpha}_4$线性相关. ■

例 4.5 已知$\boldsymbol{\alpha}_1=(1,2,-1,4)^{\mathrm{T}},\boldsymbol{\alpha}_2=(0,-1,a,3)^{\mathrm{T}},\boldsymbol{\alpha}_3=(2,5,3,5)^{\mathrm{T}}$线性无关,求$a$.

解 考查齐次线性方程组$x_1\boldsymbol{\alpha}_1+x_2\boldsymbol{\alpha}_2+x_3\boldsymbol{\alpha}_3=\mathbf{0}$,由$\boldsymbol{A}\boldsymbol{x}=\mathbf{0}$,用高斯消元法解此齐次线性方程组,得

$$\begin{bmatrix}1&0&2\\2&-1&5\\-1&a&3\\4&3&5\end{bmatrix}\to\begin{bmatrix}1&0&2\\0&-1&1\\0&a&5\\0&3&-3\end{bmatrix}\to\begin{bmatrix}1&0&2\\0&-1&1\\0&0&5+a\\0&0&0\end{bmatrix}.$$

现$\boldsymbol{\alpha}_1,\boldsymbol{\alpha}_2,\boldsymbol{\alpha}_3$线性无关,要求齐次线性方程组只有零解,故$a\neq-5$. ■

4.3 向量组的秩

本节讨论两个向量组之间线性表出、线性相关性方面的一些问题,进而引入向量组秩的概念,它是后面完整地讨论线性方程组解的理论基础.

4.3.1 向量组的线性表出

设有两个n维向量组

① $$\boldsymbol{\alpha}_1,\boldsymbol{\alpha}_2,\cdots,\boldsymbol{\alpha}_s;$$

② $$\boldsymbol{\beta}_1,\boldsymbol{\beta}_2,\cdots,\boldsymbol{\beta}_t.$$

如果向量组①中每个向量$\boldsymbol{\alpha}_i(i=1,2,\cdots,s)$都可由向量组②中的向量$\boldsymbol{\beta}_1,\boldsymbol{\beta}_2,\cdots,\boldsymbol{\beta}_t$线性表出,则称向量组①可由向量组②线性表出.

如果向量组①、②这两个向量组可以互相线性表出,则称这**两个向量组等价**(equivalence),记为①~②.

例如,考虑向量组$\boldsymbol{\alpha}_1=\begin{bmatrix}1\\0\\0\end{bmatrix},\boldsymbol{\alpha}_2=\begin{bmatrix}0\\1\\0\end{bmatrix},\boldsymbol{\alpha}_3=\begin{bmatrix}0\\0\\1\end{bmatrix}$和向量组$\boldsymbol{\beta}_1=\begin{bmatrix}1\\1\\1\end{bmatrix},\boldsymbol{\beta}_2=\begin{bmatrix}1\\1\\0\end{bmatrix},\boldsymbol{\beta}_3=\begin{bmatrix}1\\0\\0\end{bmatrix}$.

显然,

$$\boldsymbol{\beta}_1=\boldsymbol{\alpha}_1+\boldsymbol{\alpha}_2+\boldsymbol{\alpha}_3,\quad \boldsymbol{\beta}_2=\boldsymbol{\alpha}_1+\boldsymbol{\alpha}_2,\quad \boldsymbol{\beta}_3=\boldsymbol{\alpha}_1.$$

也容易解出

$$\boldsymbol{\alpha}_1=\boldsymbol{\beta}_3,\quad \boldsymbol{\alpha}_2=\boldsymbol{\beta}_2-\boldsymbol{\beta}_3,\quad \boldsymbol{\alpha}_3=\boldsymbol{\beta}_1-\boldsymbol{\beta}_2.$$

可见这两个向量组可以互相线性表出,它们是等价向量组.

又如,$\boldsymbol{\alpha}_1=\begin{bmatrix}0\\0\end{bmatrix},\boldsymbol{\alpha}_2=\begin{bmatrix}0\\3\end{bmatrix}$与$\boldsymbol{\beta}_1=\begin{bmatrix}1\\2\end{bmatrix},\boldsymbol{\beta}_2=\begin{bmatrix}1\\3\end{bmatrix}$.由于

$$\boldsymbol{\alpha}_1 = 0\boldsymbol{\beta}_1 + 0\boldsymbol{\beta}_2, \quad \boldsymbol{\alpha}_2 = 3\boldsymbol{\beta}_2 - 3\boldsymbol{\beta}_1,$$

可知$\boldsymbol{\alpha}_1,\boldsymbol{\alpha}_2$能由$\boldsymbol{\beta}_1,\boldsymbol{\beta}_2$线性表出，但$\boldsymbol{\beta}_1$的第一个分量是1，而$\boldsymbol{\alpha}_1,\boldsymbol{\alpha}_2$的第一个分量全都是零，$\boldsymbol{\alpha}_1,\boldsymbol{\alpha}_2$的任何线性组合其第一个分量总是零，所以$\boldsymbol{\beta}_1$不能由$\boldsymbol{\alpha}_1,\boldsymbol{\alpha}_2$线性表出，因此向量组$\boldsymbol{\beta}_1,\boldsymbol{\beta}_2$不能由向量组$\boldsymbol{\alpha}_1,\boldsymbol{\alpha}_2$线性表出.

定理 4.4 在F^n中，如果向量组$\boldsymbol{\alpha}_1,\boldsymbol{\alpha}_2,\cdots,\boldsymbol{\alpha}_s$可由向量组$\boldsymbol{\beta}_1,\boldsymbol{\beta}_2,\cdots,\boldsymbol{\beta}_t$线性表出，而且$s>t$，那么$\boldsymbol{\alpha}_1,\boldsymbol{\alpha}_2,\cdots,\boldsymbol{\alpha}_s$线性相关.

证 因为$\boldsymbol{\alpha}_1,\boldsymbol{\alpha}_2,\cdots,\boldsymbol{\alpha}_s$都可由$\boldsymbol{\beta}_1,\boldsymbol{\beta}_2,\cdots,\boldsymbol{\beta}_t$线性表出，故可设

$$\begin{cases} \boldsymbol{\alpha}_1 = c_{11}\boldsymbol{\beta}_1 + c_{21}\boldsymbol{\beta}_2 + \cdots + c_{t1}\boldsymbol{\beta}_t, \\ \boldsymbol{\alpha}_2 = c_{12}\boldsymbol{\beta}_1 + c_{22}\boldsymbol{\beta}_2 + \cdots + c_{t2}\boldsymbol{\beta}_t, \\ \qquad\vdots \\ \boldsymbol{\alpha}_s = c_{1s}\boldsymbol{\beta}_1 + c_{2s}\boldsymbol{\beta}_2 + \cdots + c_{ts}\boldsymbol{\beta}_t. \end{cases}$$

用分块矩阵表示此关系式，得

$$(\boldsymbol{\alpha}_1,\boldsymbol{\alpha}_2,\cdots,\boldsymbol{\alpha}_s) = (\boldsymbol{\beta}_1,\boldsymbol{\beta}_2,\cdots,\boldsymbol{\beta}_t)\begin{bmatrix} c_{11} & c_{12} & \cdots & c_{1s} \\ c_{21} & c_{22} & \cdots & c_{2s} \\ \vdots & \vdots & & \vdots \\ c_{t1} & c_{t2} & \cdots & c_{ts} \end{bmatrix}.$$

记$\boldsymbol{C}=(c_{ij})_{t\times s}$，上式又可写成

$$[\boldsymbol{\alpha}_1 \quad \boldsymbol{\alpha}_2 \quad \cdots \quad \boldsymbol{\alpha}_s] = [\boldsymbol{\beta}_1 \quad \boldsymbol{\beta}_2 \quad \cdots \quad \boldsymbol{\beta}_t]\boldsymbol{C}.$$

为证$\boldsymbol{\alpha}_1,\boldsymbol{\alpha}_2,\cdots,\boldsymbol{\alpha}_s$线性相关，设$\boldsymbol{x}=(x_1,x_2,\cdots,x_s)^{\mathrm{T}}$，考查

$$[\boldsymbol{\alpha}_1 \quad \boldsymbol{\alpha}_2 \quad \cdots \quad \boldsymbol{\alpha}_s]\boldsymbol{x} = x_1\boldsymbol{\alpha}_1 + x_2\boldsymbol{\alpha}_2 + \cdots + x_s\boldsymbol{\alpha}_s = \boldsymbol{0}.$$

需证明$x_1,x_2,\cdots,x_s$不全为零.

对于齐次线性方程组$\boldsymbol{Cx}=\boldsymbol{0}$，其方程个数是$t$，未知数个数是$s$，现已知$t<s$，由定理2.2知，此线性方程组有非零解，即存在$\boldsymbol{x}^*=(x_1^*,x_2^*,\cdots,x_s^*)^{\mathrm{T}}\neq\boldsymbol{0}$，使$\boldsymbol{Cx}^*=\boldsymbol{0}$，那么

$$[\boldsymbol{\alpha}_1 \quad \boldsymbol{\alpha}_2 \quad \cdots \quad \boldsymbol{\alpha}_s]\boldsymbol{x}^* = [\boldsymbol{\beta}_1 \quad \boldsymbol{\beta}_2 \quad \cdots \quad \boldsymbol{\beta}_t]\boldsymbol{Cx}^* = [\boldsymbol{\beta}_1 \quad \boldsymbol{\beta}_2 \quad \cdots \quad \boldsymbol{\beta}_t]\boldsymbol{0} = \boldsymbol{0}.$$

所以$\boldsymbol{\alpha}_1,\boldsymbol{\alpha}_2,\cdots,\boldsymbol{\alpha}_s$线性相关. ■

定理4.4说明，如果个数多的向量组能用个数少的向量组线性表出，那么这个数多的向量组必然是线性相关的. 它的一个有用的等价叙述为下面的结论.

推论 如果$\boldsymbol{\alpha}_1,\boldsymbol{\alpha}_2,\cdots,\boldsymbol{\alpha}_s$可以由$\boldsymbol{\beta}_1,\boldsymbol{\beta}_2,\cdots,\boldsymbol{\beta}_t$线性表出，且$\boldsymbol{\alpha}_1,\boldsymbol{\alpha}_2,\cdots,\boldsymbol{\alpha}_s$线性无关，则$s\leqslant t$. ■

关于向量组的等价，显然有下面三条性质.

(1) 自反性：①～①；

(2) 对称性：若①～②，则②～①；

(3) 传递性：若①～②，②～③，则①～③.

因而，等价作为向量组之间的关系是一种等价关系.

4.3.2 极大线性无关组

定义 4.8 在向量组$\boldsymbol{\alpha}_1,\boldsymbol{\alpha}_2,\cdots,\boldsymbol{\alpha}_s$中，若存在$r$个向量$\boldsymbol{\alpha}_{i_1},\boldsymbol{\alpha}_{i_2},\cdots,\boldsymbol{\alpha}_{i_r}$线性无关，再加进任意一个向量$\boldsymbol{\alpha}_j(j=1,2,\cdots,s)$就线性相关，则称$\boldsymbol{\alpha}_{i_1},\boldsymbol{\alpha}_{i_2},\cdots,\boldsymbol{\alpha}_{i_r}$是向量组$\boldsymbol{\alpha}_1,\boldsymbol{\alpha}_2,\cdots,\boldsymbol{\alpha}_s$的一个**极大线性无关组**. 只含零向量的向量组没有极大线性无关组.

例如，向量组$\boldsymbol{\alpha}_1=\begin{bmatrix}1\\0\end{bmatrix},\boldsymbol{\alpha}_2=\begin{bmatrix}1\\2\end{bmatrix},\boldsymbol{\alpha}_3=\begin{bmatrix}2\\3\end{bmatrix}$中，$\boldsymbol{\alpha}_1,\boldsymbol{\alpha}_2$是线性无关的，而$\boldsymbol{\alpha}_3=\frac{1}{2}\boldsymbol{\alpha}_1+\frac{3}{2}\boldsymbol{\alpha}_2$，即添加$\boldsymbol{\alpha}_3$后就线性相关，所以，$\boldsymbol{\alpha}_1,\boldsymbol{\alpha}_2$就是一个极大线性无关组. 其实$\boldsymbol{\alpha}_1,\boldsymbol{\alpha}_3$与$\boldsymbol{\alpha}_2,\boldsymbol{\alpha}_3$也都是$\boldsymbol{\alpha}_1,\boldsymbol{\alpha}_2,\boldsymbol{\alpha}_3$的极大线性无关组. 一个向量组的极大线性无关组往往是不唯一的，那么它们之间有什么关系呢？

定理 4.5 如果$\boldsymbol{\alpha}_{i_1},\boldsymbol{\alpha}_{i_2},\cdots,\boldsymbol{\alpha}_{i_r}$与$\boldsymbol{\alpha}_{j_1},\boldsymbol{\alpha}_{j_2},\cdots,\boldsymbol{\alpha}_{j_t}$都是$\boldsymbol{\alpha}_1,\boldsymbol{\alpha}_2,\cdots,\boldsymbol{\alpha}_s$的极大线性无关组，则$r=t$.

证 因为$\boldsymbol{\alpha}_{i_1},\boldsymbol{\alpha}_{i_2},\cdots,\boldsymbol{\alpha}_{i_r}$是$\boldsymbol{\alpha}_1,\boldsymbol{\alpha}_2,\cdots,\boldsymbol{\alpha}_s$的极大线性无关组，所以添加$\boldsymbol{\alpha}_{j_p}(p=1,2,\cdots,t)$后必线性相关，根据定理 4.2 知$\boldsymbol{\alpha}_{j_p}$可由$\boldsymbol{\alpha}_{i_1},\boldsymbol{\alpha}_{i_2},\cdots,\boldsymbol{\alpha}_{i_r}$线性表出. 那么，向量组$\boldsymbol{\alpha}_{j_1},\boldsymbol{\alpha}_{j_2},\cdots,\boldsymbol{\alpha}_{j_t}$可由向量组$\boldsymbol{\alpha}_{i_1},\boldsymbol{\alpha}_{i_2},\cdots,\boldsymbol{\alpha}_{i_r}$线性表出. 又因$\boldsymbol{\alpha}_{j_1},\boldsymbol{\alpha}_{j_2},\cdots,\boldsymbol{\alpha}_{j_t}$线性无关，据定理 4.4 的推论知$t\leqslant r$.

同理又可有$r\leqslant t$. 从而$t=r$，即两个极大线性无关组有相同个数的向量. ■

接下来介绍一种求极大线性无关组的方法.

设$\boldsymbol{\alpha}_1,\boldsymbol{\alpha}_2,\cdots,\boldsymbol{\alpha}_s$为$n$维向量组成的向量组. 令$\boldsymbol{A}=[\boldsymbol{\alpha}_1\quad\boldsymbol{\alpha}_2\quad\cdots\quad\boldsymbol{\alpha}_s]$. 用初等行变换将$\boldsymbol{A}$化成阶梯形矩阵$\boldsymbol{U}$，故有可逆矩阵$\boldsymbol{P}$使得

$$\boldsymbol{PA}=\boldsymbol{U}.$$

设$\boldsymbol{U}$中有r个行非零，称非零行中第一个非零元素为**主元**(pivot)，r个主元恰属于$\boldsymbol{U}$中r个线性无关的列.

为书写简单，不妨设$\boldsymbol{U}$中主元所在的列刚好为前r列，所以$\boldsymbol{U}$为如下的阶梯形矩阵：

$$\begin{bmatrix} u_{11} & u_{12} & \cdots & u_{1r} & \cdots & u_{1s} \\ & u_{22} & \cdots & u_{2r} & \cdots & u_{2s} \\ & & \ddots & \vdots & & \vdots \\ & & & u_{rr} & \cdots & u_{rs} \\ & & & & & 0 \\ & & & & & \vdots \\ & & & & & 0 \end{bmatrix},$$

其中$u_{ii}\neq 0(i=1,2,\cdots,r)$. 显然$\boldsymbol{U}$中其他的列都可由前$r$列线性表出，因此$\boldsymbol{U}$的前$r$列为$\boldsymbol{U}$的列向量组的极大线性无关组. 设$\boldsymbol{U}=[\boldsymbol{\beta}_1\quad\boldsymbol{\beta}_2\quad\cdots\quad\boldsymbol{\beta}_s]$，则

$$\boldsymbol{P}[\boldsymbol{\alpha}_1\quad\boldsymbol{\alpha}_2\quad\cdots\quad\boldsymbol{\alpha}_r]=[\boldsymbol{\beta}_1\quad\boldsymbol{\beta}_2\quad\cdots\quad\boldsymbol{\beta}_r].$$

由于

$$[\boldsymbol{\alpha}_1 \quad \boldsymbol{\alpha}_2 \quad \cdots \quad \boldsymbol{\alpha}_r]\boldsymbol{x}=\boldsymbol{0} \Leftrightarrow \boldsymbol{P}[\boldsymbol{\alpha}_1 \quad \boldsymbol{\alpha}_2 \quad \cdots \quad \boldsymbol{\alpha}_r]\boldsymbol{x}=\boldsymbol{0}$$
$$\Leftrightarrow [\boldsymbol{\beta}_1 \quad \boldsymbol{\beta}_2 \quad \cdots \quad \boldsymbol{\beta}_r]\boldsymbol{x}=\boldsymbol{0},$$

可见$\boldsymbol{\alpha}_1,\boldsymbol{\alpha}_2,\cdots,\boldsymbol{\alpha}_r$线性无关.

因为$\boldsymbol{\beta}_1,\boldsymbol{\beta}_2,\cdots,\boldsymbol{\beta}_r$为$\boldsymbol{\beta}_1,\boldsymbol{\beta}_2,\cdots,\boldsymbol{\beta}_s$的极大线性无关组,所以$\forall j\in\{1,2,\cdots,s\}$,$\boldsymbol{\beta}_j$可由$\boldsymbol{\beta}_1,\boldsymbol{\beta}_2,\cdots,\boldsymbol{\beta}_r$线性表出,即

$$\boldsymbol{\beta}_j=\sum_{i=1}^{r}k_i\boldsymbol{\beta}_i.$$

两边同时左乘$\boldsymbol{P}^{-1}$得

$$\boldsymbol{\alpha}_j=\sum_{i=1}^{r}k_i\boldsymbol{\alpha}_i.$$

这说明$\boldsymbol{\alpha}_1,\boldsymbol{\alpha}_2,\cdots,\boldsymbol{\alpha}_r$为$\boldsymbol{\alpha}_1,\boldsymbol{\alpha}_2,\cdots,\boldsymbol{\alpha}_s$的极大线性无关组.

总结如下:

将向量组$\boldsymbol{\alpha}_1,\boldsymbol{\alpha}_2,\cdots,\boldsymbol{\alpha}_s$排成矩阵$\boldsymbol{A}=[\boldsymbol{\alpha}_1 \quad \boldsymbol{\alpha}_2 \quad \cdots \boldsymbol{\alpha}_s]$,用初等行变换将$\boldsymbol{A}$化成阶梯形矩阵$\boldsymbol{U}$.设$\boldsymbol{U}=[\boldsymbol{\beta}_1 \quad \boldsymbol{\beta}_2 \quad \cdots \quad \boldsymbol{\beta}_s]$中主元所在的列为$\boldsymbol{\beta}_{i_1},\boldsymbol{\beta}_{i_2},\cdots,\boldsymbol{\beta}_{i_r}$,则$\boldsymbol{\alpha}_{i_1},\boldsymbol{\alpha}_{i_2},\cdots,\boldsymbol{\alpha}_{i_r}$为$\boldsymbol{\alpha}_1,\boldsymbol{\alpha}_2,\cdots,\boldsymbol{\alpha}_s$的极大线性无关组.若$\boldsymbol{\beta}_j=k_1\boldsymbol{\beta}_{i_1}+k_2\boldsymbol{\beta}_{i_2}+\cdots+k_r\boldsymbol{\beta}_{i_r}$,则$\boldsymbol{\alpha}_j=k_1\boldsymbol{\alpha}_{i_1}+k_2\boldsymbol{\alpha}_{i_2}+\cdots+k_r\boldsymbol{\alpha}_{i_r}$,其中$1\leqslant j\leqslant s$.

例 4.6 求向量组$\boldsymbol{\alpha}_1=(1,-1,2,3)^{\mathrm{T}}$,$\boldsymbol{\alpha}_2=(0,2,5,8)^{\mathrm{T}}$,$\boldsymbol{\alpha}_3=(2,2,0,-1)^{\mathrm{T}}$,$\boldsymbol{\alpha}_4=(-1,7,-1,-2)^{\mathrm{T}}$的极大线性无关组,并把其余向量用该极大线性无关组线性表出.

解 把这些向量按列拼成一个矩阵,然后用初等行变换化其为阶梯矩阵

$$\begin{array}{c}\begin{matrix}\boldsymbol{\alpha}_1 & \boldsymbol{\alpha}_2 & \boldsymbol{\alpha}_3 & \boldsymbol{\alpha}_4\end{matrix}\\ \begin{bmatrix}1&0&2&-1\\-1&2&2&7\\2&5&0&-1\\3&8&-1&-2\end{bmatrix}\end{array}\rightarrow\begin{bmatrix}1&0&2&-1\\0&2&4&6\\0&5&-4&1\\0&8&-7&1\end{bmatrix}\rightarrow\begin{bmatrix}1&0&2&-1\\0&2&4&6\\0&0&-14&-14\\0&0&-23&-23\end{bmatrix}\rightarrow\begin{array}{c}\begin{matrix}\boldsymbol{\beta}_1 & \boldsymbol{\beta}_2 & \boldsymbol{\beta}_3 & \boldsymbol{\beta}_4\end{matrix}\\ \begin{bmatrix}1&0&2&-1\\0&2&4&6\\0&0&-14&-14\\0&0&0&0\end{bmatrix}\end{array}$$

由于阶梯矩阵的主元所在的列为第1,2,3列,故$\boldsymbol{\alpha}_1,\boldsymbol{\alpha}_2,\boldsymbol{\alpha}_3$为$\boldsymbol{\alpha}_1,\boldsymbol{\alpha}_2,\boldsymbol{\alpha}_3,\boldsymbol{\alpha}_4$的极大线性无关组.又$\boldsymbol{\beta}_4=-3\boldsymbol{\beta}_1+\boldsymbol{\beta}_2+\boldsymbol{\beta}_3$,故$\boldsymbol{\alpha}_4=-3\boldsymbol{\alpha}_1+\boldsymbol{\alpha}_2+\boldsymbol{\alpha}_3$. ■

4.3.3 向量组的秩的概念及性质

定理4.5揭示了这样的性质,一个向量组的极大线性无关组的选取方法可以不是唯一的,但选出的极大线性无关组中向量的个数是相同的.也就是说极大线性无关组中向量的个数是一个反映给定向量组的线性相关性的本质的不变量.由此下面引出向量组的秩的概念.

定义 4.9 向量组$\boldsymbol{\alpha}_1,\boldsymbol{\alpha}_2,\cdots,\boldsymbol{\alpha}_s$的极大线性无关组中所含向量的个数$r$称为这个向量组

的秩(rank),记作 $r(\boldsymbol{\alpha}_1,\boldsymbol{\alpha}_2,\cdots,\boldsymbol{\alpha}_s)=r$. 只含零向量的向量组的秩规定为 0.

例如,$\boldsymbol{\alpha}_1=\begin{bmatrix}0\\0\end{bmatrix}$,$\boldsymbol{\alpha}_2=\begin{bmatrix}1\\0\end{bmatrix}$,$\boldsymbol{\alpha}_3=\begin{bmatrix}2\\0\end{bmatrix}$的极大线性无关组中只有一个向量$\boldsymbol{\alpha}_2$(或$\boldsymbol{\alpha}_3$). 因此,$\boldsymbol{\alpha}_1,\boldsymbol{\alpha}_2,\boldsymbol{\alpha}_3$ 的秩是 1,记作 $r(\boldsymbol{\alpha}_1,\boldsymbol{\alpha}_2,\boldsymbol{\alpha}_3)=1$.

又如,$\boldsymbol{\alpha}_1=(1,1,1)$,$\boldsymbol{\alpha}_2=(0,1,1)$,$\boldsymbol{\alpha}_3=(0,0,1)$是阶梯形向量组,它们线性无关. 所以,极大线性无关组就是向量组自身,其秩是 3,记作 $r(\boldsymbol{\alpha}_1,\boldsymbol{\alpha}_2,\boldsymbol{\alpha}_3)=3$.

定理 4.6 设$\boldsymbol{\beta}_1,\boldsymbol{\beta}_2,\cdots,\boldsymbol{\beta}_t$可由$\boldsymbol{\alpha}_1,\boldsymbol{\alpha}_2,\cdots,\boldsymbol{\alpha}_s$ 线性表出,若 $r(\boldsymbol{\alpha}_1,\boldsymbol{\alpha}_2,\cdots,\boldsymbol{\alpha}_s)=r$,$r(\boldsymbol{\beta}_1,\boldsymbol{\beta}_2,\cdots,\boldsymbol{\beta}_t)=p$,则 $p\leqslant r$.

证 设$\boldsymbol{\alpha}_{i_1},\boldsymbol{\alpha}_{i_2},\cdots,\boldsymbol{\alpha}_{i_r}$与$\boldsymbol{\beta}_{j_1},\boldsymbol{\beta}_{j_2},\cdots,\boldsymbol{\beta}_{j_p}$分别是$\boldsymbol{\alpha}_1,\boldsymbol{\alpha}_2,\cdots,\boldsymbol{\alpha}_s$ 与$\boldsymbol{\beta}_1,\boldsymbol{\beta}_2,\cdots,\boldsymbol{\beta}_t$ 的极大线性无关组.

由于$\boldsymbol{\alpha}_1,\boldsymbol{\alpha}_2,\cdots,\boldsymbol{\alpha}_s$ 和$\boldsymbol{\alpha}_{i_1},\boldsymbol{\alpha}_{i_2},\cdots,\boldsymbol{\alpha}_{i_r}$是等价向量组(习题 4,第 11 题),而$\boldsymbol{\beta}_1,\boldsymbol{\beta}_2,\cdots,\boldsymbol{\beta}_t$可由$\boldsymbol{\alpha}_1,\boldsymbol{\alpha}_2,\cdots,\boldsymbol{\alpha}_s$ 线性表出,因此,$\boldsymbol{\beta}_1,\boldsymbol{\beta}_2,\cdots,\boldsymbol{\beta}_t$ 可由$\boldsymbol{\alpha}_{i_1},\boldsymbol{\alpha}_{i_2},\cdots,\boldsymbol{\alpha}_{i_r}$线性表出,那么,$\boldsymbol{\beta}_{j_1},\boldsymbol{\beta}_{j_2},\cdots,\boldsymbol{\beta}_{j_p}$就可由$\boldsymbol{\alpha}_{i_1},\boldsymbol{\alpha}_{i_2},\cdots,\boldsymbol{\alpha}_{i_r}$线性表出,又因$\boldsymbol{\beta}_{j_1},\boldsymbol{\beta}_{j_2},\cdots,\boldsymbol{\beta}_{j_p}$线性无关,按定理 4.4 的推论,得 $p\leqslant r$. ■

推论 如果$\boldsymbol{\beta}_1,\boldsymbol{\beta}_2,\cdots,\boldsymbol{\beta}_t$,$\boldsymbol{\alpha}_1,\boldsymbol{\alpha}_2,\cdots,\boldsymbol{\alpha}_s$ 是两个等价的向量组,则 $r(\boldsymbol{\beta}_1,\boldsymbol{\beta}_2,\cdots,\boldsymbol{\beta}_t)=r(\boldsymbol{\alpha}_1,\boldsymbol{\alpha}_2,\cdots,\boldsymbol{\alpha}_s)$. ■

例 4.7 已知$\boldsymbol{\alpha}_1+\boldsymbol{\alpha}_2,\boldsymbol{\alpha}_2+\boldsymbol{\alpha}_3,\boldsymbol{\alpha}_3+\boldsymbol{\alpha}_1$ 线性无关,证明:$\boldsymbol{\alpha}_1,\boldsymbol{\alpha}_2,\boldsymbol{\alpha}_3$ 线性无关.

证 记$\boldsymbol{\beta}_1=\boldsymbol{\alpha}_2+\boldsymbol{\alpha}_3$,$\boldsymbol{\beta}_2=\boldsymbol{\alpha}_3+\boldsymbol{\alpha}_1$,$\boldsymbol{\beta}_3=\boldsymbol{\alpha}_1+\boldsymbol{\alpha}_2$,即$\boldsymbol{\beta}_1,\boldsymbol{\beta}_2,\boldsymbol{\beta}_3$ 可由$\boldsymbol{\alpha}_1,\boldsymbol{\alpha}_2,\boldsymbol{\alpha}_3$ 线性表出,又因

$$\boldsymbol{\alpha}_1=\frac{1}{2}(\boldsymbol{\beta}_2+\boldsymbol{\beta}_3-\boldsymbol{\beta}_1),\quad \boldsymbol{\alpha}_2=\frac{1}{2}(\boldsymbol{\beta}_3+\boldsymbol{\beta}_1-\boldsymbol{\beta}_2),\quad \boldsymbol{\alpha}_3=\frac{1}{2}(\boldsymbol{\beta}_1+\boldsymbol{\beta}_2-\boldsymbol{\beta}_3),$$

$\boldsymbol{\alpha}_1,\boldsymbol{\alpha}_2,\boldsymbol{\alpha}_3$ 亦可由$\boldsymbol{\beta}_1,\boldsymbol{\beta}_2,\boldsymbol{\beta}_3$ 线性表出,它们是等价的向量组,从而

$$r(\boldsymbol{\alpha}_1,\boldsymbol{\alpha}_2,\boldsymbol{\alpha}_3)=r(\boldsymbol{\beta}_1,\boldsymbol{\beta}_2,\boldsymbol{\beta}_3)=r(\boldsymbol{\alpha}_1+\boldsymbol{\alpha}_2,\boldsymbol{\alpha}_2+\boldsymbol{\alpha}_3,\boldsymbol{\alpha}_3+\boldsymbol{\alpha}_1)=3.$$

所以,$\boldsymbol{\alpha}_1,\boldsymbol{\alpha}_2,\boldsymbol{\alpha}_3$ 线性无关. ■

4.4 矩阵的秩

对于向量组来说,向量组的秩是反映向量组的线性相关性质的不变量. 一个矩阵既可以看作由列向量组构成的,也可以看作由行向量组构成的. 那么反映矩阵的这些向量组的线性相关性的不变量是什么呢? 本节将引入矩阵的秩的概念,它是反映矩阵的本质的一个不变量. 通过它,一方面可以证明矩阵的相抵标准形的唯一性,另外可从理论上讨论清楚线性方程组什么时候有解? 当方程组有无穷多解时,又如何把这无穷多个解表达清楚,矩阵的秩在二次型等问题中也都有重要的应用.

4.4.1 矩阵秩的引入及计算

设$\boldsymbol{A}$是数域F上的$m\times n$矩阵，对$\boldsymbol{A}$按列分块$\boldsymbol{A}=(\boldsymbol{\alpha}_1\quad \boldsymbol{\alpha}_2\quad \cdots\quad \boldsymbol{\alpha}_n)$，其中$\boldsymbol{\alpha}_i\,(i=1,2,\cdots,n)$是$m$维的向量，我们称向量组$\boldsymbol{\alpha}_1,\boldsymbol{\alpha}_2,\cdots,\boldsymbol{\alpha}_n$的秩$\mathrm{r}(\boldsymbol{\alpha}_1,\boldsymbol{\alpha}_2,\cdots,\boldsymbol{\alpha}_n)$是矩阵$\boldsymbol{A}$的**列秩**(column rank). 对$\boldsymbol{A}$按行分块$\boldsymbol{A}=\begin{bmatrix}\boldsymbol{\beta}_1\\ \boldsymbol{\beta}_2\\ \vdots\\ \boldsymbol{\beta}_m\end{bmatrix}$，其中$\boldsymbol{\beta}_j\,(j=1,2,\cdots,m)$是$n$维行向量，称向量组$\boldsymbol{\beta}_1,\boldsymbol{\beta}_2,\cdots,\boldsymbol{\beta}_m$的秩$\mathrm{r}(\boldsymbol{\beta}_1,\boldsymbol{\beta}_2,\cdots,\boldsymbol{\beta}_m)$是矩阵$\boldsymbol{A}$的**行秩**(row rank).

例如，对于

$$\boldsymbol{A}=\begin{bmatrix}1 & 2 & 3\\ 0 & 4 & 5\end{bmatrix},$$

$\boldsymbol{A}$的列向量组是

$$\boldsymbol{\alpha}_1=\begin{bmatrix}1\\ 0\end{bmatrix},\quad \boldsymbol{\alpha}_2=\begin{bmatrix}2\\ 4\end{bmatrix},\quad \boldsymbol{\alpha}_3=\begin{bmatrix}3\\ 5\end{bmatrix}.$$

显然其秩为$\mathrm{r}(\boldsymbol{\alpha}_1,\boldsymbol{\alpha}_2,\boldsymbol{\alpha}_3)=2$，$\boldsymbol{A}$的行向量组是$\boldsymbol{\beta}_1=(1,2,3)$，$\boldsymbol{\beta}_2=(0,4,5)$. 其秩$\mathrm{r}(\boldsymbol{\beta}_1,\boldsymbol{\beta}_2)=2$.

例 4.8 设

$$\boldsymbol{U}=\begin{bmatrix}a_{11} & \cdots & a_{1r} & \cdots & a_{1n}\\ \vdots & \ddots & \vdots & & \vdots\\ 0 & \cdots & a_{rr} & \cdots & a_{rn}\\ 0 & \cdots & 0 & \cdots & 0\\ \vdots & & \vdots & & \vdots\\ 0 & \cdots & 0 & \cdots & 0\end{bmatrix},\quad a_{ii}\neq 0, i=1,2,\cdots,r.$$

则$\boldsymbol{U}$的行秩为r，$\boldsymbol{U}$的列秩为r. ■

定理 4.7 初等行变换不改变矩阵的行秩和列秩.

证 先证明初等行变换不改变矩阵的行秩.

设$\boldsymbol{A}\in M_{m,n}(F)$，$\boldsymbol{\beta}_1,\boldsymbol{\beta}_2,\cdots,\boldsymbol{\beta}_m$是$\boldsymbol{A}$的$m$个行向量. 只需要证明对$\boldsymbol{A}$作一次初等行变换，矩阵的行秩不变.

(1) 若交换$\boldsymbol{A}$的第i行和第j行的位置. 变换后矩阵的m个行向量还是$\boldsymbol{A}$的m个行向量，故变换后矩阵的行秩等于$\boldsymbol{A}$的行秩.

(2) 若用一个非零的数λ去乘$\boldsymbol{A}$的第i行. 变换后矩阵的m个行向量为$\boldsymbol{\beta}_1,\cdots,\lambda\boldsymbol{\beta}_i,\cdots,\boldsymbol{\beta}_m$，这个向量组与$\boldsymbol{A}$的行向量组$\boldsymbol{\beta}_1,\cdots,\boldsymbol{\beta}_i,\cdots,\boldsymbol{\beta}_m$等价，故有相同的秩.

(3) 若用一个数 k 去乘 $\boldsymbol{A}$ 的第 i 行加到第 j 行. 变换后矩阵的 m 个行向量为$\boldsymbol{\beta}_1,\cdots,\boldsymbol{\beta}_i,\cdots,k\boldsymbol{\beta}_i+\boldsymbol{\beta}_j,\cdots,\boldsymbol{\beta}_m$，这个向量组与 $\boldsymbol{A}$ 的行向量组$\boldsymbol{\beta}_1,\cdots,\boldsymbol{\beta}_i,\cdots,\boldsymbol{\beta}_j,\cdots,\boldsymbol{\beta}_m$ 等价，故有相同的秩.

再证明初等行变换不改变矩阵的列秩.

设 $\boldsymbol{A}\in M_{m,n}(F)$，$\boldsymbol{\alpha}_1,\boldsymbol{\alpha}_2,\cdots,\boldsymbol{\alpha}_n$ 是 $\boldsymbol{A}$ 的 n 个列向量. 对 $\boldsymbol{A}$ 做初等行变换化为矩阵 $\boldsymbol{B}$，故有可逆矩阵 $\boldsymbol{P}\in M_m(F)$ 使得 $\boldsymbol{PA}=\boldsymbol{B}$. 设 $\boldsymbol{B}$ 的 n 个列向量为$\boldsymbol{\beta}_1,\boldsymbol{\beta}_2,\cdots,\boldsymbol{\beta}_n$，则$\boldsymbol{\beta}_i=\boldsymbol{P\alpha}_i\ (i=1,2,\cdots,n)$. 要证明向量组$\boldsymbol{\beta}_1,\boldsymbol{\beta}_2,\cdots,\boldsymbol{\beta}_n$ 和向量组$\boldsymbol{\alpha}_1,\boldsymbol{\alpha}_2,\cdots,\boldsymbol{\alpha}_n$ 有相同的秩，只需要证明任意对应的部分向量组$\boldsymbol{\beta}_{i_1},\cdots,\boldsymbol{\beta}_{i_r}$ 和$\boldsymbol{\alpha}_{i_1},\cdots,\boldsymbol{\alpha}_{i_r}$ 有相同的线性相关性. 记 $\boldsymbol{A}_1=[\boldsymbol{\alpha}_{i_1}\ \ \cdots\ \ \boldsymbol{\alpha}_{i_r}]$，$\boldsymbol{B}_1=[\boldsymbol{\beta}_{i_1}\ \ \cdots\ \ \boldsymbol{\beta}_{i_r}]$，则$\boldsymbol{PA}_1=\boldsymbol{B}_1$. 显然齐次线性方程组 $\boldsymbol{A}_1\boldsymbol{x}=\boldsymbol{0}$ 与 $\boldsymbol{B}_1\boldsymbol{x}=\boldsymbol{0}$ 是同解的线性方程组，由定理 4.3 得向量组$\boldsymbol{\beta}_{i_1},\cdots,\boldsymbol{\beta}_{i_r}$ 和$\boldsymbol{\alpha}_{i_1},\cdots,\boldsymbol{\alpha}_{i_r}$ 有相同的线性相关性. ■

初等列变换也不改变矩阵的行秩和列秩. 这是因为对 $\boldsymbol{A}$ 做初等列变换，就是对 A^{T} 做初等行变换，且 $\boldsymbol{A}$ 的行(列)秩就是 $\boldsymbol{A}^{\mathrm{T}}$ 的列(行)秩.

定理 4.8 矩阵 $\boldsymbol{A}$ 的行秩等于 $\boldsymbol{A}$ 的列秩.

证 设 $\boldsymbol{A}\in M_{m,n}(F)$. 用初等变换可以将 $\boldsymbol{A}$ 化成形如例 4.8 中的阶梯形矩阵 $\boldsymbol{U}$，则 $\boldsymbol{A}$ 的行秩$=\boldsymbol{U}$ 的行秩$=\boldsymbol{U}$ 的列秩$=\boldsymbol{A}$ 的列秩. ■

定义 4.10 矩阵 $\boldsymbol{A}$ 的行秩与列秩统称为 $\boldsymbol{A}$ 的秩(rank)，记作 $\mathrm{r}(\boldsymbol{A})$.

例 4.9 求矩阵 $\boldsymbol{A}$ 的秩，其中

$$\boldsymbol{A}=\begin{bmatrix}1&-1&0&1&1\\2&-2&0&2&2\\1&1&1&0&0\\2&0&1&1&1\end{bmatrix}.$$

解 由

$$\boldsymbol{A}\to\begin{bmatrix}1&-1&0&1&1\\0&0&0&0&0\\0&2&1&-1&-1\\0&2&1&-1&-1\end{bmatrix}\to\begin{bmatrix}1&-1&0&1&1\\0&2&1&-1&-1\\0&0&0&0&0\\0&0&0&0&0\end{bmatrix}=\boldsymbol{B},$$

知 $\mathrm{r}(\boldsymbol{A})=\mathrm{r}(\boldsymbol{B})=2$. ■

例 4.10 已知 $\mathrm{r}(\boldsymbol{A})=3$，求 a,b 的值，其中

$$\boldsymbol{A}=\begin{bmatrix}1&1&1&1\\0&1&-1&b\\2&3&a&4\\3&5&1&7\end{bmatrix}.$$

解 对 $\boldsymbol{A}$ 作初等变换化成阶梯形矩阵，

$$A\to\begin{bmatrix}1&1&1&1\\0&1&-1&b\\0&1&a-2&2\\0&2&-2&4\end{bmatrix}\to\begin{bmatrix}1&1&1&1\\0&1&-1&b\\0&0&a-1&2-b\\0&0&0&4-2b\end{bmatrix}=B.$$

因 $\mathrm{r}(A)=\mathrm{r}(B)=3$,故 $a\neq1,b=2$ 或 $a=1,b\neq2$. ■

推论1 设 $A\in M_{m,n}(F)$,P,Q 分别为 F 上的 m 阶可逆矩阵和 n 阶可逆矩阵,则

$$\mathrm{r}(PAQ)=\mathrm{r}(A).$$ ■

设矩阵 A 的相抵标准形是$\begin{bmatrix}I_r&0\\0&0\end{bmatrix}$,由推论1和秩的定义有,$\mathrm{r}(A)=r$.

推论2 A 的相抵标准形唯一.

证 设$\begin{bmatrix}I_r&0\\0&0\end{bmatrix}$和$\begin{bmatrix}I_s&0\\0&0\end{bmatrix}$都是 A 的相抵标准形,则有 $\mathrm{r}(A)=\mathrm{r}\begin{bmatrix}I_r&0\\0&0\end{bmatrix}=r$. 同理 $\mathrm{r}(A)=s$. 那么 $r=s$,即 A 的相抵标准形唯一. ■

推论3 设 $A,B\in M_{m,n}(F)$,则

$$A,B\text{ 相抵}\Leftrightarrow \mathrm{r}(A)=\mathrm{r}(B).$$

证 必要性由推论1得到.

充分性 设 $\mathrm{r}(A)=\mathrm{r}(B)=r$,则 A,B 都与$\begin{bmatrix}I_r&0\\0&0\end{bmatrix}$相抵,由相抵的对称性和传递性可知 A,B 相抵. ■

例4.11 设 A,B 分别为 F 上的 $m\times n$ 矩阵和 $n\times s$ 矩阵,则

$$\mathrm{r}\left(\begin{bmatrix}A&0\\I_n&B\end{bmatrix}\right)=\mathrm{r}\left(\begin{bmatrix}I_n&0\\0&AB\end{bmatrix}\right).$$

证 对$\begin{bmatrix}A&0\\I_n&B\end{bmatrix}$做分块矩阵的初等变换.

$$\begin{bmatrix}A&0\\I_n&B\end{bmatrix}\to\begin{bmatrix}A&-AB\\I_n&0\end{bmatrix}\to\begin{bmatrix}0&-AB\\I_n&0\end{bmatrix}\to\begin{bmatrix}0&AB\\I_n&0\end{bmatrix}\to\begin{bmatrix}I_n&0\\0&AB\end{bmatrix}$$

故有

$$\mathrm{r}\left(\begin{bmatrix}A&0\\I_n&B\end{bmatrix}\right)=\mathrm{r}\left(\begin{bmatrix}I_n&0\\0&AB\end{bmatrix}\right).$$ ■

关于矩阵的秩,还可以通过其子块的行列式来刻画.

设 $A\in M_{m,n}(F)$,任取 A 的 k 行和 A 的 k 列,位于这些行和列交点上的 k^2 个元素按其原来的次序组成一个 k 阶方阵,称其为 A 的一个 **k 阶子块**(submatrix),这个子块的行列式称为矩阵 A 的一个 **k 阶子式**(minor). 这里 $k\leqslant\min\{m,n\}$.

例如,在矩阵

$$A=\begin{bmatrix}1&2&3&4\\0&0&5&6\\0&0&0&0\end{bmatrix}$$

中,比如选 1,2,3 行和 1,2,4 列的子块为 $\begin{bmatrix}1&2&4\\0&0&6\\0&0&0\end{bmatrix}$,相应的三阶子式为 $\begin{vmatrix}1&2&4\\0&0&6\\0&0&0\end{vmatrix}=0$. 比如选 1,2 行和 1,3 列所得到的子块为 $\begin{bmatrix}1&3\\0&5\end{bmatrix}$,相应的二阶子式为 $\begin{vmatrix}1&3\\0&5\end{vmatrix}=5$.

定理 4.9 设 $\boldsymbol{A}\in M_{m,n}(F)$,则 $\boldsymbol{A}$ 的秩等于 $\boldsymbol{A}$ 的非零子式的最高阶数.

证 若 $\boldsymbol{A}=\boldsymbol{0}$,则定理显然成立,故假设 $\boldsymbol{A}\neq\boldsymbol{0}$. 设 $\boldsymbol{A}$ 的非零子式的最高阶数为 r,$\boldsymbol{A}$ 的秩 $\mathrm{r}(\boldsymbol{A})=s$. 不妨设 $\boldsymbol{A}$ 的左上角的 r 阶子块 $\boldsymbol{A}_r$ 对应的 r 阶子式非零,则 $\boldsymbol{A}_r$ 的 r 个列向量线性无关,从而 $\boldsymbol{A}$ 的前 r 列向量也线性无关. 所以 $r\leqslant s$. 另外,由 $\mathrm{r}(\boldsymbol{A})=s$,故 $\boldsymbol{A}$ 有 s 个列向量线性无关,不妨设 $\boldsymbol{A}$ 的前 s 列线性无关. 令 $\boldsymbol{A}_1$ 表示 $\boldsymbol{A}$ 的前 s 列组成的子矩阵,则 $\mathrm{r}(\boldsymbol{A}_1)=s$. 于是存在 $\boldsymbol{A}_1$ 的 s 个行向量线性无关,不妨设 $\boldsymbol{A}_1$ 的前 s 行线性无关,则 $\boldsymbol{A}_1$ 的前 s 行构成的 s 阶矩阵可逆,该子矩阵为 $\boldsymbol{A}$ 的一个 s 阶子块. 故 $s\leqslant r$. 综上 $r=s$,即 $\boldsymbol{A}$ 的秩等于 $\boldsymbol{A}$ 的非零子式的最高阶数. ■

4.4.2 秩的性质

除了 $\mathrm{r}(\boldsymbol{A})=\mathrm{r}(\boldsymbol{A}^{\mathrm{T}})$ 等性质外,矩阵的秩还有许多很好的性质,可以用来解决一系列问题,现罗列几个常用的如下.

定理 4.10 设 $\boldsymbol{A}$ 是 $m\times n$ 矩阵.

(1) $\mathrm{r}(\boldsymbol{A}+\boldsymbol{B})\leqslant\mathrm{r}(\boldsymbol{A})+\mathrm{r}(\boldsymbol{B})$;

(2) $\mathrm{r}(\boldsymbol{A})+\mathrm{r}(\boldsymbol{B})-n\leqslant\mathrm{r}(\boldsymbol{AB})\leqslant\min\{\mathrm{r}(\boldsymbol{A}),\mathrm{r}(\boldsymbol{B})\}$;

(3) $\mathrm{r}\left(\begin{bmatrix}\boldsymbol{A}&\boldsymbol{0}\\\boldsymbol{0}&\boldsymbol{B}\end{bmatrix}\right)=\mathrm{r}(\boldsymbol{A})+\mathrm{r}(\boldsymbol{B})$;

(4) $\mathrm{r}\left(\begin{bmatrix}\boldsymbol{A}&\boldsymbol{0}\\\boldsymbol{C}&\boldsymbol{B}\end{bmatrix}\right)\geqslant\mathrm{r}(\boldsymbol{A})+\mathrm{r}(\boldsymbol{B})$;

(5) $\max\{\mathrm{r}(\boldsymbol{A}),\mathrm{r}(\boldsymbol{B})\}\leqslant\mathrm{r}(\boldsymbol{A}\mid\boldsymbol{B})\leqslant\mathrm{r}(\boldsymbol{A})+\mathrm{r}(\boldsymbol{B})$;

(6) 如 $\mathrm{r}(\boldsymbol{A})=r$,则存在列满秩矩阵 $\boldsymbol{G}_{m\times r}$,行满秩矩阵 $\boldsymbol{H}_{r\times n}$,使 $\boldsymbol{A}=\boldsymbol{GH}$,其中 $\mathrm{r}(\boldsymbol{G})=\mathrm{r}(\boldsymbol{H})=r$.

证 (2) 设 $\mathrm{r}(\boldsymbol{A})=r$,则有可逆的 $\boldsymbol{P},\boldsymbol{Q}$ 使

$$\boldsymbol{PAQ}=\begin{bmatrix}\boldsymbol{I}_r&\boldsymbol{0}\\\boldsymbol{0}&\boldsymbol{0}\end{bmatrix},$$

于是

$$PAB = PAQQ^{-1}B = \begin{bmatrix} I_r & 0 \\ 0 & 0 \end{bmatrix} Q^{-1}B,$$

对 $Q^{-1}B$ 作相应的分块，记

$$Q^{-1}B = \begin{bmatrix} C_1 \\ C_2 \end{bmatrix} \begin{matrix} r\text{行} \\ n-r\text{行} \end{matrix},$$

则

$$PAB = \begin{bmatrix} I_r & 0 \\ 0 & 0 \end{bmatrix} \begin{bmatrix} C_1 \\ C_2 \end{bmatrix} = \begin{bmatrix} C_1 \\ 0 \end{bmatrix}.$$

由 P 可逆，得

$$\mathrm{r}(AB) = \mathrm{r}(PAB) = \mathrm{r}\left(\begin{bmatrix} C_1 \\ 0 \end{bmatrix}\right) = \mathrm{r}(C_1) \leqslant r = \mathrm{r}(A). \tag{4.2}$$

又

$$\mathrm{r}(AB) = \mathrm{r}((AB)^{\mathrm{T}}) = \mathrm{r}(B^{\mathrm{T}}A^{\mathrm{T}}) \leqslant \mathrm{r}(B^{\mathrm{T}}) = \mathrm{r}(B). \tag{4.3}$$

综合(4.2)式和(4.3)式得到 $\mathrm{r}(AB) \leqslant \min\{\mathrm{r}(A), \mathrm{r}(B)\}$. 另一个不等式由例 4.11 以及(3)，(4)的结论得到.

(5) 利用秩的定义可直接证明第一个不等式，再由

$$[A \mid B] = [I \mid I] \begin{bmatrix} A & 0 \\ 0 & B \end{bmatrix}.$$

利用(2)及(3)的结论有

$$\mathrm{r}([A \mid B]) = \mathrm{r}\left([I \mid I] \begin{bmatrix} A & 0 \\ 0 & B \end{bmatrix}\right) \leqslant \mathrm{r}\left(\begin{bmatrix} A & 0 \\ 0 & B \end{bmatrix}\right) = \mathrm{r}(A) + \mathrm{r}(B).$$

(6) 设 $\mathrm{r}(A)=r$，则有可逆的 P,Q 使

$$PAQ = \begin{bmatrix} I_r & 0 \\ 0 & 0 \end{bmatrix}_{m\times n} = \begin{bmatrix} I_r \\ 0 \end{bmatrix}_{m\times r} [I_r \quad 0]_{r\times n},$$

那么

$$A = P^{-1} \begin{bmatrix} I_r \\ 0 \end{bmatrix} [I_r \quad 0] Q^{-1} = GH,$$

其中 $G=P^{-1}\begin{bmatrix} I_r \\ 0 \end{bmatrix}$ 是 $m\times r$ 矩阵，$\mathrm{r}(G)=r$，$H=[I_r \quad 0]Q^{-1}$ 是 $r\times n$ 矩阵，$\mathrm{r}(H)=r$.

通常称 $A=GH$ 是 A 的一个**满秩分解**.

(1)、(3)、(4)的证明留作习题.

4.5 齐次线性方程组

对于数域 F 上未知元为 $x_1,x_2,\cdots,x_n$ 的齐次线性方程组

$$\begin{cases} a_{11}x_1+a_{12}x_2+\cdots+a_{1n}x_n=0, \\ a_{21}x_1+a_{22}x_2+\cdots+a_{2n}x_n=0, \\ \quad\vdots \\ a_{m1}x_1+a_{m2}x_2+\cdots+a_{mn}x_n=0, \end{cases} \tag{4.4}$$

令 $\boldsymbol{A}=(a_{ij})_{m\times n}$，$\boldsymbol{x}=(x_1,x_2,\cdots,x_n)^{\mathrm{T}}$，则此齐次线性方程组可写成

$$\boldsymbol{Ax}=\boldsymbol{0}.$$

显然 $\boldsymbol{x}=(0,0,\cdots,0)^{\mathrm{T}}$ 是齐次线性方程组的解，称为**零解**. 我们关心的问题是：除了零解，齐次线性方程组(4.4)还有没有其他的解？确切地说，是要研究齐次线性方程组在什么条件下有非零解？当方程组有非零解时，如何求出其所有的解？

4.5.1 齐次线性方程组有非零解的充要条件

齐次线性方程组(4.4)有非零解的已有的结论是：

当 $m<n$(即，方程的个数<未知数的个数)时，齐次线性方程组(4.4)必有非零解，这是一个充分条件.

当 $m=n$ 时，如系数行列式的值 $|\boldsymbol{A}|=0$，则方程组有非零解. 这是充分必要条件.

定理 4.3 还告诉我们：齐次线性方程组有非零解 $\Leftrightarrow \boldsymbol{A}$ 的列向量线性相关. 这个性质用秩来描述，就是下面的定理.

定理 4.11 对于齐次线性方程组(4.4)

$$\boldsymbol{Ax}=\boldsymbol{0}\text{ 有非零解}\Leftrightarrow \mathrm{r}(\boldsymbol{A})<n.$$

或

$$\boldsymbol{Ax}=\boldsymbol{0}\text{ 只有零解}\Leftrightarrow \mathrm{r}(\boldsymbol{A})=n.$$

■

4.5.2 基础解系

数域 F 上的齐次线性方程组 $\boldsymbol{Ax}=\boldsymbol{0}$ 的解有两个重要的性质.

(1) 若 $\boldsymbol{\eta}_1,\boldsymbol{\eta}_2$ 都是齐次线性方程组 $\boldsymbol{Ax}=\boldsymbol{0}$ 的解，那么，$\boldsymbol{\eta}_1+\boldsymbol{\eta}_2$ 也是 $\boldsymbol{Ax}=\boldsymbol{0}$ 的解. 这是因为

$$\boldsymbol{A}(\boldsymbol{\eta}_1+\boldsymbol{\eta}_2)=\boldsymbol{A\eta}_1+\boldsymbol{A\eta}_2=\boldsymbol{0}+\boldsymbol{0}=\boldsymbol{0}.$$

(2) 若 $\boldsymbol{\eta}$ 是齐次线性方程组 $\boldsymbol{Ax}=\boldsymbol{0}$ 的解，则对任意数 $k\in F$，有 $k\boldsymbol{\eta}$ 也是 $\boldsymbol{Ax}=\boldsymbol{0}$ 的解. 原

因是

$$A(k\boldsymbol{\eta}) = kA\boldsymbol{\eta} = k\mathbf{0} = \mathbf{0}.$$

由此可知，$Ax=0$ 若有非零解，那么，这些解的任意线性组合仍是解，因此必有无穷多个解. 只要找出这个解集的任意一组极大线性无关组，解集中的每个解就都可以由这个极大线性无关组线性表出. 通常称这个极大线性无关组为齐次线性方程组的**基础解系**. 这就是说，解集中无穷多个解可以通过基础解系中有限的几个解来表示. 关于基础解系的精确的定义如下.

定义 4.11 $\boldsymbol{\eta}_1,\boldsymbol{\eta}_2,\cdots,\boldsymbol{\eta}_t$ 称为数域 F 上的齐次线性方程组 $Ax=0$ 的**基础解系**，如果

(1) $\boldsymbol{\eta}_1,\boldsymbol{\eta}_2,\cdots,\boldsymbol{\eta}_t$ 是 $Ax=0$ 的一组线性无关的解；

(2) $Ax=0$ 的任一解都可由 $\boldsymbol{\eta}_1,\boldsymbol{\eta}_2,\cdots,\boldsymbol{\eta}_t$ 线性表出.

如果 $\boldsymbol{\eta}_1,\boldsymbol{\eta}_2,\cdots,\boldsymbol{\eta}_t$ 是数域 F 上齐次线性方程组 $Ax=0$ 的一组基础解系，那么，对任意常数 $c_1,c_2,\cdots,c_t$，

$$c_1\boldsymbol{\eta}_1 + c_2\boldsymbol{\eta}_2 + \cdots + c_t\boldsymbol{\eta}_t$$

也是 $Ax=0$ 的解，称这种形式为 $Ax=0$ 的**一般解**(general solution)或**通解**.

解齐次线性方程组的关键就是要求其基础解系，并进而求出通解.

定理 4.12 设 A 是 $m\times n$ 矩阵，$\mathrm{r}(A)=r<n$，则齐次线性方程组 $Ax=0$ 的基础解系含有 $n-r$ 个向量.

证 对 $Ax=0$ 用高斯消元法化其为阶梯形，因为 $\mathrm{r}(A)=r$，而初等变换又不改变矩阵的秩(定理 4.7)，故可设 $Ax=0$ 与齐次线性方程组

$$\begin{cases} c_{11}x_1 + c_{12}x_2 + \cdots + c_{1r}x_r + c_{1r+1}x_{r+1} + \cdots + c_{1n}x_n = 0, \\ \qquad c_{22}x_2 + \cdots + c_{2r}x_r + c_{2r+1}x_{r+1} + \cdots + c_{2n}x_n = 0, \\ \qquad\qquad \vdots \\ \qquad\qquad c_{rr}x_r + c_{rr+1}x_{r+1} + \cdots + c_{rn}x_n = 0 \end{cases} \tag{4.5}$$

同解，其中 $c_{ii}\neq 0, i=1,2,\cdots,r$. 把线性方程组(4.5)改写成

$$\begin{cases} c_{11}x_1 + c_{12}x_2 + \cdots + c_{1r}x_r = -c_{1r+1}x_{r+1} - \cdots - c_{1n}x_n, \\ \qquad c_{22}x_2 + \cdots + c_{2r}x_r = -c_{2r+1}x_{r+1} - \cdots - c_{2n}x_n, \\ \qquad\qquad \vdots \\ \qquad\qquad c_{rr}x_r = -c_{rr+1}x_{r+1} - \cdots - c_{rn}x_n, \end{cases} \tag{4.6}$$

称 $x_{r+1},x_{r+2},\cdots,x_n$ 为线性方程组(4.6)的**自由变量**，任意给定 $x_{r+1},x_{r+2},\cdots,x_n$ 一组数值，代入到线性方程组(4.6)中都可求出线性方程组(4.6)的一个解，也就是 $Ax=0$ 的一个解.

现在，令 $\begin{bmatrix} x_{r+1} \\ x_{r+2} \\ \vdots \\ x_n \end{bmatrix}$ 分别取以下 $n-r$ 组数值

$$\begin{bmatrix}1\\0\\\vdots\\0\end{bmatrix},\quad\begin{bmatrix}0\\1\\\vdots\\0\end{bmatrix},\quad\cdots,\quad\begin{bmatrix}0\\0\\\vdots\\1\end{bmatrix},\tag{4.7}$$

代入到线性方程组(4.6)中,可求出 $\boldsymbol{Ax}=\mathbf{0}$ 的 $n-r$ 个解,设为

$$\boldsymbol{\eta}_1=\begin{bmatrix}d_{11}\\\vdots\\d_{r1}\\1\\0\\\vdots\\0\end{bmatrix},\quad\boldsymbol{\eta}_2=\begin{bmatrix}d_{12}\\\vdots\\d_{r2}\\0\\1\\\vdots\\0\end{bmatrix},\quad\cdots,\quad\boldsymbol{\eta}_{n-r}=\begin{bmatrix}d_{1n-r}\\\vdots\\d_{rn-r}\\0\\0\\\vdots\\1\end{bmatrix}.\tag{4.8}$$

因为向量组(4.7)线性无关,按定理 4.3 的推论 3,加长的向量组(4.8)也是线性无关的.这样,$\boldsymbol{\eta}_1,\boldsymbol{\eta}_2,\cdots,\boldsymbol{\eta}_{n-r}$是 $\boldsymbol{Ax}=\mathbf{0}$ 的 $n-r$个线性无关的解.

最后,我们要证明齐次线性方程组(4.4)的任一解$\boldsymbol{\beta}=(l_1,l_2,\cdots,l_n)^{\mathrm{T}}$ 都可由$\boldsymbol{\eta}_1,\boldsymbol{\eta}_2,\cdots,\boldsymbol{\eta}_{n-r}$线性表出.令

$$\boldsymbol{\gamma}=l_{r+1}\,\boldsymbol{\eta}_1+l_{r+2}\,\boldsymbol{\eta}_2+\cdots+l_n\boldsymbol{\eta}_{n-r}-\boldsymbol{\beta},$$

由齐次线性方程组的解的性质,知$\boldsymbol{\gamma}$仍是齐次线性方程组(4.4)的解,而此时$\boldsymbol{\gamma}$的自由变量的取值全是零,设$\boldsymbol{\gamma}$为

$$\boldsymbol{\gamma}=(d_1,\cdots,d_r,0,0,\cdots,0)^{\mathrm{T}},$$

它应满足线性方程组(4.6)的每一个方程,代入线性方程组(4.6),解得

$$d_1=d_2=\cdots=d_r=0,$$

即$\boldsymbol{\gamma}=\mathbf{0}$,也就是

$$\boldsymbol{\beta}=l_{r+1}\,\boldsymbol{\eta}_1+l_{r+2}\,\boldsymbol{\eta}_2+\cdots+l_n\boldsymbol{\eta}_{n-r}.$$

由定义 4.11,$\boldsymbol{\eta}_1,\boldsymbol{\eta}_2,\cdots,\boldsymbol{\eta}_{n-r}$是齐次线性方程组(4.4)的基础解系,于是证明了,当 $\mathrm{r}(\boldsymbol{A})=r<n$时,齐次线性方程组(4.4)中有 $n-r$ 个自由变量,使基础解系由 $n-r$ 个解向量组成. ■

例 4.12 对于数域 F 上的齐次线性方程组

$$\begin{cases}x_1+x_2+3x_3-2x_4=0,\\ \qquad\qquad\quad x_3+x_4=0,\end{cases}$$

由于 $n-\mathrm{r}(\boldsymbol{A})=4-2=2$,知有两个自由变量,基础解系由两个向量组成,取自由变量为 x_2,x_4,把此线性方程组改写成

$$\begin{cases}x_1+3x_3=-x_2+2x_4,\\ \qquad\ \ x_3=\qquad\ -x_4,\end{cases}\tag{4.9}$$

分别取$\begin{bmatrix}x_2\\x_4\end{bmatrix}$为$\begin{bmatrix}1\\0\end{bmatrix}$和$\begin{bmatrix}0\\1\end{bmatrix}$代入到线性方程组(4.9)中，求出 x_3 与 x_1，得到$\begin{bmatrix}x_1\\x_3\end{bmatrix}$为$\begin{bmatrix}-1\\0\end{bmatrix}$和$\begin{bmatrix}5\\-1\end{bmatrix}$，因此，基础解系为

$$\boldsymbol{\eta}_1=\begin{bmatrix}-1\\1\\0\\0\end{bmatrix},\quad \boldsymbol{\eta}_2=\begin{bmatrix}5\\0\\-1\\1\end{bmatrix}.$$

故此线性方程组的通解是 $\boldsymbol{x}=c_1\boldsymbol{\eta}_1+c_2\boldsymbol{\eta}_2$，其中 c_1,c_2 是 F 中的任意常数. ■

例 4.13 求数域 F 上的齐次线性方程组的通解

$$\begin{cases}x_1-x_2+5x_3-x_4=0,\\x_1+x_2+4x_3+3x_4=0,\\3x_1+x_2+9x_3+5x_4=0.\end{cases}$$

解 对系数矩阵进行初等行变换，化其为阶梯形矩阵

$$\begin{bmatrix}1&-1&5&-1\\1&1&4&3\\3&1&9&5\end{bmatrix}\to\begin{bmatrix}1&-1&5&-1\\&2&-1&4\\&4&-6&8\end{bmatrix}\to\begin{bmatrix}1&-1&5&-1\\&2&-1&4\\&&-4&0\end{bmatrix}.$$

由于系数矩阵的秩 $\mathrm{r}(\boldsymbol{A})=3$，所以此齐次线性方程组的基础解系由$n-\mathrm{r}(\boldsymbol{A})=1$个向量构成，设 x_4 为自由变量，此线性方程组化为

$$\begin{cases}x_1-x_2+5x_3=x_4,\\2x_2-x_3=-4x_4,\\-4x_3=0,\end{cases}$$

令 $x_4=1$，可求出 $x_3=0,x_2=-2,x_1=-1$，因此，基础解系是$\boldsymbol{\eta}=(-1,-2,0,1)^{\mathrm{T}}$，故此齐次线性方程组的通解是 $\boldsymbol{x}=c\boldsymbol{\eta}$，$c$ 是 F 中的任意数. ■

例 4.14 求数域 F 上的齐次线性方程组的通解

$$\begin{cases}x_1+3x_2-5x_3-x_4+2x_5=0,\\2x_1+6x_2-8x_3+5x_4+3x_5=0,\\x_1+3x_2-3x_3+6x_4+x_5=0.\end{cases}$$

解 对系数矩阵进行初等行变换，化其为阶梯形矩阵，有

$$\begin{bmatrix}1&3&-5&-1&2\\2&6&-8&5&3\\1&3&-3&6&1\end{bmatrix}\to\cdots\to\begin{bmatrix}1&3&-5&-1&2\\&&2&7&-1\\&&&&\end{bmatrix}.$$

由于 $n-\mathrm{r}(\boldsymbol{A})=5-2=3$，有 3 个自由变量，故此齐次线性方程组的基础解系由 3 个向量组成.

现在取 x_2,x_4,x_5 为自由变量，此线性方程组化为

$$\begin{cases} x_1-5x_3=-3x_2+x_4-2x_5, \\ 2x_3=-7x_4+x_5, \end{cases} \tag{4.10}$$

分别令 $\begin{bmatrix} x_2 \\ x_4 \\ x_5 \end{bmatrix}$ 为 $\begin{bmatrix} 1 \\ 0 \\ 0 \end{bmatrix}$，$\begin{bmatrix} 0 \\ 1 \\ 0 \end{bmatrix}$ 和 $\begin{bmatrix} 0 \\ 0 \\ 1 \end{bmatrix}$ 代入到线性方程组(4.10)解得 $\begin{bmatrix} x_1 \\ x_3 \end{bmatrix}$ 为 $\begin{bmatrix} -3 \\ 0 \end{bmatrix}$，$\begin{bmatrix} -\frac{33}{2} \\ -\frac{7}{2} \end{bmatrix}$ 和 $\begin{bmatrix} \frac{1}{2} \\ \frac{1}{2} \end{bmatrix}$。

因此基础解系为

$$\boldsymbol{\eta}_1=\begin{bmatrix} -3 \\ 1 \\ 0 \\ 0 \\ 0 \end{bmatrix}, \quad \boldsymbol{\eta}_2=\begin{bmatrix} -\frac{33}{2} \\ 0 \\ -\frac{7}{2} \\ 1 \\ 0 \end{bmatrix}, \quad \boldsymbol{\eta}_3=\begin{bmatrix} \frac{1}{2} \\ 0 \\ \frac{1}{2} \\ 0 \\ 1 \end{bmatrix}.$$

所以，此齐次线性方程组的通解是

$$\boldsymbol{x}=c_1\boldsymbol{\eta}_1+c_2\boldsymbol{\eta}_2+c_3\boldsymbol{\eta}_3, \quad c_1,c_2,c_3 \text{ 是 } F \text{ 中的任意数.}$$ ■

请读者把例 4.14 中的自由变量取为 x_2,x_3,x_4 来求基础解系，比较计算的难易，看看对自由变量的选取有何启发？

由于基础解系与矩阵的秩有密切的联系，因此一些与秩有关的证明亦可通过构造齐次线性方程组来处理.（如例 4.15，例 4.16）

例 4.15 设 $\boldsymbol{A}$ 是 $m\times n$ 矩阵，$\boldsymbol{B}$ 是 $n\times s$ 矩阵，如果 $\boldsymbol{AB}=\boldsymbol{0}$，证明 $\mathrm{r}(\boldsymbol{A})+\mathrm{r}(\boldsymbol{B})\leqslant n$.

证 对 $\boldsymbol{B}$ 按列分块，记 $\boldsymbol{B}=[\boldsymbol{b}_1 \ \ \boldsymbol{b}_2 \ \ \cdots \ \ \boldsymbol{b}_s]$，由

$$\boldsymbol{AB}=\boldsymbol{A}[\boldsymbol{b}_1 \ \ \boldsymbol{b}_2 \ \ \cdots \ \ \boldsymbol{b}_s]=[\boldsymbol{Ab}_1 \ \ \boldsymbol{Ab}_2 \ \ \cdots \ \ \boldsymbol{Ab}_s]=[\boldsymbol{0} \ \ \boldsymbol{0} \ \ \cdots \ \ \boldsymbol{0}],$$

得到

$$\boldsymbol{Ab}_j=\boldsymbol{0}, \quad j=1,2,\cdots,s.$$

故 $\boldsymbol{B}$ 的每个列向量都是齐次线性方程组 $\boldsymbol{Ax}=\boldsymbol{0}$ 的解. 由于 $\boldsymbol{Ax}=\boldsymbol{0}$ 的基础解系由 $n-\mathrm{r}(\boldsymbol{A})$ 个向量组成. 所以，向量组 $\boldsymbol{b}_1,\boldsymbol{b}_2,\cdots,\boldsymbol{b}_s$ 的秩应不大于基础解系中向量的个数，即有

$$\mathrm{r}(\boldsymbol{B})=\mathrm{r}(\boldsymbol{b}_1,\boldsymbol{b}_2,\cdots,\boldsymbol{b}_s)\leqslant n-\mathrm{r}(\boldsymbol{A}).$$

所以

$$\mathrm{r}(\boldsymbol{A})+\mathrm{r}(\boldsymbol{B})\leqslant n.$$ ■

例 4.16 设 $\boldsymbol{A}$ 为 $m\times n$ 的实矩阵，证明 $\mathrm{r}(\boldsymbol{A}^{\mathrm{T}}\boldsymbol{A})=\mathrm{r}(\boldsymbol{A})$.

证 考察下面的齐次线性方程组

$$① \quad \boldsymbol{Ax}=\boldsymbol{0}, \quad ② \quad (\boldsymbol{A}^{\mathrm{T}}\boldsymbol{A})\boldsymbol{x}=\boldsymbol{0}.$$

显然齐次线性方程组①的解都为齐次线性方程组②的解；反之设 $\boldsymbol{x}_0$ 为齐次线性方程组②的一个解，则

$$(\boldsymbol{A}^{\mathrm{T}}\boldsymbol{A})\boldsymbol{x}_0 = \boldsymbol{0}.$$

左乘 $\boldsymbol{x}_0^{\mathrm{T}}$ 得

$$\boldsymbol{x}_0^{\mathrm{T}}(\boldsymbol{A}^{\mathrm{T}}\boldsymbol{A})\boldsymbol{x}_0 = (\boldsymbol{A}\boldsymbol{x}_0)^{\mathrm{T}}(\boldsymbol{A}\boldsymbol{x}_0) = \boldsymbol{0},$$

于是

$$\boldsymbol{A}\boldsymbol{x}_0 = \boldsymbol{0},$$

故齐次线性方程组②的解也为齐次线性方程组①的解，这样齐次线性方程组①和齐次线性方程组②同解，从而它们的基础解系的个数相等，由定理 4.12 得

$$n - \mathrm{r}(\boldsymbol{A}) = n - \mathrm{r}(\boldsymbol{A}^{\mathrm{T}}\boldsymbol{A}),$$

从而 $\mathrm{r}(\boldsymbol{A})=\mathrm{r}(\boldsymbol{A}^{\mathrm{T}}\boldsymbol{A})$. ■

例 4.17 求数域 F 上的齐次线性方程组①与②的公共解，其中

$$①\begin{cases} x_1 + x_2 = 0, \\ x_2 - x_4 = 0, \end{cases} \quad ②\begin{cases} x_1 - x_2 + x_3 = 0, \\ x_2 - x_3 + x_4 = 0. \end{cases}$$

解法 1 求齐次线性方程组①与②的公共解，就是求齐次线性方程组

$$\begin{cases} x_1 + x_2 = 0, \\ x_2 - x_4 = 0, \\ x_1 - x_2 + x_3 = 0, \\ x_2 - x_3 + x_4 = 0 \end{cases}$$

的解. 经高斯消元，得

$$\begin{bmatrix} 1 & 1 & 0 & 0 \\ 0 & 1 & 0 & -1 \\ 1 & -1 & 1 & 0 \\ 0 & 1 & -1 & 1 \end{bmatrix} \to \cdots \to \begin{bmatrix} 1 & 1 & 0 & 0 \\ 0 & 1 & 0 & -1 \\ & & 1 & -2 \end{bmatrix},$$

基础解系为$\boldsymbol{\eta}=(-1,1,2,1)^T$.

所以，齐次线性方程组①与②的公共解为 $\boldsymbol{x}=c\boldsymbol{\eta}$ ，c 是 F 上的任意数.

解法 2 齐次线性方程组①的基础解系为$\boldsymbol{\xi}_1=(-1,1,0,1)^{\mathrm{T}}$，$\boldsymbol{\xi}_2=(0,0,1,0)^{\mathrm{T}}$. 齐次线性方程组②的基础解系为$\boldsymbol{\eta}_1=(0,1,1,0)^{\mathrm{T}}$，$\boldsymbol{\eta}_2=(-1,-1,0,1)^{\mathrm{T}}$. 那么公共解应满足

$$k_1\boldsymbol{\xi}_1 + k_2\boldsymbol{\xi}_2 = l_1\boldsymbol{\eta}_1 + l_2\boldsymbol{\eta}_2, \tag{4.11}$$

即

$$(-k_1,k_1,k_2,k_1)^{\mathrm{T}} = (-l_2,l_1-l_2,l_1,l_2)^{\mathrm{T}},$$

容易求出 $l_1=k_2=2k_1=2l_2$.

令 $k_1=c$，代入到方程(4.11)，得公共解 $\boldsymbol{x}=(-c,c,2c,c)^{\mathrm{T}}$. ■

4.6 非齐次线性方程组

设数域 F 上关于未知量 $x_1,x_2,\cdots,x_n$ 的非齐次线性方程组为

$$\begin{cases}a_{11}x_1+a_{12}x_2+\cdots+a_{1n}x_n=b_1,\\a_{21}x_1+a_{22}x_2+\cdots+a_{2n}x_n=b_2,\\\quad\vdots\\a_{m1}x_1+a_{m2}x_2+\cdots+a_{mn}x_n=b_m.\end{cases}\tag{4.12}$$

写成矩阵形式

$$\boldsymbol{A}\boldsymbol{x}=\boldsymbol{b},$$

其中 $\boldsymbol{A}=(a_{ij})_{m\times n}$是此线性方程组的系数矩阵,$\boldsymbol{x}=(x_1,x_2,\cdots,x_n)^{\mathrm{T}}$,$\boldsymbol{b}=(b_1,b_2,\cdots,b_m)^{\mathrm{T}}$.

对非齐次线性方程组首先关心的问题是：非齐次线性方程组(4.12)何时是有解的？其次才是有解时如何求出其所有解？

4.6.1 非齐次线性方程组有解的条件

对线性方程组的系数矩阵 $\boldsymbol{A}$ 按列分块,记作 $\boldsymbol{A}=[\boldsymbol{\alpha}_1\quad\boldsymbol{\alpha}_2\quad\cdots\quad\boldsymbol{\alpha}_n]$,非齐次线性方程组(4.12)可改写成向量形式

$$x_1\boldsymbol{\alpha}_1+x_2\boldsymbol{\alpha}_2+\cdots+x_n\boldsymbol{\alpha}_n=\boldsymbol{b}.$$

利用矩阵的列空间及秩的概念,有

非齐次线性方程组 $\boldsymbol{A}\boldsymbol{x}=\boldsymbol{b}$ 有解 $\Leftrightarrow\boldsymbol{b}$ 可由 $\boldsymbol{A}$ 的列向量$\boldsymbol{\alpha}_1,\boldsymbol{\alpha}_2,\cdots,\boldsymbol{\alpha}_n$ 线性表出

$\Leftrightarrow\boldsymbol{\alpha}_1,\boldsymbol{\alpha}_2,\cdots,\boldsymbol{\alpha}_n$ 与$\boldsymbol{\alpha}_1,\boldsymbol{\alpha}_2,\cdots,\boldsymbol{\alpha}_n,\boldsymbol{b}$ 是等价向量组

$\Leftrightarrow\mathrm{r}(\boldsymbol{\alpha}_1,\boldsymbol{\alpha}_2,\cdots,\boldsymbol{\alpha}_n)=\mathrm{r}(\boldsymbol{\alpha}_1,\boldsymbol{\alpha}_2,\cdots,\boldsymbol{\alpha}_n,\boldsymbol{b})$

用 $\bar{\boldsymbol{A}}$ 记非齐次线性方程组(4.12)的增广矩阵,即 $\bar{\boldsymbol{A}}=[\boldsymbol{A}\quad\boldsymbol{b}]$,则有下面的定理.

定理 4.13 数域 F 上的非齐次线性方程组$\boldsymbol{A}\boldsymbol{x}=\boldsymbol{b}$有解$\Leftrightarrow\mathrm{r}(\boldsymbol{A})=\mathrm{r}(\bar{\boldsymbol{A}})$. ■

4.6.2 非齐次线性方程组解的结构

下面来研究非齐次线性方程组(4.12)的解的性质,如把非齐次线性方程组(4.12)中的常数项全都换成 0,就得到齐次线性方程组(4.4).

齐次线性方程组(4.4)称为非齐次线性方程组(4.12)的**导出组**,或称为与非齐次线性方程组(4.12)相**对应的齐次线性方程组**.非齐次线性方程组(4.12)的解与它的导出组(4.4)的

解之间有着密切的联系.即

(1) 设$\boldsymbol{\xi}_1,\boldsymbol{\xi}_2$是非齐次线性方程组(4.12)的任意两个解,则$\boldsymbol{\xi}=\boldsymbol{\xi}_1-\boldsymbol{\xi}_2$是导出组(4.4)的解.

这是因为

$$\boldsymbol{A\xi}=\boldsymbol{A}(\boldsymbol{\xi}_1-\boldsymbol{\xi}_2)=\boldsymbol{A\xi}_1-\boldsymbol{A\xi}_2=\boldsymbol{b}-\boldsymbol{b}=\boldsymbol{0}.$$

(2) 非齐次线性方程组(4.12)的某个解$\boldsymbol{\xi}_0$加上导出组(4.4)的任一解$\boldsymbol{\eta}$仍是非齐次线性方程组(4.12)的解.

这是因为

$$\boldsymbol{A}(\boldsymbol{\xi}_0+\boldsymbol{\eta})=\boldsymbol{A\xi}_0+\boldsymbol{A\eta}=\boldsymbol{b}+\boldsymbol{0}=\boldsymbol{b}.$$

(3) 如$\boldsymbol{\xi}_0$是非齐次线性方程组(4.12)的某个解,那么非齐次线性方程组(4.12)的任一解$\boldsymbol{\gamma}$都可表示成

$$\boldsymbol{\gamma}=\boldsymbol{\xi}_0+\boldsymbol{\eta},$$

其中$\boldsymbol{\eta}$是导出组(4.4)的某个解.

这是因为

$$\boldsymbol{\gamma}=\boldsymbol{\xi}_0+(\boldsymbol{\gamma}-\boldsymbol{\xi}_0),$$

由(1)知$\boldsymbol{\gamma}-\boldsymbol{\xi}_0$是导出组(4.4)的解,记其为$\boldsymbol{\eta}=\boldsymbol{\gamma}-\boldsymbol{\xi}_0$即可.

既然非齐次线性方程组(4.12)的任一解都可表示成$\boldsymbol{\xi}_0+\boldsymbol{\eta}$的形式,那么当$\boldsymbol{\eta}$取遍导出组(4.4)的所有解时$\boldsymbol{\xi}_0+\boldsymbol{\eta}$就取遍了非齐次线性方程组(4.12)的所有的解.这就有下面的定理.

定理 4.14 对于数域F上的非齐次线性方程组$\boldsymbol{Ax}=\boldsymbol{b}$,若$\mathrm{r}(\boldsymbol{A})=\mathrm{r}(\bar{\boldsymbol{A}})=r$,且已知$\boldsymbol{\eta}_1,\boldsymbol{\eta}_2,\cdots,\boldsymbol{\eta}_{n-r}$是导出组$\boldsymbol{Ax}=\boldsymbol{0}$的基础解系,$\boldsymbol{\xi}_0$是$\boldsymbol{Ax}=\boldsymbol{b}$的某个已知解,则$\boldsymbol{Ax}=\boldsymbol{b}$的通解为

$$\boldsymbol{x}=\boldsymbol{\xi}_0+c_1\boldsymbol{\eta}_1+c_2\boldsymbol{\eta}_2+\cdots+c_{n-r}\boldsymbol{\eta}_{n-r},$$

其中$c_1,c_2,\cdots,c_{n-r}$是F中的任意数. ■

例 4.18 已知数域F上的4元线性方程组$\boldsymbol{Ax}=\boldsymbol{b}$的三个解是$\boldsymbol{\xi}_1,\boldsymbol{\xi}_2,\boldsymbol{\xi}_3$,且$\boldsymbol{\xi}_1=(1,2,3,4)^{\mathrm{T}}$,$\boldsymbol{\xi}_2+\boldsymbol{\xi}_3=(3,5,7,9)^{\mathrm{T}}$,$\mathrm{r}(\boldsymbol{A})=3$,求此线性方程组的通解.

解 根据非齐次线性方程组解的性质可知

$$\boldsymbol{\eta}=\boldsymbol{\xi}_2+\boldsymbol{\xi}_3-2\boldsymbol{\xi}_1=(1,1,1,1)^{\mathrm{T}}$$

是导出组$\boldsymbol{Ax}=\boldsymbol{0}$的解.

又$n-\mathrm{r}(\boldsymbol{A})=4-3=1$,即$\boldsymbol{Ax}=\boldsymbol{0}$的基础解系由一个解向量构成.因此,$\boldsymbol{\eta}=(1,1,1,1)^{\mathrm{T}}$就是基础解系.由定理4.14,此线性方程组的通解是

$$\boldsymbol{x}=(1,2,3,4)^{\mathrm{T}}+c(1,1,1,1)^{\mathrm{T}},$$

其中c是F中的任意数. ■

例 4.19 解数域F上的线性方程组

$$\begin{cases}x_1+x_2+x_3+x_4+x_5=1,\\3x_1+2x_2+x_3+x_4-3x_5=0,\\5x_1+4x_2+3x_3+3x_4-x_5=2.\end{cases}$$

解 对此线性方程组的增广矩阵$[\boldsymbol{A},\boldsymbol{b}]$作初等行变换

$$\left[\begin{array}{ccccc:c}1&1&1&1&1&1\\3&2&1&1&-3&0\\5&4&3&3&-1&2\end{array}\right]\to\cdots\to\left[\begin{array}{ccccc:c}1&1&1&1&1&1\\&1&2&2&6&3\\&&&&&\end{array}\right].$$

由于$\mathrm{r}(\boldsymbol{A})=\mathrm{r}(\bar{\boldsymbol{A}})=2$,故此线性方程组有解,且导出组的基础解系由$5-2=3$个向量组成.取$x_3,x_4,x_5$为自由变量,得基础解系

$$\boldsymbol{\eta}_1=\begin{bmatrix}1\\-2\\1\\0\\0\end{bmatrix},\quad\boldsymbol{\eta}_2=\begin{bmatrix}1\\-2\\0\\1\\0\end{bmatrix},\quad\boldsymbol{\eta}_3=\begin{bmatrix}5\\-6\\0\\0\\1\end{bmatrix}.$$

对非齐次线性方程组,令$x_3=x_4=x_5=0$,求出一个解

$$\boldsymbol{\xi}_0=\begin{bmatrix}-2\\3\\0\\0\\0\end{bmatrix}.$$

所以此线性方程组的通解是

$$\boldsymbol{x}=\boldsymbol{\xi}_0+c_1\boldsymbol{\eta}_1+c_2\boldsymbol{\eta}_2+c_3\boldsymbol{\eta}_3=\begin{bmatrix}-2\\3\\0\\0\\0\end{bmatrix}+c_1\begin{bmatrix}1\\-2\\1\\0\\0\end{bmatrix}+c_2\begin{bmatrix}1\\-2\\0\\1\\0\end{bmatrix}+c_3\begin{bmatrix}5\\-6\\0\\0\\1\end{bmatrix},$$

其中c_1,c_2,c_3是F中的任意数. ■

习惯上,我们把非齐次线性方程组$\boldsymbol{Ax}=\boldsymbol{b}$的某个解称为是该线性方程组的**特解**(particular solution).于是求非齐次线性方程组的通解就化作求该线性方程组的任意一个特解和对应的齐次线性方程组的通解.为计算简便,经常通过给自由变量赋值为0来求特解.

例 4.20 讨论a,b取何值时数域F上的线性方程组无解?何时线性方程组有解?在有解时,求其通解.

$$\begin{cases}x_1+ax_2+x_3=2,\\x_1+x_2+2x_3=3,\\x_1+x_2+bx_3=4.\end{cases}$$

解 对此线性方程组的增广矩阵作初等行变换化为阶梯形矩阵

$$\begin{bmatrix}1 & a & 1 & \vdots & 2\\ 1 & 1 & 2 & \vdots & 3\\ 1 & 1 & b & \vdots & 4\end{bmatrix} \to \cdots \to \begin{bmatrix}1 & a & 1 & \vdots & 2\\ & 1-a & 1 & \vdots & 1\\ & & b-2 & \vdots & 1\end{bmatrix}.$$

当 $b=2$ 或 $a=1$ 且 $b\neq 3$ 时，都有 $\mathrm{r}(\boldsymbol{A})=2$，$\mathrm{r}(\overline{\boldsymbol{A}})=3$，这两种情况此线性方程组无解.

当 $a=1$ 且 $b=3$ 时，$\mathrm{r}(\boldsymbol{A})=\mathrm{r}(\overline{\boldsymbol{A}})=2$. 此线性方程组化为

$$\begin{cases} x_1+x_2+x_3=2,\\ \qquad\qquad x_3=1.\end{cases}$$

取特解 $\boldsymbol{\xi}_0=\begin{bmatrix}1\\0\\1\end{bmatrix}$，导出组的基础解系 $\boldsymbol{\eta}=\begin{bmatrix}1\\-1\\0\end{bmatrix}$，此时该线性方程组的通解是 $\boldsymbol{x}=\boldsymbol{\xi}_0+c\boldsymbol{\eta}$，其中 c 是 F 中的任意数.

当 $a\neq 1, b\neq 2$ 时，$\mathrm{r}(\boldsymbol{A})=\mathrm{r}(\overline{\boldsymbol{A}})=3$，此线性方程组有唯一解，可解出

$$\begin{cases} x_1=\dfrac{8a+2b-3ab-5}{(1-a)(b-2)},\\ x_2=\dfrac{b-3}{(1-a)(b-2)},\\ x_3=\dfrac{1}{b-2}.\end{cases}$$

■

例 4.21 设 $\boldsymbol{A}\in M_{m,n}(\mathbb{R})$，如对任意的 $\boldsymbol{b}\in\mathbb{R}^m$，非齐次线性方程组 $\boldsymbol{Ax}=\boldsymbol{b}$ 总有解，证明 $\boldsymbol{A}$ 的行向量组线性无关.

证 记 $\boldsymbol{A}=(\boldsymbol{\alpha}_1,\boldsymbol{\alpha}_2,\cdots,\boldsymbol{\alpha}_n)$.

$\forall\, \boldsymbol{b}\in\mathbb{R}^m$，非齐次线性方程组 $\boldsymbol{Ax}=\boldsymbol{b}$ 总有解

$\Leftrightarrow \forall\, \boldsymbol{b}\in\mathbb{R}^m$，$\exists\, c_1,c_2,\cdots,c_n$ 使 $(\boldsymbol{\alpha}_1,\boldsymbol{\alpha}_2,\cdots,\boldsymbol{\alpha}_n)\begin{bmatrix}c_1\\c_2\\\vdots\\c_n\end{bmatrix}=\boldsymbol{b}$

$\Leftrightarrow \boldsymbol{\alpha}_1,\boldsymbol{\alpha}_2,\cdots,\boldsymbol{\alpha}_n$ 可表示任一个 m 维向量

$\Leftrightarrow \boldsymbol{\alpha}_1,\boldsymbol{\alpha}_2,\cdots,\boldsymbol{\alpha}_n$ 与 $\boldsymbol{\varepsilon}_1=\begin{bmatrix}1\\0\\\vdots\\0\end{bmatrix}$，$\boldsymbol{\varepsilon}_2=\begin{bmatrix}0\\1\\\vdots\\0\end{bmatrix}$，$\cdots$，$\boldsymbol{\varepsilon}_m=\begin{bmatrix}0\\0\\\vdots\\1\end{bmatrix}$ 是等价向量组

$\Leftrightarrow \mathrm{r}(\boldsymbol{A})=\mathrm{r}(\boldsymbol{\alpha}_1,\boldsymbol{\alpha}_2,\cdots,\boldsymbol{\alpha}_n)=m$

$\Leftrightarrow \boldsymbol{A}$ 的行向量组线性无关. ■

例 4.22 试讨论三个平面 $x-y+2z+a=0$，$2x+3y-z-1=0$，$x-6y+bz+10=0$ 的相互位置关系.

解 首先这三个平面的法向量不平行，故这三个平面互不平行. 进一步，考查三个平面方程所构成的线性方程组解的情况. 为此作初等行变换，

$$\left[\begin{array}{ccc:c}1&-1&2&-a\\2&3&-1&1\\1&-6&b&-10\end{array}\right]\to\left[\begin{array}{ccc:c}1&-1&2&-a\\&5&-5&1+2a\\&-5&b-2&a-10\end{array}\right]\to\left[\begin{array}{ccc:c}1&-1&2&-a\\&5&-5&1+2a\\&&b-7&3a-9\end{array}\right].$$

当 $b\neq7$ 时，$\mathrm{r}(\boldsymbol{A})=\mathrm{r}(\bar{\boldsymbol{A}})=3$，线性方程组有唯一解，三个平面交于一点.

当 $b=7,a=3$ 时，$\mathrm{r}(\boldsymbol{A})=\mathrm{r}(\bar{\boldsymbol{A}})=2$，线性方程组有形如 $\boldsymbol{x}=\boldsymbol{\xi}_0+c\boldsymbol{\eta}$ 的通解，于是三个平面交于一条过特解 $\boldsymbol{\xi}_0$ 的端点与基础解系的向量 $\boldsymbol{\eta}$ 平行的直线 l（图 4.1）.

当 $b=7,a\neq3$ 时，$\mathrm{r}(\boldsymbol{A})=2,\mathrm{r}(\bar{\boldsymbol{A}})=3$，线性方程组无解，所以三个平面没有公共交点，又因这三个平面互不平行，因此它们两两相交于一条直线. ■

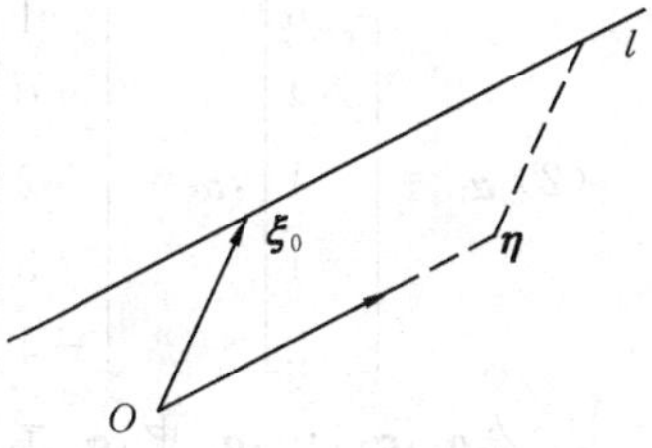

图 4.1

习题 4

1. 判断矩阵 $\boldsymbol{A}=\begin{bmatrix}1&2&1\\1&3&2\end{bmatrix}$ 的行向量组和列向量组的线性相关性.

2. 判断下列向量组的线性相关性：

(1) $\boldsymbol{\alpha}_1=(1,1,0,0)^{\mathrm{T}},\boldsymbol{\alpha}_2=(1,0,1,0)^{\mathrm{T}},\boldsymbol{\alpha}_3=(0,0,1,1)^{\mathrm{T}},\boldsymbol{\alpha}_4=(0,1,0,1)^{\mathrm{T}}$；

(2) $\boldsymbol{\alpha}_1=(1,1,0,0)^{\mathrm{T}},\boldsymbol{\alpha}_2=(1,0,0,4)^{\mathrm{T}},\boldsymbol{\alpha}_3=(0,0,1,1)^{\mathrm{T}},\boldsymbol{\alpha}_4=(0,0,0,2)^{\mathrm{T}}$；

(3) $\boldsymbol{\alpha}_1=(1,3,-5,1)^{\mathrm{T}},\boldsymbol{\alpha}_2=(2,6,1,4)^{\mathrm{T}},\boldsymbol{\alpha}_3=(3,9,7,10)^{\mathrm{T}}$；

(4) $\boldsymbol{\alpha}_1=(1,2,2,3)^{\mathrm{T}},\boldsymbol{\alpha}_2=(2,5,-1,4)^{\mathrm{T}},\boldsymbol{\alpha}_3=(1,4,-8,-1)^{\mathrm{T}}$.

3. 证明：上三角矩阵 $\begin{bmatrix}a&b&c\\0&d&e\\0&0&f\end{bmatrix}$ 的行向量组线性相关的充分必要条件是对角元素至少有一个为 0.

4. 设 S_1 和 S_2 是向量空间 V 的两个有限子集，如果 S_1 线性相关，则 $S_1\cup S_2$ 也线性相关. 反之，如果 $S_1\cup S_2$ 线性无关，则 S_1 也线性无关.

5. 判断下列命题是否正确.

(1) 如 $\boldsymbol{\alpha}_1,\boldsymbol{\alpha}_2$ 线性相关，$\boldsymbol{\beta}_1,\boldsymbol{\beta}_2$ 线性相关，则 $\boldsymbol{\alpha}_1+\boldsymbol{\beta}_1,\boldsymbol{\alpha}_2+\boldsymbol{\beta}_2$ 线性相关；

(2) 如 $\boldsymbol{\beta}$ 不能由 $\boldsymbol{\alpha}_1,\boldsymbol{\alpha}_2,\cdots,\boldsymbol{\alpha}_s$ 线性表出，则 $\boldsymbol{\alpha}_1,\boldsymbol{\alpha}_2,\cdots,\boldsymbol{\alpha}_s,\boldsymbol{\beta}$ 线性无关；

(3) 如 $k_1,k_2,\cdots,k_s$ 不全为 0 时，$k_1\boldsymbol{\alpha}_1+k_2\boldsymbol{\alpha}_2+\cdots+k_s\boldsymbol{\alpha}_s\neq\boldsymbol{0}$，则 $\boldsymbol{\alpha}_1,\boldsymbol{\alpha}_2,\cdots,\boldsymbol{\alpha}_s$ 线性无关；

(4) 如 $\mathrm{r}(\boldsymbol{\alpha}_1,\boldsymbol{\alpha}_2,\boldsymbol{\alpha}_3)=\mathrm{r}(\boldsymbol{\alpha}_1,\boldsymbol{\alpha}_2,\boldsymbol{\alpha}_3,\boldsymbol{\alpha}_4)$，则 $\boldsymbol{\alpha}_4$ 必可由 $\boldsymbol{\alpha}_1,\boldsymbol{\alpha}_2,\boldsymbol{\alpha}_3$ 线性表出.

6. 求下列向量组的秩及一个极大线性无关组，并将其余向量用极大线性无关组线性表出：

(1) $\boldsymbol{\alpha}_1=\begin{bmatrix}1\\-1\\2\\4\end{bmatrix},\boldsymbol{\alpha}_2=\begin{bmatrix}0\\3\\1\\2\end{bmatrix},\boldsymbol{\alpha}_3=\begin{bmatrix}3\\0\\7\\14\end{bmatrix},\boldsymbol{\alpha}_4=\begin{bmatrix}1\\-1\\2\\0\end{bmatrix},\boldsymbol{\alpha}_5=\begin{bmatrix}2\\1\\5\\0\end{bmatrix}$；

(2) $\boldsymbol{\alpha}_1=\begin{bmatrix}6\\4\\1\\-1\\2\end{bmatrix},\boldsymbol{\alpha}_2=\begin{bmatrix}1\\0\\2\\3\\-4\end{bmatrix},\boldsymbol{\alpha}_3=\begin{bmatrix}1\\4\\-9\\-16\\22\end{bmatrix},\boldsymbol{\alpha}_4=\begin{bmatrix}7\\1\\0\\-1\\3\end{bmatrix}$.

7. 在$\boldsymbol{\alpha}_1,\boldsymbol{\alpha}_2,\cdots,\boldsymbol{\alpha}_s$中，$\boldsymbol{\alpha}_s$不能由$\boldsymbol{\alpha}_1,\boldsymbol{\alpha}_2,\cdots,\boldsymbol{\alpha}_{s-1}$线性表出，而$\boldsymbol{\alpha}_1$是$\boldsymbol{\alpha}_2,\cdots,\boldsymbol{\alpha}_s$的线性组合. 证明：$\boldsymbol{\alpha}_1$可由$\boldsymbol{\alpha}_2,\cdots,\boldsymbol{\alpha}_{s-1}$线性表出.

8. 证明n维向量$\boldsymbol{\alpha}_1,\boldsymbol{\alpha}_2,\cdots,\boldsymbol{\alpha}_n$线性无关的充要条件是它们可表示任一$n$维向量.

9. 如$\boldsymbol{\alpha}_1,\boldsymbol{\alpha}_2,\cdots,\boldsymbol{\alpha}_s$线性相关，但其中任意$s-1$个向量都线性无关，证明必存在$s$个全不为零的数$k_1,k_2,\cdots,k_s$使得$k_1\boldsymbol{\alpha}_1+k_2\boldsymbol{\alpha}_2+\cdots+k_s\boldsymbol{\alpha}_s=\mathbf{0}$成立.

10. 已知向量组(1)：$\boldsymbol{\alpha}_1,\boldsymbol{\alpha}_2,\boldsymbol{\alpha}_3$；向量组(2)：$\boldsymbol{\alpha}_1,\boldsymbol{\alpha}_2,\boldsymbol{\alpha}_3,\boldsymbol{\alpha}_4$；向量组(3)：$\boldsymbol{\alpha}_1,\boldsymbol{\alpha}_2,\boldsymbol{\alpha}_3,\boldsymbol{\alpha}_5$. 如果$\mathrm{r}(1)=\mathrm{r}(2)=3,\mathrm{r}(3)=4$. 证明：$\mathrm{r}(\boldsymbol{\alpha}_1,\boldsymbol{\alpha}_2,\boldsymbol{\alpha}_3,\boldsymbol{\alpha}_5-\boldsymbol{\alpha}_4)=4$.

11. 已知$\boldsymbol{\alpha}_1,\boldsymbol{\alpha}_2,\cdots,\boldsymbol{\alpha}_s$的极大线性无关组是$\boldsymbol{\alpha}_{i_1},\boldsymbol{\alpha}_{i_2},\cdots,\boldsymbol{\alpha}_{i_r}$. 证明：$\boldsymbol{\alpha}_1,\boldsymbol{\alpha}_2,\cdots,\boldsymbol{\alpha}_s$与$\boldsymbol{\alpha}_{i_1},\boldsymbol{\alpha}_{i_2},\cdots,\boldsymbol{\alpha}_{i_r}$等价.

12. 已知两个向量组有相同的秩，且其中之一可被另一个线性表出，证明：这两个向量组等价.

13. 设向量组$\boldsymbol{\alpha}_1,\boldsymbol{\alpha}_2,\cdots,\boldsymbol{\alpha}_s$的秩为$r$，证明其中任意选取$m$个向量构成向量组的秩$\geqslant r+m-s$.

14. 求下列矩阵的秩：

(1) $\begin{bmatrix}2&1&-1&1&1\\3&-2&1&-3&4\\1&4&-3&5&-2\end{bmatrix}$，　(2) $\begin{bmatrix}1&1&-3&-4&1\\3&1&1&4&3\\1&5&-9&-8&1\end{bmatrix}$，

(3) $\begin{bmatrix}1&1&2&a&3\\2&2&3&1&4\\1&0&1&1&5\\2&3&5&5&4\end{bmatrix}$，　(4) $\begin{bmatrix}1&2&3&-3&2\\3&5&a&-4&4\\4&5&0&3&7-a\end{bmatrix}$.

15. 设$\boldsymbol{A}$是$m\times n$矩阵，$\boldsymbol{B}$是$n\times m$矩阵，$m>n$. 证明：$|\boldsymbol{AB}|=0$.

16. 设$\boldsymbol{A}$是n阶矩阵($n\geqslant 2$)，证明

$$\mathrm{r}(\boldsymbol{A}^*)=\begin{cases}n, & \text{如 } \mathrm{r}(\boldsymbol{A})=n,\\ 0, & \text{如 } \mathrm{r}(\boldsymbol{A})\leqslant n-2,\\ 1, & \text{如 } \mathrm{r}(\boldsymbol{A})=n-1.\end{cases}$$

17. 证明：任意秩为 r 的矩阵可以表示成 r 个秩为 1 的矩阵之和，但不能表示成少于 r 个秩为 1 的矩阵之和.

18. 证明：$\mathrm{r}\begin{bmatrix}\boldsymbol{A} & \boldsymbol{0}\\ \boldsymbol{C} & \boldsymbol{B}\end{bmatrix}\geqslant \mathrm{r}(\boldsymbol{A})+\mathrm{r}(\boldsymbol{B})$.

19. 证明：$\mathrm{r}(\boldsymbol{A}+\boldsymbol{B})\leqslant \mathrm{r}(\boldsymbol{A})+\mathrm{r}(\boldsymbol{B})$.

20. 如 $\boldsymbol{A}$ 是 n 阶**幂等矩阵**，即 $\boldsymbol{A}^2=\boldsymbol{A}$，证明：$\mathrm{r}(\boldsymbol{A})+\mathrm{r}(\boldsymbol{A}-\boldsymbol{I})=n$.

21. 如 $\boldsymbol{A}$ 是 n 阶**对合阵**，即 $\boldsymbol{A}^2=\boldsymbol{I}$，证明：$\mathrm{r}(\boldsymbol{A}+\boldsymbol{I})+\mathrm{r}(\boldsymbol{A}-\boldsymbol{I})=n$.

22. 判断下列命题是否正确：

(1) 如线性方程组 $\boldsymbol{Ax}=\boldsymbol{0}$ 只有零解，则线性方程组 $\boldsymbol{Ax}=\boldsymbol{b}$ 有唯一解；

(2) 如 $\boldsymbol{\eta}_1,\boldsymbol{\eta}_2,\boldsymbol{\eta}_3,\boldsymbol{\eta}_4$ 是线性方程组 $\boldsymbol{Ax}=\boldsymbol{0}$ 的基础解系，则 $\boldsymbol{\eta}_1+\boldsymbol{\eta}_2,\boldsymbol{\eta}_2+\boldsymbol{\eta}_3,\boldsymbol{\eta}_3+\boldsymbol{\eta}_4,\boldsymbol{\eta}_4+\boldsymbol{\eta}_1$ 也是线性方程组 $\boldsymbol{Ax}=\boldsymbol{0}$ 的基础解系；

(3) 如线性方程组 $\boldsymbol{Ax}=\boldsymbol{b}$ 有唯一解，则线性方程组 $\boldsymbol{Ax}=\boldsymbol{0}$ 只有零解.

23. 求数域 F 上的齐次线性方程组的基础解系及通解：

(1) $\begin{cases}x_1-x_2+5x_3-x_4=0,\\ x_1+x_2-2x_3+3x_4=0,\\ 3x_1-x_2+8x_3+x_4=0,\\ x_1+3x_2-9x_3+7x_4=0;\end{cases}$

(2) $\begin{cases}3x_1+x_2-8x_3+2x_4+x_5=0,\\ 2x_1-2x_2-3x_3-7x_4+2x_5=0,\\ x_1+11x_2-12x_3+34x_4-5x_5=0,\\ x_1-5x_2+2x_3-16x_4+3x_5=0.\end{cases}$

24. 求数域 F 上的非齐次线性方程组的通解：

(1) $\begin{cases}2x_1-7x_2+3x_3+x_4=6,\\ 3x_1+5x_2+2x_3+2x_4=4,\\ 9x_1+4x_2+x_3+7x_4=2;\end{cases}$

(2) $\begin{cases}3x_1+2x_2+x_3+x_4+x_5=7,\\ 3x_1+2x_2+x_3+x_4-3x_5=-2,\\ 5x_1+4x_2+3x_3+3x_4-x_5=12;\end{cases}$

(3) $\begin{cases}x_1+2x_2+3x_3+x_4=3,\\ x_1+4x_2+5x_3+2x_4=2,\\ 2x_1+9x_2+8x_3+3x_4=7,\\ 3x_1+7x_2+7x_3+2x_4=12.\end{cases}$

25. 讨论 λ 取何值时，数域 F 上的线性方程组

$$\begin{cases}\lambda x_1+x_2+x_3=1,\\ x_1+\lambda x_2+x_3=\lambda,\\ x_1+x_2+\lambda x_3=\lambda^2\end{cases}$$

有唯一解，有无穷多解，无解. 有解时求其解.

26. 设

$$A=\begin{bmatrix}1 & 1 & -1\\2 & a+2 & -3\\0 & -3a & a+2\end{bmatrix},\quad b=\begin{bmatrix}1\\3\\-3\end{bmatrix},$$

讨论 a 为何值时,数域 F 上的线性方程组 $\boldsymbol{Ax}=\boldsymbol{b}$ 无解,有唯一解,有无穷多解.有解时求其解.

27. 设 $\boldsymbol{A}$ 是 $m\times n$ 矩阵,$\mathrm{r}(\boldsymbol{A})=r$,证明:存在秩为 $n-r$ 的 n 阶矩阵 $\boldsymbol{B}$,使 $\boldsymbol{AB}=\boldsymbol{0}$.

28. 设 $\boldsymbol{A}$ 是 $m\times n$ 矩阵,$\boldsymbol{B}$ 是 $n\times s$ 矩阵.证明:$(\boldsymbol{AB})\boldsymbol{x}=\boldsymbol{0}$ 与 $\boldsymbol{Bx}=\boldsymbol{0}$ 同解$\Leftrightarrow\mathrm{r}(\boldsymbol{AB})=\mathrm{r}(\boldsymbol{B})$.

第5章 线性空间

在第 3 章讨论了几何空间中的二维、三维向量，为了处理线性方程组问题，在第 4 章又引入了 n 维向量，并建立了向量空间 F^n. 但是除去 n 元数组，数学中还有许多对象，也有类似 F^n 的两种运算及性质，这就启发我们舍弃具体对象，只根据运算的基本性质，采用公理化的方法引入线性空间的概念.

线性空间是对一类非常广泛的客观事物的数学抽象，它成为线性代数中最基本的概念之一. 本章把向量扩充为一般的元素，建立线性空间的概念，并研究线性空间的性质与结构.

5.1 数域 F 上的线性空间

5.1.1 线性空间的定义

在第 4 章我们已看到，对 n 维向量引入加法及数乘向量运算后，向量运算有 8 条非常基本的性质(4.1.1 节). 细心的读者不难发现，n 阶矩阵对矩阵的加法及数乘矩阵运算；在微积分中，函数对于函数的加法及数与函数相乘运算等，也都具有 F^n 的这 8 条性质. 因此，可以把这些不同的对象抽象成为一般的集合，同时规定了具有这 8 条性质的两种运算，这样一个抽象的代数系统就是我们要学习的线性空间.

定义 5.1 设 V 是一个非空集合，F 是数域，如果对 V 中的元素定义两个**代数运算**：

1. 加法，使得 $\forall \alpha,\beta\in V$，有 $\alpha+\beta\in V$；

2. 数量乘法，使 $\forall \alpha\in V$ 及数域 F 中的任意数 k，有 $k\alpha\in V$.

如果加法满足：

(1) (交换律) $\alpha+\beta=\beta+\alpha$；

(2) (结合律) $(\alpha+\beta)+\gamma=\alpha+(\beta+\gamma)$；

(3) V 中有一个零元素 θ，使 $\forall \alpha\in V$，都有 $\alpha+\theta=\alpha$；

(4) 对每个 $\alpha\in V$，都有一个负元素 $-\alpha\in V$，使 $\alpha+(-\alpha)=\theta$；

如果数量乘法满足：

(5) 数域 F 中的 1，有 $1\alpha=\alpha$；

(6) $\forall k,l\in F$，有 $k(l\alpha)=(kl)\alpha$；

如果数量乘法、加法满足分配律：

(7) $k(\alpha+\beta)=k\alpha+k\beta$；

(8) $(k+l)\alpha=k\alpha+l\alpha$.

则称 V 是数域 F 上的**线性空间**(linear space). 在以上(1)～(8)中，α,β,γ 是 V 中任意元素，k,l 是 F 中的任意数.

下面列举一些线性空间的例子.

例 5.1 三维向量空间 $\mathbb{R}^3=\{(x,y,z)^{\mathrm{T}}\mid x,y,z\in\mathbb{R}\}$ 是实线性空间. ■

例 5.2 全体 $m\times n$ 实矩阵，在矩阵的加法及数乘矩阵两种运算下构成实线性空间，记成 $M_{m,n}(\mathbb{R})$. ■

例 5.3 系数取自于数域 F 的次数小于 n 的全体多项式(包括零多项式)所构成的集合 $F_n[x]$，即

$$F_n[x]=\left\{f(x)\mid f(x)=\sum_{i=0}^{n-1}a_ix^i,a_i\in F,i=0,1,\cdots,n-1\right\}.$$

定义多项式的加法及数乘多项式两种运算如下：

$$f(x)+g(x)=\sum_{i=0}^{n-1}a_ix^i+\sum_{i=0}^{n-1}b_ix^i=\sum_{i=0}^{n-1}(a_i+b_i)x^i,$$

$$kf(x)=k\sum_{i=0}^{n-1}a_ix^i=\sum_{i=0}^{n-1}(ka_i)x^i,$$

则 $F_n[x]$ 是数域 F 上的线性空间. ■

同理，次数小于 n 的全体实系数多项式(包括零多项式)所构成的集合 $\mathbb{R}_n[x]$，按通常多项式的加法及数与多项式的乘法构成实数域上的线性空间.

例 5.4 次数等于 n 的全体实系数多项式，在多项式加法及数乘多项式的运算下不是线性空间. 因为加法不封闭，例如，$f(x)=x^n+x$，$g(x)=x-x^n$，则 $f(x)+g(x)=2x$ 不再是 n 次多项式. ■

例 5.5 齐次线性方程组 $\boldsymbol{Ax}=\boldsymbol{0}$ 的全体解向量，在向量加法及数乘向量运算下构成一个线性空间. 而非齐次线性方程组 $\boldsymbol{Ax}=\boldsymbol{b}$ 的全体解向量在上述运算下就不是线性空间. ■

例 5.6 闭区间 $[a,b]$ 上所有 n 阶可微函数的集合 $C_n[a,b]$，对于函数的加法及数与函数的乘法构成实数域上的线性空间. ■

例 5.7 设 $V=\{(x,y)\mid x,y\in\mathbb{R}\}$，定义集合 V 的两个运算如下：

$$(x_1,y_1)+(x_2,y_2)=(x_1+x_2,0),\quad k(x,y)=(kx,0).$$

虽集合 V 对两个运算是封闭的，但 V 中不存在零元素，即对 (x,y) 不存在一个元素 $0=$

(?,?)使

$$(x,y)+(?,?)=(x,y)$$

成立，因此 V 在这样的运算下不是线性空间. ■

例 5.8 数域 F 上全体二阶可逆矩阵的集合，对于矩阵的加法及数乘矩阵运算不构成线性空间. 因为两个可逆矩阵的和可能不再是可逆矩阵，例如 $\begin{bmatrix}1 & \\ & 1\end{bmatrix}$ 与 $\begin{bmatrix} & 1\\ 1 & \end{bmatrix}$. 因此集合对加法不封闭. ■

从例题可以看出，要判断一个集合对加法和数量乘法两个运算是否构成一个线性空间，首先要验证两个运算的封闭性是否成立，其次要验证 8 条性质是否成立，只要有一条不满足，那么该系统的代数结构就不是线性空间.

线性空间的元素今后仍叫做向量，但这里所讲的向量比起 F^n 中的向量的含义要广泛的多.

线性空间有几个简单性质：

(1) 线性空间 V 中只有一个零向量.

假若 θ_1,θ_2 都是 V 的零向量，那么由 θ_1 是零向量，有 $\theta_2+\theta_1=\theta_2$. 又因 θ_2 是零向量，有 $\theta_1+\theta_2=\theta_1$，于是

$$\theta_1=\theta_1+\theta_2=\theta_2+\theta_1=\theta_2.$$

(2) 线性空间 V 中每个向量只有一个负向量.

如果 β,γ 都是 α 的负向量，则

$$\beta=\beta+\theta=\beta+(\alpha+\gamma)=(\beta+\alpha)+\gamma=\theta+\gamma=\gamma.$$

(3) $0\alpha=\theta,(-1)\alpha=-\alpha,k\theta=\theta$.

对 $\forall\alpha\in V$，由 $\alpha+0\alpha=1\alpha+0\alpha=(1+0)\alpha=1\alpha=\alpha$，所以 $0\alpha=\theta$.

另两个关系式的证明留作练习(习题 5，第 2 题).

(4) 若 $k\alpha=\theta$，则 $k=0$ 或 $\alpha=\theta$.

5.1.2 线性相关与线性无关

我们把向量空间中向量的线性相关、线性无关等概念完全平行地推广到线性空间，用以讨论线性空间的元素之间的相互关系与联系.

定义 5.2 设 V 是数域 F 上的线性空间，$\alpha_1,\alpha_2,\cdots,\alpha_n\in V$，如果 F 中存在 n 个不全为零的数 $k_1,k_2,\cdots,k_n$ 使得

$$\sum_{i=1}^{n}k_i\alpha_i=\theta,$$

则称 $\alpha_1,\alpha_2,\cdots,\alpha_n$ **线性相关**，否则称 $\alpha_1,\alpha_2,\cdots,\alpha_n$ **线性无关**.

线性无关亦可等价叙述为：如果对 F 中 n 个数 $k_1,k_2,\cdots,k_n$，当 $\sum\limits_{i=1}^{n}k_i\alpha_i=\theta$ 时，必可推

出 $k_i=0(i=1,2,\cdots,n)$.或者说,只要 $k_1,k_2,\cdots,k_n$ 不全为0,则 $\sum_{i=1}^{n}k_i\alpha_i$ 必不为 θ.

定义 5.3 设 V 是数域 F 上的线性空间,对向量 $\alpha_1,\alpha_2,\cdots,\alpha_n\in V$,数 $k_1,k_2,\cdots,k_n\in F$,称 $\sum_{i=1}^{n}k_i\alpha_i$ 是 $\alpha_1,\alpha_2,\cdots,\alpha_n$ 的一个**线性组合**.如果向量 β 能够写成 $\sum_{i=1}^{n}k_i\alpha_i$,则称 β 可以由 $\alpha_1,\alpha_2,\cdots,\alpha_n$ **线性表出**.或者说 β 是 $\alpha_1,\alpha_2,\cdots,\alpha_n$ 的线性组合.

定义 5.4 设 $\alpha_1,\alpha_2,\cdots,\alpha_n$ 与 $\beta_1,\beta_2,\cdots,\beta_m$ 是线性空间 V 中两组向量,如果每个 $\alpha_i(i=1,2,\cdots,n)$ 都可以由向量组 $\beta_1,\beta_2,\cdots,\beta_m$ 线性表出,我们就称向量组 $\alpha_1,\alpha_2,\cdots,\alpha_n$ 可由向量组 $\beta_1,\beta_2,\cdots,\beta_m$ 线性表出.若两个向量组可以互相线性表出,就称这两个向量组**等价**.

例如,在线性空间 $F_3[x]$ 中,$1,x,x^2$ 与 $1,1+x,1+x^2$ 等价.

向量组的等价是线性空间 V 上的一个二元关系,容易验证这个二元关系具有反身性、对称性、传递性.由此可知,向量组的等价是线性空间 V 上的一个等价关系.

以上这些定义的叙述完全是在"复述"n 元数组中相应概念的定义,因而向量空间的理论亦可平行拓广到线性空间,其证明方法从本质上看是一样的,下面列出几个常用的定理,其证明留给读者.

定理 5.1 设 V 是一个线性空间,$\alpha_1,\alpha_2,\cdots,\alpha_n(n\geqslant 2)$ 是 V 中向量,则 $\alpha_1,\alpha_2,\cdots,\alpha_n$ 线性相关的充分必要条件是 $\alpha_1,\alpha_2,\cdots,\alpha_n$ 中必有一个向量 α_i 可由其余的向量 $\alpha_1,\cdots,\alpha_{i-1},\alpha_{i+1},\cdots,\alpha_n$ 线性表出. ■

定理 5.2 设 V 是一个线性空间,$\alpha_1,\alpha_2,\cdots,\alpha_n,\beta$ 是 V 中的向量,若 $\alpha_1,\alpha_2,\cdots,\alpha_n$ 线性无关,而 $\alpha_1,\alpha_2,\cdots,\alpha_n,\beta$ 线性相关,则 β 可由 $\alpha_1,\alpha_2,\cdots,\alpha_n$ 线性表出,且表示法唯一. ■

定理 5.3 设 $\alpha_1,\alpha_2,\cdots,\alpha_n$ 与 $\beta_1,\beta_2,\cdots,\beta_m$ 是线性空间 V 中的两组向量,若 $\alpha_1,\alpha_2,\cdots,\alpha_n$ 可由 $\beta_1,\beta_2,\cdots,\beta_m$ 线性表出,且 $n>m$,则 $\alpha_1,\alpha_2,\cdots,\alpha_n$ 线性相关. ■

推论 如果 $\alpha_1,\alpha_2,\cdots,\alpha_n$ 可由 $\beta_1,\beta_2,\cdots,\beta_m$ 线性表出,且 $\alpha_1,\alpha_2,\cdots,\alpha_n$ 线性无关,则 $m\geqslant n$. ■

例 5.9 在 $F_3[x]$ 中,$1,x,x^2$ 是线性无关的.因为若

$$k_1 1+k_2x+k_3x^2=0$$

必有 $k_1=k_2=k_3=0$. ■

5.1.3 基、维数和坐标

定义 5.5 设 V 是线性空间,如果 V 中有 n 个线性无关的向量,而任意 $n+1$ 个向量都线性相关,则称线性空间 V 是 ***n* 维**(dimension)的,记作 $\dim V=n$,而这 n 个线性无关的向量称为线性空间 V 的一组**基**(basis).

当一个线性空间 V 中有无穷多个线性无关的向量时,称其为**无限维线性空间**(infinite dimensions).

例如，数域F上所有多项式的集合$F[x]$，按通常的多项式加法及数与多项式的乘法，构成一个线性空间. $1,x,x^2,\cdots,x^n,\cdots$是线性无关的，它是$F[x]$的一组基，$F[x]$是无限维的线性空间.

本书仅讨论有限维线性空间.

例 5.10 线性空间$F_n[x]$的维数是n. $1,x,x^2,\cdots,x^{n-1}$是它的一组基. ■

例 5.11 线性空间$M_{m,n}[F]$的维数是mn，它的一组基为$W=\{\boldsymbol{E}_{ij}\mid i=1,2,\cdots,m,j=1,2,\cdots,n,\boldsymbol{E}_{ij}$的第$i$行与第$j$列交叉点的元素是1，其他元素都是零$\}$. ■

定理 5.4 如果在线性空间V中有n个线性无关的向量$\alpha_1,\alpha_2,\cdots,\alpha_n$，且$V$中任何向量都可用$\alpha_1,\alpha_2,\cdots,\alpha_n$线性表出，那么$V$是$n$维的，而$\alpha_1,\alpha_2,\cdots,\alpha_n$就是$V$的一组基.

证 设$\beta_1,\beta_2,\cdots,\beta_{n+1}$是$V$中任意$n+1$个向量，它们可以用$\alpha_1,\alpha_2,\cdots,\alpha_n$线性表出，据定理5.3知$\beta_1,\beta_2,\cdots,\beta_{n+1}$线性相关. 而$V$中确有$n$个向量$\alpha_1,\alpha_2,\cdots,\alpha_n$线性无关，按定义5.5知$\dim V=n$，$\alpha_1,\alpha_2,\cdots,\alpha_n$是$V$的一组基. ■

如果$\alpha_1,\alpha_2,\cdots,\alpha_n$是线性空间$V$的一组基，那么$\forall\beta\in V$，总有$\alpha_1,\alpha_2,\cdots,\alpha_n,\beta$线性相关，据定理5.2，$\beta$可由$\alpha_1,\alpha_2,\cdots,\alpha_n$线性表出且表示法唯一. 由此可引入坐标的概念.

定义 5.6 设V是n维线性空间，$\alpha_1,\alpha_2,\cdots,\alpha_n$是其一组基，对$V$中任一向量$\beta$，存在着唯一一组数$x_1,x_2,\cdots,x_n$使得

$$\beta=\sum_{i=1}^{n}x_i\alpha_i,\tag{5.1}$$

称$(x_1,x_2,\cdots,x_n)^{\mathrm{T}}$是$\beta$在基$\alpha_1,\alpha_2,\cdots,\alpha_n$下的**坐标**(coordinate).

例 5.12 在$\mathbb{R}^3$中，$\boldsymbol{e}_1=\begin{bmatrix}1\\0\\0\end{bmatrix}$，$\boldsymbol{e}_2=\begin{bmatrix}0\\1\\0\end{bmatrix}$，$\boldsymbol{e}_3=\begin{bmatrix}0\\0\\1\end{bmatrix}$是一组基，称其为**自然基**(standard basis). 这时向量$\boldsymbol{\alpha}=\begin{bmatrix}a_1\\a_2\\a_3\end{bmatrix}$可表示成

$$\boldsymbol{\alpha}=a_1\boldsymbol{e}_1+a_2\boldsymbol{e}_2+a_3\boldsymbol{e}_3,$$

因此，$\boldsymbol{\alpha}$在自然基下的坐标是$(a_1,a_2,a_3)^{\mathrm{T}}$.

又如，$\boldsymbol{\varepsilon}_1=\begin{bmatrix}1\\0\\0\end{bmatrix}$，$\boldsymbol{\varepsilon}_2=\begin{bmatrix}1\\1\\0\end{bmatrix}$，$\boldsymbol{\varepsilon}_3=\begin{bmatrix}1\\1\\1\end{bmatrix}$也是$\mathbb{R}^3$的一组基，易见

$$\boldsymbol{\alpha}=(a_1-a_2)\boldsymbol{\varepsilon}_1+(a_2-a_3)\boldsymbol{\varepsilon}_2+a_3\boldsymbol{\varepsilon}_3.$$

故$\boldsymbol{\alpha}$在基$\boldsymbol{\varepsilon}_1,\boldsymbol{\varepsilon}_2,\boldsymbol{\varepsilon}_3$下的坐标是$(a_1-a_2,a_2-a_3,a_3)^{\mathrm{T}}$. ■

例 5.13 设$M_2(\mathbb{R})$是所有二阶矩阵所构成的集合，在矩阵的加法及数乘矩阵的运算下，$M_2(\mathbb{R})$构成一个线性空间，对于

$$\boldsymbol{E}_{11}=\begin{bmatrix}1&0\\0&0\end{bmatrix},\quad \boldsymbol{E}_{12}=\begin{bmatrix}0&1\\0&0\end{bmatrix},\quad \boldsymbol{E}_{21}=\begin{bmatrix}0&0\\1&0\end{bmatrix},\quad \boldsymbol{E}_{22}=\begin{bmatrix}0&0\\0&1\end{bmatrix},$$

我们有

$$k_1\boldsymbol{E}_{11}+k_2\boldsymbol{E}_{12}+k_3\boldsymbol{E}_{21}+k_4\boldsymbol{E}_{22}=\begin{bmatrix}k_1&k_2\\k_3&k_4\end{bmatrix}.$$

因此,$k_1\boldsymbol{E}_{11}+k_2\boldsymbol{E}_{12}+k_3\boldsymbol{E}_{21}+k_4\boldsymbol{E}_{22}=\boldsymbol{0}\Leftrightarrow k_1=k_2=k_3=k_4=0$,即 $\boldsymbol{E}_{11},\boldsymbol{E}_{12},\boldsymbol{E}_{21},\boldsymbol{E}_{22}$ 是线性无关的. 而对任意的 $\boldsymbol{A}=\begin{bmatrix}x&y\\z&w\end{bmatrix}$,有

$$\boldsymbol{A}=x\boldsymbol{E}_{11}+y\boldsymbol{E}_{12}+z\boldsymbol{E}_{21}+w\boldsymbol{E}_{22}.$$

这说明在 $M_2(\mathbb{R})$ 中,存在 $\boldsymbol{E}_{11},\boldsymbol{E}_{12},\boldsymbol{E}_{21},\boldsymbol{E}_{22}$ 线性无关,再添加任一个矩阵 $\boldsymbol{A}$ 就线性相关. 所以,$M_2(\mathbb{R})$ 是 4 维线性空间,$\boldsymbol{E}_{11},\boldsymbol{E}_{12},\boldsymbol{E}_{21},\boldsymbol{E}_{22}$ 是它的一组基,$\boldsymbol{A}$ 在这组基下的坐标是 $(x,y,z,w)^{\mathrm{T}}$. ■

例 5.14 在次数小于 3 的实系数多项式所构成的线性空间 $\mathbb{R}_3[x]$ 中,令 $f_0=1,f_1=x,f_2=x^2$,则

$$k_1f_0+k_2f_1+k_3f_2=k_1+k_2x+k_3x^2=0\Leftrightarrow k_1=k_2=k_3=0.$$

即 $1,x,x^2$ 是线性无关的,而对于 $f=ax^2+bx+c\in\mathbb{R}_3[x]$,有 $f=cf_0+bf_1+af_2$,所以,$\mathbb{R}_3[x]$ 是三维线性空间,$1,x,x^2$ 是一组基,$f(x)=ax^2+bx+c$ 在这组基下的坐标是 $(c,b,a)^{\mathrm{T}}$. ■

5.1.4 过渡矩阵与坐标变换

在例 5.12 中我们已看到,一个线性空间可以有不同的基,那么同一个向量在不同基下的坐标之间有什么联系呢? 或者说,当线性空间中的基改变之后,向量的坐标又是如何变化的呢?

设 $\varepsilon_1,\varepsilon_2,\cdots,\varepsilon_n$ 和 $\eta_1,\eta_2,\cdots,\eta_n$ 是线性空间 V 的两组基,它们可以互相线性表出,若

$$\begin{cases}\eta_1=c_{11}\varepsilon_1+c_{21}\varepsilon_2+\cdots+c_{n1}\varepsilon_n,\\ \eta_2=c_{12}\varepsilon_1+c_{22}\varepsilon_2+\cdots+c_{n2}\varepsilon_n,\\ \qquad\vdots\\ \eta_n=c_{1n}\varepsilon_1+c_{2n}\varepsilon_2+\cdots+c_{nn}\varepsilon_n.\end{cases}\tag{5.2}$$

用矩阵可把上式写成

$$(\eta_1,\eta_2,\cdots,\eta_n)=(\varepsilon_1,\varepsilon_2,\cdots,\varepsilon_n)\begin{bmatrix}c_{11}&c_{12}&\cdots&c_{1n}\\c_{21}&c_{22}&\cdots&c_{2n}\\\vdots&\vdots&&\vdots\\c_{n1}&c_{n2}&\cdots&c_{nn}\end{bmatrix}.\tag{5.3}$$

矩阵

$$C=\begin{bmatrix} c_{11} & c_{12} & \cdots & c_{1n} \\ c_{21} & c_{22} & \cdots & c_{2n} \\ \vdots & \vdots & & \vdots \\ c_{n1} & c_{n2} & \cdots & c_{nn} \end{bmatrix}$$

称为由基 $\varepsilon_1,\varepsilon_2,\cdots,\varepsilon_n$ 到基 $\eta_1,\eta_2,\cdots,\eta_n$ 的**过渡矩阵**(transition matrix).

定理 5.5 设线性空间 V 的两组基是 $\varepsilon_1,\varepsilon_2,\cdots,\varepsilon_n$ 和 $\eta_1,\eta_2,\cdots,\eta_n$，由 $\varepsilon_1,\varepsilon_2,\cdots,\varepsilon_n$ 到 $\eta_1,\eta_2,\cdots,\eta_n$ 的过渡矩阵是 $\boldsymbol{C}$，则 $\boldsymbol{C}$ 是可逆矩阵. 如果向量 α 在这两组基下的坐标分别是 $\boldsymbol{x}=(x_1,x_2,\cdots,x_n)^{\mathrm{T}}$ 和 $\boldsymbol{y}=(y_1,y_2,\cdots,y_n)^{\mathrm{T}}$，则

$$\boldsymbol{x}=\boldsymbol{C}\boldsymbol{y}. \tag{5.4}$$

证 考察由过渡矩阵 $\boldsymbol{C}$ 所构成的齐次线性方程组 $\boldsymbol{Cx}=\boldsymbol{0}$，设 $\boldsymbol{x}_0=(k_1,k_2,\cdots,k_n)^{\mathrm{T}}$ 是 $\boldsymbol{Cx}=\boldsymbol{0}$ 的解，那么

$$(\eta_1,\eta_2,\cdots,\eta_n)\boldsymbol{x}_0=[(\varepsilon_1,\varepsilon_2,\cdots,\varepsilon_n)\boldsymbol{C}]\boldsymbol{x}_0=(\varepsilon_1,\varepsilon_2,\cdots,\varepsilon_n)(\boldsymbol{Cx}_0)=\theta,$$

即

$$k_1\eta_1+k_2\eta_2+\cdots+k_n\eta_n=\theta,$$

因为 $\eta_1,\eta_2,\cdots,\eta_n$ 是线性空间 V 的一组基，它们线性无关，故总有 $k_1=k_2=\cdots=k_n=0$，即 $\boldsymbol{x}_0=\boldsymbol{0}$. 这表明齐次线性方程组 $\boldsymbol{Cx}=\boldsymbol{0}$ 只有零解，按定理 4.11，得 $\mathrm{r}(\boldsymbol{C})=n$，这就证明了两组基之间的过渡矩阵是可逆的.

再由 $\alpha=(\eta_1,\eta_2,\cdots,\eta_n)\boldsymbol{y}=[(\varepsilon_1,\varepsilon_2,\cdots,\varepsilon_n)\boldsymbol{C}]\boldsymbol{y}$，及 $\alpha=(\varepsilon_1,\varepsilon_2,\cdots,\varepsilon_n)\boldsymbol{x}$，根据定理 5.2，向量用一组基表示的表示法是唯一的，得

$$\boldsymbol{x}=\boldsymbol{C}\boldsymbol{y} \quad 或 \quad \boldsymbol{y}=\boldsymbol{C}^{-1}\boldsymbol{x}.$$

这就是新旧坐标之间的坐标变换公式. ■

利用两组基之间的过渡矩阵 $\boldsymbol{C}$ 是可逆的这个性质，如果已知一组基 $\alpha_1,\alpha_2,\cdots,\alpha_n$ 及一个可逆矩阵 $\boldsymbol{C}$，就可以构造出一组新的基 $\beta_1,\beta_2,\cdots,\beta_n$，使这两组基之间的过渡矩阵就是已知矩阵 $\boldsymbol{C}$.

例 5.15 在例 5.12 中，两组基之间的关系是

$$(\boldsymbol{\varepsilon}_1,\boldsymbol{\varepsilon}_2,\boldsymbol{\varepsilon}_3)=(\boldsymbol{e}_1,\boldsymbol{e}_2,\boldsymbol{e}_3)\begin{bmatrix} 1 & 1 & 1 \\ & 1 & 1 \\ & & 1 \end{bmatrix}.$$

又 $\boldsymbol{\alpha}$ 在基 $\boldsymbol{e}_1,\boldsymbol{e}_2,\boldsymbol{e}_3$ 下的坐标是 $(a_1,a_2,a_3)^{\mathrm{T}}$，设 $\boldsymbol{\alpha}$ 在基 $\boldsymbol{\varepsilon}_1,\boldsymbol{\varepsilon}_2,\boldsymbol{\varepsilon}_3$ 下的坐标是 $(y_1,y_2,y_3)^{\mathrm{T}}$，由 (5.4) 式有

$$\begin{bmatrix} y_1 \\ y_2 \\ y_3 \end{bmatrix}=\begin{bmatrix} 1 & 1 & 1 \\ & 1 & 1 \\ & & 1 \end{bmatrix}^{-1}\begin{bmatrix} a_1 \\ a_2 \\ a_3 \end{bmatrix}=\begin{bmatrix} 1 & -1 & \\ & 1 & -1 \\ & & 1 \end{bmatrix}\begin{bmatrix} a_1 \\ a_2 \\ a_3 \end{bmatrix}=\begin{bmatrix} a_1-a_2 \\ a_2-a_3 \\ a_3 \end{bmatrix}.$$ ■

例 5.16 设

$$g_1=1+x+x^2+x^3,\quad g_2=x+x^2+x^3,\quad g_3=x^2+x^3,\quad g_4=x^3,$$
$$h_1=1-x-x^3,\quad h_2=1+x,\quad h_3=1+x-x^2,\quad h_4=1-x+x^2.$$

(1) 证明：g_1,g_2,g_3,g_4 与 h_1,h_2,h_3,h_4 都是线性空间 $F_4[x]$的基；

(2) 求从基 g_1,g_2,g_3,g_4 到基 h_1,h_2,h_3,h_4 的过渡矩阵；

(3) 如 $F_4[x]$中元素 $p(x)$在 g_1,g_2,g_3,g_4 下的坐标为$(1,-2,0,1)^{\mathrm{T}}$，求 $p(x)$在基 h_1,h_2,h_3,h_4 下的坐标.

解 (1) 已知 $1,x,x^2,x^3$ 线性无关，它们构成 $F_4[x]$的一组基，按已知条件，现有

$$(g_1,g_2,g_3,g_4)=(1,x,x^2,x^3)\begin{bmatrix}1&&&\\1&1&&\\1&1&1&\\1&1&1&1\end{bmatrix}=(1,x,x^2,x^3)\boldsymbol{C}_1,$$

$$(h_1,h_2,h_3,h_4)=(1,x,x^2,x^3)\begin{bmatrix}1&1&1&1\\-1&1&1&-1\\0&0&-1&1\\-1&0&0&0\end{bmatrix}=(1,x,x^2,x^3)\boldsymbol{C}_2.$$

显然，$|\boldsymbol{C}_1|=1$，容易计算$|\boldsymbol{C}_2|=-2$，可见 $\boldsymbol{C}_1,\boldsymbol{C}_2$，都是可逆矩阵，所以 g_1,g_2,g_3,g_4 与 h_1,h_2,h_3,h_4 都是 $F_4[x]$的基.

(2) 由

$$(g_1,g_2,g_3,g_4)=(1,x,x^2,x^3)\boldsymbol{C}_1$$

得到

$$(1,x,x^2,x^3)=(g_1,g_2,g_3,g_4)\boldsymbol{C}_1^{-1}.$$

代入到$(h_1,h_2,h_3,h_4)=(1,x,x^2,x^3)\boldsymbol{C}_2$ 中，有

$$(h_1,h_2,h_3,h_4)=(g_1,g_2,g_3,g_4)\boldsymbol{C}_1^{-1}\boldsymbol{C}_2.$$

所以，从基 g_1,g_2,g_3,g_4 到基 h_1,h_2,h_3,h_4 的过渡矩阵 $\boldsymbol{C}=\boldsymbol{C}_1^{-1}\boldsymbol{C}_2$ 为

$$\boldsymbol{C}=\begin{bmatrix}1&&&\\1&1&&\\1&1&1&\\1&1&1&1\end{bmatrix}^{-1}\begin{bmatrix}1&1&1&1\\-1&1&1&-1\\0&0&-1&1\\-1&0&0&0\end{bmatrix}$$

$$=\begin{bmatrix}1&&&\\-1&1&&\\&-1&1&\\&&-1&1\end{bmatrix}\begin{bmatrix}1&1&1&1\\-1&1&1&-1\\0&0&-1&1\\-1&0&0&0\end{bmatrix}=\begin{bmatrix}1&1&1&1\\-2&0&0&-2\\1&-1&-2&2\\-1&0&1&-1\end{bmatrix}.$$

(3) 设 $p(x)$在基 h_1,h_2,h_3,h_4 下的坐标为 $\boldsymbol{y}=(y_1,y_2,y_3,y_4)^{\mathrm{T}}$，根据(5.4)式得 $\boldsymbol{y}=\boldsymbol{C}^{-1}\boldsymbol{x}$，故得

$$y = C^{-1}\begin{bmatrix}1\\-2\\0\\1\end{bmatrix} = \begin{bmatrix}-1 & -1 & -1 & -1\\ 1 & 1 & 0 & -1\\ 0 & -\frac{1}{2} & 0 & 1\\ 1 & \frac{1}{2} & 1 & 1\end{bmatrix}\begin{bmatrix}1\\-2\\0\\1\end{bmatrix} = \begin{bmatrix}0\\-2\\2\\1\end{bmatrix}.$$ ■

5.2 线性子空间

5.2.1 线性子空间的概念

定义 5.7 设 V 是线性空间，W 是 V 的一个非空子集，如果 W 也是线性空间(即 W 在线性空间 V 的两个运算下仍构成一个线性空间)，则称 W 是 V 的一个**子空间**(subspace).

例 5.17 设 V 是线性空间，仅由 V 中的零元素所构成的集合 $W=\{\theta\}$是 V 的一个子空间，通常称为**零子空间**(zero subspace). 显然，V 本身也是 V 的一个子空间. 通常称这两个子空间为 V 的**平凡子空间**. ■

例 5.18 设 $\boldsymbol{A}$ 是 $m\times n$ 矩阵，由 n 元齐次线性方程组 $\boldsymbol{Ax}=\boldsymbol{0}$ 的解向量构成的集合 $N(\boldsymbol{A})$ 是 n 维向量空间 F^n 的子空间，通常称其为矩阵 $\boldsymbol{A}$ 的**解空间**或**化零空间**(null space). ■

是否一定要通过判断 W 是不是线性空间来确定 W 是不是 V 的子空间呢?

定理 5.6 设 W 是线性空间 V 的非空子集，那么 W 是 V 的子空间的充分必要条件是 W 对加法封闭，W 和 F 对数乘封闭. 即 $\forall \alpha,\beta\in W$，$\forall k\in F$ 有 $\alpha+\beta\in W$，$k\alpha\in W$.

证 必要性显然成立，下面仅证充分性.

如果 W 是 V 的非空子集，且对 V 的两个运算封闭，按定义 5.1 我们只须检验 8 条性质均成立即可.

$\forall \alpha,\beta,\gamma\in W$ 及 $\forall k,l\in F$，由 W 是 V 的子集，有 $\alpha,\beta,\gamma\in V$. 由于 V 是线性空间，所以 α，β，γ 及 k，l 自然满足定义 5.1 中的(1)，(2)，(5)～(8)各条要求.

至于(3)与(4)，由 W 非空，故存在 $\alpha\in W$，取 $k=0\in F$，利用封闭性知 $0\alpha\in W$，即 $\theta\in W$. 类似地，取 $k=-1$，有$(-1)\alpha\in W$，即$-\alpha\in W$.

所以，W 满足 8 条要求，它是一个线性空间. ■

例 5.19 设

$$S=\{\boldsymbol{A}\mid \boldsymbol{A}^2=\boldsymbol{A},\boldsymbol{A}\in M_2(\mathbb{R})\},$$

则 S 不是 $M_2(\mathbb{R})$的子空间. 因为 S 对 $M_2(\mathbb{R})$的运算不封闭. 例如，$\boldsymbol{A},\boldsymbol{B}\in S$ 时

$$(\boldsymbol{A}+\boldsymbol{B})^2=\boldsymbol{A}^2+\boldsymbol{AB}+\boldsymbol{BA}+\boldsymbol{B}^2=\boldsymbol{A}+\boldsymbol{AB}+\boldsymbol{BA}+\boldsymbol{B}\neq \boldsymbol{A}+\boldsymbol{B},$$

即 $\boldsymbol{A}+\boldsymbol{B}\notin S$. ■

因为线性子空间其本身就是一个线性空间，前面关于线性空间的维数、基、坐标等概念当然也就可用到线性子空间. 根据方程组的理论对于化零空间有下列定理.

定理 5.7 设 $\boldsymbol{A}$ 是 $m\times n$ 矩阵，$\mathrm{r}(\boldsymbol{A})=r$，则 $\boldsymbol{A}$ 的化零空间 $N(\boldsymbol{A})$ 的维数是 $n-r$，齐次线性方程组 $\boldsymbol{Ax}=\boldsymbol{0}$ 的基础解系就构成 $N(\boldsymbol{A})$ 的一组基. ■

例 5.20 证明：全体二阶实对称矩阵 $SM_2(\mathbb{R})$ 是 $M_2(\mathbb{R})$ 的子空间. 并求 $SM_2(\mathbb{R})$ 的维数及一组基.

解 显然 $SM_2(\mathbb{R})$ 非空且 $SM_2(\mathbb{R})\subset M_2(\mathbb{R})$. 设 $\boldsymbol{A},\boldsymbol{B}\in SM_2(\mathbb{R})$，$k\in\mathbb{R}$，则

$$(\boldsymbol{A}+\boldsymbol{B})^{\mathrm{T}}=\boldsymbol{A}^{\mathrm{T}}+\boldsymbol{B}^{\mathrm{T}}=\boldsymbol{A}+\boldsymbol{B},$$
$$(k\boldsymbol{A})^{\mathrm{T}}=k\boldsymbol{A}^{\mathrm{T}}=k\boldsymbol{A}.$$

即 $\boldsymbol{A}+\boldsymbol{B}\in SM_2(\mathbb{R})$，$k\boldsymbol{A}\in SM_2(\mathbb{R})$. 因此，$SM_2(\mathbb{R})$ 对加法及数乘运算都封闭，所以 $SM_2(\mathbb{R})$ 是 $M_2(\mathbb{R})$ 的子空间. 取

$$\boldsymbol{E}_{11}=\begin{bmatrix}1&0\\0&0\end{bmatrix},\quad \boldsymbol{F}_{12}=\begin{bmatrix}0&1\\1&0\end{bmatrix},\quad \boldsymbol{E}_{22}=\begin{bmatrix}0&0\\0&1\end{bmatrix},$$

则 $\boldsymbol{E}_{11},\boldsymbol{F}_{12},\boldsymbol{E}_{22}\in SM_2(\mathbb{R})$，且它们线性无关.

对任一 $\boldsymbol{A}\in SM_2(\mathbb{R})$，$\boldsymbol{A}$ 有表达式

$$\boldsymbol{A}=\begin{bmatrix}a_{11}&a_{12}\\a_{12}&a_{22}\end{bmatrix}=a_{11}\boldsymbol{E}_{11}+a_{12}\boldsymbol{F}_{12}+a_{22}\boldsymbol{E}_{22}.$$

据定理 5.4 知，$\boldsymbol{E}_{11},\boldsymbol{F}_{12},\boldsymbol{E}_{22}$ 是 $SM_2(\mathbb{R})$ 的一组基，故 $\dim SM_2(\mathbb{R})=3$. ■

例 5.21 设 W_1 和 W_2 都是 V 的子空间. 且 $W_1\subset W_2$，证明 $\dim W_1\leqslant\dim W_2$.

证 设 $\dim W_1=r$，$\alpha_1,\alpha_2,\cdots,\alpha_r$ 是 W_1 的一组基，设 $\dim W_2=t$，$\beta_1,\beta_2,\cdots,\beta_t$ 是 W_2 的一组基.

由于 $W_1\subset W_2$，且 $\beta_1,\beta_2,\cdots,\beta_t$ 是 W_2 的基，因此 $\alpha_i(i=1,2,\cdots,r)$ 可由 $\beta_1,\beta_2,\cdots,\beta_t$ 线性表出. 又因 $\alpha_1,\alpha_2,\cdots,\alpha_r$ 也是基，它们也是线性无关的，据定理 5.3 的推论知，$r\leqslant t$，即 $\dim W_1\leqslant\dim W_2$. ■

例 5.18～例 5.20 都是通过描述子空间的元素具有什么特征来刻画一个子空间的，除此之外，经常通过另一种方式，也就是讲清子空间是由哪些元素生成的来刻画它，具体方式叙述如下.

给定线性空间 V 的一组元素 $\alpha_1,\alpha_2,\cdots,\alpha_m$，子集

$$W=\left\{\sum_{i=1}^{m}k_i\alpha_i \mid k_i\in F, i=1,2,\cdots,m\right\}$$

非空，且对 V 的两个运算封闭，据定理 5.6 知 W 是 V 的子空间，称 W 是由 $\alpha_1,\alpha_2,\cdots,\alpha_m$ **生成的子空间**(spanning subspace)，记为 $L(\alpha_1,\alpha_2,\cdots,\alpha_m)$.

$L(\alpha_1,\alpha_2,\cdots,\alpha_m)$ 是包含 $\{\alpha_1,\alpha_2,\cdots,\alpha_m\}$ 的最小的子空间，即如果 $\{\alpha_1,\alpha_2,\cdots,\alpha_m\}\subseteq$ 子空间 U，则 $L(\alpha_1,\alpha_2,\cdots,\alpha_m)\subseteq U$.

例 5.22 向量 $\boldsymbol{\alpha}_1=(1,0,0)^{\mathrm{T}}$，$\boldsymbol{\alpha}_2=(0,1,0)^{\mathrm{T}}$，$\boldsymbol{\alpha}_3=(2,0,0)^{\mathrm{T}}$ 生成 $\mathbb{R}^3$ 的子空间 Oxy 平

面，$L(\boldsymbol{\alpha}_1,\boldsymbol{\alpha}_2)$亦生成 Oxy 平面，而 $L(\boldsymbol{\alpha}_1,\boldsymbol{\alpha}_3)$生成 Ox 直线.

例 5.23 设 $\boldsymbol{A}\in M_{m,n}(\mathbb{R})$，则 $\boldsymbol{A}$ 的 n 个列向量生成$\mathbb{R}^m$ 的一个子空间，称为 $\boldsymbol{A}$ 的**列空间**(column space)，记为 $R(\boldsymbol{A})$. $\boldsymbol{A}$ 的列空间的元素可表示成 $\boldsymbol{Ax}$，即 $R(\boldsymbol{A})=\{\boldsymbol{Ax}\mid \boldsymbol{x}\in\mathbb{R}^n\}$. 列空间 $R(\boldsymbol{A})$的维数就是矩阵 $\boldsymbol{A}$ 的秩 $\mathrm{r}(\boldsymbol{A})$，而 $\boldsymbol{A}$ 的列向量组的极大线性无关组就是 $R(\boldsymbol{A})$的一组基.

例如，$\boldsymbol{A}=\begin{bmatrix}1&0&1\\1&1&2\\0&2&2\end{bmatrix}$，记$\boldsymbol{\alpha}_1=\begin{bmatrix}1\\1\\0\end{bmatrix}$，$\boldsymbol{\alpha}_2=\begin{bmatrix}0\\1\\2\end{bmatrix}$，$\boldsymbol{\alpha}_3=\begin{bmatrix}1\\2\\2\end{bmatrix}$，显然，$\boldsymbol{\alpha}_1+\boldsymbol{\alpha}_2=\boldsymbol{\alpha}_3$，所以

$$R(\boldsymbol{A})=L(\boldsymbol{\alpha}_1,\boldsymbol{\alpha}_2,\boldsymbol{\alpha}_3)=L(\boldsymbol{\alpha}_1,\boldsymbol{\alpha}_2).$$

因为$\boldsymbol{\alpha}_1,\boldsymbol{\alpha}_2$ 线性无关，因此 $\dim R(\boldsymbol{A})=2$，$\boldsymbol{\alpha}_1,\boldsymbol{\alpha}_2$ 是列空间 $R(\boldsymbol{A})$的一组基. ■

对于矩阵 $\boldsymbol{A}$，设 $\mathrm{r}(\boldsymbol{A})=r$，当用高斯消元法把 $\boldsymbol{A}$ 经初等行变换化成阶梯形矩阵 $\boldsymbol{U}$ 时，设

$$\boldsymbol{P}_s\cdots\boldsymbol{P}_2\boldsymbol{P}_1\boldsymbol{A}=\boldsymbol{U},$$

这里 $\boldsymbol{P}_i(i=1,2,\cdots,s)$是初等矩阵，由于 $\mathrm{r}(\boldsymbol{U})=\mathrm{r}(\boldsymbol{A})=r$，为书写简单，不妨设 $\boldsymbol{U}=(\boldsymbol{\beta}_1,\boldsymbol{\beta}_2,\cdots,\boldsymbol{\beta}_r,\cdots,\boldsymbol{\beta}_n)$的主元在前 r 列，即$\boldsymbol{\beta}_1,\boldsymbol{\beta}_2,\cdots,\boldsymbol{\beta}_r$ 线性无关，记 $\boldsymbol{A}$ 的前 r 列为$\boldsymbol{\alpha}_1,\boldsymbol{\alpha}_2,\cdots,\boldsymbol{\alpha}_r$. 记 $\boldsymbol{P}=\boldsymbol{P}_s\cdots\boldsymbol{P}_2\boldsymbol{P}_1$，则 $\boldsymbol{P}$ 是可逆矩阵，那么

$$\boldsymbol{P}(\boldsymbol{\alpha}_1,\boldsymbol{\alpha}_2,\cdots,\boldsymbol{\alpha}_r)=(\boldsymbol{\beta}_1,\boldsymbol{\beta}_2,\cdots,\boldsymbol{\beta}_r).$$

设 $x_1\boldsymbol{\alpha}_1+x_2\boldsymbol{\alpha}_2+\cdots+x_r\boldsymbol{\alpha}_r=\boldsymbol{0}$，记 $\boldsymbol{x}=(x_1,x_2,\cdots,x_r)^{\mathrm{T}}$，则

$$(\boldsymbol{\alpha}_1,\boldsymbol{\alpha}_2,\cdots,\boldsymbol{\alpha}_r)\boldsymbol{x}=\boldsymbol{0}\Leftrightarrow\boldsymbol{P}(\boldsymbol{\alpha}_1,\boldsymbol{\alpha}_2,\cdots,\boldsymbol{\alpha}_r)\boldsymbol{x}=\boldsymbol{0}\Leftrightarrow(\boldsymbol{\beta}_1,\boldsymbol{\beta}_2,\cdots,\boldsymbol{\beta}_r)\boldsymbol{x}=\boldsymbol{0},$$

由$\boldsymbol{\beta}_1,\boldsymbol{\beta}_2,\cdots,\boldsymbol{\beta}_r$ 线性无关，有$\boldsymbol{\alpha}_1,\boldsymbol{\alpha}_2,\cdots,\boldsymbol{\alpha}_r$ 线性无关. 于是有下面的定理.

定理 5.8 设 $\boldsymbol{A}$ 是 $m\times n$ 矩阵，$\mathrm{r}(\boldsymbol{A})=r$，则 $\dim R(\boldsymbol{A})=r$. 当 $\boldsymbol{A}$ 经初等行变换化成阶梯形矩阵 $\boldsymbol{U}$ 时，$\boldsymbol{A}$ 中对应于 $\boldsymbol{U}$ 中含主元的 r 列构成 $R(\boldsymbol{A})$的一组基. ■

例 5.24 设

$$\boldsymbol{A}=\begin{bmatrix}1&0&1&2\\1&1&2&5\\0&2&2&6\end{bmatrix},$$

作初等行变换

$$\boldsymbol{A}=\begin{bmatrix}1&0&1&2\\1&1&2&5\\0&2&2&6\end{bmatrix}\to\cdots\to\begin{bmatrix}1&0&1&2\\&1&1&3\\&&&0\end{bmatrix}=\boldsymbol{U}.$$

$\boldsymbol{U}$ 中主元在第 1 列，第 2 列，所以 $\boldsymbol{A}$ 中第 1 列和第 2 列，即

$$\begin{bmatrix}1\\1\\0\end{bmatrix},\quad\begin{bmatrix}0\\1\\2\end{bmatrix}$$

线性无关，它是 $R(\boldsymbol{A})$的一组基，$R(\boldsymbol{A})$是$\mathbb{R}^3$ 的二维子空间.

易见此齐次线性方程组 $\boldsymbol{Ax}=\boldsymbol{0}$ 的基础解系是

$$\begin{bmatrix}-1\\-1\\1\\0\end{bmatrix},\begin{bmatrix}-2\\-3\\0\\1\end{bmatrix}.$$

它们是化零空间 $N(\boldsymbol{A})$ 的一组基，$N(\boldsymbol{A})$ 是 $\mathbb{R}^4$ 的二维子空间. ■

定理 5.9 设 $\boldsymbol{A}$ 是 $m\times n$ 矩阵，$\boldsymbol{B}$ 是 $n\times s$ 矩阵，则

(1) $R(\boldsymbol{AB})\subseteq R(\boldsymbol{A})$.

(2) $N(\boldsymbol{AB})\supseteq N(\boldsymbol{B})$.

证 (1) 按列空间定义，我们需要证明 $\boldsymbol{AB}$ 的每一列都是 $\boldsymbol{A}$ 的列向量的线性组合. 为此对 $\boldsymbol{B}$ 按列分块，记 $\boldsymbol{B}=(\boldsymbol{b}_1,\boldsymbol{b}_2,\cdots,\boldsymbol{b}_s)$，用分块矩阵的乘法，有

$$\boldsymbol{AB}=\boldsymbol{A}(\boldsymbol{b}_1,\boldsymbol{b}_2,\cdots,\boldsymbol{b}_s)=(\boldsymbol{Ab}_1,\boldsymbol{Ab}_2,\cdots,\boldsymbol{Ab}_s).$$

这说明 $\boldsymbol{AB}$ 的第 j 列是 $\boldsymbol{Ab}_j$，其中 $\boldsymbol{b}_j$ 是 $n\times 1$ 矩阵，即 $\boldsymbol{AB}$ 的列向量可表示成 $\boldsymbol{Ax}$ 的形式，故 $\boldsymbol{AB}$ 的列向量是 $R(\boldsymbol{A})$ 中元素.

(2) 对于齐次线性方程组 $\boldsymbol{ABx}=\boldsymbol{0}$ 与 $\boldsymbol{Bx}=\boldsymbol{0}$. 如 $\boldsymbol{\eta}\in N(\boldsymbol{B})$，即 $\boldsymbol{B\eta}=\boldsymbol{0}$. 易知

$$(\boldsymbol{AB})\boldsymbol{\eta}=\boldsymbol{A}(\boldsymbol{B\eta})=\boldsymbol{A0}=\boldsymbol{0},$$

故有 $\boldsymbol{\eta}\in N(\boldsymbol{AB})$. ■

完全类似地，我们对矩阵 $\boldsymbol{A}$ 可引入**行空间**(row space)，即矩阵 $\boldsymbol{A}$ 的 m 个行向量所生成的子空间，记作 $R(\boldsymbol{A}^{\mathrm{T}})$. 当把 $\boldsymbol{A}$ 用初等行变换化成阶梯形矩阵时，$\boldsymbol{U}$ 的 r 个非零行就是 $R(\boldsymbol{A}^{\mathrm{T}})$ 的一组基.

例如，在例 5.24 中，$\boldsymbol{U}$ 的前两行

$$(1,0,1,2),(0,1,1,3)$$

线性无关，是 $R(\boldsymbol{A}^{\mathrm{T}})$ 的一组基. $R(\boldsymbol{A}^{\mathrm{T}})$ 是 $\mathbb{R}^4$ 的子空间，其维数 $\dim R(\boldsymbol{A}^{\mathrm{T}})=2$.

5.2.2 子空间的交与和

子空间的交及子空间的和是构造子空间常用的方法.

定义 5.8 设 W_1 与 W_2 是线性空间 V 的两个子空间，规定

$$W_1\cap W_2=\{\alpha\mid\alpha\in W_1,\alpha\in W_2\}$$

称为子空间 W_1 与 W_2 的**交**(intersecton).

$$W_1+W_2=\{\alpha=\alpha_1+\alpha_2\mid\alpha_1\in W_1,\alpha_2\in W_2\}$$

称为子空间 W_1 与 W_2 的**和**(sum).

定理 5.10 设 W_1 与 W_2 是线性空间 V 的两个子空间，则 $W_1\cap W_2$ 与 W_1+W_2 仍是 V 的子空间.

证 根据定理 5.6，只需证明 $W_1\cap W_2$，W_1+W_2 对加法及数乘运算封闭.

$\forall\alpha,\beta\in W_1\cap W_2$，$\forall k\in F$，按交的定义 5.8 有 $\alpha\in W_1$ 且 $\alpha\in W_2$，又 $\beta\in W_1$ 且 $\beta\in W_2$. 由于 W_1 与 W_2 都是子空间，故 $\alpha+\beta,k\alpha\in W_1(W_2)$，所以

$$\alpha+\beta\in W_1\cap W_2,\quad k\alpha\in W_1\cap W_2.$$

即 $W_1\cap W_2$ 对加法封闭，对数乘运算封闭，所以 $W_1\cap W_2$ 是 V 的子空间.

关于和 W_1+W_2 是子空间的证明是类似的，留作习题(习题 5，第 9 题). ■

定理 5.11 设 V 是有限维线性空间，W 是 V 的子空间，则 W 的任何一组基可以扩充成 V 的一组基.

证 设 $\dim V=n,\dim W=m$，$\alpha_1,\alpha_2,\cdots,\alpha_m$ 是 W 的一组基.

如 $m=n$，则 $\alpha_1,\alpha_2,\cdots,\alpha_m$ 就是 V 中 n 个线性无关的向量，也就是 V 的一组基.

如 $m<n$，则存在 $\alpha_{m+1}\in V$，α_{m+1} 不能由 $\alpha_1,\alpha_2,\cdots,\alpha_m$ 线性表出，否则 V 中所有向量都能用 $\alpha_1,\alpha_2,\cdots,\alpha_m$ 线性表出，故有 $\dim V=m$，这与假设矛盾. 这时 $\alpha_1,\alpha_2,\cdots,\alpha_m,\alpha_{m+1}$ 线性无关. 若 $m+1=n$ 定理得证，否则用类似方法可扩充 $\alpha_{m+2},\cdots,\alpha_n$ 使

$$\alpha_1,\alpha_2,\cdots,\alpha_m,\alpha_{m+1},\cdots,\alpha_n$$

线性无关，成为 V 的一组基. ■

定理 5.12(维数公式) 设 W_1,W_2 是有限维线性空间 V 的子空间，则

$$\dim W_1+\dim W_2=\dim(W_1+W_2)+\dim(W_1\cap W_2).$$

证 设 $\dim W_1=r,\dim W_2=s,\dim(W_1\cap W_2)=t$，并设 $\alpha_1,\alpha_2,\cdots,\alpha_t$ 是 $W_1\cap W_2$ 的一组基. 由定理 5.11 把它扩充为 W_1 的一组基

$$\alpha_1,\alpha_2,\cdots,\alpha_t,\beta_1,\beta_2,\cdots,\beta_{r-t}.$$

同样也可扩充成 W_2 的一组基

$$\alpha_1,\alpha_2,\cdots,\alpha_t,\gamma_1,\gamma_2,\cdots,\gamma_{s-t}.$$

即

$$W_1=L(\alpha_1,\alpha_2,\cdots,\alpha_t,\beta_1,\beta_2,\cdots,\beta_{r-t}),\quad W_2=L(\alpha_1,\alpha_2,\cdots,\alpha_t,\gamma_1,\gamma_2,\cdots,\gamma_{s-t}).$$

由子空间的和的定义 5.8 知

$$W_1+W_2=L(\alpha_1,\cdots,\alpha_t,\beta_1,\cdots,\beta_{r-t},\gamma_1,\cdots,\gamma_{s-t}).$$

下面我们来证明 $\alpha_1,\cdots,\alpha_t,\beta_1,\cdots,\beta_{r-t},\gamma_1,\cdots,\gamma_{s-t}$ 线性无关，假若

$$\sum_{i=1}^{t}x_i\alpha_i+\sum_{i=1}^{r-t}y_i\beta_i+\sum_{i=1}^{s-t}z_i\gamma_i=\theta,$$

令

$$\delta=\sum_{i=1}^{t}x_i\alpha_i+\sum_{i=1}^{r-t}y_i\beta_i,$$

则 $\delta\in W_1$. 又因

$$\delta=-\sum_{i=1}^{s-t}z_i\gamma_i,\tag{5.5}$$

知 $\delta\in W_2$，从而 $\delta\in W_1\cap W_2$，故可设

$$\delta = \sum_{i=1}^{t} c_i\alpha_i, \tag{5.6}$$

比较(5.5)、(5.6)两式,得到

$$\sum_{i=1}^{t} c_i\alpha_i + \sum_{i=1}^{s-t} z_i\gamma_i = \theta.$$

由于 $\alpha_1,\cdots,\alpha_t,\gamma_1,\cdots,\gamma_{s-t}$ 线性无关,因此有

$$c_1 = c_2 = \cdots = c_t = z_1 = z_2 = \cdots = z_{s-t} = 0.$$

把这个结果代入到(5.5)式,知 $\delta=\theta$,即

$$\sum_{i=1}^{t} x_i\alpha_i + \sum_{i=1}^{r-t} y_i\beta_i = \theta.$$

又因 $\alpha_1,\cdots,\alpha_t,\beta_1,\cdots,\beta_{r-t}$ 线性无关,得

$$x_1 = x_2 = \cdots = x_t = y_1 = y_2 = \cdots = y_{r-t} = 0.$$

这样,系数 x_i,y_i,z_i 全为零,故

$$\alpha_1,\cdots,\alpha_t,\beta_1,\cdots,\beta_{r-t},\gamma_1,\cdots,\gamma_{s-t}$$

线性无关.于是

$$\begin{aligned}\dim(W_1+W_2) &= t+(r-t)+(s-t) = r+s-t \\ &= \dim W_1 + \dim W_2 - \dim(W_1\cap W_2).\end{aligned}$$

■

例 5.25 对于数域 F 上所有次数小于 n 的多项式所形成的线性空间 $F_n[x]$,令 F_e 是 $F_n[x]$ 中所有偶函数的集合,令 F_o 是 $F_n[x]$ 中所有奇函数并添加上零多项式的集合.容易证明 F_e 与 F_o 都是 $F_n[x]$ 的子空间.

$\forall h(x)\in F_n[x]$,由于

$$f(x) = \frac{1}{2}[h(x)+h(-x)] \in F_e,\quad g(x) = \frac{1}{2}[h(x)-h(-x)] \in F_o,$$

所以

$$h(x) = f(x)+g(x).$$

按子空间的和的定义 5.8 得,$F_n[x]\subseteq F_e+F_o$.

另一方面,$\forall p(x)\in F_e+F_o$,应有 $p(x)=f(x)+g(x)$,其中 $f(x)\in F_e$,$g(x)\in F_o$,$f(x)+g(x)$ 仍是次数小于 n 的多项式,有 $f(x)+g(x)\in F_n[x]$,即 $F_e+F_o\subseteq F_n[x]$,从而

$$F_n[x] = F_e + F_o.$$

又因 $F_e\cap F_o=\{\theta\}$,得到 $\dim F_e+\dim F_o=n$. ■

例 5.26 对二阶矩阵所构成的线性空间 $M_2(\mathbb{R})$,令 $W_1=\left\{\begin{bmatrix} x & x \\ y & 0\end{bmatrix}\middle| x,y\in\mathbb{R}\right\}$,$W_2=\left\{\begin{bmatrix} x & y \\ x & z\end{bmatrix}\middle| x,y,z\in\mathbb{R}\right\}$,则 W_1 是 $M_2(\mathbb{R})$ 的二维子空间,$\begin{bmatrix}1 & 1\\0 & 0\end{bmatrix}$,$\begin{bmatrix}0 & 0\\1 & 0\end{bmatrix}$是其一组基;$W_2$ 是 $M_2(\mathbb{R})$ 的三维子空间,$\begin{bmatrix}1 & 0\\1 & 0\end{bmatrix}$,$\begin{bmatrix}0 & 1\\0 & 0\end{bmatrix}$,$\begin{bmatrix}0 & 0\\0 & 1\end{bmatrix}$是其一组基.

W_1+W_2 由$\begin{bmatrix}1&1\\0&0\end{bmatrix},\begin{bmatrix}0&0\\1&0\end{bmatrix},\begin{bmatrix}1&0\\1&0\end{bmatrix},\begin{bmatrix}0&1\\0&0\end{bmatrix},\begin{bmatrix}0&0\\0&1\end{bmatrix}$生成,容易验证

$$\begin{bmatrix}1&1\\0&0\end{bmatrix},\begin{bmatrix}0&1\\0&0\end{bmatrix},\begin{bmatrix}0&0\\1&0\end{bmatrix},\begin{bmatrix}0&0\\0&1\end{bmatrix},$$

线性无关.所以 W_1+W_2 是 4 维子空间,从维数公式(定理 5.12)得到

$$\dim(W_1\cap W_2)=1.$$

由于

$$\begin{bmatrix}1&1\\0&0\end{bmatrix}+\begin{bmatrix}0&0\\1&0\end{bmatrix}=\begin{bmatrix}1&0\\1&0\end{bmatrix}+\begin{bmatrix}0&1\\0&0\end{bmatrix}\in W_1\cap W_2,$$

可知$\begin{bmatrix}1&1\\1&0\end{bmatrix}$是 $W_1\cap W_2$ 的一组基.

因为 W_1+W_2 是 4 维子空间.故 $W_1+W_2=M_2(\mathbb{R})$.

$\forall\begin{bmatrix}a&b\\c&d\end{bmatrix}\in M_2(\mathbb{R})$,易见

$$\begin{bmatrix}a&b\\c&d\end{bmatrix}=a\begin{bmatrix}1&1\\0&0\end{bmatrix}+(b-a)\begin{bmatrix}0&1\\0&0\end{bmatrix}+c\begin{bmatrix}0&0\\1&0\end{bmatrix}+d\begin{bmatrix}0&0\\0&1\end{bmatrix}.$$ ■

5.2.3 子空间的直和

在子空间的和中,有一类重要的情况——直和.它表达的是一个向量分解成子空间中向量的和时,这种分解的唯一性.

定义 5.9 设 W_1 与 W_2 是线性空间 V 的两个子空间,如果和 W_1+W_2 中任何向量 α,分解式 $\alpha=\alpha_1+\alpha_2$ 是唯一的,其中 $\alpha_1\in W_1$,$\alpha_2\in W_2$,则称 W_1+W_2 为子空间 W_1 与 W_2 的直和(direct sum),记为 $W_1\oplus W_2$.

例如,对$\mathbb{R}^2$,x 轴与 y 轴上所有从原点出发的向量分别构成$\mathbb{R}^2$ 的两个子空间 W_1 与 W_2,显然 $W_1+W_2=\mathbb{R}^2$,且$\mathbb{R}^2$ 中每个向量 α 分解为 x 轴和 y 轴上的分量的和 $\alpha=\alpha_1+\alpha_2$ 是唯一的,所以$\mathbb{R}^2$ 是 x 轴与 y 轴这两个子空间的直和.

在前面例 5.25 中,$F_n[x]$是由偶函数及奇函数所形成的两个子空间 F_e 与 F_o 的直和.

定理 5.13 设 W_1 与 W_2 是线性空间 V 的两个子空间,则 W_1+W_2 是直和的充要条件是:零向量表示法唯一,即若 $\theta=\alpha_1+\alpha_2$,$\alpha_1\in W_1$,$\alpha_2\in W_2$,则必有 $\alpha_1=\alpha_2=\theta$.

证 先证必要性.如 W_1+W_2 是直和,那么对任何 $\alpha\in W_1+W_2$ 其分解式唯一.因此,对零向量分解也唯一.又知 $\theta=\theta+\theta$.所以当 $\theta=\alpha_1+\alpha_2$ 时必有 $\alpha_1=\alpha_2=\theta$.

关于充分性,设 $\alpha\in W_1+W_2$,如 α 有表达式

$$\alpha=\beta_1+\gamma_1=\beta_2+\gamma_2,$$

其中 $\beta_1,\beta_2\in W_1,\gamma_1,\gamma_2\in W_2$.于是

$$(\beta_1-\beta_2)+(\gamma_1-\gamma_2)=\theta.$$

现在 $\beta_1-\beta_2\in W_1,\gamma_1-\gamma_2\in W_2$.由于零向量分解唯一,故有

$$\beta_1-\beta_2=\theta,\quad \gamma_1-\gamma_2=\theta.$$

所以,$\beta_1=\beta_2,\gamma_1=\gamma_2$,$\alpha$ 分解式唯一,即 W_1+W_2 为直和. ■

推论 W_1+W_2 是直和的充要条件是:$W_1\cap W_2=\{\theta\}$.

证 先证必要性.任取向量 $\alpha\in W_1\cap W_2$,于是零向量可表示成

$$\theta=\alpha+(-\alpha),\quad \alpha\in W_1,\quad -\alpha\in W_2.$$

因为是直和,所以 $\alpha=-\alpha=\theta$,这就证明了 $W_1\cap W_2=\{\theta\}$.

再证充分性.假设有等式

$$\alpha_1+\alpha_2=\theta,\quad \alpha_1\in W_1,\quad \alpha_2\in W_2,$$

则

$$\alpha_1=-\alpha_2\in W_1\cap W_2.$$

由条件 $W_1\cap W_2=\{\theta\}$,有

$$\alpha_1=\alpha_2=\theta,$$

即零向量的分解式唯一,所以 W_1+W_2 是直和. ■

在例 5.26 中,$M_2(\mathbb{R})$是 $L(\boldsymbol{A})$与 $L(\boldsymbol{B})$的和,但不是这两个子空间的直和,因为 $L(\boldsymbol{A})\cap L(\boldsymbol{B})$是一维子空间.

定理 5.14 设 W_1 与 W_2 是线性空间 V 的子空间,则 W_1+W_2 是直和的充要条件是:

$$\dim W_1+\dim W_2=\dim(W_1+W_2).$$

证 由推论知:

$$W_1+W_2\text{ 是直和}\Leftrightarrow W_1\cap W_2=\{\theta\}\Leftrightarrow \dim(W_1\cap W_2)=0.$$

利用维数公式(定理 5.12)可得

$$\dim W_1+\dim W_2=\dim(W_1+W_2).$$ ■

定理 5.15 设 W_1 是线性空间 V 的子空间,则必存在 V 的子空间 W_2 使

$$V=W_1\oplus W_2.$$

留作习题 5,第 15 题. ■

例 5.27 设 W_1,W_2 分别是方程 $x_1+x_2+x_3=0$ 及方程 $x_1=x_2=x_3$ 的解空间.证明:$\mathbb{R}^3=W_1\oplus W_2$.

证 方程 $x_1+x_2+x_3=0$ 的解空间 W_1 是 $\mathbb{R}^3$ 的二维子空间，$\begin{bmatrix}-1\\1\\0\end{bmatrix}$，$\begin{bmatrix}-1\\0\\1\end{bmatrix}$ 是 W_1 的一组基.

对于方程，$x_1=x_2=x_3$，即

$$\begin{cases}x_1-x_2=0,\\x_2-x_3=0.\end{cases}$$

系数矩阵的秩为 2，其解空间 W_2 是 $\mathbb{R}^3$ 的一维子空间，$\begin{bmatrix}1\\1\\1\end{bmatrix}$ 是 W_2 的一组基.

由于

$$\begin{vmatrix}-1 & -1 & 1\\1 & 0 & 1\\0 & 1 & 1\end{vmatrix}\neq 0,$$

知 $\begin{bmatrix}-1\\1\\0\end{bmatrix}$，$\begin{bmatrix}-1\\0\\1\end{bmatrix}$，$\begin{bmatrix}1\\1\\1\end{bmatrix}$ 线性无关，它们是 $\mathbb{R}^3$ 的一组基，即 $\mathbb{R}^3=W_1+W_2$.

又因 $\dim\mathbb{R}^3=\dim W_1+\dim W_2$，按定理 5.14 知 W_1+W_2 是直和，即 $\mathbb{R}^3=W_1\oplus W_2$. ■

以上讨论的是两个子空间的直和，对于多于两个子空间的直和也有类似的结论.

定义 5.10 设 $W_1,W_2,\cdots,W_s$ 是线性空间 V 的 s 个子空间，如果和 $W_1+W_2+\cdots+W_s$ 中每个向量 α 的分解式

$$\alpha=\alpha_1+\alpha_2+\cdots+\alpha_s,\quad \alpha_i\in W_i(i=1,2,\cdots,s)$$

是唯一的，称这个和是**直和**，记作 $W_1\oplus W_2\oplus\cdots\oplus W_s$.

定理 5.16 设 $W_1,W_2,\cdots,W_s$ 是 V 的 s 个子空间，以下条件等价：

(1) $W_1+W_2+\cdots+W_s$ 是直和；

(2) 零向量的表示法唯一；

(3) $W_i\cap\left(\sum\limits_{j\neq i}W_j\right)=\{\theta\},\quad i=1,2,\cdots,s$；

(4) $\dim(W_1+W_2+\cdots+W_s)=\sum\limits_{i=1}^{s}\dim W_i$.

5.3 线性空间的同构

定义 5.11 设 V_1 和 V_2 是数域 F 上的两个线性空间，如果存在从 V_1 到 V_2 的双射 φ，满足：

(1) $\varphi(\alpha+\beta)=\varphi(\alpha)+\varphi(\beta)$，$\forall\,\alpha,\beta\in V_1$；

(2) $\varphi(k\alpha)=k\varphi(\alpha)$, $\forall\alpha\in V_1, k\in F$,

则称 φ 是**同构映射**,称线性空间 V_1 和 V_2 **同构**.

由定义,可看出同构映射具有下列性质:

(1) $\varphi(\theta)=\theta, \varphi(-\alpha)=-\varphi(\alpha)$.

这是因为

$$\varphi(\theta)=\varphi(0\alpha)=0\varphi(\alpha)=\theta,$$
$$\varphi(-\alpha)=\varphi((-1)\alpha)=(-1)\varphi(\alpha)=-\varphi(\alpha).$$

(2) $\varphi\left(\sum\limits_{i=1}^{n}k_i\alpha_i\right)=\sum\limits_{i=1}^{n}k_i\varphi(\alpha_i)$.

(3) $\alpha_1,\alpha_2,\cdots,\alpha_n$ 是 V_1 中向量,则 V_2 中向量 $\varphi(\alpha_1),\varphi(\alpha_2),\cdots,\varphi(\alpha_n)$ 线性相关(无关)的充要条件是 $\alpha_1,\alpha_2,\cdots,\alpha_n$ 线性相关(无关).

由性质(1)及 φ 是双射,当且仅当 $\gamma=\theta$ 时,$\varphi(\gamma)=\theta$. 因此,

$$k_1\alpha_1+k_2\alpha_2+\cdots+k_n\alpha_n=\theta$$

的充要条件是

$$\varphi(k_1\alpha_1+k_2\alpha_2+\cdots+k_n\alpha_n)=\theta.$$

根据性质(2),将上式展开,得

$$k_1\varphi(\alpha_1)+k_2\varphi(\alpha_2)+\cdots+k_n\varphi(\alpha_n)=\theta.$$

所以,$\alpha_1,\alpha_2,\cdots,\alpha_n$ 线性相关的充要条件是 $\varphi(\alpha_1),\varphi(\alpha_2),\cdots,\varphi(\alpha_n)$ 线性相关.

(4) 如 $\alpha_1,\alpha_2,\cdots,\alpha_n$ 是 V_1 的一组基,则 $\varphi(\alpha_1),\varphi(\alpha_2),\cdots,\varphi(\alpha_n)$ 是 V_2 的一组基.

根据性质(3),$\varphi(\alpha_1),\varphi(\alpha_2),\cdots,\varphi(\alpha_n)$ 线性无关,任取 $\beta\in V_2$,因为 φ 是满射,故存在 $\alpha\in V_1$,使得 $\varphi(\alpha)=\beta$,而在 V_1 中 $\alpha_1,\alpha_2,\cdots,\alpha_n$ 是一组基. 可设 $\alpha=x_1\alpha_1+x_2\alpha_2+\cdots+x_n\alpha_n$,那么

$$\beta=\varphi(\alpha)=x_1\varphi(\alpha_1)+x_2\varphi(\alpha_2)+\cdots+x_n\varphi(\alpha_n).$$

因此 $\varphi(\alpha_1),\varphi(\alpha_2),\cdots,\varphi(\alpha_n)$ 可表示 V_2 中任一向量 β,它是 V_2 的一组基.

(5) 同构映射的逆映射以及两个同构映射的复合映射均为同构映射.

设 φ 是从 V_1 到 V_2 的同构映射. 由于 φ 是双射,φ^{-1} 是 V_2 到 V_1 的双射,$\varphi\varphi^{-1}=I_{V_2}$ 且 $\varphi^{-1}(\theta)=\theta$(注:$I_{V_2}$ 是 V_2 上的恒等映射,即 $\forall\beta\in V_2, I_{V_2}\beta=\beta$).

对 V_2 中任意两个元素 β_1,β_2,有

$$\begin{aligned}\varphi(\varphi^{-1}(\beta_1+\beta_2))&=I_{V_2}(\beta_1+\beta_2)=\beta_1+\beta_2\\&=\varphi\varphi^{-1}(\beta_1)+\varphi\varphi^{-1}(\beta_2)\\&=\varphi(\varphi^{-1}(\beta_1)+\varphi^{-1}(\beta_2)).\end{aligned}$$

由于 φ 是双射,故得到

$$\varphi^{-1}(\beta_1+\beta_2)=\varphi^{-1}(\beta_1)+\varphi^{-1}(\beta_2),$$

这样 φ^{-1} 满足定义 5.11 中的条件(1). 类似可证 φ^{-1} 满足条件(2). 所以,φ^{-1} 是同构映射.

再设 φ_1 是从 V_1 到 V_2 的同构映射,φ_2 是由 V_2 到 V_3 的同构映射. φ_2 与 φ_1 的复合 $\varphi_2\varphi_1$

是 V_1 到 V_3 的双射,且

$$
\begin{aligned}
(\varphi_2\varphi_1)(\alpha_1+\alpha_2) &= \varphi_2(\varphi_1(\alpha_1+\alpha_2)) = \varphi_2(\varphi_1(\alpha_1)+\varphi_1(\alpha_2)) \\
&= \varphi_2(\varphi_1(\alpha_1)) + \varphi_2(\varphi_1(\alpha_2)) \\
&= (\varphi_2\varphi_1)(\alpha_1) + (\varphi_2\varphi_1)(\alpha_2).
\end{aligned}
$$

类似地,有

$$(\varphi_2\varphi_1)(k\alpha) = k(\varphi_2\varphi_1)(\alpha).$$

可见 $\varphi_2\varphi_1$ 满足定义 5.11.因此 $\varphi_2\varphi_1$ 是同构映射.

性质(5)表明,同构作为线性空间之间的一种关系,它具有对称性、传递性.而恒等映射 I 是同构,因而反身性也成立.所以,同构建立了线性空间之间的一种等价关系.

性质(3)告诉我们同构保持向量的线性相关性不变,而性质(4)说明同构的线性空间在基向量间有对应关系,它启示我们同构的线性空间在维数上有密切的关系.

定理 5.17 设 V 是 n 维线性空间,则其必同构于数域 F 上的 n 维向量空间 F^n.

证 设 $\varepsilon_1,\varepsilon_2,\cdots,\varepsilon_n$ 是线性空间 V 的一组基,$\forall\,\alpha\in V$,都有唯一的一组数 $x_1,x_2,\cdots,x_n$,使 $\alpha=\sum_{i=1}^{n}x_i\varepsilon_i$.定义映射

$$\varphi: V \to F^n$$

规定为 $\varphi(\alpha)=(x_1,x_2,\cdots,x_n)^{\mathrm{T}}$.下面来证明这样定义的 φ 是双射.

设 α,β 是 V 中不同的元素,它们在基 $\varepsilon_1,\varepsilon_2,\cdots,\varepsilon_n$ 下的坐标分别是 $\boldsymbol{x}=(x_1,x_2,\cdots,x_n)^{\mathrm{T}}$ 与 $\boldsymbol{y}=(y_1,y_2,\cdots,y_n)^{\mathrm{T}}$,那么必有 $\boldsymbol{x}\neq\boldsymbol{y}$.否则

$$\alpha-\beta=\sum_{i=1}^{n}(x_i-y_i)\varepsilon_i=\sum_{i=1}^{n}0\varepsilon_i=\theta,$$

与 $\alpha\neq\beta$ 相矛盾.按 φ 的定义,可得

$$\varphi(\alpha)\neq\varphi(\beta).$$

所以,φ 是单射.

关于满射,对 F^n 中任一元素 $(z_1,z_2,\cdots,z_n)^{\mathrm{T}}$,在 V 中构造

$$\gamma=\sum_{i=1}^{n}z_i\varepsilon_i.$$

按 φ 的定义,有 $\varphi(\gamma)=(z_1,z_2,\cdots,z_n)^{\mathrm{T}}$,即 φ 是满射.

至于定义 5.11 中,对 φ 满足线性性质(1)、(2)的要求是容易验证的,因此 φ 是同构映射,线性空间 V 与向量空间 F^n 同构. ■

推论 数域 F 上两个有限维线性空间同构的充分必要条件是它们的维数相等. ■

各类线性空间其元素可以互不相同,加法和数量乘法这两个运算也可有多种形式,只有维数才是有限维线性空间中唯一的最本质的特征,在同构的意义下,相同维数的线性空间是可以不加区别的.

5.4 欧几里得空间

第3章中，由向量的线性运算所引起的共线共面问题，已在线性空间引申为线性相关的理论. 但在线性空间还一直没有涉及度量性质，也就是说还没有考虑线性空间中的向量的大小、向量间的夹角等问题. 在几何空间中，通过向量的数量积计算向量的长度(两点距离)及两向量的夹角，这些在物理、力学中是重要的. 本节将以向量的数量积为背景，在线性空间中引入内积，并对 n 维向量赋予相应的度量性质，有了内积的线性空间就叫 Euclid 空间或简称欧氏空间(Euclidean space).

5.4.1 内积

对$\mathbb{R}^3$ 中两个向量$\boldsymbol{\alpha}$，$\boldsymbol{\beta}$的数量积已有定义(定义 3.15)：

$$\boldsymbol{\alpha}\cdot\boldsymbol{\beta}=|\boldsymbol{\alpha}||\boldsymbol{\beta}|\cos\theta,$$

其中$|\boldsymbol{\alpha}|$，$|\boldsymbol{\beta}|$分别是向量$\boldsymbol{\alpha}$，$\boldsymbol{\beta}$的长度，$\theta=\langle\boldsymbol{\alpha},\boldsymbol{\beta}\rangle$是向量$\boldsymbol{\alpha}$，$\boldsymbol{\beta}$的夹角.

数量积的四条基本性质刻画了数量积的本质特征，下面以公理化的方式引入内积的概念.

定义 5.12 设 V 是一个实线性空间，如果有一个映射 φ 将 V 中两个向量 α,β 映成实数 (α,β)，且映射 φ 满足以下性质：

(1) (对称性) $\forall\alpha,\beta\in V,(\alpha,\beta)=(\beta,\alpha)$；

(2) (线性性) $\forall\alpha,\beta,\gamma\in V,(\alpha+\beta,\gamma)=(\alpha,\gamma)+(\beta,\gamma)$；

(3) (线性性) $\forall\alpha,\beta\in V,\forall c\in\mathbb{R},(c\alpha,\beta)=c(\alpha,\beta)$；

(4) (正定性) $(\alpha,\alpha)\geqslant 0$，且 $(\alpha,\alpha)=0\Leftrightarrow\alpha=\theta$.

则称该映射 φ 是线性空间 V 上的**内积**(inner product). 向量 α 与 β 的内积记为 (α,β).

定义了内积的实线性空间称为**欧几里得(Euclid)空间**.

例 5.28 在实线性空间$\mathbb{R}^n$ 中，设$\boldsymbol{\alpha}=(a_1,a_2,\cdots,a_n)^{\mathrm{T}}$，$\boldsymbol{\beta}=(b_1,b_2,\cdots,b_n)^{\mathrm{T}}$，规定

$$(\boldsymbol{\alpha},\boldsymbol{\beta})=\boldsymbol{\alpha}^{\mathrm{T}}\boldsymbol{\beta}=a_1b_1+a_2b_2+\cdots+a_nb_n. \tag{5.7}$$

容易验证这样规定的$(\boldsymbol{\alpha},\boldsymbol{\beta})$满足定义 5.12 的各项要求，如此定义的内积称为$\mathbb{R}^n$ 的**标准内积**(standard inner product).

例如，$\boldsymbol{\alpha}=\begin{bmatrix}3\\4\end{bmatrix}$，$\boldsymbol{\beta}=\begin{bmatrix}1\\2\end{bmatrix}$，则$(\boldsymbol{\alpha},\boldsymbol{\beta})=3\times1+4\times2=11$. ■

例 5.29 在$\mathbb{R}^2$ 中，设$\boldsymbol{\alpha}=(a_1,a_2)^{\mathrm{T}}$，$\boldsymbol{\beta}=(b_1,b_2)^{\mathrm{T}}$，令

$$(\boldsymbol{\alpha},\boldsymbol{\beta})=a_1b_1-a_2b_1-a_1b_2+3a_2b_2.$$

写成矩阵的形式，即

$$(\boldsymbol{\alpha},\boldsymbol{\beta})=(a_1,a_2)\begin{bmatrix}1 & -1\\ -1 & 3\end{bmatrix}\begin{bmatrix}b_1\\ b_2\end{bmatrix}.$$

可以验证这是$\mathbb{R}^2$ 的内积(习题 5,第 19 题).

例如,$\boldsymbol{\alpha}=\begin{bmatrix}3\\4\end{bmatrix}$,$\boldsymbol{\beta}=\begin{bmatrix}1\\2\end{bmatrix}$,则$(\boldsymbol{\alpha},\boldsymbol{\beta})=3\times1-4\times1-3\times2+3\times4\times2=17$. ■

从例 5.28、例 5.29 可看出,线性空间中定义内积的方法是多种多样的,不同的定义就得到不同的欧氏空间.大家熟悉、习惯的欧氏空间其内积是例 5.28 中给出的标准内积.

例 5.30 设$C[0,1]$是定义在$[0,1]$上全体实连续函数构成的线性空间,对$f(x),g(x)\in C[0,1]$,令

$$(f,g)=\int_0^1 f(x)g(x)\mathrm{d}x,$$

利用定积分的性质可以证明这是一个内积.

例如,$f(x)=x,g(x)=3x+2$,则$(f,g)=\int_0^1 x(3x+2)\mathrm{d}x=2$. ■

例 5.31 在线性空间$M_n(\mathbb{R})$中,设$\boldsymbol{A}=(a_{ij}),\boldsymbol{B}=(b_{ij})$,定义$(\boldsymbol{A},\boldsymbol{B})$如下:

$$(\boldsymbol{A},\boldsymbol{B})=\operatorname{tr}(\boldsymbol{A}\boldsymbol{B}^{\mathrm{T}})=\sum_{i=1}^{n}\sum_{j=1}^{n}a_{ij}b_{ij}. \tag{5.8}$$

由$(\boldsymbol{A},\boldsymbol{B})$的定义,知

$$(\boldsymbol{B},\boldsymbol{A})=\operatorname{tr}(\boldsymbol{B}\boldsymbol{A}^{\mathrm{T}})=\sum_{i=1}^{n}\sum_{j=1}^{n}b_{ij}a_{ij}=\sum_{i=1}^{n}\sum_{j=1}^{n}a_{ij}b_{ij}=(\boldsymbol{A},\boldsymbol{B}),$$

即对称性成立.由于

$$(\boldsymbol{A},\boldsymbol{A})=\operatorname{tr}(\boldsymbol{A}\boldsymbol{A}^{\mathrm{T}})=\sum_{i=1}^{n}\sum_{j=1}^{n}a_{ij}^2\geqslant 0$$

且

$$(\boldsymbol{A},\boldsymbol{A})=0\Leftrightarrow\forall\, i,j\text{ 有 }a_{ij}=0\Leftrightarrow\boldsymbol{A}=\boldsymbol{0},$$

即正定性成立.

容易验证定义 5.12 中的另两条线性的要求亦成立.所以,$(\boldsymbol{A},\boldsymbol{B})=\operatorname{tr}(\boldsymbol{A}\boldsymbol{B}^{\mathrm{T}})$是内积,$M_n(\mathbb{R})$为欧几里得空间.

由于$(\alpha,\alpha)\geqslant0$,在欧氏空间可引出向量$\alpha$的长度的概念.

定义 5.13 在欧氏空间V中,$\forall\alpha\in V$,规定向量α的**长度**$|\alpha|$为

$$|\alpha|=\sqrt{(\alpha,\alpha)}. \tag{5.9}$$

对任意实数$c\in\mathbb{R}$,由于

$$|c\alpha|=\sqrt{(c\alpha,c\alpha)}=\sqrt{c^2(\alpha,\alpha)}=|c||\alpha|,$$

那么,当$\alpha\neq\theta$时

$$\left|\frac{1}{|\alpha|}\alpha\right|=\frac{1}{|\alpha|}|\alpha|=1.$$

因此,向量 $\beta=\frac{1}{|\alpha|}\alpha$ 是与 α 同方向且长度为 1 的向量,称为**单位向量**. 而把向量 α 改写成

$$\beta=\frac{1}{|\alpha|}\alpha. \tag{5.10}$$

称为对**向量 $\boldsymbol{\alpha}$ 单位化**.

例如,向量 $\boldsymbol{\alpha}=(1,2)^{\mathrm{T}}$,在例 5.28 中,$(\boldsymbol{\alpha},\boldsymbol{\alpha})=1\times1+2\times2=5$,有 $|\boldsymbol{\alpha}|=\sqrt{5}$,把 $\boldsymbol{\alpha}$ 单位化得到 $\frac{1}{\sqrt{5}}(1,2)^{\mathrm{T}}$. 在例 5.29 中,$(\boldsymbol{\alpha},\boldsymbol{\alpha})=(1\quad 2)\begin{pmatrix}1&-1\\-1&3\end{pmatrix}\begin{pmatrix}1\\2\end{pmatrix}=9$,$|\boldsymbol{\alpha}|=3$,把 $\boldsymbol{\alpha}$ 单位化得到 $\frac{1}{3}(1,2)^{\mathrm{T}}$.

由于内积不同,即度量单位不同,所以同一个向量的长度是会不一样的.

又如,在例 5.30 中,向量 $f(x)=x$ 的长度,由

$$(f,f)=\int_0^1 x^2\,\mathrm{d}x=\frac{1}{3}$$

得知 $|f|=\frac{1}{\sqrt{3}}$,单位化后为 $\sqrt{3}x$.

为了引入向量夹角的概念,需先证明一个不等式.

定理 5.18(柯西-施瓦茨不等式) 设 V 是欧氏空间,$\forall\alpha,\beta\in V$,有

$$(\alpha,\beta)^2\leqslant|\alpha|^2|\beta|^2, \tag{5.11}$$

其中等号当且仅当 α 与 β 线性相关时成立.

证 若 α,β 线性无关,则对任意实数 x 都有 $x\alpha+\beta\neq\theta$,那么

$$(x\alpha+\beta,x\alpha+\beta)=(\alpha,\alpha)x^2+2(\alpha,\beta)x+(\beta,\beta)>0,$$

作为 x 的二次函数,其函数值恒正,故其判别式必小于零. 故

$$[2(\alpha,\beta)]^2-4(\alpha,\alpha)(\beta,\beta)<0,$$

也就是

$$(\alpha,\beta)^2<|\alpha|^2|\beta|^2.$$

假若 α,β 线性相关,如果 α,β 中有一个为 θ,显然(5.11)式等号成立,因此不妨设 $\beta=k\alpha\neq\theta$,那么

$$(\alpha,\beta)^2=(\alpha,k\alpha)^2=k^2(\alpha,\alpha)^2=(\alpha,\alpha)(k\alpha,k\alpha)=|\alpha|^2|\beta|^2.$$

定理得到证明. ■

对于柯西-施瓦兹不等式,在 n 维实向量空间,有形式

$$\left|\sum_{i=1}^n a_ib_i\right|\leqslant\sqrt{\sum_{i=1}^n a_i^2}\cdot\sqrt{\sum_{i=1}^n b_i^2}.$$

在 $C[a,b]$ 中,有形式

$$\left|\int_a^b f(x)g(x)\,\mathrm{d}x\right|\leqslant\left[\int_a^b f^2(x)\,\mathrm{d}x\right]^{\frac{1}{2}}\left[\int_a^b g^2(x)\,\mathrm{d}x\right]^{\frac{1}{2}}.$$

这些都是大家熟悉的不等式.

根据柯西-施瓦茨不等式,对任何非零向量α,β,总有

$$-1\leqslant\frac{(\alpha,\beta)}{|\alpha||\beta|}\leqslant 1.$$

因此可对欧氏空间中的向量引入夹角的概念.

定义 5.14 在欧氏空间 V 中,任意两个非零向量α和β,我们规定α与β的**夹角**θ由

$$\cos\theta=\frac{(\alpha,\beta)}{|\alpha||\beta|},\quad 0\leqslant\theta\leqslant\pi$$

所确定.

定义 5.15 设 V 是欧氏空间,对$\alpha,\beta\in V$,如

$$(\alpha,\beta)=0,$$

则称α与β**正交**(orthogonal).记作$\alpha\perp\beta$.

从定义可知,$\forall\alpha\in V$,有$\theta\perp\alpha$.

例 5.32 在$\mathbb{R}^4$中,对标准内积,设$\boldsymbol{\alpha}=(1,0,0,1)^{\mathrm{T}}$,$\boldsymbol{\beta}=(1,2,3,-1)^{\mathrm{T}}$,则

$$(\boldsymbol{\alpha},\boldsymbol{\beta})=\boldsymbol{\alpha}^{\mathrm{T}}\boldsymbol{\beta}=0.$$

从而,$\boldsymbol{\alpha}\perp\boldsymbol{\beta}$. ■

例 5.33 对标准内积,求与$\boldsymbol{\alpha}_1=(1,1,-1,1)^{\mathrm{T}}$,$\boldsymbol{\alpha}_2=(1,-1,1,1)^{\mathrm{T}}$,$\boldsymbol{\alpha}_3=(1,1,1,1)^{\mathrm{T}}$都正交的单位向量.

解 设$\boldsymbol{\beta}=(x_1,x_2,x_3,x_4)^{\mathrm{T}}$与每个$\boldsymbol{\alpha}$都正交,那么$(\boldsymbol{\alpha}_1,\boldsymbol{\beta})=(\boldsymbol{\alpha}_2,\boldsymbol{\beta})=(\boldsymbol{\alpha}_3,\boldsymbol{\beta})=0$,展开得线性方程组

$$\begin{cases}x_1+x_2-x_3+x_4=0,\\x_1-x_2+x_3+x_4=0,\\x_1+x_2+x_3+x_4=0.\end{cases}$$

对系数矩阵作初等行变换,有

$$\begin{bmatrix}1&1&-1&1\\1&-1&1&1\\1&1&1&1\end{bmatrix}\to\begin{bmatrix}1&1&-1&1\\&-2&2&0\\&&2&0\end{bmatrix}.$$

于是得$\boldsymbol{\beta}=(t,0,0,-t)^{\mathrm{T}}$.再单位化,于是$\pm\frac{1}{\sqrt{2}}(1,0,0,-1)^{\mathrm{T}}$为所求. ■

例 5.34 对于齐次线性方程组$\boldsymbol{Ax}=\boldsymbol{0}$.解向量$\boldsymbol{x}$与$\boldsymbol{A}$的每一个行向量都正交,因而解空间$N(\boldsymbol{A})$中每个向量与$\boldsymbol{A}$的行向量正交. ■

5.4.2 标准正交基

在$\mathbb{R}^3$中有仿射坐标系与直角坐标系,线性空间中的基从本质上说是一仿射坐标系,有

了内积之后，就可以把直角坐标系推广到欧氏空间.

在欧氏空间，一组非零的两两正交的向量称为是一个**正交向量组**(orthogonal set).

定理 5.19 若 $\alpha_1,\alpha_2,\cdots,\alpha_s$ 是欧氏空间中的正交向量组，则 $\alpha_1,\alpha_2,\cdots,\alpha_s$ 线性无关.

证 对 $k_1\alpha_1+k_2\alpha_2+\cdots+k_s\alpha_s=\theta$，两边用 $\alpha_i(i=1,2,\cdots,s)$ 作内积，得

$$(k_1\alpha_1+k_2\alpha_2+\cdots+k_s\alpha_s,\alpha_i)=0,$$

即

$$k_1(\alpha_1,\alpha_i)+k_2(\alpha_2,\alpha_i)+\cdots+k_s(\alpha_s,\alpha_i)=0.$$

由于向量是两两正交的，有

$$(\alpha_i,\alpha_j)=0,\quad i\neq j,$$

得到

$$k_i(\alpha_i,\alpha_i)=0,$$

又因 $\alpha_i\neq\theta$，有 $(\alpha_i,\alpha_i)>0$，从而

$$k_i=0,\quad i=1,2,\cdots,s.$$

所以 $\alpha_1,\alpha_2,\cdots,\alpha_s$ 线性无关. ■

作为 n 维欧氏空间，线性无关的向量至多只有 n 个，因而有如下的结论.

推论 在 n 维欧氏空间 V 中，两两正交的非零向量的个数不会超过 n. ■

在 n 维欧氏空间 $\mathbb{R}^n$ 中确实存在着 n 个两两正交的非零向量，例如，自然基

$$\boldsymbol{e}_1=(1,0,0,\cdots,0)^{\mathrm{T}},\quad \boldsymbol{e}_2=(0,1,0,\cdots,0)^{\mathrm{T}},\quad \cdots,$$
$$\boldsymbol{e}_n=(0,0,0,\cdots,1)^{\mathrm{T}}.$$

在标准内积的定义下

$$(\boldsymbol{e}_i,\boldsymbol{e}_j)=\delta_{ij}=\begin{cases}1, & i=j,\\ 0, & i\neq j.\end{cases}$$

这组基不仅是两两正交的，而且每个向量都是单位向量.

定义 5.16 在 n 维欧氏空间，由 n 个两两正交的非零向量构成的向量组称为正交基(orthogonal basis). 由单位向量组成的正交基称为**标准正交基**(orthonormal basis)或规范正交基.

例如，自然基就是标准正交基. 标准正交基不是唯一的，例如 $\frac{1}{\sqrt{2}}\begin{bmatrix}1\\1\end{bmatrix}$，$\frac{1}{\sqrt{2}}\begin{bmatrix}1\\-1\end{bmatrix}$ 及 $\begin{bmatrix}\cos\theta\\\sin\theta\end{bmatrix}$，$\begin{bmatrix}-\sin\theta\\\cos\theta\end{bmatrix}$ 都是 $\mathbb{R}^2$ 的标准正交基.

在标准正交基下，向量的坐标可以用内积简单地表示出来.

定理 5.20 设 $\varepsilon_1,\varepsilon_2,\cdots,\varepsilon_n$ 是 n 维欧氏空间 V 的一组标准正交基，对 $\alpha\in V$，设向量 α 的坐标为 $\boldsymbol{x}=(x_1,x_2,\cdots,x_n)^{\mathrm{T}}$，则 $x_i=(\alpha,\varepsilon_i)$，$i=1,2,\cdots,n$.

证 对 $\alpha=x_1\varepsilon_1+x_2\varepsilon_2+\cdots+x_n\varepsilon_n$，用 $\varepsilon_i(i=1,2,\cdots,n)$ 作内积，利用 $(\varepsilon_i,\varepsilon_j)=\delta_{ij}$，就有

$$(\alpha,\varepsilon_i)=(x_1\varepsilon_1+x_2\varepsilon_2+\cdots+x_n\varepsilon_n,\varepsilon_i)=x_i(\varepsilon_i,\varepsilon_i)=x_i.$$ ■

在标准正交基 $\varepsilon_1,\varepsilon_2,\cdots,\varepsilon_n$ 下，如

$$\alpha=(\varepsilon_1,\varepsilon_2,\cdots,\varepsilon_n)\boldsymbol{x}=x_1\varepsilon_1+x_2\varepsilon_2+\cdots+x_n\varepsilon_n,$$

$$\beta=(\varepsilon_1,\varepsilon_2,\cdots,\varepsilon_n)\boldsymbol{y}=y_1\varepsilon_1+y_2\varepsilon_2+\cdots+y_n\varepsilon_n.$$

则

$$(\alpha,\beta)=\left(\sum_{i=1}^n x_i\varepsilon_i,\sum_{j=1}^n y_j\varepsilon_j\right)=\sum_{i=1}^n\left(x_i\varepsilon_i,\sum_{j=1}^n y_j\varepsilon_j\right)$$

$$=\sum_{i=1}^n x_i\left(\sum_{j=1}^n y_j(\varepsilon_i,\varepsilon_j)\right)=\sum_{i=1}^n\sum_{j=1}^n x_iy_j\delta_{ij}=\sum_{i=1}^n x_iy_i=\boldsymbol{x}^{\mathrm{T}}\boldsymbol{y}.$$

也就是说，此时的内积就是标准内积.

定理 5.21 V 是 n 维欧氏空间，$\varepsilon_1,\varepsilon_2,\cdots,\varepsilon_n$ 是其标准正交基，对 $\alpha=(\varepsilon_1,\varepsilon_2,\cdots,\varepsilon_n)\boldsymbol{x}$，$\beta=(\varepsilon_1,\varepsilon_2,\cdots,\varepsilon_n)\boldsymbol{y}$ 有

$$(\alpha,\beta)=\boldsymbol{x}^{\mathrm{T}}\boldsymbol{y}=\sum_{i=1}^n x_iy_i.$$ ■

5.4.3 施密特正交化

现在研究把欧氏空间一组基 $\alpha_1,\alpha_2,\cdots,\alpha_n$ 改造成为标准正交基 $\gamma_1,\gamma_2,\cdots,\gamma_n$，并且要求 $\gamma_i(i=1,2,\cdots,n)$ 是 $\alpha_1,\alpha_2,\cdots,\alpha_i$ 的线性组合的方法，即所谓**施密特正交化**(Schmidt orthogonalization)方法.

第一步用正交向量组 $\beta_1,\beta_2,\cdots,\beta_n$ 代替 $\alpha_1,\alpha_2,\cdots,\alpha_n$；使 $\beta_i(i=1,2,\cdots,n)$ 是 $\alpha_1,\alpha_2,\cdots,\alpha_i$ 的线性组合.

第二步把 $\beta_1,\beta_2,\cdots,\beta_n$ 单位化为 $\gamma_1,\gamma_2,\cdots,\gamma_n$.

先来看二维空间的情况.

设 α_1,α_2 是一组基，我们来求 $L(\alpha_1,\alpha_2)$ 的正交基 β_1,β_2. 按要求 β_1 是 α_1 的线性组合，β_2 是 α_1,α_2 的线性组合，为方便起见，可设

$$\beta_1=\alpha_1,\quad \beta_2=\alpha_2+k\beta_1.$$

根据 $\beta_2\perp\beta_1$，应有

$$(\beta_2,\beta_1)=(\alpha_2+k\beta_1,\beta_1)=(\alpha_2,\beta_1)+k(\beta_1,\beta_1)=0,$$

由于 $\beta_1=\alpha_1\neq\theta$，知 $(\beta_1,\beta_1)\neq\theta$，解出

$$k=-\frac{(\alpha_2,\beta_1)}{(\beta_1,\beta_1)},$$

从而

$$\beta_2=\alpha_2-\frac{(\alpha_2,\beta_1)}{(\beta_1,\beta_1)}\beta_1,$$

这样的 β_1,β_2 是 $L(\alpha_1,\alpha_2)$ 的正交基(注：α_1,α_2 与 β_1,β_2 是等价的向量组).

再单位化,令

$$\gamma_1=\frac{1}{|\beta_1|}\beta_1,\quad \gamma_2=\frac{1}{|\beta_2|}\beta_2.$$

那么 γ_1,γ_2 就是合乎要求的标准正交基.

在三维欧氏空间,如 $\alpha_1,\alpha_2,\alpha_3$ 线性无关,用上述方法作出 β_1,β_2 之后,对 β_3,可令

$$\beta_3=\alpha_3+l\beta_1+m\beta_2.$$

由 β_1,β_2,β_3 两两正交,得

$$(\beta_3,\beta_1)=(\alpha_3,\beta_1)+l(\beta_1,\beta_1)=0,\quad (\beta_3,\beta_2)=(\alpha_3,\beta_2)+m(\beta_2,\beta_2)=0,$$

因此

$$\beta_3=\alpha_3-\frac{(\alpha_3,\beta_1)}{(\beta_1,\beta_1)}\beta_1-\frac{(\alpha_3,\beta_2)}{(\beta_2,\beta_2)}\beta_2.$$

归纳地,我们有下面的定理.

定理 5.22 欧氏空间 V 中,任意 s 个线性无关的向量 $\alpha_1,\alpha_2,\cdots,\alpha_s$,可用施密特正交化方法转化成一个正交向量组 $\beta_1,\beta_2,\cdots,\beta_s$,其中

$$\beta_1=\alpha_1,\quad \beta_2=\alpha_2-\frac{(\alpha_2,\beta_1)}{(\beta_1,\beta_1)}\beta_1,$$

$$\vdots$$

$$\beta_s=\alpha_s-\frac{(\alpha_s,\beta_1)}{(\beta_1,\beta_1)}\beta_1-\frac{(\alpha_s,\beta_2)}{(\beta_2,\beta_2)}\beta_2-\cdots-\frac{(\alpha_s,\beta_{s-1})}{(\beta_{s-1},\beta_{s-1})}\beta_{s-1},$$

而且 $L(\alpha_1,\alpha_2,\cdots,\alpha_i)=L(\beta_1,\beta_2,\cdots,\beta_i)$, $i=1,2,\cdots,s$,进而令

$$\gamma_i=\frac{\beta_i}{|\beta_i|},\quad i=1,2,\cdots,s.$$

可得标准正交向量组 $\gamma_1,\gamma_2,\cdots,\gamma_s$. ■

例 5.35 把 $\mathbb{R}^3$ 的基

$$\boldsymbol{\alpha}_1=\begin{bmatrix}1\\1\\1\end{bmatrix},\quad \boldsymbol{\alpha}_2=\begin{bmatrix}-1\\0\\-1\end{bmatrix},\quad \boldsymbol{\alpha}_3=\begin{bmatrix}-1\\2\\3\end{bmatrix}$$

化成一组标准正交基.

解 先正交化,有

$$\boldsymbol{\beta}_1=\boldsymbol{\alpha}_1=\begin{bmatrix}1\\1\\1\end{bmatrix},$$

$$\boldsymbol{\beta}_2=\boldsymbol{\alpha}_2-\frac{(\boldsymbol{\alpha}_2,\boldsymbol{\beta}_1)}{(\boldsymbol{\beta}_1,\boldsymbol{\beta}_1)}\boldsymbol{\beta}_1=\begin{bmatrix}-1\\0\\-1\end{bmatrix}+\frac{2}{3}\begin{bmatrix}1\\1\\1\end{bmatrix}=\frac{1}{3}\begin{bmatrix}-1\\2\\-1\end{bmatrix},$$

$$\boldsymbol{\beta}_3=\boldsymbol{\alpha}_3-\frac{(\boldsymbol{\alpha}_3,\boldsymbol{\beta}_1)}{(\boldsymbol{\beta}_1,\boldsymbol{\beta}_1)}\boldsymbol{\beta}_1-\frac{(\boldsymbol{\alpha}_3,\boldsymbol{\beta}_2)}{(\boldsymbol{\beta}_2,\boldsymbol{\beta}_2)}\boldsymbol{\beta}_2=\begin{bmatrix}-1\\2\\3\end{bmatrix}-\frac{4}{3}\begin{bmatrix}1\\1\\1\end{bmatrix}-\frac{1}{3}\begin{bmatrix}-1\\2\\-1\end{bmatrix}=\begin{bmatrix}-2\\0\\2\end{bmatrix}.$$

再单位化,有

$$\boldsymbol{\gamma}_1=\frac{\boldsymbol{\beta}_1}{|\boldsymbol{\beta}_1|}=\frac{1}{\sqrt{3}}\begin{bmatrix}1\\1\\1\end{bmatrix},\quad \boldsymbol{\gamma}_2=\frac{\boldsymbol{\beta}_2}{|\boldsymbol{\beta}_2|}=\frac{1}{\sqrt{6}}\begin{bmatrix}-1\\2\\-1\end{bmatrix},\quad \boldsymbol{\gamma}_3=\frac{\boldsymbol{\beta}_3}{|\boldsymbol{\beta}_3|}=\frac{1}{\sqrt{2}}\begin{bmatrix}-1\\0\\1\end{bmatrix}.$$

$\boldsymbol{\gamma}_1,\boldsymbol{\gamma}_2,\boldsymbol{\gamma}_3$ 就是一组标准正交基. ■

5.4.4 正交矩阵

设 $\varepsilon_1,\varepsilon_2,\cdots,\varepsilon_n$ 与 $\eta_1,\eta_2,\cdots,\eta_n$ 是欧氏空间 V 的两组标准正交基,由 $\varepsilon_1,\varepsilon_2,\cdots,\varepsilon_n$ 到 $\eta_1,\eta_2,\cdots,\eta_n$ 的过渡矩阵是 $\boldsymbol{Q}=(q_{ij})$,即

$$(\eta_1,\eta_2,\cdots,\eta_n)=(\varepsilon_1,\varepsilon_2,\cdots,\varepsilon_n)\begin{bmatrix}q_{11}&q_{12}&\cdots&q_{1n}\\q_{21}&q_{22}&\cdots&q_{2n}\\\vdots&\vdots&&\vdots\\q_{n1}&q_{n2}&\cdots&q_{nn}\end{bmatrix}.$$

因为 $\eta_1,\eta_2,\cdots,\eta_n$ 是标准正交基,有

$$(\eta_i,\eta_j)=\delta_{ij}=\begin{cases}1, & 当\ i=j,\\0, & 当\ i\neq j.\end{cases}$$

矩阵 $\boldsymbol{Q}$ 的各列就是 $\eta_1,\eta_2,\cdots,\eta_n$ 在标准正交基 $\varepsilon_1,\varepsilon_2,\cdots,\varepsilon_n$ 下的坐标,按定理 5.21,有

$$q_{1i}q_{1j}+q_{2i}q_{2j}+\cdots+q_{ni}q_{nj}=\delta_{ij}=\begin{cases}1, & 当\ i=j,\\0, & 当\ i\neq j.\end{cases}$$

写成矩阵形式,即得

$$\begin{bmatrix}q_{11}&q_{21}&\cdots&q_{n1}\\q_{12}&q_{22}&\cdots&q_{n2}\\\vdots&\vdots&&\vdots\\q_{1n}&q_{2n}&\cdots&q_{nn}\end{bmatrix}\begin{bmatrix}q_{11}&q_{12}&\cdots&q_{1n}\\q_{21}&q_{22}&\cdots&q_{2n}\\\vdots&\vdots&&\vdots\\q_{n1}&q_{n2}&\cdots&q_{nn}\end{bmatrix}=\begin{bmatrix}1&0&\cdots&0\\0&1&\cdots&0\\\vdots&\vdots&\ddots&\vdots\\0&0&\cdots&1\end{bmatrix},$$

即

$$\boldsymbol{Q}^{\mathrm{T}}\boldsymbol{Q}=\boldsymbol{I}\quad 或\quad \boldsymbol{Q}^{-1}=\boldsymbol{Q}^{\mathrm{T}}.$$

定义 5.17 设 $\boldsymbol{Q}$ 是 n 阶实方阵,如 $\boldsymbol{Q}^{\mathrm{T}}\boldsymbol{Q}=\boldsymbol{I}$,则称 $\boldsymbol{Q}$ 是**正交矩阵**(orthogonal matrix).

标准正交基与正交矩阵之间有密切的联系,下面的定理请读者给出完整的证明.

定理 5.23 由标准正交基到标准正交基的过渡矩阵是正交矩阵;反之,若过渡矩阵是

正交矩阵，且知一组基是标准正交基，则另一组基也是标准正交基. ■

定理 5.24 正交矩阵的性质是：

(1) 正交矩阵的行(列)向量组构成正交向量组，且每个向量都是单位向量；

(2) 正交矩阵的行列式值为+1或-1；

(3) 正交矩阵的逆矩阵还是正交矩阵；

(4) 正交矩阵的乘积仍是正交矩阵. ■

5.4.5 可逆矩阵的 QR 分解

设 $\boldsymbol{A}=[\boldsymbol{\alpha}_1,\boldsymbol{\alpha}_2,\cdots,\boldsymbol{\alpha}_n]$ 是一个 n 阶可逆矩阵，$\boldsymbol{A}$ 的列向量 $\boldsymbol{\alpha}_1,\boldsymbol{\alpha}_2,\cdots,\boldsymbol{\alpha}_n$ 构成 $\mathbb{R}^n$ 的一组基，利用施密特正交化得到标准正交基 $\boldsymbol{\gamma}_1,\boldsymbol{\gamma}_2,\cdots,\boldsymbol{\gamma}_n$.

回顾施密特正交化的过程，有

$$\boldsymbol{\alpha}_1=\boldsymbol{\beta}_1,\quad \boldsymbol{\alpha}_2=\frac{(\boldsymbol{\alpha}_2,\boldsymbol{\beta}_1)}{(\boldsymbol{\beta}_1,\boldsymbol{\beta}_1)}\boldsymbol{\beta}_1+\boldsymbol{\beta}_2,$$

$$\boldsymbol{\alpha}_3=\frac{(\boldsymbol{\alpha}_3,\boldsymbol{\beta}_1)}{(\boldsymbol{\beta}_1,\boldsymbol{\beta}_1)}\boldsymbol{\beta}_1+\frac{(\boldsymbol{\alpha}_3,\boldsymbol{\beta}_2)}{(\boldsymbol{\beta}_2,\boldsymbol{\beta}_2)}\boldsymbol{\beta}_2+\boldsymbol{\beta}_3,$$

$$\vdots$$

$$\boldsymbol{\alpha}_n=\frac{(\boldsymbol{\alpha}_n,\boldsymbol{\beta}_1)}{(\boldsymbol{\beta}_1,\boldsymbol{\beta}_1)}\boldsymbol{\beta}_1+\frac{(\boldsymbol{\alpha}_n,\boldsymbol{\beta}_2)}{(\boldsymbol{\beta}_2,\boldsymbol{\beta}_2)}\boldsymbol{\beta}_2+\cdots+\frac{(\boldsymbol{\alpha}_n,\boldsymbol{\beta}_{n-1})}{(\boldsymbol{\beta}_{n-1},\boldsymbol{\beta}_{n-1})}\boldsymbol{\beta}_{n-1}+\boldsymbol{\beta}_n,$$

于是

$$[\boldsymbol{\alpha}_1,\boldsymbol{\alpha}_2,\cdots,\boldsymbol{\alpha}_n]=[\boldsymbol{\beta}_1,\boldsymbol{\beta}_2,\cdots,\boldsymbol{\beta}_n]\begin{bmatrix}1 & & * \\ & 1 & \\ & & \ddots & \\ & & & 1\end{bmatrix}.$$

又因 $\boldsymbol{\gamma}_1=\frac{1}{|\boldsymbol{\beta}_1|}\boldsymbol{\beta}_1,\boldsymbol{\gamma}_2=\frac{1}{|\boldsymbol{\beta}_2|}\boldsymbol{\beta}_2,\cdots,\boldsymbol{\gamma}_n=\frac{1}{|\boldsymbol{\beta}_n|}\boldsymbol{\beta}_n$，从而有

$$[\boldsymbol{\beta}_1,\boldsymbol{\beta}_2,\cdots,\boldsymbol{\beta}_n]=[\boldsymbol{\gamma}_1,\boldsymbol{\gamma}_2,\cdots,\boldsymbol{\gamma}_n]\begin{bmatrix}|\boldsymbol{\beta}_1| & & & \\ & |\boldsymbol{\beta}_2| & & \\ & & \ddots & \\ & & & |\boldsymbol{\beta}_n|\end{bmatrix},$$

所以

$$\begin{aligned}\boldsymbol{A}&=[\boldsymbol{\alpha}_1,\boldsymbol{\alpha}_2,\cdots,\boldsymbol{\alpha}_n]\\&=[\boldsymbol{\gamma}_1,\boldsymbol{\gamma}_2,\cdots,\boldsymbol{\gamma}_n]\begin{bmatrix}|\boldsymbol{\beta}_1| & & & \\ & |\boldsymbol{\beta}_2| & & \\ & & \ddots & \\ & & & |\boldsymbol{\beta}_n|\end{bmatrix}\begin{bmatrix}1 & & * \\ & 1 & \\ & & \ddots & \\ & & & 1\end{bmatrix}\end{aligned}$$

$$=[\boldsymbol{\gamma}_1,\boldsymbol{\gamma}_2,\cdots,\boldsymbol{\gamma}_n]\begin{bmatrix} r_{11} & \cdots & r_{1n} \\ & \ddots & \vdots \\ & & r_{nn} \end{bmatrix},$$

记

$$\boldsymbol{Q}=[\boldsymbol{\gamma}_1,\boldsymbol{\gamma}_2,\cdots,\boldsymbol{\gamma}_n],\quad \boldsymbol{R}=\begin{bmatrix} r_{11} & \cdots & r_{1n} \\ & \ddots & \vdots \\ & & r_{nn} \end{bmatrix},$$

则 $\boldsymbol{Q}$ 是正交矩阵,$\boldsymbol{R}$ 是主对角元素为正数的上三角阵,且有 $\boldsymbol{A}=\boldsymbol{QR}$.

定理 5.25 对任意 n 阶可逆实矩阵 $\boldsymbol{A}$,存在一个 n 阶正交矩阵 $\boldsymbol{Q}$ 及一个 n 阶主对角元素为正数的上三角阵 $\boldsymbol{R}$,使 $\boldsymbol{A}=\boldsymbol{QR}$,称为矩阵 $\boldsymbol{A}$ 的 **QR 分解**(decomposition).而且这个分解是唯一的.

证 存在性由施密特正交化过程给出,下面仅证唯一性.

如正交矩阵 $\boldsymbol{Q}_1,\boldsymbol{Q}_2$ 及主对角元素为正数的上三角阵 $\boldsymbol{R}_1,\boldsymbol{R}_2$ 满足

$$\boldsymbol{A}=\boldsymbol{Q}_1\boldsymbol{R}_1=\boldsymbol{Q}_2\boldsymbol{R}_2,$$

那么

$$\boldsymbol{Q}_1^{-1}\boldsymbol{Q}_2=\boldsymbol{R}_1\boldsymbol{R}_2^{-1}.$$

由定理 5.24 知 $\boldsymbol{Q}_1^{-1}\boldsymbol{Q}_2$ 是正交矩阵,另一方面,$\boldsymbol{R}_2^{-1}$ 也是主对角元素为正数的上三角阵,从而 $\boldsymbol{R}_1\boldsymbol{R}_2^{-1}$ 仍是主对角元素是正数的上三角阵.

但是,主对角元素是正数的上三角阵又是正交矩阵时,这矩阵只能是单位矩阵(习题 5,第 25 题).所以

$$\boldsymbol{Q}_1^{-1}\boldsymbol{Q}_2=\boldsymbol{R}_1\boldsymbol{R}_2^{-1}=\boldsymbol{I},$$

即

$$\boldsymbol{Q}_1=\boldsymbol{Q}_2,\quad \boldsymbol{R}_1=\boldsymbol{R}_2.$$ ■

例 5.36 设 $\boldsymbol{A}=\begin{bmatrix}1&2\\1&3\end{bmatrix}$,作 $\boldsymbol{A}$ 的 QR 分解.

解 令 $\boldsymbol{\alpha}_1=\begin{bmatrix}1\\1\end{bmatrix},\boldsymbol{\alpha}_2=\begin{bmatrix}2\\3\end{bmatrix}$.由施密特正交化,有

$$\boldsymbol{\beta}_1=\boldsymbol{\alpha}_1=\begin{bmatrix}1\\1\end{bmatrix},$$

$$\boldsymbol{\beta}_2=\boldsymbol{\alpha}_2-\frac{(\boldsymbol{\alpha}_2,\boldsymbol{\beta}_1)}{(\boldsymbol{\beta}_1,\boldsymbol{\beta}_1)}\boldsymbol{\beta}_1=\begin{bmatrix}2\\3\end{bmatrix}-\frac{5}{2}\begin{bmatrix}1\\1\end{bmatrix}=\frac{1}{2}\begin{bmatrix}-1\\1\end{bmatrix},$$

单位化,得

$$\boldsymbol{\gamma}_1=\frac{1}{\sqrt{2}}\begin{bmatrix}1\\1\end{bmatrix},\quad \boldsymbol{\gamma}_2=\frac{1}{\sqrt{2}}\begin{bmatrix}-1\\1\end{bmatrix}.$$

那么

$$[\boldsymbol{\alpha}_1 \quad \boldsymbol{\alpha}_2] = [\boldsymbol{\beta}_1 \quad \boldsymbol{\beta}_2]\begin{bmatrix}1 & \frac{5}{2}\\ 0 & 1\end{bmatrix} = [\boldsymbol{\gamma}_1 \quad \boldsymbol{\gamma}_2]\begin{bmatrix}\sqrt{2} & \\ & \frac{\sqrt{2}}{2}\end{bmatrix}\begin{bmatrix}1 & \frac{5}{2}\\ & 1\end{bmatrix}$$

即

$$\boldsymbol{A} = \begin{bmatrix}\frac{1}{\sqrt{2}} & -\frac{1}{\sqrt{2}}\\ \frac{1}{\sqrt{2}} & \frac{1}{\sqrt{2}}\end{bmatrix}\begin{bmatrix}\sqrt{2} & \frac{5\sqrt{2}}{2}\\ 0 & \frac{\sqrt{2}}{2}\end{bmatrix}.$$

其中

$$\boldsymbol{Q} = \begin{bmatrix}\frac{1}{\sqrt{2}} & -\frac{1}{\sqrt{2}}\\ \frac{1}{\sqrt{2}} & \frac{1}{\sqrt{2}}\end{bmatrix},\quad \boldsymbol{R} = \begin{bmatrix}\sqrt{2} & \frac{5\sqrt{2}}{2}\\ 0 & \frac{\sqrt{2}}{2}\end{bmatrix}.$$ ■

5.4.6 正交补与直和分解

定义 5.18 设 W 是欧几里得空间 V 的子空间，α 是 V 中的一个向量，如 $\forall \beta \in W$，都有 $(\alpha,\beta)=0$，则称 α 与 W **正交**，记作 $\alpha \perp W$.

定义 5.19 设 W_1, W_2 是欧几里得空间 V 的两个子空间，如 $\forall \alpha \in W_1$，$\forall \beta \in W_2$，都有 $\alpha \perp \beta$，则称子空间 W_1 与 W_2 **正交**，记为 $W_1 \perp W_2$.

例 5.37 $L\left[\begin{bmatrix}1\\0\\0\end{bmatrix}\right] \perp L\left[\begin{bmatrix}0\\1\\0\end{bmatrix}, \begin{bmatrix}0\\0\\1\end{bmatrix}\right]$. ■

例 5.38 在齐次线性方程组 $\boldsymbol{Ax}=\boldsymbol{0}$ 中，解向量 $\boldsymbol{\eta}$ 与 $\boldsymbol{A}$ 的每一行向量都正交，故 $N(\boldsymbol{A}) \perp R(\boldsymbol{A}^{\mathrm{T}})$. ■

定义 5.20 设 W 是欧几里得空间 V 的子空间，

$$W^{\perp} = \{\alpha \mid \alpha \in V, \alpha \perp W\}, \tag{5.12}$$

称 $W^{\perp}$ 是子空间 W 的**正交补**(orthogonal complement).

如果 $\alpha, \beta \in W^{\perp}$，$\forall \gamma \in W$，有

$$(\alpha+\beta,\gamma) = (\alpha,\gamma) + (\beta,\gamma) = 0,$$

即 $\alpha+\beta \in W^{\perp}$，也就是 $W^{\perp}$ 对于加法运算封闭，类似可证 $W^{\perp}$ 对数乘运算封闭，所以正交补 $W^{\perp}$ 是 V 的子空间. 按定义 5.19，子空间 W 与其正交补空间 $W^{\perp}$ 是正交的，即 $W \perp W^{\perp}$.

定理 5.26 设 W 是 n 维欧几里得空间 V 的子空间，则 V 可分解成 W 与其正交补 $W^{\perp}$ 的直和，即 $V = W \oplus W^{\perp}$.

证 设 $\alpha_1,\alpha_2,\cdots,\alpha_m$ 是 W 的一组标准正交基,将其扩充为 V 的一组标准正交基 $\alpha_1,\cdots,\alpha_m,\alpha_{m+1},\cdots,\alpha_n$. 显然,

$$\alpha_{m+1},\cdots,\alpha_n \perp L(\alpha_1,\alpha_2,\cdots,\alpha_m)=W.$$

所以,$\alpha_{m+1},\alpha_{m+2},\cdots,\alpha_n\in W^{\perp}$. 因此

$$L(\alpha_{m+1},\alpha_{m+2},\cdots,\alpha_n)\subseteq W^{\perp}.$$

设 $\alpha=\sum_{i=1}^{n}x_i\alpha_i$ 是 $W^{\perp}$ 中任一向量,那么 α 与 $\alpha_i(i=1,2,\cdots,m)$ 都正交,用 α_i 作内积,有

$$x_i=\left(\sum_{j=1}^{n}x_j\alpha_j,\alpha_i\right)=(\alpha,\alpha_i)=0.$$

因此,$W^{\perp}$ 中的向量 α 有表达式

$$\alpha=\sum_{i=m+1}^{n}x_i\alpha_i\in L(\alpha_{m+1},\alpha_{m+2},\cdots,\alpha_n).$$

这样

$$W^{\perp}=L(\alpha_{m+1},\alpha_{m+2},\cdots,\alpha_n),$$

$\alpha_{m+1},\alpha_{m+2},\cdots,\alpha_n$ 就是 $W^{\perp}$ 的一组基.

对 $\forall\alpha=\sum_{i=1}^{n}x_i\alpha_i\in V$, 令

$$\beta=\sum_{i=1}^{m}x_i\alpha_i\in W,\quad \gamma=\sum_{i=m+1}^{n}x_i\alpha_i\in W^{\perp},$$

故

$$\alpha=\beta+\gamma,$$

即

$$V=W+W^{\perp}.$$

又因 $\dim V=\dim W+\dim W^{\perp}$,由定理 5.14,得

$$V=W\oplus W^{\perp}.$$ ■

不难看出,$W^{\perp}$ 恰好是由所有与 W 正交的向量组成.

例 5.39 如 W 是欧几里得空间的子空间,则 $(W^{\perp})^{\perp}=W$.

证 $\forall\alpha\in(W^{\perp})^{\perp}$,由定义 5.20 知,$\alpha\perp W^{\perp}$. 由定理 5.26 知,$\alpha$ 可分解成

$$\alpha=\alpha_1+\alpha_2,\quad 其中\quad \alpha_1\in W,\alpha_2\in W^{\perp}.$$

因为

$$(\alpha_2,\alpha_2)=(\alpha_2,\alpha-\alpha_1)=(\alpha_2,\alpha)-(\alpha_2,\alpha_1)=0-0=0,$$

所以 $\alpha_2=\theta$,即 $\alpha=\alpha_1\in W$. 故有 $(W^{\perp})^{\perp}\subseteq W$. 反之,若 $\alpha\in W$,则 $\alpha\perp W^{\perp}$,有 $\alpha\in(W^{\perp})^{\perp}$,即 $W\subseteq(W^{\perp})^{\perp}$,总之有

$$W=(W^{\perp})^{\perp}.$$ ■

例 5.40 求齐次线性方程组

$$\begin{cases} x_1+x_2+x_3+x_4=0, \\ x_1 \qquad\qquad\quad +x_4=0, \\ \qquad x_2+x_3 \qquad\quad =0 \end{cases}$$

的解空间 $N(\boldsymbol{A})$的标准正交基及 $N(\boldsymbol{A})^{\perp}$的标准正交基.

解 因为 $\mathrm{r}(\boldsymbol{A})=2$,基础解系由 $n-\mathrm{r}(\boldsymbol{A})=2$ 个解向量组成.取为

$$\boldsymbol{\eta}_1=(1,0,0,-1)^{\mathrm{T}}, \quad \boldsymbol{\eta}_2=(0,1,-1,0)^{\mathrm{T}}.$$

由于$\boldsymbol{\eta}_1$ 与$\boldsymbol{\eta}_2$ 已正交,只须单位化为

$$\boldsymbol{\gamma}_1=\frac{1}{\sqrt{2}}(1,0,0,-1)^{\mathrm{T}}, \quad \boldsymbol{\gamma}_2=\frac{1}{\sqrt{2}}(0,1,-1,0)^{\mathrm{T}}.$$

那么,$\boldsymbol{\gamma}_1,\boldsymbol{\gamma}_2$ 就是解空间 $N(\boldsymbol{A})$的一组标准正交基.

因为 $\boldsymbol{A}$ 的行空间$R(\boldsymbol{A}^{\mathrm{T}})$与解空间 $N(\boldsymbol{A})$正交,易见$(1,0,0,1)^{\mathrm{T}}$,$(0,1,1,0)^{\mathrm{T}}$ 是行空间 $R(\boldsymbol{A}^{\mathrm{T}})$的一组基.

因为 $\dim N(\boldsymbol{A})+\dim R(\boldsymbol{A}^{\mathrm{T}})=4$,$N(\boldsymbol{A})\cap R(\boldsymbol{A}^{\mathrm{T}})=\{\boldsymbol{0}\}$,得知$\mathbb{R}^4=N(\boldsymbol{A})\oplus R(\boldsymbol{A}^{\mathrm{T}})$,即 $R(\boldsymbol{A}^{\mathrm{T}})=N(\boldsymbol{A})^{\perp}$.从而

$$\frac{1}{\sqrt{2}}(1,0,0,1)^{\mathrm{T}}, \quad \frac{1}{\sqrt{2}}(0,1,1,0)^{\mathrm{T}}$$

是正交补 $N(\boldsymbol{A})^{\perp}$的标准正交基. ■

习题 5

1. 检验以下集合对于所指定的加法和数乘运算是否构成线性空间.若是线性空间,求出基与维数.

(1) 全体 n 阶对称矩阵(反对称矩阵、上三角阵、对角矩阵),对于矩阵的加法和数乘;

(2) 平面上全体向量,关于通常的加法及如下定义的数乘: $k\boldsymbol{\alpha}=\boldsymbol{\alpha}$;

(3) 平面上全体向量,两个运算定义为

$$\boldsymbol{\alpha}\oplus\boldsymbol{\beta}=\boldsymbol{\alpha}-\boldsymbol{\beta},$$
$$k\circ\boldsymbol{\alpha}=-k\boldsymbol{\alpha};$$

(4) 全体正实数$\mathbb{R}^+$,两个运算定义为

$$a\oplus b=ab,$$
$$k\circ a=a^k.$$

2. 证明线性空间的性质:

(1) $(-1)\alpha=-\alpha$, $\forall\,\alpha\in V$;

(2) $k\theta=\theta,\forall k\in F$.

3. 在$\mathbb{R}^4$中，求向量$\boldsymbol{\beta}$在基$\boldsymbol{\alpha}_1,\boldsymbol{\alpha}_2,\boldsymbol{\alpha}_3,\boldsymbol{\alpha}_4$下的坐标.

(1) $\boldsymbol{\alpha}_1=\begin{bmatrix}1\\1\\1\\1\end{bmatrix},\boldsymbol{\alpha}_2=\begin{bmatrix}1\\1\\-1\\-1\end{bmatrix},\boldsymbol{\alpha}_3=\begin{bmatrix}1\\-1\\1\\-1\end{bmatrix},\boldsymbol{\alpha}_4=\begin{bmatrix}1\\-1\\-1\\1\end{bmatrix},\boldsymbol{\beta}=\begin{bmatrix}1\\2\\1\\1\end{bmatrix}$;

(2) $\boldsymbol{\alpha}_1=\begin{bmatrix}1\\1\\0\\1\end{bmatrix},\boldsymbol{\alpha}_2=\begin{bmatrix}2\\1\\3\\1\end{bmatrix},\boldsymbol{\alpha}_3=\begin{bmatrix}1\\1\\0\\0\end{bmatrix},\boldsymbol{\alpha}_4=\begin{bmatrix}0\\1\\-1\\-1\end{bmatrix},\boldsymbol{\beta}=\begin{bmatrix}0\\0\\0\\1\end{bmatrix}$.

4. 求由基$\boldsymbol{\varepsilon}_1,\boldsymbol{\varepsilon}_2,\boldsymbol{\varepsilon}_3,\boldsymbol{\varepsilon}_4$到基$\boldsymbol{\eta}_1,\boldsymbol{\eta}_2,\boldsymbol{\eta}_3,\boldsymbol{\eta}_4$的过渡矩阵.

(1) $\boldsymbol{\varepsilon}_1=\boldsymbol{e}_1,\boldsymbol{\varepsilon}_2=\boldsymbol{e}_2,\boldsymbol{\varepsilon}_3=\boldsymbol{e}_3,\boldsymbol{\varepsilon}_4=\boldsymbol{e}_4$是自然基，

$\boldsymbol{\eta}_1=(2,1,-1,1)^{\mathrm{T}}$，　$\boldsymbol{\eta}_2=(0,3,1,0)^{\mathrm{T}}$，　$\boldsymbol{\eta}_3=(5,3,2,1)^{\mathrm{T}}$，　$\boldsymbol{\eta}_4=(6,6,1,3)^{\mathrm{T}}$；

(2) $\boldsymbol{\varepsilon}_1=(1,1,1,1)^{\mathrm{T}},\boldsymbol{\varepsilon}_2=(1,2,1,1)^{\mathrm{T}},\boldsymbol{\varepsilon}_3=(1,1,2,1)^{\mathrm{T}},\boldsymbol{\varepsilon}_4=(1,3,2,3)^{\mathrm{T}}$,

$\boldsymbol{\eta}_1=(1,0,3,3)^{\mathrm{T}},\boldsymbol{\eta}_2=(-2,-3,-5,-4)^{\mathrm{T}},\boldsymbol{\eta}_3=(2,2,5,4)^{\mathrm{T}},\boldsymbol{\eta}_4=(-2,-3,-4,-4)^{\mathrm{T}}$.

5. 在次数小于或等于n的多项式空间$\mathbb{R}_{n+1}[x]$中，有两组基

$$1,x,x^2,\cdots,x^n;\quad 1,x-a,(x-a)^2,\cdots,(x-a)^n.$$

求由基$1,x,x^2,\cdots,x^n$到基$1,x-a,(x-a)^2,\cdots,(x-a)^n$的过渡矩阵，并求$f(x)=a_0+a_1x+a_2x^2+\cdots+a_nx^n$在这两组基下的坐标.

6. 在所有2×2矩阵构成的线性空间中，证明

$$\begin{bmatrix}1&1\\1&1\end{bmatrix},\quad\begin{bmatrix}1&-1\\1&-1\end{bmatrix},\quad\begin{bmatrix}1&1\\-1&-1\end{bmatrix},\quad\begin{bmatrix}-1&1\\1&-1\end{bmatrix}$$

构成一组基，并求矩阵$\begin{bmatrix}1&2\\3&4\end{bmatrix}$在这组基下的坐标.

7. 设$\boldsymbol{A}$是n阶实矩阵.

(1) 证明：全体与$\boldsymbol{A}$可交换的矩阵构成$M_n(\mathbb{R})$的一个子空间，记为$Z(\boldsymbol{A})$；

(2) 当$\boldsymbol{A}=\boldsymbol{I},\boldsymbol{A}=\mathrm{diag}(1,2,\cdots,n)$，

$$\boldsymbol{A}=\begin{bmatrix}1&&&&\\1&1&&&\\1&1&1&&\\\vdots&\vdots&\vdots&\ddots&\\1&1&1&\cdots&1\end{bmatrix}$$

时，分别求$Z(\boldsymbol{A})$的维数和一组基.

8. 证明定理5.3.

9. 证明：如 W_1 及 W_2 是线性空间 V 的两个子空间，则 W_1+W_2 是 V 的子空间.

10. 设 $W_1=L(\boldsymbol{\alpha}_1,\boldsymbol{\alpha}_2,\boldsymbol{\alpha}_3)$，$W_2=L(\boldsymbol{\beta}_1,\boldsymbol{\beta}_2,\boldsymbol{\beta}_3)$，其中

$$\boldsymbol{\alpha}_1=(1,1,1,0)^{\mathrm{T}},\quad \boldsymbol{\alpha}_2=(1,2,3,4)^{\mathrm{T}},\quad \boldsymbol{\alpha}_3=(2,1,3,1)^{\mathrm{T}},$$
$$\boldsymbol{\beta}_1=(5,6,7,8)^{\mathrm{T}},\quad \boldsymbol{\beta}_2=(3,4,5,6)^{\mathrm{T}},\quad \boldsymbol{\beta}_3=(2,3,4,5)^{\mathrm{T}};$$

试求 $W_1\cap W_2$，W_1+W_2 的基与维数.

11. 已知

$$\boldsymbol{A}=\begin{bmatrix}2&-1&1\\-1&1&1\\3&1&9\\2&-3&-5\end{bmatrix},\quad \boldsymbol{\alpha}=\begin{bmatrix}3\\-1\\0\\-1\end{bmatrix}.$$

试问 $\boldsymbol{\alpha}$ 是否在 $\boldsymbol{A}$ 的列空间？分别求列空间 $R(\boldsymbol{A})$，化零空间 $N(\boldsymbol{A})$ 的维数及一组基.

12. 设

$$W_1=\left\{\begin{bmatrix}x&y\\z&0\end{bmatrix}\middle|\, x,y,z\in\mathbb{R}\right\},\quad W_2=\left\{\begin{bmatrix}a&0\\0&b\end{bmatrix}\middle|\, a,b\in\mathbb{R}\right\}.$$

证明：$W_1+W_2=M_2(\mathbb{R})$.

13. 设 W_1，W_2 是线性空间 V 的两个非平凡子空间，证明：存在 $\alpha\in V$ 使 $\alpha\notin W_1$ 且 $\alpha\notin W_2$.

14. 如果 W 是 V 的子空间，且 $\dim W=\dim V$，证明 $W=V$.

15. 证明定理5.15.

16. 证明：如果 $V=V_1\oplus V_2$，而 $V_1=V_{11}\oplus V_{12}$，那么，$V=V_{11}\oplus V_{12}\oplus V_2$.

17. 证明每个 n 维线性空间都可以表示成 n 个一维子空间的直和.

18. 证明 $M_n(F)=SM_n(F)\oplus W$，其中 $W=\{\boldsymbol{A}\mid\boldsymbol{A}\in M_n(F),\boldsymbol{A}^{\mathrm{T}}=-\boldsymbol{A}\}$.

19. 证明5.4.1节中例5.29给出的 $(\boldsymbol{\alpha},\boldsymbol{\beta})$ 是内积.

20. 已知 $\boldsymbol{\alpha}_1=(1,2,-1,1)^{\mathrm{T}}$，$\boldsymbol{\alpha}_2=(2,3,1,-1)^{\mathrm{T}}$，$\boldsymbol{\alpha}_3=(-1,-1,-2,2)^{\mathrm{T}}$.

(1) 求 $\boldsymbol{\alpha}_1,\boldsymbol{\alpha}_2,\boldsymbol{\alpha}_3$ 的长度及彼此间夹角；

(2) 求与 $\boldsymbol{\alpha}_1,\boldsymbol{\alpha}_2,\boldsymbol{\alpha}_3$ 都正交的向量.

21. 如 β 与 $\alpha_1,\alpha_2,\cdots,\alpha_s$ 都正交，证明 β 与 $\alpha_1,\alpha_2,\cdots,\alpha_s$ 的任一线性组合也正交.

22. 设 $\varepsilon_1,\varepsilon_2,\varepsilon_3$ 是欧氏空间 V 的标准正交基，证明：

$$\eta_1=\frac{1}{3}(2\varepsilon_1+2\varepsilon_2-\varepsilon_3),\quad \eta_2=\frac{1}{3}(2\varepsilon_1-\varepsilon_2+2\varepsilon_3),\quad \eta_3=\frac{1}{3}(\varepsilon_1-2\varepsilon_2-2\varepsilon_3)$$

也是 V 的一组标准正交基.

23. 用施密特正交化方法构造标准正交向量组.

(1) $(0,0,1)^{\mathrm{T}},(0,1,1)^{\mathrm{T}},(1,1,1)^{\mathrm{T}}$；

(2) $(1,2,2,-1)^{\mathrm{T}},(1,1,-5,3)^{\mathrm{T}},(3,2,8,-7)^{\mathrm{T}}$.

24. 验证下列各组向量是正交的,并添加向量改造为标准正交基:

(1) $(2,1,2)^{\mathrm{T}},(1,2,-2)^{\mathrm{T}}$;

(2) $(1,1,1,2)^{\mathrm{T}},(1,2,3,-3)^{\mathrm{T}}$.

25. 证明:n 阶主对角元素为正数的上三角正交矩阵是单位矩阵.

26. 已知 $\boldsymbol{Q}=\begin{bmatrix} a & -\frac{3}{7} & \frac{2}{7} \\ b & c & d \\ -\frac{3}{7} & \frac{2}{7} & e \end{bmatrix}$ 为正交矩阵,求 a,b,c,d,e 的值.

27. 写出所有三阶正交矩阵,它的元素是 0 或 1.

28. 如果一个正交阵中每个元素都是$\frac{1}{4}$或$-\frac{1}{4}$,这个正交矩阵是几阶的?

29. 若$\boldsymbol{\alpha}$是一个单位向量,证明

$$\boldsymbol{Q}=\boldsymbol{I}-2\boldsymbol{\alpha}\boldsymbol{\alpha}^{\mathrm{T}}$$

是一个正交阵(豪斯霍尔德(Householder)变换阵).当$\boldsymbol{\alpha}=\left(\frac{1}{\sqrt{3}},\frac{1}{\sqrt{3}},\frac{1}{\sqrt{3}}\right)^{\mathrm{T}}$时,具体求出 $\boldsymbol{Q}$.

30. 证明正交阵的伴随矩阵 $\boldsymbol{A}^*$ 也是正交阵.

31. 对下列矩阵作 QR 分解:

(1) $\begin{bmatrix} 3 & 0 \\ 4 & 5 \end{bmatrix}$, (2) $\begin{bmatrix} 1 & 1 & 1 \\ 2 & 3 & 0 \\ 2 & 1 & 1 \end{bmatrix}$, (3) $\begin{bmatrix} 1 & -3 & 7 \\ -2 & 0 & -2 \\ -2 & -6 & -1 \end{bmatrix}$.

第6章 线性变换

在线性空间一章中，研究了有限维线性空间的结构，得到数域 F 上任何一个 n 维线性空间都和 F^n 同构. 要想进一步揭示线性空间中向量之间的内在联系，就要借助于线性空间的映射.

一个集合到它自身的映射，称为该集合的一个变换.

这一章讨论线性空间的最简单，又是最基本的一种变换——线性变换.

6.1 线性变换的定义和运算

6.1.1 线性变换的定义和基本性质

定义 6.1 设 V 是数域 F 上的线性空间. σ 是 V 的一个变换. 如果满足条件：

(1) $\forall \alpha,\beta\in V, \sigma(\alpha+\beta)=\sigma(\alpha)+\sigma(\beta)$；

(2) $\forall k\in F, \alpha\in V, \sigma(k\alpha)=k\sigma(\alpha)$，

则称 σ 是 V 上的**线性变换**(linear transformation)或**线性算子**(linear operator).

条件(1)，(2)等价于条件：$\forall k,l\in F, \alpha,\beta\in V$，

$$\sigma(k\alpha+l\beta)=k\sigma(\alpha)+l\sigma(\beta).$$

这个条件也说成是保持向量的线性运算(向量的加法和数量乘法).

以后我们用 σ,ρ,τ 等代表 V 上的变换，$\sigma(\alpha)$ 或 $\sigma\alpha$ 表示向量 α 在变换 σ 下的像.

下面来看线性变换的一些例子.

例 6.1 设 σ：$\mathbb{R}^3\to\mathbb{R}^3$，定义为 $\sigma(\boldsymbol{\alpha})=c\boldsymbol{\alpha}$，其中 c 是一个常数，则

$$\sigma(\boldsymbol{\alpha}+\boldsymbol{\beta})=c(\boldsymbol{\alpha}+\boldsymbol{\beta})=c\boldsymbol{\alpha}+c\boldsymbol{\beta}=\sigma(\boldsymbol{\alpha})+\sigma(\boldsymbol{\beta}),$$

$$\sigma(k\boldsymbol{\alpha})=c(k\boldsymbol{\alpha})=k(c\boldsymbol{\alpha})=k\sigma(\boldsymbol{\alpha}),$$

所以 σ 是 $\mathbb{R}^3$ 的一个线性变换，通常叫**数乘变换**或**位似变换**. 当 $c>1$ 时，它的几何意义就是把向量放大 c 倍，当 $0<c<1$ 时，就是缩小 c 倍. ■

一般地，设 σ 是 V 上的线性变换，$\forall \alpha\in V$，若 $\sigma\alpha=c\alpha$，其中 c 是常数，则称 σ 是 V 上的数乘变换. 特别地，如 $c=0$，线性变换把每个向量 α 都映射成零向量，这样的变换叫**零变换**，记

作 o，即 $o(\alpha)=\theta$. 如 $c=1$，线性变换把每个 α 都变成它自身，这样的变换叫**恒等变换**，记作 ε，即 $\varepsilon(\alpha)=\alpha$.

例 6.2 设 σ 是把平面上的向量绕坐标原点逆时针旋转 θ 角的变换(图 6.1).

设 $\boldsymbol{\alpha}=\begin{bmatrix}x\\y\end{bmatrix}$，$\sigma(\boldsymbol{\alpha})=\begin{bmatrix}x'\\y'\end{bmatrix}$，则

$$\begin{cases}x'=x\cos\theta-y\sin\theta,\\ y'=x\sin\theta+y\cos\theta.\end{cases}$$

记 $\boldsymbol{A}=\begin{bmatrix}\cos\theta & -\sin\theta\\ \sin\theta & \cos\theta\end{bmatrix}$，则 $\sigma(\boldsymbol{\alpha})=\boldsymbol{A\alpha}$，称为旋转变换，用定义易证旋转变换 σ 是一个线性变换. ■

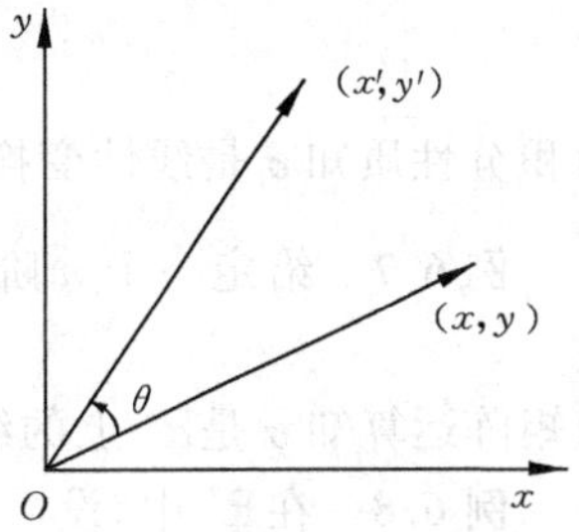

图 6.1

例 6.3 设 σ: $\mathbb{R}^3\to\mathbb{R}^3$，$\forall\boldsymbol{\alpha}=\begin{bmatrix}a_1\\a_2\\a_3\end{bmatrix}$ 定义

$$\sigma(\boldsymbol{\alpha})=\begin{bmatrix}a_1\\a_2\\0\end{bmatrix}.$$

容易验证 σ 是线性变换，它的几何意义是把向量 $\boldsymbol{\alpha}$ 投影到平面 Oxy 上去(图 6.2)，通常叫**投影变换**. ■

例 6.4 设 σ: $\mathbb{R}^2\to\mathbb{R}^2$ 定义为

$$\sigma\begin{bmatrix}a_1\\a_2\end{bmatrix}=\begin{bmatrix}a_1\\-a_2\end{bmatrix},$$

这也是一个线性变换. 其几何意义是把 Ox 轴当成一面镜子，$\sigma(\boldsymbol{\alpha})$ 就是 $\boldsymbol{\alpha}$ 关于这面镜子所成的像(图 6.3)，通常把这个变换叫做**镜面反射**. ■

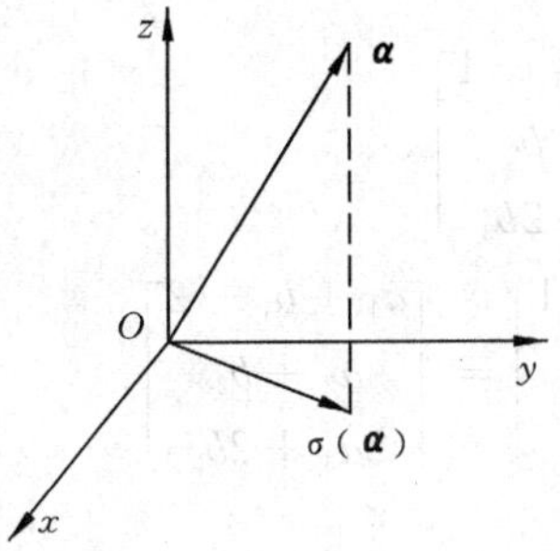

图 6.2

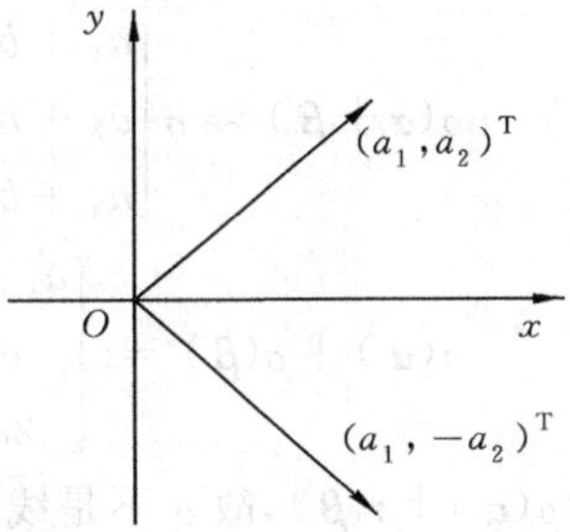

图 6.3

例 6.5 在次数小于 n 的多项式所构成的线性空间 $\mathbb{R}_n[x]$ 中，对 $f(x)\in\mathbb{R}_n[x]$，令

$$\sigma(f(x))=\frac{\mathrm{d}}{\mathrm{d}x}f(x),$$

由导数的性质易知 σ 是线性变换,亦叫**微分变换**. ■

例 6.6 $[a,b]$上的连续函数在函数加法与数乘函数运算下构成线性空间,记为 $C[a,b]$. 设 $f(x)\in C[a,b]$,令

$$\sigma(f(x))=\int_a^x f(t)\mathrm{d}t,$$

由积分性质知 σ 是线性变换,它把连续函数 $f(x)$ 变换成可导函数 $\int_a^x f(t)\mathrm{d}t$. ■

例 6.7 给定一个 n 阶矩阵 $\boldsymbol{A}$,在 $\mathbb{R}^n$ 中令

$$\sigma(\boldsymbol{\alpha})=\boldsymbol{A\alpha}.$$

由矩阵运算知 σ 是 $\mathbb{R}^n$ 上的线性变换. ■

例 6.8 在 $\mathbb{R}^2$ 中,设

$$\sigma\begin{bmatrix}x\\y\end{bmatrix}=\begin{bmatrix}x^2\\2y\end{bmatrix},$$

对 $\boldsymbol{\alpha}=\begin{bmatrix}a_1\\a_2\end{bmatrix}$, $\boldsymbol{\beta}=\begin{bmatrix}b_1\\b_2\end{bmatrix}$,有

$$\sigma(\boldsymbol{\alpha}+\boldsymbol{\beta})=\sigma\begin{bmatrix}a_1+b_1\\a_2+b_2\end{bmatrix}=\begin{bmatrix}(a_1+b_1)^2\\2(a_2+b_2)\end{bmatrix},$$

而

$$\sigma(\boldsymbol{\alpha})+\sigma(\boldsymbol{\beta})=\begin{bmatrix}a_1^2+b_1^2\\2a_2+2b_2\end{bmatrix}.$$

显然 $\sigma(\boldsymbol{\alpha}+\boldsymbol{\beta})\neq\sigma(\boldsymbol{\alpha})+\sigma(\boldsymbol{\beta})$,所以 σ 不是线性变换. ■

例 6.9 在 $\mathbb{R}^3$ 中,令

$$\sigma\begin{bmatrix}x\\y\\z\end{bmatrix}=\begin{bmatrix}x-1\\y\\2z\end{bmatrix},$$

对 $\boldsymbol{\alpha}=(a_1,a_2,a_3)^{\mathrm{T}}$, $\boldsymbol{\beta}=(b_1,b_2,b_3)^{\mathrm{T}}$,有

$$\sigma(\boldsymbol{\alpha}+\boldsymbol{\beta})=\sigma\begin{bmatrix}a_1+b_1\\a_2+b_2\\a_3+b_3\end{bmatrix}=\begin{bmatrix}a_1+b_1-1\\a_2+b_2\\2a_3+2b_3\end{bmatrix},$$

$$\sigma(\boldsymbol{\alpha})+\sigma(\boldsymbol{\beta})=\begin{bmatrix}a_1-1\\a_2\\2a_3\end{bmatrix}+\begin{bmatrix}b_1-1\\b_2\\2b_3\end{bmatrix}=\begin{bmatrix}a_1+b_1-2\\a_2+b_2\\2a_3+2b_3\end{bmatrix}.$$

因 $\sigma(\boldsymbol{\alpha}+\boldsymbol{\beta})\neq\sigma(\boldsymbol{\alpha})+\sigma(\boldsymbol{\beta})$,故 σ 不是线性变换. ■

线性变换有以下 4 个基本性质.

(1) $\sigma(\theta)=\theta$,线性变换总是把零向量映到零向量.

证

$$\sigma(\theta)=\sigma(0\alpha)=0\sigma(\alpha)=\theta$$ ■

(2) $\sigma(-\alpha)=-\sigma(\alpha)$,线性变换将原像的负向量映到像的负向量.

证

$$\sigma(-\alpha)=\sigma((-1)\alpha)=(-1)\sigma(\alpha)=-\sigma(\alpha). \qquad \blacksquare$$

(3) 线性变换保持向量的线性组合关系不变,即若 $\beta=k_1\alpha_1+k_2\alpha_2+\cdots+k_s\alpha_s$,则 $\sigma\beta=k_1\sigma\alpha_1+k_2\sigma\alpha_2+\cdots+k_s\sigma\alpha_s$;若 $k_1\alpha_1+k_2\alpha_2+\cdots+k_s\alpha_s=\theta$,则 $k_1\sigma\alpha_1+k_2\sigma\alpha_2+\cdots+k_s\sigma\alpha_s=\theta$.

证 用归纳法.当 $n=1$ 时,$\sigma(k_1\alpha_1)=k_1\sigma(\alpha_1)$.

设 $n-1$ 时命题成立,对 n 有

$$\begin{aligned}\sigma\left(\sum_{i=1}^{n}k_i\alpha_i\right)&=\sigma\left(\sum_{j=1}^{n-1}k_j\alpha_j+k_n\alpha_n\right)=\sigma\left(\sum_{j=1}^{n-1}k_j\alpha_j\right)+\sigma(k_n\alpha_n)\\&=k_1\sigma(\alpha_1)+k_2\sigma(\alpha_2)+\cdots+k_n\sigma(\alpha_n).\end{aligned} \qquad \blacksquare$$

若 $\alpha_1,\alpha_2,\cdots,\alpha_n$ 线性相关,则存在不全为零的实数 $k_1,k_2,\cdots,k_n$ 使 $k_1\alpha_1+k_2\alpha_2+\cdots+k_n\alpha_n=\theta$,由基本性质(3)得

$$k_1\sigma(\alpha_1)+k_2\sigma(\alpha_2)+\cdots+k_n\sigma(\alpha_n)=\sigma\left(\sum_{i=1}^{n}k_i\alpha_i\right)=\sigma(\theta)=\theta.$$

因此,$\sigma(\alpha_1),\sigma(\alpha_2),\cdots,\sigma(\alpha_n)$线性相关,这就有下面的性质.

(4) 线性变换将线性相关的向量组映成线性相关的向量组.

特别要提请读者注意的是第(4)条性质的逆不成立,即线性变换也可能把线性无关的向量组映成线性相关的向量组,最简单的例子莫过于例 6.1 中的零变换,例 6.3 中的投影变换也能给出直观的说明.

6.1.2 线性变换的运算

线性变换是一种映射,因此可以定义线性变换的加法、数量乘法和乘法等运算.设 V 是数域 F 上的某个确定的线性空间,用 $L(V)$ 记线性空间 V 上所有线性变换的集合.

定义 6.2 设 $\sigma,\tau\in L(V)$,它们的和 $\sigma+\tau$ 定义为

$$(\sigma+\tau)(\alpha)=\sigma(\alpha)+\tau(\alpha),\quad \forall\,\alpha\in V.$$

易证 $\sigma+\tau\in L(V)$,即线性变换的和仍是线性变换.事实上,$\forall\,\alpha,\beta\in V$, $k,l\in F$,有

$$\begin{aligned}(\sigma+\tau)(k\alpha+l\beta)&=\sigma(k\alpha+l\beta)+\tau(k\alpha+l\beta)=k\sigma\alpha+l\sigma\beta+k\tau\alpha+l\tau\beta\\&=k(\sigma+\tau)\alpha+l(\sigma+\tau)\beta.\end{aligned}$$

定义 6.3 设 $\sigma\in L(V)$,$k\in F$,k 与 σ 的数量乘法 $k\sigma$ 定义为

$$(k\sigma)(\alpha)=k\sigma(\alpha),\quad \forall\,\alpha\in V.$$

同样,$k\sigma\in L(V)$.请读者自行验证.

还可以直接验证,$\forall\,\sigma,\tau,\rho\in L(V)$,$k,l\in F$,下列性质成立:

(1) $\sigma+(\tau+\rho)=(\sigma+\tau)+\rho$;

(2) $\sigma+\tau=\tau+\sigma$;

(3) $\sigma+o=\sigma$；

(4) $\sigma+(-\sigma)=o$；

(5) $1\sigma=\sigma$；

(6) $k(l\sigma)=(kl)\sigma$；

(7) $(k+l)\sigma=k\sigma+l\sigma$；

(8) $k(\sigma+\tau)=k\sigma+k\tau$.

因此得到如下的定理.

定理 6.1 $L(V)$对于上述定义的加法和数量乘法构成数域 F 上的线性空间. ■

如同通常对于映射那样，变换的合成 $\sigma\cdot\tau$ 可以看作它们的积 $\sigma\tau$.

定义 6.4 设 $\sigma,\tau\in L(V)$，定义线性变换的乘积 $\sigma\tau$ 为

$$(\sigma\tau)(\alpha)=\sigma(\tau(\alpha)),\quad \forall\alpha\in V.$$

直接验证可知 $\sigma\tau\in L(V)$，且 $\forall\sigma,\tau,\rho\in L(V)$，$k\in F$，变换的乘积还有如下性质.

(1) $\sigma(\tau\rho)=(\sigma\tau)\rho$；

(2) $\sigma(\tau+\rho)=\sigma\tau+\sigma\rho$；

(3) $(\sigma+\tau)\rho=\sigma\rho+\tau\rho$；

(4) $k(\sigma\tau)=(k\sigma)\tau=\sigma(k\tau)$；

(5) $\sigma\varepsilon=\varepsilon\sigma=\sigma$；

(6) $\sigma o=o\sigma=o$.

一般来说，线性变换的乘法交换律不成立，即 $\sigma\tau\neq\tau\sigma$；消去律也不成立，即若 $\sigma\tau=\sigma\rho$，并不能推出 $\tau=\rho$. 这一点和矩阵乘法性质很相似. 6.2 节将看到，这并非偶然. 与矩阵类似，可以定义线性变换的逆变换.

定义 6.5 设 $\sigma\in L(V)$，如果存在 $\tau\in L(V)$，使得

$$\sigma\tau=\tau\sigma=\varepsilon,$$

则称 σ 是**可逆的**，τ 称为 σ 的**逆变换**.

和矩阵一样，容易证明如果 σ 的逆变换存在，则 σ 的逆变换是唯一的，记 σ 的逆变换为 σ^{-1}，且 $\sigma^{-1}\in L(V)$.

关于线性变换的乘法，规定

$$\sigma^0=\varepsilon,$$

$$\sigma^k=\sigma^{k-1}\sigma,\quad k\text{ 是正整数}.$$

于是可以推出指数法则. 对于非负整数 m,n，有

$$\sigma^m\sigma^n=\sigma^{m+n},\quad (\sigma^m)^n=\sigma^{mn}.$$

当线性变换 σ 可逆时，定义 σ 的负整数幂为

$$\sigma^{-k}=(\sigma^{-1})^k,\quad k\text{ 是正整数}.$$

这时，指数法则可以推广到所有整数幂的情形. 由于乘法不满足交换律，因此，一般说来，

$$(\sigma\tau)^k\neq\sigma^k\tau^k.$$

给定 $f(x)\in F_{n+1}[x]$，设

$$f(x)=a_nx^n+a_{n-1}x^{n-1}+\cdots+a_1x+a_0,$$

$\sigma\in L(V)$，定义

$$f(\sigma)=a_n\sigma^n+a_{n-1}\sigma^{n-1}+\cdots+a_1\sigma+a_0\varepsilon,$$

称为线性变换 σ 的**多项式**，显然 $f(\sigma)\in L(V)$.

6.2 线性变换的矩阵

设 σ 是线性空间 V 上的一个线性变换，它把 α 变换成 $\sigma(\alpha)$，由于线性空间 V 中有无穷多个元素，那么如何描述每个元素 α 在线性变换 σ 下的像 $\sigma(\alpha)$ 呢？由于线性空间中每个向量都可以用基线性表示，自然就会想到，每个向量的像是不是也可以用基向量的像来线性表示呢？用基向量的像以及用矩阵来描述线性变换就是本节要解决的核心问题.

6.2.1 线性变换在一组基下的矩阵

设 $\alpha_1,\alpha_2,\cdots,\alpha_n$ 是 n 维线性空间 V 的一组基，σ 是 V 的一个线性变换. 对 V 中任一向量 α，设

$$\alpha=x_1\alpha_1+x_2\alpha_2+\cdots+x_n\alpha_n,$$

那么

$$\sigma(\alpha)=\sigma(x_1\alpha_1+x_2\alpha_2+\cdots+x_n\alpha_n)=x_1\sigma(\alpha_1)+x_2\sigma(\alpha_2)+\cdots+x_n\sigma(\alpha_n).$$

可见为了描述一个线性变换 σ，只要知道这个线性变换在一组基下的像向量

$$\sigma(\alpha_1),\quad \sigma(\alpha_2),\quad \cdots,\quad \sigma(\alpha_n),$$

就可以确定 V 中任一向量 α 的像 $\sigma(\alpha)$ 了.

现在，若有两个线性变换 σ 与 τ，它们在同一组基下的像是一样的，即

$$\sigma(\alpha_1)=\tau(\alpha_1),\quad \sigma(\alpha_2)=\tau(\alpha_2),\quad \cdots,\quad \sigma(\alpha_n)=\tau(\alpha_n),$$

那么，按照前面的分析，对 V 中任一向量 α，都有

$$\sigma(\alpha)=\tau(\alpha).$$

也就是说，这两个线性变换是相同的. 于是有以下定理.

定理 6.2 设 σ 是 n 维线性空间 V 的一个线性变换，$\alpha_1,\alpha_2,\cdots,\alpha_n$ 是 V 的一组基，则 V 中任一向量 α 的像 $\sigma(\alpha)$ 由基的像 $\sigma(\alpha_1),\sigma(\alpha_2),\cdots,\sigma(\alpha_n)$ 所完全确定. ■

现在设线性变换 σ 在基 $\alpha_1,\alpha_2,\cdots,\alpha_n$ 下的像用这组基线性表出为

$$\begin{cases}\sigma(\alpha_1)=a_{11}\alpha_1+a_{21}\alpha_2+\cdots+a_{n1}\alpha_n,\\ \sigma(\alpha_2)=a_{12}\alpha_1+a_{22}\alpha_2+\cdots+a_{n2}\alpha_n,\\ \qquad\vdots\\ \sigma(\alpha_n)=a_{1n}\alpha_1+a_{2n}\alpha_2+\cdots+a_{nn}\alpha_n.\end{cases}\tag{6.1}$$

令

$$A=\begin{bmatrix} a_{11} & a_{12} & \cdots & a_{1n} \\ a_{21} & a_{22} & \cdots & a_{2n} \\ \vdots & \vdots & & \vdots \\ a_{n1} & a_{n2} & \cdots & a_{nn} \end{bmatrix},$$

并记 $\sigma(\alpha_1,\alpha_2,\cdots,\alpha_n)=(\sigma(\alpha_1),\sigma(\alpha_2),\cdots,\sigma(\alpha_n))$. 则(6.1)式可用矩阵表示成

$$\sigma(\alpha_1,\alpha_2,\cdots,\alpha_n)=(\alpha_1,\alpha_2,\cdots,\alpha_n)A. \tag{6.2}$$

n 阶矩阵 A 叫做线性变换 σ **在基 $\alpha_1,\alpha_2,\cdots,\alpha_n$ 下的矩阵**. 其中 A 的第 j 列就是基向量 α_j 的像 $\sigma(\alpha_j)$ 在这组基下的坐标.

例 6.10 在 $\mathbb{R}^3$ 中,取自然基 e_1,e_2,e_3. 对例 6.3 的投影变换,有

$$\sigma(e_1)=\begin{bmatrix}1\\0\\0\end{bmatrix}=e_1,\quad \sigma(e_2)=\begin{bmatrix}0\\1\\0\end{bmatrix}=e_2,\quad \sigma(e_3)=\begin{bmatrix}0\\0\\0\end{bmatrix}=\mathbf{0},$$

因此投影变换 σ 在自然基 e_1,e_2,e_3 下的矩阵为

$$A=\begin{bmatrix}1&0&0\\0&1&0\\0&0&0\end{bmatrix}.$$ ■

例 6.11 对例 6.5 的微分变换,取基 $1,x,x^2,\cdots,x^{n-1}$,有

$$\sigma(1)=0,\quad \sigma(x)=1,\quad \sigma(x^2)=2x,\quad \cdots,\quad \sigma(x^{n-1})=(n-1)x^{n-2},$$

得到微分变换在基 $1,x,x^2,\cdots,x^{n-1}$ 下的矩阵为

$$A=\begin{bmatrix}0&1&&&\\&0&2&&\\&&\ddots&\ddots&\\&&&\ddots&n-1\\&&&&0\end{bmatrix}.$$ ■

例 6.12 设线性变换 σ 在基 $\alpha_1,\alpha_2,\alpha_3$ 下的矩阵是 $A=\begin{bmatrix}1&2&3\\4&5&6\\7&8&9\end{bmatrix}$,求 σ 在基 $\alpha_3,\alpha_2,\alpha_1$ 下的矩阵 B.

解 由线性变换矩阵的定义,知

$$\sigma(\alpha_1,\alpha_2,\alpha_3)=(\alpha_1,\alpha_2,\alpha_3)\begin{bmatrix}1&2&3\\4&5&6\\7&8&9\end{bmatrix},$$

故得

$$\sigma(\alpha_1)=\alpha_1+4\alpha_2+7\alpha_3=7\alpha_3+4\alpha_2+\alpha_1,$$

那么$\sigma(\alpha_1)$在基$\alpha_3,\alpha_2,\alpha_1$下的坐标是$(7,4,1)^{\mathrm{T}}$.同理,$\sigma(\alpha_2)$,$\sigma(\alpha_3)$在基$\alpha_3,\alpha_2,\alpha_1$下坐标是$(8,5,2)^{\mathrm{T}}$与$(9,6,3)^{\mathrm{T}}$.所以

$$\sigma(\alpha_3,\alpha_2,\alpha_1)=(\alpha_3,\alpha_2,\alpha_1)\begin{bmatrix}9&8&7\\6&5&4\\3&2&1\end{bmatrix},$$

因此,σ在基$\alpha_3,\alpha_2,\alpha_1$下的矩阵$\boldsymbol{B}=\begin{bmatrix}9&8&7\\6&5&4\\3&2&1\end{bmatrix}$. ■

现在用线性变换在一组基下的矩阵来描述线性变换的像$\sigma(\alpha)$与α的坐标之间的联系.

设α与$\sigma(\alpha)$在基$\alpha_1,\alpha_2,\cdots,\alpha_n$下的坐标分别是$\boldsymbol{x}=(x_1,x_2,\cdots,x_n)^{\mathrm{T}}$与$\boldsymbol{y}=(y_1,y_2,\cdots,y_n)^{\mathrm{T}}$,即

$$\alpha=x_1\alpha_1+x_2\alpha_2+\cdots+x_n\alpha_n=(\alpha_1,\alpha_2,\cdots,\alpha_n)\boldsymbol{x},$$
$$\sigma(\alpha)=y_1\alpha_1+y_2\alpha_2+\cdots+y_n\alpha_n=(\alpha_1,\alpha_2,\cdots,\alpha_n)\boldsymbol{y},$$

那么,由线性变换的性质及(6.2)式有

$$\sigma(\alpha)=\sigma[(\alpha_1,\alpha_2,\cdots,\alpha_n)\boldsymbol{x}]=[\sigma(\alpha_1,\alpha_2,\cdots,\alpha_n)]\boldsymbol{x}=(\alpha_1,\alpha_2,\cdots,\alpha_n)\boldsymbol{A}\boldsymbol{x},$$

因为向量在一组基下的坐标是唯一的,故

$$\boldsymbol{y}=\boldsymbol{A}\boldsymbol{x}.$$

将此结果写成定理.

定理 6.3 设线性变换σ在基$\alpha_1,\alpha_2,\cdots,\alpha_n$下的矩阵是$\boldsymbol{A}$,向量$\alpha$,$\sigma(\alpha)$在这组基下的坐标分别是$\boldsymbol{x}=(x_1,x_2,\cdots,x_n)^{\mathrm{T}}$和$\boldsymbol{y}=(y_1,y_2,\cdots,y_n)^{\mathrm{T}}$,则

$$\boldsymbol{y}=\boldsymbol{A}\boldsymbol{x}. \tag{6.3}$$

■

例 6.13 设$\boldsymbol{\alpha}_1,\boldsymbol{\alpha}_2,\boldsymbol{\alpha}_3$是$\mathbb{R}^3$的一组基,$\sigma$是$\mathbb{R}^3$的线性变换,且$\sigma(\boldsymbol{\alpha}_1)=\boldsymbol{\alpha}_3$,$\sigma(\boldsymbol{\alpha}_2)=\boldsymbol{\alpha}_2$,$\sigma(\boldsymbol{\alpha}_3)=\boldsymbol{\alpha}_1$.若$\boldsymbol{\alpha}$的坐标是$(2,-1,1)^{\mathrm{T}}$,求$\sigma(\boldsymbol{\alpha})$的坐标.

解 按线性变换σ的定义,得到σ在基$\boldsymbol{\alpha}_1,\boldsymbol{\alpha}_2,\boldsymbol{\alpha}_3$下的矩阵为

$$\boldsymbol{A}=\begin{bmatrix}0&0&1\\0&1&0\\1&0&0\end{bmatrix}.$$

由定理 6.3,$\sigma(\boldsymbol{\alpha})$的坐标$\boldsymbol{y}$为

$$\boldsymbol{y}=\boldsymbol{A}\boldsymbol{x}=\begin{bmatrix}0&0&1\\0&1&0\\1&0&0\end{bmatrix}\begin{bmatrix}2\\-1\\1\end{bmatrix}=\begin{bmatrix}1\\-1\\2\end{bmatrix}.$$ ■

6.2.2 线性变换与矩阵的一一对应关系

(6.2)式告诉我们,在n维线性空间V中取定一组基,那么任何一个线性变换都对应着

唯一的 n 阶方阵. 反过来,任给一个 n 阶方阵是否也有唯一的线性变换以它为这组基下的矩阵呢?

引理 6.1 设 $\alpha_1,\alpha_2,\cdots,\alpha_n$ 是 n 维线性空间 V 的一组基,对任意给定的 n 个向量 $\beta_1,\beta_2,\cdots,\beta_n$ 都存在线性变换 σ,使得 $\sigma(\alpha_i)=\beta_i(i=1,2,\cdots,n)$.

证 设 γ 是任一 n 维向量,它的坐标是 $(c_1,c_2,\cdots,c_n)^{\mathrm{T}}$,即 $\gamma=c_1\alpha_1+c_2\alpha_2+\cdots+c_n\alpha_n$. 现在定义一个变换 σ,规定 γ 的像 $\sigma(\gamma)$ 为

$$\sigma(\gamma)=c_1\beta_1+c_2\beta_2+\cdots+c_n\beta_n=\sum_{i=1}^{n}c_i\beta_i. \tag{6.4}$$

显然这个变换满足条件 $\sigma(\alpha_i)=\beta_i,i=1,2,\cdots,n$.

下面只要证明如此定义的 σ 是一个线性变换就可以了.

设 $\alpha=\sum\limits_{i=1}^{n}x_i\alpha_i,\beta=\sum\limits_{i=1}^{n}y_i\alpha_i$,那么按 σ 的定义(6.4)式,有

$$\begin{aligned}\sigma(\alpha+\beta)&=\sigma\left(\sum_{i=1}^{n}x_i\alpha_i+\sum_{i=1}^{n}y_i\alpha_i\right)=\sigma\left(\sum_{i=1}^{n}(x_i+y_i)\alpha_i\right)=\sum_{i=1}^{n}(x_i+y_i)\beta_i\\&=\sum_{i=1}^{n}x_i\beta_i+\sum_{i=1}^{n}y_i\beta_i=\sigma(\alpha)+\sigma(\beta),\end{aligned}$$

$$\sigma(k\alpha)=\sigma\left(k\sum_{i=1}^{n}x_i\alpha_i\right)=\sigma\left(\sum_{i=1}^{n}kx_i\alpha_i\right)=\sum_{i=1}^{n}kx_i\beta_i=k\sum_{i=1}^{n}x_i\beta_i=k\sigma(\alpha).$$

所以,这样规定的 σ 是线性变换. 这就证明了确实存在满足条件的线性变换. ■

引理 6.1 是一个存在性定理,这里采用的证明方法是构造性的方法,它不只是定性地证明了满足条件的线性变换是存在的,而且还给出了求这个线性变换的方法. 下面利用引理 6.1 证明线性变换与矩阵之间的一一对应关系.

定理 6.4 设 $\alpha_1,\alpha_2,\cdots,\alpha_n$ 是 n 维线性空间 V 的一组基,$\boldsymbol{A}=(a_{ij})$ 是任一 n 阶矩阵,则有唯一的线性变换 σ 满足

$$\sigma(\alpha_1,\alpha_2,\cdots,\alpha_n)=(\alpha_1,\alpha_2,\cdots,\alpha_n)\boldsymbol{A}.$$

证 以矩阵 $\boldsymbol{A}$ 的第 j 列元素 $a_{ij}(i=1,2,\cdots,n)$ 作为坐标构造向量 β_j:

$$\beta_j=a_{1j}\alpha_1+a_{2j}\alpha_2+\cdots+a_{nj}\alpha_j,\quad j=1,2,\cdots,n.$$

由引理 6.1 存在线性变换 σ 使

$$\sigma(\alpha_j)=\beta_j.$$

于是

$$\sigma(\alpha_1,\alpha_2,\cdots,\alpha_n)=(\beta_1,\beta_2,\cdots,\beta_n)=(\alpha_1,\alpha_2,\cdots,\alpha_n)\boldsymbol{A}.$$

即有线性变换 σ 在基 $\alpha_1,\alpha_2,\cdots,\alpha_n$ 下的矩阵是 $\boldsymbol{A}$.

如果 σ,τ 这两个线性变换都以 $\boldsymbol{A}$ 为基 $\alpha_1,\alpha_2,\cdots,\alpha_n$ 下的矩阵,那么

$$\sigma(\alpha_1,\alpha_2,\cdots,\alpha_n)=(\alpha_1,\alpha_2,\cdots,\alpha_n)\boldsymbol{A}=\tau(\alpha_1,\alpha_2,\cdots,\alpha_n),$$

这就有 $\sigma(\alpha_1)=\tau(\alpha_1),\sigma(\alpha_2)=\tau(\alpha_2),\cdots,\sigma(\alpha_n)=\tau(\alpha_n)$. 根据定理 6.2 知 $\sigma=\tau$,满足要求的线

性变换是唯一的. ■

例 6.14 已知$\boldsymbol{\alpha}_1=\begin{bmatrix}1\\-2\end{bmatrix}$,$\boldsymbol{\alpha}_2=\begin{bmatrix}1\\3\end{bmatrix}$是$\mathbb{R}^2$的一组基.求线性变换$\sigma$,使它在这组基下的矩阵是$\begin{bmatrix}1&2\\3&4\end{bmatrix}$.

解 参照定理 6.4 和引理 6.1 的证明的思路,令$\boldsymbol{\beta}_1=\boldsymbol{\alpha}_1+3\boldsymbol{\alpha}_2=\begin{bmatrix}4\\7\end{bmatrix}$,$\boldsymbol{\beta}_2=2\boldsymbol{\alpha}_1+4\boldsymbol{\alpha}_2=\begin{bmatrix}6\\8\end{bmatrix}$,问题化作求一个线性变换$\sigma$,使得$\sigma(\boldsymbol{\alpha}_i)=\boldsymbol{\beta}_i$,$i=1,2$.

设$\boldsymbol{\gamma}$是任一向量,$\boldsymbol{\gamma}=c_1\boldsymbol{\alpha}_1+c_2\boldsymbol{\alpha}_2$,构造$\sigma$如下

$$\sigma(\boldsymbol{\gamma})=c_1\begin{bmatrix}4\\7\end{bmatrix}+c_2\begin{bmatrix}6\\8\end{bmatrix}.$$

由引理 6.1,σ是一个线性变换,且

$$\sigma(\boldsymbol{\alpha}_1,\boldsymbol{\alpha}_2)=\begin{bmatrix}4&6\\7&8\end{bmatrix}=(\boldsymbol{\alpha}_1,\boldsymbol{\alpha}_2)\begin{bmatrix}1&2\\3&4\end{bmatrix}.$$ ■

通过上面的讨论,我们知道线性空间V内取定一组基之后,每个线性变换都对应着一个n阶矩阵.反之,任给一个n阶矩阵都可构造唯一的线性变换以此矩阵为这组基下的矩阵.这样,线性变换的集合与n阶矩阵的集合之间有着一一对应的关系.

可以证明这个对应是同构,它把线性变换的和以及数量乘积对应到矩阵的和与数量乘积.

定理 6.5 设V是F上n维线性空间,则$L(V)$与$M_n(F)$同构.

所谓$L(V)$与$M_n(F)$同构就是说在$L(V)$与$M_n(F)$之间存在一个保持线性运算的双射.

证 在V中取定一组基$\varepsilon_1,\varepsilon_2,\cdots,\varepsilon_n$,设$\sigma,\tau\in L(V)$,$\sigma(\varepsilon_1,\varepsilon_2,\cdots,\varepsilon_n)=(\varepsilon_1,\varepsilon_2,\cdots,\varepsilon_n)\boldsymbol{A}$,$\tau(\varepsilon_1,\varepsilon_2,\cdots,\varepsilon_n)=(\varepsilon_1,\varepsilon_2,\cdots,\varepsilon_n)\boldsymbol{B}$.又设$\varphi:L(V)\to M_n$是双射,有$\varphi(\sigma)=\boldsymbol{A}$,$\varphi(\tau)=\boldsymbol{B}$,则

$$\begin{aligned}(\sigma+\tau)(\varepsilon_1,\varepsilon_2,\cdots,\varepsilon_n)&=\sigma(\varepsilon_1,\varepsilon_2,\cdots,\varepsilon_n)+\tau(\varepsilon_1,\varepsilon_2,\cdots,\varepsilon_n)\\&=(\varepsilon_1,\varepsilon_2,\cdots,\varepsilon_n)\boldsymbol{A}+(\varepsilon_1,\varepsilon_2,\cdots,\varepsilon_n)\boldsymbol{B}\\&=(\varepsilon_1,\varepsilon_2,\cdots,\varepsilon_n)(\boldsymbol{A}+\boldsymbol{B}),\end{aligned}$$

即

$$\varphi(\sigma+\tau)=\varphi(\sigma)+\varphi(\tau).$$

又$\forall k\in F$,

$$(k\sigma)(\varepsilon_1,\varepsilon_2,\cdots,\varepsilon_n)=k(\varepsilon_1,\varepsilon_2,\cdots,\varepsilon_n)\boldsymbol{A}=(\varepsilon_1,\varepsilon_2,\cdots,\varepsilon_n)(k\boldsymbol{A}),$$

即

$$\varphi(k\sigma)=k\varphi(\sigma).$$

由定义 5.11,φ是$L(V)$到$M_n(F)$的同构映射,或者说$L(V)$与$M_n(F)$同构. ■

由 $L(V)$ 与 $M_n(F)$ 同构,因此有

$$\varphi(o) = \mathbf{0}, \quad 及 \quad \varphi(\varepsilon) = \boldsymbol{I}.$$

6.2.3 线性变换的乘积与矩阵乘积之间的对应

$L(V)$ 与 $M_n(F)$ 之间的一一对应关系不仅保持了线性运算,还保持了乘法运算. 若 $\sigma(\varepsilon_1,\varepsilon_2,\cdots,\varepsilon_n)=(\varepsilon_1,\varepsilon_2,\cdots,\varepsilon_n)\boldsymbol{A}$, $\tau(\varepsilon_1,\varepsilon_2,\cdots,\varepsilon_n)=(\varepsilon_1,\varepsilon_2,\cdots,\varepsilon_n)\boldsymbol{B}$,则

$$(\sigma\tau)(\varepsilon_1,\varepsilon_2,\cdots,\varepsilon_n) = (\varepsilon_1,\varepsilon_2,\cdots,\varepsilon_n)(\boldsymbol{AB}).$$

定理 6.6 设 $\varphi: L(V)\to M_n(F)$ 为定理 6.5 中构造的同构映射,则 $\forall\sigma,\tau\in L(V)$,

$$\varphi(\sigma\tau) = \varphi(\sigma)\varphi(\tau).$$

证 设 $\varphi(\sigma)=\boldsymbol{A}$, $\varphi(\tau)=\boldsymbol{B}$,则

$$\begin{aligned}(\sigma\tau)(\varepsilon_1,\varepsilon_2,\cdots,\varepsilon_n) &= \sigma(\tau(\varepsilon_1,\varepsilon_2,\cdots,\varepsilon_n)) = \sigma((\varepsilon_1,\varepsilon_2,\cdots,\varepsilon_n)\boldsymbol{B}) \\ &= (\sigma(\varepsilon_1,\varepsilon_2,\cdots,\varepsilon_n))\boldsymbol{B} = ((\varepsilon_1,\varepsilon_2,\cdots,\varepsilon_n)\boldsymbol{A})\boldsymbol{B} \\ &= (\varepsilon_1,\varepsilon_2,\cdots,\varepsilon_n)\boldsymbol{AB},\end{aligned}$$

即

$$\varphi(\sigma\tau) = \varphi(\sigma)\varphi(\tau). \quad ■$$

推论 设 $\sigma\in L(V)$, $\varphi(\sigma)=\boldsymbol{A}$,若 σ 可逆,则 $\boldsymbol{A}$ 是可逆矩阵,且 $\varphi(\sigma^{-1})=\boldsymbol{A}^{-1}$. 反之,如果 $\boldsymbol{A}$ 可逆,则 σ 也可逆.

证 由 σ 可逆,则有 σ^{-1} 使得 $\sigma\sigma^{-1}=\varepsilon$. 由定理 6.6 有

$$\varphi(\sigma\sigma^{-1}) = \varphi(\sigma)\varphi(\sigma^{-1}) = \varphi(\varepsilon) = \boldsymbol{I},$$

故 $\boldsymbol{A}$ 可逆,且 $\boldsymbol{A}^{-1}=\varphi(\sigma^{-1})$.

同理可证逆命题成立. ■

6.3 线性变换的核与值域

设 $\sigma\in L(V)$,先研究 V 在线性变换 σ 的作用下的像以及零向量的原像这两个集合,它们在线性变换的理论中占有很重要的地位.

6.3.1 核与值域

定义 6.6 设 $\sigma\in L(V)$, σ 的全体像的集合称为 σ 的**值域**(image),记作 $\mathrm{Im}\sigma$,有时为了明确表示 σ 作用在线性空间 V 上, σ 的值域也表示成 σV,即

$$\mathrm{Im}\sigma = \sigma V = \{\sigma\alpha \mid \alpha\in V\}.$$

定义 6.7 设 $\sigma\in L(V)$,所有被 σ 映成零向量的向量的集合称为 σ 的**核**(kernel),记作

$\ker\sigma$，即

$$\ker\sigma = \{\alpha \in V \mid \sigma\alpha = \theta\}.$$

例 6.15 设线性空间是 $F_n[x]$，线性变换是微分变换 $\sigma = \frac{\mathrm{d}}{\mathrm{d}x}$，那么易知

$$\operatorname{Im}\sigma = F_{n-1}[x], \quad \ker\sigma = F.$$

例 6.16 设 $V = M \oplus N$，π 是 V 对子空间 M 的投影变换(见习题 6，第 3 题)，那么

$$\operatorname{Im}\pi = M, \quad \ker\pi = N.$$ ■

由于 $\sigma(\theta) = \theta$，因此 $\ker\sigma \neq \varnothing$. 而且，$\forall\, \alpha, \beta \in \ker\sigma$，有

$$\sigma(\alpha + \beta) = \sigma(\alpha) + \sigma(\beta) = \theta \Rightarrow \alpha + \beta \in \ker\sigma;$$

$\forall\, k \in F, \alpha \in \ker\sigma$，

$$\sigma(k\alpha) = k\sigma(\alpha) = \theta \Rightarrow k\alpha \in \ker\sigma.$$

因此 $\ker\sigma$ 是 V 的子空间. 同理可证 $\operatorname{Im}\sigma$ 也是 V 的子空间(证明留给读者).

定义 6.8 $\dim \operatorname{Im}\sigma$ 称为线性变换 σ 的**秩**(rank)，$\dim \ker\sigma$ 称为线性变换 σ 的**零度**(nullity).

对于给定的线性变换 σ，如何求它的秩和零度呢？6.2 节将线性变换和矩阵建立了一一对应关系，那么线性变换的秩和零度能否通过矩阵来求呢？

定理 6.7 设 $\sigma \in L(V)$，$\varepsilon_1, \varepsilon_2, \cdots, \varepsilon_n$ 是 V 的一组基，$\boldsymbol{A}$ 是 σ 在这组基下的矩阵，则：

(1) $\operatorname{Im}\sigma = L(\sigma\varepsilon_1, \sigma\varepsilon_2, \cdots, \sigma\varepsilon_n)$；

(2) σ 的秩 $= \boldsymbol{A}$ 的秩.

证 (1) 设 $\alpha \in V, \alpha = \sum_{i=1}^{n} a_i\varepsilon_i, \sigma\alpha = \sum_{i=1}^{n} a_i\sigma\varepsilon_i \Rightarrow \sigma\alpha \in L(\sigma\varepsilon_1, \sigma\varepsilon_2, \cdots, \sigma\varepsilon_n) \Rightarrow \operatorname{Im}\sigma \subseteq L(\sigma\varepsilon_1, \sigma\varepsilon_2, \cdots, \sigma\varepsilon_n)$.

显然又有 $L(\sigma\varepsilon_1, \sigma\varepsilon_2, \cdots, \sigma\varepsilon_n) \subseteq \operatorname{Im}\sigma$，所以

$$\operatorname{Im}\sigma = L(\sigma\varepsilon_1, \sigma\varepsilon_2, \cdots, \sigma\varepsilon_n).$$

(2) 由(1)知，秩 σ = 秩($\{\sigma\varepsilon_1, \sigma\varepsilon_2, \cdots, \sigma\varepsilon_n\}$). 又 $\boldsymbol{A}$ 的列向量是 $\sigma\varepsilon_i$ 在基 $\varepsilon_1, \varepsilon_2, \cdots, \varepsilon_n$ 下的坐标. 建立 $V \to F^n$ 的同构映射，把 V 中每个向量与它的坐标对应起来，由于同构映射保持向量组的一切线性关系，因此，向量组 $\{\sigma\varepsilon_1, \sigma\varepsilon_2, \cdots, \sigma\varepsilon_n\}$ 的秩等于 $\boldsymbol{A}$ 的列向量组的秩，也即 $\boldsymbol{A}$ 的秩，于是有

$$\text{秩}\ \sigma = \text{秩}\ \boldsymbol{A}.$$ ■

设 $\alpha \in \ker\sigma$，即 $\sigma\alpha = \theta$，令 α 在基 $\varepsilon_1, \varepsilon_2, \cdots, \varepsilon_n$ 下的坐标是 $\boldsymbol{x}$，即 $\alpha = (\varepsilon_1, \varepsilon_2, \cdots, \varepsilon_n)\boldsymbol{x}$，$\sigma$ 在基 $\varepsilon_1, \varepsilon_2, \cdots, \varepsilon_n$ 下的矩阵是 $\boldsymbol{A}$，则

$$\sigma\alpha = \theta \Rightarrow \sigma(\varepsilon_1, \varepsilon_2, \cdots, \varepsilon_n)\boldsymbol{x} = \theta \Rightarrow (\varepsilon_1, \varepsilon_2, \cdots, \varepsilon_n)\boldsymbol{A}\boldsymbol{x} = \theta.$$

由于 $\varepsilon_1, \varepsilon_2, \cdots, \varepsilon_n$ 线性无关，有

$$\boldsymbol{A}\boldsymbol{x} = \boldsymbol{0}.$$

反之,假设 α 是满足 $\boldsymbol{Ax}=\mathbf{0}$ 的以 $\boldsymbol{x}$ 为坐标的向量,即 $\alpha=(\varepsilon_1,\varepsilon_2,\cdots,\varepsilon_n)\boldsymbol{x}$,则

$$\sigma\alpha = \sigma(\varepsilon_1,\varepsilon_2,\cdots,\varepsilon_n)\boldsymbol{x} = (\varepsilon_1,\varepsilon_2,\cdots,\varepsilon_n)\boldsymbol{Ax} = \theta.$$

所以 $\alpha\in\ker\sigma$.

因此 $\ker\sigma$ 的维数和 $\boldsymbol{Ax}=\mathbf{0}$ 的解空间的维数相同,也就是说

$$\dim\ker\sigma = n - 秩\,\boldsymbol{A}. \tag{6.5}$$

例 6.17 设 $\varepsilon_1,\varepsilon_2,\varepsilon_3$ 是三维线性空间的一组基,线性变换 σ 在这组基下的矩阵

$$\boldsymbol{A}=\begin{bmatrix}1&2&1\\0&1&-1\\1&1&2\end{bmatrix},$$

求 $\mathrm{Im}\sigma$ 与 $\ker\sigma$ 的基与维数.

解 由于 $\mathrm{Im}\sigma=L(\sigma\varepsilon_1,\sigma\varepsilon_2,\sigma\varepsilon_3)$,$\boldsymbol{A}$ 的列是 $\sigma\varepsilon_i$ 的坐标,因此可以通过 $\boldsymbol{A}$ 的列向量来求 $\mathrm{Im}\sigma$ 的基和维数. 显然 $(1,0,1)^{\mathrm{T}}$ 和 $(2,1,1)^{\mathrm{T}}$ 线性无关,而 $\det\boldsymbol{A}=0$,所以 $\boldsymbol{A}$ 的秩为 2,即 $\mathrm{Im}\sigma$ 是二维的,它的一组基是 $\sigma\varepsilon_1=\varepsilon_1+\varepsilon_3$,$\sigma\varepsilon_2=2\varepsilon_1+\varepsilon_2+\varepsilon_3$.

又由 $\dim\ker\sigma=\dim V-\dim\mathrm{Im}\sigma=3-2=1$,考虑

$$\boldsymbol{Ax}=\begin{bmatrix}1&2&1\\0&1&-1\\1&1&2\end{bmatrix}\begin{bmatrix}x_1\\x_2\\x_3\end{bmatrix}=\mathbf{0},$$

解得 $\boldsymbol{x}=(3,-1,-1)^{\mathrm{T}}$. 于是 $\alpha=3\varepsilon_1-\varepsilon_2-\varepsilon_3$ 是 $\ker\sigma$ 的一组基. ■

由于秩 $\boldsymbol{A}$=秩 $\sigma=\dim\mathrm{Im}\sigma$,$n=\dim V$,(6.5)式可改写为

$$\dim\ker\sigma = \dim V - \dim\mathrm{Im}\sigma.$$

这个关系可以通过线性空间及子空间的基之间的关系来证明.

定理 6.8 设 $\sigma\in L(V)$,则

$$\dim V = \dim\ker\sigma + \dim\mathrm{Im}\sigma.$$

证 设 $\dim V=n$,$\dim\ker\sigma=r$. 在 $\ker\sigma$ 中取一组基 $\varepsilon_1,\varepsilon_2,\cdots,\varepsilon_r$,扩充为 V 的一组基:$\varepsilon_1,\varepsilon_2,\cdots,\varepsilon_r,\varepsilon_{r+1},\cdots,\varepsilon_n$. 由定理 6.7,有 $\mathrm{Im}\sigma=L(\sigma\varepsilon_1,\sigma\varepsilon_2,\cdots,\sigma\varepsilon_n)$. 又 $\sigma\varepsilon_1=\sigma\varepsilon_2=\cdots=\sigma\varepsilon_r=\theta$,于是 $\mathrm{Im}\sigma=L(\sigma\varepsilon_{r+1},\sigma\varepsilon_{r+2},\cdots,\sigma\varepsilon_n)$. 只要证明 $\sigma\varepsilon_{r+1},\sigma\varepsilon_{r+2},\cdots,\sigma\varepsilon_n$ 线性无关即可.

考虑

$$k_{r+1}\sigma\varepsilon_{r+1}+k_{r+2}\sigma\varepsilon_{r+2}+\cdots+k_n\sigma\varepsilon_n=\theta,$$

有

$$\sigma(k_{r+1}\varepsilon_{r+1}+k_{r+2}\varepsilon_{r+2}+\cdots+k_n\varepsilon_n)=\theta,$$

即

$$k_{r+1}\varepsilon_{r+1}+k_{r+2}\varepsilon_{r+2}+\cdots+k_n\varepsilon_n\in\ker\sigma.$$

于是 $k_{r+1}\varepsilon_{r+1}+k_{r+2}\varepsilon_{r+2}+\cdots+k_n\varepsilon_n$ 可由 $\ker\sigma$ 的基线性表出,设

$$k_{r+1}\varepsilon_{r+1}+k_{r+2}\varepsilon_{r+2}+\cdots+k_n\varepsilon_n=k_1\varepsilon_1+k_2\varepsilon_2+\cdots+k_r\varepsilon_r,$$

或

$$k_1\varepsilon_1+k_2\varepsilon_2+\cdots+k_r\varepsilon_r-k_{r+1}\varepsilon_{r+1}-\cdots-k_n\varepsilon_n=\theta.$$

由 $\varepsilon_1,\varepsilon_2,\cdots,\varepsilon_n$ 线性无关，得到

$$k_1=k_2=\cdots=k_r=k_{r+1}=\cdots=k_n=0.$$

这就证明了 $\sigma\varepsilon_{r+1},\sigma\varepsilon_{r+2},\cdots,\sigma\varepsilon_n$ 线性无关. 从而 $\sigma\varepsilon_{r+1},\sigma\varepsilon_{r+2},\cdots,\sigma\varepsilon_n$ 是 $\mathrm{Im}\sigma$ 的一组基，或 $\dim\mathrm{Im}\,\sigma=n-r$，于是有

$$\dim V=\dim\ker\sigma+\dim\mathrm{Im}\,\sigma. \qquad ■$$

应该注意的是，虽然 V 的两个子空间 $\ker\sigma$ 与 $\mathrm{Im}\sigma$ 的维数之和等于 V 的维数，但两个子空间的和 $\ker\sigma+\mathrm{Im}\sigma$ 不一定是 V，如例 6.15 的微分变换. 但是当 $\ker\sigma\cap\mathrm{Im}\sigma=\{\theta\}$ 时，不仅有 $\ker\sigma+\mathrm{Im}\sigma=V$，而且还是直和分解，即 $V=\ker\sigma\oplus\mathrm{Im}\sigma$.

推论 对于有限维线性空间的线性变换 σ，σ 是单射 $\Leftrightarrow$ σ 是满射.

证 σ 是单射 $\Leftrightarrow \ker\sigma=\{\theta\} \Leftrightarrow \dim\ker\sigma=0 \Leftrightarrow \dim\mathrm{Im}\,\sigma=\dim V \Leftrightarrow \mathrm{Im}\sigma=V \Leftrightarrow \sigma$ 是满射. ■

这是有限维线性空间上线性变换的特性. 若 σ 是单射，则 σ 必是满射，也即双射，就是说 σ 是可逆的.

例 6.18 设 σ 是 n 维线性空间 V 上的线性变换，$\sigma^2=\sigma$，证明在 V 上存在一组基，使 σ 在这组基下的矩阵是 $\mathrm{diag}(1,\cdots,1,0,\cdots,0)$.

证 利用定理 6.8 来证明.

由 $\sigma^2=\sigma$. 设 $\alpha\in\mathrm{Im}\sigma$，则存在某个 $\beta\in V$，使得 $\alpha=\sigma\beta$，于是 $\sigma\alpha=\sigma^2\beta=\sigma\beta=\alpha$，就有

$$\mathrm{Im}\sigma\cap\ker\sigma=\{\theta\}.$$

由定理 6.8，有

$$V=\mathrm{Im}\sigma\oplus\ker\sigma.$$

设 $\dim\mathrm{Im}\sigma=r$，在 $\mathrm{Im}\sigma$ 中取一组基 $\eta_1,\eta_2,\cdots,\eta_r$，在 $\ker\sigma$ 中取一组基 $\eta_{r+1},\eta_{r+2},\cdots,\eta_n$，合起来，$\eta_1,\eta_2,\cdots,\eta_n$ 是 V 的一组基，且有

$$\sigma\eta_i=\eta_i,\quad i=1,2,\cdots,r,$$
$$\sigma\eta_i=\theta,\quad i=r+1,r+2,\cdots,n,$$

即

$$\sigma(\eta_1,\eta_2,\cdots,\eta_r,\eta_{r+1},\cdots,\eta_n)=(\eta_1,\eta_2,\cdots,\eta_r,\eta_{r+1},\cdots,\eta_n)\mathrm{diag}(1,1,\cdots,1,0,\cdots,0). \qquad ■$$

满足 $\sigma^2=\sigma$ 的线性变换叫**幂等变换**，满足 $\boldsymbol{A}^2=\boldsymbol{A}$ 的矩阵叫**幂等矩阵**(idempotent matrix). 例 6.18 说明任何幂等变换 σ，线性空间 V 有一个直和分解 $V=M\oplus N$，把 σ 的作用限制在 M 上是一个恒等变换，而将 σ 限制在 N 上则是零变换.

例 6.19 设 $\boldsymbol{A}=\begin{bmatrix}1&0&0\\0&-1&-1\\0&2&2\end{bmatrix}$,试研究以 $\boldsymbol{A}$ 为矩阵的线性变换 σ 的核与值域,并探讨如何取基,使表达 σ 的矩阵更简单.

解 容易验算 $\boldsymbol{A}^2=\boldsymbol{A}$,故 $\boldsymbol{A}$ 是幂等阵且秩 $\boldsymbol{A}=2$.

设 $\varepsilon_1,\varepsilon_2,\varepsilon_3$ 是 V 的一组基,又设 $\sigma\in L(V)$ 在这组基下的矩阵是 $\boldsymbol{A}$,即

$$\sigma(\varepsilon_1,\varepsilon_2,\varepsilon_3)=(\varepsilon_1,\varepsilon_2,\varepsilon_3)\boldsymbol{A},$$

那么 σ 是幂等变换 $\sigma^2=\sigma$,且 $\sigma\varepsilon_1=\varepsilon_1,\sigma\varepsilon_2=\sigma\varepsilon_3=-\varepsilon_2+2\varepsilon_3$. 于是

$$\mathrm{Im}\sigma=L(\varepsilon_1,-\varepsilon_2+2\varepsilon_3).$$

由 $\boldsymbol{Ax}=\boldsymbol{0}$,即

$$\begin{bmatrix}1&0&0\\0&-1&-1\\0&2&2\end{bmatrix}\begin{bmatrix}x_1\\x_2\\x_3\end{bmatrix}=\boldsymbol{0},$$

解得 $\boldsymbol{Ax}=\boldsymbol{0}$ 的基础解系为 $\boldsymbol{x}=(0,1,-1)^{\mathrm{T}}$,记 $\alpha=(\varepsilon_1,\varepsilon_2,\varepsilon_3)\boldsymbol{x}=\varepsilon_2-\varepsilon_3$,从而有 $\sigma\alpha=\sigma(\varepsilon_2-\varepsilon_3)=0$,所以

$$\ker\sigma=L(\varepsilon_2-\varepsilon_3).$$

现在以 $\mathrm{Im}\sigma$ 和 $\ker\sigma$ 的基合起来作为 V 的基,令 $\eta_1=\varepsilon_1,\eta_2=-\varepsilon_2+2\varepsilon_3,\eta_3=\varepsilon_2-\varepsilon_3$,或

$$(\eta_1,\eta_2,\eta_3)=(\varepsilon_1,\varepsilon_2,\varepsilon_3)\begin{bmatrix}1&0&0\\0&-1&1\\0&2&-1\end{bmatrix},$$

则 σ 在基 η_1,η_2,η_3 下的矩阵为

$$\begin{aligned}\sigma(\eta_1,\eta_2,\eta_3)&=\sigma(\varepsilon_1,\varepsilon_2,\varepsilon_3)\begin{bmatrix}1&0&0\\0&-1&1\\0&2&-1\end{bmatrix}\\&=(\varepsilon_1,\varepsilon_2,\varepsilon_3)\begin{bmatrix}1&0&0\\0&-1&-1\\0&2&2\end{bmatrix}\begin{bmatrix}1&0&0\\0&-1&1\\0&2&-1\end{bmatrix}\\&=(\eta_1,\eta_2,\eta_3)\begin{bmatrix}1&0&0\\0&-1&1\\0&2&-1\end{bmatrix}^{-1}\begin{bmatrix}1&0&0\\0&-1&-1\\0&2&2\end{bmatrix}\begin{bmatrix}1&0&0\\0&-1&1\\0&2&-1\end{bmatrix}\\&=(\eta_1,\eta_2,\eta_3)\begin{bmatrix}1&&\\&1&\\&&0\end{bmatrix}.\end{aligned}$$

于是三维线性空间 V 可以按照 σ 的核与值域分解为

$$V = \ker\sigma \oplus \mathrm{Im}\sigma,$$

并且 σ 限制在 $\mathrm{Im}\sigma$ 上是一个恒等变换；σ 限制在 $\ker\sigma$ 上是零变换. ■

6.3.2 不变子空间

设 $\sigma\in L(V)$，对于 $\mathrm{Im}\sigma$，$\forall\alpha\in\mathrm{Im}\sigma\Rightarrow\sigma\alpha\in\mathrm{Im}\sigma$；对于 $\ker\sigma$，$\forall\alpha\in\ker\sigma$，$\sigma\alpha=\theta\in\ker\sigma$. 这就是说 $\mathrm{Im}\sigma$ 和 $\ker\sigma$ 的像分别是 $\mathrm{Im}\sigma$ 和 $\ker\sigma$ 的子空间. 我们把这样的子空间称为线性变换的不变子空间(invariant subspace).

定义 6.9 设 $\sigma\in L(V)$，W 是 V 的子空间，如果 $\forall\alpha\in W$，都有 $\sigma\alpha\in W$，则称 W 是线性变换 σ 的**不变子空间**.

$\ker\sigma$ 及 $\mathrm{Im}\sigma$ 都是 σ 的不变子空间. 除了这两个，V 中还有许许多多 σ 的不变子空间. 其中有两个明显的不变子空间：零子空间 $\{\theta\}$ 和 V 本身. 不管任何线性空间 V 及任何线性变换 σ，都有这样的两个子空间，称之为平凡的不变子空间. 我们的兴趣自然是那些非平凡的不变子空间.

例 6.20 考虑 $F_n[x]$ 上的微分变换 σ，对于 $m\leqslant n$，$F_m[x]$ 是 $F_n[x]$ 的子空间，也是 σ 的不变子空间. ■

例 6.21 任何一个子空间都是数乘变换的不变子空间. ■

易证 σ 的不变子空间的交与和都是 σ 的不变子空间(习题 6，第 18 题).

下面分析不变子空间与矩阵化简之间有什么联系.

设 $\sigma\in L(V)$，V 的 r 维子空间 W 是 σ 的不变子空间. 在 W 中取一组基 $\varepsilon_1,\varepsilon_2,\cdots,\varepsilon_r$，扩充成 V 的基：$\varepsilon_1,\varepsilon_2,\cdots,\varepsilon_r,\varepsilon_{r+1},\cdots,\varepsilon_n$. 由于 W 是 σ 的不变子空间，因此 $\sigma\varepsilon_i\in W$，$i=1,2,\cdots,r$. 假设

$$\begin{cases}\sigma\varepsilon_1 = a_{11}\varepsilon_1 + a_{21}\varepsilon_2 + \cdots + a_{r1}\varepsilon_r,\\ \sigma\varepsilon_2 = a_{12}\varepsilon_1 + a_{22}\varepsilon_2 + \cdots + a_{r2}\varepsilon_r,\\ \quad\vdots\\ \sigma\varepsilon_r = a_{1r}\varepsilon_1 + a_{2r}\varepsilon_2 + \cdots + a_{rr}\varepsilon_r.\end{cases}$$

又假设 $\varepsilon_{r+1},\cdots,\varepsilon_n$ 的像为

$$\begin{cases}\sigma\varepsilon_{r+1} = a_{1r+1}\varepsilon_1 + a_{2r+1}\varepsilon_2 + \cdots + a_{rr+1}\varepsilon_r + a_{r+1\,r+1}\varepsilon_{r+1} + \cdots + a_{nr+1}\varepsilon_n,\\ \quad\vdots\\ \sigma\varepsilon_n = a_{1n}\varepsilon_1 + a_{2n}\varepsilon_2 + \cdots + a_{rn}\varepsilon_r + a_{r+1n}\varepsilon_{r+1} + \cdots + a_{nn}\varepsilon_n.\end{cases}$$

因此

$$\sigma(\varepsilon_1,\varepsilon_2,\cdots,\varepsilon_r,\varepsilon_{r+1},\cdots,\varepsilon_n)=(\varepsilon_1,\varepsilon_2,\cdots,\varepsilon_r,\varepsilon_{r+1},\cdots,\varepsilon_n)\cdot\begin{bmatrix}a_{11} & \cdots & a_{1r} & a_{1r+1} & \cdots & a_{1n}\\ \vdots & & \vdots & \vdots & & \vdots\\ a_{r1} & \cdots & a_{rr} & a_{rr+1} & \cdots & a_{rn}\\ 0 & \cdots & 0 & a_{r+1\,r+1} & \cdots & a_{r+1\,n}\\ \vdots & & \vdots & \vdots & & \vdots\\ 0 & \cdots & 0 & a_{nr+1} & \cdots & a_{nn}\end{bmatrix}.$$

将 σ 在基 $\varepsilon_1,\varepsilon_2,\cdots,\varepsilon_n$ 下的矩阵记作 $\boldsymbol{A}$,那么

$$\boldsymbol{A}=\begin{bmatrix}\boldsymbol{A}_1 & \boldsymbol{A}_2\\ \boldsymbol{0} & \boldsymbol{A}_3\end{bmatrix},$$

其中

$$\boldsymbol{A}_1=\begin{bmatrix}a_{11} & \cdots & a_{1r}\\ \vdots & & \vdots\\ a_{r1} & \cdots & a_{rr}\end{bmatrix},\quad \boldsymbol{A}_2=\begin{bmatrix}a_{1r+1} & \cdots & a_{1n}\\ \vdots & & \vdots\\ a_{rr+1} & \cdots & a_{rn}\end{bmatrix},\quad \boldsymbol{A}_3=\begin{bmatrix}a_{r+1\,r+1} & \cdots & a_{r+1\,n}\\ \vdots & & \vdots\\ a_{nr+1} & \cdots & a_{nn}\end{bmatrix}.$$

将 σ 的作用限制在 W 上,记作 $\sigma\Big|_W$,称为 σ 在 W 上的限制.由于 W 是 σ 的不变子空间,那么 $\sigma\Big|_W:W\to W$ 是 W 上的线性变换,$\boldsymbol{A}_1$ 就是 σ 的限制 $\sigma\Big|_W$ 在 W 的基 $\varepsilon_1,\varepsilon_2,\cdots,\varepsilon_r$ 下的矩阵,即

$$\sigma\Big|_W(\varepsilon_1,\varepsilon_2,\cdots,\varepsilon_r)=(\varepsilon_1,\varepsilon_2,\cdots,\varepsilon_r)\boldsymbol{A}_1.$$

如果 V 可以分解成若干个 σ 的不变子空间的直和:$V=W_1\oplus W_2\oplus\cdots\oplus W_s$,在每个不变子空间 W_i 取一组基 $\varepsilon_{i1},\varepsilon_{i2},\cdots,\varepsilon_{ir_i}(i=1,2,\cdots,s)$,把这些向量合起来就是 V 的基,σ 在这组基下的矩阵恰是一个准对角阵 $\boldsymbol{A}=\mathrm{diag}(\boldsymbol{A}_1,\boldsymbol{A}_2,\cdots,\boldsymbol{A}_s)$,其中 $\boldsymbol{A}_i$ 是 $\sigma\Big|_{W_i}$ 在 W_i 的基 ε_{i1},$\varepsilon_{i2},\cdots,\varepsilon_{ir_i}$ 下的矩阵.

反过来,如果线性变换 σ 在某组基下的矩阵是准对角阵 $\mathrm{diag}(\boldsymbol{A}_1,\boldsymbol{A}_2,\cdots,\boldsymbol{A}_s)$,其中 $\boldsymbol{A}_i$ 是 r_i 阶方阵$(i=1,2,\cdots,s)$,那么由相应的基 $\varepsilon_{i1},\varepsilon_{i2},\cdots,\varepsilon_{ir_i}$ 所生成的子空间 $W_i=L(\varepsilon_{i1},\varepsilon_{i2},\cdots,\varepsilon_{ir_i})$ 是 σ 的不变子空间,且 $V=W_1\oplus W_2\oplus\cdots\oplus W_s$,$\boldsymbol{A}_i$ 是 $\sigma\Big|_{W_i}$ 在 W_i 的基 $\varepsilon_{i1},\varepsilon_{i2},\cdots,\varepsilon_{ir_i}$ 下的矩阵.

因此,方阵 $\boldsymbol{A}$ 是准对角矩阵则线性空间可以分解成与 $\boldsymbol{A}$ 对应的线性变换 σ 的不变子空间的直和.

例 6.22 设 σ 是 $\mathbb{R}^3$ 的线性变换,在基 $\boldsymbol{\varepsilon}_1,\boldsymbol{\varepsilon}_2,\boldsymbol{\varepsilon}_3$ 下的矩阵为

$$\boldsymbol{A}=\begin{bmatrix}1 & 0 & 0\\ 0 & -1 & -1\\ 0 & 2 & 2\end{bmatrix},$$

即

$$\sigma(\boldsymbol{\varepsilon}_1,\boldsymbol{\varepsilon}_2,\boldsymbol{\varepsilon}_3)=(\boldsymbol{\varepsilon}_1,\boldsymbol{\varepsilon}_2,\boldsymbol{\varepsilon}_3)\boldsymbol{A}.$$

于是有 $\sigma\boldsymbol{\varepsilon}_1=\boldsymbol{\varepsilon}_1$，$\sigma\boldsymbol{\varepsilon}_2=-\boldsymbol{\varepsilon}_2+2\boldsymbol{\varepsilon}_3$，$\sigma\boldsymbol{\varepsilon}_3=-\boldsymbol{\varepsilon}_2+2\boldsymbol{\varepsilon}_3$，记 $W_1=L(\boldsymbol{\varepsilon}_1)$，$W_2=L(\boldsymbol{\varepsilon}_2,\boldsymbol{\varepsilon}_3)$，记 $\boldsymbol{A}_1=(1)$，$\boldsymbol{A}_2=\begin{bmatrix}-1 & -1\\ 2 & 2\end{bmatrix}$. 由于

$$\boldsymbol{A}=\begin{bmatrix}\boldsymbol{A}_1 & \boldsymbol{0}\\ \boldsymbol{0} & \boldsymbol{A}_2\end{bmatrix},$$

因此有

$$V=W_1\oplus W_2,$$

其中 W_1 与 W_2 都是 σ 的不变子空间，且

$$\sigma\Big|_{W_1}(\boldsymbol{\varepsilon}_1)=(\boldsymbol{\varepsilon}_1)\boldsymbol{A}_1=\boldsymbol{\varepsilon}_1,$$

$$\sigma\Big|_{W_2}(\boldsymbol{\varepsilon}_2,\boldsymbol{\varepsilon}_3)=(\boldsymbol{\varepsilon}_2,\boldsymbol{\varepsilon}_3)\begin{bmatrix}-1 & -1\\ 2 & 2\end{bmatrix},$$

即 $\sigma\Big|_{W_2}(\boldsymbol{\varepsilon}_2)=\sigma\Big|_{W_2}(\boldsymbol{\varepsilon}_3)=-\boldsymbol{\varepsilon}_2+2\boldsymbol{\varepsilon}_3$.

对 $\forall\,\boldsymbol{\alpha}\in W_2$，设 $\boldsymbol{\alpha}=x\boldsymbol{\varepsilon}_2+y\boldsymbol{\varepsilon}_3$，$x,y\in\mathbb{R}$，则

$$\begin{aligned}\sigma\boldsymbol{\alpha}&=x\sigma\boldsymbol{\varepsilon}_2+y\sigma\boldsymbol{\varepsilon}_3=x\sigma\Big|_{W_2}(\boldsymbol{\varepsilon}_2)+y\sigma\Big|_{W_2}(\boldsymbol{\varepsilon}_3)\\&=x(-\boldsymbol{\varepsilon}_2+2\boldsymbol{\varepsilon}_3)+y(-\boldsymbol{\varepsilon}_2+2\boldsymbol{\varepsilon}_3)\\&=-(x+y)\boldsymbol{\varepsilon}_2+2(x+y)\boldsymbol{\varepsilon}_3.\end{aligned}$$

■

6.4 特征值与特征向量

我们已经看到线性空间的线性变换可以通过矩阵来表示，而这个矩阵是和线性空间中取定的基有关的. 那么当线性空间中取定不同的基时，同一个线性变换在不同的基下的矩阵有什么关系呢？怎么选取一组基，使这个矩阵尽量简单呢？最简单的矩阵有什么特征呢？解决这一系列问题的一个重要工具就是特征值与特征向量. 不仅如此，在工程技术的许多问题中，如振动问题、稳定性问题等，从数量关系上常常归结为求矩阵的特征值与特征向量，在数学中，解常微分方程组以及简化矩阵计算等也都要用到特征值理论.

6.4.1 特征值与特征向量的定义与性质

设σ是线性空间V上的线性变换，它把V中的向量映到V中，我们感兴趣的是V中那些在σ的作用下像与原像共线的向量(见图6.4). 若记这个向量为ξ，即ξ与$\sigma\xi$成比例，或$\sigma\xi=\lambda\xi$，这个向量ξ就叫做特征向量，λ叫做特征值.

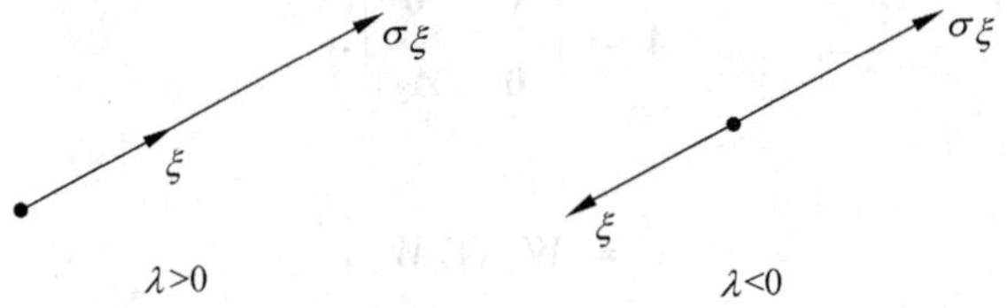

图 6.4

定义 6.10 设$\sigma\in L(V)$，如果对于F中的数λ，存在非零向量ξ，使得

$$\sigma\xi=\lambda\xi,$$

则称λ是线性变换σ的一个**特征值**(eigen value)，ξ是σ的属于特征值λ的**特征向量**(eigen vector).

例 6.23 设σ是$\mathbb{R}^3$上的数乘变换，$\sigma\boldsymbol{\alpha}=c\boldsymbol{\alpha}$，$\boldsymbol{\alpha}\in\mathbb{R}^3$，$c$是一个常数(例6.1)，则$\mathbb{R}^3$的任意非零向量都是特征值$c$的特征向量. ■

例 6.24 设σ是$\mathbb{R}^2$上的镜面反射，$\sigma\begin{pmatrix}a_1\\a_2\end{pmatrix}=\begin{pmatrix}a_1\\-a_2\end{pmatrix}$(见例6.4). 则所有向量$(x,0)^{\mathrm{T}}$(其中$x\neq0$)都是特征值1的特征向量，所有向量$(0,y)^{\mathrm{T}}$(其中$y\neq0$)都是特征值$-1$的特征向量. 镜面反射的几何意义是把$Ox$轴当成一面镜子，$\sigma(\boldsymbol{\alpha})$是$\boldsymbol{\alpha}$关于这面镜子的像，$Ox$轴上的非零向量的像是它本身，从特征值的角度来看，就是和自身平行的向量，它的放大倍数是1，即特征值为1. Oy轴上的非零向量的像是它的反向量，它的特征值就是-1. 平面$\mathbb{R}^2$上其他非零向量的像都不和原像平行，所以它们都不是特征向量(参见图6.5). ■

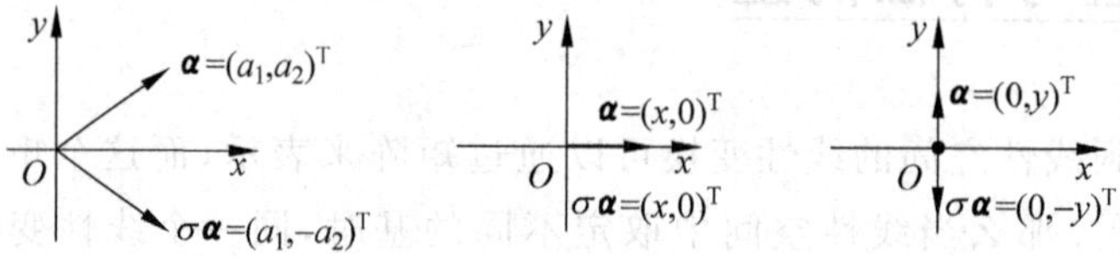

图 6.5

例 6.25 设σ是把平面上的向量绕坐标原点逆时针旋转θ角的旋转变换(参见例6.2)，记$\boldsymbol{A}=\begin{pmatrix}\cos\theta & -\sin\theta\\ \sin\theta & \cos\theta\end{pmatrix}$，则$\sigma\boldsymbol{\alpha}=\boldsymbol{A}\boldsymbol{\alpha}$，$\boldsymbol{\alpha}\in\mathbb{R}^2$. 当$\theta$不是$\pi$的整数倍时，$\sigma$没有实特征

值，这时任意非零向量的像都不和原像平行，它们都不是特征向量. 只有当 θ 是 π 的整数倍时，σ 有实特征值，当 $\theta=2k\pi$ 时，所有非零向量都是特征值 1 的特征向量；当 $\theta=(2k+1)\pi$ 时，所有非零向量都是特征值 -1 的特征向量. ■

特征向量有两个性质：

(1) 如果 ξ 是 σ 的属于 λ 的特征向量，那么 ξ 的任意非零常数倍也是 σ 的属于 λ 的特征向量. 即若

$$\sigma\xi = \lambda\xi,$$

则对任意 $k\neq 0$，

$$\sigma(k\xi) = k\sigma\xi = k\lambda\xi = \lambda(k\xi).$$

(2) 如果 ξ_1,ξ_2 是 σ 的属于 λ 的特征向量，那么当 $\xi_1+\xi_2\neq\theta$ 时，$\xi_1+\xi_2$ 也是 σ 的属于 λ 的特征向量，即若

$$\sigma\xi_1 = \lambda\xi_1, \quad \sigma\xi_2 = \lambda\xi_2,$$

则

$$\sigma(\xi_1+\xi_2) = \sigma\xi_1+\sigma\xi_2 = \lambda\xi_1+\lambda\xi_2 = \lambda(\xi_1+\xi_2).$$

由这两个性质，属于 λ 的特征向量的任意非零线性组合仍是属于 λ 的特征向量，因此 σ 的属于 λ 的所有特征向量添加零向量就构成一个 V 的子空间，记作 V_λ.

$$V_\lambda = \{\xi\in V \mid \sigma\xi = \lambda\xi\}.$$

定义 6.11 V_λ 称为线性变换 σ 的属于特征值 λ 的**特征子空间**(characteristic space). 特征子空间 V_λ 的维数称为特征值 λ 的**几何重数**.

由于 $\forall\alpha\in V_\lambda$，$\sigma\alpha=\lambda\alpha\in V_\lambda$，因此特征子空间 V_λ 是 σ 的不变子空间.

设 W 是 σ 的任意一维不变子空间. $\forall\alpha\neq\theta\in W$，$\alpha$ 就是 W 的基. 由 W 是不变子空间，$\sigma\alpha\in W$，于是有 $\sigma\alpha=\lambda\alpha$，所以 W 是 V_λ 的一个子空间. 这就是说 σ 的任意一维不变子空间都是 σ 的某个特征子空间的子空间.

因此对 V_λ 来说，V_λ 的任何一维子空间都是 σ 的不变子空间，而 V_λ 中任何 σ 的一维不变子空间都是 V_λ 的子空间. 假设 λ 的几何重数是 r，在 V_λ 中任意选定一组基 $\xi_1,\xi_2,\cdots,\xi_r$，那么由每个基生成的一维子空间 $L(\xi_i)$，$i=1,2,\cdots,r$，都是 V_λ 的一维不变子空间. 因此 V_λ 可以分解成一维不变子空间的直和，即

$$V_\lambda = L(\xi_1)\oplus L(\xi_2)\oplus\cdots\oplus L(\xi_r).$$

如果把 σ 限制到 V_λ 上，就有 $\sigma\big|_{V_\lambda}=\lambda\varepsilon$. 从几何上看，子空间 V_λ 就是使 σ 限制在 V_λ 上成为数量变换 $\lambda\varepsilon$ 的最大不变子空间. 或者说 V_λ 是变换 $\sigma-\lambda\varepsilon$ 的核：

$$V_\lambda = \ker(\sigma-\lambda\varepsilon).$$

实际上，$\forall\alpha\in V_\lambda\Rightarrow(\sigma-\lambda\varepsilon)\alpha=\theta\Rightarrow\sigma\alpha=\lambda\alpha$.

因此，数 $\lambda\in F$ 是线性变换 σ 的特征值 $\Leftrightarrow\ker(\sigma-\lambda\varepsilon)\neq\{\theta\}$，即 $\sigma-\lambda\varepsilon$ 是不可逆的. 假定 $\boldsymbol{A}$ 是 σ 在某组基下的矩阵，那么 $\sigma-\lambda\varepsilon$ 不可逆 $\Leftrightarrow\boldsymbol{A}-\lambda\boldsymbol{I}$ 不可逆 $\Leftrightarrow\det(\boldsymbol{A}-\lambda\boldsymbol{I})=0$ 或 $\det(\lambda\boldsymbol{I}-\boldsymbol{A})=0$. 而行列式

$$\det(\lambda \boldsymbol{I}-\boldsymbol{A})=\begin{vmatrix} \lambda-a_{11} & -a_{12} & \cdots & -a_{1n} \\ -a_{21} & \lambda-a_{22} & \cdots & -a_{2n} \\ \vdots & \vdots & & \vdots \\ -a_{n1} & -a_{n2} & \cdots & \lambda-a_{nn} \end{vmatrix}$$

是 λ 的 n 次多项式.为此给出下面的定义.

定义 6.12 多项式 $f_A(\lambda)=\det(\lambda \boldsymbol{I}-\boldsymbol{A})$ 称为线性变换 σ 的**特征多项式**(characteristic polynomial),它的根称为 σ 的**特征根**(characteristic root).

6.4.2 特征值与特征向量的计算

在线性空间 V 中选定一组基 $\alpha_1,\alpha_2,\cdots,\alpha_n$,设 V 上的线性变换 σ 在这组基下的矩阵为 $\boldsymbol{A}$,即

$$\sigma(\alpha_1,\alpha_2,\cdots,\alpha_n)=(\alpha_1,\alpha_2,\cdots,\alpha_n)\boldsymbol{A}.$$

若 ξ 是线性变换 σ 的属于特征值 λ 的特征向量,即

$$\sigma\xi=\lambda\xi.$$

设 ξ 在这组基下的坐标是 $\boldsymbol{x}$,即

$$\xi=(\alpha_1,\alpha_2,\cdots,\alpha_n)\boldsymbol{x},$$

则

$$\sigma(\alpha_1,\alpha_2,\cdots,\alpha_n)\boldsymbol{x}=\lambda(\alpha_1,\alpha_2,\cdots,\alpha_n)\boldsymbol{x},$$

或

$$(\alpha_1,\alpha_2,\cdots,\alpha_n)\boldsymbol{A}\boldsymbol{x}=(\alpha_1,\alpha_2,\cdots,\alpha_n)\lambda\boldsymbol{x}.$$

由于 $\alpha_1,\alpha_2,\cdots,\alpha_n$ 线性无关,故有

$$\boldsymbol{A}\boldsymbol{x}=\lambda\boldsymbol{x}.$$

这个形式和 $\sigma\xi=\lambda\xi$ 极为相似,我们引入矩阵的特征值和特征向量的概念.

定义 6.13 设 $\boldsymbol{A}$ 是 n 阶方阵,若存在数 λ 及非零向量 $\boldsymbol{x}$,使得

$$\boldsymbol{A}\boldsymbol{x}=\lambda\boldsymbol{x}, \tag{6.6}$$

则称 λ 是矩阵 $\boldsymbol{A}$ 的**特征值**(eigenvalue),$\boldsymbol{x}$ 是 $\boldsymbol{A}$ 的属于特征值 λ 的**特征向量**(eigenvector).

将(6.6)式改写成

$$(\lambda \boldsymbol{I}-\boldsymbol{A})\boldsymbol{x}=\boldsymbol{0},$$

其中 $\boldsymbol{x}=(x_1,x_2,\cdots,x_n)^{\mathrm{T}}$,代入上式,得到齐次线性方程组

$$\begin{cases} (\lambda-a_{11})x_1-a_{12}x_2-\cdots-a_{1n}x_n=0, \\ -a_{21}x_1+(\lambda-a_{22})x_2-\cdots-a_{2n}x_n=0, \\ \quad\vdots \\ -a_{n1}x_1-a_{n2}x_2-\cdots+(\lambda-a_{nn})x_n=0. \end{cases} \tag{6.7}$$

由 $\boldsymbol{x}\neq\boldsymbol{0}$,即齐次线性方程组(6.7)有非零解,于是(6.7)式的系数矩阵的行列式为 0,即

$$|\lambda \boldsymbol{I}-\boldsymbol{A}|=\begin{vmatrix}\lambda-a_{11} & -a_{12} & \cdots & -a_{1n}\\ -a_{21} & \lambda-a_{22} & \cdots & -a_{2n}\\ \vdots & \vdots & & \vdots\\ -a_{n1} & -a_{n2} & \cdots & \lambda-a_{nn}\end{vmatrix}=0, \tag{6.8}$$

解方程(6.8)得到 $\boldsymbol{A}$ 的所有特征值.要求 $\boldsymbol{A}$ 的属于特征值 λ_0 的特征向量,只需用 λ_0 替换线性方程组(6.7)中的 λ,求出齐次线性方程组 $(\lambda_0\boldsymbol{I}-\boldsymbol{A})\boldsymbol{x}=\boldsymbol{0}$ 的非零解即得.

定义 6.14 设 $\boldsymbol{A}$ 为一个 n 阶方阵,则行列式

$$f_{\boldsymbol{A}}(\lambda)=|\lambda \boldsymbol{I}-\boldsymbol{A}|=\begin{vmatrix}\lambda-a_{11} & -a_{12} & \cdots & -a_{1n}\\ -a_{21} & \lambda-a_{22} & \cdots & -a_{2n}\\ \vdots & \vdots & & \vdots\\ -a_{n1} & -a_{n2} & \cdots & \lambda-a_{nn}\end{vmatrix}$$

称为矩阵 $\boldsymbol{A}$ 的**特征多项式**(characteristic polynomial of $\boldsymbol{A}$).

因此求给定矩阵 $\boldsymbol{A}$ 的特征值即求 $\boldsymbol{A}$ 的特征多项式 $f_{\boldsymbol{A}}(\lambda)=|\lambda \boldsymbol{I}-\boldsymbol{A}|$ 的根.这样就把线性变换的特征值及特征向量的计算转化成矩阵的特征值及特征向量的计算.

例 6.26 设 $\boldsymbol{A}=\begin{bmatrix}1 & 0 & 0\\ 0 & 1 & 8\\ 0 & 1 & 3\end{bmatrix}$,求 $\boldsymbol{A}$ 的特征值.

解

$$f_{\boldsymbol{A}}(\lambda)=|\lambda \boldsymbol{I}-\boldsymbol{A}|=\begin{vmatrix}\lambda-1 & 0 & 0\\ 0 & \lambda-1 & -8\\ 0 & -1 & \lambda-3\end{vmatrix}=(\lambda-1)(\lambda-5)(\lambda+1).$$

因此 $\boldsymbol{A}$ 有三个相异的特征值 $\lambda_1=1,\lambda_2=5,\lambda_3=-1$. ■

例 6.27 设 $\boldsymbol{A}=\begin{bmatrix}-1 & 0 & 2\\ 1 & 2 & -1\\ 1 & 3 & 0\end{bmatrix}$,求 $\boldsymbol{A}$ 的特征值.

解

$$f_{\boldsymbol{A}}(\lambda)=|\lambda \boldsymbol{I}-\boldsymbol{A}|=\begin{vmatrix}\lambda+1 & 0 & -2\\ -1 & \lambda-2 & 1\\ -1 & -3 & \lambda\end{vmatrix}=(\lambda-1)^2(\lambda+1).$$

因此 $\boldsymbol{A}$ 有特征值 $\lambda_1=1$ 和 $\lambda_2=-1$,其中 1 是二重根. ■

例 6.28 设 $\boldsymbol{A}=\begin{bmatrix}0 & 1\\ -1 & 0\end{bmatrix}$,求 $\boldsymbol{A}$ 的特征值.

解

$$f_A(\lambda)=|\lambda \boldsymbol{I}-\boldsymbol{A}|=\begin{vmatrix}\lambda & -1\\ 1 & \lambda\end{vmatrix}=\lambda^2+1.$$

如果把 $\boldsymbol{A}$ 看成是实矩阵，那么 $f_A(\lambda)$ 没有实根，$\boldsymbol{A}$ 就没有特征值. 如果把 $\boldsymbol{A}$ 看成是复矩阵，那么

$$f_A(\lambda)=\lambda^2+1=(\lambda+\mathrm{i})(\lambda-\mathrm{i}),$$

$\boldsymbol{A}$ 有复特征值 $\lambda_1=-\mathrm{i},\lambda_2=\mathrm{i}$. ■

这几个例子说明了对于任意给定的方阵，可能有特征值，也可能没有特征值，这取决于特征多项式 $f_A(\lambda)$ 在指定的实数域(或复数域)中有没有根. 从例子中还能看到，特征值作为特征多项式 $f_A(\lambda)$ 的根，还有单根和重根的差别. 重根的重数叫该特征值的代数重数.

由定义 6.11 可知，属于 λ_0 的全体特征向量再添上零向量就构成特征值 λ_0 的特征子空间. 换句话说，求属于特征值 λ_0 的全体特征向量就是找出 λ_0 的特征子空间 V_{λ_0} 的一组基.

根据以上讨论，求给定方阵 $\boldsymbol{A}$ 的特征值与特征向量的步骤如下：

(1) 求出特征多项式 $f_A(\lambda)=|\lambda \boldsymbol{I}-\boldsymbol{A}|=0$ 的所有解，得到 $\boldsymbol{A}$ 的全部特征值 $\lambda_1,\lambda_2,\cdots,\lambda_s$ 及它们的代数重数.

(2) 分别把 $\boldsymbol{A}$ 的每个特征值 λ_i 代入齐次线性方程组(6.7)中，得到

$$(\lambda_i \boldsymbol{I}-\boldsymbol{A})\boldsymbol{x}=\boldsymbol{0},\quad i=1,2,\cdots,s.$$

分别求出它们的基础解系 $\boldsymbol{x}_{i1},\boldsymbol{x}_{i2},\cdots,\boldsymbol{x}_{im_i}$，则所有非零线性组合

$$\sum_{j=1}^{m_i}k_j\boldsymbol{x}_{ij},\quad i=1,2,\cdots,s$$

就是 $\boldsymbol{A}$ 的属于 λ_i 的全部特征向量($i=1,2,\cdots,s$).

例 6.29 求 $\boldsymbol{A}=\begin{bmatrix}1&2&2\\2&1&2\\2&2&1\end{bmatrix}$ 的特征值及特征向量.

解 (1) 求特征值

$$|\lambda \boldsymbol{I}-\boldsymbol{A}|=\begin{vmatrix}\lambda-1 & -2 & -2\\ -2 & \lambda-1 & -2\\ -2 & -2 & \lambda-1\end{vmatrix}=(\lambda-5)(\lambda+1)^2,$$

所以 $\boldsymbol{A}$ 的特征值为 $\lambda_1=5,\lambda_2=-1$(二重).

(2) 求特征向量 将 $\lambda_1=5$ 代入齐次线性方程组(6.7)，得到 $(5\boldsymbol{I}-\boldsymbol{A})\boldsymbol{x}=\boldsymbol{0}$，即

$$\begin{cases}4x_1-2x_2-2x_3=0,\\-2x_1+4x_2-2x_3=0,\\-2x_1-2x_2+4x_3=0.\end{cases}$$

解得基础解系 $\boldsymbol{x}_{11}=\begin{bmatrix}1\\1\\1\end{bmatrix}$,因此属于 $\lambda_1=5$ 的全部特征向量就是 $k\boldsymbol{x}_{11}$,k 取遍所有非零数.

再将 $\lambda_2=-1$ 代入齐次线性方程组(6.7),得到 $(-\boldsymbol{I}-\boldsymbol{A})\boldsymbol{x}=\boldsymbol{0}$,即

$$\begin{cases}-2x_1-2x_2-2x_3=0,\\-2x_1-2x_2-2x_3=0,\\-2x_1-2x_2-2x_3=0.\end{cases}$$

解得基础解系:$\boldsymbol{x}_{21}=\begin{bmatrix}1\\0\\-1\end{bmatrix}$,$\boldsymbol{x}_{22}=\begin{bmatrix}0\\1\\-1\end{bmatrix}$,因此属于 $\lambda_2=-1$ 的全部特征向量就是 $k_1\boldsymbol{x}_{21}+k_2\boldsymbol{x}_{22}$,其中 k_1,k_2 取遍所有不同时为 0 的数. ■

例 6.30 求 $\boldsymbol{A}=\begin{bmatrix}-1&0&2\\1&2&-1\\1&3&0\end{bmatrix}$ 的特征向量.

解 例 6.27 已经求得 $\boldsymbol{A}$ 的特征值是 $\lambda_1=1$(二重)和 $\lambda_2=-1$.

对于特征值 $\lambda_1=1$,有

$$(\lambda\boldsymbol{I}-\boldsymbol{A})\boldsymbol{x}=\begin{bmatrix}2&0&-2\\-1&-1&1\\-1&-3&1\end{bmatrix}\begin{bmatrix}x_1\\x_2\\x_3\end{bmatrix}=\boldsymbol{0}.$$

对系数矩阵作初等行变换,有

$$\begin{bmatrix}2&0&-2\\-1&-1&1\\-1&-3&1\end{bmatrix}\to\begin{bmatrix}1&0&-1\\0&-1&0\\0&-3&0\end{bmatrix}\to\begin{bmatrix}1&0&-1\\0&1&0\\0&0&0\end{bmatrix},$$

系数矩阵的秩为 2,基础解系只有一个非零解,解得 $x_2=0$,$x_1=x_3=1$. 因此属于 $\lambda_2=1$ 的全部特征向量是

$$\boldsymbol{x}=k\begin{bmatrix}1\\0\\1\end{bmatrix},\quad 其中 k 取遍所有非零的数.$$

对于特征值 $\lambda_2=-1$,有

$$(\lambda \boldsymbol{I}-\boldsymbol{A})\boldsymbol{x}=\begin{bmatrix}0 & 0 & -2\\ -1 & -3 & 1\\ -1 & -3 & -1\end{bmatrix}\begin{bmatrix}x_1\\ x_2\\ x_3\end{bmatrix}=\boldsymbol{0}$$

解得 $x_3=0, x_1=3, x_2=-1$. 因此属于 $\lambda_2=-1$ 的全部特征向量是

$$\boldsymbol{x}=k\begin{bmatrix}3\\ -1\\ 0\end{bmatrix},\quad \text{其中 } k \text{ 取遍所有非零的数.}$$

从例 6.29、例 6.30 两个例子看到,同样是二重特征值,属于该特征值的线性无关的特征向量的个数却是不一样的,但不管有几个都没有超过它的代数重数,这些现象都不是偶然的,以后将从理论上证明这些性质并说明它们的应用.

6.4.3 特征多项式的基本性质

下面讨论 $\boldsymbol{A}$ 的特征多项式的基本性质,设 $\boldsymbol{A}=(a_{ij})\in M_n$,则

$$f_{\boldsymbol{A}}(\lambda)=|\lambda \boldsymbol{I}-\boldsymbol{A}|=\begin{vmatrix}\lambda-a_{11} & -a_{12} & \cdots & -a_{1n}\\ -a_{21} & \lambda-a_{22} & \cdots & -a_{2n}\\ \vdots & \vdots & & \vdots\\ -a_{n1} & -a_{n2} & \cdots & \lambda-a_{nn}\end{vmatrix}$$

$$=\lambda^n-\left(\sum_{i=1}^{n}a_{ii}\right)\lambda^{n-1}+\cdots+(-1)^k S_k\lambda^{n-k}+\cdots+(-1)^n|\boldsymbol{A}|, \tag{6.9}$$

其中 S_k 是 $\boldsymbol{A}$ 的全体 k 阶主子式的和. 所谓主子式就是行指标和列指标相同的子式. (6.9)式是一个 n 次多项式,由于当 $n\geqslant 5$ 时,一般 n 次多项式没有求根公式,即使 $n=3,4$ 时,求根也是一件很复杂的事,所以求矩阵的特征值一般采用近似计算的方法. 寻求矩阵的特征值的计算方法是数值计算的一个专题,本课程不作详细讨论. 另外,现在许多数学软件都有求矩阵的特征值的功能,所以,用计算机求矩阵的特征值不是一件很困难的事. 这里只从理论上分析特征多项式的性质.

假设 $f_{\boldsymbol{A}}(\lambda)$ 是 n 次复系数多项式

$$f_{\boldsymbol{A}}(\lambda)=\lambda^n+c_1\lambda^{n-1}+\cdots+c_k\lambda^{n-k}+\cdots+c_n. \tag{6.10}$$

$c_i\in\mathbb{C}, i=1,2,\cdots,n$. 由代数基本定理①, $f_{\boldsymbol{A}}(\lambda)$ 有 n 个复根 $\lambda_1,\lambda_2,\cdots,\lambda_n$,故有

$$f_{\boldsymbol{A}}(\lambda)=(\lambda-\lambda_1)(\lambda-\lambda_2)\cdots(\lambda-\lambda_n). \tag{6.11}$$

将(6.11)式展开,就有

---

① 代数基本定理:任何 $n(n>0)$ 次复系数多项式必有复根. 读者可以在任何一本复变函数的教材中找到它的证明.

$$c_1 = -\sum_{i=1}^{n}\lambda_i;$$

$$\vdots$$

$$c_k = (-1)^k \sum_{1\leqslant i_1<i_2<\cdots<i_k\leqslant n} \lambda_{i_1}\lambda_{i_2}\cdots\lambda_{i_k};$$

$$\vdots$$

$$c_n = (-1)^n \prod_{i=1}^{n}\lambda_i.$$

再与(6.9)式比较,就有下面的定理.

定理 6.9 设 $\boldsymbol{A}\in M_n(\mathbb{C})$,

(1) $\sum_{i=1}^{n}\lambda_i = \sum_{i=1}^{n}a_{ii} = \mathrm{tr}\boldsymbol{A}$;

(2) $\prod_{i=1}^{n}\lambda_i = |\boldsymbol{A}|$. ■

作为一个推论,我们得到一个判断 $\boldsymbol{A}$ 是否可逆的定理.

定理 6.10 n 阶方阵 $\boldsymbol{A}$ 可逆 $\Leftrightarrow \boldsymbol{A}$ 的 n 个特征值全不为零. ■

例 6.31 证明

(1) $\boldsymbol{A} = \begin{bmatrix} a_{11} & & & \\ & a_{22} & & * \\ & & \ddots & \\ & & & a_{nn} \end{bmatrix}$,则 $f_{\boldsymbol{A}}(\lambda) = \prod_{i=1}^{n}(\lambda - a_{ii})$;

(2) $\boldsymbol{A} = \begin{bmatrix} \boldsymbol{A}_1 & & & \\ & \boldsymbol{A}_2 & & * \\ & & \ddots & \\ & & & \boldsymbol{A}_s \end{bmatrix}$,其中 $\boldsymbol{A}_i$ 是 n_i 阶方阵,则 $f_{\boldsymbol{A}}(\lambda) = f_{\boldsymbol{A}_1}(\lambda)f_{\boldsymbol{A}_2}(\lambda)\cdots f_{\boldsymbol{A}_s}(\lambda)$.

证 (1) $|\lambda\boldsymbol{I} - \boldsymbol{A}| = \begin{vmatrix} \lambda - a_{11} & & & \\ & & & -(*) \\ & \lambda - a_{22} & & \\ & & \ddots & \\ & & & \lambda - a_{nn} \end{vmatrix} = \prod_{i=1}^{n}(\lambda - a_{ii})$.

(2) $|\lambda\boldsymbol{I} - \boldsymbol{A}| = \begin{vmatrix} \lambda\boldsymbol{I}_{n_1} - \boldsymbol{A}_1 & & & \\ & & & -(*) \\ & \lambda\boldsymbol{I}_{n_2} - \boldsymbol{A}_2 & & \\ & & \ddots & \\ & & & \lambda\boldsymbol{I}_{n_s} - \boldsymbol{A}_s \end{vmatrix}$

$$= |\lambda \boldsymbol{I}_{n_1} - \boldsymbol{A}_1||\lambda \boldsymbol{I}_{n_2} - \boldsymbol{A}_2|\cdots|\lambda \boldsymbol{I}_{n_s} - \boldsymbol{A}_s|$$
$$= f_{\boldsymbol{A}_1}(\lambda) f_{\boldsymbol{A}_2}(\lambda)\cdots f_{\boldsymbol{A}_s}(\lambda). \qquad \blacksquare$$

例 6.32 已知 n 阶方阵 $\boldsymbol{A}$ 的 n 个特征值为 $\lambda_1,\lambda_2,\cdots,\lambda_n$，求 $2\boldsymbol{I}-\boldsymbol{A}$ 的特征值及 $\det(2\boldsymbol{I}-\boldsymbol{A})$.

解 因为 $|\lambda \boldsymbol{I} - \boldsymbol{A}| = \prod_{i=1}^{n}(\lambda - \lambda_i)$，所以

$$|\lambda \boldsymbol{I} - (2\boldsymbol{I} - \boldsymbol{A})| = |(\lambda - 2)\boldsymbol{I} + \boldsymbol{A}| = (-1)^n |(2-\lambda)\boldsymbol{I} - \boldsymbol{A}|$$
$$= (-1)^n \prod_{i=1}^{n}[(2-\lambda) - \lambda_i] = \prod_{i=1}^{n}(\lambda - (2-\lambda_i)).$$

于是 $2\boldsymbol{I}-\boldsymbol{A}$ 的 n 个特征值为 $2-\lambda_1, 2-\lambda_2, \cdots, 2-\lambda_n$，从而

$$\det(2\boldsymbol{I} - \boldsymbol{A}) = \prod_{i=1}^{n}(2 - \lambda_i). \qquad \blacksquare$$

最后再讨论特征多项式的另一个重要性质.

定理 6.11(Hamilton-Cayley 定理) 设 $\boldsymbol{A}\in M_n(F)$，$f_{\boldsymbol{A}}(\lambda)=|\lambda\boldsymbol{I}-\boldsymbol{A}|$ 是 $\boldsymbol{A}$ 的特征多项式，则 $f_{\boldsymbol{A}}(\boldsymbol{A})=\boldsymbol{0}$.

证 设 $\boldsymbol{B}(\lambda)$ 是 $\lambda\boldsymbol{I}-\boldsymbol{A}$ 的伴随矩阵，由行列式性质，有

$$\boldsymbol{B}(\lambda)(\lambda \boldsymbol{I} - \boldsymbol{A}) = |\lambda \boldsymbol{I} - \boldsymbol{A}|\,\boldsymbol{I} = f_{\boldsymbol{A}}(\lambda)\boldsymbol{I}.$$

$\boldsymbol{B}(\lambda)$ 的元素是 $\lambda\boldsymbol{I}-\boldsymbol{A}$ 的元素的代数余子式，是次数不超过 $n-1$ 的 λ 的多项式. 因此假设

$$\boldsymbol{B}(\lambda) = \lambda^{n-1}\boldsymbol{B}_{n-1} + \lambda^{n-2}\boldsymbol{B}_{n-2} + \cdots + \boldsymbol{B}_0,$$

其中 $\boldsymbol{B}_i\in M_n(F)$，$i=0,1,\cdots,n-1$. 于是

$$\boldsymbol{B}(\lambda)(\lambda \boldsymbol{I} - \boldsymbol{A}) = (\lambda^{n-1}\boldsymbol{B}_{n-1} + \lambda^{n-2}\boldsymbol{B}_{n-2} + \cdots + \boldsymbol{B}_0)(\lambda \boldsymbol{I} - \boldsymbol{A}).$$

又设

$$f_{\boldsymbol{A}}(\lambda) = \lambda^n + a_{n-1}\lambda^{n-1} + \cdots + a_1\lambda + a_0,$$

则由 $\boldsymbol{B}(\lambda)(\lambda\boldsymbol{I}-\boldsymbol{A})=f_{\boldsymbol{A}}(\lambda)\boldsymbol{I}$，展开并比较系数，得到

$$\begin{cases} \boldsymbol{B}_{n-1} = \boldsymbol{I} \\ \boldsymbol{B}_{n-2} - \boldsymbol{B}_{n-1}\boldsymbol{A} = a_{n-1}\boldsymbol{I} \\ \quad\vdots \\ \boldsymbol{B}_0 - \boldsymbol{B}_1\boldsymbol{A} = a_1\boldsymbol{I} \\ -\boldsymbol{B}_0\boldsymbol{A} = a_0\boldsymbol{I} \end{cases} \tag{6.12}$$

以 $\boldsymbol{A}^n, \boldsymbol{A}^{n-1}, \cdots, \boldsymbol{A}, \boldsymbol{I}$ 依次右乘(6.12)式中各式并相加，就得到

$$\boldsymbol{0} = \boldsymbol{A}^n + a_{n-1}\boldsymbol{A}^{n-1} + \cdots + a_1\boldsymbol{A} + a_0\boldsymbol{I} = f_{\boldsymbol{A}}(\boldsymbol{A}). \qquad \blacksquare$$

因为线性变换和矩阵的对应是保持运算的，因而有以下推论.

推论 设 $\sigma\in L(V)$，$f(\lambda)$ 是 σ 的特征多项式，那么 $f(\sigma)=0$. $\blacksquare$

设 $\boldsymbol{A}\in M_n(F)$，$f(x)\in F[x]$ 是 F 上的多项式，若 $f(\boldsymbol{A})=\boldsymbol{0}$，则称 $f(x)$ 是 $\boldsymbol{A}$ 的**化零多项式**(annihilating polynomial). 因此 $\boldsymbol{A}$ 的特征多项式是 $\boldsymbol{A}$ 的化零多项式.

6.5 相似矩阵

6.5.1 线性变换在不同基下的矩阵

设 σ 是线性空间 V 上的一个线性变换，在 V 上取定一组基 $\alpha_1,\alpha_2,\cdots,\alpha_n$，设 σ 在这组基下的矩阵是 $\boldsymbol{A}$，即

$$\sigma(\alpha_1,\alpha_2,\cdots,\alpha_n)=(\alpha_1,\alpha_2,\cdots,\alpha_n)\boldsymbol{A}.$$

如果 V 上取另一组向量 $\beta_1,\beta_2,\cdots,\beta_n$ 作基，线性变换 σ 在这组基下就有另一个矩阵 $\boldsymbol{B}$，即

$$\sigma(\beta_1,\beta_2,\cdots,\beta_n)=(\beta_1,\beta_2,\cdots,\beta_n)\boldsymbol{B}.$$

那么矩阵 $\boldsymbol{A}$ 和 $\boldsymbol{B}$ 有什么关系？设矩阵 $\boldsymbol{A}$ 有特征值 λ 和特征向量 $\boldsymbol{x}$，矩阵 $\boldsymbol{B}$ 有特征值 μ 和特征向量 $\boldsymbol{y}$，从刚才的分析，λ 和 μ 都是线性变换 σ 的特征值，$\boldsymbol{x}$ 和 $\boldsymbol{y}$ 都是 σ 的特征向量的坐标，那么它们之间又有什么关系？

先来分析同一个线性变换 σ 在线性空间的不同基下的矩阵之间的关系.

设 V 是 n 维线性空间，$\alpha_1,\alpha_2,\cdots,\alpha_n$ 和 $\beta_1,\beta_2,\cdots,\beta_n$ 是 V 的两组基，这两组基之间有一个过渡矩阵 $\boldsymbol{P}$，使得

$$(\beta_1,\beta_2,\cdots,\beta_n)=(\alpha_1,\alpha_2,\cdots,\alpha_n)\boldsymbol{P},\tag{6.13}$$

其中 $\boldsymbol{P}$ 是 n 阶可逆矩阵.

又设 σ 是线性空间 V 上的一个线性变换，σ 在这两组基下的矩阵分别是 $\boldsymbol{A}$ 和 $\boldsymbol{B}$，即

$$\sigma(\alpha_1,\alpha_2,\cdots,\alpha_n)=(\alpha_1,\alpha_2,\cdots,\alpha_n)\boldsymbol{A}\tag{6.14}$$

和

$$\sigma(\beta_1,\beta_2,\cdots,\beta_n)=(\beta_1,\beta_2,\cdots,\beta_n)\boldsymbol{B}.\tag{6.15}$$

由(6.13)式，(6.14)式和(6.15)式，有

$$\sigma(\beta_1,\beta_2,\cdots,\beta_n)=\sigma((\alpha_1,\alpha_2,\cdots,\alpha_n)\boldsymbol{P})=\sigma(\alpha_1,\alpha_2,\cdots,\alpha_n)\boldsymbol{P}=(\alpha_1,\alpha_2,\cdots,\alpha_n)\boldsymbol{AP},$$

又有

$$\sigma(\beta_1,\beta_2,\cdots,\beta_n)=(\beta_1,\beta_2,\cdots,\beta_n)\boldsymbol{B}=(\alpha_1,\alpha_2,\cdots,\alpha_n)\boldsymbol{PB}.$$

于是

$$(\alpha_1,\alpha_2,\cdots,\alpha_n)\boldsymbol{AP}=(\alpha_1,\alpha_2,\cdots,\alpha_n)\boldsymbol{PB}.$$

由于 $\alpha_1,\alpha_2,\cdots,\alpha_n$ 是线性无关的，所以有

$$\boldsymbol{AP}=\boldsymbol{PB},$$

或

$$\boldsymbol{P}^{-1}\boldsymbol{AP}=\boldsymbol{B}.\tag{6.16}$$

由此可见，同一个线性变换在不同基下的矩阵是由这两组基的过渡矩阵把它们联系在一起的. 我们把矩阵间的这种关系叫做相似关系.

6.5.2 矩阵的相似

定义 6.15 设 $\boldsymbol{A},\boldsymbol{B}$ 是两个 n 阶方阵，如果存在一个 n 阶可逆矩阵 $\boldsymbol{P}$，使得

$$\boldsymbol{P}^{-1}\boldsymbol{A}\boldsymbol{P}=\boldsymbol{B},$$

则称矩阵 $\boldsymbol{B}$ 相似(similar)于矩阵 $\boldsymbol{A}$，记作 $\boldsymbol{B}\sim\boldsymbol{A}$.

例 6.33 设$\mathbb{R}^3$ 上的线性变换 σ 为

$$\sigma\left[\begin{pmatrix}a_1\\a_2\\a_3\end{pmatrix}\right]=\begin{pmatrix}a_1+a_3\\a_2-a_3\\a_3\end{pmatrix}.$$

对$\mathbb{R}^3$ 上的自然基 $\boldsymbol{e}_1,\boldsymbol{e}_2,\boldsymbol{e}_3$，有

$$\sigma(\boldsymbol{e}_1,\boldsymbol{e}_2,\boldsymbol{e}_3)=(\boldsymbol{e}_1,\boldsymbol{e}_2,\boldsymbol{e}_3)\begin{bmatrix}1&0&1\\0&1&-1\\0&0&1\end{bmatrix}.$$

即 σ 在基 $\boldsymbol{e}_1,\boldsymbol{e}_2,\boldsymbol{e}_3$ 下的矩阵 $\boldsymbol{A}=\begin{bmatrix}1&0&1\\0&1&-1\\0&0&1\end{bmatrix}$.

若取$\mathbb{R}^3$ 的基为

$$\boldsymbol{\alpha}_1=\begin{bmatrix}1\\1\\0\end{bmatrix},\quad \boldsymbol{\alpha}_2=\begin{bmatrix}0\\1\\1\end{bmatrix},\quad \boldsymbol{\alpha}_3=\begin{bmatrix}0\\0\\1\end{bmatrix},$$

则$\boldsymbol{\alpha}_1,\boldsymbol{\alpha}_2,\boldsymbol{\alpha}_3$ 与 $\boldsymbol{e}_1,\boldsymbol{e}_2,\boldsymbol{e}_3$ 有如下关系

$$(\boldsymbol{\alpha}_1,\boldsymbol{\alpha}_2,\boldsymbol{\alpha}_3)=(\boldsymbol{e}_1,\boldsymbol{e}_2,\boldsymbol{e}_3)\begin{bmatrix}1&0&0\\1&1&0\\0&1&1\end{bmatrix},$$

即基 $\boldsymbol{e}_1,\boldsymbol{e}_2,\boldsymbol{e}_3$ 到基$\boldsymbol{\alpha}_1,\boldsymbol{\alpha}_2,\boldsymbol{\alpha}_3$ 的过渡矩阵 $\boldsymbol{P}=\begin{bmatrix}1&0&0\\1&1&0\\0&1&1\end{bmatrix}$. 容易求得

$$\boldsymbol{P}^{-1}=\begin{bmatrix}1&0&0\\-1&1&0\\1&-1&1\end{bmatrix}.$$

由(6.16)式，有

$$\boldsymbol{B}=\boldsymbol{P}^{-1}\boldsymbol{A}\boldsymbol{P}=\begin{bmatrix}1&0&0\\-1&1&0\\1&-1&1\end{bmatrix}\begin{bmatrix}1&0&1\\0&1&-1\\0&0&1\end{bmatrix}\begin{bmatrix}1&0&0\\1&1&0\\0&1&1\end{bmatrix}=\begin{bmatrix}1&1&1\\0&-1&-2\\0&2&3\end{bmatrix},$$

则 $\boldsymbol{B}$ 是线性变换 σ 在基 $\boldsymbol{\alpha}_1,\boldsymbol{\alpha}_2,\boldsymbol{\alpha}_3$ 下的矩阵. 这个结果可以通过直接计算来验证.

$$\sigma(\boldsymbol{\alpha}_1)=\sigma\begin{bmatrix}1\\1\\0\end{bmatrix}=\begin{bmatrix}1+0\\1-0\\0\end{bmatrix}=\begin{bmatrix}1\\1\\0\end{bmatrix}=\boldsymbol{\alpha}_1,$$

$$\sigma(\boldsymbol{\alpha}_2)=\sigma\begin{bmatrix}0\\1\\1\end{bmatrix}=\begin{bmatrix}0+1\\1-1\\1\end{bmatrix}=\begin{bmatrix}1\\0\\1\end{bmatrix}=\boldsymbol{\alpha}_1-\boldsymbol{\alpha}_2+2\boldsymbol{\alpha}_3,$$

$$\sigma(\boldsymbol{\alpha}_3)=\sigma\begin{bmatrix}0\\0\\1\end{bmatrix}=\begin{bmatrix}0+1\\0-1\\1\end{bmatrix}=\begin{bmatrix}1\\-1\\1\end{bmatrix}=\boldsymbol{\alpha}_1-2\boldsymbol{\alpha}_2+3\boldsymbol{\alpha}_3.$$

于是

$$\sigma(\boldsymbol{\alpha}_1,\boldsymbol{\alpha}_2,\boldsymbol{\alpha}_3)=(\boldsymbol{\alpha}_1,\boldsymbol{\alpha}_2,\boldsymbol{\alpha}_3)\begin{bmatrix}1&1&1\\0&-1&-2\\0&2&3\end{bmatrix}.$$ ■

容易证明相似作为 n 阶方阵之间的一种关系,满足以下三条基本性质:

(1) 自反性: $\boldsymbol{A}\sim\boldsymbol{A},\forall\boldsymbol{A}\in M_n$;

(2) 对称性: 若 $\boldsymbol{A}\sim\boldsymbol{B}$,则 $\boldsymbol{B}\sim\boldsymbol{A}$;

(3) 传递性: 若 $\boldsymbol{A}\sim\boldsymbol{B},\boldsymbol{B}\sim\boldsymbol{C}$,则 $\boldsymbol{A}\sim\boldsymbol{C}$.

由于矩阵的相似关系有对称性,如果 $\boldsymbol{B}$ 相似于 $\boldsymbol{A}$,则 $\boldsymbol{A}$ 也相似于 $\boldsymbol{B}$,以后就简单称作 **$\boldsymbol{A}$ 与 $\boldsymbol{B}$ 相似**或 **$\boldsymbol{A},\boldsymbol{B}$ 是相似矩阵**. 根据前面的分析,有如下定理.

定理 6.12 n 维线性空间 V 上的一个线性变换 σ 在 V 的不同基下的矩阵是相似矩阵. ■

由相似矩阵的三条基本性质,相似作为 n 阶方阵之间的关系是一种等价关系. 于是按相似这种等价关系将 n 阶方阵划分成不同的等价类,使得每一等价类中的矩阵彼此相似,而不同的等价类的矩阵互不相似. 联系定理 6.12,可以说一个相似的等价类中的矩阵代表的是同一个线性变换,或者说它们是同一个线性变换在不同的基下的矩阵.

6.5.3 相似矩阵的性质

下面进一步分析相似矩阵的性质,设 $\boldsymbol{A},\boldsymbol{B}\in M_n$.

(1) 若 $\boldsymbol{A}\sim\boldsymbol{B}$,则 $\boldsymbol{A}^m\sim\boldsymbol{B}^m$,其中 m 是正整数.

证 由 $\boldsymbol{A}\sim\boldsymbol{B}$,存在可逆的 $\boldsymbol{P}\in M_n$,使得

$$\boldsymbol{A}=\boldsymbol{P}^{-1}\boldsymbol{BP},$$

于是

$$\boldsymbol{A}^m=(\boldsymbol{P}^{-1}\boldsymbol{BP})^m=\boldsymbol{P}^{-1}\boldsymbol{BPP}^{-1}\boldsymbol{BP}\cdots\boldsymbol{P}^{-1}\boldsymbol{BP}=\boldsymbol{P}^{-1}\boldsymbol{B}^m\boldsymbol{P}.$$

所以

$$A^m \sim B^m. \quad \blacksquare$$

(2) 若 $A \sim B$，设 $f(x)$ 是一个一元多项式，则 $f(A) \sim f(B)$.

证 设

$$f(x) = a_m x^m + a_{m-1}x^{m-1} + \cdots + a_1 x + a_0.$$

由 $A \sim B$，存在可逆的 $P \in M_n$，使得

$$A = P^{-1}BP.$$

于是

$$\begin{aligned} f(A) &= a_m A^m + a_{m-1}A^{m-1} + \cdots + a_1 A + a_0 I \\ &= a_m P^{-1}B^m P + a_{m-1}P^{-1}B^{m-1}P + \cdots + a_1 P^{-1}BP + a_0 I \\ &= P^{-1}(a_m B^m + a_{m-1}B^{m-1} + \cdots + a_1 B + a_0 I)P \\ &= P^{-1}f(B)P. \end{aligned}$$

所以

$$f(A) \sim f(B). \quad \blacksquare$$

(3) 若 $A_i \sim B_i, i=1,2,\cdots,s$，则

$$\operatorname{diag}(A_1, A_2, \cdots, A_s) \sim \operatorname{diag}(B_1, B_2, \cdots, B_s).$$

证 由 $A_i \sim B_i$，存在可逆的 P_i，使得

$$A_i = P_i^{-1}B_i P_i, \quad i = 1,2,\cdots,s.$$

令 $P = \operatorname{diag}(P_1, P_2, \cdots, P_s)$，易知 P 也可逆，且

$$P^{-1} = \operatorname{diag}(P_1^{-1}, P_2^{-1}, \cdots, P_s^{-1}).$$

于是

$$\begin{aligned} P^{-1}\operatorname{diag}(B_1, B_2, \cdots, B_s)P &= \operatorname{diag}(P_1^{-1}B_1P_1, P_2^{-1}B_2P_2, \cdots, P_s^{-1}B_sP_s) \\ &= \operatorname{diag}(A_1, A_2, \cdots, A_s). \end{aligned}$$

所以

$$\operatorname{diag}(A_1, A_2, \cdots, A_s) \sim \operatorname{diag}(B_1, B_2, \cdots, B_s). \quad \blacksquare$$

(4) 若 $A \sim B$，且 A 可逆，则 B 也可逆，且 $A^{-1} \sim B^{-1}$.

证 由 $A \sim B$，存在可逆矩阵 P，使得

$$A = P^{-1}BP, \quad \text{或} \quad B = PAP^{-1}.$$

若 A 可逆，由于可逆矩阵乘积仍可逆，故 B 也可逆，且

$$B^{-1} = PA^{-1}P^{-1},$$

所以

$$A^{-1} \sim B^{-1}. \quad \blacksquare$$

(5) 相似矩阵有相同的特征值和相同的特征多项式.

证 设 $A \sim B$，λ 是 A 的特征值，那么

$$|\lambda I - A| = 0.$$

又 $A\sim B$,即有 $A=P^{-1}BP$,其中 P 是可逆阵.代入上式,有

$$|\lambda I-P^{-1}BP|=0,$$

或

$$|P^{-1}(\lambda I-B)P|=0,$$

于是

$$|P^{-1}||\lambda I-B||P|=0,$$

所以 $|\lambda I-B|=0$. 这说明 λ 也是 B 的特征值,由上述证明过程,还能得到

$$|\lambda I-A|=|\lambda I-B|,$$

即相似矩阵有相同的特征多项式. ■

联系定理 6.9,就有下面的结论.

(6) 相似矩阵有相同的迹和相同的行列式.

例 6.34 设 $A=\begin{bmatrix}2&1\\-1&4\end{bmatrix}$,已知 B 与 A 相似,求 $\mathrm{tr}B$.

解 由性质(6),有

$$\mathrm{tr}B=\mathrm{tr}A=2+4=6.$$ ■

例 6.35 设 $A=\begin{bmatrix}3&4\\-1&-1\end{bmatrix}$,$P=\begin{bmatrix}2&3\\-1&-1\end{bmatrix}$.

(1) 求 $P^{-1}AP$;

(2) 求 A^{100}.

解 (1)

$$P^{-1}AP=\begin{bmatrix}2&3\\-1&-1\end{bmatrix}^{-1}\begin{bmatrix}3&4\\-1&-1\end{bmatrix}\begin{bmatrix}2&3\\-1&-1\end{bmatrix}$$

$$=\begin{bmatrix}-1&-3\\1&2\end{bmatrix}\begin{bmatrix}3&4\\-1&-1\end{bmatrix}\begin{bmatrix}2&3\\-1&-1\end{bmatrix}=\begin{bmatrix}1&1\\0&1\end{bmatrix}. \tag{6.17}$$

(2) 直接计算 A^{100} 比较困难,而 $\begin{bmatrix}1&1\\0&1\end{bmatrix}^{100}=\begin{bmatrix}1&100\\0&1\end{bmatrix}$,于是利用(6.17)式,有

$$A^{100}=\left(P\begin{bmatrix}1&1\\0&1\end{bmatrix}P^{-1}\right)^{100}=P\begin{bmatrix}1&1\\0&1\end{bmatrix}^{100}P^{-1}$$

$$=\begin{bmatrix}2&3\\-1&-1\end{bmatrix}\begin{bmatrix}1&100\\0&1\end{bmatrix}\begin{bmatrix}-1&-3\\1&2\end{bmatrix}=\begin{bmatrix}201&400\\-100&-199\end{bmatrix}.$$ ■

对于给定矩阵 A,直接计算 A^k 往往比较困难,例 6.35 提示我们,可以通过 A 的相似矩阵来计算.问题是 A 的相似矩阵中什么样的矩阵的 k 次幂会比较容易计算呢?如何求出这样的矩阵呢?

6.5.4 矩阵的相似对角化

从上一节知道，相似矩阵可以代表同一个线性变换，它们是这个线性变换在线性空间的不同基下的矩阵. 如果给定了一个线性变换，自然就有理由希望找一个尽量简单的矩阵来表示这个线性变换. 上一节例6.35也说明为了简化矩阵计算，有必要找一个既简单又便于计算的相似矩阵，对角矩阵就是这样的一类矩阵. 这一节就来讨论，什么样的线性变换在线性空间中会有一组基，使得线性变换在这组基下的矩阵是对角矩阵. 或者说具有什么性质的矩阵会和对角矩阵相似. 一个矩阵如果和对角矩阵相似，就说这个矩阵可对角化. 本节的中心任务就是讨论方阵可对角化的条件，并给出求与可对角化矩阵相似的对角矩阵的一般方法.

首先讨论矩阵可对角化的条件.

假设 n 阶矩阵 $\boldsymbol{A}$ 和对角矩阵 $\boldsymbol{D}=\mathrm{diag}(\lambda_1,\lambda_2,\cdots,\lambda_n)$ 相似，即存在一个可逆矩阵 $\boldsymbol{P}\in M_n$，使得

$$\boldsymbol{P}^{-1}\boldsymbol{A}\boldsymbol{P}=\boldsymbol{D},$$

或

$$\boldsymbol{A}\boldsymbol{P}=\boldsymbol{P}\boldsymbol{D}.$$

令 $\boldsymbol{P}=(\boldsymbol{x}_1,\boldsymbol{x}_2,\cdots,\boldsymbol{x}_n)$，有

$$\boldsymbol{A}(\boldsymbol{x}_1,\boldsymbol{x}_2,\cdots,\boldsymbol{x}_n)=(\boldsymbol{x}_1,\boldsymbol{x}_2,\cdots,\boldsymbol{x}_n)\mathrm{diag}(\lambda_1,\lambda_2,\cdots,\lambda_n),$$

或

$$(\boldsymbol{A}\boldsymbol{x}_1,\boldsymbol{A}\boldsymbol{x}_2,\cdots,\boldsymbol{A}\boldsymbol{x}_n)=(\lambda_1\boldsymbol{x}_1,\lambda_2\boldsymbol{x}_2,\cdots,\lambda_n\boldsymbol{x}_n),$$

从而有

$$\boldsymbol{A}\boldsymbol{x}_i=\lambda_i\boldsymbol{x}_i,\quad i=1,2,\cdots,n.$$

由于 $\boldsymbol{P}$ 是可逆的，有 $\boldsymbol{x}_i\neq\boldsymbol{0}(i=1,2,\cdots,n)$，于是 $\boldsymbol{x}_1,\boldsymbol{x}_2,\cdots,\boldsymbol{x}_n$ 线性无关，而且分别是 $\boldsymbol{A}$ 的属于特征值 $\lambda_1,\lambda_2,\cdots,\lambda_n$ 的特征向量.

反之，如果 n 阶方阵 $\boldsymbol{A}$ 有 n 个线性无关的特征向量 $\boldsymbol{x}_1,\boldsymbol{x}_2,\cdots,\boldsymbol{x}_n$，满足

$$\boldsymbol{A}\boldsymbol{x}_i=\lambda_i\boldsymbol{x}_i,\quad i=1,2,\cdots,n,$$

那么令 $\boldsymbol{P}=(\boldsymbol{x}_1,\boldsymbol{x}_2,\cdots,\boldsymbol{x}_n)$，则 $\boldsymbol{P}$ 可逆，且

$$\boldsymbol{P}^{-1}\boldsymbol{A}\boldsymbol{P}=\mathrm{diag}(\lambda_1,\lambda_2,\cdots,\lambda_n).$$

于是有如下定理.

定理 6.13 n 阶方阵 $\boldsymbol{A}$ 可对角化的充分必要条件是 $\boldsymbol{A}$ 有 n 个线性无关的特征向量. ■

那么，什么样的矩阵会有 n 个线性无关的特征向量呢? 特征向量之间的线性相关性又是什么样的呢?

定理 6.14 属于 $\boldsymbol{A}$ 的不同特征值的特征向量是线性无关的.

证 设 $\lambda_1,\lambda_2,\cdots,\lambda_s$ 是 $\boldsymbol{A}$ 的 s 个互不相同的特征值，$\boldsymbol{x}_1,\boldsymbol{x}_2,\cdots,\boldsymbol{x}_s$ 是相应的特征向量，即

$$\boldsymbol{A}\boldsymbol{x}_i=\lambda_i\boldsymbol{x}_i,\quad i=1,2,\cdots,s.$$

对特征值个数 s 作数学归纳法.

当 $s=1$ 时,因为 $\boldsymbol{x}_1\neq\boldsymbol{0}$,结论成立.

假设 $s-1$ 个特征值时,结论成立.在 s 的情形,假设

$$k_1\boldsymbol{x}_1+k_2\boldsymbol{x}_2+\cdots+k_s\boldsymbol{x}_s=\boldsymbol{0},\tag{6.18}$$

用 $\boldsymbol{A}$ 左乘(6.18)式等号两端,得

$$k_1\boldsymbol{A}\boldsymbol{x}_1+k_2\boldsymbol{A}\boldsymbol{x}_2+\cdots+k_s\boldsymbol{A}\boldsymbol{x}_s=\boldsymbol{0},$$

由 $\boldsymbol{A}\boldsymbol{x}_i=\lambda_i\boldsymbol{x}_i(i=1,2,\cdots,s)$,有

$$k_1\lambda_1\boldsymbol{x}_1+k_2\lambda_2\boldsymbol{x}_2+\cdots+k_s\lambda_s\boldsymbol{x}_s=\boldsymbol{0},\tag{6.19}$$

用 λ_s 乘(6.18)式两端,得

$$k_1\lambda_s\boldsymbol{x}_1+k_2\lambda_s\boldsymbol{x}_2+\cdots+k_s\lambda_s\boldsymbol{x}_s=\boldsymbol{0},\tag{6.20}$$

用(6.19)式减(6.20)式,得

$$k_1(\lambda_1-\lambda_s)\boldsymbol{x}_1+k_2(\lambda_2-\lambda_s)\boldsymbol{x}_2+\cdots+k_{s-1}(\lambda_{s-1}-\lambda_s)\boldsymbol{x}_{s-1}=\boldsymbol{0}.$$

由归纳假设知,$\boldsymbol{x}_1,\boldsymbol{x}_2,\cdots,\boldsymbol{x}_{s-1}$ 是线性无关的,于是有

$$k_i(\lambda_i-\lambda_s)=0,\quad i=1,2,\cdots,s-1.$$

由已知条件 $\lambda_i\neq\lambda_s(i=1,2,\cdots,s-1)$,得到

$$k_i=0,\quad i=1,2,\cdots,s-1,$$

代入(6.18)式,有

$$k_s\boldsymbol{x}_s=\boldsymbol{0}.$$

又 $\boldsymbol{x}_s\neq\boldsymbol{0}$,所以有 $k_s=0$.

这就证明了 $\boldsymbol{x}_1,\boldsymbol{x}_2,\cdots,\boldsymbol{x}_s$ 线性无关.由归纳法原理,命题对一切自然数成立. ■

作为推论,有下面的定理.

定理 6.15 若 n 阶方阵 $\boldsymbol{A}$ 有 n 个互异的特征值 $\lambda_1,\lambda_2,\cdots,\lambda_n$,则 $\boldsymbol{A}$ 可对角化,且

$$\boldsymbol{A}\sim\operatorname{diag}(\lambda_1,\lambda_2,\cdots,\lambda_n).$$ ■

这时,可逆矩阵 $\boldsymbol{P}$ 是由相应的特征向量作为列向量构成的.具体地说,若 $\boldsymbol{A}\boldsymbol{x}_i=\lambda_i\boldsymbol{x}_i(i=1,2,\cdots,n)$,$\lambda_i\neq\lambda_j$,$i\neq j$,令 $\boldsymbol{P}=(\boldsymbol{x}_1,\boldsymbol{x}_2,\cdots,\boldsymbol{x}_n)$,则有

$$\boldsymbol{P}^{-1}\boldsymbol{A}\boldsymbol{P}=\operatorname{diag}(\lambda_1,\lambda_2,\cdots,\lambda_n).$$

值得注意的是,定理 6.15 的逆命题不成立.例如 n 阶单位矩阵 $\boldsymbol{I}$ 是可对角化的,但 $\boldsymbol{I}$ 的特征值只有 1(n 重).当方阵 $\boldsymbol{A}$ 的特征多项式 $f_{\boldsymbol{A}}(\lambda)$ 有重零点时,有如下定理.

定理 6.16 设 $\lambda_1,\lambda_2,\cdots,\lambda_s$ 是 $\boldsymbol{A}$ 的 s 个互异的特征值,$\boldsymbol{x}_{i1},\boldsymbol{x}_{i2},\cdots,\boldsymbol{x}_{im_i}$ 是 $\boldsymbol{A}$ 的属于 λ_i 的 m_i 个线性无关的特征向量,$i=1,2,\cdots,s$,则 $\boldsymbol{x}_{11},\boldsymbol{x}_{12},\cdots,\boldsymbol{x}_{1m_1},\boldsymbol{x}_{21},\boldsymbol{x}_{22},\cdots,\boldsymbol{x}_{2m_2},\cdots,\boldsymbol{x}_{s1},\boldsymbol{x}_{s2},\cdots,\boldsymbol{x}_{sm_s}$ 也线性无关.

证 证明方法是定理 6.14 的证法的推广.对 s 作数学归纳法.

当 $s=1$ 时,由题设条件,结论成立.假设当 $s-1$ 时,结论正确.

对 s 的情形,假设

$$\sum_{i=1}^{s}\left(\sum_{j=1}^{m_i}k_{ij}\boldsymbol{x}_{ij}\right)=\boldsymbol{0}, \tag{6.21}$$

用 $\boldsymbol{A}$ 左乘(6.21)式两端,得

$$\sum_{i=1}^{s}\sum_{j=1}^{m_i}k_{ij}\boldsymbol{A}\boldsymbol{x}_{ij}=\boldsymbol{0},$$

由 $\boldsymbol{A}\boldsymbol{x}_{ij}=\lambda_i\boldsymbol{x}_{ij}(i=1,2,\cdots,s,j=1,2,\cdots,m_i)$,则有

$$\sum_{i=1}^{s}\sum_{j=1}^{m_i}k_{ij}\lambda_i\boldsymbol{x}_{ij}=\boldsymbol{0}, \tag{6.22}$$

用 λ_s 乘(6.21)式两端,得

$$\sum_{i=1}^{s}\sum_{j=1}^{m_i}k_{ij}\lambda_s\boldsymbol{x}_{ij}=\boldsymbol{0}, \tag{6.23}$$

用(6.22)式减(6.23)式,得

$$\sum_{i=1}^{s-1}\sum_{j=1}^{m_i}k_{ij}(\lambda_i-\lambda_s)\boldsymbol{x}_{ij}=\boldsymbol{0},$$

由归纳法假设,有

$$k_{ij}(\lambda_i-\lambda_s)=0,\quad i=1,2,\cdots,s-1,j=1,2,\cdots,m_i,$$

再由题设 $\lambda_i\neq\lambda_s$,有

$$k_{ij}=0,\quad i=1,2,\cdots,s-1,j=1,2,\cdots,m_i,$$

将这些结果代入(6.21)式,有

$$\sum_{j=1}^{m_s}k_{sj}\boldsymbol{x}_{sj}=\boldsymbol{0}.$$

又由题设,$\boldsymbol{x}_{s1},\boldsymbol{x}_{s2},\cdots,\boldsymbol{x}_{sm_s}$ 线性无关,得

$$k_{sj}=0,\quad j=1,2,\cdots,m_s,$$

于是有 $\boldsymbol{x}_{ij}(i=1,2,\cdots,s,j=1,2,\cdots,m_i)$ 线性无关.由归纳法原理,命题对一切自然数成立.

■

由定理6.16知道,当 $\boldsymbol{A}$ 的特征多项式有重零点时,如果每个特征值都有足够多的线性无关的特征向量的话,$\boldsymbol{A}$ 也可以对角化.确切地说,只要属于每个特征值的线性无关的特征向量的总数 $\sum_{i=1}^{s}m_i$ 不少于 n,也即 $\sum_{i=1}^{s}m_i\geqslant n$,则 $\boldsymbol{A}$ 就可以对角化.

在复数域中把 $\boldsymbol{A}$ 的特征多项式进行因式分解,假设

$$f_{\boldsymbol{A}}(\lambda)=(\lambda-\lambda_1)^{n_1}(\lambda-\lambda_2)^{n_2}\cdots(\lambda-\lambda_s)^{n_s},$$

其中,$\lambda_i\neq\lambda_j,i\neq j,n_1+n_2+\cdots+n_s=n,n_i$ 是特征值 λ_i 的代数重数.由定义6.11,每个特征值 λ_i 有一个特征子空间 $V_{\lambda_i}(i=1,2,\cdots,s)$,特征子空间 V_{λ_i} 的维数为 λ_i 的几何重数,记作 m_i.那么容易证明,对于每个特征值 λ_i 而言,它的几何重数总不会超过它的代数重数,即 $m_i\leqslant n_i$.

定理 6.17 设 λ_i 是 n 阶复方阵 $\boldsymbol{A}$ 的特征值，则它的几何重数总不大于它的代数重数，即 $m_i \leqslant n_i$.

证 设 $\boldsymbol{x}_{i1},\boldsymbol{x}_{i2},\cdots,\boldsymbol{x}_{im_i}$ 是特征值 λ_i 的特征子空间 V_{λ_i} 的一组基，将其扩充为 $\mathbb{C}^n$ 的一组基：$\boldsymbol{x}_{i1},\boldsymbol{x}_{i2},\cdots,\boldsymbol{x}_{im_i},\boldsymbol{y}_1,\boldsymbol{y}_2,\cdots,\boldsymbol{y}_{n-m_i}$，则

$$\boldsymbol{A}(\boldsymbol{x}_{i1},\boldsymbol{x}_{i2},\cdots,\boldsymbol{x}_{im_i},\boldsymbol{y}_1,\boldsymbol{y}_2,\cdots,\boldsymbol{y}_{n-m_i})$$
$$=(\boldsymbol{x}_{i1},\boldsymbol{x}_{i2},\cdots,\boldsymbol{x}_{im_i},\boldsymbol{y}_1,\boldsymbol{y}_2,\cdots,\boldsymbol{y}_{n-m_i})\begin{bmatrix}\lambda_i\boldsymbol{I}_{m_i} & * \\ \boldsymbol{0} & \boldsymbol{A}_1\end{bmatrix}$$

其中 $\boldsymbol{A}_1$ 是 $n-m_i$ 阶方阵. 令

$$\boldsymbol{P}=(\boldsymbol{x}_{i1},\boldsymbol{x}_{i2},\cdots,\boldsymbol{x}_{im_i},\boldsymbol{y}_1,\boldsymbol{y}_2,\cdots,\boldsymbol{y}_{n-m_i}),$$

则 $\boldsymbol{P}$ 是 n 阶可逆矩阵，于是

$$\boldsymbol{AP}=\boldsymbol{P}\begin{bmatrix}\lambda_i\boldsymbol{I}_{m_i} & * \\ \boldsymbol{0} & \boldsymbol{A}_1\end{bmatrix},$$

或

$$\boldsymbol{P}^{-1}\boldsymbol{AP}=\begin{pmatrix}\lambda_i\boldsymbol{I}_{m_i} & * \\ \boldsymbol{0} & \boldsymbol{A}_1\end{pmatrix},$$

即

$$\boldsymbol{A}\sim\begin{bmatrix}\lambda_i\boldsymbol{I}_{m_i} & * \\ \boldsymbol{0} & \boldsymbol{A}_1\end{bmatrix}.$$

由相似矩阵有相同的特征多项式，即

$$f_{\boldsymbol{A}}(\lambda)=\left|\lambda\boldsymbol{I}-\begin{bmatrix}\lambda_i\boldsymbol{I}_{m_i} & * \\ \boldsymbol{0} & \boldsymbol{A}_1\end{bmatrix}\right|=\begin{vmatrix}(\lambda-\lambda_i)\boldsymbol{I}_{m_i} & -(*) \\ \boldsymbol{0} & \lambda\boldsymbol{I}-\boldsymbol{A}_1\end{vmatrix}$$
$$=(\lambda-\lambda_i)^{m_i}\,|\lambda\boldsymbol{I}-\boldsymbol{A}_1|=(\lambda-\lambda_i)^{m_i}f_{\boldsymbol{A}_1}(\lambda).$$

又 $f_{\boldsymbol{A}}(\lambda)=(\lambda-\lambda_1)^{n_1}(\lambda-\lambda_2)^{n_2}\cdots(\lambda-\lambda_s)^{n_s}$，所以有

$$m_i\leqslant n_i,\quad i=1,2,\cdots,s.$$

■

由此可知 $\sum_{i=1}^{s}m_i\leqslant\sum_{i=1}^{s}n_i=n$. 由前面分析，$\boldsymbol{A}$ 可对角化要求 $\sum_{i=1}^{s}m_i\geqslant n$. 于是 $\boldsymbol{A}$ 可对角化当且仅当 $m_i=n_i(i=1,2,\cdots,s)$. $m_i=n_i$ 就是说 V_{λ_i} 有 n_i 个线性无关的特征向量，也等价于说齐次线性方程组 $(\lambda_i\boldsymbol{I}-\boldsymbol{A})\boldsymbol{x}=\boldsymbol{0}$ 的基础解系有 n_i 个线性无关的解，也即 $(\lambda_i\boldsymbol{I}-\boldsymbol{A})\boldsymbol{x}=\boldsymbol{0}$ 的系数矩阵的秩等于 $n-n_i$.

定理 6.18 设 $\boldsymbol{A}$ 为 n 阶复矩阵，$\boldsymbol{A}$ 的特征多项式

$$f_{\boldsymbol{A}}(\lambda)=(\lambda-\lambda_1)^{n_1}(\lambda-\lambda_2)^{n_2}\cdots(\lambda-\lambda_s)^{n_s},\quad \lambda_i\neq\lambda_j,i\neq j,n_1+n_2+\cdots+n_s=n,$$

则

$$\boldsymbol{A}\text{ 可对角化}\Leftrightarrow m_i=n_i,\quad i=1,2,\cdots,s.$$

$$\Leftrightarrow \sum_{i=1}^{s} m_i = n,$$

$$\Leftrightarrow \mathrm{r}(\lambda_i \boldsymbol{I} - \boldsymbol{A}) = n - n_i, \quad i = 1,2,\cdots,s. \qquad \blacksquare$$

总结上述讨论，得出一个判断给定方阵 $\boldsymbol{A}$ 是否可以对角化，并在可对角化时，计算可逆矩阵 $\boldsymbol{P}$ 和对角阵 $\boldsymbol{D}$ 的一般步骤.

(1) 求 $\boldsymbol{A}$ 的特征值，得到 $f_A(\lambda) = |\lambda \boldsymbol{I} - \boldsymbol{A}| = \prod_{i=1}^{s}(\lambda - \lambda_i)^{n_i}$，其中 $\lambda_i \neq \lambda_j, i \neq j$.

(2) 对每个特征值 $\lambda_i(i=1,2,\cdots,s)$，计算 $\lambda_i \boldsymbol{I} - \boldsymbol{A}$ 的秩，并判断秩是否等于 $n-n_i$. 若 $\mathrm{r}(\lambda_i \boldsymbol{I} - \boldsymbol{A}) = n - n_i (i=1,2,\cdots,s)$，则 $\boldsymbol{A}$ 可对角化；否则，$\boldsymbol{A}$ 不可对角化.

(3) 在可对角化的情况下，对每个 $\lambda_i(i=1,2,\cdots,s)$，求 $(\lambda_i \boldsymbol{I} - \boldsymbol{A})\boldsymbol{x} = \boldsymbol{0}$ 的基础解系，得到 $\boldsymbol{x}_{i1}, \boldsymbol{x}_{i2}, \cdots, \boldsymbol{x}_{in_i} (i=1,2,\cdots,s)$.

(4) 令 $\boldsymbol{P} = (\boldsymbol{x}_{11}, \boldsymbol{x}_{12}, \cdots, \boldsymbol{x}_{1n_1}, \boldsymbol{x}_{21}, \boldsymbol{x}_{22}, \cdots, \boldsymbol{x}_{2n_2}, \cdots, \boldsymbol{x}_{s1}, \boldsymbol{x}_{s2}, \cdots, \boldsymbol{x}_{sn_s})$，则

$$\boldsymbol{P}^{-1}\boldsymbol{A}\boldsymbol{P} = \mathrm{diag}(\lambda_1, \cdots, \lambda_1, \lambda_2, \cdots, \lambda_2, \cdots, \lambda_s, \cdots, \lambda_s),$$

其中有 n_i 个 $\lambda_i(i=1,2,\cdots,s)$.

例 6.36 判断 $\boldsymbol{A} = \begin{bmatrix} 0 & 1 \\ 0 & 0 \end{bmatrix}$ 是否可对角化.

解 (1) 求 $\boldsymbol{A}$ 的特征值.

$$|\lambda \boldsymbol{I} - \boldsymbol{A}| = \begin{vmatrix} \lambda & -1 \\ 0 & \lambda \end{vmatrix} = \lambda^2 = 0,$$

得到 $\lambda_1 = 0, n_1 = 2$.

(2) $\mathrm{r}(\lambda_1 \boldsymbol{I} - \boldsymbol{A}) = \mathrm{r}\begin{bmatrix} 0 & -1 \\ 0 & 0 \end{bmatrix} = 1$，由于 $\mathrm{r}(\lambda_1 \boldsymbol{I} - \boldsymbol{A}) \neq n - n_i$，所以 $\boldsymbol{A}$ 不可对角化. $\blacksquare$

例 6.37 设 $\boldsymbol{A} = \begin{bmatrix} \lambda_0 & & & \\ & \lambda_0 & & * \\ & & \ddots & \\ & & & \lambda_0 \end{bmatrix}$，若 $\lambda_0 \boldsymbol{I} - \boldsymbol{A} \neq \boldsymbol{0}$，则 $\boldsymbol{A}$ 不可对角化. 证明留给读者. $\blacksquare$

例 6.38 设

$$\boldsymbol{A} = \begin{bmatrix} 1 & 2 & 2 \\ 2 & 1 & 2 \\ 2 & 2 & 1 \end{bmatrix}.$$

判断 $\boldsymbol{A}$ 是否可对角化，若可对角化，求出可逆矩阵 $\boldsymbol{P}$，使得 $\boldsymbol{P}^{-1}\boldsymbol{A}\boldsymbol{P}$ 为对角矩阵.

解 (1) $|\lambda \boldsymbol{I} - \boldsymbol{A}| = \begin{vmatrix} \lambda-1 & -2 & -2 \\ -2 & \lambda-1 & -2 \\ -2 & -2 & \lambda-1 \end{vmatrix} = (\lambda-5)(\lambda+1)^2$，故得 $\lambda_1 = 5, n_1 = 1$；$\lambda_2 = -1, n_2 = 2$. 此时必有 $m_1 = n_1 = 1$.

(2) $r(\lambda_2 \boldsymbol{I}-\boldsymbol{A})=r\begin{bmatrix}-2 & -2 & -2\\ -2 & -2 & -2\\ -2 & -2 & -2\end{bmatrix}=1$. 又 $n-n_2=3-2=1$，故 $\boldsymbol{A}$ 可对角化.

(3) 在例 6.29 中已经算得对应的特征向量为

$$\boldsymbol{x}_{11}=\begin{bmatrix}1\\1\\1\end{bmatrix},\quad \boldsymbol{x}_{21}=\begin{bmatrix}1\\0\\-1\end{bmatrix},\quad \boldsymbol{x}_{22}=\begin{bmatrix}0\\1\\-1\end{bmatrix}.$$

(4) 令 $\boldsymbol{P}=\begin{bmatrix}1 & 1 & 0\\ 1 & 0 & 1\\ 1 & -1 & -1\end{bmatrix}$，于是有

$$\boldsymbol{P}^{-1}\boldsymbol{A}\boldsymbol{P}=\begin{bmatrix}5 & & \\ & -1 & \\ & & -1\end{bmatrix}.$$

实际验算一下，有

$$\boldsymbol{P}^{-1}=\frac{1}{3}\begin{bmatrix}1 & 1 & 1\\ 2 & -1 & -1\\ -1 & 2 & -1\end{bmatrix},$$

且

$$\boldsymbol{P}^{-1}\boldsymbol{A}\boldsymbol{P}=\frac{1}{3}\begin{bmatrix}1 & 1 & 1\\ 2 & -1 & -1\\ -1 & 2 & -1\end{bmatrix}\begin{bmatrix}1 & 2 & 2\\ 2 & 1 & 2\\ 2 & 2 & 1\end{bmatrix}\begin{bmatrix}1 & 1 & 0\\ 1 & 0 & 1\\ 1 & -1 & -1\end{bmatrix}=\begin{bmatrix}5 & & \\ & -1 & \\ & & -1\end{bmatrix}. \quad ■$$

例 6.38 中矩阵 $\boldsymbol{A}$ 是实对称矩阵，它可对角化这个事实不是偶然的，下一节将证明这是一般规律.

例 6.39 求 $\begin{bmatrix}3 & -4 & -4\\ 0 & 2 & 0\\ 2 & -2 & -3\end{bmatrix}^k$，其中 k 为正整数.

解 令 $\boldsymbol{A}=\begin{bmatrix}3 & -4 & -4\\ 0 & 2 & 0\\ 2 & -2 & -3\end{bmatrix}$，先检验 $\boldsymbol{A}$ 可否对角化.

$$|\lambda \boldsymbol{I}-\boldsymbol{A}|=\begin{vmatrix}\lambda-3 & 4 & 4\\ 0 & \lambda-2 & 0\\ -2 & 2 & \lambda+3\end{vmatrix}=(\lambda-1)(\lambda-2)(\lambda+1).$$

$\boldsymbol{A}$ 有互异的特征值，故 $\boldsymbol{A}$ 可对角化. $\boldsymbol{A}^k$ 就可通过对角矩阵的 k 次方求出. 先作 $\boldsymbol{A}$ 的对角化.

当 $\lambda=1$ 时，有

$$(\lambda \boldsymbol{I}-\boldsymbol{A})\boldsymbol{x}=\begin{bmatrix}-2 & 4 & 4\\ 0 & -1 & 0\\ -2 & 2 & 4\end{bmatrix}\boldsymbol{x}=\boldsymbol{0},\quad \boldsymbol{x}=\begin{bmatrix}2\\0\\1\end{bmatrix};$$

当 $\lambda=2$ 时,有

$$(\lambda \boldsymbol{I}-\boldsymbol{A})\boldsymbol{x}=\begin{bmatrix}-1 & 4 & 4\\ 0 & 0 & 0\\ -2 & 2 & 5\end{bmatrix}\boldsymbol{x}=\boldsymbol{0},\quad \boldsymbol{x}=\begin{bmatrix}4\\-1\\2\end{bmatrix};$$

当 $\lambda=-1$ 时,有

$$(\lambda \boldsymbol{I}-\boldsymbol{A})\boldsymbol{x}=\begin{bmatrix}-4 & 4 & 4\\ 0 & -3 & 0\\ -2 & 2 & 2\end{bmatrix}\boldsymbol{x}=\boldsymbol{0},\quad \boldsymbol{x}=\begin{bmatrix}1\\0\\1\end{bmatrix}.$$

令 $\boldsymbol{P}=\begin{bmatrix}2 & 4 & 1\\ 0 & -1 & 0\\ 1 & 2 & 1\end{bmatrix}$,则 $\boldsymbol{P}^{-1}=\begin{bmatrix}1 & 2 & -1\\ 0 & -1 & 0\\ -1 & 0 & 2\end{bmatrix}$,且有

$$\boldsymbol{P}^{-1}\boldsymbol{A}\boldsymbol{P}=\begin{bmatrix}1 & & \\ & 2 & \\ & & -1\end{bmatrix}.$$

$$\begin{aligned}\boldsymbol{A}^k &=\boldsymbol{P}\begin{bmatrix}1 & & \\ & 2 & \\ & & -1\end{bmatrix}^k\boldsymbol{P}^{-1}\\ &=\begin{bmatrix}2 & 4 & 1\\ 0 & -1 & 0\\ 1 & 2 & 1\end{bmatrix}\begin{bmatrix}1 & & \\ & 2^k & \\ & & (-1)^k\end{bmatrix}\begin{bmatrix}1 & 2 & -1\\ 0 & -1 & 0\\ -1 & 0 & 2\end{bmatrix}\\ &=\begin{bmatrix}2+(-1)^{k+1} & 4(1-2^k) & 2((-1)^k-1)\\ 0 & 2^k & 0\\ 1+(-1)^{k+1} & 2(1-2^k) & (-1)^k 2-1\end{bmatrix}.\end{aligned}$$

■

6.5.5 实对称矩阵和对角化

一般实矩阵不一定有实特征值,但是实对称矩阵的特征值都是实数.

定理 6.19 设 $\boldsymbol{A}$ 是 n 阶实对称阵,则 $\boldsymbol{A}$ 的特征值都是实数.

证 设复数 λ 是 $\boldsymbol{A}$ 的特征值,根据特征值的定义,在 $\mathbb{C}^n$ 中存在一个非零复向量 $\boldsymbol{x}$,使得

$$\boldsymbol{A}\boldsymbol{x}=\lambda\boldsymbol{x}. \tag{6.24}$$

对(6.24)式两端取共轭[①]有

$$\overline{Ax} = \overline{\lambda x},$$

从而

$$\overline{A}\,\overline{x} = \overline{\lambda}\,\overline{x}.$$

但是 A 是实矩阵，即 $\overline{A}=A$，故有

$$A\,\overline{x} = \overline{\lambda}\,\overline{x}. \tag{6.25}$$

x^{T} 左乘(6.25)式两端，得到

$$x^{\mathrm{T}}A\,\overline{x} = \overline{\lambda}x^{\mathrm{T}}\,\overline{x}. \tag{6.26}$$

因为 $A=A^{\mathrm{T}}$，并注意到 $x^{\mathrm{T}}A\,\overline{x}$ 及 $x^{\mathrm{T}}\,\overline{x}$ 是数，于是

$$x^{\mathrm{T}}A\,\overline{x} = (x^{\mathrm{T}}A\,\overline{x})^{\mathrm{T}} = \overline{x}^{\mathrm{T}}Ax = \overline{x}^{\mathrm{T}}\lambda x = \lambda\,\overline{x}^{\mathrm{T}}x = \lambda(\overline{x}^{\mathrm{T}}x)^{\mathrm{T}} = \lambda x^{\mathrm{T}}\,\overline{x}. \tag{6.27}$$

由(6.26)式及(6.27)式，有

$$(\lambda-\overline{\lambda})x^{\mathrm{T}}\,\overline{x} = 0.$$

由 $x\neq \mathbf{0}$ 知 $x^{\mathrm{T}}\,\overline{x}\neq 0\left(\text{事实上，设 } x=(a_1,a_2,\cdots,a_n)^{\mathrm{T}}\text{，则 } x^{\mathrm{T}}\,\overline{x}=\sum_{i=1}^{n}a_i\overline{a_i}>0\right)$. 所以

$$\lambda-\overline{\lambda}=0.$$

即 λ 是实数. ■

现在证明任意实对称矩阵都可以对角化.

定理 6.20 n 阶实对称阵 A，总存在正交阵 Q，使得 $Q^{-1}AQ$ 是对角阵.

证 对 n 作数学归纳法.

当 $n=1$ 时，结论显然成立.

假设 $n-1$ 时结论成立.

对 n 的情形，由定理 6.19，A 的特征值都是实数. 设 λ_1 是 A 的一个特征值，x_1 是长度为 1 的属于 λ_1 的实特征向量. 将 x_1 扩充为 $\mathbb{R}^n$ 的一组标准正交基 $x_1,x_2,\cdots,x_n$，则由 $x_1,x_2,\cdots,x_n$ 构成的矩阵

$$Q_1=(x_1,x_2,\cdots,x_n)$$

是一个正交阵，且有

$$AQ_1=Q_1\begin{bmatrix}\lambda_1 & \boldsymbol{\alpha}^{\mathrm{T}}\\ \mathbf{0} & A_1\end{bmatrix},$$

其中 $\boldsymbol{\alpha}\in\mathbb{R}^{n-1}$，$A_1\in M_{n-1}(\mathbb{R})$，或

$$A=Q_1\begin{bmatrix}\lambda_1 & \boldsymbol{\alpha}^{\mathrm{T}}\\ \mathbf{0} & A_1\end{bmatrix}Q_1^{\mathrm{T}}.$$

于是

① 注：A 取共轭 $\overline{A}$ 是对 A 中每个元素 a_{ij} 取共轭 $\overline{a_{ij}}$，即若 $A=(a_{ij})$，则 $\overline{A}=(\overline{a_{ij}})$.

$$A^{\mathrm{T}} = Q_1\begin{bmatrix}\lambda_1 & \alpha^{\mathrm{T}}\\ 0 & A_1\end{bmatrix}^{\mathrm{T}}Q_1^{\mathrm{T}} = Q_1\begin{bmatrix}\lambda_1 & 0\\ \alpha & A_1^{\mathrm{T}}\end{bmatrix}Q_1^{\mathrm{T}}.$$

由于 A 是对称矩阵,即 $A^{\mathrm{T}}=A$,从而有

$$\begin{bmatrix}\lambda_1 & 0\\ \alpha & A_1^{\mathrm{T}}\end{bmatrix}=\begin{bmatrix}\lambda_1 & \alpha^{\mathrm{T}}\\ 0 & A_1\end{bmatrix},$$

进一步得 $\alpha=0$ 及 $A_1^{\mathrm{T}}=A_1$. A_1 是 $n-1$ 阶实对称阵,对 A_1 用归纳假设,存在 $n-1$ 阶正交阵 Q_2,使得

$$Q_2^{-1}A_1Q_2 = \mathrm{diag}(\lambda_2,\cdots,\lambda_n).$$

令 $Q=Q_1\begin{bmatrix}1 & 0\\ 0 & Q_2\end{bmatrix}$,显然 Q 仍是正交阵,且有

$$\begin{aligned}Q^{-1}AQ &= \begin{bmatrix}1 & 0\\ 0 & Q_2^{-1}\end{bmatrix}Q_1^{-1}AQ_1\begin{bmatrix}1 & 0\\ 0 & Q_2\end{bmatrix}=\begin{bmatrix}1 & 0\\ 0 & Q_2^{-1}\end{bmatrix}\begin{bmatrix}\lambda_1 & 0\\ 0 & A_1\end{bmatrix}\begin{bmatrix}1 & 0\\ 0 & Q_2\end{bmatrix}\\ &=\begin{bmatrix}\lambda_1 & 0\\ 0 & Q_2^{-1}A_1Q_2\end{bmatrix}=\mathrm{diag}(\lambda_1,\lambda_2,\cdots,\lambda_n).\end{aligned}$$

由归纳法原理,定理得证. ■

在具体计算中,虽然可以按定理证明的思路找到所求的正交矩阵和对角矩阵,但不如直接求每个特征值的特征子空间的一组标准正交基来构造正交矩阵来得简捷,先看实对称矩阵的属于不同特征值的特征向量有什么性质.

定理 6.21 设 A 是 n 阶实对称矩阵,λ_1,λ_2 是 A 的两个相异的特征值,x_1,x_2 分别是属于 λ_1 和 λ_2 的特征向量,则 x_1 和 x_2 必正交.

证 由条件有

$$Ax_1 = \lambda_1 x_1, \tag{6.28}$$

$$Ax_2 = \lambda_2 x_2. \tag{6.29}$$

要证明 x_1 和 x_2 正交,只要证明 $x_1^{\mathrm{T}}x_2=0$ 即可. 将(6.28)式两端分别转置,得到

$$x_1^{\mathrm{T}}A^{\mathrm{T}} = \lambda_1 x_1^{\mathrm{T}}. \tag{6.30}$$

(6.30)式两端分别右乘 x_2,并利用 $A^{\mathrm{T}}=A$ 及(6.29)式,有

$$\lambda_1 x_1^{\mathrm{T}}x_2 = x_1^{\mathrm{T}}A^{\mathrm{T}}x_2 = x_1^{\mathrm{T}}Ax_2 = x_1^{\mathrm{T}}\lambda_2 x_2 = \lambda_2 x_1^{\mathrm{T}}x_2.$$

或

$$(\lambda_1-\lambda_2)x_1^{\mathrm{T}}x_2 = 0,$$

由于 $\lambda_1\neq\lambda_2$,有

$$x_1^{\mathrm{T}}x_2 = 0.$$

即 x_1 与 x_2 正交. ■

定理 6.21 是实对称阵的又一个重要性质. 根据这个性质,把 A 的每个特征子空间的标准正交基全求出来,合在一起就构成 $\mathbb{R}^n$ 的一组标准正交基. 以它们为列构成的矩阵是一个 n 阶正交阵,通过它可以把 A 化为对角阵.

总结以上的性质，下面给出求正交阵 $\boldsymbol{Q}$ 化实对称阵 $\boldsymbol{A}$ 为对角阵的计算步骤：

(1) 求 $\boldsymbol{A}$ 的特征值.设

$$f_{\boldsymbol{A}}(\lambda)=|\lambda\boldsymbol{I}-\boldsymbol{A}|=\prod_{i=1}^{s}(\lambda-\lambda_i)^{n_i},$$

其中 $\lambda_i\neq\lambda_j, i\neq j$；$\sum_{i=1}^{s}n_i=n$.

(2) 对每个 λ_i 求特征向量，即求

$$(\lambda_i\boldsymbol{I}-\boldsymbol{A})\boldsymbol{x}=\boldsymbol{0}$$

的基础解系，得 $\boldsymbol{\alpha}_{i1},\boldsymbol{\alpha}_{i2},\cdots,\boldsymbol{\alpha}_{in_i}$，$i=1,2,\cdots,s$，这里 n_i 是 λ_i 的代数重数.

(3) 对每组向量 $\boldsymbol{\alpha}_{i1},\boldsymbol{\alpha}_{i2},\cdots,\boldsymbol{\alpha}_{in_i}$，分别作施密特正交化，得到特征子空间 V_{λ_i} 的标准正交基 $\boldsymbol{\varepsilon}_{i1},\boldsymbol{\varepsilon}_{i2},\cdots,\boldsymbol{\varepsilon}_{in_i}$，$i=1,2,\cdots,s$.

(4) 令 $\boldsymbol{Q}=(\boldsymbol{\varepsilon}_{11},\boldsymbol{\varepsilon}_{12},\cdots,\boldsymbol{\varepsilon}_{1n_1},\boldsymbol{\varepsilon}_{21},\boldsymbol{\varepsilon}_{22},\cdots,\boldsymbol{\varepsilon}_{2n_2},\cdots,\boldsymbol{\varepsilon}_{s1},\boldsymbol{\varepsilon}_{s2},\cdots,\boldsymbol{\varepsilon}_{sn_s})$，则 $\boldsymbol{Q}$ 是一个 n 阶正交阵，且

$$\boldsymbol{Q}^{-1}\boldsymbol{A}\boldsymbol{Q}=\mathrm{diag}(\lambda_1,\cdots,\lambda_1,\lambda_2,\cdots,\lambda_2,\cdots,\lambda_s,\cdots,\lambda_s),$$

其中 λ_i 有 n_i 个，$i=1,2,\cdots,s$.

例 6.40 设 $\boldsymbol{A}=\begin{bmatrix}0&1&1&-1\\1&0&-1&1\\1&-1&0&1\\-1&1&1&0\end{bmatrix}$，求正交阵 $\boldsymbol{Q}$，使得 $\boldsymbol{Q}^{-1}\boldsymbol{A}\boldsymbol{Q}$ 成对角阵.

解 (1) $|\lambda\boldsymbol{I}-\boldsymbol{A}|=\begin{bmatrix}\lambda&-1&-1&1\\-1&\lambda&1&-1\\-1&1&\lambda&-1\\1&-1&-1&\lambda\end{bmatrix}=(\lambda-1)^3(\lambda+3)$.

得特征值及其代数重数分别为 $\lambda_1=1, n_1=3$；$\lambda_2=-3, n_2=1$.

(2) 将 $\lambda_1=1$，代入 $(\lambda\boldsymbol{I}-\boldsymbol{A})\boldsymbol{x}=\boldsymbol{0}$，得

$$\begin{cases}x_1-x_2-x_3+x_4=0,\\-x_1+x_2+x_3-x_4=0,\\-x_1+x_2+x_3-x_4=0,\\x_1-x_2-x_3+x_4=0.\end{cases}$$

求得基础解系为

$$\boldsymbol{\alpha}_{11}=(1,0,0,-1)^{\mathrm{T}},\quad \boldsymbol{\alpha}_{12}=(0,1,-1,0)^{\mathrm{T}},\quad \boldsymbol{\alpha}_{13}=(1,1,0,0)^{\mathrm{T}}.$$

为了第三步正交化计算尽量简单，这里可以取正交向量作基础解系，本例如果取 $\boldsymbol{\alpha}_{13}=(1,1,1,1)^{\mathrm{T}}$，那么 $\boldsymbol{\alpha}_{11},\boldsymbol{\alpha}_{12},\boldsymbol{\alpha}_{13}$ 已经相互正交.正交化步骤就可省略.

将 $\lambda_2=-3$ 代入线性方程组 $(\lambda\boldsymbol{I}-\boldsymbol{A})\boldsymbol{x}=\boldsymbol{0}$，得

$$\begin{cases}-3x_1-x_2-x_3+x_4=0,\\-x_1-3x_2+x_3-x_4=0,\\-x_1+x_2-3x_3-x_4=0,\\x_1-x_2-x_3-3x_4=0.\end{cases}$$

解得基础解系$\boldsymbol{\alpha}_{21}=(1,-1,-1,1)^{\mathrm{T}}$.

(3) 施密特正交化,得

$$\boldsymbol{\beta}_{11}=\boldsymbol{\alpha}_{11}=(1,0,0,-1)^{\mathrm{T}},$$
$$\boldsymbol{\beta}_{12}=\boldsymbol{\alpha}_{12}=(0,1,-1,0)^{\mathrm{T}},$$
$$\boldsymbol{\beta}_{13}=\boldsymbol{\alpha}_{13}-\frac{(\boldsymbol{\alpha}_{13},\boldsymbol{\beta}_{11})}{(\boldsymbol{\beta}_{11},\boldsymbol{\beta}_{11})}\boldsymbol{\beta}_{11}-\frac{(\boldsymbol{\alpha}_{13},\boldsymbol{\beta}_{12})}{(\boldsymbol{\beta}_{12},\boldsymbol{\beta}_{12})}\boldsymbol{\beta}_{12}=\frac{1}{2}(1,1,1,1)^{\mathrm{T}},$$
$$\boldsymbol{\beta}_{21}=\boldsymbol{\alpha}_{21}=(1,-1,-1,1)^{\mathrm{T}}.$$

再单位化,得

$$\boldsymbol{\varepsilon}_{11}=\frac{\boldsymbol{\beta}_{11}}{|\boldsymbol{\beta}_{11}|}=\frac{1}{\sqrt{2}}(1,0,0,-1)^{\mathrm{T}},\quad \boldsymbol{\varepsilon}_{12}=\frac{\boldsymbol{\beta}_{12}}{|\boldsymbol{\beta}_{12}|}=\frac{1}{\sqrt{2}}(0,1,-1,0)^{\mathrm{T}},$$
$$\boldsymbol{\varepsilon}_{13}=\frac{\boldsymbol{\beta}_{13}}{|\boldsymbol{\beta}_{13}|}=\frac{1}{2}(1,1,1,1)^{\mathrm{T}},\quad \boldsymbol{\varepsilon}_{21}=\frac{\boldsymbol{\beta}_{21}}{|\boldsymbol{\beta}_{21}|}=\frac{1}{2}(1,-1,-1,1)^{\mathrm{T}}.$$

(4) 令

$$\boldsymbol{Q}=\begin{bmatrix}\frac{1}{\sqrt{2}} & 0 & \frac{1}{2} & \frac{1}{2}\\ 0 & \frac{1}{\sqrt{2}} & \frac{1}{2} & -\frac{1}{2}\\ 0 & -\frac{1}{\sqrt{2}} & \frac{1}{2} & -\frac{1}{2}\\ -\frac{1}{\sqrt{2}} & 0 & \frac{1}{2} & \frac{1}{2}\end{bmatrix}$$

则$\boldsymbol{Q}$是正交矩阵,且

$$\boldsymbol{Q}^{-1}\boldsymbol{A}\boldsymbol{Q}=\boldsymbol{Q}^{\mathrm{T}}\boldsymbol{A}\boldsymbol{Q}=\operatorname{diag}(1,1,1,-3).$$ ■

习题 6

1. 下列变换是不是线性变换？为什么？

(1) $\sigma(a_1,a_2,a_3)^{\mathrm{T}}=(1,a_2,a_3)^{\mathrm{T}}$;

(2) $\sigma(a_1,a_2,a_3)^{\mathrm{T}}=(0,a_3,a_2)^{\mathrm{T}}$;

(3) $\sigma(a_1,a_2,a_3)^{\mathrm{T}}=(2a_1-a_2,a_2+a_3,a_1)^{\mathrm{T}}$;

(4) $\sigma(a_1,a_2,a_3)^{\mathrm{T}}=(a_1,a_2^2,3a_3)^{\mathrm{T}}$.

2. 证明$\mathbb{R}^3$中把向量投影到Oxy平面的投影变换$\sigma(a_1,a_2,a_3)^{\mathrm{T}}=(a_1,a_2,0)^{\mathrm{T}}$是线性变换.

3. 设M,N是V的子空间,$V=M\oplus N$. 又设$\alpha\in V,\alpha=\alpha_M+\alpha_N,\alpha_M\in M,\alpha_N\in N$. 定义$V$

上的变换 π:

$$\pi\alpha = \alpha_M.$$

试证明 π 是 V 上的线性变换.这个变换 π 称为 V 对子空间 M 的**投影变换**.

4. 设 V 是数域 F 上的一个一维向量空间,试证 V 到自身的映射 σ 是线性变换的充分必要条件是,对任何 $\alpha\in V$,都有 $\sigma(\alpha)=\lambda\alpha$,其中 $\lambda\in F$ 是一常数.

5. 设 $\varepsilon_1,\varepsilon_2,\cdots,\varepsilon_n$ 是线性空间 V 的一组基,σ 是 V 上的线性变换,证明 σ 可逆当且仅当 $\sigma\varepsilon_1,\sigma\varepsilon_2,\cdots,\sigma\varepsilon_n$ 线性无关.

6. 求下列线性变换在指定基下的矩阵:

(1) $\mathbb{R}^3$ 中的投影变换 $\sigma(x_1,x_2,x_3)^{\mathrm{T}}=(x_1,x_2,0)^{\mathrm{T}}$,基是 $(1,0,0)^{\mathrm{T}},(0,1,0)^{\mathrm{T}},(0,0,1)^{\mathrm{T}}$;

(2) 在 $F_n[x]$ 中,$\sigma f(x)=f'(x)$,基是 $1,x,\dfrac{x^2}{2},\cdots,\dfrac{x^{n-1}}{n-1}$.

7. 设 σ: $\mathbb{R}^3\to\mathbb{R}^3$,$\sigma(a_1,a_2,a_3)^{\mathrm{T}}=(a_1+a_2,a_1-a_2,a_3)^{\mathrm{T}}$.

(1) 求 σ 在自然基下的矩阵;

(2) 求 σ 在基 $\boldsymbol{\varepsilon}_1=(1,0,0)^{\mathrm{T}},\boldsymbol{\varepsilon}_2=(1,1,0)^{\mathrm{T}},\boldsymbol{\varepsilon}_3=(1,1,1)^{\mathrm{T}}$ 下的对应矩阵.

8. 设 σ 把 $\boldsymbol{\varepsilon}_1=(1,0,0)^{\mathrm{T}},\boldsymbol{\varepsilon}_2=(1,1,0)^{\mathrm{T}},\boldsymbol{\varepsilon}_3=(1,1,1)^{\mathrm{T}}$ 变换到 $\sigma(\boldsymbol{\varepsilon}_1)=(2,3,5)^{\mathrm{T}},\sigma(\boldsymbol{\varepsilon}_2)=(1,0,0)^{\mathrm{T}},\sigma(\boldsymbol{\varepsilon}_3)=(0,1,-1)^{\mathrm{T}}$,求 σ 在自然基及基 $\boldsymbol{\varepsilon}_1,\boldsymbol{\varepsilon}_2,\boldsymbol{\varepsilon}_3$ 下的矩阵.

9. 在 $M_2(F)$ 中,定义三个线性变换 $\sigma_1,\sigma_2,\sigma_3$ 分别为

$$\sigma_1\boldsymbol{X}=\begin{bmatrix}a & b\\ c & d\end{bmatrix}\boldsymbol{x},\quad \sigma_2\boldsymbol{X}=\boldsymbol{X}\begin{bmatrix}a & b\\ c & d\end{bmatrix},\quad \sigma_3\boldsymbol{X}=\begin{bmatrix}a & b\\ c & d\end{bmatrix}\boldsymbol{X}\begin{bmatrix}a & b\\ c & d\end{bmatrix},$$

其中 $\boldsymbol{X}\in M_2(F)$,分别求 $\sigma_1,\sigma_2,\sigma_3$ 在基 $\begin{bmatrix}1 & 0\\ 0 & 0\end{bmatrix},\begin{bmatrix}0 & 1\\ 0 & 0\end{bmatrix},\begin{bmatrix}0 & 0\\ 1 & 0\end{bmatrix},\begin{bmatrix}0 & 0\\ 0 & 1\end{bmatrix}$ 下的矩阵.

10. 设 σ 是线性空间 V 上的线性变换,如果 $\sigma^{k-1}\xi\neq\theta,\sigma^k\xi=\theta$,求证 $\xi,\sigma\xi,\cdots,\sigma^{k-1}\xi(k>0)$ 线性无关.

11. 设 σ,τ 是线性变换,$\sigma^2=\sigma,\tau^2=\tau$,试证明:

(1) 如果 $(\sigma+\tau)^2=\sigma+\tau$,那么 $\sigma\tau=0$;

(2) 如果 $\sigma\tau=\tau\sigma$,那么 $(\sigma+\tau-\sigma\tau)^2=\sigma+\tau-\sigma\tau$.

12. 试证明线性变换的加法与数量乘法满足 8 条性质,从而 $L(V)$ 关于这两种运算构成线性空间.

13. 设 V 是数域 F 上的 n 维线性空间,证明由 V 的全体线性变换组成的线性空间 $L(V)$ 是 n^2 维的.以二维线性空间为例,写出 $L(V)$ 的一组基.

14. 设 $\varepsilon_1,\varepsilon_2,\varepsilon_3,\varepsilon_4$ 是 4 维线性空间的一组基,已知线性变换 σ 在这组基下的矩阵为

$$\begin{bmatrix}1 & 0 & 2 & 1\\ -1 & 2 & 1 & 3\\ 1 & 2 & 5 & 5\\ 2 & -2 & 1 & -2\end{bmatrix}$$

(1) 求 σ 在基 $\eta_1=\varepsilon_1-2\varepsilon_2+\varepsilon_4,\eta_2=3\varepsilon_2-\varepsilon_3-\varepsilon_4,\eta_3=\varepsilon_3+\varepsilon_4,\eta_4=2\varepsilon_4$ 下的矩阵；

(2) 求 σ 的核与值域；

(3) 在 σ 的核中，选一组基，把它扩充成 V 的一组基，并求 σ 在这组基下的矩阵；

(4) 在 σ 的值域中，选一组基，把它扩充成 V 的一组基，并求 σ 在这组基下的矩阵.

15. 设 σ,τ 是线性变换，$\sigma^2=\sigma,\tau^2=\tau$，试证：

(1) $\mathrm{Im}\sigma=\mathrm{Im}\tau$ 的充要条件是 $\sigma\tau=\tau,\tau\sigma=\sigma$；

(2) $\ker\sigma=\ker\tau$ 的充要条件是 $\sigma\tau=\sigma,\tau\sigma=\tau$.

16. 如果 $\sigma_1,\sigma_2,\cdots,\sigma_s$ 是线性空间 V 的 s 个两两不同的线性变换，那么在 V 中存在向量 α，使 $\sigma_1\alpha,\sigma_2\alpha,\cdots,\sigma_s\alpha$ 也两两不同.

17. 设 σ 是 n 维线性空间 V 的线性变换，W 是 V 的子空间，σW 表示 W 的像空间，证明

$$\dim(\sigma W)+\dim(\ker\sigma\cap W)=\dim W.$$

18. 试证明线性变换 σ 的不变子空间的交与和仍是 σ 的不变子空间.

19. 求下列矩阵的特征多项式：

(1) $\begin{bmatrix}3&1\\-1&2\end{bmatrix}$； (2) $\begin{bmatrix}0&1\\1&0\end{bmatrix}$；

(3) $\begin{bmatrix}2&1&1\\1&0&2\\3&-1&2\end{bmatrix}$； (4) $\begin{bmatrix}2&-1&3\\0&4&1\\0&0&3\end{bmatrix}$.

20. 求下列矩阵的特征值及特征向量：

(1) $\begin{bmatrix}1&1\\1&1\end{bmatrix}$； (2) $\begin{bmatrix}2&-3\\-3&1\end{bmatrix}$；

(3) $\begin{bmatrix}1&-1\\2&4\end{bmatrix}$； (4) $\begin{bmatrix}0&1&3\\0&0&2\\0&0&0\end{bmatrix}$；

(5) $\begin{bmatrix}1&0&0\\1&-1&0\\2&3&2\end{bmatrix}$； (6) $\begin{bmatrix}3&-1&1\\2&0&1\\1&-1&2\end{bmatrix}$；

(7) $\begin{bmatrix}2&1&1\\0&1&-1\\0&1&3\end{bmatrix}$； (8) $\begin{bmatrix}2&-2&0\\-2&1&-2\\0&-2&0\end{bmatrix}$；

(9) $\begin{bmatrix}1&1&1&1\\1&1&-1&-1\\1&-1&1&-1\\1&-1&-1&1\end{bmatrix}$； (10) $\begin{bmatrix}0&1&&\\&0&\ddots&\\&&\ddots&1\\&&&0\end{bmatrix}_{n\times n}$.

21. 已知$\boldsymbol{A}=\begin{bmatrix}7 & 4 & -1\\ 4 & 7 & -1\\ -4 & -4 & x\end{bmatrix}$的特征值$\lambda_1=3$(二重),$\lambda_2=12$,求$x$,并求特征向量.

22. 已知四阶方阵$\boldsymbol{A}$的特征值为$\lambda_1=3$(二重),$\lambda_2=-1$(二重),求$\mathrm{tr}\boldsymbol{A}$及$\det\boldsymbol{A}$.

23. 设$\boldsymbol{A}$可逆,讨论$\boldsymbol{A},\boldsymbol{A}^*,\boldsymbol{A}^{-1}$三个矩阵的特征值与特征向量之间的关系.

24. 设$\boldsymbol{\alpha}_1,\boldsymbol{\alpha}_2$是$\boldsymbol{A}$的属于不同特征值的特征向量,证明$\boldsymbol{\alpha}_1+\boldsymbol{\alpha}_2$不是$\boldsymbol{A}$的特征向量.

25. 若$\boldsymbol{\alpha}$是$\boldsymbol{A}$的属于特征值λ_0的特征向量,证明:

(1) $\boldsymbol{\alpha}$是$\boldsymbol{A}^m$的属于特征值λ_0^m的特征向量;

(2) 对多项式$f(\lambda)$,$\boldsymbol{\alpha}$是$f(\boldsymbol{A})$的属于特征值$f(\lambda_0)$的特征向量.

26. 已知λ是$\boldsymbol{A}$的特征值,求$\boldsymbol{A}^2+2\boldsymbol{A}-\boldsymbol{I}$的特征值.

27. 求下列矩阵对应于特征值的特征子空间的基.

(1) $\begin{bmatrix}2 & 3 & 0\\ 0 & 1 & 0\\ 0 & 0 & 2\end{bmatrix}$;　　(2) $\begin{bmatrix}2 & 2 & 3 & 4\\ 0 & 2 & 3 & 2\\ 0 & 0 & 1 & 1\\ 0 & 0 & 0 & 1\end{bmatrix}$.

28. 若$\boldsymbol{A}$与$\boldsymbol{B}$相似,证明:

(1) 秩$\boldsymbol{A}=$秩$\boldsymbol{B}$;

(2) $\det\boldsymbol{A}=\det\boldsymbol{B}$;

(3) $(\lambda\boldsymbol{I}-\boldsymbol{A})^k$与$(\lambda\boldsymbol{I}-\boldsymbol{B})^k$相似,对任意正整数$k$.

29. 若$\boldsymbol{A}$可逆,证明$\boldsymbol{AB}$与$\boldsymbol{BA}$相似.又问若$\boldsymbol{A}$不可逆,也有$\boldsymbol{AB}$与$\boldsymbol{BA}$相似吗?

30. 证明:

(1) $\mathrm{diag}(\lambda_1,\lambda_2,\cdots,\lambda_n)$与$\mathrm{diag}(\lambda_{i_1},\lambda_{i_2},\cdots,\lambda_{i_n})$相似,其中$(i_1i_2\cdots i_n)$是$1,2,\cdots,n$的一个排列.

(2) $\mathrm{diag}(\boldsymbol{A}_1,\boldsymbol{A}_2,\cdots,\boldsymbol{A}_s)$与$\mathrm{diag}(\boldsymbol{A}_{i_1},\boldsymbol{A}_{i_2},\cdots,\boldsymbol{A}_{i_s})$相似,其中$\boldsymbol{A}_i$是方阵,$i=1,2,\cdots,s$,$(i_1i_2\cdots i_s)$是$1,2,\cdots,s$的一个排列.

31. 证明方阵$\boldsymbol{A}$只与自身相似当且仅当$\boldsymbol{A}=c\boldsymbol{I}$,$c$是常数.

32. 若$\boldsymbol{A}$与$\boldsymbol{B}$都是n阶对角阵,证明$\boldsymbol{A}$与$\boldsymbol{B}$相似当且仅当$\boldsymbol{A}$与$\boldsymbol{B}$的主对角元除排列次序外是完全相同的.

33. 证明$\boldsymbol{N}=\begin{bmatrix}0 & 1 & & \\ & 0 & \ddots & \\ & & \ddots & 1\\ & & & 0\end{bmatrix}$与$\boldsymbol{N}^{\mathrm{T}}$相似.

34. 证明λ_0不是方阵$\boldsymbol{A}$的特征值的充分必要条件是$\lambda_0\boldsymbol{I}-\boldsymbol{A}$可逆.

35. 若$|\boldsymbol{I}-\boldsymbol{A}^2|=0$,证明1或$-1$至少有一个是$\boldsymbol{A}$的特征值.

36. 设 $g(\lambda)$是λ的多项式，已知$\boldsymbol{A}$与$\mathrm{diag}(\lambda_1,\lambda_2,\cdots,\lambda_n)$相似，求$\det g(\boldsymbol{A})$.

37. 设$\boldsymbol{A}=\begin{bmatrix}1 & x & 1\\ x & 1 & y\\ 1 & y & 1\end{bmatrix}$，$\boldsymbol{B}=\begin{bmatrix}0 & & \\ & 1 & \\ & & 2\end{bmatrix}$. 当 x,y 满足什么条件时，$\boldsymbol{A}$与$\boldsymbol{B}$相似？

38. 设矩阵$\boldsymbol{A}=\begin{bmatrix}1 & 1 & 1\\ a & b & c\\ d & e & f\end{bmatrix}$，已知向量$(1,1,1)^{\mathrm{T}}$，$(1,0,-1)^{\mathrm{T}}$，$(1,-1,0)^{\mathrm{T}}$是$\boldsymbol{A}$的特征向量，求$a,b,c,d,e,f$.

39. 设n阶方阵$\boldsymbol{A}$的n个特征值为$0,1,2,\cdots,n-1$，n阶方阵$\boldsymbol{B}$与$\boldsymbol{A}$相似，求$\det(\boldsymbol{I}+\boldsymbol{B})$.

40. 设$\boldsymbol{A}=(a_{ij})_{n\times n}$的$n$个特征值为$\lambda_1,\lambda_2,\cdots,\lambda_n$，证明

$$\sum_{i=1}^{n}\lambda_i^2=\sum_{i,j=1}^{n}a_{ij}a_{ji}.$$

41. 找出下列矩阵中哪些可对角化，并对可对角化的矩阵，求可逆矩阵$\boldsymbol{P}$及对角矩阵$\boldsymbol{D}$.

(1) $\begin{bmatrix}1 & 4\\ 1 & -2\end{bmatrix}$； (2) $\begin{bmatrix}1 & 0\\ -2 & 1\end{bmatrix}$；

(3) $\begin{bmatrix}1 & 1 & -2\\ 4 & 0 & 4\\ 1 & -1 & 4\end{bmatrix}$； (4) $\begin{bmatrix}1 & 2 & 3\\ 0 & -1 & 2\\ 0 & 0 & 2\end{bmatrix}$；

(5) $\begin{bmatrix}3 & 1 & 0\\ 0 & 3 & 1\\ 0 & 0 & 3\end{bmatrix}$； (6) $\begin{bmatrix}4 & 2 & 3\\ 2 & 1 & 2\\ -1 & -2 & 0\end{bmatrix}$；

(7) $\begin{bmatrix}1 & 1 & 2\\ 0 & 1 & 0\\ 0 & 1 & 3\end{bmatrix}$； (8) $\begin{bmatrix}1 & 2 & 3\\ 0 & 1 & 0\\ 2 & 1 & 2\end{bmatrix}$；

(9) $\begin{bmatrix}0 & -1\\ 2 & 3\end{bmatrix}$； (10) $\begin{bmatrix}3 & -2 & 1\\ 0 & 2 & 0\\ 0 & 0 & 0\end{bmatrix}$.

42. 设$\boldsymbol{A}$为n阶下三角矩阵，且$a_{ii}\neq a_{jj}$，$i\neq j$，$1\leqslant i,j\leqslant n$，证明$\boldsymbol{A}$可对角化.

43. 设$\boldsymbol{A}$为n阶矩阵，$\mathrm{r}(\boldsymbol{A})=1$，且$\mathrm{tr}\boldsymbol{A}\neq 0$，试证$\boldsymbol{A}$可对角化.

44. 设$\boldsymbol{A}=\begin{bmatrix}1 & 4 & 2\\ 0 & -3 & 4\\ 0 & 4 & 3\end{bmatrix}$，求$\boldsymbol{A}^m$，$m$是正整数.

45. 设$\boldsymbol{A}$为三阶矩阵，α_i为$\boldsymbol{A}$的属于特征值$\lambda_i=i$的特征向量，$i=1,2,3$，其中$\boldsymbol{\alpha}_1=(1,-1,0)^{\mathrm{T}}$，$\boldsymbol{\alpha}_2=(-1,1,1)^{\mathrm{T}}$，$\boldsymbol{\alpha}_3=(1,1,1)^{\mathrm{T}}$，设$\boldsymbol{\beta}=(b_1,b_2,b_3)^{\mathrm{T}}$.

(1) 试将$\boldsymbol{\beta}$用$\boldsymbol{\alpha}_1,\boldsymbol{\alpha}_2,\boldsymbol{\alpha}_3$线性表示；

(2) 求$\boldsymbol{A}^m\boldsymbol{\beta}$，$m$是正整数.

46. 已知复数域上n阶矩阵$\boldsymbol{A}$满足$\boldsymbol{A}^2+2\boldsymbol{A}-3\boldsymbol{I}=\boldsymbol{0}$，证明$\boldsymbol{A}$可对角化，并求其相似对角矩阵.

47. 对下列实对称阵$\boldsymbol{A}$，求正交阵$\boldsymbol{Q}$和对角阵$\boldsymbol{D}$，使得$\boldsymbol{Q}^{-1}\boldsymbol{A}\boldsymbol{Q}=\boldsymbol{D}$.

(1) $\begin{bmatrix}1&1\\1&1\end{bmatrix}$；　(2) $\begin{bmatrix}2&1\\1&2\end{bmatrix}$；

(3) $\begin{bmatrix}0&0&1\\0&0&0\\1&0&0\end{bmatrix}$；　(4) $\begin{bmatrix}0&0&0\\0&1&1\\0&1&1\end{bmatrix}$；

(5) $\begin{bmatrix}0&-1&-1\\-1&0&-1\\-1&-1&0\end{bmatrix}$；　(6) $\begin{bmatrix}3&2&4\\2&0&2\\4&2&3\end{bmatrix}$；

(7) $\begin{bmatrix}1&0&2\\0&1&2\\2&2&-1\end{bmatrix}$；　(8) $\begin{bmatrix}3&0&1\\0&2&0\\1&0&3\end{bmatrix}$；

(9) $\begin{bmatrix}0&0&4&1\\0&0&1&4\\4&1&0&0\\1&4&0&0\end{bmatrix}$；　(10) $\begin{bmatrix}-1&-3&3&-3\\-3&-1&-3&3\\3&-3&-1&-3\\-3&3&-3&-1\end{bmatrix}$.

48. 设$\boldsymbol{A}$是n阶实对称幂等矩阵(即$\boldsymbol{A}^2=\boldsymbol{A}$).

(1) 证明存在正交矩阵$\boldsymbol{Q}$，使得

$$\boldsymbol{Q}^{-1}\boldsymbol{A}\boldsymbol{Q}=\mathrm{diag}(1,1,\cdots,1,0,\cdots,0);$$

(2) 若$\mathrm{r}(\boldsymbol{A})=r$，试计算$\det(\boldsymbol{A}-2\boldsymbol{I})$.

49. 证明反对称实矩阵的特征值只能为0或纯虚数.

50. 证明正交矩阵的特征值λ满足$\lambda\bar{\lambda}=1$.

51. 已知三阶实对称矩阵$\boldsymbol{A}$的特征值为$1,1,-2$，且$(1,1,-1)^{\mathrm{T}}$是对应-2的特征向量，求$\boldsymbol{A}$.

52. 设$\boldsymbol{B}=\boldsymbol{\alpha}\boldsymbol{\alpha}^{\mathrm{T}}$，其中$\boldsymbol{\alpha}=(a_1,a_2,\cdots,a_n)^{\mathrm{T}}$，$\boldsymbol{\alpha}\neq\boldsymbol{0}$，$a_i\in\mathbb{R}$，$i=1,2,\cdots,n$.

(1) 证明：$\boldsymbol{B}^k=t\boldsymbol{B}$，其中$k$为正整数，$t$为常数，并求$t$；

(2) 求可逆矩阵$\boldsymbol{P}$，使得$\boldsymbol{P}^{-1}\boldsymbol{B}\boldsymbol{P}$为对角矩阵，并写出此对角矩阵.

53. 设$\boldsymbol{\alpha}=(a_1,a_2,\cdots,a_n)^{\mathrm{T}}$，$\boldsymbol{\beta}=(b_1,b_2,\cdots,b_n)^{\mathrm{T}}$是两个非零的$n$维实向量，若$\boldsymbol{\alpha}$与$\boldsymbol{\beta}$正交，试证明：

$$C=\begin{pmatrix} a_1b_1 & a_1b_2 & \cdots & a_1b_n \\ a_2b_1 & a_2b_2 & \cdots & a_2b_n \\ \vdots & \vdots & & \vdots \\ a_nb_1 & a_nb_2 & \cdots & a_nb_n \end{pmatrix}$$

的全部特征值皆为零.

54. 设 $\boldsymbol{A}$ 与 $\boldsymbol{B}$ 是 n 阶实方阵,$\boldsymbol{A}$ 有 n 个互异的特征值,试证明:$\boldsymbol{AB}=\boldsymbol{BA}$ 的充分必要条件是 $\boldsymbol{A}$ 的特征向量都是 $\boldsymbol{B}$ 的特征向量.

第7章 二次型与二次曲面

由于引进了坐标系，平面上的点可以用实数对来表示.反之，实数对的几何意义则是它表示平面上的点.把平面上的曲线看成点的轨迹，就可以用二元方程来表示平面上的曲线.反之，二元方程的几何意义即是它表示了平面上的曲线.所谓平面解析几何就是把几何问题化成代数问题，用代数方法来讨论几何问题.在许多应用问题中，人们感兴趣的问题之一是判别何种方程代表何种曲线.例如一般的二次方程 $ax^2+2bxy+cy^2=d$，这是一条二次曲线的方程式，可以通过坐标旋转，消除 xy 项，得到平面二次曲线的标准方程，从而来判断曲线的类型.同样，空间解析几何也是通过引进空间直角坐标系，用三元数组表示空间的点，从而把空间的几何问题化成代数问题来研究.尤其是常见的二次曲面，它们的方程具有二次齐次多项式的形式，二次曲面的分类就归结为二次齐次多项式的分类.我们把变量从二元，三元推广到 n 元，称 n 元二次齐次多项式为 n 元的二次型.二次型除了有几何背景外，在其他学科中如物理、统计、规划、极值问题等许多领域都有重要的应用.本章将讨论有关二次型的理论、一般二次方程的化简与二次曲面的分类等.

7.1 二次型

7.1.1 二次型的定义

定义 7.1 n 个变量 $x_1,x_2,\cdots,x_n$ 的二次齐次多项式

$$Q(x_1,x_2,\cdots,x_n)=\sum_{i=1}^{n}\sum_{j=1}^{n}a_{ij}x_ix_j,\quad a_{ij}=a_{ji}, \tag{7.1}$$

称为 n 元**二次型**或**二次形式**(quadratic form).

当系数 a_{ij} 及变量 x_i 都取实数时，称为**实二次型**；a_{ij} 及变量 x_i 都取复数时，称为**复二次型**.

例 7.1

$$\begin{aligned}Q(x_1,x_2,x_3)&=3x_1^2+x_2^2-x_3^2+2x_1x_2-x_1x_3+4x_2x_3\\&=3x_1^2+x_1x_2-\frac{1}{2}x_1x_3+x_2x_1+x_2^2+2x_2x_3\\&\quad-\frac{1}{2}x_3x_1+2x_3x_2-x_3^2,\end{aligned}$$

所以 $Q(x_1,x_2,x_3)$ 是三元实二次型. ■

例 7.2 $Q(x_1,x_2,x_3,x_4)=(1+\mathrm{i})x_1^2+2x_3^2-x_4^2-\mathrm{i}x_2x_3$

$$=(1+\mathrm{i})x_1^2-\frac{\mathrm{i}}{2}x_2x_3-\frac{\mathrm{i}}{2}x_3x_2+2x_3^2-x_4^2,$$

所以 $Q(x_1,x_2,x_3,x_4)$ 是四元复二次型. ■

例 7.3 $Q(x_1,x_2,\cdots,x_n)=\sum\limits_{i=1}^{n}x_i^2+\sum\limits_{1\leqslant i<j\leqslant n}x_ix_j$ 是一个 n 元二次型. ■

将(7.1)式展开,有

$$\begin{aligned}Q(x_1,x_2,\cdots,x_n)&=\sum_{i=1}^{n}\sum_{j=1}^{n}a_{ij}x_ix_j\quad(a_{ij}=a_{ji})\\&=a_{11}x_1^2+a_{12}x_1x_2+\cdots+a_{1n}x_1x_n\\&\quad+a_{21}x_2x_1+a_{22}x_2^2+\cdots+a_{2n}x_2x_n\\&\quad+\cdots+a_{n1}x_nx_1+a_{n2}x_nx_2+\cdots+a_{nn}x_n^2\\&=(x_1,x_2,\cdots,x_n)\begin{bmatrix}a_{11}&a_{12}&\cdots&a_{1n}\\a_{21}&a_{22}&\cdots&a_{2n}\\\cdots&\cdots&\cdots&\cdots\\a_{n1}&a_{n2}&\cdots&a_{nn}\end{bmatrix}\begin{bmatrix}x_1\\x_2\\\cdots\\x_n\end{bmatrix}.\end{aligned}$$

令 $\boldsymbol{x}=(x_1,x_2,\cdots,x_n)^{\mathrm{T}}$,$\boldsymbol{A}=(a_{ij})$,则二次型可以矩阵乘积形式写作

$$Q(x_1,x_2,\cdots,x_n)=\boldsymbol{x}^{\mathrm{T}}\boldsymbol{A}\boldsymbol{x},$$

其中 $\boldsymbol{A}^{\mathrm{T}}=\boldsymbol{A}$ 是对称矩阵,称 $\boldsymbol{A}$ 为**二次型的矩阵**.

例 7.4 试分别写出例 7.1、例 7.2 和例 7.3 中二次型的矩阵.

解 按定义,n 元二次型的矩阵是 n 阶对称矩阵,分别记例 7.1、例 7.2 和例 7.3 中二次型的矩阵为 $\boldsymbol{A}_1$,$\boldsymbol{A}_2$ 和 $\boldsymbol{A}_3$,则

$$\boldsymbol{A}_1=\begin{bmatrix}3&1&-\frac{1}{2}\\1&1&2\\-\frac{1}{2}&2&-1\end{bmatrix},\quad\boldsymbol{A}_2=\begin{bmatrix}1+\mathrm{i}&0&0&0\\0&0&-\frac{\mathrm{i}}{2}&0\\0&-\frac{\mathrm{i}}{2}&2&0\\0&0&0&-1\end{bmatrix},$$

$$\boldsymbol{A}_3=\begin{bmatrix}1&\frac{1}{2}&\cdots&\frac{1}{2}\\\frac{1}{2}&1&\cdots&\frac{1}{2}\\\vdots&\vdots&&\vdots\\\frac{1}{2}&\frac{1}{2}&\cdots&1\end{bmatrix}.$$ ■

例 7.5 设 $\boldsymbol{A}=\begin{bmatrix} 1 & -1 & 0 \\ -1 & 0 & \frac{1}{4} \\ 0 & \frac{1}{4} & -1 \end{bmatrix}$,试写出以 $\boldsymbol{A}$ 为矩阵的二次型.

解
$$Q(x_1,x_2,x_3)=\boldsymbol{x}^{\mathrm{T}}\boldsymbol{A}\boldsymbol{x}=x_1^2-x_1x_2-x_2x_1+\frac{1}{4}x_2x_3+\frac{1}{4}x_3x_2-x_3^2$$
$$=x_1^2-x_3^2-2x_1x_2+\frac{1}{2}x_2x_3. \qquad \blacksquare$$

显然,二次型和对称矩阵之间存在一一对应关系.给定一个 n 元二次型,就有唯一的二次型的矩阵;反之,任意给定一个 n 阶对称矩阵,就可以写出一个以这个对称矩阵为二次型矩阵的唯一的 n 元二次型.

7.1.2 矩阵的相合

如果把 $\boldsymbol{x}=(x_1,x_2,\cdots,x_n)^{\mathrm{T}}$ 看作 n 维线性空间 V 中的向量 α 在某组基下的坐标,那么 n 元二次型 $Q(x_1,x_2,\cdots,x_n)$ 可以看作是 n 维向量 α 的函数,因此二次型又记作 $Q(\alpha)=\boldsymbol{x}^{\mathrm{T}}\boldsymbol{A}\boldsymbol{x}$.那么,当 n 维线性空间 V 取不同基时,向量 α 的坐标就不同,这时二次型的矩阵有什么变化呢?

设 $\varepsilon_1,\varepsilon_2,\cdots,\varepsilon_n$ 和 $\eta_1,\eta_2,\cdots,\eta_n$ 是 V 的两组基,这两组基的过渡矩阵是 $\boldsymbol{P}$,即
$$(\eta_1,\eta_2,\cdots,\eta_n)=(\varepsilon_1,\varepsilon_2,\cdots,\varepsilon_n)\boldsymbol{P}.$$
又设向量 $\alpha\in V$ 在这两组基下的坐标分别是 $\boldsymbol{x}=(x_1,x_2,\cdots,x_n)^{\mathrm{T}}$ 和 $\boldsymbol{y}=(y_1,y_2,\cdots,y_n)^{\mathrm{T}}$,即
$$\boldsymbol{\alpha}=(\boldsymbol{\varepsilon}_1,\boldsymbol{\varepsilon}_2,\cdots,\boldsymbol{\varepsilon}_n)\boldsymbol{x}=(\boldsymbol{\eta}_1,\boldsymbol{\eta}_2,\cdots,\boldsymbol{\eta}_n)\boldsymbol{y},$$
则有坐标变换公式
$$\boldsymbol{x}=\boldsymbol{P}\boldsymbol{y} \quad \text{或} \quad \boldsymbol{y}=\boldsymbol{P}^{-1}\boldsymbol{x}.$$
这时,二次型
$$Q(\alpha)=\boldsymbol{x}^{\mathrm{T}}\boldsymbol{A}\boldsymbol{x}=(\boldsymbol{P}\boldsymbol{y})^{\mathrm{T}}\boldsymbol{A}(\boldsymbol{P}\boldsymbol{y})=\boldsymbol{y}^{\mathrm{T}}(\boldsymbol{P}^{\mathrm{T}}\boldsymbol{A}\boldsymbol{P})\boldsymbol{y}.$$
令 $\boldsymbol{B}=\boldsymbol{P}^{\mathrm{T}}\boldsymbol{A}\boldsymbol{P}$,显然 $\boldsymbol{B}$ 是对称矩阵,$\boldsymbol{y}^{\mathrm{T}}\boldsymbol{B}\boldsymbol{y}$ 也是二次型.同一个二次齐次函数 $Q(\alpha)$ 在不同基下所对应的两个二次型 $\boldsymbol{x}^{\mathrm{T}}\boldsymbol{A}\boldsymbol{x}$ 和 $\boldsymbol{y}^{\mathrm{T}}\boldsymbol{B}\boldsymbol{y}$ 称为是等价的.

等价的二次型的矩阵之间有关系 $\boldsymbol{B}=\boldsymbol{P}^{\mathrm{T}}\boldsymbol{A}\boldsymbol{P}$,这种关系是矩阵之间的一种重要关系,称为矩阵的相合关系.

定义 7.2 给定两个 n 阶方阵 $\boldsymbol{A}$ 和 $\boldsymbol{B}$,如果存在可逆方阵 $\boldsymbol{P}$,使得
$$\boldsymbol{B}=\boldsymbol{P}^{\mathrm{T}}\boldsymbol{A}\boldsymbol{P},$$
则称 $\boldsymbol{B}$ 与 $\boldsymbol{A}$ **相合(或合同)**(congruent).

因此等价的二次型的矩阵是相合的.换句话说,以相合的两个对称矩阵为矩阵的二次型之间存在着一个坐标变换,或叫做可逆的线性替换,把其中一个二次型化作一个与它等价的

二次型.

例 7.6 设二元二次型

$$Q(\alpha)=3x_1^2-4x_1x_2-4x_2^2=(x_1,x_2)\begin{bmatrix}3&-2\\-2&-4\end{bmatrix}\begin{bmatrix}x_1\\x_2\end{bmatrix}.$$

做可逆线性替换 $\boldsymbol{x}=\boldsymbol{P}\boldsymbol{y}$,其中 $\boldsymbol{P}=\begin{bmatrix}1&1\\0&1\end{bmatrix}$,则

$$\begin{aligned}Q(\alpha)&=(x_1,x_2)\begin{bmatrix}3&-2\\-2&-4\end{bmatrix}\begin{bmatrix}x_1\\x_2\end{bmatrix}=(y_1,y_2)\begin{bmatrix}1&1\\0&1\end{bmatrix}^{\mathrm{T}}\begin{bmatrix}3&-2\\-2&-4\end{bmatrix}\begin{bmatrix}1&1\\0&1\end{bmatrix}\begin{bmatrix}y_1\\y_2\end{bmatrix}\\&=(y_1,y_2)\begin{bmatrix}3&1\\1&-5\end{bmatrix}\begin{bmatrix}y_1\\y_2\end{bmatrix}=3y_1^2+2y_1y_2-5y_2^2.\end{aligned}$$

因此,矩阵 $\begin{bmatrix}3&-2\\-2&-4\end{bmatrix}$ 和矩阵 $\begin{bmatrix}3&1\\1&-5\end{bmatrix}$ 相合,且二次型 $3x_1^2-4x_1x_2-4x_2^2$ 和二次型 $3y_1^2+2y_1y_2-5y_2^2$ 等价. ■

定理 6.20 说:对任何实对称矩阵 $\boldsymbol{A}$,存在一个正交阵 $\boldsymbol{Q}$,使得 $\boldsymbol{Q}^{\mathrm{T}}\boldsymbol{A}\boldsymbol{Q}$ 为对角阵 $\boldsymbol{D}$. 利用相合概念,实对称矩阵的这个性质可以说成任何实对称阵都和对角阵相合.

方阵的相合有以下三条性质:

(1) 自反性:$\forall \boldsymbol{A}\in M_n$,$\boldsymbol{A}=\boldsymbol{I}^{\mathrm{T}}\boldsymbol{A}\boldsymbol{I}$,所以 $\boldsymbol{A}$ 和自身相合.

(2) 对称性:若 $\boldsymbol{B}$ 和 $\boldsymbol{A}$ 相合,则 $\boldsymbol{A}$ 和 $\boldsymbol{B}$ 相合. 这是因为由 $\boldsymbol{B}$ 和 $\boldsymbol{A}$ 相合,则存在可逆阵 $\boldsymbol{P}\in M_n$,使得 $\boldsymbol{B}=\boldsymbol{P}^{\mathrm{T}}\boldsymbol{A}\boldsymbol{P}$,于是 $\boldsymbol{A}=(\boldsymbol{P}^{-1})^{\mathrm{T}}\boldsymbol{B}\boldsymbol{P}^{-1}$,即 $\boldsymbol{A}$ 和 $\boldsymbol{B}$ 相合.

(3) 传递性:若 $\boldsymbol{A}$ 和 $\boldsymbol{B}$ 相合,$\boldsymbol{B}$ 和 $\boldsymbol{C}$ 相合,则 $\boldsymbol{A}$ 和 $\boldsymbol{C}$ 相合.

由 $\boldsymbol{A}$ 和 $\boldsymbol{B}$ 相合,存在可逆阵 $\boldsymbol{P}_1$,使得 $\boldsymbol{A}=\boldsymbol{P}_1^{\mathrm{T}}\boldsymbol{B}\boldsymbol{P}_1$. 由 $\boldsymbol{B}$ 和 $\boldsymbol{C}$ 相合,存在可逆阵 $\boldsymbol{P}_2$,使得 $\boldsymbol{B}=\boldsymbol{P}_2^{\mathrm{T}}\boldsymbol{C}\boldsymbol{P}_2$. 于是 $\boldsymbol{A}=\boldsymbol{P}_1^{\mathrm{T}}\boldsymbol{B}\boldsymbol{P}_1=\boldsymbol{P}_1^{\mathrm{T}}\boldsymbol{P}_2^{\mathrm{T}}\boldsymbol{C}\boldsymbol{P}_2\boldsymbol{P}_1=(\boldsymbol{P}_2\boldsymbol{P}_1)^{\mathrm{T}}\boldsymbol{C}\boldsymbol{P}_2\boldsymbol{P}_1$. 令 $\boldsymbol{P}=\boldsymbol{P}_2\boldsymbol{P}_1$,则 $\boldsymbol{P}$ 是可逆阵,且 $\boldsymbol{A}=\boldsymbol{P}^{\mathrm{T}}\boldsymbol{C}\boldsymbol{P}$,所以 $\boldsymbol{A}$ 和 $\boldsymbol{C}$ 相合.

相合作为 M_n 中的 n 阶方阵之间的一种关系,由于具有自反性,对称性和传递性,因此,相合是一种等价关系. 方阵用相合这个等价关系进行分类,在每个等价类中的方阵彼此相合,它们代表的是同一个二次齐次函数,是同一个二次齐次函数在线性空间中取不同基时的二次型矩阵.

7.2 二次型的标准形

n 个变量 $x_1,x_2,\cdots,x_n$ 的二次齐次函数 $Q(x_1,x_2,\cdots,x_n)$ 不仅在几何中,在物理、力学以及数学的其他分支中都有很多应用. 例如三元二次型在几何上表示的是三维空间的二次曲面,如果能把二次型化成平方和的形式,二次曲面的标准形式便确定了,从而二次曲面的

性状也就确定了，因此，本节先讨论二次型的化简.

7.2.1 主轴化方法

由于实对称矩阵必定与对角矩阵相合，因此任何实二次型必定可以通过一个适当的可逆线性替换，化简成不含混合项的形式. 事实上，设 $Q(\alpha)=\boldsymbol{x}^{\mathrm{T}}\boldsymbol{A}\boldsymbol{x}$，对于 $\boldsymbol{A}$，由定理 6.20，存在正交阵 $\boldsymbol{P}$，使得 $\boldsymbol{P}^{\mathrm{T}}\boldsymbol{A}\boldsymbol{P}=\mathrm{diag}(\lambda_1,\lambda_2,\cdots,\lambda_n)$. 令 $\boldsymbol{x}=\boldsymbol{P}\boldsymbol{y}$，则

$$\begin{aligned}Q(\alpha)&=\boldsymbol{x}^{\mathrm{T}}\boldsymbol{A}\boldsymbol{x}=(\boldsymbol{P}\boldsymbol{y})^{\mathrm{T}}\boldsymbol{A}(\boldsymbol{P}\boldsymbol{y})=\boldsymbol{y}^{\mathrm{T}}(\boldsymbol{P}^{\mathrm{T}}\boldsymbol{A}\boldsymbol{P})\boldsymbol{y}\\&=\boldsymbol{y}^{\mathrm{T}}\mathrm{diag}(\lambda_1,\lambda_2,\cdots,\lambda_n)\boldsymbol{y}=\lambda_1y_1^2+\lambda_2y_2^2+\cdots+\lambda_ny_n^2.\end{aligned}$$

形如 $\sum_{i=1}^{n}d_ix_i^2$ 的二次型称为二次型的**标准形**(canonical form). 所谓二次型的化简就是将一般的二次型通过可逆的线性替换化成标准形.

例 7.7 试将二次型 $Q(\alpha)=x_1^2+x_2^2+x_3^2+4x_1x_2+4x_1x_3+4x_2x_3$ 化成标准形.

解 二次型 $Q(\alpha)$的矩阵为

$$\boldsymbol{A}=\begin{bmatrix}1&2&2\\2&1&2\\2&2&1\end{bmatrix}.$$

$\boldsymbol{A}$ 的特征多项式为

$$|\lambda\boldsymbol{I}-\boldsymbol{A}|=\begin{vmatrix}\lambda-1&-2&-2\\-2&\lambda-1&-2\\-2&-2&\lambda-1\end{vmatrix}=(\lambda-5)(\lambda+1)^2,$$

从而得到 $\boldsymbol{A}$ 的特征值 $\lambda_1=5,\lambda_2=\lambda_3=-1$. 分别求它们的特征向量.

对于 $\lambda_1=5$，解齐次线性方程组

$$\begin{bmatrix}4&-2&-2\\-2&4&-2\\-2&-2&4\end{bmatrix}\begin{bmatrix}x_1\\x_2\\x_3\end{bmatrix}=0,\quad 得到\quad \boldsymbol{\xi}_{11}=\begin{bmatrix}1\\1\\1\end{bmatrix}.$$

对于 $\lambda_2=-1$，解齐次线性方程组

$$\begin{bmatrix}-2&-2&-2\\-2&-2&-2\\-2&-2&-2\end{bmatrix}\begin{bmatrix}x_1\\x_2\\x_3\end{bmatrix}=0,\quad 得到\quad \boldsymbol{\xi}_{21}=\begin{bmatrix}1\\0\\1\end{bmatrix},\quad \boldsymbol{\xi}_{22}=\begin{bmatrix}0\\1\\-1\end{bmatrix}.$$

将$\boldsymbol{\xi}_{11}$，$\boldsymbol{\xi}_{21}$和$\boldsymbol{\xi}_{22}$施行施密特正交化，得到

$$\boldsymbol{\eta}_1=\frac{1}{\sqrt{3}}\begin{bmatrix}1\\1\\1\end{bmatrix},\quad \boldsymbol{\eta}_2=\frac{1}{\sqrt{2}}\begin{bmatrix}1\\0\\-1\end{bmatrix},\quad \boldsymbol{\eta}_3=\frac{1}{\sqrt{6}}\begin{bmatrix}1\\-2\\1\end{bmatrix}.$$

令

$$P=\begin{bmatrix} \frac{1}{\sqrt{3}} & \frac{1}{\sqrt{2}} & \frac{1}{\sqrt{6}} \\ \frac{1}{\sqrt{3}} & 0 & -\frac{2}{\sqrt{6}} \\ \frac{1}{\sqrt{3}} & -\frac{1}{\sqrt{2}} & \frac{1}{\sqrt{6}} \end{bmatrix},$$

则

$$P^{\mathrm{T}}AP=\begin{bmatrix} 5 & & \\ & -1 & \\ & & -1 \end{bmatrix}.$$

对于二次型 $Q(\alpha)=x^{\mathrm{T}}Ax$，其中 $x=(x_1,x_2,x_3)^{\mathrm{T}}$，作可逆的线性替换 $x=Py$，其中 $y=(y_1,y_2,y_3)^{\mathrm{T}}$，则

$$Q(\alpha)=x^{\mathrm{T}}Ax=y^{\mathrm{T}}P^{\mathrm{T}}APy=y^{\mathrm{T}}\mathrm{diag}(5,-1,-1)y=5y_1^2-y_2^2-y_3^2$$

就是所求二次型 $Q(\alpha)$ 的标准形. ■

注 这里所作的变换矩阵 P 是个正交矩阵，它是由二次型的矩阵 A 的特征向量经过施密特正交化得到的. 经过线性替换 $x=Py$ 得到的 $Q(\alpha)$ 的标准形中，平方项的系数恰是 A 的特征值. 值得注意的是对角阵中特征值的顺序是和它们对应的特征向量在 P 中的排列顺序一致的.

可将以上事实总结成下面的定理.

定理 7.1（主轴定理） 任一实二次型 $Q(\alpha)=x^{\mathrm{T}}Ax$，其中 $A^{\mathrm{T}}=A$，存在正交线性替换 $x=Py$，其中 P 是正交矩阵，使得 $Q(\alpha)$ 化成标准形：

$$Q(\alpha)=\lambda_1y_1^2+\lambda_2y_2^2+\cdots+\lambda_ny_n^2,$$

其中 $\lambda_1,\lambda_2,\cdots,\lambda_n$ 是 A 的 n 个特征值. ■

用主轴化方法化实二次型为标准形时，所作的变换是正交变换，矩阵 P 是个正交矩阵，它可以看作是两组标准正交基之间的过渡矩阵. 于是在 $\mathbb{R}^2$ 中，主轴定理可以作这样的几何解释，平面上任何二次有心曲线，通过坐标变换，总可以找到一个适当的直角坐标系，使这条二次曲线的主轴位于新的坐标轴上. 这时候二次曲线在新坐标系下的方程就是标准方程. 因此主轴化方法化实二次型为标准形无论在理论上还是实际应用中都是很重要的一种方法. 但是它的计算比较繁琐，而且只能对实二次型用这种方法，使用时有一定局限性，下面介绍更加简便且对所有二次型都适用的配方法.

7.2.2 配方法

将二次型化为标准形时，如果所作替换矩阵不要求是正交矩阵，只是一般的可逆矩阵的话，那么用配平方的方法就可以实现了.

例 7.8 设 $Q(\alpha)=x_1^2+2x_3^2+x_1x_2$，试用配方法将 $Q(\alpha)$ 化为标准形.

解

$$Q(\alpha)=x_1^2+x_1x_2+2x_3^2=x_1^2+x_1x_2+\left(\frac{1}{2}x_2\right)^2-\left(\frac{1}{2}x_2\right)^2+2x_3^2$$

$$=\left(x_1+\frac{1}{2}x_2\right)^2-\frac{1}{4}x_2^2+2x_3^2.$$

令

$$\begin{cases} y_1=x_1+\dfrac{1}{2}x_2, \\ y_2=x_2, \\ y_3=x_3, \end{cases} \tag{7.2}$$

则 $Q(\alpha)=y_1^2-\frac{1}{4}y_2^2+2y_3^2$ 为所求的标准形.

线性替换(7.2)可改写为

$$\begin{cases} x_1=y_1-\dfrac{1}{2}y_2, \\ x_2=y_2, \\ x_3=y_3. \end{cases}$$

也可写成矩阵形式. 令 $\boldsymbol{x}=(x_1,x_2,x_3)^{\mathrm{T}}$，$\boldsymbol{y}=(y_1,y_2,y_3)^{\mathrm{T}}$，

$$\boldsymbol{P}=\begin{bmatrix} 1 & -\frac{1}{2} & 0 \\ 0 & 1 & 0 \\ 0 & 0 & 1 \end{bmatrix},$$

$\boldsymbol{P}$ 显然是个可逆矩阵，因此有可逆线性替换 $\boldsymbol{x}=\boldsymbol{P}\boldsymbol{y}$，这时

$$Q(\alpha)=(x_1,x_2,x_3)\begin{bmatrix} 1 & \frac{1}{2} & 0 \\ \frac{1}{2} & 0 & 0 \\ 0 & 0 & 2 \end{bmatrix}\begin{bmatrix} x_1 \\ x_2 \\ x_3 \end{bmatrix}$$

$$=(y_1,y_2,y_3)\begin{bmatrix} 1 & -\frac{1}{2} & 0 \\ 0 & 1 & 0 \\ 0 & 0 & 1 \end{bmatrix}^{\mathrm{T}}\begin{bmatrix} 1 & \frac{1}{2} & 0 \\ \frac{1}{2} & 0 & 0 \\ 0 & 0 & 2 \end{bmatrix}\begin{bmatrix} 1 & -\frac{1}{2} & 0 \\ 0 & 1 & 0 \\ 0 & 0 & 1 \end{bmatrix}\begin{bmatrix} y_1 \\ y_2 \\ y_3 \end{bmatrix}$$

$$=(y_1,y_2,y_3)\begin{bmatrix} 1 & & \\ & -\frac{1}{4} & \\ & & 2 \end{bmatrix}\begin{bmatrix} y_1 \\ y_2 \\ y_3 \end{bmatrix}.$$

■

例 7.9 用配方法将 $Q(\alpha)=2x_1x_2+4x_1x_3$ 化为标准形.

解 这个二次型缺少平方项,先作一个辅助变换,使其出现平方项,然后再配方.设

$$\begin{cases} x_1 = y_1 + y_2, \\ x_2 = y_1 - y_2, \\ x_3 = y_3, \end{cases} \tag{7.3}$$

则

$$\begin{aligned} Q(\alpha) &= 2x_1x_2 + 4x_1x_3 \\ &= 2y_1^2 - 2y_2^2 + 4y_1y_3 + 4y_2y_3 \\ &= 2(y_1^2 + 2y_1y_3 + y_3^2) - 2(y_2^2 - 2y_2y_3 + y_3^2) \\ &= 2(y_1 + y_3)^2 - 2(y_2 - y_3)^2. \end{aligned}$$

再令

$$\begin{cases} z_1 = y_1 + y_3, \\ z_2 = y_2 - y_3, \\ z_3 = y_3, \end{cases}$$

或

$$\begin{cases} y_1 = z_1 - z_3, \\ y_2 = z_2 + z_3, \\ y_3 = z_3, \end{cases} \tag{7.4}$$

则 $Q(\alpha)=2z_1^2-2z_2^2$ 为所求的标准形. ■

这里所作的可逆线性替换是由替换(7.3)和替换(7.4)合成的.将替换(7.4)代入替换(7.3),得到

$$\begin{cases} x_1 = z_1 + z_2, \\ x_2 = z_1 - z_2 - 2z_3, \\ x_3 = z_3, \end{cases}$$

即是本题所作的线性替换.这个结果也可以通过矩阵形式求得.

$$\begin{cases} x_1 = y_1 + y_2, \\ x_2 = y_1 - y_2, \\ x_3 = y_3, \end{cases}$$

写成矩阵形式即

$$\begin{bmatrix} x_1 \\ x_2 \\ x_3 \end{bmatrix} = \begin{bmatrix} 1 & 1 & 0 \\ 1 & -1 & 0 \\ 0 & 0 & 1 \end{bmatrix} \begin{bmatrix} y_1 \\ y_2 \\ y_3 \end{bmatrix},$$

又

$$\begin{cases} z_1 = y_1 + y_3, \\ z_2 = y_2 - y_3, \\ z_3 = y_3, \end{cases}$$

写成矩阵形式即

$$\begin{bmatrix} z_1 \\ z_2 \\ z_3 \end{bmatrix} = \begin{bmatrix} 1 & 0 & 1 \\ 0 & 1 & -1 \\ 0 & 0 & 1 \end{bmatrix} \begin{bmatrix} y_1 \\ y_2 \\ y_3 \end{bmatrix},$$

因此

$$\begin{bmatrix} x_1 \\ x_2 \\ x_3 \end{bmatrix} = \begin{bmatrix} 1 & 1 & 0 \\ 1 & -1 & 0 \\ 0 & 0 & 1 \end{bmatrix} \begin{bmatrix} y_1 \\ y_2 \\ y_3 \end{bmatrix} = \begin{bmatrix} 1 & 1 & 0 \\ 1 & -1 & 0 \\ 0 & 0 & 1 \end{bmatrix} \begin{bmatrix} 1 & 0 & 1 \\ 0 & 1 & -1 \\ 0 & 0 & 1 \end{bmatrix}^{-1} \begin{bmatrix} z_1 \\ z_2 \\ z_3 \end{bmatrix}$$

$$= \begin{bmatrix} 1 & 1 & 0 \\ 1 & -1 & -2 \\ 0 & 0 & 1 \end{bmatrix} \begin{bmatrix} z_1 \\ z_2 \\ z_3 \end{bmatrix}.$$

实际上，对任何一个二次型都可以通过配方法化成标准形.

定理 7.2 任何一个二次型都可通过可逆线性替换化成标准形.

证 设

$$Q(\alpha) = \sum_{i=1}^{n} \sum_{j=1}^{n} a_{ij} x_i x_j, \quad a_{ij} = a_{ji}.$$

对 n 作数学归纳法.

$n=1$ 时，$Q(\alpha)=a_{11}x_1^2$，命题显然成立.

假设 $n-1$ 个变量时，命题成立. 现证明 n 个变量时命题也成立.

分情形进行讨论.

情形 1 $Q(\alpha)$ 至少有一个平方项. 不妨设 $a_{11} \neq 0$，对所有含 x_1 项进行配方.

$$\begin{aligned} Q(\alpha) &= \frac{1}{a_{11}}(a_{11}^2 x_1^2 + 2a_{11}a_{12}x_1x_2 + \cdots + 2a_{11}a_{1n}x_1x_n) + \sum_{i=2}^{n}\sum_{j=2}^{n} a_{ij}x_ix_j \\ &= \frac{1}{a_{11}}[(a_{11}x_1 + a_{12}x_2 + \cdots + a_{1n}x_n)^2 \\ &\quad - (a_{12}x_2 + \cdots + a_{1n}x_n)^2] + \sum_{i=2}^{n}\sum_{j=2}^{n} a_{ij}x_ix_j \\ &= \frac{1}{a_{11}}(a_{11}x_1 + a_{12}x_2 + \cdots + a_{1n}x_n)^2 + \sum_{i=2}^{n}\sum_{j=2}^{n} a_{ij}x_ix_j \\ &\quad - \frac{1}{a_{11}}(a_{12}x_2 + \cdots + a_{1n}x_n)^2. \end{aligned}$$

记 $Q_1(\alpha) = \sum_{i=2}^{n}\sum_{j=2}^{n} a_{ij}x_ix_j - \frac{1}{a_{11}}(a_{12}x_2 + \cdots + a_{1n}x_n)^2$，令

$$\begin{cases} y_1 = a_{11}x_1 + a_{12}x_2 + \cdots + a_{1n}x_n, \\ y_2 = x_2, \\ \vdots \\ y_n = x_n, \end{cases}$$

即

$$\begin{cases} x_1 = \dfrac{1}{a_{11}}(y_1 - a_{12}y_2 - \cdots - a_{1n}y_n), \\ x_2 = y_2, \\ \vdots \\ x_n = y_n, \end{cases}$$

于是

$$Q(\alpha) = \frac{1}{a_{11}}y_1^2 + Q_1(\alpha).$$

而 $Q_1(\alpha)$是有 $n-1$ 个变量 $y_2, y_3, \cdots, y_n$ 的二次型.

情形 2 $Q(\alpha)$不含平方项,即 $a_{ii}=0, i=1,2,\cdots,n$,但至少有一个 $a_{1j}\neq 0, j=2,3,\cdots,n$,作变换

$$\begin{cases} x_1 = y_1 + y_j, \\ x_j = y_1 - y_j, \\ x_i = y_i, \quad i \neq 1, j, \end{cases}$$

将 $Q(\alpha)$化作

$$Q(\alpha) = 2a_{1j}(y_1^2 - y_j^2) + Q_2(\alpha),$$

这时 y_1^2 的系数不为 0,这是情形 1 的情况.

情形 3 $Q(\alpha)$不含平方项,而且所有 a_{1j}都为 0,那么由对称性 $a_{j1}=0, j=1,2,\cdots,n$,于是 $Q(\alpha)$是含 $n-1$ 个变量的二次型.

无论哪种情形,n 元变量的二次型化标准形的问题都可归结为 $n-1$ 个变量的二次型化标准形问题.由归纳假设,对 $n-1$ 元变量的二次型可通过配方法化成标准形,因此对任意自然数 n,n 个变量的二次型都可通过配方法化成标准形. ■

这个定理的证明过程实际上给出了将一般二次型化成标准形的方法与步骤,请读者参照例 7.8 和例 7.9 进行总结.

7.2.3 矩阵的初等变换法

将一般二次型通过配方法化成标准形,实际上是通过一系列的可逆线性替换将 n 个变元逐个配方的过程.从例 7.8 看到,这个过程也可用矩阵形式来表达.其实质是将二次型矩阵通过一连串的合同变换,逐步化成与之相合、在形式上又较之简单的矩阵,最后化成对角

阵的过程. 所谓合同变换即将一可逆阵 $\boldsymbol{P}$ 的转置左乘一个矩阵 $\boldsymbol{A}$，再将该可逆阵 $\boldsymbol{P}$ 右乘这个矩阵，即 $\boldsymbol{P}^{\mathrm{T}}\boldsymbol{AP}$. 用可逆阵左乘一个矩阵相当于对该矩阵施行一系列的初等行变换，用可逆阵右乘一个矩阵相当于对该矩阵施行一系列的初等列变换. 因此将二次型化成标准形也可通过对二次型的矩阵作初等变换化成对角阵来实现.

定理 7.3 对每个对称阵 $\boldsymbol{A}$，存在初等矩阵 $\boldsymbol{P}_1\boldsymbol{P}_2\cdots\boldsymbol{P}_s$，使得

$$\boldsymbol{P}_s^{\mathrm{T}}\cdots\boldsymbol{P}_2^{\mathrm{T}}\boldsymbol{P}_1^{\mathrm{T}}\boldsymbol{AP}_1\boldsymbol{P}_2\cdots\boldsymbol{P}_s=\mathrm{diag}(d_1,d_2,\cdots,d_n).$$

证 用对称阵 $\boldsymbol{A}$，构造一个二次型 $Q(\alpha)=\boldsymbol{x}^{\mathrm{T}}\boldsymbol{Ax}$. 由定理 7.2 知道，存在可逆阵 $\boldsymbol{P}$，作线性替换 $\boldsymbol{x}=\boldsymbol{Py}$，则

$$Q(\alpha)=\boldsymbol{x}^{\mathrm{T}}\boldsymbol{Ax}=\boldsymbol{y}^{\mathrm{T}}\boldsymbol{P}^{\mathrm{T}}\boldsymbol{APy}=\boldsymbol{y}^{\mathrm{T}}\mathrm{diag}(d_1,d_2,\cdots,d_n)\boldsymbol{y},$$

即有

$$\boldsymbol{P}^{\mathrm{T}}\boldsymbol{AP}=\mathrm{diag}(d_1,d_2,\cdots,d_n).$$

再由定理 2.11 的推论 4，可逆阵 $\boldsymbol{P}$ 可以表示成有限个初等矩阵 $\boldsymbol{P}_i(i=1,2,\cdots,s)$ 的乘积，设 $\boldsymbol{P}=\boldsymbol{P}_1\boldsymbol{P}_2\cdots\boldsymbol{P}_s$，于是

$$\boldsymbol{P}^{\mathrm{T}}\boldsymbol{AP}=\boldsymbol{P}_s^{\mathrm{T}}\cdots\boldsymbol{P}_2^{\mathrm{T}}\boldsymbol{P}_1^{\mathrm{T}}\boldsymbol{AP}_1\boldsymbol{P}_2\cdots\boldsymbol{P}_s=\mathrm{diag}(d_1,d_2,\cdots,d_n).$$ ■

由定理 7.3 可知，对矩阵施行一个初等行变换，同时要对矩阵作一次相应的列变换，以保证每对变换作了以后得到的矩阵和原矩阵相合，作变换的步骤是先看 a_{11}，若 $a_{11}\neq 0$，则利用 a_{11} 依次把 a_{1j} 和 a_{i1} 消成零，$i,j=2,\cdots,n$；若 $a_{11}=0$，有一个 $a_{1j}\neq 0$，$j=2,3,\cdots,n$，则先作变换使 $a_{11}\neq 0$，再用 a_{11} 去消第一行和第一列的其他元素. 这样一层层往下作，直到化成对角阵. 具体做法参看下面的例子. 为了求得变换矩阵 $\boldsymbol{P}$，必须将每次所作的变换保留下来. 具体做法是，将单位阵放在待变换矩阵下面，构成 $2n\times n$ 矩阵 $\begin{bmatrix}\boldsymbol{A}\\ \boldsymbol{I}\end{bmatrix}$，对 $\begin{bmatrix}\boldsymbol{A}\\ \boldsymbol{I}\end{bmatrix}$ 每作一次列变换，同时仅对前 n 行的 $\boldsymbol{A}$ 作一次相应的行变换，最后，$\begin{bmatrix}\boldsymbol{A}\\ \boldsymbol{I}\end{bmatrix}\to\begin{bmatrix}\boldsymbol{P}^{\mathrm{T}}\boldsymbol{AP}\\ \boldsymbol{P}\end{bmatrix}$，当 $\boldsymbol{P}^{\mathrm{T}}\boldsymbol{AP}$ 是对角阵时，$\boldsymbol{I}$ 就成了 $\boldsymbol{P}$，即所作的变换矩阵.

例 7.10 用初等变换法将二次型

$$Q(\alpha)=\boldsymbol{x}^{\mathrm{T}}\begin{bmatrix}1&0&2\\0&-1&1\\2&1&1\end{bmatrix}\boldsymbol{x}$$

化成标准形.

解 因为二次型矩阵 $\boldsymbol{A}$ 中 $a_{11}\neq 0$，利用 a_{11} 分别将第一行及第一列其余元素都消成零.

$$\begin{bmatrix}\boldsymbol{A}\\ \boldsymbol{I}\end{bmatrix}=\begin{bmatrix}1&0&2\\0&-1&1\\2&1&1\\1&0&0\\0&1&0\\0&0&1\end{bmatrix}\xrightarrow{-2c_1+c_3\to c_3}\begin{bmatrix}1&0&0\\0&-1&1\\2&1&-3\\1&0&-2\\0&1&0\\0&0&1\end{bmatrix}\xrightarrow{-2r_1+r_3\to r_3}\begin{bmatrix}1&0&0\\0&-1&1\\0&1&-3\\1&0&-2\\0&1&0\\0&0&1\end{bmatrix}$$

$$\xrightarrow{c_2+c_3\to c_3}\begin{bmatrix}1&0&0\\0&-1&0\\0&1&-2\\1&0&-2\\0&1&1\\0&0&1\end{bmatrix}\xrightarrow{r_2+r_2\to r_3}\begin{bmatrix}1&0&0\\0&-1&0\\0&0&-2\\1&0&-2\\0&1&1\\0&0&1\end{bmatrix}.$$

于是令 $\boldsymbol{P}=\begin{bmatrix}1&0&-2\\0&1&1\\0&0&1\end{bmatrix}$，作可逆线性替换 $\boldsymbol{x}=\boldsymbol{P}\boldsymbol{y}$，则

$$Q(\alpha)=\boldsymbol{x}^{\mathrm{T}}\begin{bmatrix}1&0&2\\0&-1&1\\2&1&1\end{bmatrix}\boldsymbol{x}=\boldsymbol{y}^{\mathrm{T}}\boldsymbol{P}^{\mathrm{T}}\begin{bmatrix}1&0&2\\0&-1&1\\2&1&1\end{bmatrix}\boldsymbol{P}\boldsymbol{y}$$

$$=\boldsymbol{y}^{\mathrm{T}}\begin{bmatrix}1&0&0\\0&1&0\\-2&1&1\end{bmatrix}\begin{bmatrix}1&0&2\\0&-1&1\\2&1&1\end{bmatrix}\begin{bmatrix}1&0&-2\\0&1&1\\0&0&1\end{bmatrix}\boldsymbol{y}$$

$$=\boldsymbol{y}^{\mathrm{T}}\begin{bmatrix}1&0&0\\0&-1&0\\0&0&-2\end{bmatrix}\boldsymbol{y}=y_1^2-y_2^2-2y_3^2.$$ ■

例 7.11 用初等变换法将二次型

$$Q(\alpha)=\boldsymbol{x}^{\mathrm{T}}\begin{bmatrix}0&2&1\\2&1&1\\1&1&1\end{bmatrix}\boldsymbol{x}$$

化成标准形.

解 二次型矩阵 $\boldsymbol{A}$ 中 $a_{11}=0$，但 $a_{22}\neq0$，将第一列和第二列交换，同时将第一行和第二行对换以保持矩阵的对称性并使第一行第一列元素变成非零.具体解题过程如下：

$$\begin{bmatrix}\boldsymbol{A}\\\boldsymbol{I}\end{bmatrix}=\begin{bmatrix}0&2&1\\2&1&1\\1&1&1\\1&0&0\\0&1&0\\0&0&1\end{bmatrix}\to\begin{bmatrix}2&0&1\\1&2&1\\1&1&1\\0&1&0\\1&0&0\\0&0&1\end{bmatrix}\to\begin{bmatrix}1&2&1\\2&0&1\\1&1&1\\0&1&0\\1&0&0\\0&0&1\end{bmatrix}\to\begin{bmatrix}1&0&0\\2&-4&-1\\1&-1&0\\0&1&0\\1&-2&-1\\0&0&1\end{bmatrix}$$

$$\rightarrow\begin{bmatrix}1&0&0\\0&-4&-1\\0&-1&0\\0&1&0\\1&-2&-1\\0&0&1\end{bmatrix}\rightarrow\begin{bmatrix}1&0&0\\0&-4&0\\0&-1&\frac{1}{4}\\0&1&-\frac{1}{4}\\1&-2&-\frac{1}{2}\\0&0&1\end{bmatrix}\rightarrow\begin{bmatrix}1&0&0\\0&-4&0\\0&0&\frac{1}{4}\\0&1&-\frac{1}{4}\\1&-2&-\frac{1}{2}\\0&0&1\end{bmatrix}.$$

令 $\boldsymbol{P}=\begin{bmatrix}0&1&-\frac{1}{4}\\1&-2&-\frac{1}{2}\\0&0&1\end{bmatrix}$,作变换 $\boldsymbol{x}=\boldsymbol{P}\boldsymbol{y}$,则有

$$Q(\alpha)=\boldsymbol{y}^{\mathrm{T}}\operatorname{diag}\left[1,-4,\frac{1}{4}\right]\boldsymbol{y}=y_1^2-4y_2^2+\frac{1}{4}y_3^2.\quad\blacksquare$$

例 7.12 用初等变换法将二次型

$$Q(\alpha)=\boldsymbol{x}^{\mathrm{T}}\begin{bmatrix}0&1&2\\1&0&0\\2&0&0\end{bmatrix}\boldsymbol{x}$$

化成标准形.

解 本题二次型矩阵 $\boldsymbol{A}$ 中 $a_{11}=a_{22}=a_{33}=0$,但 $a_{12}\neq0$,将第二列加到第一列,再将第二行加到第一行(为什么?请读者思考),就可使矩阵第一行第一列的元素变为非零.

$$\begin{bmatrix}\boldsymbol{A}\\\boldsymbol{I}\end{bmatrix}=\begin{bmatrix}0&1&2\\1&0&0\\2&0&0\\1&0&0\\0&1&0\\0&0&1\end{bmatrix}\rightarrow\begin{bmatrix}1&1&2\\1&0&0\\2&0&0\\1&0&0\\1&1&0\\0&0&1\end{bmatrix}\rightarrow\begin{bmatrix}2&1&2\\1&0&0\\2&0&0\\1&0&0\\1&1&0\\0&0&1\end{bmatrix}\rightarrow\begin{bmatrix}2&0&0\\1&-\frac{1}{2}&-1\\2&-1&-2\\1&-\frac{1}{2}&-1\\1&\frac{1}{2}&-1\\0&0&1\end{bmatrix}$$

$$\rightarrow\begin{bmatrix}2&0&0\\0&-\frac{1}{2}&-1\\0&-1&-2\\1&-\frac{1}{2}&-1\\1&\frac{1}{2}&-1\\0&0&1\end{bmatrix}\rightarrow\begin{bmatrix}2&0&0\\0&-\frac{1}{2}&0\\0&-1&0\\1&-\frac{1}{2}&0\\1&\frac{1}{2}&-2\\0&0&1\end{bmatrix}\rightarrow\begin{bmatrix}2&0&0\\0&-\frac{1}{2}&0\\0&0&0\\1&-\frac{1}{2}&0\\1&\frac{1}{2}&-2\\0&0&1\end{bmatrix}.$$

令 $\boldsymbol{P}=\begin{bmatrix}1 & -\frac{1}{2} & 0\\ 1 & \frac{1}{2} & -2\\ 0 & 0 & 1\end{bmatrix}$，作可逆线性替换 $\boldsymbol{x}=\boldsymbol{P}\boldsymbol{y}$，则

$$Q(\alpha)=\boldsymbol{y}^{\mathrm{T}}\operatorname{diag}\left[2,-\frac{1}{2},0\right]\boldsymbol{y}=2y_1^2-\frac{1}{2}y_2^2.$$ ■

7.3 惯性定理和二次型的规范形

比较例 7.9 和例 7.12，它们是同一个二次型 $Q(\alpha)=2x_1x_2+4x_1x_3$，但它们的标准形却不同，例 7.9 得到的标准形是 $2z_1^2-2z_2^2$，而例 7.12 得到的标准形却是 $2y_1^2-\frac{1}{2}y_2^2$. 这两种作法都是正确的，只是所作的可逆线性替换不同而已. 由此知道，二次型的标准形不唯一. 那么同一个二次型的不同的标准形之间有什么关系？或者说在二次型的标准形中有哪些反映二次型的特性的不变量？

首先，一个二次型经过可逆线性替换化作另一个二次型时，这两个二次型的矩阵是相合的，而两个相合矩阵的秩是相同的. 这就是说任何一个二次型的矩阵的秩在二次型化成标准形的过程中是一个不变量. 我们称二次型的矩阵的秩为二次型的秩. 于是二次型的秩是个不变量.

对于一个复系数的二次型 $Q(\alpha)$，若它的秩为 r，那么经过适当的可逆线性替换，化成标准形

$$d_1y_1^2+d_2y_2^2+\cdots+d_ry_r^2, \tag{7.5}$$

其中 $d_i\in\mathbb{C}, d_i\neq 0, i=1,2,\cdots,r$. 由于 d_i 是非零复数，再作如下可逆线性替换把系数 d_i 化作 1. 令

$$\begin{cases} y_i=\dfrac{1}{\sqrt{d_i}}z_i, & i=1,2,\cdots,r,\\ y_i=z_i, & i=r+1,\cdots,n,\end{cases} \tag{7.6}$$

于是(7.5)式化作

$$z_1^2+z_2^2+\cdots+z_r^2. \tag{7.7}$$

形如(7.7)式的二次型称为复系数二次型的**规范形**(normal form). 显然复系数二次型的规范形是唯一的，其中 r 由二次型的秩唯一确定，因此有定理 7.4.

定理 7.4 任意一个复系数的二次型，总可经过一个适当的可逆线性替换，化成规范形，且规范形是唯一的. ■

定理 7.4 用矩阵的语言来描述，则有下述推论.

推论 任意一个复数的对称矩阵相合于$\begin{bmatrix} \boldsymbol{I}_r & \boldsymbol{0} \\ \boldsymbol{0} & \boldsymbol{0} \end{bmatrix}$，其中 r 是对称阵的秩.

或者说，$\forall \boldsymbol{A}\in M_n(\mathbb{C})$，若 $\boldsymbol{A}=\boldsymbol{A}^{\mathrm{T}}$，则必存在可逆矩阵 $\boldsymbol{P}\in M_n(\mathbb{C})$，使得 $\boldsymbol{P}^{\mathrm{T}}\boldsymbol{A}\boldsymbol{P}=\mathrm{diag}(\boldsymbol{I}_r,\boldsymbol{0})$.

对于一个实系数的二次型 $Q(\alpha)$，若它的秩为 r，那么经过适当的可逆线性替换，化成的标准形在形式上和(7.5)式相同，区别在于系数 d_i 是实数. 由于负实数不能开方，为了表达方便，不妨设标准形如下：

$$d_1y_1^2+d_2y_2^2+\cdots+d_py_p^2-d_{p+1}y_{p+1}^2-\cdots-d_ry_r^2, \tag{7.8}$$

其中 $d_i\in\mathbb{R}$，且 $d_i>0, i=1,2,\cdots,r$. 于是作类似(7.6)式的可逆线性替换，令

$$\begin{cases} y_i=\dfrac{1}{\sqrt{d_i}}z_i, & i=1,2,\cdots,r, \\ y_i=z_i, & i=r+1,\cdots,n, \end{cases}$$

得到

$$z_1^2+z_2^2+\cdots+z_p^2-z_{p+1}^2-\cdots-z_r^2. \tag{7.9}$$

形如(7.9)式的二次型称为实二次型的规范形. 于是有如下定理.

定理 7.5(惯性定理) 任意一个实系数的二次型，总可以经过一个适当的可逆线性替换，化成规范形，且规范形是唯一的.

这里所谓唯一是指规范形中指标 p 和 r 是由二次型确定的，r 是二次型的秩，已经知道是不变量，下面证明 p 也是个不变量.

证 只证唯一性.

设实二次型 $Q(\alpha)$，作可逆线性替换 $\boldsymbol{x}=\boldsymbol{P}\boldsymbol{z}$，其中 $\boldsymbol{x}=(x_1,x_2,\cdots,x_n)^{\mathrm{T}}$，$\boldsymbol{z}=(z_1,z_2,\cdots,z_n)^{\mathrm{T}}$，$\boldsymbol{P}$ 是 n 阶可逆矩阵，得到规范形

$$Q(\alpha)=z_1^2+z_2^2+\cdots+z_p^2-z_{p+1}^2-\cdots-z_r^2. \tag{7.10}$$

作另一个可逆线性替换 $\boldsymbol{x}=\boldsymbol{T}\boldsymbol{u}$，其中 $\boldsymbol{u}=(u_1,u_2,\cdots,u_n)^{\mathrm{T}}$，$\boldsymbol{T}$ 是 n 阶可逆矩阵，得到规范形

$$Q(\alpha)=u_1^2+u_2^2+\cdots+u_q^2-u_{q+1}^2-\cdots-u_r^2. \tag{7.11}$$

假设 $p\neq q$，不妨设 $p<q$，由 $\boldsymbol{z}=\boldsymbol{P}^{-1}\boldsymbol{x}$ 及 $\boldsymbol{u}=\boldsymbol{T}^{-1}\boldsymbol{x}$，不妨设

$$z_i=a_{i1}x_1+a_{i2}x_2+\cdots+a_{in}x_n, \quad i=1,2,\cdots,n. \tag{7.12}$$

及

$$u_i=b_{i1}x_1+b_{i2}x_2+\cdots+b_{in}x_n, \quad i=1,2,\cdots,n. \tag{7.13}$$

现在考虑一个齐次线性方程组

$$\begin{cases} a_{11}x_1+a_{12}x_2+\cdots+a_{1n}x_n=0, \\ a_{21}x_1+a_{22}x_2+\cdots+a_{2n}x_n=0, \\ \qquad\vdots \\ a_{p1}x_1+a_{p2}x_2+\cdots+a_{pn}x_n=0, \\ b_{q+1,1}x_1+b_{q+1,2}x_2+\cdots+b_{q+1,n}x_n=0, \\ \qquad\vdots \\ b_{n1}x_1+b_{n2}x_2+\cdots+b_{nn}x_n=0. \end{cases} \tag{7.14}$$

这个方程组有 $p+n-q$ 个方程，n 个未知数，由于 $p<q$，于是 $p+n-q<n$，由定理 2.2，齐次线性方程组(7.14)有非零解. 假设 $\boldsymbol{\alpha}_0=(x_1^{(0)},x_2^{(0)},\cdots,x_n^{(0)})$ 是齐次线性方程组(7.14)的非零解. 取 $\boldsymbol{x}=\boldsymbol{\alpha}_0$ 代入(7.12)式和(7.13)式，有 $z_1=z_2=\cdots=z_p=0$，$u_{q+1}=u_{q+2}=\cdots=u_n=0$. 考虑到 $\boldsymbol{x}=\boldsymbol{P}\boldsymbol{z}$ 和 $\boldsymbol{x}=\boldsymbol{T}\boldsymbol{u}$ 都是可逆线性替换，由 $\boldsymbol{x}=\boldsymbol{\alpha}_0\neq\boldsymbol{0}$，有 $\boldsymbol{z}=(0,\cdots,0,z_{p+1},\cdots,z_n)\neq\boldsymbol{0}$ 及 $\boldsymbol{u}=(u_1,\cdots,u_q,0,\cdots,0)\neq\boldsymbol{0}$. 将 $\boldsymbol{z}$ 代入(7.10)式，有

$$Q(\boldsymbol{\alpha}_0)\leqslant 0, \tag{7.15}$$

将 $\boldsymbol{u}$ 代入(7.11)式，又有

$$Q(\boldsymbol{\alpha}_0)>0,$$

与(7.15)式矛盾. 所以 $p=q$. ■

由惯性定理知道，实二次型的规范形中系数为正的平方项的个数 p 是由二次型唯一确定的. 称 p 为二次型的**正惯性指数**(index of inertia)，$r-p$ 叫**负惯性指数**，正、负惯性指数的差 $p-(r-p)=2p-r$ 叫**符号差**(signature). 因此实二次型除了秩 r 是不变量外，正惯性指数 p 也是不变量. 惯性定理用矩阵语言表达为如下推论.

推论 任意实对称矩阵相合于对角阵 $\begin{bmatrix}\boldsymbol{I}_p & & \\ & -\boldsymbol{I}_{r-p} & \\ & & \boldsymbol{0}\end{bmatrix}$. 或者说，$\forall\,\boldsymbol{A}\in M_n(\mathbb{R})$，若 $\boldsymbol{A}=\boldsymbol{A}^{\mathrm{T}}$，则存在一个可逆矩阵 $\boldsymbol{P}\in M_n(\mathbb{R})$，使得

$$\boldsymbol{P}^{\mathrm{T}}\boldsymbol{A}\boldsymbol{P}=\operatorname{diag}(\boldsymbol{I}_p,-\boldsymbol{I}_{r-p},\boldsymbol{0}).$$

7.4 实二次型的正定性

对于实二次型，正定性是一个非常重要的性质，这一节将给出它的定义及判别条件.

定义 7.3 设 $Q(\alpha)$ 是实二次型，若对任何一个非零向量 α，恒有 $Q(\alpha)>0$，则称实二次型 $Q(\alpha)$ **正定**(positive definite).

正定二次型的矩阵称为**正定矩阵**.

例 7.13 $Q(x_1,x_2,\cdots,x_n)=x_1^2+x_2^2+\cdots+x_n^2$ 是正定二次型，但 $Q(x_1,x_2,\cdots,x_n)=x_1^2+x_2^2+\cdots+x_r^2$，$r<n$，不是正定二次型. ■

例 7.14 设 V 是欧几里得空间，$\alpha_1,\alpha_2,\cdots,\alpha_n$ 是 V 的一组基，这组基的度量矩阵 $\boldsymbol{G}=((\alpha_i,\alpha_j))$，$\alpha$ 是 V 中任意向量，假设 $\alpha=\sum\limits_{i=1}^{n}x_i\alpha_i$，记 α 的坐标为 $\boldsymbol{x}=(x_1,x_2,\cdots,x_n)^{\mathrm{T}}$，则内积

$$(\alpha,\alpha)=\left(\sum_{i=1}^{n}x_i\alpha_i,\sum_{i=1}^{n}x_i\alpha_i\right)=\sum_{i=1}^{n}\sum_{j=1}^{n}x_ix_j(\boldsymbol{\alpha}_i,\boldsymbol{\alpha}_j)=\boldsymbol{x}^{\mathrm{T}}\boldsymbol{G}\boldsymbol{x},$$

由内积的正定性，当 $\alpha\neq\theta$ 时，有 $(\alpha,\alpha)>0$，于是 α 的内积 (α,α) 是一个正定二次型，而基的度量矩阵 $\boldsymbol{G}$ 是一个正定矩阵. 因此欧几里得空间的任意一组基的度量矩阵都是正定矩阵，而

且欧几里得空间的向量与自己的内积是正定二次型. ■

正定二次型有以下性质.

性质 1 二次型经过可逆线性替换,其正定性不变.

事实上,设 $Q(\alpha)=\boldsymbol{x}^{\mathrm{T}}\boldsymbol{A}\boldsymbol{x}$,令 $\boldsymbol{x}=\boldsymbol{P}\boldsymbol{y}$,其中 $\boldsymbol{P}$ 是可逆矩阵,于是对于 $\boldsymbol{x}\neq\boldsymbol{0}$,有 $\boldsymbol{y}\neq\boldsymbol{0}$,且

$$Q(\alpha)=\boldsymbol{x}^{\mathrm{T}}\boldsymbol{A}\boldsymbol{x}=(\boldsymbol{P}\boldsymbol{y})^{\mathrm{T}}\boldsymbol{A}(\boldsymbol{P}\boldsymbol{y})=\boldsymbol{y}^{\mathrm{T}}(\boldsymbol{P}^{\mathrm{T}}\boldsymbol{A}\boldsymbol{P})\boldsymbol{y},$$

从而有

$$\boldsymbol{x}^{\mathrm{T}}\boldsymbol{A}\boldsymbol{x}\text{ 正定}\Leftrightarrow\boldsymbol{y}^{\mathrm{T}}(\boldsymbol{P}^{\mathrm{T}}\boldsymbol{A}\boldsymbol{P})\boldsymbol{y}\text{ 正定},$$

或

$$\boldsymbol{A}\text{ 正定}\Leftrightarrow\boldsymbol{P}^{\mathrm{T}}\boldsymbol{A}\boldsymbol{P}\text{ 正定}.$$

由主轴定理,任意实二次型 $Q(\alpha)$ 都可经过正交变换化成标准形:$Q(\alpha)=\lambda_1y_1^2+\lambda_2y_2^2+\cdots+\lambda_ny_n^2$. 再由性质 1,$Q(\alpha)$正定$\Leftrightarrow\lambda_i>0,i=1,2,\cdots,n$. 或用矩阵语言叙述为下述性质.

性质 2 实对称矩阵 $\boldsymbol{A}$ 正定$\Leftrightarrow\boldsymbol{A}$ 的所有特征值全为正的.

由性质 1 知,判断二次型的正定性也可以由它的规范形来进行. 对于实二次型,由惯性定理,任意实二次型的规范形是 $z_1^2+z_2^2+\cdots+z_p^2-z_{p+1}^2-\cdots-z_r^2$,因此二次型正定就要求正惯性指数和秩都等于变元的个数 n.

性质 3 实二次型正定$\Leftrightarrow$正惯性指数 $p=n$.

性质 3 用矩阵语言描述,就是性质 4.

性质 4 实对称阵 $\boldsymbol{A}$ 正定$\Leftrightarrow\boldsymbol{A}$ 与 $\boldsymbol{I}$ 相合.

$\boldsymbol{A}$ 与 $\boldsymbol{I}$ 相合,用数学式子表达,即存在可逆矩阵 $\boldsymbol{C}$,使得

$$\boldsymbol{A}=\boldsymbol{C}^{\mathrm{T}}\boldsymbol{I}\boldsymbol{C}=\boldsymbol{C}^{\mathrm{T}}\boldsymbol{C}. \tag{7.16}$$

于是有如下性质.

性质 5 实对称矩阵 $\boldsymbol{A}$ 正定$\Leftrightarrow$存在可逆矩阵 $\boldsymbol{C}$,使得 $\boldsymbol{A}=\boldsymbol{C}^{\mathrm{T}}\boldsymbol{C}$.

对(7.16)式两端取行列式,有

$$\det\boldsymbol{A}=\det\boldsymbol{C}^{\mathrm{T}}\det\boldsymbol{C}=(\det\boldsymbol{C})^2>0.$$

性质 6 实对称矩阵 $\boldsymbol{A}$ 正定,则 $\boldsymbol{A}$ 的行列式大于零.

注意,性质 6 是 $\boldsymbol{A}$ 正定的必要条件,但不是充分条件. 例如 $\boldsymbol{A}=\begin{bmatrix}-1 & \\ & -1\end{bmatrix}$是对称矩阵且行列式为 1,但以 $\boldsymbol{A}$ 为矩阵的二次型$-x_1^2-x_2^2$不是正定的.

既然 $\boldsymbol{A}$ 的行列式大于零只是 $\boldsymbol{A}$ 正定的必要条件,那么还要满足什么条件,才能保证 $\boldsymbol{A}$ 正定呢?

定义 7.4 设 $\boldsymbol{A}=(a_{ij})\in M_n$,子式

$$P_i=\begin{vmatrix}a_{11} & a_{12} & \cdots & a_{1i}\\ a_{21} & a_{22} & \cdots & a_{2i}\\ \vdots & \vdots & & \vdots\\ a_{i1} & a_{i2} & \cdots & a_{ii}\end{vmatrix},\quad i=1,2,\cdots,n$$

称为矩阵 $\boldsymbol{A}$ 的 i 阶**顺序主子式**.行指标与列指标相同的子式称为**主子式**.

定理 7.6 实二次型 $Q(\alpha)=\boldsymbol{x}^{\mathrm{T}}\boldsymbol{A}\boldsymbol{x}$ 正定的充分必要条件是 $\boldsymbol{A}$ 的各阶顺序主子式 $P_i>0$, $i=1,2,\cdots,n$.

证 先证必要性.设 $Q(\alpha)$ 正定,由性质 6,有 $P_n=\det\boldsymbol{A}>0$.如果令 $x_{i+1}=x_{i+2}=\cdots=x_n=0$,则二次型

$$Q(\alpha)=Q(x_1,x_2,\cdots,x_i,0,\cdots,0)=Q_i(x_1,x_2,\cdots,x_i),\quad i=1,2,\cdots,n-1.$$

$Q(\alpha)$ 正定,即 $Q_i(x_1,x_2,\cdots,x_i)$ 正定,而 $Q_i(x_1,x_2,\cdots,x_i)$ 的矩阵正是 P_i,于是由性质 6 有 $P_i>0$,$i=1,2,\cdots,n-1$.即 $\boldsymbol{A}$ 的各阶顺序主子式都大于零.

再证充分性.对矩阵 $\boldsymbol{A}$ 的阶数 n 作数学归纳法.

当 $n=1$ 时,$P_1=a_{11}>0$,当 $\alpha\neq\theta$ 时,$Q(\alpha)=a_{11}x_1^2>0$,故 $Q(\alpha)$ 正定.

假设 $n-1$ 时命题成立.

考虑 n 个变元的二次型.记

$$\boldsymbol{A}=\begin{bmatrix}\boldsymbol{A}_{n-1} & \boldsymbol{\beta}\\ \boldsymbol{\beta}^{\mathrm{T}} & a_{nn}\end{bmatrix},$$

其中 $\boldsymbol{\beta}=(a_{1n},a_{2n},\cdots,a_{n-1,n})^{\mathrm{T}}$,由题设,$\boldsymbol{A}$ 的各阶顺序主子式大于零,即 $P_i>0$,$i=1,2,\cdots,n$.因此由归纳假设,知 $\boldsymbol{A}_{n-1}$ 正定.再由性质 4,存在一个可逆的 $n-1$ 阶矩阵 $\boldsymbol{C}_{n-1}$,使得

$$\boldsymbol{C}_{n-1}^{\mathrm{T}}\boldsymbol{A}_{n-1}\boldsymbol{C}_{n-1}=\boldsymbol{I}_{n-1}.$$

令 $\boldsymbol{C}=\begin{bmatrix}\boldsymbol{C}_{n-1} & -\boldsymbol{A}_{n-1}^{-1}\boldsymbol{\beta}\\ \boldsymbol{0} & 1\end{bmatrix}$,则有

$$\boldsymbol{C}^{\mathrm{T}}\boldsymbol{A}\boldsymbol{C}=\begin{bmatrix}\boldsymbol{C}_{n-1}^{\mathrm{T}} & \boldsymbol{0}\\ -\boldsymbol{\beta}^{\mathrm{T}}\boldsymbol{A}_{n-1}^{-1} & 1\end{bmatrix}\begin{bmatrix}\boldsymbol{A}_{n-1} & \boldsymbol{\beta}\\ \boldsymbol{\beta}^{\mathrm{T}} & a_{nn}\end{bmatrix}\begin{bmatrix}\boldsymbol{C}_{n-1} & -\boldsymbol{A}_{n-1}^{-1}\boldsymbol{\beta}\\ \boldsymbol{0} & 1\end{bmatrix}$$

$$=\begin{bmatrix}\boldsymbol{C}_{n-1}^{\mathrm{T}}\boldsymbol{A}_{n-1}\boldsymbol{C}_{n-1} & \boldsymbol{0}\\ \boldsymbol{0} & a_{nn}-\boldsymbol{\beta}^{\mathrm{T}}\boldsymbol{A}_{n-1}^{-1}\boldsymbol{\beta}\end{bmatrix}.$$

由于 $\det\boldsymbol{A}=P_n>0$,所以

$$\det(\boldsymbol{C}^{\mathrm{T}}\boldsymbol{A}\boldsymbol{C})=(\det\boldsymbol{C})^2\det\boldsymbol{A}>0,$$

从而有 $a_{nn}-\boldsymbol{\beta}^{\mathrm{T}}\boldsymbol{A}_{n-1}^{-1}\boldsymbol{\beta}>0$,记 $d=a_{nn}-\boldsymbol{\beta}^{\mathrm{T}}\boldsymbol{A}_{n-1}^{-1}\boldsymbol{\beta}$,取

$$\boldsymbol{D}=\boldsymbol{C}\begin{bmatrix}\boldsymbol{I} & \boldsymbol{0}\\ \boldsymbol{0} & \dfrac{1}{\sqrt{d}}\end{bmatrix},$$

则有

$$\boldsymbol{D}^{\mathrm{T}}\boldsymbol{A}\boldsymbol{D}=\begin{bmatrix}\boldsymbol{I} & \boldsymbol{0}\\ \boldsymbol{0} & \dfrac{1}{\sqrt{d}}\end{bmatrix}\boldsymbol{C}^{\mathrm{T}}\boldsymbol{A}\boldsymbol{C}\begin{bmatrix}\boldsymbol{I} & \boldsymbol{0}\\ \boldsymbol{0} & \dfrac{1}{\sqrt{d}}\end{bmatrix}=\boldsymbol{I}.$$

由性质 4 知 $\boldsymbol{A}$ 是正定的.根据归纳法原理,对任意自然数 n,n 个变量的二次型 $Q(\alpha)$ 正定.

■

实际上,正定的实二次型不但顺序主子式全大于零,而且它的所有主子式也全大于零.这一点请读者自行证明(习题 7,第 28 题).

定理 7.7 实对称矩阵 $\boldsymbol{A}$ 正定的充分必要条件是 $\boldsymbol{A}$ 的所有各阶主子式全大于零. ■

例 7.15 判断二次型 $Q(\alpha)=2x_1^2+2x_2^2+x_3^2-2x_1x_2+2x_2x_3$ 是否正定.

解 二次型 $Q(\alpha)$ 的矩阵为

$$\boldsymbol{A}=\begin{bmatrix}2&-1&0\\-1&2&1\\0&1&1\end{bmatrix}.$$

各阶顺序主子式为

$$P_1=2,\quad P_2=\begin{vmatrix}2&-1\\-1&2\end{vmatrix}=3,\quad P_3=\det\boldsymbol{A}=1.$$

由定理 7.6,二次型 $Q(\alpha)$ 正定. ■

例 7.16 判断矩阵

$$\boldsymbol{A}=\begin{bmatrix}2&-1&-1\\-1&2&-1\\-1&-1&2\end{bmatrix}$$

是否正定.

解 $P_1=2,P_2=\begin{vmatrix}2&-1\\-1&2\end{vmatrix}=3,P_3=\det\boldsymbol{A}=0$,因此矩阵 $\boldsymbol{A}$ 不正定. ■

例 7.17 求参数 t 的范围,使下列二次型为正定二次型.

$$Q(\alpha)=2x_1^2+2x_2^2+2x_3^2-2tx_1x_2-2tx_1x_3-2tx_2x_3.$$

解 二次型 $Q(\alpha)$ 的矩阵

$$\boldsymbol{A}=\begin{bmatrix}2&-t&-t\\-t&2&-t\\-t&-t&2\end{bmatrix}.$$

为使 $Q(\alpha)$ 正定,要求 A 的各阶顺序主子式大于零,即

$$P_1=2>0,\quad P_2=\begin{vmatrix}2&-t\\-t&2\end{vmatrix}=4-t^2>0,$$

$$P_3=\begin{vmatrix}2&-t&-t\\-t&2&-t\\-t&-t&2\end{vmatrix}=(2-2t)(2+t)^2>0.$$

推得

$$\begin{cases}4-t^2>0,\\2-2t>0.\end{cases}$$

即

$$\begin{cases}-2<t<2,\\ t<1.\end{cases}$$

所以当$-2<t<1$时,$Q(\alpha)$正定. ■

当$t=1$时,就是例7.16中的矩阵,由此可见例7.17的矩阵不正定.

对于非正定的二次型,还可以分为半正定、负定、半负定及不定等几种类型,下面分别给出定义及判别条件.

定义7.5 设$Q(\alpha)$是实二次型,若对任意非零向量α,

(1) 恒有$Q(\alpha)\geqslant 0$,则称实二次型$Q(\alpha)$是**半正定**的(semi-positive definite);

(2) 恒有$Q(\alpha)<0$,则称实二次型$Q(\alpha)$是**负定**的(negative definite);

(3) 恒有$Q(\alpha)\leqslant 0$,则称实二次型$Q(\alpha)$是**半负定**的;

既非正定、半正定,又非负定、半负定的二次型称为**不定**的.

半正定、负定、半负定二次型的矩阵分别称为半正定、负定、半负定矩阵.

类似正定性的讨论,不难得到半正定的判别条件.

定理7.8 设$Q(\alpha)=\boldsymbol{x}^{\mathrm{T}}\boldsymbol{A}\boldsymbol{x}$是$n$元实二次型,以下命题等价.

(1) $Q(\alpha)$是半正定二次型,或$\boldsymbol{A}$为半正定矩阵;

(2) $Q(\alpha)$的正惯性指数$p=r$,其中r是$\boldsymbol{A}$的秩;

(3) $\boldsymbol{A}$相合于$\mathrm{diag}(\boldsymbol{I}_r,\boldsymbol{0}),r\leqslant n$;

(4) 存在n阶方阵$\boldsymbol{C}$,使得$\boldsymbol{A}=\boldsymbol{C}^{\mathrm{T}}\boldsymbol{C}$;

(5) $\boldsymbol{A}$的所有特征值非负;

(6) $\boldsymbol{A}$的所有主子式非负. ■

这些性质请读者自行证明,这里特别要提到的是对于半正定性,没有类似定理7.6关于顺序主子式的性质,只要看一个反例就不难明白.

例7.18 设$Q(x_1,x_2,x_3)=x_1^2-x_3^2$,它的矩阵$\boldsymbol{A}=\begin{bmatrix}1&0&0\\0&0&0\\0&0&-1\end{bmatrix}$,因此有$P_1=1,P_2=0,P_3=0$.但是$Q(x_1,x_2,x_3)$不是半正定的,因为当$\boldsymbol{x}=(x_1,x_2,x_3)=(0,0,1)^{\mathrm{T}}$时,$Q(\boldsymbol{x})=-1<0$.$Q(\boldsymbol{x})$也不是半负定的,因为当$\boldsymbol{x}=(1,0,0)^{\mathrm{T}}$时,$Q(\boldsymbol{x})=1>0$.实际上$Q(\boldsymbol{x})$是不定的. ■

如果实二次型$Q(\alpha)$正定(或半正定),显然$-Q(\alpha)$就是负定(或半负定).因此没有必要专门去讨论关于负定和半负定的判断条件.

例7.19 设$Q(\alpha)=x_1^2+x_2^2+x_3^2-6x_2x_3$,试判断$Q(\alpha)$是否正定.

解 $Q(\alpha)$的矩阵$\boldsymbol{A}=\begin{bmatrix}1&0&0\\0&1&-3\\0&-3&1\end{bmatrix}$,$\boldsymbol{A}$的特征多项式

$$|\lambda \boldsymbol{I} - \boldsymbol{A}| = (\lambda - 1)(\lambda + 2)(\lambda - 4).$$

求得 $\boldsymbol{A}$ 的特征值 $\lambda_1 = 1, \lambda_2 = -2, \lambda_3 = 4$，易知 $Q(\alpha)$ 不定. ■

例 7.20 判断 $Q(\alpha) = -2x_1^2 - 2x_2^2 - x_3^2 + 2x_1x_2 - 2x_2x_3$ 是否正定.

解 此二次型与例 7.15 的二次型只差一个负号，例 7.15 的二次型正定，故本例的二次型负定. ■

下面算一下它的顺序主子式，看有什么特点.

设

$$\boldsymbol{A} = \begin{bmatrix} -2 & 1 & 0 \\ 1 & -2 & -1 \\ 0 & -1 & -1 \end{bmatrix},$$

因此，

$$P_1 = -2 < 0, \quad P_2 = \begin{vmatrix} -2 & 1 \\ 1 & -2 \end{vmatrix} = 3 > 0, \quad P_3 = \begin{vmatrix} -2 & 1 & 0 \\ 1 & -2 & -1 \\ 0 & -1 & -1 \end{vmatrix} = -1 < 0.$$

由此可以总结出：**实二次型负定⇔各阶顺序主子式负正相间**，请读者自行证明.

例 7.21 判断 $Q(\alpha) = x_1^2 + x_2^2 + x_3^2 - 2x_1x_3$ 是否正定.

解 对任意的 $\alpha \neq \theta$

$$Q(\alpha) = x_1^2 + x_2^2 + x_3^2 - 2x_1x_3 = (x_1 - x_3)^2 + x_2^2 \geqslant 0,$$

所以 $Q(\alpha)$ 是半正定的. 读者容易检验此二次型矩阵的所有主子式都大于等于零. ■

例 7.22 设 $\mathbf{A} \in M_{m,n}(\mathbb{R})$，且 $\mathbf{A}$ 的秩为 n，证明 $\mathbf{A}^{\mathrm{T}}\mathbf{A}$ 正定.

证 由于 $(\mathbf{A}^{\mathrm{T}}\mathbf{A})^{\mathrm{T}} = \mathbf{A}^{\mathrm{T}}\mathbf{A}$，故 $\mathbf{A}^{\mathrm{T}}\mathbf{A}$ 是 n 阶实对称阵，令以 $\mathbf{A}^{\mathrm{T}}\mathbf{A}$ 为矩阵的二次型为 $Q(\alpha)$，则

$$Q(\alpha) = \mathbf{x}^{\mathrm{T}}\mathbf{A}^{\mathrm{T}}\mathbf{A}\mathbf{x} = (\mathbf{A}\mathbf{x})^{\mathrm{T}}\mathbf{A}\mathbf{x} \geqslant 0,$$

且 $Q(\alpha) = 0 \Leftrightarrow \mathbf{A}\mathbf{x} = \mathbf{0}$. 由于秩 $\mathbf{A} = n$. 齐次线性方程组 $\mathbf{A}\mathbf{x} = 0$ 只有零解. 从而有 $\mathbf{A}\mathbf{x} = \mathbf{0} \Leftrightarrow \mathbf{x} = 0$，即

$$Q(\alpha) = 0 \Leftrightarrow \alpha = \theta.$$

故 $Q(\alpha)$ 为正定二次型，从而矩阵 $\mathbf{A}^{\mathrm{T}}\mathbf{A}$ 正定. ■

7.5 曲面与方程

在欧几里得空间建立了直角坐标系后，空间的每一个点就有一个坐标 (x, y, z). 当点的坐标 x, y, z 受到一定限制时，点就局限在空间的某一部分，而构成一定的形状. 所谓限制即点的坐标满足一些关系式. 一般来说，当 x, y, z 满足一个关系式 $f(x, y, z) = 0$，x, y, z 之间还有两个自由度，所有满足这个关系式 $f(x, y, z) = 0$ 的点(也说受这个条件约束的点)就构成一个空间的曲面；当 x, y, z 满足两个关系式 $f_1(x, y, z) = 0$ 和 $f_2(x, y, z) = 0$，x, y, z 之

间只有一个自由度,所有满足这两个关系式的点就构成一条曲线.

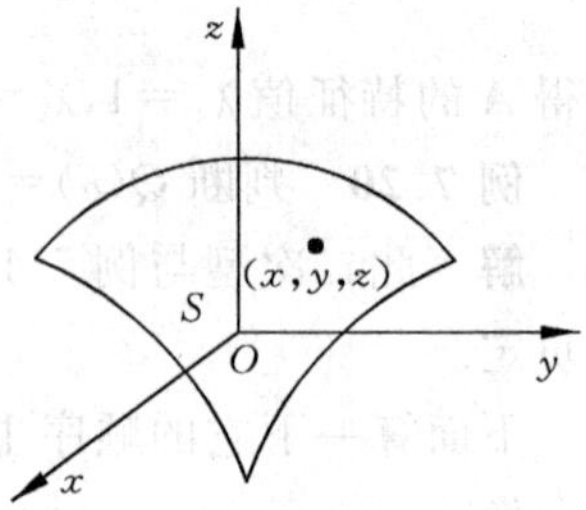

图 7.1

假设在欧几里得空间有一块曲面 S(图 7.1).

$$f(x,y,z)=0 \tag{7.17}$$

是一个关于 x,y,z 的方程.如果曲面 S 上每一点的坐标 (x,y,z) 都满足方程(7.17);反之,任何满足方程(7.17)的点 (x,y,z) 都在曲面 S 上,就称方程(7.17)是曲面 S 的方程,曲面 S 就是方程(7.17)的曲面.由于曲面的方程完全确定了该曲面,因此可以通过对曲面方程的代数研究,得到有关曲面的一些几何性质,这正是我们建立曲面方程的目的.

7.5.1 球面方程

先来建立球心为 $O_0(x_0,y_0,z_0)$,半径为 r 的球面 S 的方程(图 7.2).

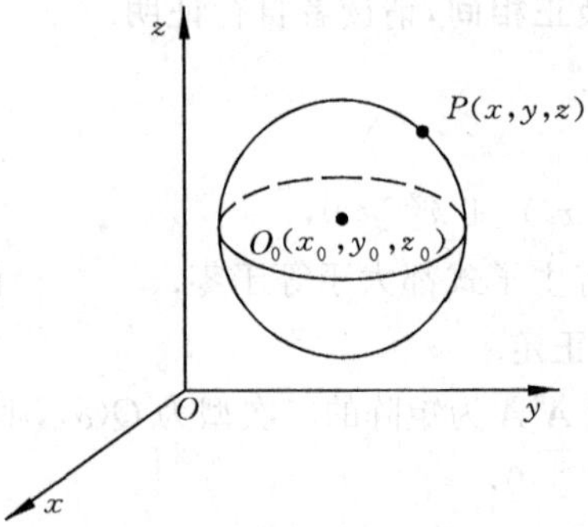

图 7.2

假定空间任意一点 P 的坐标是 (x,y,z),那么 P 在球面 S 上的充分必要条件是 P 到球心 O_0 的距离为 r,即 $|PO_0|=r$.利用两点距离公式,有

$$|PO_0|=\sqrt{(x-x_0)^2+(y-y_0)^2+(z-z_0)^2}=r,$$

或

$$(x-x_0)^2+(y-y_0)^2+(z-z_0)^2=r^2. \tag{7.18}$$

(7.18)式称为**球面的标准方程**,将(7.18)式展开,得到

$$x^2+y^2+z^2-2x_0x-2y_0y-2z_0z+x_0^2+y_0^2+z_0^2-r^2=0.$$

这是一个坐标 x,y,z 的二次方程,其特点是 x^2,y^2,z^2 的系数都相等,且缺混合二次项 xy, yz,zx 等.反之,若给定一个具有上述特点的方程

$$x^2+y^2+z^2+ax+by+cz+d=0,$$

通过配方,方程可写成

$$\left(x+\frac{a}{2}\right)^2+\left(y+\frac{b}{2}\right)^2+\left(z+\frac{c}{2}\right)^2+d-\frac{a^2}{4}-\frac{b^2}{4}-\frac{c^2}{4}=0,$$

或

$$\left(x-\left(-\frac{a}{2}\right)\right)^2+\left(y-\left(-\frac{b}{2}\right)\right)^2+\left(z-\left(-\frac{c}{2}\right)\right)^2=\frac{a^2+b^2+c^2-4d}{4}.$$

当 $a^2+b^2+c^2-4d>0$ 时，这个方程就表示以 $\left(-\frac{a}{2},-\frac{b}{2},-\frac{c}{2}\right)$ 为球心，半径 $r=\sqrt{\frac{a^2+b^2+c^2-4d}{4}}$ 的球；当 $a^2+b^2+c^2-4d=0$ 时，方程仅表示一个点 $\left(-\frac{a}{2},-\frac{b}{2},-\frac{c}{2}\right)$；若 $a^2+b^2+c^2-4d<0$，任何点的坐标都不会满足这个方程，所以方程不表示任何曲面．把这个规律写成定理．

定理 7.9 形如

$$x^2+y^2+z^2+ax+by+cz+d=0$$

的二次方程，其图形或者是球，或者是一个点，或者不代表任何图形． ■

例 7.23 求方程 $x^2+y^2+z^2-2x+4y+2z+2=0$ 所表示的曲面．

解 配方，得到

$$(x-1)^2+(y+2)^2+(z+1)^2=2^2.$$

因此方程表示一个以 $(1,-2,-1)$ 为球心，半径为 2 的球面． ■

例 7.24 求方程 $x^2+y^2+z^2-2x+4y+5=0$ 所表示的曲面．

解 配方，得到

$$(x-1)^2+(y+2)^2+z^2=0.$$

方程表示一个点 $(1,-2,0)$． ■

例 7.25 求方程 $x^2+y^2+z^2-2x+2=0$ 所表示的曲面．

解 配方，得到

$$(x-1)^2+y^2+z^2+1=0.$$

显然任何点的坐标都不会使上式成立，所以这个方程不代表任何曲面． ■

7.5.2 母线与坐标轴平行的柱面方程

在平面解析几何中，$x^2+y^2=r^2$ 代表一个圆心在原点半径为 r 的圆，那么它在空间又是代表什么图形呢？由于方程中不出现 z，意味着对 z 坐标没有任何限制．显然，对任意实数 z，如果 $(x_0,y_0,0)$ 能满足方程，那么 (x_0,y_0,z) 也能满足方程；如果 $(x_0,y_0,0)$ 不满足方程，那么 (x_0,y_0,z) 也不满足方程．而点 (x_0,y_0,z) 是在通过 Oxy 面上的点 $(x_0,y_0,0)$ 且和 z 轴平行的直线上的，因此在三维空间，$x^2+y^2=r^2$ 代表一个圆柱面，它的母线和 z 轴平行，准线是 Oxy 面上圆心在原点，半径为 r 的圆（图 7.3）．

由此，一个缺 z 的方程 $f(x,y)=0$，在一般情况下表示母线与 z 轴平行，准线为 Oxy 平面内的曲线 $f(x,y)=0$ 的柱面．同理，$g(y,z)=0$ 及 $h(z,x)=0$ 分别表示母线平行 x 轴和 y 轴的柱面．

例 7.26 试求方程 $y^2=x$ 所表示的曲面．

解 在 Oxy 平面上，$y^2=x$ 表示一条抛物线．因此，在空间它代表母线平行 z 轴，准线

是 Oxy 面上的抛物线 $y^2=x$ 的一个柱面(图 7.4). ■

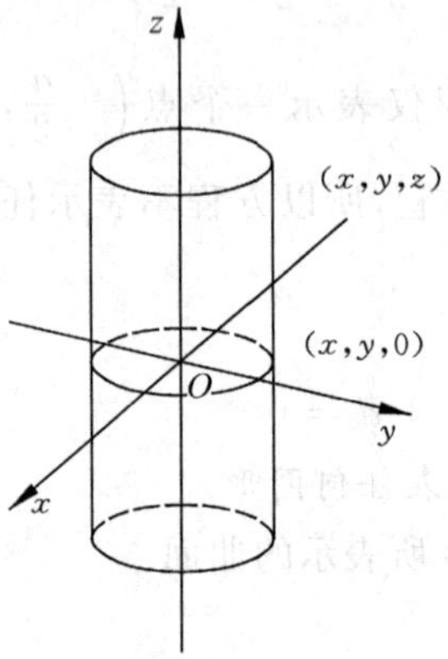

图 7.3

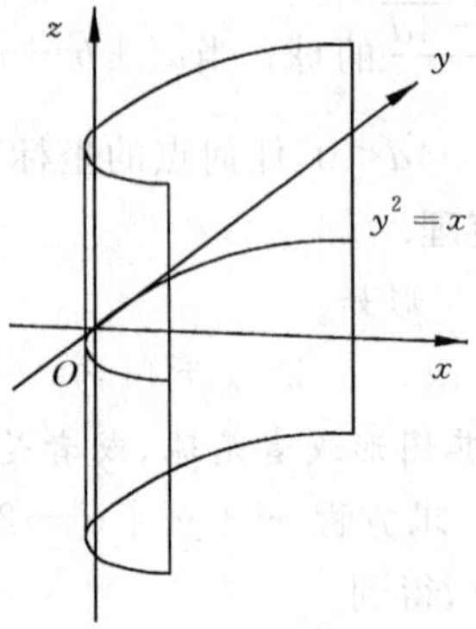

图 7.4

7.5.3 绕坐标轴旋转的旋转面方程

设在 Oxy 平面内有一段曲线 C,它的方程是

$$f(x,y)=0,\quad y\geqslant 0.$$

将这段曲线 C 绕 x 轴旋转一周,得到一个旋转面,现求该旋转面的方程.

如图 7.5 所示,在旋转面上任选一点 $P(x,y,z)$,假设 P 是由 C 上 $P_0(x_0,y_0,0)$ 点绕 x 轴旋转得到的. 那么,P 和 P_0 的坐标之间满足以下关系:

$$\begin{cases} x=x_0, \\ \sqrt{y^2+z^2}=y_0. \end{cases}$$

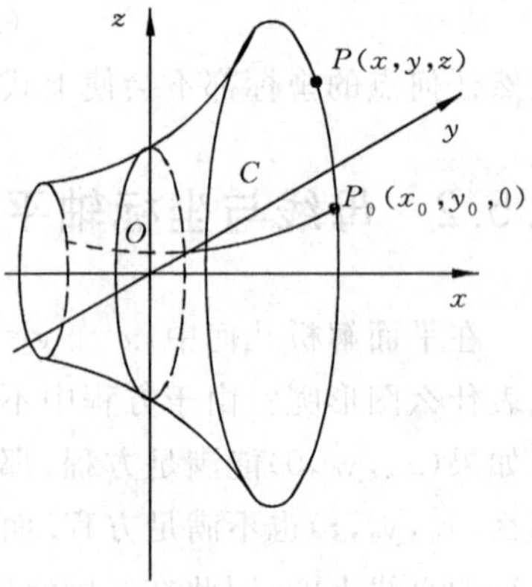

图 7.5

但是 C 上的点的坐标应满足 C 的方程,因此有

$$f(x_0,y_0)=0,$$

也就是说旋转面上任意一点 $P(x,y,z)$ 的坐标必满足

$$f(x,\sqrt{y^2+z^2})=0.$$

反之,若一点 $P(x,y,z)$ 满足 $f(x,\sqrt{y^2+z^2})=0$,那么 Oxy 平面上的点 $P_0(x_0,y_0,0)$ 满足方程

$$f(x_0,y_0)=0,$$

其中 $x_0=x,y_0=\sqrt{y^2+z^2}$. 因此点 P_0 在曲线 C 上,而点 P 恰是 P_0 绕 x 轴旋转得到的,于是 $P(x,y,z)$ 就在该旋转面上. 这就证明了方程

$$f(x,\sqrt{y^2+z^2})=0$$

是所求的旋转面方程.

例 7.27 求 Oxy 平面内的抛物线 $y=x^2$ 分别绕 x 轴和 y 轴旋转所得的旋转面方程.

解 (1) 绕 x 轴旋转 将方程 $y=x^2$ 中 x 用 x 代替, y 用 $\sqrt{y^2+z^2}$ 代替,得到

$$\sqrt{y^2+z^2}=x^2$$

或

$$y^2+z^2=x^4.$$

这就是 $y=x^2$ 绕 x 轴旋转所得旋转面的方程,图形如图 7.6 所示.

(2) 绕 y 轴旋转 将方程 $y=x^2$ 中 y 用 y 代替, x 用 $\sqrt{x^2+z^2}$ 代替,得到

$$y=x^2+z^2.$$

图形如图 7.7 所示. ■

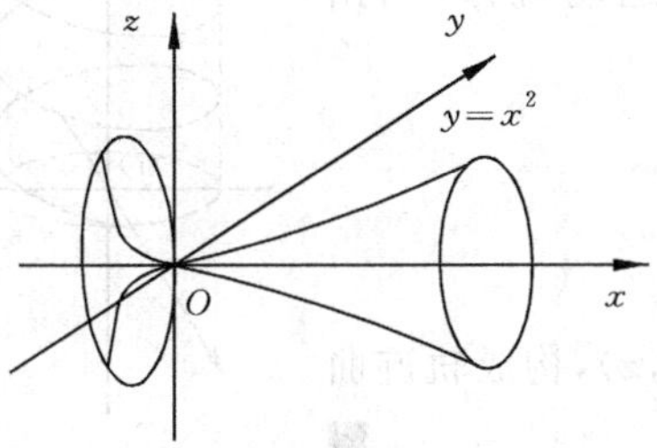

图 7.6

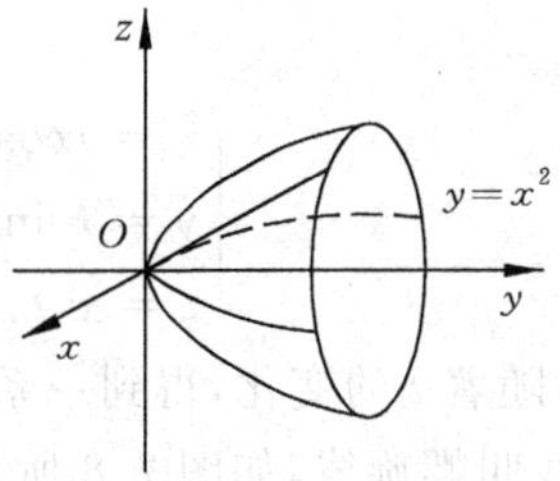

图 7.7

7.5.4 空间曲线的方程

一条空间曲线可以看成是两个曲面的交线.假设两个曲面 S_1 和 S_2 的方程分别是

$$f(x,y,z)=0$$

和

$$g(x,y,z)=0,$$

则曲面 S_1 和 S_2 的交线 C 上点的坐标同时满足上述两个方程;反之,同时满足上述两个方程的点必定既在 S_1 上又在 S_2 上,即在 S_1 和 S_2 的交线上.因此,曲线 C 的方程就是这两个方程的联立方程

$$\begin{cases}f(x,y,z)=0,\\ g(x,y,z)=0.\end{cases}$$

例 7.28 在 Oxy 平面内以原点为圆心,以 r 为半径的圆,可以看成是母线平行 z 轴,准线是 Oxy 平面内以原点为圆心半径为 r 的圆柱面和 Oxy 平面的交线,因此它的方程是

$$\begin{cases} x^2 + y^2 = r^2, \\ z = 0. \end{cases}$$

这个圆也可以看成是圆柱面和球面的交线，即

$$\begin{cases} x^2 + y^2 = r^2, \\ x^2 + y^2 + z^2 = r^2. \end{cases}$$

■

一条空间曲线也可以看成是动点运动的轨迹，这时只要分别把三个坐标关于时间 t 的运动方程列出来，就能得到曲线的方程. 这样得到的方程叫做参数方程，时间 t 是参数.

例 7.29 有一个质点沿圆柱面 $x^2+y^2=r^2$ 移动，一方面它绕 z 轴以等角速度 ω 旋转，另一方面又以等速度 v_0 沿 z 轴正方向移动. 设开始时质点在 $(r,0,0)$ 处，求质点运动的轨迹曲线的方程.

解 设在时间 t，质点在 (x,y,z) 处，根据运动规律，列出方程

$$\begin{cases} x = r\cos\omega t, \\ y = r\sin\omega t, \\ z = v_0 t. \end{cases}$$

t 从 0 开始，随着 t 的变化，得到一系列的点 (x,y,z)，构成轨迹曲线. 这条曲线叫螺旋线，如图 7.8 所示. ■

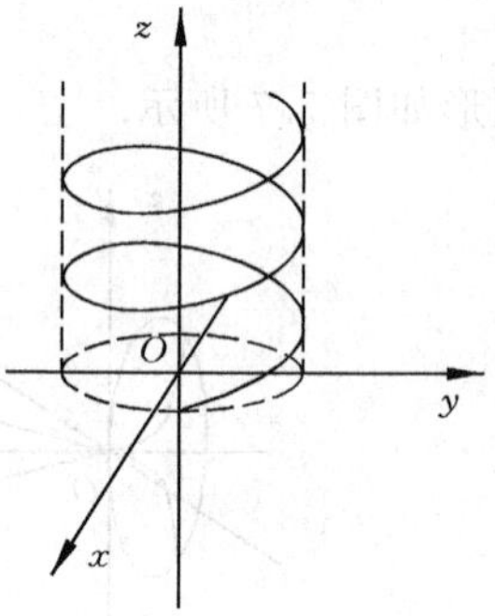

图 7.8

7.6 二次曲面的分类

现在回到两个或三个变量的二次型. 若 $\boldsymbol{\alpha}$ 是 $\mathbb{R}^2$ 中的向量，$Q(\boldsymbol{\alpha})=\boldsymbol{x}^{\mathrm{T}}\boldsymbol{A}\boldsymbol{x}$，则方程式 $\boldsymbol{x}^{\mathrm{T}}\boldsymbol{A}\boldsymbol{x}=1$ 是平面上**有心二次曲线**(central conic)的轨迹. 主轴定理告诉我们，存在正交线性替换，将 $Q(\boldsymbol{\alpha})$ 化成标准形 $Q(\boldsymbol{\alpha})=\lambda_1 y_1^2+\lambda_2 y_2^2$，这就是说平面上的有心二次曲线，都可取到一个合适的直角坐标系，使其方程式为标准形式 $ax^2+by^2=1$，其中 a,b 为实数. 这时，二次曲线的主轴位于新坐标轴上. 这也正是定理 7.1 叫做主轴定理的原因. 由平面解析几何知道，在平面中，方程 $ax^2+by^2=1$ 代表的曲线是:

(1) 椭圆($a>0,b>0$，且 $a\neq b$);

(2) 圆($a=b>0$);

(3) 双曲线($a>0,b<0$ 或 $a<0,b>0$);

(4) 空集合($a\leqslant 0$ 且 $b\leqslant 0$).

同理，若 $\boldsymbol{\alpha}$ 为 $\mathbb{R}^3$ 中的向量，$Q(\boldsymbol{\alpha})=\boldsymbol{x}^{\mathrm{T}}\boldsymbol{A}\boldsymbol{x}$，则方程 $\boldsymbol{x}^{\mathrm{T}}\boldsymbol{A}\boldsymbol{x}=1$ 是 $\mathbb{R}^3$ 中**有心二次曲面**的轨迹. 由主轴定理，$Q(\boldsymbol{\alpha})=\lambda_1 y_1^2+\lambda_2 y_2^2+\lambda_3 y_3^2$. 即三维空间的有心二次曲面如果将坐标系建立在二次曲面的主轴上，有标准方程 $ax^2+by^2+cz^2=1$，其中 a,b,c 为实数. 类似 $\mathbb{R}^2$ 的情况，对系数

a,b,c 的各种可能情况分别进行讨论，得到二次曲面的分类. 这里介绍几种常见的有心二次曲面及其标准方程.

7.6.1 椭球面

当二次曲面在某个直角坐标系中有形如

$$\frac{x^2}{a^2}+\frac{y^2}{b^2}+\frac{z^2}{c^2}=1 \tag{7.19}$$

的方程时，其中 $a\geqslant b\geqslant c>0$，称这种曲面为**椭球面**(ellipsoid). 当 $a=b=c$ 时，是半径为 a 的**球面**(sphere).

要想了解椭球面的形状，一般采用平面截割法，即用一系列平行于坐标面的平面去截割方程的图形，得到一些截线. 通过研究这些截线去想象空间的图形. 例如，考虑平行于 Oxy 平面的平面 $z=z_0$，椭球面被这个平面截割出来的曲线投影到 Oxy 平面上，它的方程是

$$\frac{x^2}{a^2}+\frac{y^2}{b^2}=1-\frac{z_0^2}{c^2},$$

或

$$\frac{x^2}{\left[a\sqrt{1-\frac{z_0^2}{c^2}}\right]^2}+\frac{y^2}{\left[b\sqrt{1-\frac{z_0^2}{c^2}}\right]^2}=1.$$

因此，当 $|z_0|>c$ 时，平面 $z=z_0$ 不切割椭球面；当 $|z_0|=c$ 时，平面 $z=z_0$ 与椭球面交于一点；当 $|z_0|<c$ 时，平面切割椭球面得到截线为具有半轴 $a\sqrt{1-\frac{z_0^2}{c^2}}$ 及 $b\sqrt{1-\frac{z_0^2}{c^2}}$ 的椭圆，当 $z_0=0$ 时，半轴最大，$|z_0|$ 从 0 增加到 c，半轴单调减小到零.

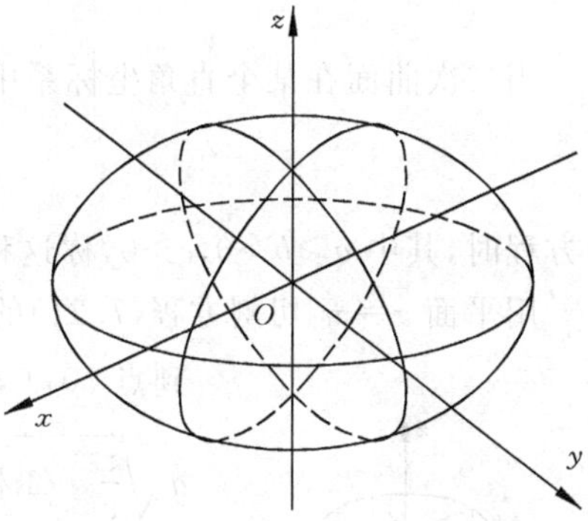

图 7.9

由方程(7.19)的对称性，类似地可得到其他两个与坐标面平行的截线也是一组椭圆. 综合起来得到如图 7.9 的图形.

平面截割法不只是研究椭球面的方法，而且也是研究一般二次曲面的基本方法. 下面将用平面截割法来研究其他几种典型的二次曲面.

7.6.2 单叶双曲面

当二次曲面在某个直角坐标系中有形如

$$\frac{x^2}{a^2}+\frac{y^2}{b^2}-\frac{z^2}{c^2}=1 \tag{7.20}$$

的方程时，其中 $a \geqslant b>0, c>0$，称这种曲面为**单叶双曲面**(hyperboloid of one sheet).

任意平面 $z=z_0$ 切割该曲面，其截线为半轴 $a\sqrt{1+\frac{z_0^2}{c^2}}$，$b\sqrt{1+\frac{z_0^2}{c^2}}$ 的椭圆. 当 $|z_0|$ 从零增大到 $+\infty$，半轴从 a 和 b 单调增大到 $+\infty$.

用平面 $x=x_0$ 切割曲面，当 $|x_0|<a$ 时，截线是半轴为 $b\sqrt{1-\frac{x_0^2}{a^2}}$ 和 $c\sqrt{1-\frac{x_0^2}{a^2}}$ 的双曲线，当 x_0 从零增大到 a，半轴从 b 和 c 单调地减小到零；当 $|x_0|=a$ 时，截线为一对相交直线，其方程为 $\frac{y^2}{b^2}-\frac{z^2}{c^2}=0$；当 $|x_0|>a$ 时，截线为具有半轴 $c\sqrt{\frac{x_0^2}{a^2}-1}$ 和 $b\sqrt{\frac{x_0^2}{a^2}-1}$ 的双曲线，当 $|x_0|$ 从 a 增大到 $+\infty$，半轴从零单调地增大到 $+\infty$.

类似地，用 $y=y_0$ 切割曲面，也能得到一组双曲线. 综合起来，单叶双曲面的形状如图 7.10 所示. 发电厂、炼油厂等的冷却塔一般都采用这种形状.

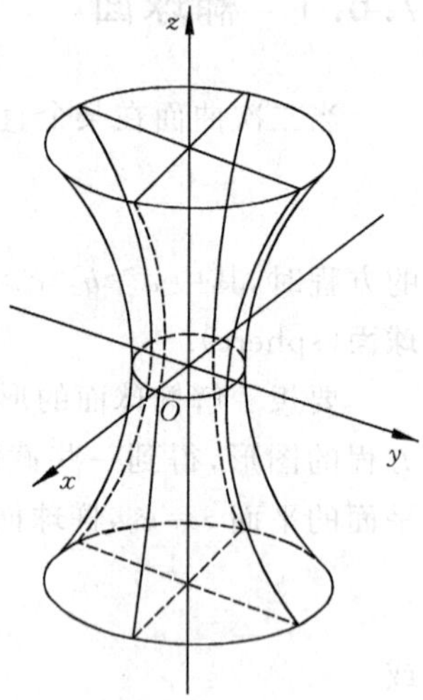

图 7.10

7.6.3 双叶双曲面

当二次曲面在某个直角坐标系中有形如

$$\frac{z^2}{c^2}-\frac{x^2}{a^2}-\frac{y^2}{b^2}=1 \tag{7.21}$$

的方程时，其中 $a \geqslant b>0, c>0$，称这种曲面为**双叶双曲面**(hyperboloid of two sheets).

用平面 $z=z_0$ 切割方程(7.21)的曲面，当 $|z_0|<c$ 时，不切割该曲面；当 $|z_0|=c$ 时，得到点 $(0,0,c)$ 和 $(0,0,-c)$；当 $|z_0|>c$ 时，截线为具有半轴 $a\sqrt{\frac{z_0^2}{c^2}-1}$ 和 $b\sqrt{\frac{z_0^2}{c^2}-1}$ 的椭圆，当 $|z_0|$ 从 c 增大到 $+\infty$，半轴也单调地从 0 增大到 $+\infty$.

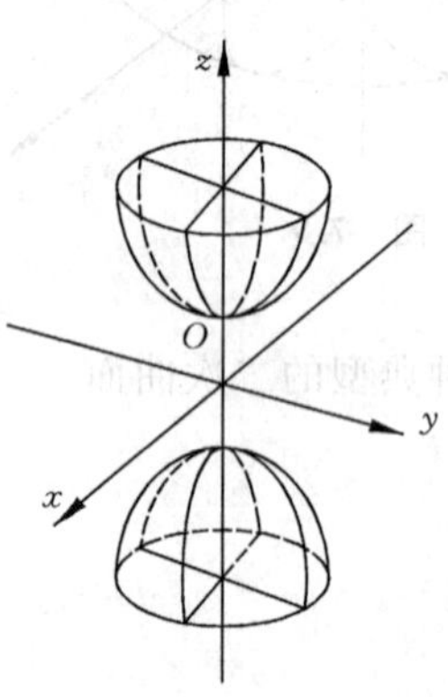

图 7.11

用平面 $x=x_0$ 切割，截线为具有半轴 $c\sqrt{1+\frac{x_0^2}{a^2}}$ 和 $b\sqrt{1+\frac{x_0^2}{a^2}}$ 的双曲线，当 x_0 从 0 增大到 $+\infty$，半轴单调地从 c 和 b 增大到 $+\infty$.

用平面 $y=y_0$ 切割，其截线也是双曲线. 综合起来，双叶双曲面的形状如图 7.11 所示. 坐标面是图形的对称平面，原点是图形的对称中心.

7.6.4 锥面

当二次曲面在某个直角坐标系中有形如

$$\frac{x^2}{a^2}+\frac{y^2}{b^2}-\frac{z^2}{c^2}=0 \tag{7.22}$$

的方程时，其中 $a \geqslant b > 0, c > 0$，称这种曲面为**二次锥面**(cone of the second order).

用 $z=z_0$ 去截方程(7.22)的曲面，截线是椭圆. $|z_0|$ 由零增大，椭圆的半轴也由 0 单调增大. 用 $x=x_0$ 去截，当 $|x_0|=0$ 时，截线是一对相交直线，当 $|x_0|$ 从 0 增大到 $+\infty$ 时，截线是半轴单调增大的一组双曲线. 用 $y=y_0$ 去截也有与 $x=x_0$ 类似的结果. 其图形如图 7.12 所示.

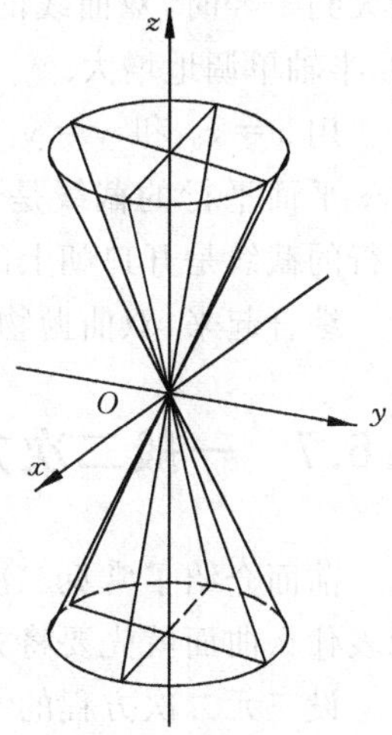

图 7.12

7.6.5 椭圆抛物面

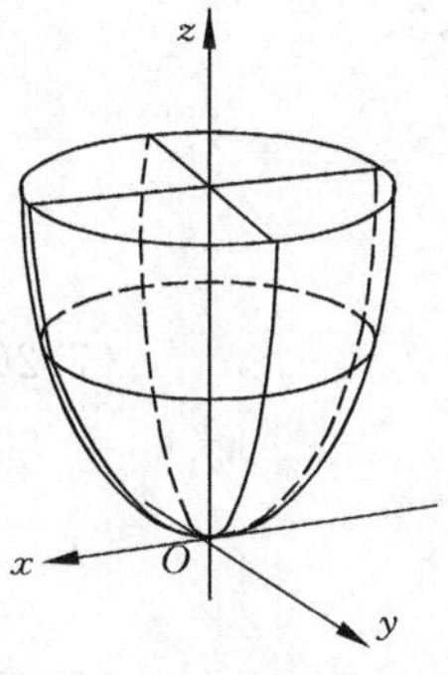

图 7.13

当二次曲面在某个直角坐标系中有形如

$$\frac{x^2}{a^2}+\frac{y^2}{b^2}=z \tag{7.23}$$

的方程时，其中 $a \geqslant b > 0$，称这种曲面为**椭圆抛物面**(elliptic paraboloid).

用 $z=z_0$ 的平面去切割，当 $z_0<0$ 时，$z=z_0$ 与该曲面不相交；当 $z_0=0$ 时，有一个交点(0,0,0)；当 $z_0>0$ 时，截线是椭圆. 随着 z_0 逐渐增大，椭圆的半轴也单调增大.

用 $x=x_0$ 和 $y=y_0$ 的平面去切割，得到开口向上的一组抛物线. 其形状如图 7.13 所示.

7.6.6 双曲抛物面

当二次曲面在某个直角坐标系有形如

$$\frac{x^2}{a^2}-\frac{y^2}{b^2}=z \tag{7.24}$$

的方程时，其中 $a \geqslant b > 0$，称这类曲面为**双曲抛物面**(hyperbolic paraboloid). 它的形状在所有二次曲面中是难以想象的，因为它的形状像马鞍，因此也叫它**马鞍面**.

用 $z=z_0$ 平面去切割，得到一组双曲线. 当 z_0 从 $-\infty$ 增大到 0，双曲线的实轴平行于 y 轴，而虚轴平行于 x 轴，半轴从 $+\infty$ 单调减小到 0；当 $z_0=0$ 时，截线为一对直线；当 z_0 从 0

增大到$+\infty$时，双曲线的实轴平行于x轴，而虚轴平行于y轴，半轴单调地增大.

用$x=x_0$和$y=y_0$去截，其截线都是抛物线. 其中与Oyz平面平行的截线是开口朝下的抛物线，而与Oxz平面平行的截线是开口朝上的抛物线.

综合起来，双曲抛物面的形状如图7.14所示.

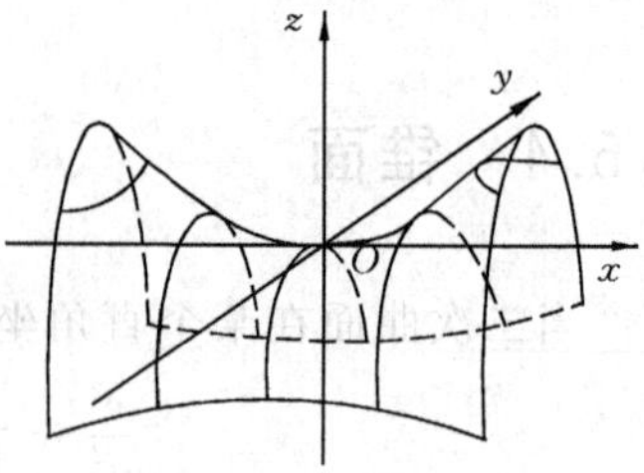

图 7.14

7.6.7 一般二次方程的化简

前面介绍了常见二次曲面及其在直角坐标系下的标准方程，那么要知道一般二次方程代表什么曲面就先要将方程化成标准方程的形式，然后再进行判断.

设三元二次方程的一般形式为

$$a_{11}x^2+a_{22}y^2+a_{33}z^2+2a_{12}xy+2a_{13}xz$$
$$+2a_{23}yz+b_1x+b_2y+b_3z+c=0. \tag{7.25}$$

令

$$\boldsymbol{A}=\begin{bmatrix}a_{11} & a_{12} & a_{13}\\ a_{21} & a_{22} & a_{23}\\ a_{31} & a_{32} & a_{33}\end{bmatrix},\quad 其中\quad a_{ij}=a_{ji},i,j=1,2,3,$$

$$\boldsymbol{x}=(x,y,z)^{\mathrm{T}},\quad \boldsymbol{b}=(b_1,b_2,b_3),$$

则方程(7.25)可写作

$$\boldsymbol{x}^{\mathrm{T}}\boldsymbol{A}\boldsymbol{x}+\boldsymbol{b}\boldsymbol{x}+c=0. \tag{7.26}$$

因为$\boldsymbol{A}$是对称矩阵，可以通过正交变换$\boldsymbol{x}=\boldsymbol{P}\boldsymbol{y}$，使得

$$\boldsymbol{P}^{\mathrm{T}}\boldsymbol{A}\boldsymbol{P}=\operatorname{diag}(\lambda_1,\lambda_2,\lambda_3),$$

其中$\boldsymbol{P}$是正交阵，$\boldsymbol{y}=(x_1,y_1,z_1)^{\mathrm{T}}$，于是方程(7.26)就变为

$$\boldsymbol{y}^{\mathrm{T}}\operatorname{diag}(\lambda_1,\lambda_2,\lambda_3)\boldsymbol{y}+\boldsymbol{b}\boldsymbol{P}\boldsymbol{y}+c=0. \tag{7.27}$$

令$\boldsymbol{b}\boldsymbol{P}=(d_1,d_2,d_3)$，则方程(7.27)为

$$\lambda_1x_1^2+\lambda_2y_1^2+\lambda_3z_1^2+d_1x_1+d_2y_1+d_3z_1+c=0. \tag{7.28}$$

方程(7.28)的二次项中不含变量的混合项，只有平方项，再作一次平移变换就能把方程化成易于判断形状的标准方程了.

例 7.30 化简二次方程

$$x^2+2y^2+2z^2-4yz-2x+2\sqrt{2}y-6\sqrt{2}z+5=0. \tag{7.29}$$

并判断它是什么曲面.

解 令$\boldsymbol{A}=\begin{bmatrix}1 & 0 & 0\\ 0 & 2 & -2\\ 0 & -2 & 2\end{bmatrix}$，$\boldsymbol{x}=\begin{bmatrix}x\\ y\\ z\end{bmatrix}$，

$$\boldsymbol{b}=(-2,2\sqrt{2},-6\sqrt{2}).$$

方程(7.29)可写作

$$\boldsymbol{x}^{\mathrm{T}}\boldsymbol{A}\boldsymbol{x}+\boldsymbol{b}\boldsymbol{x}+5=0. \tag{7.30}$$

求 $\boldsymbol{A}$ 的特征值及相应的特征向量,得到

$$\lambda_1=0,\quad \xi_1=(0,1,1)^{\mathrm{T}};$$

$$\lambda_2=1,\quad \xi_2=(1,0,0)^{\mathrm{T}};$$

$$\lambda_3=4,\quad \xi_3=(0,1,-1)^{\mathrm{T}}.$$

取正交矩阵

$$\boldsymbol{Q}=\begin{bmatrix}1 & 0 & 0\\ 0 & \frac{1}{\sqrt{2}} & \frac{1}{\sqrt{2}}\\ 0 & -\frac{1}{\sqrt{2}} & \frac{1}{\sqrt{2}}\end{bmatrix},$$

有

$$\boldsymbol{Q}^{\mathrm{T}}\boldsymbol{A}\boldsymbol{Q}=\mathrm{diag}(1,4,0).$$

作正交替换 $\boldsymbol{x}=\boldsymbol{Q}\boldsymbol{y}$,其中 $\boldsymbol{y}=(x_1,y_1,z_1)^{\mathrm{T}}$,代入方程(7.30),就有

$$\boldsymbol{y}^{\mathrm{T}}\boldsymbol{Q}^{\mathrm{T}}\boldsymbol{A}\boldsymbol{Q}\boldsymbol{y}+\boldsymbol{b}\boldsymbol{Q}\boldsymbol{y}+5=0.$$

计算得到

$$x_1^2+4y_1^2-2x_1+8y_1-4z_1+5=0.$$

配方,有

$$(x_1-1)^2+4(y_1+1)^2=4z_1. \tag{7.31}$$

作可逆线性替换

$$\begin{cases}x_1-1=x_2,\\ y_1+1=y_2,\\ z_1=z_2,\end{cases}$$

或

$$\begin{cases}x_1=x_2+1,\\ y_1=y_2-1,\\ z_1=z_2,\end{cases}$$

代入方程(7.31),有

$$x_2^2+4y_2^2=4z_2,\quad 或\quad \frac{x_2^2}{4}+y_2^2=z_2.$$

这是一个椭圆抛物面. ■

习题 7

1. 将下列二次型表示成矩阵形式：

(1) $Q(x_1,x_2,x_3)=x_1^2+\frac{1}{2}x_2^2+\frac{1}{3}x_3^2+4x_1x_2+5x_1x_3+6x_2x_3$；

(2) $Q(x_1,x_2,x_3)=2x_1^2+x_1x_2-2x_2x_3$；

(3) $Q(x_1,x_2,x_3,x_4)=x_1x_2+3x_1x_3+5x_1x_4+7x_2x_3+9x_2x_4+11x_3x_4$；

(4) $Q(x_1,x_2,\cdots,x_n)=\sum\limits_{i=1}^{n-2}(x_i-x_{i+2})^2$.

2. 写出下列对称矩阵对应的二次型：

(1) $\boldsymbol{A}=\begin{bmatrix}1&4&5\\4&2&6\\5&6&3\end{bmatrix}$；　　(2) $\boldsymbol{A}=\begin{bmatrix}1&-2&2&-3\\-2&-1&3&-4\\2&3&1&4\\-3&-4&4&-1\end{bmatrix}$；

(3) $\boldsymbol{A}=\begin{bmatrix}a&b&&&0\\b&a&b&&\\&b&\ddots&\ddots&\\&&\ddots&\ddots&b\\0&&&b&a\end{bmatrix}_{n\times n}$；　　(4) $\boldsymbol{A}=\begin{bmatrix}1&\frac{1}{2}&\frac{1}{2}&\cdots&\frac{1}{2}\\\frac{1}{2}&2&\frac{1}{3}&\cdots&\frac{1}{3}\\\frac{1}{2}&\frac{1}{3}&3&\cdots&\frac{1}{4}\\\vdots&\vdots&\vdots&&\vdots\\\frac{1}{2}&\frac{1}{3}&\frac{1}{4}&\cdots&n\end{bmatrix}_{n\times n}$.

3. 证明：

$$\begin{bmatrix}\lambda_1&&&\\&\lambda_2&&\\&&\ddots&\\&&&\lambda_n\end{bmatrix}\text{ 与 }\begin{bmatrix}\lambda_{i_1}&&&\\&\lambda_{i_2}&&\\&&\ddots&\\&&&\lambda_{i_n}\end{bmatrix}$$

相合，其中$(i_1i_2\cdots i_n)$是$1,2,\cdots,n$的一个排列.

4. 设$\boldsymbol{A},\boldsymbol{B},\boldsymbol{C},\boldsymbol{D}$是$n$阶对称阵，已知$\boldsymbol{A}$与$\boldsymbol{B}$相合，$\boldsymbol{C}$与$\boldsymbol{D}$相合，试问以下命题哪些是正确的？如果正确，试证明之.

(1) $\boldsymbol{A}+\boldsymbol{C}$与$\boldsymbol{B}+\boldsymbol{D}$相合；　　(2) $\boldsymbol{AC}$与$\boldsymbol{BD}$相合；

(3) $\begin{bmatrix}\boldsymbol{A}&\boldsymbol{0}\\\boldsymbol{0}&\boldsymbol{C}\end{bmatrix}$和$\begin{bmatrix}\boldsymbol{B}&\boldsymbol{0}\\\boldsymbol{0}&\boldsymbol{D}\end{bmatrix}$相合；　　(4) $\begin{bmatrix}\boldsymbol{A}&\boldsymbol{I}\\\boldsymbol{0}&\boldsymbol{C}\end{bmatrix}$和$\begin{bmatrix}\boldsymbol{B}&\boldsymbol{I}\\\boldsymbol{0}&\boldsymbol{D}\end{bmatrix}$相合.

5. 求正交线性替换 $\boldsymbol{x}=\boldsymbol{P}\boldsymbol{y}$，化下列实二次型为标准形：

(1) $x_1^2+2x_2^2+3x_3^2-4x_1x_2-4x_2x_3$；　(2) $2x_1x_2+2x_1x_3+2x_2x_3$；

(3) $3x_1^2+3x_3^2+4x_1x_2+8x_1x_3+4x_2x_3$；　(4) $2x_1x_2-2x_3x_4$.

6. 用配方法将下列二次型化为标准形，并求可逆线性替换及二次型的符号差：

(1) $Q(x_1,x_2,x_3)=x_1^2+x_2^2+x_3^2+x_1x_2+x_1x_3+x_2x_3$；

(2) $Q(x_1,x_2,x_3)=x_1^2+x_2x_3$；

(3) $Q(x_1,x_2,x_3)=2x_1x_2+3x_2x_3+4x_1x_3$；

(4) $Q(x_1,x_2,x_3,x_4)=x_1^2+3x_2^2+4x_4^2+4x_1x_2-2x_1x_4-2x_2x_3-6x_2x_4+2x_3x_4$.

7. 用初等变换法将下列二次型化成标准形.并求可逆线性替换：

(1) $Q(\alpha)=\boldsymbol{x}^{\mathrm{T}}\begin{bmatrix}2&1&1\\1&3&2\\1&2&1\end{bmatrix}\boldsymbol{x}$；　(2) $Q(\alpha)=\boldsymbol{x}^{\mathrm{T}}\begin{bmatrix}0&-1&0\\-1&1&1\\0&1&1\end{bmatrix}\boldsymbol{x}$；

(3) $Q(\alpha)=\boldsymbol{x}^{\mathrm{T}}\begin{bmatrix}0&1&1\\1&0&-1\\1&-1&0\end{bmatrix}\boldsymbol{x}$；　(4) $Q(\alpha)=\boldsymbol{x}^{\mathrm{T}}\begin{bmatrix}0&1&-1&1\\1&0&1&-1\\-1&1&0&2\\1&-1&2&1\end{bmatrix}\boldsymbol{x}$.

8. 设 $\boldsymbol{A}$ 是一个秩为 r 的 n 阶对称矩阵，试证明 $\boldsymbol{A}$ 可表示为 r 个秩为 1 的对称矩阵之和.

9. 设 $\boldsymbol{A}$ 是一个 n 阶对称阵，如果对任意 n 维向量 $\boldsymbol{x}\in\mathbb{R}^n$，有 $\boldsymbol{x}^{\mathrm{T}}\boldsymbol{A}\boldsymbol{x}=0$，那么 $\boldsymbol{A}=\boldsymbol{0}$.

10. 如果把全体 n 阶实对称矩阵按相合这个等价关系进行分类，问共有几类？

11. 判断下列二次型是否正定二次型：

(1) $Q(x_1,x_2,x_3)=x_1^2+2x_2^2+4x_3^2+2x_1x_2-4x_2x_3$；

(2) $Q(x_1,x_2,x_3)=-5x_1^2-6x_2^2-4x_3^2+4x_1x_2+4x_1x_3$；

(3) $Q(x_1,x_2,x_3)=7x_1^2+x_2^2+x_3^2-2x_1x_2-4x_1x_3$；

(4) $Q(x_1,x_2,x_3)=x_1^2+5x_2^2+9x_3^2+4x_1x_2-6x_2x_3+x_1x_3$.

12. 判断下列矩阵是否正定矩阵：

(1) $\begin{bmatrix}\frac{1}{2}&\frac{1}{4}&1\\\frac{1}{4}&1&-1\\1&-1&2\end{bmatrix}$；　(2) $\begin{bmatrix}1&-1&1\\-1&2&0\\1&0&1\end{bmatrix}$；

(3) $\begin{bmatrix}-1&1&-1\\1&-1&0\\-1&0&1\end{bmatrix}$；　(4) $\begin{bmatrix}2&1&-1\\1&1&0\\-1&0&0\end{bmatrix}$.

13. 问参数 t 满足什么条件时，下列二次型正定：

(1) $Q(x_1,x_2,x_3)=x_1^2+2x_2^2+3x_3^2+tx_1x_2+tx_1x_3+x_2x_3$；

(2) $Q(x_1,x_2,x_3)=x_1^2+x_2^2+x_3^2-tx_1x_3+tx_2x_3$；

(3) $Q(x_1,x_2,x_3)=tx_1^2+tx_2^2+tx_3^2+x_1x_2+x_1x_3+x_2x_3$.

14. 已知二次型 $Q(x_1,x_2,x_3)=2x_1^2+3x_2^2+3x_3^2+2tx_2x_3\,(t>0)$，通过正交线性替换化为 $Q(\alpha)=2y_1^2+y_2^2+5y_3^2$.

(1) 求 t 及正交线性替换的正交矩阵；

(2) 证明在条件 $x_1^2+x_2^2+x_3^2=1$ 下，$Q(\alpha)$的最大值为 5.

15. 已知 $\boldsymbol{A}$ 是 n 阶实对称阵，$\lambda_1,\lambda_2,\cdots,\lambda_n$ 是它的特征值，问 t 为何值时，$\boldsymbol{A}+t\boldsymbol{I}$ 为负定阵.

16. 设 $\boldsymbol{A},\boldsymbol{B}$ 均为 n 阶正定矩阵，k,l 为正数，证明 $k\boldsymbol{A}+l\boldsymbol{B}$ 为正定矩阵.

17. 设 $\boldsymbol{A}$ 为 n 阶正定矩阵，证明：对于任意正整数 k，$\boldsymbol{A}^k$ 为正定矩阵.

18. 设 $\boldsymbol{A}$ 为 n 阶正定矩阵，证明 $\boldsymbol{A}^{-1}$ 也是正定矩阵.

19. 设 $\boldsymbol{A},\boldsymbol{B}$ 均为 n 阶实对称阵，其中 $\boldsymbol{A}$ 正定，证明：当实数 t 充分大时，$t\boldsymbol{A}+\boldsymbol{B}$ 亦正定.

20. 设 $\boldsymbol{A},\boldsymbol{B}$ 为 n 阶正定阵，且 $\boldsymbol{AB}=\boldsymbol{BA}$，证明 $\boldsymbol{AB}$ 对称正定.

21. 设 $\boldsymbol{A}$ 为 n 阶实对称阵，且 $\det\boldsymbol{A}<0$，证明存在非零向量 $\boldsymbol{x}_0$，使 $\boldsymbol{x}_0^{\mathrm{T}}\boldsymbol{A}\boldsymbol{x}_0<0$.

22. 设 $\boldsymbol{x}^{\mathrm{T}}\boldsymbol{A}\boldsymbol{x}$ 是一个 n 元实二次型，若有 n 维实向量 $\boldsymbol{x}_1$ 和 $\boldsymbol{x}_2$，使得 $\boldsymbol{x}_1^{\mathrm{T}}\boldsymbol{A}\boldsymbol{x}_1>0$，$\boldsymbol{x}_2^{\mathrm{T}}\boldsymbol{A}\boldsymbol{x}_2<0$，试证明存在 n 维实向量 $\boldsymbol{x}_0$，使得 $\boldsymbol{x}_0^{\mathrm{T}}\boldsymbol{A}\boldsymbol{x}_0=0$.

23. 设 $\boldsymbol{A}$ 为 n 阶实对称阵，若 $\boldsymbol{A}^2=\boldsymbol{I}$，证明：$\boldsymbol{A}+\boldsymbol{I}$ 为半正定矩阵或正定矩阵.

24. 设 $\boldsymbol{A}$ 为 n 阶实对称正定阵，如果 $\boldsymbol{A}-\boldsymbol{I}$ 正定，证明 $\boldsymbol{I}-\boldsymbol{A}^{-1}$ 亦正定.

25. $\boldsymbol{A}\in M_{m,n}(\mathbb{R})$，$m<n$，证明 $\boldsymbol{A}\boldsymbol{A}^{\mathrm{T}}$ 正定的充要条件是 $\mathrm{r}(\boldsymbol{A})=m$.

26. 设 $\boldsymbol{A}$ 为 n 阶实对称正定阵，证明存在上三角阵 $\boldsymbol{R}$，使 $\boldsymbol{A}=\boldsymbol{R}^{\mathrm{T}}\boldsymbol{R}$.

27. 设$\boldsymbol{\alpha}_1,\boldsymbol{\alpha}_2,\cdots,\boldsymbol{\alpha}_m$为 n 维向量，定义$(\boldsymbol{\alpha}_i,\boldsymbol{\alpha}_j)=\boldsymbol{\alpha}_i^{\mathrm{T}}\boldsymbol{\alpha}_j$，证明矩阵

$$\begin{bmatrix}(\boldsymbol{\alpha}_1,\boldsymbol{\alpha}_1) & (\boldsymbol{\alpha}_1,\boldsymbol{\alpha}_2) & \cdots & (\boldsymbol{\alpha}_1,\boldsymbol{\alpha}_m)\\ (\boldsymbol{\alpha}_2,\boldsymbol{\alpha}_1) & (\boldsymbol{\alpha}_2,\boldsymbol{\alpha}_2) & \cdots & (\boldsymbol{\alpha}_2,\boldsymbol{\alpha}_m)\\ \vdots & \vdots & & \vdots\\ (\boldsymbol{\alpha}_m,\boldsymbol{\alpha}_1) & (\boldsymbol{\alpha}_m,\boldsymbol{\alpha}_2) & \cdots & (\boldsymbol{\alpha}_m,\boldsymbol{\alpha}_m)\end{bmatrix}$$

为正定矩阵的充分必要条件是$\boldsymbol{\alpha}_1,\boldsymbol{\alpha}_2,\cdots,\boldsymbol{\alpha}_m$线性无关.

28. 证明定理 7.7，即实对称阵 $\boldsymbol{A}$ 正定的充分必要条件是 $\boldsymbol{A}$ 的所有各阶主子式全大于零.

29. 设 $\boldsymbol{A}$ 是 n 阶实对称阵，已知 $\boldsymbol{A}$ 半正定，试证明：

(1) $\det(\boldsymbol{A}+\boldsymbol{I})\geqslant 1$；

(2) 等号成立的充分必要条件是 $\boldsymbol{A}=\boldsymbol{0}$.

30. 设 $\boldsymbol{A}$ 为 n 阶实对称正定矩阵，$\boldsymbol{x}$ 为任意 n 维向量，证明 $\begin{vmatrix}0 & \boldsymbol{x}^{\mathrm{T}}\\ \boldsymbol{x} & \boldsymbol{A}\end{vmatrix}$ 为负定二次型.

31. 已知球的球心坐标为$(-1,0,1)$，半径为 2，求球面方程.

32. 已知球面过原点，球心坐标为$(1,-2,3)$，求球面方程.

33. 求经过$(0,0,0)$，$(1,1,1)$，$(1,2,-1)$，$(0,3,0)$四个点的球面方程.

34. 在空间，下列方程表示什么图形，作略图. 若是球面，指出它的球心与半径：

(1) $4x^2+y^2=1$；　(2) $y^2-z^2=1$；

(3) $y^2=2x$；　(4) $y^2=1$；

(5) $x^2+y^2+z^2-2x+4z+1=0$；　(6) $4x^2+y^2+z^2-4x-2y-4z+6=0$.

35. 在空间，下列方程表示什么图形：

(1) $\begin{cases} x-y+2z=0, \\ z=0; \end{cases}$　(2) $\begin{cases} 2x^2+3y^2=1, \\ z=1; \end{cases}$

(3) $\begin{cases} x=1, \\ y=2; \end{cases}$　(4) $\begin{cases} x^2+y^2+z^2=16, \\ (x-1)^2+y^2+z^2=16. \end{cases}$

36. 求曲线

$$\begin{cases} x^2+y^2+z^2=36, \\ x^2+y^2=2x \end{cases}$$

在 Oxz 平面上的投影曲线的方程.

37. 动点到点 $(2,0,0)$ 的距离为到点 $(-4,0,0)$ 的距离的一半，求动点轨迹的方程.

38. 求下列旋转面方程，并作其略图.

(1) $\begin{cases} x^2+\dfrac{z^2}{4}=1, \\ y=0 \end{cases}$ 绕 x 轴旋转；　(2) $\begin{cases} z=\sqrt{y}, \\ x=0 \end{cases}$ 绕 y 轴旋转.

39. 下列方程表示什么曲面？作其略图：

(1) $16x^2+16y^2+9z^2-144=0$；　(2) $4x^2-4y^2+36z^2=144$；

(3) $x^2+4y^2-z^2=-9$；　(4) $4x^2-9y^2=72z$；

(5) $x^2+2y^2+4z^2=0$；　(6) $3x^2+z^2=2y$；

(7) $x^2+9y^2-4z^2-2x=15$；　(8) $y^2-1=0$.

40. 将二次方程化为最简形式，并判断曲面类型：

(1) $4x^2-6y^2-6z^2-4yz-4x+4y+4z-5=0$；

(2) $x^2-\dfrac{4}{3}y^2+\dfrac{4}{3}z^2-\dfrac{16}{3}\sqrt{2}yz+4x+\dfrac{8}{3}\sqrt{6}y+\dfrac{8}{3}\sqrt{3}z-1=0$；

(3) $4x^2+y^2-z^2+4xy-\dfrac{1}{\sqrt{5}}x+\dfrac{2}{\sqrt{5}}y+4z=0$；

(4) $2x^2-\dfrac{3}{5}y^2+\dfrac{3}{5}z^2-\dfrac{8}{5}yz+4x+2\sqrt{5}y-2\sqrt{5}z+10=0$.

附录A 集合与关系

集合是现代数学最基本的概念之一. 数学研究总离不开各种各样的集合,而且集合的概念也已深入到各种科学和技术领域中. 当我们把一组确定的事物作为整体来考察时,这一整体就叫集合,简称集. 通常用大写字母 A,B,C 等表示集合. 集合中每一事物称为集合的元素,用小写字母 a,b,c 等来表示. 不含任何元素的集合称为空集,用$\varnothing$表示. 若 a 是集合 A 的元素,就说 a 属于 A,记作 $a\in A$; 否则就说,a 不属于 A,记作 $a\notin A$.

设任意两个集合 A 与 B,若 A 与 B 含有完全相同的元素,则称 A 与 B 相等,记作 $A=B$. 若对任意 $x\in A$ 蕴含 $x\in B$,即 A 中的元素都属于 B,则称 A 是 B 的子集,记作 $A\subseteq B$. 因此,$A=B$ 的充分必要条件是 $A\subseteq B$,且 $B\subseteq A$.

设 A,B 为两集合,元素 $a\in A$ 和 $b\in B$ 组成一个有序二元组,记为(a,b),规定$(a,b)=(c,d)\Leftrightarrow a=c$ 且 $b=d$. 类似地可定义有序 n 元组.

定义 A.1 设 A 和 B 为两个集合,称集合$\{(a,b)\mid a\in A,b\in B\}$为 A 与 B 的笛卡儿积(Descartes product),记作 $A\times B$.

若有 $n(n\geqslant 1)$个集合 $A_1,A_2,\cdots,A_n$,类似地定义 $A_1,A_2,\cdots,A_n$ 的笛卡儿积

$$A_1\times A_2\times\cdots\times A_n=\{(a_1,a_2,\cdots,a_n)\mid a_i\in A_i,i=1,2,\cdots,n\}.$$

特别地,若 $A_1=A_2=\cdots=A_n=A$,记 $A^n=A\times A\times\cdots\times A$. 正如大家熟悉的,通常用 $\mathbb{R}^2=\mathbb{R}\times\mathbb{R}$ 表示二维实向量空间,$\mathbb{R}^3=\mathbb{R}\times\mathbb{R}\times\mathbb{R}$ 表示三维实向量空间,$\mathbb{R}^n=\mathbb{R}\times\mathbb{R}\times\cdots\times\mathbb{R}$ 表示 n 维实向量空间. 这里,特别要提醒读者注意的是 A 与 B 的笛卡儿积的元素是有序对,一般来说,A 与 B 的笛卡儿积 $A\times B$ 及 B 与 A 的笛卡儿积 $B\times A$ 是两个不同的集合. 例如,设 $A=\{1\}$,$B=\{2,3\}$,则 $A\times B=\{(1,2),(1,3)\}$,而 $B\times A=\{(2,1),(3,1)\}$,显然 $A\times B\neq B\times A$.

定义 A.2 设 A,B 为两个集合,$A\times B$ 的子集 R 称为 A 到 B 的一个二元关系. $(a,b)\in R$,称为 a 与 b 具有关系 R,记作 aRb,否则,$(a,b)\notin R$,称为 a 与 b 不具有关系 R,记作 $a\overline{R}b$. 当 $R=\varnothing$或 $R=A\times B$ 时,分别称为空关系和全关系. 特别地,当 $A=B$ 时,R 称为 A 上的一个二元关系.

例 A.1 对整数集$\mathbb{Z}$的任意两个整数 a,b,规定 $aRb\Leftrightarrow a-b$ 能被 3 整除. 例如,整数集的子集 $S=\{1,4,7,10,\cdots\}$,其中任意两个元素都有关系 R,$T=\{2,5,8,11,\cdots\}$中任意两个元素也有关系 R,但是 S 中任意元素和 T 中任意元素之间不存在关系 R. 这个关系 R 通常称

为模 3 同余关系，记作 $a\equiv b(\mathrm{mod}3)$. 此时

$$\begin{aligned}R &= \{(a,b) \mid a,b \in \mathbb{Z}, a \equiv b(\mathrm{mod}3)\} \\ &= \{(1,4),(1,7),\cdots,(2,5),(2,8),\cdots,(3,6),(3,9),\cdots\}\end{aligned}$$

为$\mathbb{Z}$上的一个二元关系.

类似地可定义模 2 同余关系 $a\equiv b(\mathrm{mod}2)$，模 n 同余关系 $a\equiv b(\mathrm{mod}n)$等.

二元关系是一个涉及范围非常广泛的概念，除了常见的数集中的大于等于$\geqslant$、等于$=$、小于等于$\leqslant$是数集上的二元关系外，矩阵中的相抵关系、相似关系、相合关系也是二元关系. 实际上，微积分中的函数以及学过的各种运算，比如集合运算、矩阵运算、向量运算等也都是二元关系.

定义 A.3 设 R 是集合 A 上的一个二元关系.

(1) 对任意 $a\in A$，若均有$(a,a)\in R$，即 aRa，则称 R 是自反的，也称 R 是反身的.

(2) 对任意 $a,b\in A$，若由$(a,b)\in R$，必有$(b,a)\in R$，则称 R 是对称的.

(3) 对任意 $a,b\in A$，若由$(a,b)\in R$ 及$(b,a)\in R$，必有 $a=b$，则称 R 是反对称的.

(4) 对任意 $a,b,c\in A$，若由$(a,b)\in R$ 及$(b,c)\in R$，必有$(a,c)\in R$，则称 R 是可传递的.

通常也把二元关系 R 是自反的、对称的、反对称的、可传递的称为 R 具有自反性、对称性、反对称性和传递性.

例 A.2 自然数集$\mathbb{N}$上的二元关系"$\geqslant$"是自反的、反对称的、传递的，但不是对称的；关系"$>$"是反对称的、传递的，但不是自反的、对称的.

例 A.3 $\mathbb{Z}$上的模 n 同余关系以及 $M_n(\mathbb{R})$上的相抵、相似、相合关系都有自反性、对称性、传递性，但没有反对称性.

附录B 集合的分类与等价关系

在问题的研究中，经常将一个集合分门别类地划分成若干个子集，然后通过对那些子集的研究以求得原来集合的研究信息和结果. 这是从整体到局部，再从局部回到整体来认识事物和处理问题的方法. 要做到这一点，首要的任务就是要对集合中的元素进行分类. 那么，什么叫做集合的分类？怎样对集合进行分类呢？在对集合中元素进行分类时，要遵循不空、不交、不漏的原则，用严格的数学语言描述就是下面的定义.

定义 B.1 设 A 是非空集合. 若 A 的子集族 $\{A_i\}_{i\in I}$（I 为指标集）满足：

(1) 对任意 $i\in I$，均有 $A_i\neq\varnothing$.

(2) 对任意 $i,j\in I$，若 $i\neq j$，则 $A_i\cap A_j=\varnothing$.

(3) $A=\bigcup\limits_{i\in I}A_i$.

则称这个子集族 $\{A_i\}_{i\in I}$ 为 A 的一个分类，或划分.

例如，通常我们将整数分为奇数与偶数就是一种分类. 令 $A_1=\{2l+1\mid l\in\mathbb{Z}\}$ 及 $A_2=\{2l\mid l\in\mathbb{Z}\}$，则满足定义 B.1 的 3 个条件，$\{A_1,A_2\}$ 为 $\mathbb{Z}$ 的一个分类. 又如我们可以将 n 阶矩阵按矩阵的秩分为 $n+1$ 类也是一种分类. 令 $A_i=\{\boldsymbol{A}\mid \mathrm{r}(\boldsymbol{A})=i,\boldsymbol{A}\in M_n(\mathbb{R})\}$，则 $\{A_0,A_1,\cdots,A_n\}$ 为 n 阶矩阵 $M_n(\mathbb{R})$ 的一个分类. 但是若 $A=\{1,2,3,4,5,6\}$，若令 $A_1=\{1,3,5\}$，$A_2=\{2,4\}$，$\{A_1,A_2\}$ 就不是 A 的分类，不满足不漏的原则. 考察上面的例子，对于任意两个整数 a,b，若 2 能整除 $a-b$，则 a 和 b 属于同一类，若 2 不能整除 $a-b$，则 a 和 b 不属于同一类，因此可以通过模 2 同余这种二元关系来判断 $\mathbb{Z}$ 中任意两个元素是否属于同一类. 同样，任意两个矩阵 $\boldsymbol{A},\boldsymbol{B}$，通过矩阵的初等变换，如果 $\boldsymbol{A}$ 可以变成 $\boldsymbol{B}$，则 $\boldsymbol{A},\boldsymbol{B}$ 有相同的秩，它们属于同一类. 或者说，可以通过矩阵的相抵关系来判断 $M_n(\mathbb{R})$ 的两个矩阵是否属于同一类. 这表明，集合的分类和元素间的某种二元关系有紧密的联系. 那么能给集合进行分类的二元关系具有什么特性呢？

定义 B.2 设 R 是集合 A 上的一个二元关系，若 R 具有自反性、对称性、传递性，则称 R 为 A 上的一个等价关系.

显然数的相等关系，整数集上的模 n 同余关系，以及矩阵的相抵关系、相似关系、相合关系等均为相应集合上的等价关系.

下面先从理论上论证集合 A 上的任何一个等价关系可以给出和确定 A 的一个分类.

设 R 为 A 的一个等价关系.若 $(a,b)\in R$,则称 a 与 b 关于 R 等价.对于任意 $a\in A$,可构造一个与 a 等价的所有元素组成的集合,称为 a 关于 R 的等价类,通常记作 $[a]$ 或 $\bar{a}$,其中 a 称为 $[a]$ 的代表元.再将 A 的关于 R 的所有等价类组成一个集合,记为 A/R,即

$$A/R=\{[a]\mid a\in A\},$$

称集合 A/R 为 A 关于 R 的商集.

例 B.1 设 R 是整数集 $\mathbb{Z}$ 上的模 3 同余关系,1 关于 R 的等价类是

$$[1]=\{3n+1\mid n\in\mathbb{Z}\}.$$

2 与 3 关于 R 的等价类分别是

$$[2]=\{3n+2\mid n\in\mathbb{Z}\},$$

$$[3]=\{3n\mid n\in\mathbb{Z}\}.$$

这时,$\mathbb{Z}$ 关于 R 的商集

$$\mathbb{Z}/R=\{[1],[2],[3]\}.$$

实际上,等价类中任意两个元素都是等价的,因此等价类中的元素彼此是平等的,任何一个元素都有资格作为等价类的代表,于是例 B.1 中有 $[1]=[4]=[7]=\cdots$,$[2]=[5]=[8]=\cdots$,$[0]=[3]=[6]=\cdots$,因此 $\mathbb{Z}/R$ 也可以表示成

$$\mathbb{Z}/R=(\{[0],[1],[2]\}).$$

下面证明商集 A/R 恰好是 A 的一个分类.

首先,对于任意 $[a]\in A/R$,因为 $a\in[a]$,所以 $[a]\neq\varnothing$,满足定义 B.1 的第 1 条.

其次,对任意 $[a],[b]\in A/R$,若 $[a]\neq[b]$,证明 $[a]\cap[b]=\varnothing$.用反证法,假设 $[a]\cap[b]\neq\varnothing$,即有 $c\in[a]\cap[b]$,于是 $(c,a)\in R$,$(c,b)\in R$,利用 R 的对称性和传递性,推出 $(a,b)\in R$,即 $[a]=[b]$,与假设矛盾.因此 $[a]\cap[b]=\varnothing$.满足定义 B.1 的第 2 条.

最后,对任意 $a\in A$,必存在 $[a]\in A/R$,使得 $a\in[a]$,故有 $A=\bigcup\limits_{[a]\in A/R}[a]$.满足定义 B.1 的第 3 条.

按定义 B.1,A/R 是 A 的一个分类.

反过来,自然要问:集合 A 的任意一个分类是否也确定 A 上的一个等价关系?答案是肯定的.事实上,设 $\{A_i\}_{i\in I}$ 为 A 的一个分类,则在 A 上可定义如下二元关系 R:aRb 当且仅当存在 $i\in I$,使得 $a,b\in A_i$.容易验证,这样定义的 R 是 A 上的一个等价关系.

综上所述,有如下定理.

定理 B.1 集合 A 上的任何一个等价关系可以确定 A 的一个分类,反之,集合 A 的任何一个分类也可以确定 A 上的一个等价关系.

例 B.2 按模 n 同余关系将整数集进行分类,可得 n 个等价类:

$$[0]=\{kn\mid k\in\mathbb{Z}\},$$

$$[1]=\{kn+1\mid k\in\mathbb{Z}\},$$

$$\vdots$$

$$[n-1]=\{kn+n-1 \mid k\in\mathbb{Z}\}.$$

故$\mathbb{Z}/\equiv(\mathrm{mod}\,n)=\{[0],[1],\cdots,[n-1]\}$为$\mathbb{Z}$的一个分类，这个分类常记作$Z_n$.

商集Z_n一共有n个元素，每个元素$[i]$是由所有与i有模n同余关系的整数所组成.

例 B.3 在平面$\mathbb{R}^2$上定义二元关系R：

$$(x_1,y_1)R(x_2,y_2)\Leftrightarrow x_1^2+y_1^2=x_2^2+y_2^2,$$

不难验证，R是一个等价关系. 对任意$(x,y)\in\mathbb{R}^2$，等价类$[(x,y)]$为平面上以原点为中心，半径为$\sqrt{x^2+y^2}$的一个圆，所有这样的圆的全体形成了平面$\mathbb{R}^2$的一个分类.

例 B.4 按矩阵的相抵关系$\cong$，相似关系$\sim$，相合关系$\approx$可将全体二阶实对称矩阵组成的集合$SM_2(\mathbb{R})$分别进行分类. 按相抵关系即按矩阵的秩进行分类，可分成3个等价类：

$$SM_2(\mathbb{R})/\cong=\left\{\left[\begin{pmatrix}0&\\&0\end{pmatrix}\right],\left[\begin{pmatrix}1&\\&0\end{pmatrix}\right],\left[\begin{pmatrix}1&\\&1\end{pmatrix}\right]\right\}.$$

由于实对称矩阵都可对角化，按相似关系分类就是按特征值进行分类，可以分成无穷多个等价类，其商集为

$$SM_2(\mathbb{R})/\sim=\left\{\left[\begin{pmatrix}\lambda_1&\\&\lambda_2\end{pmatrix}\right]\,\middle|\,\lambda_1\geqslant\lambda_2,\lambda_1,\lambda_2\in\mathbb{R}\right\}.$$

按矩阵的相合关系分类，由惯性定理，二阶实对称矩阵有6个等价类，用商集表示为

$$SM_2(\mathbb{R})/\approx=\left\{\left[\begin{pmatrix}0&\\&0\end{pmatrix}\right],\left[\begin{pmatrix}1&\\&0\end{pmatrix}\right],\left[\begin{pmatrix}-1&\\&0\end{pmatrix}\right],\left[\begin{pmatrix}1&\\&1\end{pmatrix}\right],\left[\begin{pmatrix}1&\\&-1\end{pmatrix}\right],\left[\begin{pmatrix}-1&\\&-1\end{pmatrix}\right]\right\}.$$

附录C 映射与代数系统

映射是数学研究中最重要的概念之一，它是函数概念的自然推广，把限制在数集之间的一种联系推广到一般意义下集合之间的一种联系，通过这种联系对两个集合进行比较，以便做到由一个集合的性质去推测和把握另一个集合可能有的性质.

定义 C.1 设 A,B 是两个非空集合，f 是 A 到 B 的一个二元关系，若对任意 $a\in A$，都存在唯一的 $b\in B$，使得 $(a,b)\in f$，则称 f 是从 A 到 B 的一个映射，记为 $f:A\to B$，其中 b 称为 a 在 f 下的像，记作 $b=f(a)$，或 $a\mapsto b$，a 称为 b 的原像. 集合 A 称为 f 的定义域，像集 $\{f(a)\,|\,a\in A\}$ 称为 f 的值域，记作 $f(A)$ 或 $\operatorname{Im}f$.

例 C.1 设 $f=\{(a,a^2)\,|\,a\in\mathbb{R}\}$ 是$\mathbb{R}$上的二元关系，显然它是一个$\mathbb{R}$到$\mathbb{R}$的映射，其实就是我们熟悉的函数 $y=x^2$ 的另一种表示形式. 但是$\mathbb{R}$上的二元关系 $g=\{(a^2,a)\,|\,a\in\mathbb{R}\}$ 不是一个映射，因为 $(1,1)\in g$，还有 $(1,-1)\in g$，不满足定义中每个元素的像唯一的规定.

定义 C.1 规定定义域中每个元素都要有唯一的像，例如设 $A=\{1,3,5\}$，$B=\{2,4\}$，定义 A 到 B 的一个二元关系为 $\{(1,2),(3,4)\}$，因为 $5\in A$，但是没有确定 5 的像是什么，就不是映射. 但是值域中元素的原像却可以不唯一. 例如例 C.1 中，$(1,1)\in f$，还有 $(-1,1)\in f$，1 和 -1 都是 1 的原像.

除了函数，我们已经学过的各种运算也是映射，比如导数运算、积分运算、矩阵运算、向量运算等.

例 C.2 令

$$f:M_n(\mathbb{R})\to\mathbb{R}$$
$$\boldsymbol{A}\mapsto\det\boldsymbol{A},$$

则 f 为 $M_n(\mathbb{R})$ 到$\mathbb{R}$的一个映射，这个映射就是方阵求行列式.

例 C.3 设 $\boldsymbol{A}\in M_n(\mathbb{R})$，令

$$f:\mathbb{R}^n\to\mathbb{R}^n$$
$$\boldsymbol{x}\mapsto\boldsymbol{A}\boldsymbol{x},$$

这是$\mathbb{R}^n$ 到$\mathbb{R}^n$ 的一个映射. 解齐次线性方程组 $\boldsymbol{A}\boldsymbol{x}=\boldsymbol{0}$，可以看作是该映射中求零向量的原像；而解非齐次线性方程组 $\boldsymbol{A}\boldsymbol{x}=\boldsymbol{b}$，可看作求向量 $\boldsymbol{b}$ 的原像.

定义 C.2 设 f,g 均为从 A 到 B 的映射，若对任意 $a\in A$，均有 $f(a)=g(a)$，则称映射 f 与 g 相等，记作 $f=g$.

定义 C.3 设 $f:A\to B$，$g:B\to C$ 均为集合间的映射，定义从 A 到 C 的映射：$g\circ f:A\to C$，使得任意 $a\in A$，$(g\circ f)(a)=g(f(a))$，则称 $g\circ f$ 为 f 与 g 的复合映射.

显然，映射的复合一般情况下不满足交换律，但是满足结合律.

定理 C.1 设 $f:A\to B$，$g:B\to C$，$h:C\to D$ 均是集合之间的映射，则

$$h\circ(g\circ f)=(h\circ g)\circ f.$$

证 对任意 $a\in A$，令 $f(a)=b$，$g(b)=c$，$h(c)=d$，则

$$(g\circ f)(a)=g(f(a))=c,$$
$$(h\circ g)(b)=h(g(b))=d,$$

于是

$$(h\circ(g\circ f))(a)=h((g\circ f)(a))=h(c)=d,$$
$$((h\circ g)\circ f)(a)=(h\circ g)(f(a))=(h\circ g)(b)=d,$$

即有

$$(h\circ(g\circ f))(a)=((h\circ g)\circ f)(a).$$

由定义 C.2，得

$$h\circ(g\circ f)=(h\circ g)\circ f.$$

定义 C.4 设 $f:A\to B$ 为一个映射.

(1) 若 $f(A)=B$，即对任意 $b\in B$，均存在 $a\in A$，使得 $f(a)=b$，则称 f 为满射(surjection).

(2) 对任意 $a_1,a_2\in A$，若 $a_1\neq a_2$，必有 $f(a_1)\neq f(a_2)$，则称 f 为单射(injection).

(3) 若 f 既为单射又为满射，则称 f 为双射(bijection)，或称一一对应.

例 C.4 设 $A=\{a,b,c\}$，$B=\{1,2,3\}$，如图 1 所示，从 A 到 B 的映射：$f=\{(a,1),(b,1),(c,2)\}$，f 既不是单射，也不是满射. $g=\{(a,2)(b,3),(c,1)\}$，g 是双射.

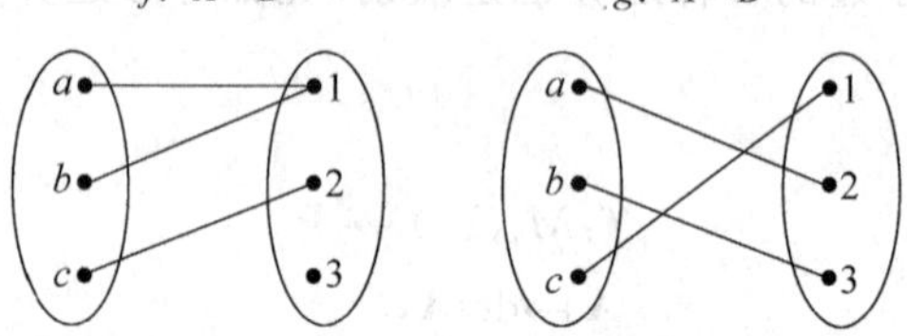

图 1

例 C.5 设 A 为一个集合，A 上的二元关系 $f=\{(a,a)\mid a\in A\}$ 为 A 到 A 的一个双射，通常称为 A 上的恒等映射，记作 $I_A:A\to A$.

除了利用定义来判断一个映射是否双射外，还可以用以下定理来判断.

定理 C.2 映射 $f:A\to B$ 是双射的充分必要条件是存在一个映射 $g:B\to A$，使得 $f\circ g=I_B$，$g\circ f=I_A$.

证 若 f 为双射，即 f 既单又满，因而对任意 $b\in B$，必唯一存在 $a\in A$，使得 $f(a)=b$.

于是，可定义映射 $g:B\to A$，使得 $g(b)=a$. 直接验证易知 $g\circ f=I_A$，$f\circ g=I_B$.

反之，若 f 不是满射，则存在 $b\in B$，对任意 $a\in A$，均有 $f(a)\neq b$，因此对所有映射 $g:B\to A$，均有 $(f\circ g)(b)=f(g(b))\neq b$，于是 $f\circ g\neq I_B$，矛盾. 故 f 为满射. 若 f 不是单射，则存在 $a_1,a_2\in A$，且 $a_1\neq a_2$，使得 $f(a_1)=f(a_2)=b$. 于是对所有的映射 $g:B\to A$，$(g\circ f)(a_1)=(g\circ f)(a_2)=g(b)$，因此 $g\circ f\neq I_A$，矛盾. 故 f 为单射. 因此 f 是双射.

当 $f:A\to B$ 是双射时，则满足 $f\circ g=I_B$ 和 $g\circ f=I_A$ 的映射 $g:B\to A$ 是唯一的. 事实上，若还有一个映射 $g':B\to A$，也满足 $f\circ g'=I_B$，$g'\circ f=I_A$，则有

$$g'=g'\circ I_B=g'\circ(f\circ g)=(g'\circ f)\circ g=I_A\circ g=g,$$

故 g 是唯一的. 一般地，将这个唯一的映射 g 称为 f 的逆映射，记作 f^{-1}.

推论 C.1 若 $f:A\to B$ 是双射，则 $f^{-1}:B\to A$ 也是双射，且 $(f^{-1})^{-1}=f$.

推论 C.2 若 $f:A\to B$，$g:B\to C$ 均为双射，则 $g\circ f:A\to C$ 也为双射，且 $(g\circ f)^{-1}=f^{-1}\circ g^{-1}$.

设映射 $f:A\to B$，A 是定义域. 设 S 是 A 的非空子集，如果把 f 的作用限制到 A 的子集 S 上，定义一个新的映射 $g:S\to B$，使得任意 $a\in S$，$g(a)=f(a)$，则称映射 g 为映射 f 在 S 上的限制，记作 $g=f|_S$，反之，称 f 为 g 的一个扩张.

例 C.6 设 $A=\{a,b,c\}$，$B=\{1,2,3\}$，$S=\{a,b\}$. 如图 2 所示，设 $f:A\to B$ 为 $f=\{(a,1),(b,1),(c,2)\}$，那么 f 在 S 上的限制 $g=f|_S:S\to B$，$g=\{(a,1),(b,1)\}$.

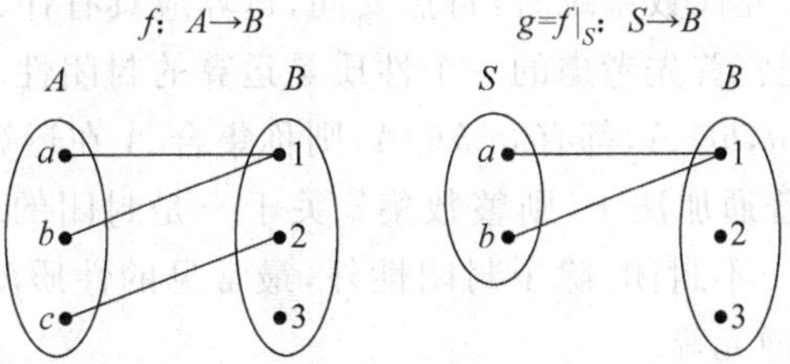

图 2

映射与集合的分类之间也有联系.

定理 C.3 集合 A 的一个分类可以确定以 A 为定义域的一个映射，反之，以 A 为定义域的映射也可以确定 A 的一个分类.

证 设 $\{A_i\}_{i\in I}$ 为 A 的一个分类，故任意 $a\in A$，存在唯一 $A_i\in\{A_i\}_{i\in I}$，使得 $a\in A_i$，因而在 A 与 $\{A_i\}_{i\in I}$ 之间可定义映射

$$f:A\to\{A_i\}_{i\in I}$$
$$a\mapsto A_i,$$

其中 $a\in A_i$.

又设 $g:A\to B$ 为一个映射，由附录 B 的定理 B.1，只要证明由映射 g 可确定 A 上的一个等价关系即可. 为此，在 A 上建立如下一个二元关系：

$$R=\{(a,b)\mid a,b\in A,g(a)=g(b)\}.$$

显然,R 具有自反性、对称性和传递性,即 R 为 A 上的一个等价关系,故可得 A 的一个分类 A/R. ■

近世代数的主要研究对象之一是代数系统,所谓代数系统就是具有运算的集合,它是通过把集合与其上赋予的运算作为一个有机的整体而形成的. 在代数系统中,由于只有集合和运算,自然地运算是决定性的因素,即集合是通过运算的性质来体现出它的状态和性质的. 要给出代数系统的数学定义,先要明确一下运算这个概念.

定义 C.5 设 A,B,C 为三个集合,称从 $A\times B$ 到 C 的一个映射为 A 与 B 到 C 的一个二元代数运算. 特别地,当 $A=B=C$ 时,称为 A 上的一个二元运算.

例 C.7 设 V 是$\mathbb{R}$上的 n 维线性空间,令 $f:\mathbb{R}\times V\to V$,使得对任意 $\lambda\in\mathbb{R}$,$\boldsymbol{\alpha}\in V$,有 $f(\lambda,\boldsymbol{\alpha})=\lambda\boldsymbol{\alpha}$,则 f 就是数 λ 与向量 $\boldsymbol{\alpha}$ 的数乘运算.

定义 C.6 设 A 是一个非空集合,$f_1,f_2,\cdots,f_k$ 为 A 上的 k 个运算,称$(A;f_1,f_2,\cdots,f_k)$为 A 的一个代数系统. 特别地,在 A 上的各种运算已明确的前提下,也常用 A 表示代数系统.

例如$(\mathbb{R};+,-,\times,\div)$是我们非常熟悉的实数集合以及其上的加、减、乘、除这四种最普通的运算构成的代数系统.

由于代数系统的性质(一般称为数学结构)是被运算所具有的性质决定的,而运算是用映射定义的,就是说一个代数运算是可以相当随意地构造出来的,但随意构造的运算并不一定有多大意义. 因此,当研究代数系统时,自然要问,运算应具有什么样的性质才能更好地揭示代数系统的数学结构呢? 首先考虑的一个性质是运算的封闭性. 设 A 是一个非空集合,$\circ$ 是一种运算,如果对任意 $a,b\in A$,都有 $a\circ b\in A$,则称集合 A 在运算 $\circ$ 下封闭. 例如考虑集合为整数集$\mathbb{Z}$,运算是数的普通加法$+$,则整数集$\mathbb{Z}$关于$+$是封闭的. 但是如果运算是数的普通除法$\div$,则整数$\mathbb{Z}$关于$\div$不封闭. 除了封闭性外,最常见的性质就是交换律、结合律、分配律,以及是否有单位元和逆元等.

定义 C.7 设 $\circ$ 为 A 上的一个二元运算,若对任意 $a,b,c\in A$,有 $a\circ(b\circ c)=(a\circ b)\circ c$,则称 A 对运算 $\circ$ 满足结合律.

定义 C.8 设 $\circ$ 为 A 上的一个二元运算,若对任意 $a,b\in A$,有 $a\circ b=b\circ a$,则称 A 对 $\circ$ 满足交换律.

定义 C.9 设 $\circ,*$ 都是 A 上的二元运算,若对任意 $a,b,c\in A$,有 $a*(b\circ c)=(a*b)\circ(a*c)$,则称 $*$ 对 $\circ$ 满足左分配律; 若有$(b\circ c)*a=(b*a)\circ(c*a)$,则称 $*$ 对 $\circ$ 满足右分配律.

定义 C.10 设 $\circ$ 为 A 的一个二元运算,若 $e_l\in A$,对任意 $a\in A$,有 $e_l\circ a=a$,则称 e_l 是运算 $\circ$ 的左单位元; 若 $e_r\in A$,对任意 $a\in A$,有 $a\circ e_r=a$,则称 e_r 是运算 $\circ$ 的右单位元. 若 $e\in A$,有 $e\circ a=a\circ e=a$,则称 e 是运算 $\circ$ 的单位元.

定义 C.11 设$(A;\circ)$有单位元 e,对某个 $a\in A$,若存在 $b\in A$,使得 $b\circ a=e$,则称 a 有左逆; 若存在 $b\in A$,使得 $a\circ b=e$,则称 a 有右逆; 若存在 $b\in A$,使得 $a\circ b=b\circ a=e$,则称 a 有逆元,记 $a^{-1}=b$.

习题提示与答案

习　题　1

1. $j=3,k=8$.

2. (1) $-$；　(2) $-$.

3. 共 12 项，记为 $a_{1j_1}a_{2j_2}a_{3j_3}a_{4j_4}a_{5j_5}$，其中 $j_1j_2j_3j_4j_5$ 分别为 13245，13452，13524，23154，23541，23415，43125，43251，43512，53142，53214，53421.

4. (1) 1；　(2) $(-1)^{\frac{(n-1)(n-2)}{2}}n!=\begin{cases}n!, & n=4k+1,4k+2,\\ -n!, & n=4k+3,4k+4,\end{cases}\quad k=0,1,2,\cdots.$

6. (1) 15；(2) $-2(x^3+y^3)$；(3) 0.

7. (1) 第 1 列加第 3 列减去 2 乘第 2 列；　(2) 第 1 列减第 2 列；
(3) 第 3 列减 abc 乘第 1 列，再减 $a+b+c$ 乘第 2 列.

8. (1) 0；(2) -8；(3) 65；(4) -100；(5) 0；(6) x^2y^2；(7) $a_4+a_3x+a_2x^2+a_1x^3+x^4$.

9. (1) 当 $n=1$ 时，1；$n\geqslant 2$ 时，$-2(n-2)!$；

(2) 当 $n=0$ 时，a_0；$n\geqslant 1$ 时，$a_1a_2\cdots a_n\left(a_0-\frac{1}{a_1}-\frac{1}{a_2}-\cdots-\frac{1}{a_n}\right)$，其中 $a_i\neq 0,i=1,2,\cdots,n$；

(3) $a_1x_1\cdots x_{n-1}+a_2y_1x_2\cdots x_{n-1}+a_3y_1y_2x_3\cdots x_{n-1}+a_ny_1\cdots y_{n-1}$；　(4) $x^n+(-1)^{n-1}y^n$；

(5) $(a^2-b^2)^n$；　(6) $\begin{cases}a_1-b_1, & n=1,\\ (a_1-a_2)(b_1-b_2), & n=2,\\ 0, & n\geqslant 3.\end{cases}$

10. (1) 利用性质 3 拆成行列式之和；
(2) 将第 1 列写成 n 项之和：$a_i=0+\cdots+0+a_i+0+\cdots+0$. 然后将行列式拆成 n 个行列式之和；
(3) 递推；　(4) 数学归纳法；
(5) 升阶并利用 9(2) 题结果；　(6) 第 i 行提因子 a_i^n，$i=1,2,\cdots,n$，化作范德蒙德行列式.

11. (1) 按列拆成行列式之和. $1+\sum\limits_{i=1}^{n}a_i+\sum\limits_{i=1}^{n}b_i+\sum\limits_{j=1}^{n}\sum\limits_{\substack{i=1\\ i\neq j}}^{n}b_j(a_i-a_j)$；

(2) 先求递推关系，再利用行列式的对称性解出. $\dfrac{b(a-c)^n-c(a-b)^n}{b-c}$.

12. 加一行一列构成 $n+1$ 阶范德蒙德行列式，使之成为 x 的多项式，考虑原行列式与展开式中 x^{n-1} 项的系数的关系. $\sum\limits_{i=1}^{n}x_i\prod\limits_{1\leqslant j<i\leqslant n}(x_i-x_j)$.

13. (2) $a_1,a_2,\cdots,a_{n-1}$.

15. (1) $x_1=1,x_2=-1,x_3=-1,x_4=1$;　　(2) $x_1=3,x_2=-4,x_3=-1,x_4=1$;

(3) $x_1=\frac{31}{62},x_2=-\frac{5}{21},x_3=\frac{1}{9},x_4=-\frac{1}{21},x_5=\frac{1}{63}$.

17. 设直线方程是 $ax+by+c=0$.

18. 设圆的方程是 $a(x^2+y^2)+bx+cy+d=0$,

$$\begin{vmatrix} 1 & x & y & x^2+y^2 \\ 1 & x_1 & y_1 & x_1^2+y_1^2 \\ 1 & x_2 & y_2 & x_2^2+y_2^2 \\ 1 & x_3 & y_3 & x_3^2+y_3^2 \end{vmatrix}=0.$$

19. 设 $f(x)=ax^3+bx^2+cx+d,f(x)=7-5x^2+2x^3$.

习　题　2

1. (1) $x_1=1,x_2=2,x_3=-2$;　　(2) $x_1=1,x_2=-1,x_3=0,x_4=2$;

(3) 无解;　　(4) $x_1=-2,x_2=\frac{1}{2}(1+k),x_3=k,k$ 为任意常数.

2. 当 $a=5$ 且 $b=2$ 时线性方程组有解,解为 $\begin{cases} x_1=-2+x_3-5x_5, \\ x_2=3-2x_3-x_4+4x_5. \end{cases}$

3. $\boldsymbol{AB}=\begin{bmatrix} 6 & 2 & -2 \\ 6 & 1 & 0 \\ 8 & -1 & 2 \end{bmatrix},\boldsymbol{BA}=\begin{bmatrix} 4 & 0 & 0 \\ 4 & 1 & 0 \\ 4 & 3 & 4 \end{bmatrix},\boldsymbol{AB}-\boldsymbol{BA}=\begin{bmatrix} 2 & 2 & -2 \\ 2 & 0 & 0 \\ 4 & -4 & -2 \end{bmatrix},\boldsymbol{A}^{\mathrm{T}}\boldsymbol{B}=\begin{bmatrix} 8 & 1 & -2 \\ 5 & 0 & 1 \\ 8 & -1 & 2 \end{bmatrix}$.

4. $\boldsymbol{P}_1\boldsymbol{A}=\begin{bmatrix} a_{11} & a_{12} & a_{13} \\ a_{31} & a_{32} & a_{33} \\ a_{21} & a_{22} & a_{23} \end{bmatrix},\boldsymbol{P}_2\boldsymbol{A}=\begin{bmatrix} a_{11} & a_{12} & a_{13} \\ 2a_{21} & 2a_{22} & 2a_{23} \\ a_{31} & a_{32} & a_{33} \end{bmatrix},\boldsymbol{P}_3\boldsymbol{A}=\begin{bmatrix} a_{11} & a_{12} & a_{13} \\ a_{21}+ca_{31} & a_{22}+ca_{32} & a_{23}+ca_{33} \\ a_{31} & a_{32} & a_{33} \end{bmatrix}$,

$\boldsymbol{AP}_1=\begin{bmatrix} a_{11} & a_{13} & a_{12} \\ a_{21} & a_{23} & a_{22} \\ a_{31} & a_{33} & a_{32} \end{bmatrix},\boldsymbol{AP}_2=\begin{bmatrix} a_{11} & 2a_{12} & a_{13} \\ a_{21} & 2a_{22} & a_{23} \\ a_{31} & 2a_{32} & a_{33} \end{bmatrix},\boldsymbol{AP}_3=\begin{bmatrix} a_{11} & a_{12} & ca_{12}+a_{13} \\ a_{21} & a_{22} & ca_{22}+a_{23} \\ a_{31} & a_{32} & ca_{32}+a_{33} \end{bmatrix}$.

5. (1) $\begin{bmatrix} 1 & 3 & -1 \\ 1 & 8 & 1 \\ 4 & 3 & 5 \end{bmatrix}$; (2) $\boldsymbol{AB}=\begin{bmatrix} 6 & 1 \\ 0 & 10 \end{bmatrix}$; $\boldsymbol{BA}=\begin{bmatrix} 1 & 3 & 1 \\ 2 & 6 & 2 \\ -1 & 2 & 9 \end{bmatrix}$; (3) 无解; (4) $\begin{bmatrix} 16 & 9 \\ -1 & -2 \end{bmatrix}$;

(5) 无解; (6) 无解; (7) $\begin{bmatrix} 3 & 8 & 1 \\ 5 & 11 & -3 \end{bmatrix}$; (8) 无解; (9) $\begin{bmatrix} 1 & 11 & -1 \\ 5 & 20 & 17 \end{bmatrix}$;

(10) $\begin{bmatrix} 2 & -13 \\ 13 & 33 \\ 8 & 33 \end{bmatrix}$; (11) $\begin{bmatrix} 3 & 2 \\ 11 & 5 \\ 7 & 0 \end{bmatrix}$; (12) $\begin{bmatrix} 4 & 22 & 18 \\ -6 & -33 & -27 \end{bmatrix}$.

6. 提示:(2)(3)先算 $\boldsymbol{A}^2,\boldsymbol{A}^3$,找出规律,再用数学归纳法.

(6) 记 $N=\begin{bmatrix}0&1&\\&0&1\\&&0\end{bmatrix}$,研究 $N,N^2,N^3,\cdots$. 令 $\begin{bmatrix}\lambda&1&\\&\lambda&1\\&&\lambda\end{bmatrix}=\lambda I+N$,用二项式定理展开再相加.

答案:(1) $\begin{bmatrix}3&-2\\4&8\end{bmatrix}$; (2) $\begin{bmatrix}1&n\\0&1\end{bmatrix}$; (3) $\begin{bmatrix}\cos n\theta&\sin n\theta\\-\sin n\theta&\cos n\theta\end{bmatrix}$; (4) $2x_1^2-x_2^2+2x_1x_2-4x_1x_3+6x_2x_3$;

(5) 0, $\begin{bmatrix}-3&-2&1\\3&2&-1\\-3&-2&1\end{bmatrix}$; (6) $\begin{bmatrix}\lambda^n&n\lambda^{n-1}&\frac{n(n-1)}{2}\lambda^{n-2}\\&\lambda^n&n\lambda^{n-1}\\&&\lambda^n\end{bmatrix}$.

7. $A-NN^{\mathrm T}A=(I-NN^{\mathrm T})A$.

$$NA=\begin{bmatrix}a_{21}&a_{22}&a_{23}&a_{24}\\a_{31}&a_{32}&a_{33}&a_{34}\\a_{41}&a_{42}&a_{43}&a_{44}\\0&0&0&0\end{bmatrix},\quad AN=\begin{bmatrix}0&a_{11}&a_{12}&a_{13}\\0&a_{21}&a_{22}&a_{23}\\0&a_{31}&a_{32}&a_{33}\\0&a_{41}&a_{42}&a_{43}\end{bmatrix},$$

$$NN^{\mathrm T}=\begin{bmatrix}1&&&\\&1&&\\&&1&\\&&&0\end{bmatrix},\quad A-NN^{\mathrm T}A=\begin{bmatrix}0&0&0&0\\0&0&0&0\\0&0&0&0\\a_{41}&a_{42}&a_{43}&a_{44}\end{bmatrix}.$$

8. 用待定系数法.

(1) $\begin{bmatrix}a&0\\b&a\end{bmatrix}$,$a,b$ 任意常数; (2) $\begin{bmatrix}2a+b&2a\\a&b\end{bmatrix}$,$a,b$ 任意常数;

(3) $\begin{bmatrix}a&0&0\\3b-3a&b&2c\\3c&c&b+c\end{bmatrix}$,$a,b,c$ 任意常数; (4) $\begin{bmatrix}a&b&c\\0&a&b\\0&0&a\end{bmatrix}$,$a,b,c$ 任意常数.

10. 提示:此题学了分块矩阵再作.

11. 令 E_{ij} 为只有位于第 i 行第 j 列的那个元素(e_{ij})为 1,其他元素全为 0 的 n 阶方阵. 考虑 A 与所有的 E_{ij} 可交换 $i,j=1,2,\cdots,n$.

12. 将 $g(x)$ 分解因式,并利用 $f(A)=0$,简化计算.

$$f(A)=0,\quad g(A)=\begin{bmatrix}-4&8\\12&-16\end{bmatrix}.$$

14. 数学归纳法.

15. 令 α_i 为第 i 个分量为 1,其他分量为 0 的列向量. 由 $A\alpha_i=0,i=1,2,\cdots,n\Rightarrow A=0$.

16. 令 α_i 同 15 题,α_{ij} 为第 i 个分量和第 j 个分量为 1,其他分量为 0. 由 $\alpha_i^{\mathrm T}A\alpha_i=0$ 及 $\alpha_{ij}^{\mathrm T}A\alpha_{ij}=0\Rightarrow A^{\mathrm T}=-A$.

17. 举出一个具体的向量即可.

18. 由 $A^{\mathrm T}A$ 的主对角元等于零推出结果.

20. 研究 $A+A^{\mathrm T}$ 和 $A-A^{\mathrm T}$ 有什么性质.

25. (1) $-\frac{1}{2}\begin{bmatrix}4&-2\\-3&1\end{bmatrix}$; (3) $\begin{bmatrix}\cos\theta&\sin\theta\\-\sin\theta&\cos\theta\end{bmatrix}$; (4) $\frac{1}{ad-bc}\begin{bmatrix}d&-b\\-c&a\end{bmatrix}$;

(5) $\frac{1}{3}\begin{bmatrix}0&1&1\\0&1&-2\\-3&2&-1\end{bmatrix}$； (6) $\frac{1}{5}\begin{bmatrix}3&-3&-1\\2&3&-4\\-1&1&2\end{bmatrix}$.

26. 考虑 $\boldsymbol{I}-\boldsymbol{A}^k=\boldsymbol{I}$,利用定义求逆矩阵. $\boldsymbol{I}+\boldsymbol{A}+\boldsymbol{A}^2+\cdots+\boldsymbol{A}^{k-1}$.

27. 反证法.

28. 利用定义. $(\boldsymbol{A}+\boldsymbol{I})^{-1}=-\frac{1}{7}(\boldsymbol{A}-3\boldsymbol{I})$, $(\boldsymbol{A}-3\boldsymbol{I})^{-1}=-\frac{1}{7}(\boldsymbol{A}+\boldsymbol{I})$.

29. 利用 $\boldsymbol{A}\boldsymbol{A}^*=|\boldsymbol{A}|\boldsymbol{I}$.

31. 同 29 题.

32. 对 n 作数学归纳法,将矩阵分块.

34. 利用 tr$\boldsymbol{A}$ 的定义.

35. (1) $\begin{bmatrix}5&19&&&\\18&70&&&\\3&3&4&1&2\\6&9&14&11&10\\5&4&8&4&6\end{bmatrix}$； (2) $\begin{bmatrix}1&0&3&&\\0&4&3&&\\3&2&0&&\\&&&2&-6\\&&&-8&-4\end{bmatrix}$.

36. $\frac{1}{2}\begin{bmatrix}1&1&1&1\\1&-1&1&-1\\&&-1&-1\\&&-1&1\end{bmatrix}$.

37. $\begin{bmatrix}\boldsymbol{0}&\boldsymbol{C}^{-1}\\\boldsymbol{B}^{-1}&\boldsymbol{0}\end{bmatrix}$.

38. (1) 利用 37 题结论,

$$\begin{bmatrix}&&&a_n^{-1}\\a_1^{-1}&&&\\&\ddots&&\\&&a_{n-1}^{-1}&\end{bmatrix};$$

(2) 待定系数法,

$$\begin{bmatrix}\frac{1}{2}&0&-\frac{1}{2}&0&-1\\&\frac{1}{2}&0&-\frac{1}{2}&-\frac{3}{2}\\&&1&&\\&&&1&\\&&&&1\end{bmatrix}.$$

39. 利用分块矩阵的技巧,找出 $\boldsymbol{P},\boldsymbol{Q}$,使得 $\boldsymbol{P}\begin{bmatrix}\boldsymbol{A}&\boldsymbol{B}\\\boldsymbol{B}&\boldsymbol{A}\end{bmatrix}\boldsymbol{Q}=\begin{bmatrix}\boldsymbol{A}+\boldsymbol{B}&\boldsymbol{0}\\ *&\boldsymbol{A}-\boldsymbol{B}\end{bmatrix}$.

40. $\begin{bmatrix}&&\boldsymbol{A}_s^{-1}\\&\cdot^{\cdot^{\cdot}}&\\\boldsymbol{A}_1^{-1}&&\end{bmatrix}$.

41. 利用 $|\boldsymbol{I}-\boldsymbol{A}\boldsymbol{B}|=|\boldsymbol{I}-\boldsymbol{B}\boldsymbol{A}|$,并注意到 $\boldsymbol{\alpha}^{\mathrm{T}}\boldsymbol{A}^{-1}\boldsymbol{\alpha}$ 是一个数.

42. 同 41 题. $1+x_1y_1+x_2y_2+\cdots+x_ny_n$.

45. 用初等变换求解.

(1) $\frac{1}{9}\begin{bmatrix}1 & 2 & 2\\ 2 & 1 & -2\\ 2 & -2 & 1\end{bmatrix}$；(2) $\begin{bmatrix}-11 & 2 & 2\\ -4 & 0 & 1\\ 6 & -1 & -1\end{bmatrix}$；(3) $\begin{bmatrix}27 & -16 & 6\\ 8 & -5 & 2\\ -5 & 3 & -1\end{bmatrix}$；

(4) $\begin{bmatrix}-16 & -11 & 3\\ \frac{7}{2} & \frac{5}{2} & -\frac{1}{2}\\ -\frac{5}{2} & -\frac{3}{2} & \frac{1}{2}\end{bmatrix}$；(5) $\begin{bmatrix}1 & & & \\ -1 & 1 & & \\ & -1 & 1 & \\ & & -1 & 1\end{bmatrix}$；(6) $\begin{bmatrix}1 & -a & & \\ & 1 & -a & \\ & & 1 & -a\\ & & & 1\end{bmatrix}$.

46. (1) $\begin{bmatrix}-2 & 1\\ 2 & 0\end{bmatrix}$；(2) $\begin{bmatrix}\frac{5}{2} & 1\\ -\frac{1}{2} & 0\\ 0 & 0\end{bmatrix}$；(3) $\begin{bmatrix}1 & -3 & 3\\ 0 & 1 & -2\end{bmatrix}$.

习　题　3

1. $\overrightarrow{AB}=\frac{1}{2}(\boldsymbol{\alpha}-\boldsymbol{\beta})$, $\overrightarrow{BC}=\frac{1}{2}(\boldsymbol{\alpha}+\boldsymbol{\beta})$.

2. (1) $\boldsymbol{\alpha}\perp\boldsymbol{\beta}$；(2) $\boldsymbol{\alpha}$ 与 $\boldsymbol{\beta}$ 同向；(3) $\boldsymbol{\alpha}$ 与 $\boldsymbol{\beta}$ 反向且 $|\boldsymbol{\alpha}|\geqslant|\boldsymbol{\beta}|$；(4) $\boldsymbol{\alpha}$ 与 $\boldsymbol{\beta}$ 同向且 $\boldsymbol{\alpha}\neq\mathbf{0}$, $\boldsymbol{\beta}\neq\mathbf{0}$.

3. (1) 图见题 3.(1)图.

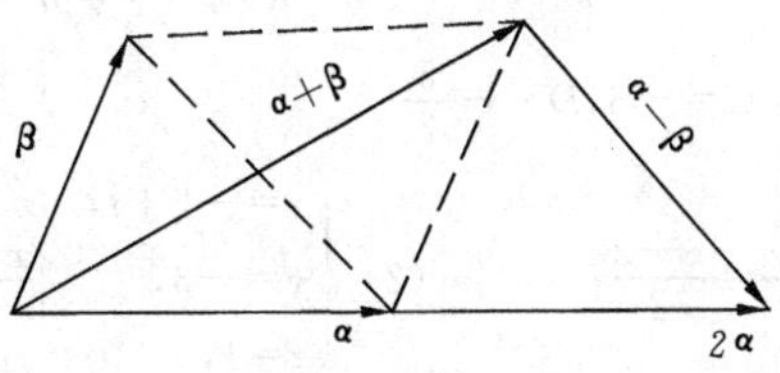

题 3.(1) 图

(2) 图见题 3.(2)图.

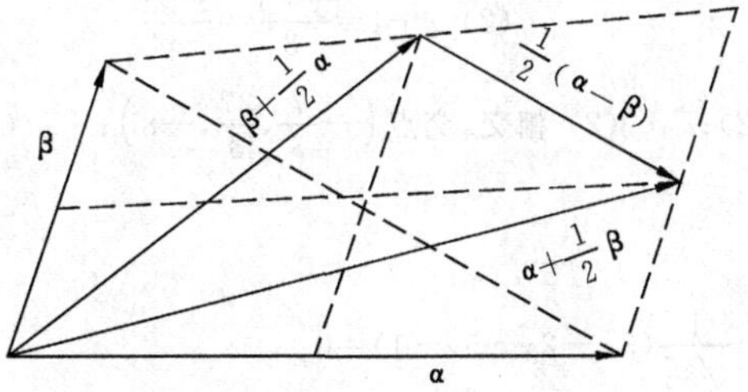

题 3.(2) 图

4. $(-12,1,-2)$.

5. $\overrightarrow{AB}=(-3,-4,-8)$. $C(-3,-3,-9)$

6. $\boldsymbol{\alpha}_1,\boldsymbol{\alpha}_6,\boldsymbol{\alpha}_7$ 共线，$\boldsymbol{\alpha}_2$ 与$\boldsymbol{\alpha}_4$ 共线，$\boldsymbol{\alpha}_3$ 与$\boldsymbol{\alpha}_5$ 共线.

7. (1) 不共面； (2)(3) 共面.

8. 求点 D 对坐标$\{A;\overrightarrow{AB},\overrightarrow{AC}\}$的坐标，实际上是要求用$\overrightarrow{AB},\overrightarrow{AC}$来表示$\overrightarrow{AD}$. $\left(\frac{1}{4},\frac{3}{4}\right)$.

9. $\overrightarrow{EF}=\left(0,-\frac{1}{2},\frac{1}{2}\right),\overrightarrow{ME}=\left(\frac{1}{6},\frac{1}{6},-\frac{1}{3}\right),\overrightarrow{MF}=\left(\frac{1}{6},-\frac{1}{3},\frac{1}{6}\right)$.

10. $\cos\alpha=\frac{1}{\sqrt{14}},\cos\beta=\frac{3}{\sqrt{14}},\cos\gamma=-\frac{2}{\sqrt{14}}$.

11. $\boldsymbol{A}=\begin{bmatrix}1 & 1\\ 1 & 4\end{bmatrix},\boldsymbol{\alpha}\cdot\boldsymbol{\beta}=-19$.

12. $1-\sqrt{2}$.

13. (1) $6,\arccos\frac{1}{5}$； (2) $(-2,-1,-2),(2,0,2),(0,-1,0)$； (3) $(2,3,-2)$； (4) $12.5,5$.

16. 两式相减.

17. (1) $\begin{cases}x=1+t_1,\\ y=2-2t_1+t_2,\\ z=3+t_1+2t_2,\end{cases}$ $5x+2y-z-6=0$； (2) $\begin{cases}x=1+2t_1-t_2,\\ y=1-3t_1+4t_2,\\ z=2-2t_1-7t_2,\end{cases}$ $29x+16y+5z-55=0$；

(3) $\begin{cases}x=t_1,\\ y=2t_1,\\ z=-t_1+t_2,\end{cases}$ $2x-y=0$； (4) $\begin{cases}x=4+t_1,\\ y=0+t_1,\\ z=-2+9t_1+t_2,\end{cases}$ $x-y-4=0$；

18. 平行：$C=-6$，D 任意；重合：$C=-6,D=-\frac{5}{2}$.

19. (1) $\begin{cases}x=1+3t,\\ y=t,\\ z=-2+2t,\end{cases}$ $\frac{x-1}{3}=\frac{y}{1}=\frac{z+2}{2}$； (2) $\begin{cases}x=-2+t,\\ y=-3,\\ z=1,\end{cases}$ $\frac{x+2}{1}=\frac{y+3}{0}=\frac{z-1}{0}$；

(3) $\begin{cases}x=1,\\ y=t,\\ z=-1+4t,\end{cases}$ $\frac{x-1}{0}=\frac{y}{1}=\frac{z+1}{4}$； (4) $\begin{cases}x=2-t,\\ y=3+3t,\\ z=-5+4t,\end{cases}$ $\frac{x-2}{-1}=\frac{y-3}{3}=\frac{z+5}{4}$；

20. (1) $\frac{x+8}{-4}=\frac{y-5}{3}=z$； (2) $x+1=\frac{y+1}{3}=\frac{z-1}{-4}$.

21. (1) 相交，交点$(3,-1,-2)$； (2) 相交，交点$\left(-\frac{7}{3},\frac{37}{3},-8\right)$； (3) 直线在平面上.

22. $D=3$.

23. $2x-16y-13z+31=0$.

24. (1) $\boldsymbol{n}=\pm(3,-2,5)$， $\pm\frac{1}{\sqrt{38}}(3x-2y+5z-1)=0$；

(2) $\boldsymbol{n}=\pm(1,-1,0)$， $\pm\frac{1}{\sqrt{2}}(x-y)=0$； (3) $\boldsymbol{n}=\pm(4,0,-3)$， $\pm\frac{1}{5}(4x-3z+2)=0$.

25. (1) 3； (2) 1.

26. (1) 2； (2) $\frac{5}{6}$.

27. 在 l_1,l_2 上各任取一点 P_1,P_2，求 $\overrightarrow{P_1P_2}$ 在 l_1 与 l_2 的公垂线上的投影.

(1) 13； (2) 7； (3) $\frac{40}{\sqrt{170}}$.

28. (5，−1，0).

29. $\frac{x-2}{4}=\frac{y+3}{-13}=\frac{z+1}{-5}$ 或 $\begin{cases}2x+y-z-2=0, & \text{过 } M \text{ 点与 } l \text{ 垂直的平面,}\\ 3x-y+5z-4=0, & \text{过 } M \text{ 点及 } l \text{ 的平面.}\end{cases}$

30. 先求出公垂线的方向向量，再求出公垂线与 l_1 的一个交点.

$$\frac{x-1}{-1}=\frac{y}{2}=\frac{z-2}{-1} \quad \text{或} \quad \begin{cases}4x+y-2z=0,\\ x\qquad\quad -z=-1.\end{cases}$$

习　题　4

1. 行向量组线性无关，列向量组线性相关.

2. (1)(4) 线性相关； (2)(3) 线性无关.

5. (1)(2) 不正确； (3)(4) 正确.

6. (1) $r=3,(\boldsymbol{\alpha}_1,\boldsymbol{\alpha}_2,\boldsymbol{\alpha}_4),\boldsymbol{\alpha}_3=3\boldsymbol{\alpha}_1+\boldsymbol{\alpha}_2,\boldsymbol{\alpha}_5=-\frac{1}{2}\boldsymbol{\alpha}_1+\boldsymbol{\alpha}_2+\frac{5}{2}\boldsymbol{\alpha}_4$. (2) $r=3,(\boldsymbol{\alpha}_1,\boldsymbol{\alpha}_2,\boldsymbol{\alpha}_4),\boldsymbol{\alpha}_3=\boldsymbol{\alpha}_1-5\boldsymbol{\alpha}_2$.

7. 设 $\boldsymbol{\alpha}_1=l_2\boldsymbol{\alpha}_2+\cdots+l_s\boldsymbol{\alpha}_s$，证 $l_s=0$.

8. 充分性：考虑 $\boldsymbol{\varepsilon}_1,\boldsymbol{\varepsilon}_2,\cdots,\boldsymbol{\varepsilon}_n$ 并用定理 4.6.

9. 反证法.

12. 作向量组 $(\boldsymbol{\alpha}_1,\cdots,\boldsymbol{\alpha}_s,\boldsymbol{\beta}_1,\cdots,\boldsymbol{\beta}_t)$，并考虑其极大线性无关组.

13. 设 $\boldsymbol{\alpha}_1,\boldsymbol{\alpha}_2,\cdots,\boldsymbol{\alpha}_s$ 中任选 m 个向量构成的向量组秩为 q，证明 $s-r\geqslant m-q$.

14. (1) $r=2$； (2) $r=3$；

(3) $a=2$ 时 $r=3$，$a\neq2$ 时 $r=4$； (4) $a=5$ 时 $r=2$，$a\neq5$ 时 $r=3$.

15. 用定理 4.10(2)，并注意 $m>n$.

16. 证 $\mathrm{r}(\boldsymbol{A}^*)=1$ 时用定理 4.10(2).

17. 用相抵标准形.

18. 用 $\boldsymbol{A},\boldsymbol{B}$ 的相抵标准形.

19. 考虑 $\boldsymbol{A},\boldsymbol{B}$ 及 $\boldsymbol{A}+\boldsymbol{B}$ 的列向量，并用定理 4.6、定理 4.10(5).

22. (1)(2) 不正确；(3) 正确.

23. (1) 基础解系 $\boldsymbol{\eta}_1=\left(-\frac{3}{2},\frac{7}{2},1,0\right)^{\mathrm{T}},\boldsymbol{\eta}_2=(-1,-2,0,1)^{\mathrm{T}}$；通解 $c_1\boldsymbol{\eta}_1+c_2\boldsymbol{\eta}_2$.

(2) 基础解系 $\boldsymbol{\eta}_1=\left(\frac{19}{8},\frac{7}{8},1,0,0\right)^{\mathrm{T}},\boldsymbol{\eta}_2=\left(\frac{3}{8},-\frac{25}{8},0,1,0\right)^{\mathrm{T}},\boldsymbol{\eta}_3=\left(-\frac{1}{2},\frac{1}{2},0,0,1\right)^{\mathrm{T}}$；通解 $c_1\boldsymbol{\eta}_1+c_2\boldsymbol{\eta}_2+c_3\boldsymbol{\eta}_3$.

24. (1) $c(-4,0,1,5)^T+(0,0,2,0)^T$； (2) $c_1(1,-2,1,0,0)^T+c_2(1,-2,0,1,0)^T+\left(0,0,0,\frac{19}{4},\frac{9}{4}\right)^T$；

(3) $c(1,0,-1,2)^T+\left(\frac{31}{6},\frac{2}{3},-\frac{7}{6},0\right)^T$.

25. $\lambda=1$ 时，有无穷多解 $c_1(-1,1,0)^T+c_2(-1,0,1)^T+(1,0,0)^T$；

$\lambda=-2$ 时，无解；

$\lambda\neq1$ 且 $\lambda\neq-2$ 时，有唯一解：$x_1=-\frac{1+\lambda}{2+\lambda},x_2=\frac{1}{2+\lambda},x_3=\frac{(1+\lambda)^2}{2+\lambda}$.

26. $a\neq1$ 且 $a\neq0$ 时，有唯一解：$x_1=1-\frac{1}{a},x_2=\frac{1}{a},x_3=0$.

$a=1$ 时，有无穷多解 $c(0,1,1)^T+(0,1,0)^T$.

$a=0$ 时，无解.

习 题 5

1. 用定义 5.1 逐条验证.

(2) 可检查 $k(\alpha+\beta)=k\alpha+k\beta$； (3) 可检查 $\alpha+\beta=\beta+\alpha$； (4) 注意零元素是 1.

(1)、(4) 是线性空间，(2)、(3) 不是线性空间.

(1) 令 $\boldsymbol{E}_{ij}=\begin{bmatrix} & \vdots & \\ \cdots & 1 & \cdots \\ & \vdots & \end{bmatrix} i$，$\boldsymbol{F}_{ij}=\boldsymbol{E}_{ij}+\boldsymbol{E}_{ji}$，$\boldsymbol{G}_{ij}=\boldsymbol{E}_{ij}-\boldsymbol{E}_{ji}$.（1 位于第 i 行第 j 列）

对称矩阵：维数 $\frac{1}{2}n(n+1)$，基 $\boldsymbol{E}_{ii}$，$\boldsymbol{F}_{ij}$ $(i=1,2,\cdots,n,i<j\leqslant n)$.

反对称矩阵：维数 $\frac{1}{2}n(n-1)$，基 $\boldsymbol{G}_{ij}$ $(1\leqslant i<j\leqslant n)$.

上三角矩阵：维数 $\frac{1}{2}n(n+1)$，基 $\boldsymbol{E}_{ij}$ $(1\leqslant i\leqslant j\leqslant n)$.

对角矩阵：维数 n，基 $\boldsymbol{E}_{ii}$ $(1\leqslant i\leqslant n)$.

(4) 维数 1，基为任一不等于 1 的正数.

试考虑 3 能用 2 线性表出吗？ 5 能用 2 线性表出吗？

3. (1) $\left(\frac{5}{4},\frac{1}{4},-\frac{1}{4},-\frac{1}{4}\right)^T$； (2) $(1,0,-1,0)^T$.

4. (1) $\boldsymbol{C}=\begin{bmatrix}2&0&5&6\\1&3&3&6\\-1&1&2&1\\1&0&1&3\end{bmatrix}$； (2) $\boldsymbol{C}=\begin{bmatrix}2&0&1&-1\\-3&1&-2&1\\1&-2&2&-1\\1&-1&1&-1\end{bmatrix}$.

5. 用微积分中泰勒公式.

$f(x)$ 的坐标分别是 $(a_0,a_1,\cdots,a_n)^T$，与 $\left(f(a),f'(a),\cdots,\frac{1}{n!}f^{(n)}(a)\right)^T$. 过渡矩阵为

$$\begin{bmatrix} 1 & -a & a^2 & \cdots & (-a)^n \\ & 1 & -2a & \cdots & n(-a)^{n-1} \\ & & 1 & \cdots & C_n^2(-a)^{n-2} \\ & & & \ddots & \cdots \\ & & & & 1 \end{bmatrix}.$$

6. $\left(\frac{5}{2},-\frac{1}{2},-1,0\right)^{\mathrm{T}}$.

7. 当 $\boldsymbol{A}=\boldsymbol{I}$ 时，$Z(\boldsymbol{I})=M_n(\mathbb{R})$，维数 n^2. $\boldsymbol{E}_{ij}$（$i=1,2,\cdots,n,j=1,2,\cdots,n$）是一组基，其中，$\boldsymbol{E}_{ij}$ 是 n 阶矩阵，仅 $a_{ij}=1$，其余元素全为 0；

当 $\boldsymbol{A}=\begin{bmatrix} 1 & & & \\ & 2 & & \\ & & \ddots & \\ & & & n \end{bmatrix}$ 时，$Z(\boldsymbol{A})=\{n$ 阶对角矩阵$\}$，维数 n，$\boldsymbol{E}_{ii}$，$i=1,2,\cdots,n$ 是一组基；

当 $\boldsymbol{A}=\begin{bmatrix} 1 & & & & \\ 1 & 1 & & & \\ 1 & 1 & 1 & & \\ \vdots & \vdots & \vdots & \ddots & \\ 1 & 1 & 1 & \cdots & 1 \end{bmatrix}$ 时，$Z(\boldsymbol{A})=\left\{\begin{bmatrix} a_1 & & & & \\ a_2 & a_1 & & & \\ a_3 & a_2 & a_1 & & \\ \vdots & \ddots & \ddots & \ddots & \\ a_n & \cdots & a_3 & a_2 & a_1 \end{bmatrix}\right\}$

维数 n，$\boldsymbol{E}_{n1}$，$\boldsymbol{E}_{n-11}+\boldsymbol{E}_{n2}$，$\boldsymbol{E}_{n-21}+\boldsymbol{E}_{n-12}+\boldsymbol{E}_{n3}$，$\cdots$，$\boldsymbol{E}_{11}+\boldsymbol{E}_{22}+\cdots+\boldsymbol{E}_{nn}$ 是一组基.

10. $\dim(W_1\cap W_2)=1$，基 $\boldsymbol{\alpha}_2$，$\dim(W_1+W_2)=4$，$\boldsymbol{\alpha}_1,\boldsymbol{\alpha}_2,\boldsymbol{\alpha}_3,\boldsymbol{\beta}_1$ 是基.

11. $\boldsymbol{\alpha}\notin R(\boldsymbol{A})$，$\dim R(\boldsymbol{A})=2$，$\boldsymbol{A}$ 中任两列均可构成一组基. $\dim N(\boldsymbol{A})=1$，$(2,3,-1)^{\mathrm{T}}$ 为基.

20. (1) $\sqrt{7}$，$\sqrt{15}$，$\sqrt{10}$，$\arccos\frac{6}{\sqrt{105}}$，$\arccos\frac{-9}{\sqrt{150}}$，$\arccos\frac{1}{\sqrt{70}}$.

(2) $k(5,-3,-1,0)^{\mathrm{T}}+l(5,-3,0,1)^{\mathrm{T}}$.

23. (1) $(0,0,1)^{\mathrm{T}}$，$(0,1,0)^{\mathrm{T}}$，$(1,0,0)^{\mathrm{T}}$.　　(2) $\frac{1}{\sqrt{10}}\begin{bmatrix}1\\2\\2\\-1\end{bmatrix}$，$\frac{1}{\sqrt{26}}\begin{bmatrix}2\\3\\-3\\2\end{bmatrix}$，$\frac{1}{\sqrt{10}}\begin{bmatrix}2\\-1\\-1\\-2\end{bmatrix}$.

24. (1) $\frac{1}{3}(2,1,2)^{\mathrm{T}}$，$\frac{1}{3}(1,2,-2)^{\mathrm{T}}$，$\frac{1}{3}(-2,2,1)^{\mathrm{T}}$.　(2) $\frac{1}{\sqrt{7}}\begin{bmatrix}1\\1\\1\\2\end{bmatrix}$，$\frac{1}{\sqrt{23}}\begin{bmatrix}1\\2\\3\\-3\end{bmatrix}$，$\frac{1}{\sqrt{6}}\begin{bmatrix}1\\-2\\1\\0\end{bmatrix}$，$\frac{1}{\sqrt{966}}\begin{bmatrix}-25\\-4\\17\\6\end{bmatrix}$.

26. $a=-\frac{6}{7}$，$b=\mp\frac{2}{7}$，$c=\pm\frac{6}{7}$，$d=\pm\frac{3}{7}$，$e=-\frac{6}{7}$.

27. $\begin{bmatrix}1&&\\&1&\\&&1\end{bmatrix}$，$\begin{bmatrix}1&&\\&&1\\&1&\end{bmatrix}$，$\begin{bmatrix}&1&\\1&&\\&&1\end{bmatrix}$，$\begin{bmatrix}&1&\\&&1\\1&&\end{bmatrix}$，$\begin{bmatrix}&&1\\&1&\\1&&\end{bmatrix}$，$\begin{bmatrix}&&1\\1&&\\&1&\end{bmatrix}$.

28. 16.

29. $\frac{1}{3}\begin{bmatrix}1 & -2 & -2\\ -2 & 1 & -2\\ -2 & -2 & 1\end{bmatrix}$.

31. (1) $\begin{bmatrix}\frac{3}{5} & -\frac{4}{5}\\ \frac{4}{5} & \frac{3}{5}\end{bmatrix}\begin{bmatrix}5 & 4\\ 0 & 3\end{bmatrix}$, (2) $\begin{bmatrix}\frac{1}{3} & 0 & \frac{4}{3\sqrt{2}}\\ \frac{2}{3} & \frac{1}{\sqrt{2}} & -\frac{1}{3\sqrt{2}}\\ \frac{2}{3} & -\frac{1}{\sqrt{2}} & -\frac{1}{3\sqrt{2}}\end{bmatrix}\begin{bmatrix}3 & 3 & 1\\ & \sqrt{2} & -\frac{1}{\sqrt{2}}\\ & & \frac{1}{\sqrt{2}}\end{bmatrix}$,

(3) $\begin{bmatrix}\frac{1}{3} & -\frac{2}{3} & \frac{2}{3}\\ -\frac{2}{3} & \frac{1}{3} & \frac{2}{3}\\ -\frac{2}{3} & -\frac{2}{3} & -\frac{1}{3}\end{bmatrix}\begin{bmatrix}3 & 3 & \frac{13}{3}\\ & 6 & -\frac{14}{3}\\ & & \frac{11}{3}\end{bmatrix}$.

习 题 6

1. (2),(3)是； (1),(4)不是.

6. (1) $\begin{bmatrix}1 & 0 & 0\\ 0 & 1 & 0\\ 0 & 0 & 0\end{bmatrix}$； (2) $\begin{bmatrix}0 & 1 & 0 & \cdots & 0 & 0\\ 0 & 0 & 1 & \cdots & 0 & 0\\ 0 & 0 & 0 & \cdots & 0 & 0\\ \vdots & \vdots & \vdots & & \vdots & \vdots\\ 0 & 0 & 0 & \cdots & 0 & n-2\\ 0 & 0 & 0 & \cdots & 0 & 0\end{bmatrix}$.

7. (1) $\boldsymbol{A}=\begin{bmatrix}1 & 1 & 0\\ 1 & -1 & 0\\ 0 & 0 & 1\end{bmatrix}$； (2) $\boldsymbol{A}=\begin{bmatrix}0 & 2 & 2\\ 1 & 0 & -1\\ 0 & 0 & 1\end{bmatrix}$.

8. 在自然基下 $\boldsymbol{A}=\begin{bmatrix}2 & -1 & -1\\ 3 & -3 & 1\\ 5 & -5 & -1\end{bmatrix}$，在 $\boldsymbol{\varepsilon}_1,\boldsymbol{\varepsilon}_2,\boldsymbol{\varepsilon}_3$ 下 $\boldsymbol{A}=\begin{bmatrix}-1 & 1 & -1\\ -2 & 0 & 2\\ 5 & 0 & -1\end{bmatrix}$.

9. $\begin{bmatrix}a & 0 & b & 0\\ 0 & a & 0 & b\\ c & 0 & d & 0\\ 0 & c & 0 & d\end{bmatrix}$； $\begin{bmatrix}a & c & 0 & 0\\ b & d & 0 & 0\\ 0 & 0 & a & c\\ 0 & 0 & b & d\end{bmatrix}$； $\begin{bmatrix}a^2 & ac & ba & bc\\ ab & ad & b^2 & bd\\ ca & c^2 & da & dc\\ cb & cd & db & d^2\end{bmatrix}$.

14. (1) $\begin{bmatrix} 2 & -3 & 3 & 2 \\ \frac{2}{3} & -\frac{4}{3} & \frac{10}{3} & \frac{10}{3} \\ \frac{8}{3} & -\frac{16}{3} & \frac{40}{3} & \frac{40}{3} \\ 0 & 1 & -7 & -8 \end{bmatrix}$;

(2) $\ker\sigma=L(\alpha_1,\alpha_2)$,其中 $\alpha_1=-2\varepsilon_1-\frac{3}{2}\varepsilon_2+\varepsilon_3,\alpha_2=-\varepsilon_1-2\varepsilon_2+\varepsilon_4$;

$\mathrm{Im}\sigma=L(\beta_1,\beta_2)$,其中 $\beta_1=\varepsilon_1-\varepsilon_2+\varepsilon_3+2\varepsilon_4$, $\beta_2=2\varepsilon_2+2\varepsilon_3-2\varepsilon_4$;

(3) $\ker\sigma$ 的基取为 α_1,α_2,扩充成 V 的基 $\alpha_3=\varepsilon_3,\alpha_4=\varepsilon_4$. σ 在 $\alpha_1,\alpha_2,\alpha_3,\alpha_4$ 下的矩阵为

$$\begin{bmatrix} 0 & 0 & 0 & 1 \\ 0 & 0 & -2 & -3 \\ 0 & 0 & 5 & 4 \\ 0 & 0 & 3 & 1 \end{bmatrix};$$

(4) $\mathrm{Im}\sigma$ 的基取为 β_1,β_2,扩充成 V 的基 $\beta_3=\varepsilon_3,\beta_4=\varepsilon_4$, $\mathrm{Im}\sigma$ 在 $\beta_1,\beta_2,\beta_3,\beta_4$ 下的矩阵为

$$\begin{bmatrix} 5 & 2 & 2 & 1 \\ \frac{9}{2} & 1 & \frac{3}{2} & 2 \\ 0 & 0 & 0 & 0 \\ 0 & 0 & 0 & 0 \end{bmatrix}.$$

注 本题(2),(3),(4)的答案不唯一.

19. (1) $\lambda^2-5\lambda+7$; (2) λ^2-1; (3) $\lambda^3-4\lambda^2+2\lambda-7$; (4) $\lambda^3-9\lambda^2+26\lambda-24$.

20. (1) $\lambda_1=0,\lambda_2=2,\boldsymbol{x}_1=(1,-1)^{\mathrm{T}},\boldsymbol{x}_2=(1,1)^{\mathrm{T}}$; (2) $\lambda_{1,2}=\frac{3}{2}\pm\frac{\sqrt{37}}{2},\boldsymbol{x}_{1,2}=(6,1\mp\sqrt{37})^{\mathrm{T}}$;

(3) $\lambda_1=2,\lambda_2=3,\boldsymbol{x}_1=(1,-1)^{\mathrm{T}},\boldsymbol{x}_2=(-1,2)^{\mathrm{T}}$; (4) $\lambda_{1,2,3}=0,\boldsymbol{x}=(1,0,0)^{\mathrm{T}}$;

(5) $\lambda_1=1,\lambda_2=-1,\lambda_3=2,\boldsymbol{x}_1=(2,1,-7)^{\mathrm{T}},\boldsymbol{x}_2=(0,1,-1)^{\mathrm{T}},\boldsymbol{x}_3=(0,0,1)^{\mathrm{T}}$;

(6) $\lambda_1=1,\lambda_{2,3}=2,\boldsymbol{x}_1=(0,1,1)^{\mathrm{T}},\boldsymbol{x}_2=(1,1,0)^{\mathrm{T}}$;

(7) $\lambda_{1,2,3}=2,\boldsymbol{x}_1=(1,1,-1)^{\mathrm{T}},\boldsymbol{x}_2=(1,-1,1)^{\mathrm{T}}$;

(8) $\lambda_1=1,\lambda_2=4,\lambda_3=-2,\boldsymbol{x}_1=(-2,-1,2)^{\mathrm{T}},\boldsymbol{x}_2=(2,-2,1)^{\mathrm{T}},\boldsymbol{x}_3=(1,2,2)^{\mathrm{T}}$;

(9) $\lambda_1=-2,\lambda_{2,3,4}=2,\boldsymbol{x}_1=(-1,1,1,1)^{\mathrm{T}},\boldsymbol{x}_2=(1,0,0,1)^{\mathrm{T}},\boldsymbol{x}_3=(1,0,1,0)^{\mathrm{T}},\boldsymbol{x}_4=(1,1,0,0)^{\mathrm{T}}$;

(10) $\lambda=0$(n 重),$\boldsymbol{x}=(1,0,\cdots,0)^{\mathrm{T}}$.

21. $x=4,\boldsymbol{x}_1=(1,-1,0)^{\mathrm{T}},\boldsymbol{x}_2=(1,0,4)^{\mathrm{T}},\boldsymbol{x}_3=(-1,-1,1)^{\mathrm{T}}$.

22. $\mathrm{tr}\boldsymbol{A}=4,\det\boldsymbol{A}=9$.

23. $\boldsymbol{A}\boldsymbol{x}=\lambda\boldsymbol{x},\boldsymbol{A}^{-1}\boldsymbol{x}=\frac{1}{\lambda}\boldsymbol{x},\boldsymbol{A}^*\boldsymbol{x}=\frac{\boldsymbol{A}}{\lambda}\boldsymbol{x}$. 即若 $\boldsymbol{x}$ 是 $\boldsymbol{A}$ 的属于特征值 λ 的特征向量,则 $\boldsymbol{x}$ 也是 $\boldsymbol{A}^{-1}$ 的属于特征值 $\frac{1}{\lambda}$ 的特征向量,同时也是 $\boldsymbol{A}^*$ 的属于特征值 $\frac{\boldsymbol{A}}{\lambda}$ 的特征向量.

26. $\lambda^2+2\lambda-1$.

27. (1) $V_{\lambda=2}$ 的基是 $(1,0,0)^{\mathrm{T}},(0,0,1)^{\mathrm{T}}$, $V_{\lambda=1}$ 的基是 $(-3,1,0)^{\mathrm{T}}$.

(2) $V_{\lambda=2}$ 的基是 $(1,0,0,0)^{\mathrm{T}}$, $V_{\lambda=1}$ 的基是 $(3,-3,1,0)^{\mathrm{T}}$.

30. (1) 利用初等矩阵 $\boldsymbol{E}_{ij}$ 的作用和性质. (2) 与(1)类似,把初等矩阵 $\boldsymbol{E}_{ij}$ 用初等分块阵代替.

31. 充分性:利用 $\boldsymbol{I}=\boldsymbol{C}^{-1}\boldsymbol{C}$.

必要性:先证 $\boldsymbol{A}$ 与任何可逆矩阵可交换,再取可逆矩阵为初等矩阵 $\boldsymbol{E}_{ij}$,$\boldsymbol{E}_{ij}$ 与 $\boldsymbol{A}$ 可交换的结果进一步证明结论.

33. 设 $\boldsymbol{B}^{-1}\boldsymbol{AB}=\boldsymbol{N},\boldsymbol{B}=[\boldsymbol{x}_1,\boldsymbol{x}_2,\cdots,\boldsymbol{x}_n]$,利用 $\boldsymbol{AB}=\boldsymbol{BN}$. 得到 $\boldsymbol{A}\backsim\boldsymbol{N}^{\mathrm{T}}$,从而 $\boldsymbol{N}\backsim\boldsymbol{N}^{\mathrm{T}}$.

36. λ 是 $\boldsymbol{A}$ 的特征值,则 $g(\lambda)$ 是 $g(\boldsymbol{A})$ 的特征值. $\det g(\boldsymbol{A})=g(\lambda_1)g(\lambda_2)\cdots g(\lambda_n)$.

37. $x=y=0$.

38. $a=b=c=d=e=f=1$.

39. $\det(\boldsymbol{I}+\boldsymbol{B})=n!$

41. (1) $\boldsymbol{P}=\begin{bmatrix}1&4\\-1&1\end{bmatrix},\boldsymbol{D}=\begin{bmatrix}-3&\\&2\end{bmatrix}$; (2) 不可对角化;

(3) $\boldsymbol{P}=\begin{bmatrix}-1&0&-1\\3&2&0\\1&1&1\end{bmatrix},\boldsymbol{D}=\begin{bmatrix}0&&\\&2&\\&&3\end{bmatrix}$; (4) $\boldsymbol{P}=\begin{bmatrix}1&1&13\\0&-1&2\\0&0&3\end{bmatrix},\boldsymbol{D}=\begin{bmatrix}1&&\\&-1&\\&&2\end{bmatrix}$;

(5) 不可对角化; (6) 不可对角化;

(7) $\boldsymbol{P}=\begin{bmatrix}1&0&1\\-2&-2&0\\1&1&1\end{bmatrix},\boldsymbol{D}=\begin{bmatrix}1&&\\&1&\\&&3\end{bmatrix}$; (8) $\boldsymbol{P}=\begin{bmatrix}-3&1&1\\0&-6&0\\2&4&1\end{bmatrix},\boldsymbol{D}=\begin{bmatrix}-1&&\\&1&\\&&4\end{bmatrix}$;

(9) $\boldsymbol{P}=\begin{bmatrix}1&1\\-1&-2\end{bmatrix},\boldsymbol{D}=\begin{bmatrix}1&\\&2\end{bmatrix}$; (10) $\boldsymbol{P}=\begin{bmatrix}1&2&1\\0&1&0\\-3&0&0\end{bmatrix},\boldsymbol{D}=\begin{bmatrix}0&&\\&2&\\&&3\end{bmatrix}$.

44.
$$\boldsymbol{A}^m=\begin{bmatrix}1&\frac{2}{5}5^m-\frac{2}{5}(-5)^m&-1+\frac{4}{5}5^m+\frac{1}{5}(-5)^m\\0&\frac{1}{5}5^m+\frac{4}{5}(-5)^m&\frac{2}{5}5^m-\frac{1}{5}(-5)^m\\0&\frac{2}{5}5^m-\frac{2}{5}(-5)^m&\frac{4}{5}5^m+\frac{1}{5}(-5)^m\end{bmatrix}.$$

45. (1) $\boldsymbol{\beta}=(b_3-b_2)\boldsymbol{\alpha}_1+\left(b_3-\frac{b_1+b_2}{2}\right)\boldsymbol{\alpha}_2+\frac{b_1+b_2}{2}\boldsymbol{\alpha}_3$;

(2) $$\boldsymbol{A}^m\boldsymbol{\beta}=\frac{1}{2}\begin{bmatrix}2^m+3^m&-2+2^m+3^m&2-2^{m+1}\\-2^m+3^m&2-2^m+3^m&-2+2^{m+1}\\-2^m+3^m&-2^m+3^m&2^{m+1}\end{bmatrix}\begin{bmatrix}b_1\\b_2\\b_3\end{bmatrix}.$$

47. (1) $\boldsymbol{Q}=\begin{bmatrix}\frac{1}{\sqrt{2}}&\frac{1}{\sqrt{2}}\\\frac{-1}{\sqrt{2}}&\frac{1}{\sqrt{2}}\end{bmatrix},\boldsymbol{P}=\begin{bmatrix}0&\\&2\end{bmatrix}$; (2) $\boldsymbol{Q}=\begin{bmatrix}\frac{1}{\sqrt{2}}&\frac{1}{\sqrt{2}}\\\frac{-1}{\sqrt{2}}&\frac{1}{\sqrt{2}}\end{bmatrix},\boldsymbol{D}=\begin{bmatrix}1&\\&3\end{bmatrix}$;

(3) $\boldsymbol{Q}=\begin{bmatrix}0&\frac{1}{\sqrt{2}}&-\frac{1}{\sqrt{2}}\\1&0&0\\0&\frac{1}{\sqrt{2}}&\frac{1}{\sqrt{2}}\end{bmatrix},\boldsymbol{D}=\begin{bmatrix}0&&\\&1&\\&&-1\end{bmatrix}$; (4) $\boldsymbol{Q}=\begin{bmatrix}1&0&0\\0&\frac{1}{\sqrt{2}}&\frac{1}{\sqrt{2}}\\0&-\frac{1}{\sqrt{2}}&\frac{1}{\sqrt{2}}\end{bmatrix},\boldsymbol{D}=\begin{bmatrix}0&&\\&0&\\&&2\end{bmatrix}$;

(5) $\boldsymbol{Q}=\begin{bmatrix}-\frac{1}{\sqrt{2}} & -\frac{1}{\sqrt{6}} & \frac{1}{\sqrt{3}}\\ 0 & \frac{2}{\sqrt{6}} & \frac{1}{\sqrt{3}}\\ \frac{1}{\sqrt{2}} & -\frac{1}{\sqrt{6}} & \frac{1}{\sqrt{3}}\end{bmatrix}$，$\boldsymbol{D}=\begin{bmatrix}1 & & \\ & 1 & \\ & & -2\end{bmatrix}$；(6) $\boldsymbol{Q}=\begin{bmatrix}\frac{1}{\sqrt{5}} & \frac{4}{\sqrt{45}} & \frac{2}{3}\\ \frac{-2}{\sqrt{5}} & \frac{2}{\sqrt{45}} & \frac{1}{3}\\ 0 & \frac{-5}{\sqrt{45}} & \frac{2}{3}\end{bmatrix}$，$\boldsymbol{D}=\begin{bmatrix}-1 & & \\ & -1 & \\ & & 8\end{bmatrix}$；

(7) $\boldsymbol{Q}=\begin{bmatrix}\frac{1}{\sqrt{3}} & \frac{1}{\sqrt{2}} & \frac{1}{\sqrt{6}}\\ \frac{1}{\sqrt{3}} & \frac{-1}{\sqrt{2}} & \frac{1}{\sqrt{6}}\\ \frac{1}{\sqrt{3}} & 0 & \frac{-2}{\sqrt{6}}\end{bmatrix}$，$\boldsymbol{D}=\begin{bmatrix}3 & & \\ & 1 & \\ & & -3\end{bmatrix}$；(8) $\boldsymbol{Q}=\begin{bmatrix}\frac{1}{\sqrt{2}} & 0 & \frac{1}{\sqrt{2}}\\ 0 & 1 & 0\\ \frac{-1}{\sqrt{2}} & 0 & \frac{1}{\sqrt{2}}\end{bmatrix}$，$\boldsymbol{D}=\begin{bmatrix}2 & & \\ & 2 & \\ & & 4\end{bmatrix}$；

(9) $\boldsymbol{Q}=\frac{1}{2}\begin{bmatrix}1 & 1 & 1 & 1\\ -1 & -1 & 1 & 1\\ 1 & -1 & 1 & -1\\ -1 & 1 & 1 & -1\end{bmatrix}$，$\boldsymbol{D}=\begin{bmatrix}3 & & & \\ & -3 & & \\ & & 5 & \\ & & & -5\end{bmatrix}$；

(10) $\boldsymbol{Q}=\begin{bmatrix}\frac{1}{\sqrt{2}} & 0 & \frac{1}{2} & -\frac{1}{2}\\ \frac{1}{\sqrt{2}} & 0 & -\frac{1}{2} & \frac{1}{2}\\ 0 & \frac{1}{\sqrt{2}} & -\frac{1}{2} & -\frac{1}{2}\\ 0 & \frac{1}{\sqrt{2}} & \frac{1}{2} & \frac{1}{2}\end{bmatrix}$，$\boldsymbol{D}=\begin{bmatrix}-4 & & & \\ & -4 & & \\ & & -4 & \\ & & & 8\end{bmatrix}$.

48. (2) $(-1)^n 2^{n-r}$.

51. $\boldsymbol{A}=\begin{bmatrix}0 & -1 & 1\\ -1 & 0 & 1\\ 1 & 1 & 0\end{bmatrix}$.

52. (1) 注意到$\boldsymbol{\alpha}^{\mathrm{T}}\boldsymbol{\alpha}$是一个数. $t=\left(\sum_{i=1}^{n}a_i^2\right)^{k-1}$；

(2) 设 $a_1\neq 0$，$\boldsymbol{P}=\begin{bmatrix}-a_2 & -a_3 & \cdots & -a_n & a_1\\ a_1 & 0 & \cdots & 0 & a_2\\ & a_1 & \cdots & 0 & a_3\\ & & \ddots & \vdots & \vdots\\ & & & a_1 & a_n\end{bmatrix}$，$\boldsymbol{P}^{-1}\boldsymbol{AP}=\begin{bmatrix}0 & & & \\ & \ddots & & \\ & & 0 & \\ & & & \sum_{i=1}^{n}a_i^2\end{bmatrix}$.

习　题　7

1. (1) $A=\begin{bmatrix} 1 & 2 & \frac{5}{2} \\ 2 & \frac{1}{2} & 3 \\ \frac{5}{2} & 3 & \frac{1}{3} \end{bmatrix}$；　(2) $A=\begin{bmatrix} 2 & \frac{1}{2} & 0 \\ \frac{1}{2} & 0 & -1 \\ 0 & -1 & 0 \end{bmatrix}$；

(3) $A=\begin{bmatrix} 0 & \frac{1}{2} & \frac{3}{2} & \frac{5}{2} \\ \frac{1}{2} & 0 & \frac{7}{2} & \frac{9}{2} \\ \frac{3}{2} & \frac{7}{2} & 0 & \frac{11}{2} \\ \frac{5}{2} & \frac{9}{2} & \frac{11}{2} & 0 \end{bmatrix}$；　(4) $A=\begin{bmatrix} 1 & 0 & -1 & & & & \\ 0 & 1 & 0 & -1 & & & \\ -1 & 0 & 1 & 0 & -1 & & \\ & \ddots & \ddots & \ddots & \ddots & \ddots & \\ & & \ddots & \ddots & \ddots & \ddots & -1 \\ & & & \ddots & \ddots & \ddots & 0 \\ & & & & -1 & 0 & 1 \end{bmatrix}$.

2. (1) $f=x_1^2+2x_2^2+3x_3^2+8x_1x_2+10x_1x_3+12x_2x_3$；

(2) $f=x_1^2-x_2^2+x_3^2-x_4^2-4x_1x_2+4x_1x_3-6x_1x_4+6x_2x_3-8x_2x_4+8x_3x_4$；

(3) $f=ax_1^2+ax_2^2+\cdots+ax_n^2+2bx_1x_2+2bx_2x_3+2bx_3x_4+\cdots+2bx_{n-1}x_n$；

(4) $f=x_1^2+2x_2^2+3x_3^2+\cdots+nx_n^2+x_1x_2+x_1x_3+\cdots+x_1x_n+\frac{2}{3}x_2x_3+\cdots+\frac{2}{3}x_2x_n+\frac{2}{4}x_3x_4+\cdots$

$+\frac{2}{4}x_3x_n+\cdots+\frac{2}{n}x_{n-1}x_n$.

3. 利用初等交换阵的性质及作用.

4. (1) 不相合；　(2) 不相合；　(3) 相合；　(4) 不相合.

5. (1) $\frac{1}{3}\begin{bmatrix} -2 & -2 & 1 \\ 2 & 1 & -2 \\ 1 & 2 & 2 \end{bmatrix}$，$\begin{bmatrix} -1 & & \\ & 2 & \\ & & 5 \end{bmatrix}$；　(2) $\begin{bmatrix} -\frac{1}{\sqrt{6}} & -\frac{1}{\sqrt{2}} & \frac{1}{\sqrt{3}} \\ -\frac{1}{\sqrt{6}} & \frac{1}{\sqrt{2}} & \frac{1}{\sqrt{3}} \\ \frac{2}{\sqrt{6}} & 0 & \frac{1}{\sqrt{3}} \end{bmatrix}$，$\begin{bmatrix} -1 & & \\ & -1 & \\ & & 2 \end{bmatrix}$；

(3) $\begin{bmatrix} -\frac{1}{\sqrt{2}} & \frac{1}{\sqrt{5}} & \frac{2}{3} \\ 0 & \frac{2}{\sqrt{5}} & \frac{1}{3} \\ \frac{1}{\sqrt{2}} & 0 & \frac{2}{3} \end{bmatrix}$，$\begin{bmatrix} -1 & & \\ & -1 & \\ & & 8 \end{bmatrix}$；　(4) $\begin{bmatrix} \frac{1}{\sqrt{2}} & 0 & \frac{1}{\sqrt{2}} & 0 \\ \frac{1}{\sqrt{2}} & 0 & -\frac{1}{\sqrt{2}} & 0 \\ 0 & -\frac{1}{\sqrt{2}} & 0 & \frac{1}{\sqrt{2}} \\ 0 & \frac{1}{\sqrt{2}} & 0 & \frac{1}{\sqrt{2}} \end{bmatrix}$，$\begin{bmatrix} 1 & & & \\ & 1 & & \\ & & -1 & \\ & & & -1 \end{bmatrix}$.

6. (1) $Q=y_1^2+\frac{3}{4}y_2^2+\frac{2}{3}y_3^2$，　$\boldsymbol{x}=\begin{bmatrix}1 & -\frac{1}{2} & -\frac{1}{3}\\ 0 & 1 & -\frac{1}{3}\\ 0 & 0 & 1\end{bmatrix}\boldsymbol{y}$，符号差为 3.

(2) $Q=y_1^2+y_2^2-y_3^2$，$\boldsymbol{x}=\begin{bmatrix}1 & 0 & 0\\ 0 & 1 & 1\\ 0 & 1 & -1\end{bmatrix}\boldsymbol{y}$，符号差为 1.

(3) $Q=2y_1^2-2y_2^2-6y_3^2$，$\boldsymbol{x}=\begin{bmatrix}1 & 1 & -\frac{3}{4}\\ 1 & -1 & -2\\ 0 & 0 & 1\end{bmatrix}\boldsymbol{y}$，符号差为 −1.

(4) $Q=y_1^2-y_2^2+y_3^2$，$\boldsymbol{x}=\begin{bmatrix}1 & -2 & 2 & -1\\ 0 & 1 & -1 & 1\\ 0 & 0 & 1 & -2\\ 0 & 0 & 0 & 1\end{bmatrix}\boldsymbol{y}$，符号差为 1.

7. (1) $Q(\alpha)=\boldsymbol{y}^{\mathrm{T}}\begin{bmatrix}2 & & \\ & \frac{5}{2} & \\ & & -\frac{9}{10}\end{bmatrix}\boldsymbol{y}$，$\boldsymbol{x}=\begin{bmatrix}1 & \frac{1}{2} & -\frac{1}{5}\\ 0 & 1 & -\frac{3}{5}\\ 0 & 0 & 1\end{bmatrix}\boldsymbol{y}$；

(2) $Q(\alpha)=\boldsymbol{y}^{\mathrm{T}}\begin{bmatrix}1 & & \\ & 1 & \\ & & -1\end{bmatrix}\boldsymbol{y}$，$\boldsymbol{x}=\begin{bmatrix}1 & 0 & -1\\ 0 & 1 & -1\\ 1 & 0 & 0\end{bmatrix}\boldsymbol{y}$；

(3) $Q(\alpha)=\boldsymbol{y}^{\mathrm{T}}\begin{bmatrix}2 & 0 & 0\\ 0 & -\frac{1}{2} & 0\\ 0 & 0 & 2\end{bmatrix}\boldsymbol{y}$，$\boldsymbol{x}=\begin{bmatrix}1 & -\frac{1}{2} & 1\\ 1 & \frac{1}{2} & -1\\ 0 & 0 & 1\end{bmatrix}\boldsymbol{y}$；

(4) $Q(\alpha)=\boldsymbol{y}^{\mathrm{T}}\begin{bmatrix}1 & & & \\ & -1 & & \\ & & 5 & \\ & & & \frac{6}{5}\end{bmatrix}\boldsymbol{y}$，$\boldsymbol{x}=\begin{bmatrix}0 & 0 & 0 & 1\\ 0 & 1 & 3 & \frac{1}{5}\\ 0 & 0 & 1 & -\frac{3}{5}\\ 1 & 1 & 1 & \frac{2}{5}\end{bmatrix}\boldsymbol{y}$.

8. $\boldsymbol{A}$ 的标准形为 $\mathrm{diag}(d_1,d_2,\cdots,d_r,0,\cdots,0)$.

10. 共 $\frac{(n+1)(n+2)}{2}$ 类.

11. (1) 不是；　(2) 不是；　(3) 正定；　(4) 正定.

12. (1) 不是；　(2) 不是；　(3) 不是；　(4) 不是.

13. (1) $|t|<\frac{\sqrt{23}}{2}$；　(2) $|t|<\sqrt{2}$；　(3) $t>\frac{1}{2}$.

14. (1) $t=2, \boldsymbol{T}=\begin{bmatrix} 1 & 0 & 0 \\ 0 & \frac{1}{\sqrt{2}} & \frac{1}{\sqrt{2}} \\ 0 & -\frac{1}{\sqrt{2}} & \frac{1}{\sqrt{2}} \end{bmatrix}, \boldsymbol{\Lambda}=\operatorname{diag}(2,1,5)$;

(2) $Q(\alpha) \xlongequal{\boldsymbol{x}=\boldsymbol{T}\boldsymbol{y}} 2y_1^2+y_2^2+5y_3^2=5\left[\frac{2}{5}y_1^2+\frac{1}{5}y_2^2+y_3^2\right] \leqslant 5(y_1^2+y_2^2+y_3^2)$，而 $x_1^2+x_2^2+x_3^2=\boldsymbol{x}^{\mathrm{T}}\boldsymbol{x}=\boldsymbol{y}^{\mathrm{T}}\boldsymbol{T}^{\mathrm{T}}\boldsymbol{T}\boldsymbol{y}=\boldsymbol{y}^{\mathrm{T}}\boldsymbol{y}=y_1^2+y_2^2+y_3^2$.

因 $Q(\alpha) \leqslant 5(y_1^2+y_2^2+y_3^2)=5$，取 $(y_1\, y_2\, y_3)^{\mathrm{T}}=(1,0,0)^{\mathrm{T}}$ 故 $f_{\max}=5$.

15. $t<-\lambda_i (i=1,2,\cdots,n)$.

20. 存在正交阵 $\boldsymbol{C},\boldsymbol{D}$，使 $\boldsymbol{C}^{\mathrm{T}}\boldsymbol{A}\boldsymbol{C}=\boldsymbol{\Lambda}_1, \boldsymbol{D}^{\mathrm{T}}(\boldsymbol{C}^{\mathrm{T}}\boldsymbol{B}\boldsymbol{C})\boldsymbol{D}=\boldsymbol{\Lambda}_2$，由此得出 $\boldsymbol{BA}$，再进一步合同化简证明.

21. 利用 $\boldsymbol{A}$ 对应的二次型的规范形证.

22. 类似 21 题的证法.

23. 利用 $\boldsymbol{A}$ 的相似标准形.

25. 证明齐次线性方程组 $\boldsymbol{A}^{\mathrm{T}}\boldsymbol{x}=\boldsymbol{0}$ 只有零解，再进一步证明.

26. 利用定理 5.25.

27. 必要性：利用 $\boldsymbol{\alpha}_1,\boldsymbol{\alpha}_2,\cdots,\boldsymbol{\alpha}_m$ 线性无关的定义构造 $\boldsymbol{A}\boldsymbol{x}=\boldsymbol{0}$ 的方程组.

充分性：把 $\boldsymbol{\alpha}_1,\boldsymbol{\alpha}_2,\cdots,\boldsymbol{\alpha}_m$ 扩充为 $\mathbb{R}^n$ 中的一组基.

29. 利用正交变换后 $\boldsymbol{A}$ 的标准形.

30. 利用分块矩阵的初等倍加变换不改变行列式的值.

31. $(x+1)^2+y^2+(z-1)^2=4$.

32. $(x-1)^2+(y+2)^2+(z-3)^2=14$.

33. $x^2+y^2+z^3-3y=0$.

34. (1) 母线平行于 z 轴的椭圆柱面；(2) 母线平行 x 轴的双曲柱面；

(3) 母线平行于 z 轴的抛物柱面；(4) 与 Oxz 坐标面平行且与之距离分别为 ± 1 的平面；

(5) $(x-1)^2+y^2+(z+2)^2=2^2$，球面，球心为 $(1,0,-2)$，半径为 2；(6) 点圆.

35. (1) 直线；(2) 椭圆；(3) 直线；(4) 圆.

36. $z^2=36-2x$.

37. $x^2-8x+y^2+z^2=0$.

38. (1) 椭球旋转面 $x^2+\frac{z^2}{4}+\frac{y^2}{4}=1$(图略)；(2) 抛物旋转面 $x^2+z^2-y=0$(图略).

39. (图略)

(1) 椭球面；(2) 单叶双曲面；(3) 双叶双曲面；(4) 双曲抛物面；

(5) 原点；(6) 椭圆抛物面；(7) 单叶双曲面；(8) 两平面.

40. (1) $\frac{4}{5}\left[x_1-\frac{1}{2}\right]^2-\frac{4}{5}y_1^2-\frac{8}{5}\left[z_1-\frac{\sqrt{2}}{4}\right]^2=1$，双叶双曲面；

(2) $(x_1+2)^2+4y_1^2-4(z_1-1)^2=1$，单叶双曲面；

(3) $-(y_1-2)^2+5z_1^2=x_1-4 \Rightarrow -y_2^2+5z_2^2=x_2$，双曲抛物面；

(4) $2(x_1+1)^2+(y_1+3)^2-(z_1-1)^2=0 \Rightarrow 2x_2^2+y_2^2-z_2^2=0$，锥面.

索　引

半负定的　semi-negative definite　7.4
半正定的　semi-positive definite　7.4
伴随矩阵　adjoint matrix　2.3.3
标准内积　standard inner product　5.4.1
标准正交基　orthonormal basis　5.4.2
不可逆矩阵　noninvertible matrix　2.3.2
初等变换　elementary transformation　2.1.1,2.5.1
初等矩阵　elementary matrix　2.5.1
传递性　transitivity　2.5.2
纯量矩阵　scalar matrix　2.2.1
代数基本定理　algebraic fundamental theorem　6.4.3
代数余子式　algebraic cofactor　1.3.1
单位矩阵　identity matrix　2.2.1
单位向量　unit vector　3.1.1
单叶双曲面　hyperboloid of one sheet　7.6.2
等价的　equivalent　4.3.1
等价关系　equivalent relation　2.5.2
点积　dot product　3.3.1
对称矩阵　symmetric matrix　2.2.3
对称性　symmetry　2.5.2
对角矩阵　diagonal matrix　2.2.1
二次型　quadratic form　7.1.1
二次型的标准形　canonical form of a quadric　7.2.1
二次型的规范形　normal form of a quadric　7.3
二次锥面　cone of the second order　7.6.4
法向量　normal vector　3.5.1
反对称矩阵　skew symmetric matrix　2.2.3
范德蒙德行列式　Vandermonde determinant　1.3.2
方向角　direction angle　3.2.4
方向余弦　direction cosines　3.2.4
方阵　square matrix　2.2.1
仿射坐标　affine coordinate　3.2.1
仿射坐标系　affine coordinate system　3.2.1
非齐次线性方程组　non omogeneous linear equation　4.6.1
分块矩阵　partitioned matrices　2.4
符号差　signature　7.3
负定　negative definite　7.4
高斯消元法　Gauss elimination　2.1.2
共面向量　complanar vector　3.1.3
共线向量　collinear vector　3.1.3
惯性定理　inertial theorem　7.3
过渡矩阵　transition matrix　5.1.4
行　row　1.1.1
行列式　determinant　1.1.1
行空间　row space　5.2.1
行指标　row index　1.1.1
和　sum　5.2.2
核　kernel　6.3.1
化零空间　nullspace　5.2.1
混合积　mixed product　3.3.3
迹　trace　习题2.34
基　basis　5.1.3
基础解系　basic set of solutions　4.5.2
齐次线性方程组　homogeneous linear system　2.1.3
奇排列　odd permutation　1.1.3
奇异的　singular　2.3.2

奇异矩阵 singular matrix 2.3.2
极大线性无关组 maximal linearly independent system 4.3.2
几何重数 geometric multiplicity 6.4.1
交 intersection 5.2.2
解空间 solution space 5.2.1
矩阵 matrix 2.2.1
柯西-施瓦茨不等式 Cauchy-Schwarz inequality 5.4.1
可交换 commutable 习题 2.8
可逆的 invertible 2.3.2
克莱姆法则 Cramer rule 1.4.1
克罗内克 δ Kronecker delta 1.3.1
列 column 1.1.1
列空间 column space 5.2.1
列指标 column index 1.1.1
零度 nullity 6.3.1
零矩阵 zero matrix 2.2.1
零向量 zero vector 3.1.1
内积 inner product 5.4.1
逆矩阵 inverse matrix 2.3.2
逆序 inversion 1.1.3
逆序数 number of inversions 1.1.3
欧几里得空间 Euclidean space 5.4.1
欧氏空间 Euclidean space 5.4
偶排列 even permutation 1.1.3
排列 permutation 1.1.3
平面的法方程 normal equation of plane 3.5.1
QR 分解 QR decomposition 5.4.5
球面方程 spherical equation 7.5.1
曲线方程 curvilinear equation 7.5.4
三角矩阵 triangular matrix 2.2.1
生成子空间 spanning subspace 5.2.1
施密特正交化法 Schmidt orthogonalization 5.4.3
数量积 scalar product 3.3.1
数域 number field 预备知识
双曲抛物面 hyperbolic paraboloid 7.6.6
双叶双曲面 hyperboloid of two sheets 7.6.3
顺序主子式 ordinal principal minor 7.4
特解 particular solution 4.6.2
特征多项式 characteristic polynomial 6.4.1
特征向量 eigenvector 6.4.1
特征值 eigenvalue 6.4.1
特征子空间 characteristic subspace 6.4.1
通解 general solution 4.5.2
同构 isomorphism 5.3
椭球面 ellipsoid 7.6.1
椭圆抛物面 elliptic paraboloid 7.6.5
维数 dimension 5.1.3
系数矩阵 coefficient matrix 2.1.1
线性变换 linear transformation 6.1.1
线性表出 linear representation 4.1.2
线性空间 linear space 5.1.1
线性无关 linear independence 4.2.1
线性相关 linear dependence 4.2.1
线性组合 linear combination 4.1.2
相抵 equivalence 2.5.2
相抵标准形 equivalent normal form 2.5.2
相合 congruent 7.1.2
相似 similar 6.5.2
向量 vector 3.1.1
向量积 cross product 3.3.2
向量空间 vector space 4.1.2
向量组的秩 rank of vector set 4.3.3
像 image 6.1.1
余子式 cofactor 1.3.1
增广矩阵 augmented matrix 2.1.1
正定 positive definite 7.4
正惯性指数 index of inertia 7.3
正交 orthogonal 5.4.1
正交基 orthogonal basis 5.4.2
正交矩阵 orthogonal matrix 5.4.4
正交向量组 orthogonal set 5.4.2
直和 direct sum 5.2.3
直角坐标系 rectangular coordinate system 3.2.4
值域 image 6.3.1

秩　rank　4.4.1
主对角线　main diagonal　1.1.3
主元　pivot　4.3.2
主轴定理　principal axes theorem　7.2.1
主子式　principal minor　7.4
柱面方程　cylindrical equation　7.5.2
转置　transpose　2.2.3
准对角阵　quasi-diagonal matrix　2.4
子空间　subspace　5.2.1
子式　minor　4.4.1
自反性　reflexivity　2.5.2
总和符号　summation notation　1.1.4
坐标　coordinate　3.2.1
坐标系　coordinate system　3.2.1
坐标原点　origin of coordinates　3.2.1
坐标轴　coordinate axis　3.2.1